教育部财政部职业院校教师素质提高计划职教师资培养资源开发项目

电机与变压器及其应用

主　编　魏佩瑜　刘万强
副主编　赵云伟　韩晓冬

机械工业出版社

本书共分5个项目、36个任务及8个实训内容，主要以稳态运行为主进行分析，重点阐述了各类电机与变压器的基本概念、基本理论和基本分析方法，对新技术和应用以及电机与变压器的常见故障与维修做了介绍，并精选了典型的例题和难易程度不同的思考题及习题，加深学生对重要知识的理解。

本书主要内容包括直流电机、变压器、异步电动机、同步电机和控制电机5个项目。每个项目分为若干个任务，每个项目都有项目能力训练，在内容编排上遵循理论学习的认知规律和操作技能的形成规律，使学生在项目引领下更好地将理论与实践有机地融合为一体，有利于学生良好的职业情感和职业能力的培养。每一章后面都配有思考题与习题供教学使用，为学生自主研究性学习搭建了理想的平台。全书在传统理论教学的基础上，结合生产实际，突出操作技能，重视学生动手能力的培养，提高其职业技能。

本书采用理实一体化（工作过程系统化）教学方法，以培养“高素质劳动者和应用型专门人才”为目标，以能力为本位，把提高学生的职业能力放在首位，本着“必需、够用”的原则，对课程的知识结构做了一定的整合，调整了部分知识点的引入顺序，淡化了理论推导，简化了单纯的数据计算，结合生产实例，以应用为主，力求浅显易懂。通过项目化（工作过程系统化）教学手段，在有限的教学时间内，使学生具备维修电工中级技能型人才所必需的相关知识和技能。

本书主要用于职教师资本科电气工程及其自动化专业，也可以作为电气工程技术人员的参考书。

图书在版编目（CIP）数据

电机与变压器及其应用/魏佩瑜，刘万强主编. —北京：机械工业出版社，2017.8

教育部财政部职业院校教师素质提高计划职教师资培养资源开发项目

ISBN 978-7-111-56807-0

Ⅰ.①电… Ⅱ.①魏… ②刘… Ⅲ.①电机-师资培训-教材②变压器-师资培训-教材 Ⅳ.①TM

中国版本图书馆CIP数据核字（2017）第103900号

机械工业出版社（北京市百万庄大街22号 邮政编码100037）
策划编辑：王雅新 责任编辑：王雅新 韩 静
责任校对：肖 琳 封面设计：马精明
责任印制：常天培
北京圣夫亚美印刷有限公司印刷
2017年9月第1版第1次印刷
184mm×260mm · 20.5印张 · 499千字
标准书号：ISBN 978-7-111-56807-0
定价：49.00元

凡购本书，如有缺页、倒页、脱页，由本社发行部调换

电话服务 网络服务
服务咨询热线：010-88379833 机 工 官 网：www.cmpbook.com
读者购书热线：010-88379649 机 工 官 博：weibo.com/cmp1952
教育服务网：www.cmpedu.com
封面无防伪标均为盗版 金 书 网：www.golden-book.com

出版说明

《国家中长期教育改革和发展规划纲要（2010—2020年）》颁布实施以来，我国职业教育进入加快构建现代职业教育体系、全面提高技能型人才培养质量的新阶段。加快发展现代职业教育，实现职业教育改革发展新跨越，对职业学校“双师型”教师队伍建设提出了更高的要求。为此，教育部明确提出，要以推动教师专业化为引领，以加强“双师型”教师队伍建设为重点，以创新制度和机制为动力，以完善培养培训体系为保障，以实施素质提高计划为抓手，统筹规划，突出重点，改革创新，狠抓落实，切实提升职业院校教师队伍整体素质和建设水平，加快建成一支师德高尚、素质优良、技艺精湛、结构合理、专兼结合的高素质专业化的“双师型”教师队伍，为建设具有中国特色、世界水平的现代职业教育体系提供强有力的师资保障。

目前，我国共有60余所高校正在开展职教师资培养，但由于教师培养标准的缺失和培养课程资源的匮乏，制约了“双师型”教师培养质量的提高。为完善教师培养标准和课程体系，教育部、财政部在“职业院校教师素质提高计划”框架内专门设置了职教师资培养资源开发项目，中央财政划拨1.5亿元，系统开发用于本科专业职教师资培养标准、培养方案、核心课程和特色教材等系列资源。其中，包括88个专业项目、12个资格考试制度开发等公共项目。该项目由42家开设职业技术师范专业的高等学校牵头，组织近千家科研院所、职业学校、行业企业共同研发，一大批专家学者、优秀校长、一线教师、企业工程技术人员参与其中。

经过三年的努力，培养资源开发项目取得了丰硕成果。一是开发了中等职业学校88个专业（类）职教师资本科培养资源项目，内容包括专业教师标准、专业教师培养标准、评价方案，以及一系列专业课程大纲、主干课程教材及数字化资源；二是取得了6项公共基础研究成果，内容包括职教师资培养模式、国际职教师资培养、教育理论课程、质量保障体系、教学资源中心建设和学习平台开发等；三是完成了18个专业大类职教师资资格标准及认证考试标准开发。上述成果，共计800多本正式出版物。总体来说，培养资源开发项目实现了高效益：形成了一大批资源，填补了相关标准和资源的空白；凝聚了一支研发队伍，强化了教师培养的“校—企—校”协同；引领了一批高校的教学改革，带动了“双师型”教师的专业化培养。职教师资培养资源开发项目是支撑专业化培养的一项系统化、基础性工程，是加强职教教师培养培训一体化建设的关键环节，也是对职教师资培养培训基地教师专业化培养实践、教师教育研究能力的系统检阅。

自2013年项目立项开题以来，各项目承担单位、项目负责人及全体开发人员做了大量深入细致的工作，结合职教教师培养实践，研发出很多填补空白、体现科学性和前瞻性的成果，有力推进了“双师型”教师专门化培养向更深层次发展。同时，专家指导委员会的各位专家以及项目管理办公室的各位同志，克服了许多困难，按照两部对项目开发工作的总体要求，为实施项目管理、研发、检查等投入了大量时间和心血，也为各个项目提供了专业的咨询和指导，有力地保障了项目实施和成果质量。在此，我们一并表示衷心的感谢。

编写委员会

2016年3月

项目专家指导委员会

前 言

“十二五”期间，教育部、财政部启动了“职业院校教师素质提高计划本科专业职教师资培养资源开发项目”，其指导思想为：以推动教师专业化为引领，以高素质“双师型”师资培养为目标，完善职教师资本科培养标准及课程体系。

本书是“职教师资本科电气工程及其自动化专业培养标准、培养方案、核心课程和特色教材开发项目”的成果之一，是根据电气工程及其自动化专业以及中等职业学校教师岗位的职业性和师范性特点，在现代教育理念指导下，经过广泛的国内调研与国际比较，吸取国内外近年来的研究与改革成果，充分考虑我国职业教育教师培养的现实条件、教师基本素养和专业教学能力，以职教师资人才成长规律与教育教学规律为主线，以中等职业学校“双师型”教师职业生涯可持续发展的实际需求为培养目标，按照开发项目中“电机与变压器及其应用”课程大纲，经过反复讨论编写而成的。

全书共分5部分，包括直流电机、变压器、异步电动机、同步电机和控制电机。本书是在继承传统“电机与变压器”教材特色的基础上，努力适应大众化教育时代的专业设置和课时设置的需要而编写的。本书以直流电机、变压器、异步电动机、同步电机和控制电机作为研究对象，突出基本概念、基本原理和基本分析方法的阐述，注重电机作为系统中控制执行元件的功能，重点分析各类电机的稳态性能并重点介绍了各类电机的具体应用。本书的编写特色是：

（1）采用理论与实践一体化的结构模式，缩短了理论教学与实践教学之间的距离，加强了内在联系，使前后衔接更为合理，强化了知识性与实践性的统一。

（2）在保证必要的基础理论知识的前提下，突出和加强实践性环节教学，以能力为本位，以“用”字为核心，以培养综合素质为基础，每个项目都有电机在使用时的常见故障分析和实训。

参加本书编写工作的有：魏佩瑜，全面负责策划、选题、制定编写大纲，并编写了直流电机；刘万强，负责编写了异步电动机；赵云伟，负责编写控制电机；韩晓冬，负责编写变压器；王艳萍和李海涛，编写了同步电机；宋美春，对全书做了全面的校对和修改。

在项目评审过程中，专家指导委员会刘来泉（中国职业教育技术协会）、姜大源（教育部职业技术教育中心研究所）、沈希（浙江农林大学）、吴全全（教育部职业技术教育中心研究所教师资源研究室）、张元利（青岛科技大学）、韩亚兰（佛山市顺德区梁琚职业技术学校）、王继平（同济大学职业技术教育学院）对本书的编写提出了非常宝贵的意见，在此表示最诚挚的敬意和感谢！另外，本书在编写过程中参考了相关资料和教材，在此向这些文献的作者表示衷心的感谢！

限于编写组理论水平和实践经验，书中不妥之处，敬请广大读者批评指正。

编 者

目录

项目4 同步电机

项目5 控制电机

直流电机

【学习目标】

(1) 了解直流电机的主要结构，尤其注意换向器和电刷的作用、电枢绕组排列的规律以及它们在实现机电能量转换中的功用。

(2) 熟悉直流发电机和直流电动机的基本工作原理，熟练掌握感应电动势和电磁转矩这两个机电能量转换要素的物理意义和计算公式。

(3) 掌握直流电机的运行原理，会通过基本方程式来综合分析电机内部的电磁过程，并能运用这些基本方程式去分析各种励磁方式的直流发电机和电动机。

(4) 了解直流电机的电枢反应、换向过程、产生火花的电磁原因、改善直流电机换向的方法。

(5) 掌握直流电动机的机械特性，并会利用直流电动机的工作特性和机械特性分析实际问题。

(6) 熟悉直流电动机的起动、调速和制动方法。

(7) 能分析直流电动机的常见故障，并能进行简单的维护。

【项目引入】

在电机的发展史上，直流电动机出现的比较早，它的电源是电池，后来才出现了交流电机。当出现了三相交流电以后，三相交流电动机得到了迅速发展。但是直流电动机有着交流电机无法比拟的优点，直流电动机与交流电动机相比较，具有以下显著优点：具有良好的起动性能，起动转矩较大；能在较宽的范围内进行平滑的无级调速；还适宜于频繁起动。它广泛应用于电力机车、无轨电车、轧钢机、矿井卷扬机、大型机床、起重机等设备中。小容量的直流电动机广泛应用于自动控制系统中。

动车　　　　轧钢机

任务 1.1 认识直流电机

【任务引入】

在工业企业的生产过程中，所有的生产机床都是由电动机拖动的，直流电动机是其中的一种。对工业生产中的电动机进行定期保养、维护和检修，是保证电力拖动机械设备正常工作的先决条件，为此必须对电机的基本结构和原理进行分析。

【任务目标】

（1）掌握直流电机的结构及其各组成部分的作用。

（2）了解直流电机铭牌中型号和额定值的含义。

（3）掌握并能分析直流电机的工作原理。

【技能目标】

（1）能读懂直流电机的铭牌和额定值。

（2）具有进行三相异步电动机的定子绕组星形或三角形连接的能力。

（3）掌握三相异步电动机选择的原则，具有初步选用三相异步电动机的能力。

（4）能够利用工作原理分析查找直流电动机的故障原因并排除故障。

1.1.1 直流电机简介

电机是利用电磁作用原理进行能量转换的机械装置。将直流电能转换为机械能的叫作直流电动机，将机械能转换为直流电能的叫作直流发电机。

直流电动机多用于对调速和起动要求较高的生产机械上；直流发电机则作为各种直流电源，如用于直流电动机的电源，化学工业中电解、电镀的电源，以及作为同步发电机的励磁电源。

直流电机也存在一些缺点，比如制造中消耗金属较多，工艺较复杂，成本较高，运行中电流换向的故障较多，维修比较麻烦。对于粉尘比较大、易燃易爆的场所，直流电机根本无法应用。随着近年电力电子学和微电子学的迅速发展，在很多领域内，直流电动机将逐步为交流调速电动机所取代，直流发电机则正在被电力电子器件整流装置所取代。

1.1.2 直流电机的工作原理

一、直流电动机的基本工作原理

图 1-1 是一台最简单的直流电动机的模型。

N 和 S 是一对固定的磁极，可以是电磁铁，也可以是永久磁铁。磁极之间有一个可以转动的铁质圆柱体，称为电枢铁心。铁心表面固定一个用绝缘导体构成的电枢线圈 abcd，线圈的两端分别接到相互绝缘的两个弧形铜片上，弧形铜片称为换向片，它们的组合体称为换向器。在换向器上放置固定不动而与换向片滑动接触的电刷 A 和 B，线圈 abcd 通过换向器和电刷接通外电路。电枢铁心、电枢线圈和换向器构成的整体称为电枢。此模型作为直流电动机运行时，将直流电源加于电刷 A 和 B，例如将电源正极加于电刷 A，电源负极加于电刷 B，则线圈 abcd 中流过电流，在导体 ab 中，电流由 a 流向 b，在导体 cd 中，电流由 c 流向 d，如图 1-1a 所示。载流导体 ab 和 cd 均处于 N、S 极之间的磁场当中，受到电磁力的作用，

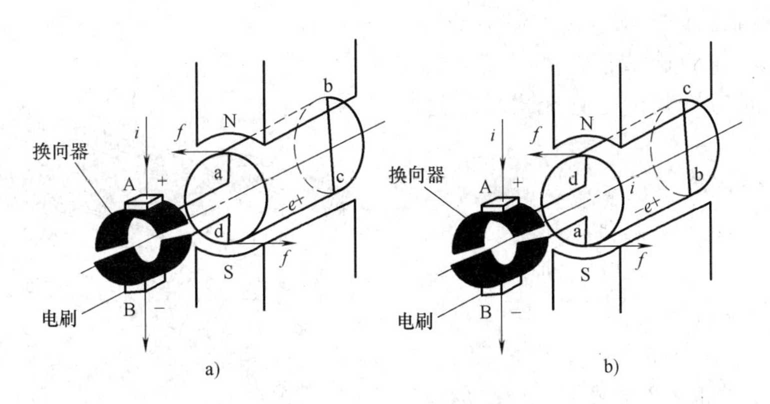

图 1-1　直流电动机的工作原理图

电磁力的方向用左手定则确定，可知这一对电磁力形成一个转矩，称为电磁转矩，转矩的方向为逆时针方向，使整个电枢逆时针方向旋转。当电枢旋转 180°时，导体 cd 转到 N 极下，ab 转到 S 极下，如图 1-1b 所示。由于电流仍从电刷 A 流入，使 cd 中的电流变为由 d 流向 c，而 ab 中的电流变为由 b 流向 a，从电刷 B 流出，用左手定则判别可知，电磁转矩的方向仍是逆时针方向。

由此可见，加于直流电动机的直流电源，借助于换向器和电刷的作用，使直流电动机电枢线圈中流过的电流方向是交变的，从而使电枢产生的电磁转矩的方向恒定不变。确保直流电动机朝着确定的方向连续旋转。这就是直流电动机的基本工作原理。

二、直流发电机的基本工作原理

直流发电机的模型与直流电动机相同，不同的是电刷上不加直流电压，而是用原动机拖动电枢朝某一方向（例如朝逆时针方向）旋转。

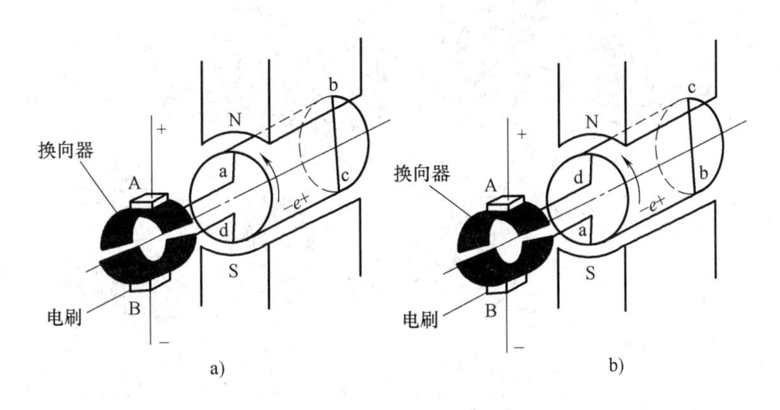

图 1-2　直流发电机的工作原理图

在图 1-2a 中，导体 ab 和 cd 分别切割 N 极和 S 极下的磁力线，感应产生电动势，导体 ab 中电动势的方向由 b 指向 a，导体 cd 中电动势的方向由 d 指向 c，所以电刷 A 为正极性，电刷 B 为负极性。电枢旋转 180°时，如图 1-2b 所示，导体 cd 感应电动势的方向由 c 指向 d，导体 ab 感应电动势的方向变为 a 指向 b，所以电刷 A 仍为正极性，电刷 B 仍为负极性。可见，直流发电机电枢线圈中的感应电动势的方向是交变的，而通过换向器和电刷的作用，在电刷 A、B 两端输出的电动势是方向不变的直流电动势。若在电刷 A、B 之间接上负载，发电机就能向负载供给直流电能。这就是直流发电机的基本工作原理。

前面为了分析简便，电枢铁心上只放置了一个线圈，其感应电动势和电磁转矩的脉动较大。为了减少感应电动势和电磁转矩的脉动，实际的电枢绕组由均匀分布在电枢铁心圆周上的许多线圈串联而成。这时换向片的个数也随线圈的增加而增加，由这些换向片组成的部件称为换向器。磁极 N、S 也可根据需要交替放置多对。

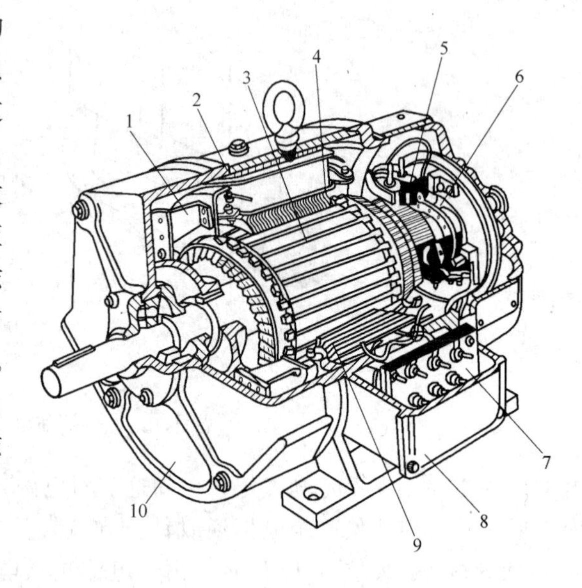

图 1-3　直流电机的结构

1—风扇　2—机座　3—电枢　4—主磁极　5—电刷架　6—换向器　7—接线板　8—出线盒　9—换向极　10—端盖

1.1.3　直流电机的基本结构

直流电机的所有部件可分为固定的和转动的两大部分。固定不动的部分叫定子，包括主磁极、换向磁极、机座、端盖、电刷装置等部件。转动的部分叫转子，通常称为电枢，包括电枢铁心、电枢绕组、换向器、风扇、转轴等部件。定、转子之间的间隙称为气隙。直流电机的结构如图 1-3 所示，直流电机的组成部件如图 1-4 所示。

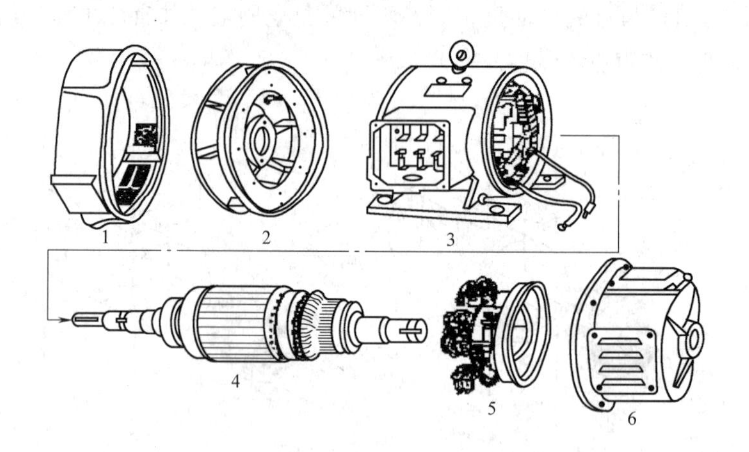

图 1-4　直流电机的组成部件

1—前端盖　2—风扇　3—机座　4—电枢　5—电刷架　6—后端盖

一、定子部分

1. 主磁极

主磁极的作用是产生气隙磁场。主磁极由主磁极铁心和励磁绕组两部分组成，如图 1-5 所示。铁心用 0.5~1.5mm 厚的钢板冲片叠压铆紧而成，上面套励磁绕组的部分称为极身，下面扩宽的部分称为极靴。极靴宽于极身，既可以使气隙中磁场分布比较均匀，又便于固定励磁绕组。励磁绕组用绝缘铜线绕制而成，励磁绕组套在极身上，再将整个主磁极用螺钉固定在机座上。

套在主磁极铁心上的励磁线圈有并励和串励两种。并励线圈的匝数多、导线细；串励线圈的匝数少、导线粗。直流电机中分别把各个主磁极上的并励或串励励磁线圈连接起来，称为励磁绕组。当给励磁绕组通入直流电流时，各主磁极都产生一定的极性。直流电机中相邻主磁极的极性应为 N、S 交替出现。为此，在连接各主磁极上的励磁线圈时，应注意它们的极性问题。

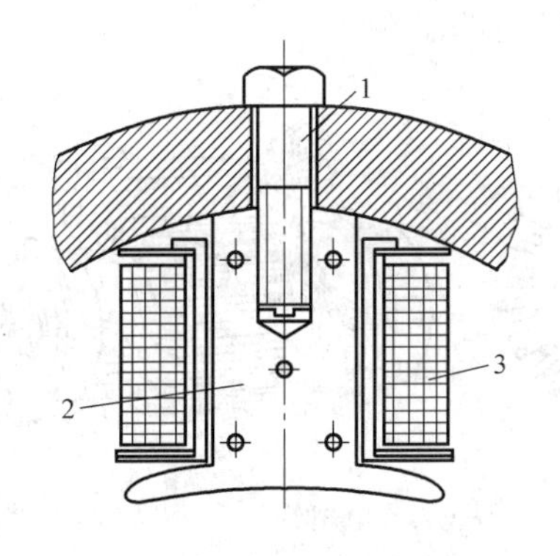

图 1-5　直流电机的主磁极

1—固定主磁极的螺钉　2—主磁极铁心　3—励磁绕组

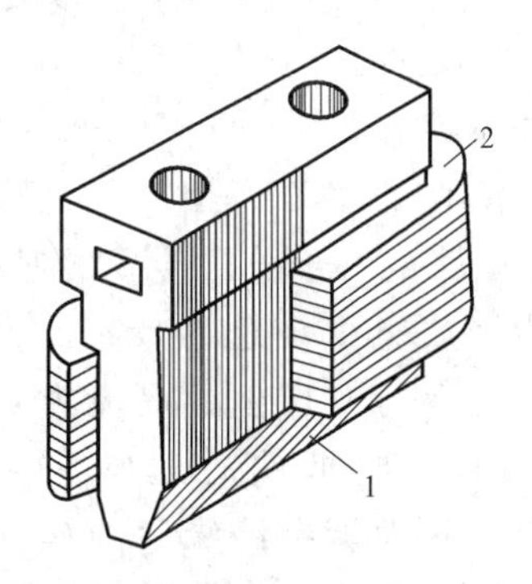

图 1-6　直流电机的换向极

1—换向极铁心　2—换向极绕组

2. 换向极

两相邻主磁极之间的小磁极叫换向极，也叫附加极或间极。换向极的作用是改善换向，减小电机运行时电刷与换向器之间可能产生的火花。换向极由换向极铁心和换向极绕组组成，如图 1-6 所示。换向极铁心一般用整块钢制成，对换向性能要求较高的直流电机，换向极铁心可用 1.0~1.5mm 厚的钢板冲制叠压而成。换向极绕组用绝缘导线绕制而成，套在换向极铁心上。换向极绕组总是和电枢绕组相串联的，流过的是电枢电流，所以换向极绕组的匝数少而导线较粗。整个换向极用螺钉固定于机座上，一般，换向极的数目与主磁极相等。

3. 机座

机座通常用铸铁、铸钢或钢板焊接而成。机座的主要作用有三个：一是作为磁轭传导磁通，它是电机磁路的一部分；二是用来固定主磁极、换向磁极和端盖等部件；三是借用机座的底脚把电机固定在基础上。所以机座必须具有足够的机械强度和良好的导磁性能。

4. 电刷装置

电刷装置主要由电刷、刷握、刷杆、刷杆座、刷辫及压紧弹簧等零件构成，如图 1-7 所示。电刷是石墨或金属石墨做成的导电块，放在刷握内用弹簧以一定的压力压在换向器表面，旋转时与换向器表面形成滑动接触。刷握用螺钉夹紧在刷杆上，借

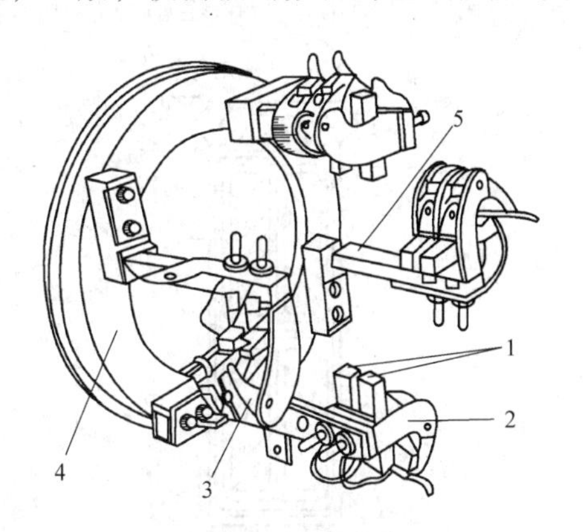

图 1-7　直流电机的电刷装置

1—电刷　2—刷握　3—弹簧压板　4—座圈　5—刷杆

刷辫将电流从电刷引入或引出。根据电流的大小，每一刷杆上可安装一至数只刷握组成电刷组，同极性的各刷杆用连接线连在一起，再引到出线盒。电刷组的数目一般等于主磁极的数目。刷杆装在可移动的刷杆座上，以便于调整电刷在换向器表面上的位置。

电刷装置的作用是通过固定的电刷和旋转的换向器之间的滑动接触，使转动的电枢绕组电路与静止的外部电路相连接，并实现交、直流电能的转换。

5. 端盖

端盖一般用铸铁制成，固定于机座两端，其作用是：装有轴承，支撑电枢转动；保护电机，避免外界杂物落进；维护人身安全，防止接触电机内部器件。

二、电枢部分

1. 电枢铁心

电枢铁心的主要作用：一是作为电机主磁路的一部分，传导磁通；二是作为嵌放电枢绕组的骨架。为了降低电机运行时产生的涡流损耗和磁滞损耗，电枢铁心通常采用0.5mm厚、两面涂有绝缘漆的硅钢片冲片叠压而成，冲片的形状如图1-8所示。叠成的铁心固定在转轴或转子支架上。铁心的外圆开有电枢槽，槽内嵌放电枢绕组。

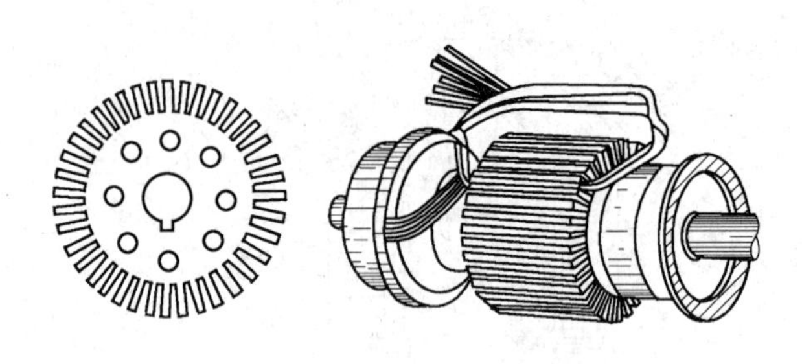

图 1-8　电枢铁心

2. 电枢绕组

电枢绕组由许多线圈按一定规律连接而成，线圈用高强度漆包线或玻璃丝包扁铜线绕成。不同线圈的线圈边分上、下两层嵌放在电枢槽中，线圈与铁心之间和上、下两层线圈边之间都必须妥善绝缘，为防止离心力将线圈边甩出槽外，槽口用槽楔固定，如图1-9所示。线圈伸出槽外的端接部分用热固性无纬玻璃带进行绑扎。

电枢绕组的作用是：作为发电机运行时，产生感应电动势和感应电流；作为电动机运行时，通电后受到电磁力的作用，产生电磁转矩。

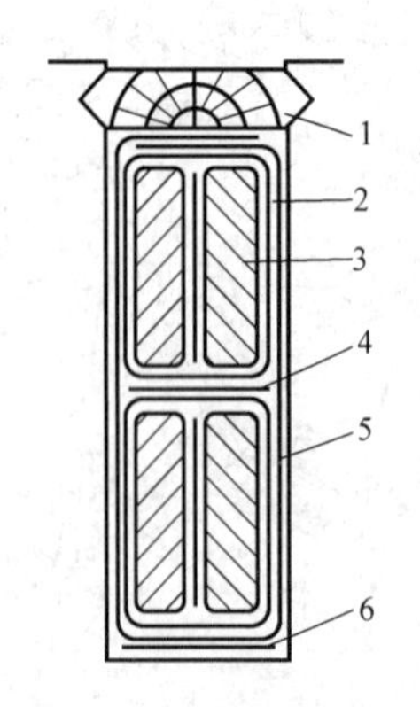

图 1-9　电枢槽内绝缘

1—槽楔　2—线圈绝缘　3—导体

4—层间绝缘　5—槽绝缘　6—槽底绝缘

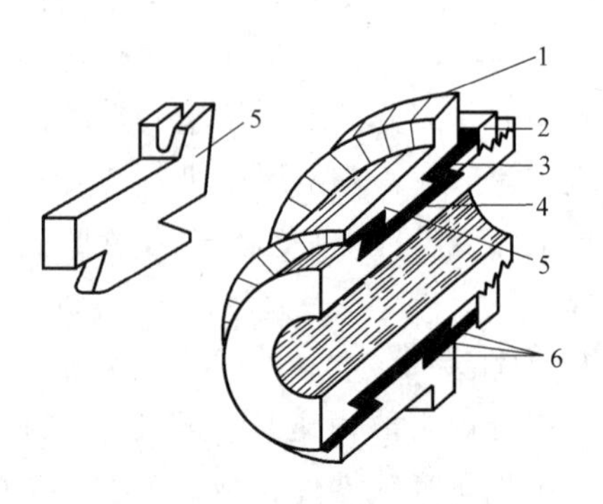

图 1-10　换向器结构图

1—片间云母　2—锁紧螺母　3—V 形环

4—套筒　5—换向片　6—云母绝缘

3. 换向器

换向器由许多楔形铜片组装而成，形成一个圆柱体，片与片之间用厚0.4~1.2mm的云母隔开，所有换向片与轴也是绝缘的，它装在电枢的一端。每一个换向片按一定规律与电枢线圈连接。换向器的结构通常如图1-10所示。换向片的下部做成鸽尾形，两端用钢制V形套筒和V形云母环固定，再用螺母锁紧。

换向器的作用是与电刷配合，实现交、直流能量的转换。

4. 转轴

转轴起电枢旋转的支撑作用，需有一定的机械强度和刚度，一般用圆钢加工而成。

三、气隙

气隙是电机主磁极与电枢之间的间隙，小型电机气隙约为1~3mm，大型电机气隙约为10~12mm。气隙虽小，因空气磁阻较大，在电机磁路系统中有重要作用，其大小、形状对电机性能有显著影响。

1.1.4 直流电机的额定值

电机制造厂按照国家标准，根据电机的设计和试验数据而规定的每台电机的主要数据称为电机的额定值。额定值一般标在电机的铭牌上或产品说明书上，如图1-11所示。

型号	Z_2—31	励磁	并励
功率	1.1kW	励磁电压	110 V
电压	110 V	励磁电流	0.895 A
电流	13.3 A	定额	连续
转速	1000 r/min	温升	75℃
出厂编号—××××××		出厂日期 ×年 ×月	
中华人民共和国×××电机厂			

图1-11 直流电机铭牌

1. 型号

图1-11中给出的电机型号各部分的含义如下：

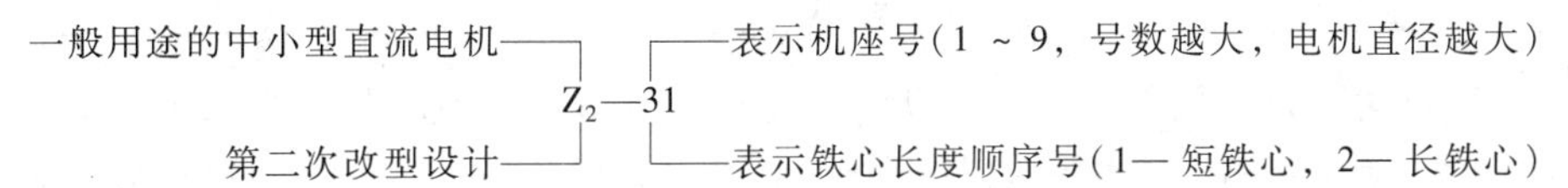

2. 额定功率 P_N

额定功率是指电机在额定运行时的输出功率。对电动机来说，是指轴上输出的机械功率；对发电机来说，是指电枢输出的电功率。单位为kW（千瓦）。

3. 额定电压 U_N

额定电压是指电枢绕组能够安全工作的最大输入电压（电动机）或输出电压（发电机）。单位为V（伏）。

4. 额定电流 I_N

额定电流是指电机在额定运行时，电枢绕组允许流过的最大电流。单位为A（安）。

5. 额定转速 n_N

额定转速是指电机在额定电压、额定电流和额定功率下运行时，电机的旋转速度。单位为 r/min（转/分）。

6. 励磁电压 U_f

对并励电机来说，励磁电压就等于电机的额定电压；对他励电机来说，励磁电压要根据使用情况决定。

7. 励磁电流 I_f

励磁电流指电机产生主磁通所需要的最大允许电流。

8. 定额

定额指电机按铭牌数值工作时可以连续运行的时间和顺序。定额分为连续定额、短时定额、断续定额三种。例如，铭牌上标有“连续”，表示电机可不受时间限制连续运行。

9. 温升 τ_N

温升表示电机允许发热的限度。一般将环境温度定为 40℃。例如温升 80℃，则电机温度不可超过 80℃+40℃=120℃，否则，电机就要缩短使用寿命。温升限度取决于电机采用的绝缘材料。

10. 额定效率 η_N

电机在额定状态工作时，输出功率 P_2 与输入功率 P_1 的百分比值。

额定功率与额定电压和额定电流的关系为

直流电动机 $$P_N = U_N I_N \eta_N \times 10^{-3} \quad (\text{单位为 kW}) \tag{1-1}$$

直流发电机 $$P_N = U_N I_N \times 10^{-3} \quad (\text{单位为 kW}) \tag{1-2}$$

国产电动机出线端标记见表 1-1。

表 1-1 国产电动机出线端标记

绕组名称	出线端标记	
	始端	末端
电枢绕组	A1 或 S1	A2 或 S2
换向极绕组	B1 或 H1	B2 或 H2
串励绕组	D1 或 C1	D2 或 C2
并励绕组	E1 或 B1	E2 或 B2
他励绕组	F1 或 T1	F2 或 T2

直流电机运行时，是否处于额定运行状态，是由负载大小来决定的。当电机的电流等于额定电流时，称为额定运行，也称为满载运行；在额定运行状态下，电机利用充分，运行可靠，并具有良好的性能。当电机的电流小于额定电流时，称为欠载运行；在欠载运行状态下，电机利用不充分、效率低。当电机的电流大于额定电流时，称为过载运行；在过载运行状态下，易引起电机过热损坏。根据负载选择电机时，最好使电机接近于额定运行。

任务 1.2 直流电机的共同理论

【任务引入】

电枢绕组是直流电机的电路部分，且电枢绕组是直流电机的核心部分，因此必须对电枢绕组的结构及接线原理、方法有清楚的了解。磁场是直流电机的磁路部分，没有磁场电机就不会进行机电能量转换，也就不会有感应电动势和电磁转矩。

【任务目标】

（1）掌握直流电机电枢绕组的分类和基本术语。

（2）掌握电枢绕组展开图的绘制方法、电刷和磁极的放置原则。

（3）理解直流电机的空载磁场和电枢反应。

【技能目标】

（1）具有绘制直流电机电枢绕组展开图的能力；并能总结出单叠绕组和单波绕组的特点。

（2）能够利用感应电动势和电磁转矩的公式进行计算。

（3）具有分析直流电机因磁场和绕组的问题而导致故障的能力。

1.2.1　直流电机的电枢绕组

电枢绕组是直流电机产生电磁转矩和感应电动势，实现机电能量转换的枢纽。电枢绕组由许多线圈按一定规律连接而成，它由叠绕组、波绕组和混合绕组等形式。叠绕组又分为单叠绕组和复叠绕组；波绕组也分为单波绕组和复波绕组。单叠绕组和单波绕组是电枢绕组的基本形式，把具有两个出线端的单匝或多匝的线圈称为元件，如图 1-12 和图 1-13 所示，本节主要讨论这两种绕组。

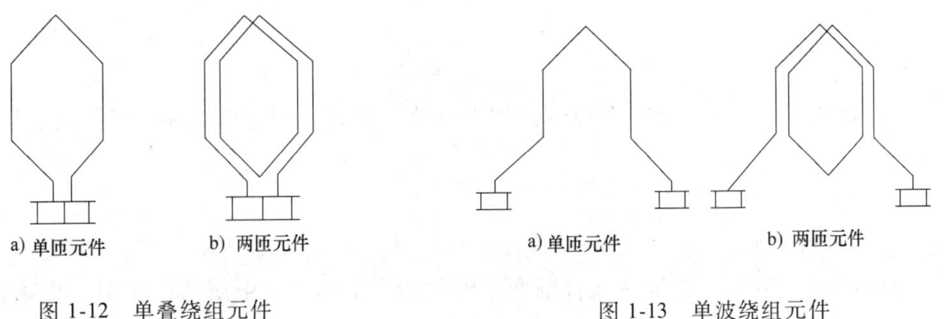

图 1-12　单叠绕组元件　　图 1-13　单波绕组元件

一、电枢绕组的基本概念

1. 电枢绕组元件

电枢绕组元件由绝缘铜线绕制而成，每个元件有两个嵌放在电枢槽中、能与磁场作用产生转矩或电动势的有效边，称为元件边。元件的槽外部分（亦即元件边以外的部分）称为端接部分。每个元件可以是单匝，也可以是多匝。为便于嵌线，每个元件的一个元件边嵌放在某一槽的上层，称为上层边，画图时以实线表示；另一个元件边则嵌放在另一槽的下层，称为下层边，画图时以虚线表示。每个元件有两个出线端，称为首端和尾端，均与换向片相连，最后使整个电枢绕组通过换向片连成一个闭合电路。绕组元件的实际位置如图 1-14 所示。

若电枢每槽里的上、下层只有一个元件边，则整个绕组的元件数 S 应等于槽数 Z。但在多数直流电机的电枢槽中，上、下层并列嵌放了几个元件的元件边，如图 1-15 所示。这时整个绕组的元件数为：$S=uZ$，式中 u 是电枢槽里一层并列的元件边数，此时 $u=3$。

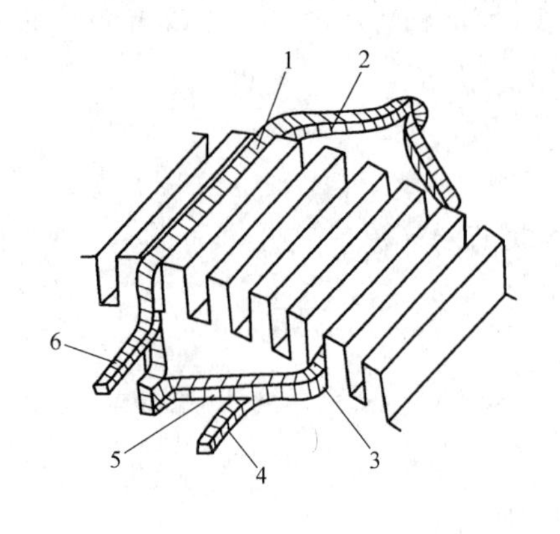

图 1-14 绕组元件在槽中的位置

1—上层元件边 2—端接部分 3—下层元件边
4—尾端 5—端接部分 6—首端

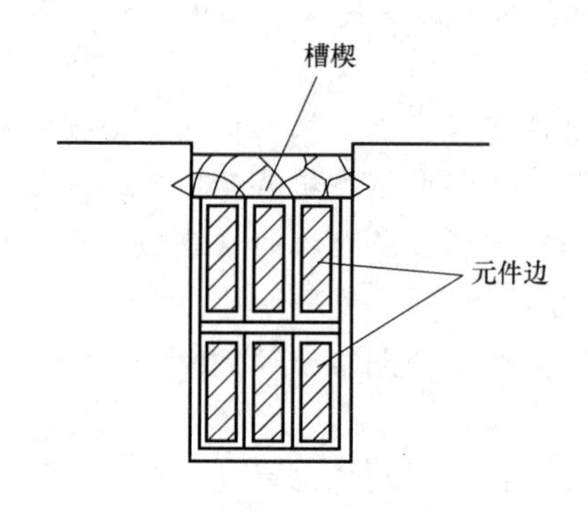

图 1-15 $u=3$ 的元件排列

为了区别同一槽里的各元件边，通常把一个上层元件边与一个下层元件边看成一个“虚槽”，这样虚槽数 $Z_u=uZ$ 就等于元件数 S。另外，由于一个换向片与不同元件的两个出线端相连接，因此一个换向片就对应一个元件，所以换向片数等于元件数。于是，电枢绕组的元件数 S、虚槽数 Z_u、换向片数 K 之间关系为

$$S=Z_u=K \tag{1-3}$$

2. 节距

（1）极距 τ：指一个磁极在电枢圆周上所跨的距离，用虚槽数表示时，其表达式为

$$\tau=\frac{Z_u}{2p} \tag{1-4}$$

式中，p 为磁极对数。

（2）第一节距 y_1：指同一元件的两个元件边在电枢圆周上所跨的距离，用虚槽数表示。为使每个元件的感应电动势最大，第一节距 y_1 应等于一个极距 τ。但 τ 不一定是整数，而 y_1 必须是整数，为此，一般取第一节距：

$$y_1=\frac{Z_u}{2p}\mp\varepsilon=\text{整数} \tag{1-5}$$

式中，ε 为小于 1 的分数。

$y_1=\tau$ 的元件称为整距元件；$y_1<\tau$ 的元件称为短距元件；$y_1>\tau$ 的元件称为长距元件。长距元件的电磁效果与短距元件相近，但端接部分较长，耗铜多，一般不用。

（3）第二节距 y_2：指第一个元件的下层边与直接相连的第二个元件的上层边之间在电枢圆周上的距离，用虚槽数表示，如图 1-16 所示。

（4）合成节距 y：指直接相连的两个元件的对应边在电枢圆周上的距离，用虚槽数表示，如图 1-16 所示，从图中可见：

对于叠绕组 $$y=y_1-y_2 \tag{1-6}$$

对于波绕组 $$y=y_1+y_2 \tag{1-7}$$

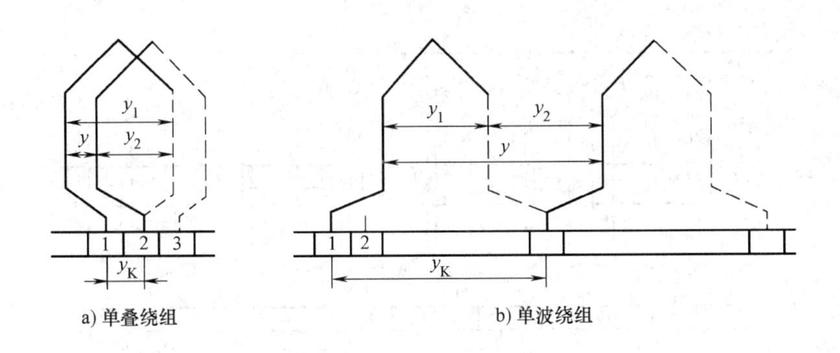

图 1-16　电枢绕组的节距

（5）换向器节距 y_K：指每个元件的首、尾两端所接的两片换向片在换向器圆周上所跨的距离，用换向片数表示，如图 1-16 所示。由于元件数等于换向片数，每连接一个元件时，元件边在电枢表面前进的距离（虚槽数），应当等于其出线端在换向器表面所前进的距离（换向片数），所以换向器节距应当等于合成节距，即：$y_K=y$。

二、单叠绕组

单叠绕组的连接规律是将所有相邻元件依次串联，即后一个元件的首端与前一个元件的尾端相连，同时每个元件的两个出线端依次连接到相邻换向片上，最后形成一个闭合回路。所以单叠绕组的合成节距等于一个虚槽，换向器节距等于一个换向片，即：$y=y_K=\pm1$，式中“+1”表示每串联一个元件就向右移动一个虚槽或一个换向片，称为右行绕组；“-1”表示每串联一个元件就向左移动一个虚槽或一个换向片，称为左行绕组，由于左行绕组的元件接到换向片的连接线互相交错，用铜较多，很少采用。

【例 1-1】　一台直流电机，$Z_u=S=K=16$，$u=1$，$2p=4$，接成单叠右行绕组。

1. 计算节距

第一节距：
$$y_1=\frac{Z_u}{2p}\mp\varepsilon=\frac{16}{4}=4$$

换向器节距和合成节距：
$$y_K=y=1$$

第二节距：
$$y_2=y_1-y=4-1=3$$

2. 绘制绕组展开图

假想把电枢从某一齿的中间沿轴向切开展成平面，所得绕组连接图称为绕组展开图。如图 1-17 所示。绘制直流电机单叠绕组展开图的步骤如下：

（1）画 16 根等长、等距的平行实线代表 16 个槽的上层，在实线旁画 16 根平行虚线代表 16 个槽的下层。一根实线和一根虚线代表一个槽，编上槽号，如图 1-17 所示。

（2）按节距 y_1 连接一个元件。例如，将 1 号元件的上层边放在 1 号槽的上层，其下层边应放在 $1+y_1=1+4=5$ 号槽的下层。由于一般情况下，元件是左右对称的，为此，可把 1 号槽的上层（实线）和 5 号槽的下层（虚线）用左右对称的端接部分连成 1 号元件。注意首端和尾端之间相隔一片换向片宽度（$y_K=1$），为使图形规整起见，取换向片宽度等于一个槽距，从而画出与 1 号元件首端相连的 1 号换向片和与尾端相连的 2 号换向片，并依次画出 3~16 号换向片。显然，元件号、上层边所在槽号和该元件首端所连换向片的编号均相同。

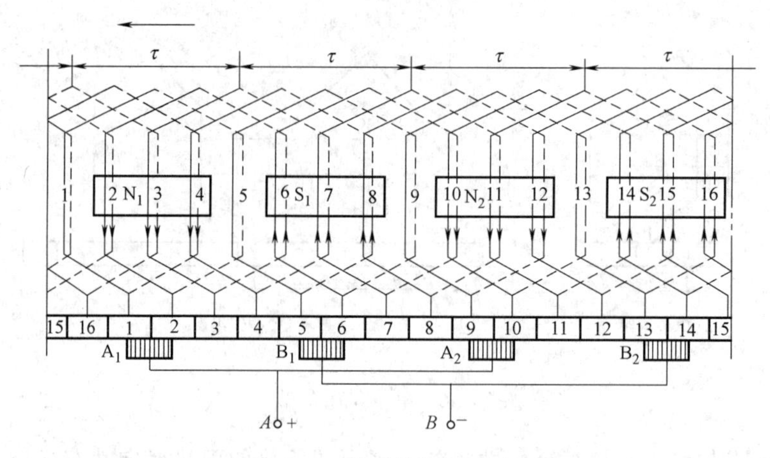

图 1-17　单叠绕组展开图

（3）画 1 号元件的平行线，可以依次画出 2~16 号元件，从而将 16 个元件通过 16 片换向片连成一个闭合的回路。

（4）画磁极，本例有 4 个主磁极，在圆周上应该均匀分布，即相邻磁极中心之间应间隔 4 个槽。设某一瞬间，4 个磁极中心分别对准 3、7、11、15 槽，并让磁极宽度约为极距的 0.6~0.7，画出 4 个磁极，如图 1-17 所示。依次标上极性 N_1、S_1、N_2、S_2，一般假设磁极在电枢绕组的上面。

（5）画电刷，电刷组数也就是刷杆数等于极数，且均匀分布在换向器表面圆周上，相互间隔 16/4=4 片换向片。为使被电刷短路的元件中感应电动势最小，正负电刷之间引出的电动势最大，当元件左右对称时，电刷中心线应对准磁极中心线。图 1-17 中设电刷宽度等于一片换向片的宽度。

设此电机工作在电动机状态，且电枢绕组向左移动，根据左手定则可知，电枢绕组各元件中电流的方向如图 1-17 所示，为此应将电刷 A_1、A_2 并联起来作为电枢绕组的“+”端，接电源正极；将电刷 B_1、B_2 并联起来作为“-”端，接电源负极。如果电机工作在发电机状态，设电枢绕组的转向不变，则电枢绕组各元件中感应电动势的方向用右手定则可知，此时与电动机状态时的电流方向相反，因而电刷的正负极性不变。

3. 单叠绕组连接顺序表

绕组展开图比较直观，但画起来有些麻烦。为简便起见，绕组连接规律也可用连接顺序表表示。本例的连接顺序表如图 1-18 所示。表中上排数字同时代表上层元件边的元件号、槽号和换向片号，下排带“′”的数字代表下层元件边所在的槽号。

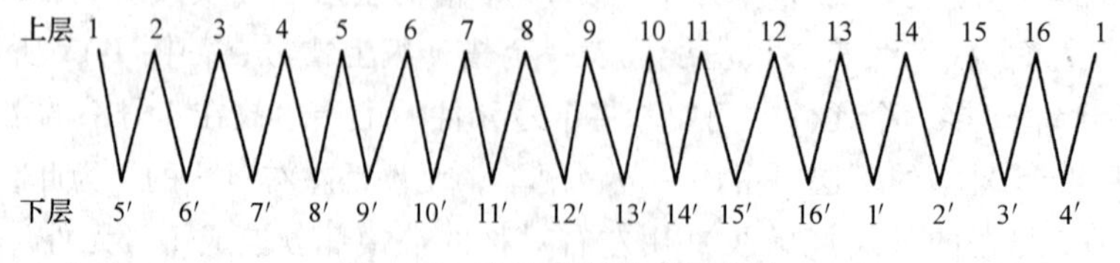

图 1-18　单叠绕组连接顺序表

4. 单叠绕组的并联支路图

保持图 1-17 中各元件的连接顺序不变，将此瞬间不与电刷接触的换向片省去不画，可以得到图 1-19 所示的并联支路图。

5. 单叠绕组的特点

(1) 同一主磁极下的元件串联组成一个支路，则并联支路对数 a 总等于极对数 p，即：$a=p$。

(2) 电刷组数等于主磁极数，电刷位于主磁极的轴线上，短路电动势为零。

(3) 电枢电动势等于支路电动势。

(4) 电枢电流等于各并联支路电流之和。

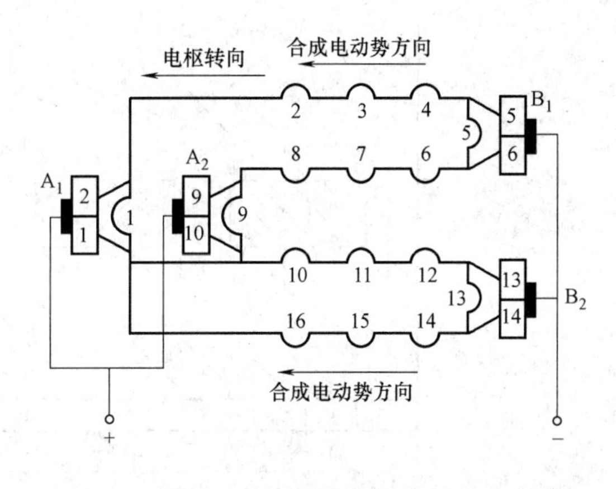

图 1-19　图 1-17 所示瞬间绕组的并联支路图

三、单波绕组

单波绕组的连接规律是从某一换向片出发，将相隔约为一对极距的同极性磁极下对应位置的所有元件串联起来，直至沿电枢和换向器绕过一周后，恰好回到出发换向片的相邻一片上，然后再从此换向片出发，依次连接其余元件，最后回到开始出发的换向片，形成一个闭合回路。

如果电机有 p 对极，元件连接绕电枢一周，就有 p 个元件串联起来。从换向器上看，每连一个元件前进 y_K 片，连接 p 个元件后所跨过的总换向片数应为 py_K。单波绕组在换向器绕过一周后应回到出发换向片的相邻一片上，也就是总共跨过 $K\mp1$ 片，即：$py_K=K\mp1$ 。式中，"-1" 表示元件连接绕一周后所接换向片比出发换向片后退一片，称为左行绕组；"+1" 表示绕一周后前进一片，称为右行绕组。由于右行绕组接到换向片的连接线互相交叉，故很少采用。

换向器节距：
$$y_K=\frac{K-1}{p} \tag{1-8}$$

合成节距：
$$y=y_K \tag{1-9}$$

第二节距：
$$y_2=y-y_1 \tag{1-10}$$

第一节距 y_1 的确定原则与单叠绕组相同。

【例 1-2】　一台直流电机：$Z_u=S=K=15$，$u=1$，$2p=4$，接成单波左行绕组。

1. 计算节距

$$y_1=\frac{Z_u}{2p}\mp\varepsilon=\frac{15}{4}\mp\frac{3}{4}=3$$

$$y=y_K=\frac{K-1}{p}=\frac{15-1}{2}=7$$

$$y_2=y-y_1=7-3=4$$

2. 绘制展开图

绘制单波绕组展开图的步骤与单叠绕组相同，如图 1-20 所示。

3. 单波绕组的连接顺序表

按图 1-20 所示的连接规律可得相应的连接顺序表，如图 1-21 所示。

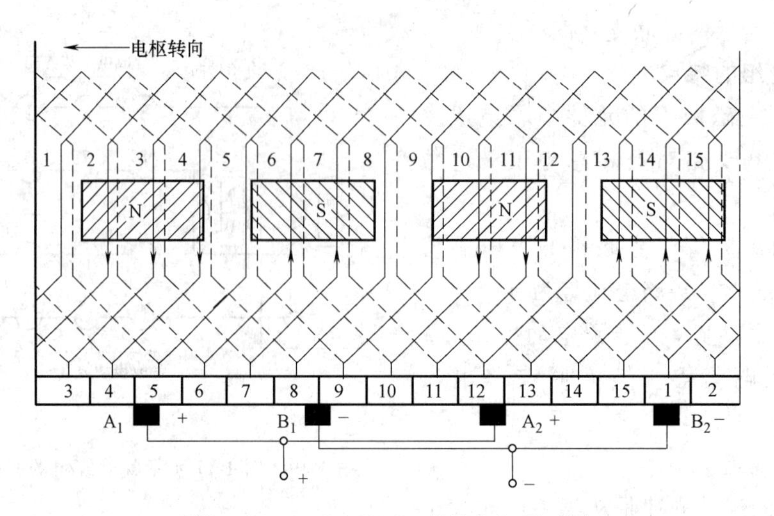

图 1-20　$Z=15$、$2p=4$ 单波绕组展开图

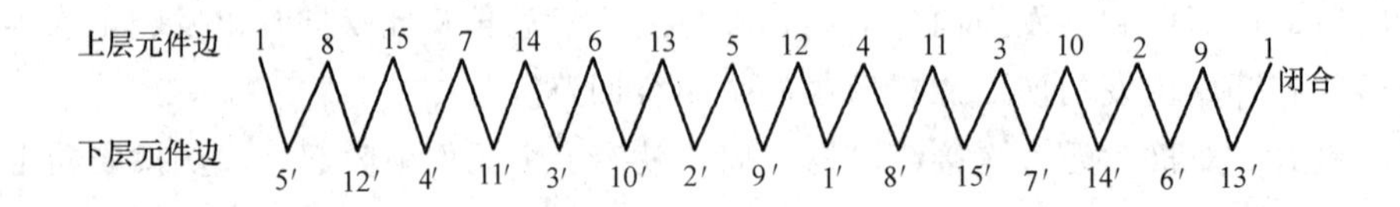

图 1-21　单波绕组连接顺序表

4. 单波绕组的并联支路图

单波绕组的并联支路图如图 1-22 所示。

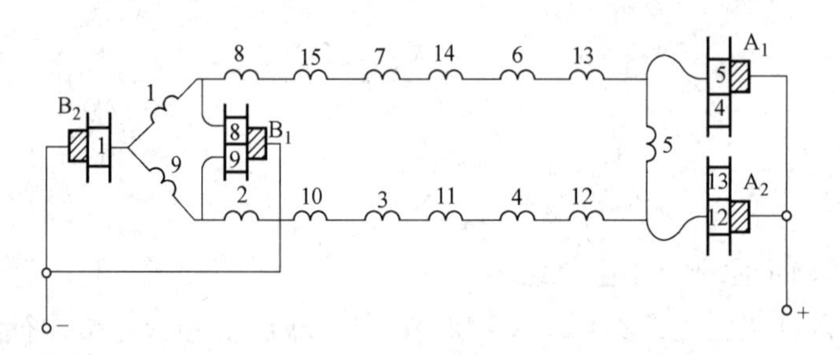

图 1-22　图 1-20 所示瞬间绕组的并联支路图

5. 单波绕组的特点

（1）同一极性主磁极下所有元件串联起来组成一条支路，故并联支路数总是 2，即：$a=1$ 。

（2）单从支路对数来看，单波绕组可以只要两组电刷。但在实际电机中，为缩短换向器长度以降低成本，仍使电刷组数等于磁极数。电刷在换向器表面上的位置也是在主磁极的中心线上。

（3）电枢电动势等于支路电动势。

（4）电枢电流等于两并联支路电流之和。

设绕组每条支路的电流为 i_a，电枢电流为 I_a，无论是单叠绕组还是单波绕组，均有：

$$I_a = 2ai_a \tag{1-11}$$

单叠绕组与单波绕组的主要区别在于并联支路对数的多少。单叠绕组可以通过增加极对数来增加并联支路对数，适用于低电压、大电流的电机。单波绕组的并联支路对数 $a=1$，但每条并联支路串联的元件数较多，故适用于小电流、较高电压的电机。

1.2.2　直流电机的磁场

直流电机在负载运行时，气隙磁场是由电机中各个绕组（包括励磁绕组、电枢绕组、换向极绕组等）共同产生的，且励磁绕组起主要作用。在空载运行时，因电枢电流为零或近似等于零，气隙磁场是由励磁绕组单独产生的，亦称主磁场。

一、直流电机的空载磁场

一台四极直流电机空载磁场的分布示意图如图 1-23 所示。

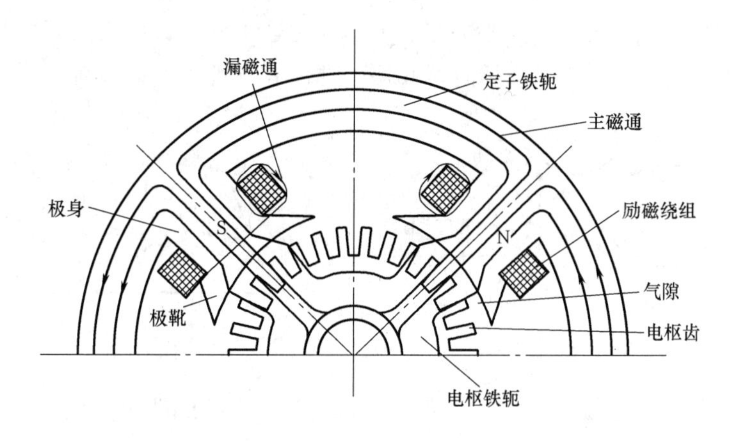

图 1-23　四极直流电机空载时主磁场分布图

1. 主磁通和漏磁通

当磁极上的励磁绕组通以直流电以后，主磁极分别呈现 N、S、N、S 极性。磁通由 N 极进入气隙和电枢齿，分左右两路经电枢轭，再经 S 极下的电枢齿和气隙进入相邻的 S 极，再由定子磁轭回到原来出发的 N 极而自成闭合回路。因此，磁极、气隙、电枢齿、电枢磁轭和定子磁轭共同组成磁场磁路。通过该磁路的磁通称为主磁通，以 Φ_0 表示。Φ_0 既交链着励磁绕组，也交链着电枢绕组。此外，在 N、S 极之间还存在着一少部分磁通，它们不进入电枢铁心，不与电枢绕组相交链，而只与励磁绕组交链构成闭合回路，如图 1-23 中的 Φ_δ 所示，这部分磁通称为漏磁通。因为通常磁阻很大，所以漏磁通很少，一般占总磁通的 15%～20%。

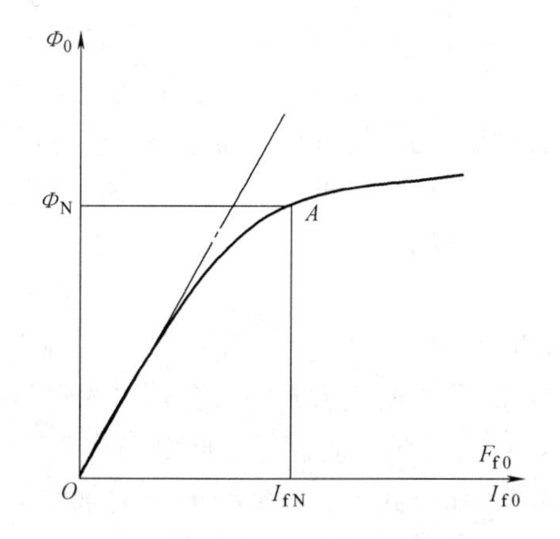

图 1-24　空载磁化特性

2. 直流电机的空载磁化特性

当励磁绕组的匝数 W_f 一定时，主磁通 Φ_0 与励磁电流 I_{f0} 的关系也称为电机的空载磁化特性，如图 1-24 所示。

当磁通较低时，磁路中铁磁材料的磁阻很小，励磁磁动势几乎全部消耗在气隙上，Φ_0 与 I_{f0} 呈直线关系；当 Φ_0 较大时，铁磁材料趋于饱和，使磁阻增大，磁化曲线开始弯曲，Φ_0 与 I_{f0} 呈非直线关系。若要再增加一些磁通，必须增加较多的励磁电流。为充分利用铁磁性材料，又不至于使磁阻太大，电机的工作点一般选在磁化特性开始转弯处，亦即磁路开始饱和的部分（图中 *A* 点附近）。

3. 空载磁场气隙磁通密度分布曲线

主磁极的励磁磁动势主要消耗在气隙上，当近似地忽略主磁路中铁磁性材料的磁阻时，主磁极下气隙磁通密度的分布就取决于气隙 δ 大小分布情况。一般情况下，磁极极靴宽度为极距 τ 的 75%左右，如图 1-25a 所示。磁极中心及其附近，气隙 δ 较小且均匀不变，磁通密度较大且基本为常数；靠近两边极尖处，气隙逐渐变大，磁通密度减小；超出极尖以外，气隙明显增大，磁通密度显著减小；在磁极之间的几何中性线处，气隙磁通密度为零。为此，空载气隙磁通密度分布为一礼帽形的平顶波，如图 1-25b 所示。

磁通密度为零的线与电机轴线所决定的平面为物理中性面，两极之间的几何分界面为几何中性面。当电机只存在主磁极磁场时，几何中性面和物理中性面重合。

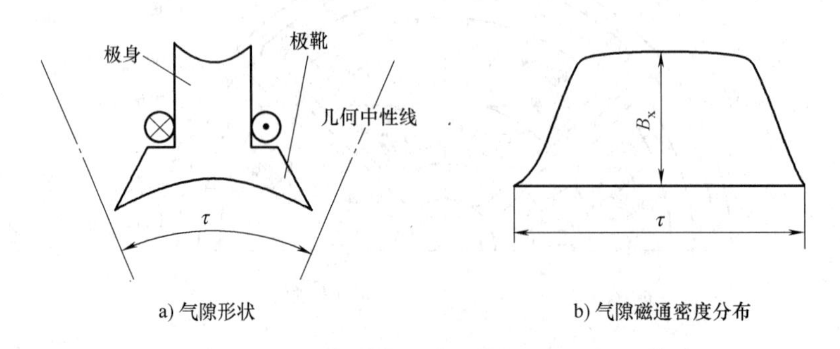

图 1-25　空载时气隙磁通密度分布图

二、直流电机负载时的磁场

1. 气隙磁场分布

当直流电机带上负载时，电枢绕组中有电流流过，电枢电流就会产生磁动势，此时气隙磁场是由主磁极的励磁磁动势和电枢磁动势共同建立的。为简单起见，假设电枢为光滑表面，绕组为整距，元件导体均匀分布在电枢表面。图 1-26 所示为一台两极直流电机气隙磁场分布情况，图中没有画出换向器，所以把电刷直接画在几何中性线处，以表示电刷是通过换向器与处在几何中性线上的元件边相接触的。由于电刷轴线上部所有元件构成一条支路，下部所有元件构成另一条支路，电枢元件边中电流的方向以电刷轴线为分界，则电枢磁场轴线与电刷轴线相重合，在几何中性线上，亦即与主磁极轴线相垂直（正交），故当电刷位于几何中性线处时，将产生交轴电枢磁场。

下面进一步分析电枢磁动势和电枢磁场气隙磁通密度的分布情况。假设图 1-26 所示电机电枢绕组只有一个整距元件，其轴线与磁极轴线相垂直，如图 1-27a 所示。该元件有 W_C 匝，元件中电流为 i_a，每个元件的磁动势为 $W_C i_a$ 安匝，由该元件建立磁场的磁力线分布如图 1-27a 所示。若假想将此电机从几何中性线处切开展平，如图 1-27b 所示。以图中磁力线路径为闭合磁路，根据全电流定律可知，作用在这一闭合磁路的磁动势等于它所包围的全电流 $W_C i_a$。当忽略铁磁性材料的磁阻时，并认为电机的气隙是均匀的，则每个气隙所消耗的

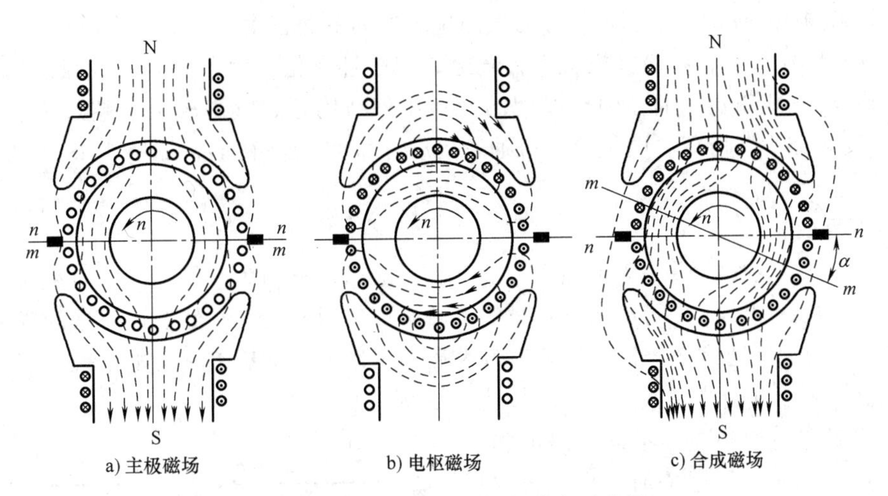

图 1-26　直流电机气隙磁场分布示意图

磁动势为$\frac{1}{2}W_{C}i_{a}$。一般取磁力线自电枢出、定子入时的磁动势为正，反之为负。这样可得一个整距绕组元件产生的磁动势的分布情况，如图 1-27b 所示。说明一个整距元件所产生的电枢磁动势在空间的分布为一个以 2τ 为周期、幅值为$\frac{1}{2}W_{C}i_{a}$ 的矩形波。

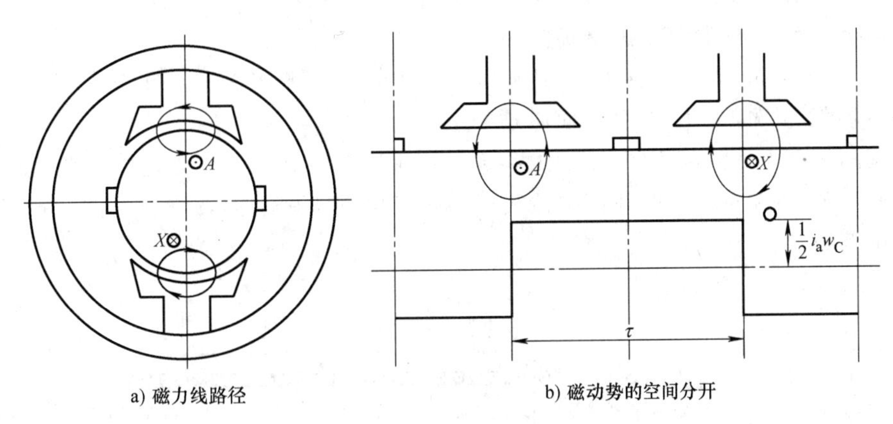

图 1-27　一个绕组元件的磁动势

当电枢绕组有许多整距元件均匀分布于电枢表面时，每一个元件产生的磁动势仍是幅值为$\frac{1}{2}W_{C}i_{a}$ 的矩形波，把这许多个矩形波磁动势叠加起来，可得电枢磁动势在空间的分布为一个以 2τ 为周期的多级阶梯形波。为分析简便起见，可以近似地认为电枢磁动势空间分布为一个三角形波，三角形波磁动势的最大值在几何中性线位置，磁极中心线处为零，如图 1-28 中的 F_{ax} 曲线所示。

如果忽略铁心中的磁阻，认为电枢磁动势全部消耗在气隙上，则根据磁路的欧姆定律，可得电枢磁场磁通密度的表达式为

$$B_{ax}=\mu_0\frac{F_{ax}}{\delta} \tag{1-12}$$

式中，F_{ax}为气隙中x处的磁动势；B_{ax}为气隙中x处的磁通密度。

由式（1-12）可知，在磁极极靴下，气隙δ较小且变化不大，所以，气隙磁通密度B_{ax}与电枢磁动势F_{ax}成正比。而在两磁极间的几何中性线附近，气隙较大，超过F_{ax}增加的程度，使B_{ax}反而减小。所以，电枢磁场磁通密度分布波形为马鞍形，如图1-28中的B_{ax}曲线所示。

2. 电枢反应

直流电机空载时励磁磁动势单独产生的气隙磁通密度分布为一平顶波。负载时，电枢磁动势F_a与励磁磁动势F_f共同建立负载时的气隙合成磁通密度，必然会使原来的气隙磁通密度的分布发生变化。通常把电枢磁动势对气隙磁通密度分布的影响称为电枢反应。

（1）电刷位于几何中性线上。

① 如果磁路不饱和或不考虑磁路饱和现象时，在图1-29中利用叠加原理，将空载磁场的气隙磁通密度分布曲线B_{0x}和电枢磁场的气隙磁通密度分布曲线B_{ax}相加，即得负载时气隙合成磁场的磁通密度分布曲线$B_{\delta x}$。对照曲线B_{0x}和$B_{\delta x}$可见：电枢反应的影响是使气隙磁场发生畸变，使半个磁极下的磁场加强，磁通增加；另半个极下的磁场减弱，磁通减少。由于增加和减少的磁通量相等，每极总磁通Φ维持不变。由于磁场发生畸变，使电枢表面磁通密度等于零的物理中性线偏离了几何中性线。由图1-28可知，对于发电机，物理中性线顺着旋转方向（n_F的方向）偏离几何中性线；而对于电动机则是逆着旋转方向（n_D的方向）偏离几何中性线。

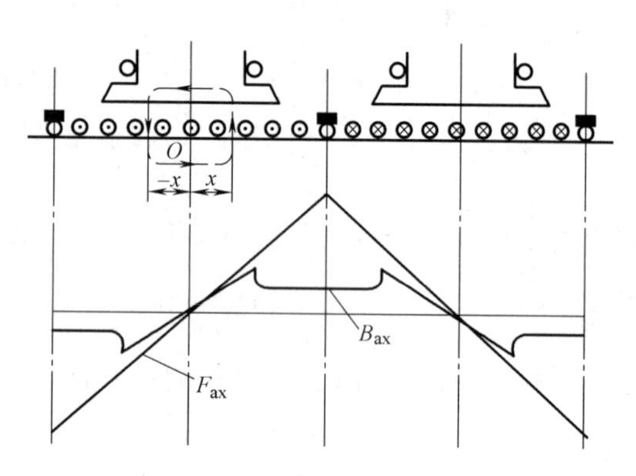

图1-28　电枢磁场的磁动势和磁通密度分布图

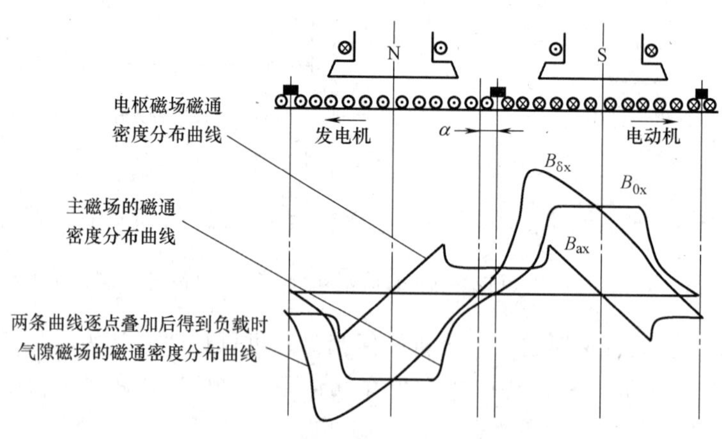

图1-29　直流电机的电枢反应

② 考虑磁路饱和影响时，半个极下磁场相加，由于饱和程度增加，磁阻增大，气隙磁通密度的实际值低于不考虑饱和时的直接相加值；另半个极下磁场相减，饱和程度降低，磁阻减小，气隙磁通密度的实际值略大于不考虑饱和时的直接相加值。亦即半个极下减少的磁

通大于另半个极下增加的磁通，使每极总磁通有所减小。

由以上分析可知，电刷放在几何中性线上时电枢反应的影响为：①使气隙磁场发生畸变。对于发电机，是前极端（电枢进入端）的磁场削弱，后极端（电枢离开端）的磁场加强；对于电动机，则与此相反。②气隙磁场的畸变使物理中性线偏离几何中性线。对于发电机，是顺旋转方向偏离；对于电动机，是逆旋转方向偏离。③磁路饱和时，有去磁作用，使每个极下总的磁通有所减小。

（2）电刷偏离几何中性线处。

当电刷从几何中性线上移过β角时，电枢导体电流所产生的电枢磁动势，除产生交轴电枢磁动势外，还会产生直轴电枢磁动势。如图1-30所示。

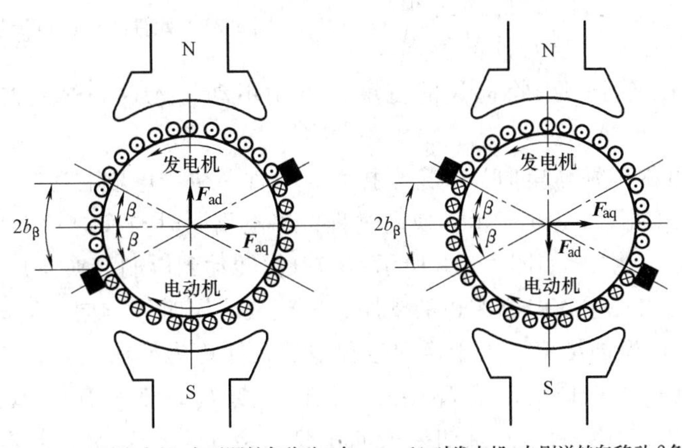

a) 对发电机，电刷顺转向移动β角　　b) 对发电机，电刷逆转向移动β角

图1-30　电刷不在几何中性线上时的电枢磁动势

对交轴电枢反应，其影响与电刷在几何中性线上时相同。对直轴电枢反应产生的影响可证明如下：①电刷顺电枢旋转方向移动β角，对发电机产生的直轴电枢反应将是去磁的；对电动机产生的直轴电枢反应将是增磁的。②电刷逆电枢旋转方向移动β角，对发电机产生的直轴电枢反应将是增磁的；对电动机产生的直轴电枢反应将是去磁的。

电刷不在几何中性线时的电枢反应可用表1-2说明。

表1-2　电刷不在几何中性线时的电枢反应

	电刷顺转向偏移	电刷逆转向偏移
发电机	交轴和直轴去磁	交轴和直轴助磁
电动机	交轴和直轴助磁	交轴和直轴去磁

1.2.3　直流电机中的换向

一、换向的电磁理论

由电机绕组连接分析可知，直流电机的电枢绕组是一闭合绕组，电刷把这一闭合电路分成几个支路，每个支路的元件数相等。一个电刷两边所连接的两条支路中电流方向相反，电枢旋转时，绕组元件从一个支路经电刷，进入另一个支路时，电流方向改变。绕组元件中电流改变方向的过程称为换向。

换向是直流电机中十分重要的问题，换向会使电刷和换向器之间产生火花，严重时会烧坏换向器与电刷，使电机不能正常工作并缩短寿命。我国对电机换向时产生的火花等级与允许的运行状态有相应的规定。

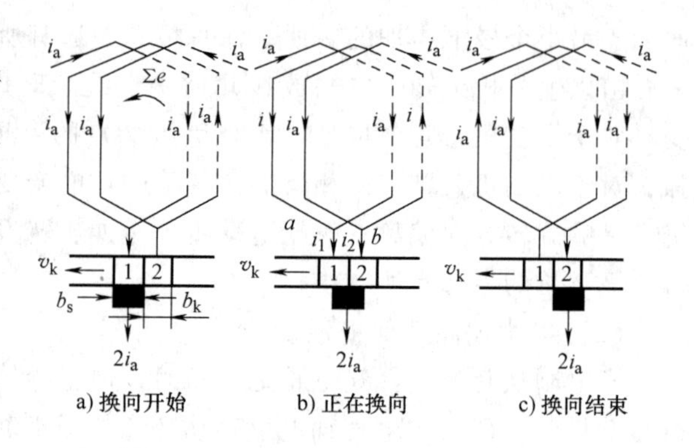

图 1-31　元件 1 中的电流换向过程

1. 换向过程

电枢绕组中每个元件都要经过换向过程，所有元件在换向过程中的情况一样，因此只需讨论一个元件的换向过程就可以了。图 1-31 表示 1 号元件的换向过程。设电刷的宽度等于一个换向片的宽度，电刷不动，元件和换向器以速度 v 自右向左运动。

换向开始时，电刷正好与换向片 1 完全接触，元件 1 位于电刷右边一条支路，设电流为 $+i_a$，方向为逆时针，如图 1-31a 所示。换向过程中，电刷同时与换向片 1 和 2 接触，1 号元件被短路，元件中电流为 i，如图 1-31b 所示。当电枢转动到电刷与换向片 2 完全接触时，1 号元件从电刷右边的支路进入电刷左边的支路，电流变为顺时针方向，即为 $-i_a$，如图 1-31c 所示。至此，1 号元件换向结束。处于换向过程中的元件称为换向元件，从换向开始到换向结束所经历的时间称为换向周期，用 T_k 表示。换向周期 T_k 一般只有千分之几秒甚至更短的时间，但换向的过程比较复杂，而且如果换向不良，会在电刷与换向器之间产生较大的火花。微弱的火花对直流电机的正常运行没有影响，如果火花超过一定限度，就会烧坏电刷和换向器，使电机不能正常工作。产生火花的原因是多方面的，除电磁原因外，还有机械方面的原因，换向过程中还伴随有电化学、电热等因素，所以比较复杂。下面只讨论电磁原因产生的火花以及改善换向的方法。

2. 换向元件中的电动势

换向过程中，换向元件回路中会有电抗电动势和旋转电动势存在，对换向产生不利影响。

（1）电抗电动势 e_r。换向元件中的电流在换向周期 T_k 内，由 $+i_a$ 变化为 $-i_a$，必将在换向元件中产生自感电动势 e_L。另外，实际电机的电刷宽度通常为 2～3 片换向片宽，因而相邻几个元件同时进行换向，由于互感作用，换向元件中还会产生由于相邻元件电流变化时在本元件中引起的互感电动势，用 e_M 表示。通常将自感电动势 e_L 和互感电动势 e_M 合起来，称为电抗电动势，用 e_r 表示。根据楞次定律，电抗电动势 e_r 的作用总是阻碍电流变化的。因此，e_r 的方向与元件换向前电流 $+i_a$ 的方向相同。

（2）旋转电动势 e_a。由于电枢反应使气隙磁场发生畸变，使几何中性线上电刷处的磁场并不为零，换向元件旋转时切割该磁场所感应的电动势称为旋转电动势，也称电枢反应电动势，用 e_a 表示。

可以证明，无论是在电动机还是发电机运行状态，换向元件切割电枢磁场所产生的旋转电动势 e_a 总与元件换向前的电流 $+i_a$ 的方向相同。

3. 换向元件中电流变化的规律

由电磁原因产生的电磁性火花，可分为直线换向、延迟换向和超越换向。

（1）直线换向。换向元件中的电流决定于该元件中的感应电动势和回路的电阻。假设换向元件中没有任何电动势（$e_r+e_a=0$），且将换向元件、引线与换向片的电阻均忽略不计，回路中只有电刷与换向片1的接触电阻 r_1 和电刷与换向片2的接触电阻 r_2，则换向元件中的电流只决定于回路中的电阻 r_1 和 r_2 的大小，这种换向情况称为电阻换向。

根据基尔霍夫电压定律，可得换向元件回路的电压方程式为：$i_1r_1-i_2r_2=0$，即

$$\frac{i_1}{i_2}=\frac{r_2}{r_1} \tag{1-13}$$

式中，i_1、i_2 分别为流过换向片1、2的电流。

电刷与换向片之间的接触电阻与接触面积成反比，即

$$\frac{r_2}{r_1}=\frac{A_1}{A_2} \tag{1-14}$$

式中，A_1、A_2 分别为电刷与换向片1、2的接触面积。

得：

$$\frac{i_1}{i_2}=\frac{r_2}{r_1}=\frac{A_1}{A_2} \tag{1-15}$$

即：

$$\frac{i_1}{A_1}=\frac{i_2}{A_2} \tag{1-16}$$

可见，换向过程中，电刷下的电流密度总是均匀的，换向元件的电流 i 均匀地由 $+i_a$ 变为 $-i_a$，变化过程为一条直线，如图1-32中的直线换向所示。直线换向时不产生火花，故又称为理想换向。

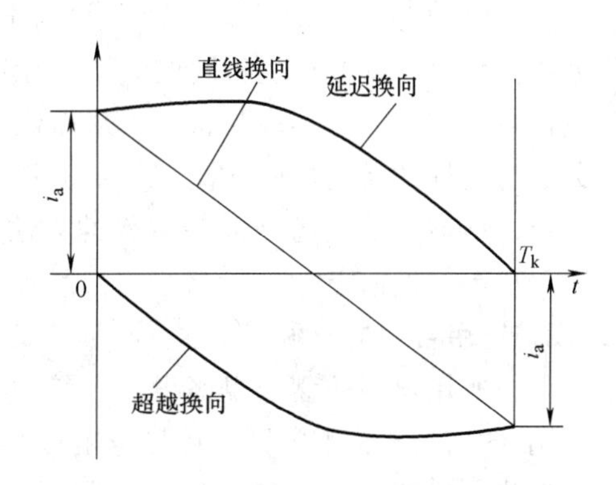

图1-32　换向过程中的元件电流变化曲线

（2）延迟换向。当 $e_r+e_a>0$ 时，因电抗电动势 e_r 和旋转电动势 e_a 的方向相同，都企图阻碍换向元件中电流的变化，使换向电流的变化延迟，这种情况称为延迟换向。由电动势 e_r+e_a 在换向元件中产生的电流，称为附加换向电流，用 i_k 表示。即

$$i_k=\frac{\sum e}{r_1+r_2}=\frac{e_r+e_a}{r_1+r_2} \tag{1-17}$$

附加换向电流 i_k 的方向与换向前电流 $+i_a$ 的方向相同，如图1-32中的延迟换向曲线所示。实际的换向电流应是直线换向曲线和延迟换向曲线的合成。

当 $\sum e$ 足够大时，该元件换向结束瞬间，即 $t=T_k$ 时，附加换向电流 $i_k\neq0$，而为 i_{kr}，所以，换向元件中还储存一部分磁场能量 $\frac{1}{2}L_r i_{kr}^2$，由于能量不能突变，$\frac{1}{2}L_r i_{kr}^2$ 就会以弧光放电的形式释放出来，因而在电刷后端与换向片之间产生火花。

（3）超越换向。当 $e_r+e_a<0$ 时，附加换向电流 i_k 将反向，因而换向元件中电流改变方向的时刻将比直线换向提前，这种换向称为超越换向，如图1-32中的超越换向曲线所示。同样，超越换向会在电刷前端与换向片之间产生火花。轻微的超越换向对换向有一定好处，

但过度的超越换向也是不好的。

二、改善换向的方法

换向不良会使电刷下出现火花，使换向器表面受到损伤，电刷磨损加快，严重时会使换向器烧毁。为使直流电机在换向良好的直线换向下运行，必须减少或消除附加换向电流 i_k，即使换向元件中的合成电动势 $e_r+e_a=0$。

1. 装设换向极

换向极装设在相邻两主磁极之间的几何中性线上，如图 1-33 所示。换向极的作用是在换向区建立一个换向极磁场，其方向与电枢反应磁场方向相反，使换向元件切割该磁场时产生一个附加电动势 e_k，其大小与电抗电动势 e_r 及旋转电动势 e_a 之和相等、且方向相反。使换向元件回路中的合成电动势 $\sum e=e_k+e_a+e_r$ 为零，换向过程为直线换向。

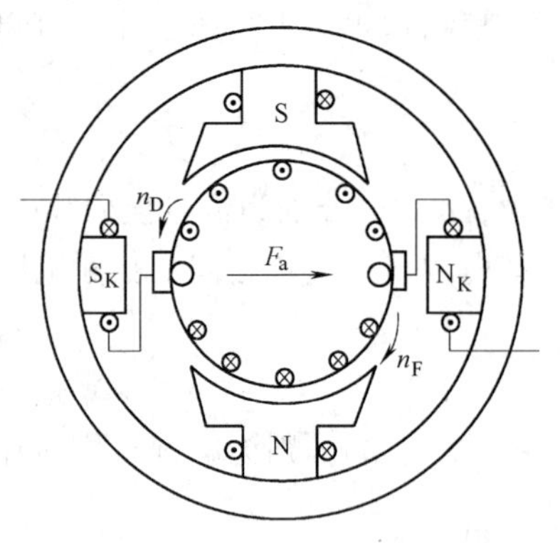

图 1-33　用换向极改善换向

为使换向极磁场的方向与电枢磁场的方向相反，由图 1-33 可以看出：对于发电机，换向极的极性应与顺电枢旋转方向的下一个主磁极极性相同；对于电动机，换向极的极性应与顺电枢旋转方向的下一个主磁极极性相反。

电抗电动势 e_r 和旋转电动势 e_a 均与电枢电流成正比，为使换向极磁场在电枢电流随负载大小变化时，都能产生不同的 e_k 以抵消 e_r 和 e_a 的影响，换向极绕组应与电枢绕组串联，并使换向极磁路处于不饱和状态，从而保证负载变化时换向元件回路中的总电动势总接近于零，都有良好的换向。

装设换向极是改善换向最有效的方法，容量在 1kW 以上的直流电机几乎都装有与主磁极数目相等的换向极。

2. 选用合适的电刷

电机所用电刷的型号规格很多，其中碳-石墨电刷的接触电阻最大，石墨电刷和电化石墨电刷次之，铜-石墨电刷的接触电阻最小。

直流电机如果选用接触电阻大的电刷，有利于换向，但接触压降较大，电能损耗大，发热严重。同时由于这种电刷允许电流密度较小，电刷接触面积和换向器尺寸以及电刷的摩擦都将增大。设计制造电机时应综合考虑各方面的因素，选择恰当的电刷牌号。为此，在使用维修中，欲更换电刷时，必须选用与原来同一牌号的电刷，如果确实配不到相同牌号的电刷，那就尽量选择特性与原来接近的电刷，并全部更换。根据长期运行经验，对于换向并不困难、负载均匀、电压在 80~120V 的中小型电机，通常采用石墨电刷，一般正常使用的中小型电机和电压在 220V 以上或换向较困难的电机采用电化石墨电刷，而对于低压大电流的电机则采用金属石墨电刷。

3. 装配补偿绕组

补偿绕组嵌放在主磁极极靴上专门冲出的槽内或励磁绕组外面，该绕组与电枢绕组串联，产生的磁场方向与电枢反应的磁通方向相反，用以抵消电枢反应的磁通，以减小电抗电动势 e_r 和旋转电动势 e_a。装配补偿绕组使电机结构复杂，成本增加，因此，只有在负载变化很大的大、中型直流电机中使用。

1.2.4　直流电机的电枢电动势和电磁转矩

一、电枢电动势

电枢电动势是指直流电机正负电刷之间的感应电动势，也就是一条并联支路的电动势。电枢旋转时，电枢绕组元件边内的导体切割气隙合成磁场，产生感应电动势。由于气隙合成磁通密度在一个极下的分布不均匀，如图1-29中的 $B_{\delta x}$ 曲线所示，所以导体中感应电动势的大小是变化的。为分析推导方便起见，可把磁通密度看成是均匀分布的，取一个极下气隙磁通密度的平均值 B_{av}，从而可得一根导体在一个极距范围内切割气隙磁通密度产生电动势的平均值 e_{av}，其表达式为

$$e_{av}=B_{av}lv \tag{1-18}$$

式中，B_{av} 为一个极下气隙磁通密度的平均值，称为平均磁通密度；l 为电枢导体的有效长度（槽内部分）；v 为电枢表面的线速度。

由于

$$B_{av}=\frac{\Phi}{l\tau} \tag{1-19}$$

$$v=\frac{n}{60}2p\tau \tag{1-20}$$

因而

$$e_{av}=\frac{\Phi}{l\tau}l\frac{n}{60}2p\tau=\frac{2p}{60}\Phi n \tag{1-21}$$

设电枢绕组总的导体数为 N，$N=2SW_C$，则每一条并联支路总的串联导体数为 $\frac{N}{2a}$，因而电枢绕组的感应电动势为

$$E_a=\frac{N}{2a}e_{av}=\frac{pN}{60a}\Phi n=C_e\Phi n \tag{1-22}$$

式中，C_e 为电动势常数，只与电机的结构有关，$C_e=\frac{pN}{60a}$。

每极磁通 Φ 的单位用Wb（韦伯）、转速 n 的单位用r/min（转/分）时，电动势 E_a 的单位为V（伏）。

二、电磁转矩

电枢绕组中流过电枢电流 I_a 时，元件的导体中流过支路电流 i_a，成为载流导体，在磁场中受到电磁力的作用。电磁力 f 的方向按左手定则确定，如图1-29所示。一根导体所受电磁力的大小为

$$f_x=B_{\delta x}li_a \tag{1-23}$$

如果仍把气隙合成磁场看成是均匀分布的，气隙磁通密度用平均值 B_{av} 表示，则每根导体所受电磁力的平均值为

$$f_{av}=B_{av}li_a \tag{1-24}$$

一根导体受到电磁力，对转轴形成电磁转矩，其大小为

$$T_{av}=f_{av}\frac{D}{2} \tag{1-25}$$

式中，D 为电枢外径。

不同极性磁极下的电枢导体中电流的方向也不同，所以电枢所有导体产生的电磁转矩方向都是一致的，因而电枢绕组的电磁转矩等于一根导体电磁转矩的平均值 T_{av} 乘以电枢绕组总的导体数 N，即

$$T = NT_{av} = NB_{av}li_{a}\frac{D}{2} = N\frac{\Phi}{l\tau}l\frac{I_{a}}{2a}\frac{1}{2}\frac{2p\tau}{\pi} = \frac{pN}{2\pi a}\Phi I_{a} = C_{T}\Phi I_{a} \tag{1-26}$$

式中，C_T 为转矩常数，只与电机的结构有关，$C_T = \dfrac{pN}{2\pi a}$；τ 为用电枢外径表示的极距，$\tau = \dfrac{\pi D}{2p}$。

磁通 Φ 的单位用 Wb，电流 I_a 的单位用 A 时，电磁转矩 T 的单位为 N · m（牛 · 米）。

对于同一台直流电机，电动势常数 C_e 和转矩常数 C_T 之间具有确定关系：

$$C_{T} = \frac{60a}{2\pi a}C_{e} = 9.55C_{e} \tag{1-27}$$

应该注意，电枢电动势和电磁转矩同时存在于发电机和电动机中，计算公式相同，但所起作用却是各不相同。电枢电动势在直流发电机中对外电路来说相当于电源电动势，与电流同方向；在直流电动机中则相当于反电动势，与电流方向相反。电磁转矩在直流发电机中是制动转矩，与转向相反；在直流电动机中则是驱动转矩，与转向相同。

任务 1.3　直流发电机的运行分析

【任务引入】

将机械能变为直流电能的电机称为直流发电机，直流发电机可以作为各种直流电源，如直流电机电源、化学工业中的电解电镀所需的低电压大电流的直流电源、直流电焊机电源等。

【任务目标】

(1) 了解直流发电机的分类。

(2) 掌握直流发电机的基本方程式。

(3) 掌握他励和并励直流发电机的基本特性。

【技能目标】

(1) 能够根据直流发电机的基本方程式、工作特性选择直流发电机。

(2) 能够利用工作原理和工作特性分析查找直流发电机的故障原因并排除故障。

1.3.1　直流发电机的励磁方式

供给励磁绕组电流的方式称为励磁方式。励磁方式分为他励和自励两大类，自励方式又分为并励、串励和复励三种。

一、他励直流发电机

励磁绕组由其他直流电源单独供电，与电枢绕组之间没有电的联系，如图 1-34 所示。他励直流发电机的电枢电流和负载电流相同，即：$I = I_a$。

二、并励直流发电机

励磁绕组与电枢绕组并联，由同一电源供电，如图 1-35 所示。励磁电压等于电枢绕组

端电压，即：$U=U_f$；且满足：$I_a=I+I_f$。

他励和并励发电机的励磁电流只有电机额定电流的1%~5%，所以励磁绕组的导线细、匝数多。

三、串励直流发电机

励磁绕组与电枢绕组串联后再接直流电源，如图1-36所示。满足：$I=I_a=I_f$。

因励磁电流等于电枢电流，所以励磁绕组的导线粗、匝数少。

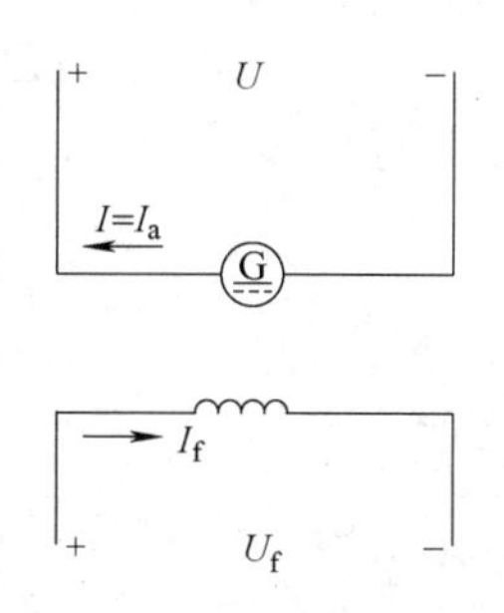

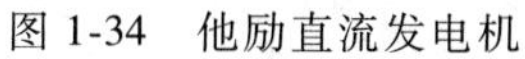

图1-34　他励直流发电机

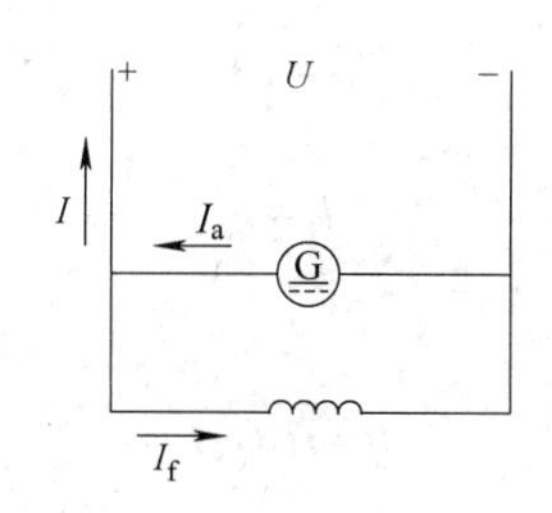

图1-35　并励直流发电机

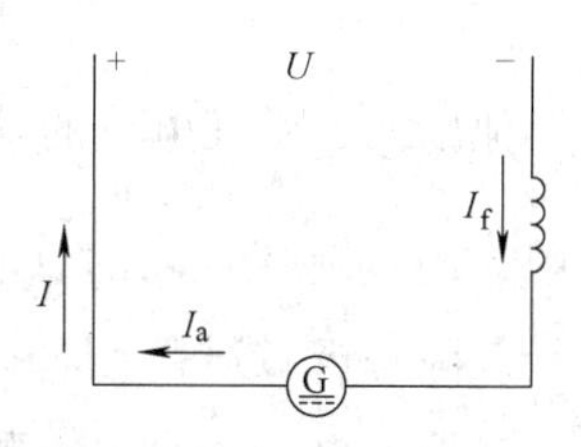

图1-36　串励直流发电机

四、复励直流发电机

每个主磁极上套有两个励磁绕组，一个与电枢绕组并联，称为并励绕组；一个与电枢绕组串联，称为串励绕组。电枢绕组可以先与串励绕组串联，再与并励绕组并联，如图1-37a所示；电枢绕组也可以先与并励绕组并联，再与串励绕组串联，如图1-37b所示。两个励磁绕组产生的磁动势方向相同时称为积复励式；两个励磁绕组产生的磁动势方向相反时称为差复励式。

1.3.2　直流发电机的基本方程式

图1-38为一台他励直流发电机的示意图。电枢旋转时，电枢绕组切割主磁通，产生电枢电动势 E_a，如果外电路接有负载，则产生电枢电流 I_a，按发电机惯例，I_a 的正方向与 E_a 相同，端电压 U 的正方向与 I_a 相同。

一、电动势平衡方程式

由基尔霍夫电压定律，可以列出电压平衡方程式：

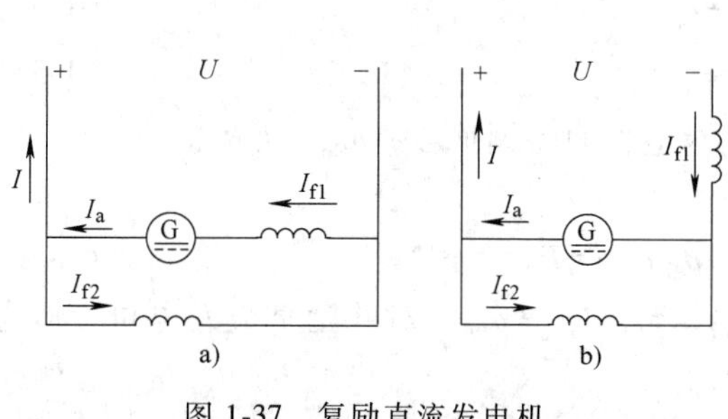

图1-37　复励直流发电机

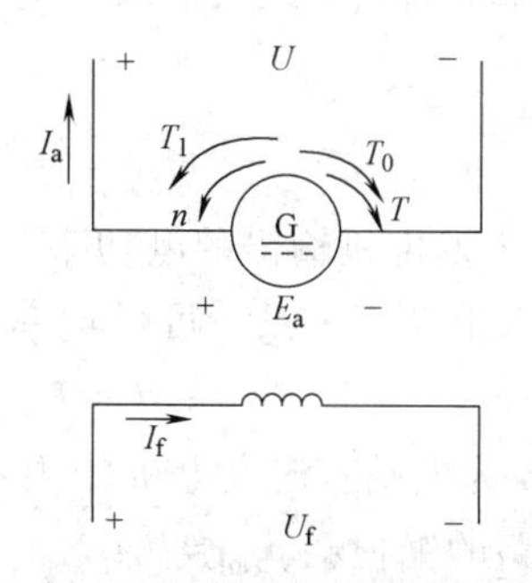

图1-38　他励直流发电机

$$U=E_a-I_aR_a \tag{1-28}$$

式中，R_a 为电枢回路总电阻（包括电刷接触电阻）。

对于发电机，电枢电动势 E_a 应大于端电压 U。

电枢感应电动势：$E_a = C_e \Phi n$

二、转矩平衡方程式

直流发电机以转速 n 稳态运行时，作用在电机轴上的转矩有三个：一个是原动机的拖动转矩 T_1，方向与 n 相同；一个是电磁转矩 T，方向与 n 相反，为制动性质的转矩；还有一个是由电机的机械损耗及铁损耗引起的空载损耗转矩 T_0，也是制动性质的转矩。因此，可以写出稳态运行时的转矩平衡方程式：

$$T_1 = T + T_0 \tag{1-29}$$

他励或并励发电机的励磁电流：

$$I_f = \frac{U_f}{R_f} \tag{1-30}$$

式中，R_f 为励磁回路的总电阻。

气隙每极磁通：

$$\Phi = f(I_f, I_a) \tag{1-31}$$

显然，Φ 的大小由空载磁化特性和电枢反应决定。

三、功率平衡方程式

将转矩平衡方程式乘以电枢机械角速度 $\Omega\left(\Omega = \frac{2\pi n}{60}\right)$，得

$$T_1\Omega = T\Omega + T_0\Omega \tag{1-32}$$

可以写成：

$$P_1 = P_{em} + p_0 \tag{1-33}$$

式中，P_1 为原动机输给发电机的机械功率，即输入功率，$P_1 = T_1\Omega$；

P_{em} 为发电机的电磁功率，$P_{em} = T\Omega$；p_0 为发电机的空载损耗功率，包括机械损耗 p_ω 和铁损耗 p_{Fe}，$p_0 = T_0\Omega$。

电磁功率：

$$P_{em} = T\Omega = \frac{pN}{2\pi a}\Phi I_a \frac{2\pi n}{60} = \frac{pN}{60a}\Phi I_a n = E_a I_a \tag{1-34}$$

从 $P_{em} = T\Omega$ 可知，电磁功率具有机械功率性质；从 $P_{em} = E_a I_a$ 可知，电磁功率又具有电功率性质。电磁功率实质是电机由机械能转换为电能的那一部分功率。

将电压平衡方程式两边乘以电枢电流 I_a，得

$$E_a I_a = U I_a + I_a^2 R_a \tag{1-35}$$

即

$$P_{em} = P_2 + p_{Cua} \tag{1-36}$$

式中，P_2 为发电机输出的电功率，$P_2 = U I_a$；p_{cua} 为电枢回路铜损耗，$p_{Cua} = I_a^2 R_a$。

综合以上功率关系，可得功率平衡方程式为

$$P_1 = P_{em} + p_0 = P_2 + p_{Cua} + p_\omega + p_{Fe} = P_2 + \sum p \tag{1-37}$$

式中，$\sum p$ 为他励直流发电机的内部总损耗，$\sum p = p_{Cua} + p_\omega + p_{Fe}$。对并励直流发电机，应考虑励磁回路的铜损耗 $p_{Cuf} = U_f I_f$。

直流发电机的效率为

$$\eta = \frac{P_2}{P_1} \times 100\% = \left(1 - \frac{\sum p}{P_2 + \sum p}\right) \times 100\% \tag{1-38}$$

1.3.3　他励直流发电机的运行特性

一、空载特性

当 $n=n_N$、$I_a=0$ 时，端电压 U_0 与励磁电流 I_f 之间的关系 $U_0=f(I_f)$ 称为空载特性。空载时，$U=E_a$。由于 $E_a=C_e\Phi n$，因此空载特性实质上就是 $E_a=f(I_f)$。由于 E_a 正比于 Φ，所以空载特性曲线的形状与空载磁化特性曲线相同。

空载特性可以通过空载试验来测定，试验电路如图 1-39 所示。发电机由原动机拖动，转速 n 保持恒定，刀开关 S 断开，逐步调节励磁回路的分压电阻 r_f，使励磁电流 I_f 单方向由零逐步增大，直至 $U_0\approx1.25U_N$ 为止。然后单方向逐步减小 I_f，直至 $I_f=0$，测取相应的 U_0 和 I_f，作出特性曲线如图 1-40 所示。

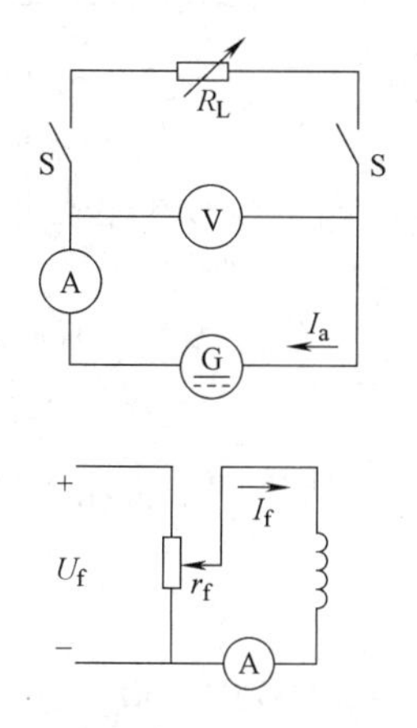

图 1-39　他励直流发电机试验电路

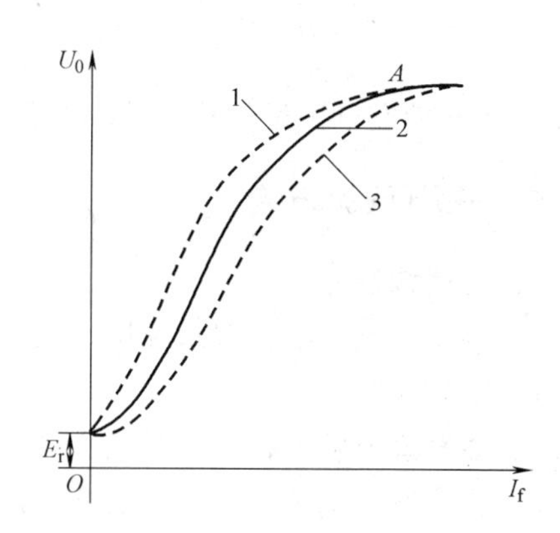

图 1-40　他励直流发电机的空载特性

由于铁磁性材料的磁滞现象，所求特性的上升分支 1 和下降分支 3 不重合，一般取其平均值作为该电机的空载特性，称为平均空载特性，如图中曲线 2 所示。图中 $I_f=0$ 时 $U_0=E_r$，为剩磁电压，为额定电压的 2%～4%。

一般情况下，电机的额定电压处于空载特性曲线开始弯曲的线段上，即图中 A 点附近。因为如果工作于不饱和部分，磁路导磁截面积大，用铁量多，且较小的磁动势变化会引起电动势和端电压的明显变化，造成电压不稳；如果工作在太饱和部分，会使励磁电流太大，用铜量增加，同时使电压的调节性能变差。

空载特性应在电机的额定转速下测出。如果转速不是额定值，则空载特性应按转速成正比地上升或下降。

二、外特性

$n=n_N$、$I_f=I_{fN}$时，端电压 U 与负载电流 I 之间的关系 $U=f(I)$ 称为外特性。

外特性可以通过负载试验来确定，试验电路如图 1-39 所示。发电机由原动机拖动，转速 n 保持恒定，在负载电阻 R_L 置于最大位置时合上刀开关 S，同时调节励磁电流 I_f 和负载电阻 R_L，使 $U=U_N$、$I=I_N$，这时的 I_f 称为额定励磁电流 I_{fN}，保持 $I_f=I_{fN}$不变，调节 R_L，使 I 从零增加到 $1.2I_N$ 左右，测取各点相应的 I 和 U，就可得到他励直流发电机的外特性，如图 1-41 所示，它是一条稍稍向下倾斜的曲线。

他励直流发电机的负载电流 I（亦即电枢电流 I_a）增大时，端电压有所下降。从电压方程式 $U=E_a-I_aR_a$ 分析可以得知，使端电压 U 下降的原因有两个：一是当 I 增大时，电枢回路电阻上压降 I_aR_a 增大，引起端电压下降；二是当 I 增大时，电枢磁动势增大，电枢反应的去磁作用使每极磁通 Φ 减小，E_a 减小，从而引起端电压 U 下降。

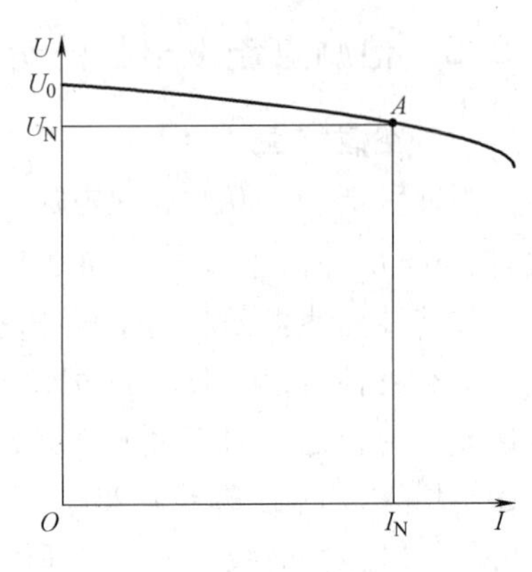

图 1-41　他励直流发电机的外特性

发电机端电压随负载电流增大而降低的程度，用电压变化率来表示。电压变化率是指 $n=n_N$、$I_f=I_{fN}$ 时发电机由额定负载（$U=U_N$、$I=I_N$）过渡到空载（$U=U_0$、$I=0$）时电压升高的数值对额定电压的百分比。即

$$\Delta U=\frac{U_0-U_N}{U_N}\times 100\% \tag{1-39}$$

ΔU 是衡量发电机运行性能的一个重要数据，他励发电机的电压变化率为 5%～10%。

1.3.4　并励直流发电机

一、空载特性

并励直流发电机的空载特性同样是在他励方式下测得的，所以测取方法和特性形状与他励直流发电机相同。

二、并励直流发电机的自励条件

并励直流发电机不需要其他直流电源励磁，使用方便，应用较广。但一开始，电压尚未建立以前，励磁电流为零。如何在一定条件下，使发电机的端电压和励磁电流互相促进，使电压不断提高，直至所需数值，这就是首先要分析的自励建压过程。

图 1-42 表示并励直流发电机的原理接线图。图 1-43 表示并励发电机空载时（S 断开）自励建压的过程，曲线 1 是发电机的空载特性，即 $U_0=f(I_f)$；曲线 2 是励磁回路的伏安特性 $U_0=U_f=f(I_f)$，此特性为一直线，且其斜率等于励磁回路总电阻 R_f，故称为磁场电阻线。

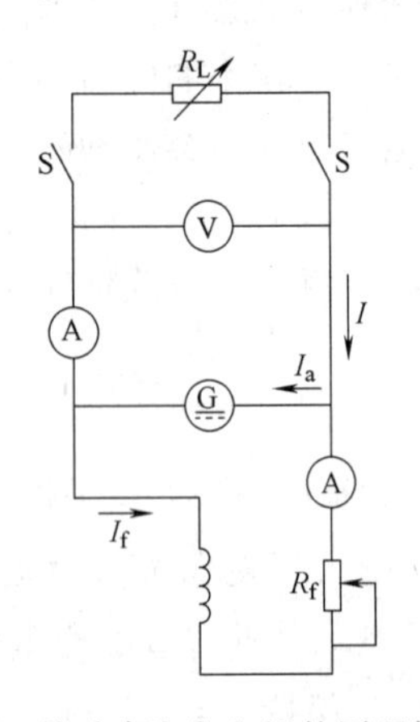

图 1-42　并励直流发电机的原理接线图

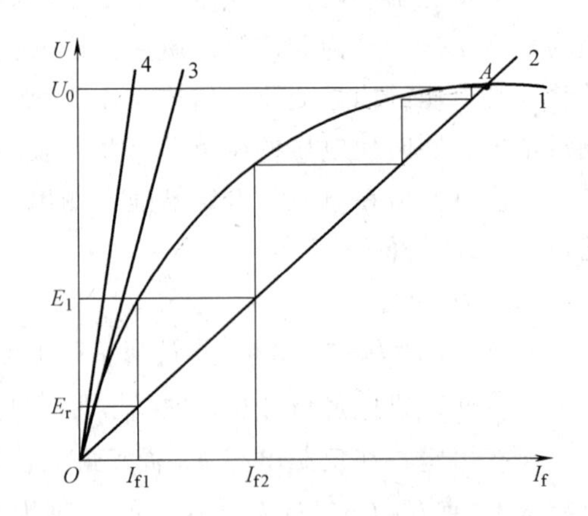

图 1-43　并励直流发电机自励建压过程

如果电机磁路有剩磁，当原动机拖动发电机电枢朝规定的方向旋转时，电枢绕组切割剩

磁产生不大的剩磁电动势 E_r，作用在励磁回路，产生一个很小的励磁电流 I_{f1}，如果励磁绕组并联到电枢绕组的极性正确，则 I_{f1} 产生的励磁磁通与剩磁磁通方向一致，使总磁通增加，感应电动势增大为 E_1，励磁电流随之增大为 I_{f2}。如此互相促进，不断增长，空载电压就能建立起来。如果并励绕组与电枢两端的连接不正确，使励磁磁通与剩磁磁通方向相反，剩磁被削弱，电压就建立不起来。

由于并励直流发电机的自励过程结束，进入稳态运行时，既要满足空载特性，又要满足励磁回路的伏安特性，因此最后必然稳定在两条特性的交点 A 上。A 点所对应的电压即为发电机自励建立起来的空载电压。显然，如果增大励磁回路的调节电阻 r_f，从而使 R_f 增大，则励磁回路伏安特性的斜率加大，A 点沿空载特性下移，空载电压降低。当励磁回路总电阻增加到 R_{cr}时，伏安特性与空载特性直线部分相切（曲线 3），没有明确的交点，空载电压没有稳定值，这时励磁回路的电阻值 R_{cr}称为临界电阻。如果励磁回路电阻大于临界电阻 R_{cr}，伏安特性如曲线 4 所示，$U_0 \approx E_r$，空载电压就建立不起来。

综上所述，并励直流发电机自励建压必须满足以下三个条件：

（1）电机磁路中要有剩磁。如果电机磁路中没有剩磁，可用其他直流电源（如干电池）短时加于励磁绕组给主磁极充磁。

（2）励磁绕组并联到电枢两端的极性正确，使励磁磁通与剩磁方向相同。如果并联极性不正确，可将并励绕组并联到电枢绕组的两个端头对调。

（3）励磁回路的总电阻小于该转速下的临界电阻。可通过调节 r_f 实现。

三、外特性

$n=n_N$、R_f=常数时，端电压 U 与负载电流 I 之间的关系称为并励直流发电机的外特性。并励直流发电机的外特性可用试验方法测得，试验电路如图 1-42 所示。试验时保持发电机的转速 $n=n_N$ 不变，先调节励磁回路电阻 R_f，使发电机自励建压。接入负载电阻 R_L，同时调节 R_f 和 R_L，使发电机运行到额定点（$U=U_N$、$I=I_N$），然后维持这时的 R_f 不变，调节 R_L 使 I 从零增大到 $1.2I_N$ 左右，测取各点相应的 I 和 U，就可得到并励发电机的外特性，如图 1-44 所示。

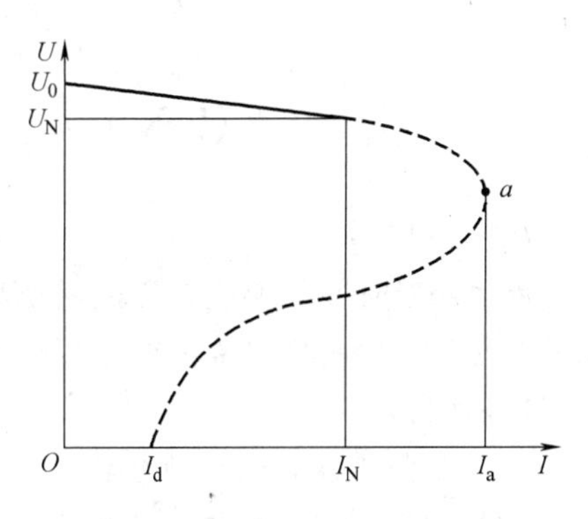

图 1-44 并励发电机的外特性

1. 电压下降的原因

当负载电流从零逐渐增加时，端电压逐渐降低。降低的原因有以下三点：

（1）发电机内部电压降增大。负载电流增大时，I_aR_a 增大，而电动势 E_a 不变，所以端电压 U 下降。

（2）电枢反应加剧。电枢反应对主磁通有削弱作用，电动势 E_a 有所下降，所以端电压 U 也下降。

（3）由于端电压下降，励磁电压也下降，励磁电流随之减小。结果端电压继续下降。

以上三个原因同时存在，使并励发电机从空载到满载时，端电压下降的幅度比他励发电机要大，电压变化率约为 15%。

2. 外特性的特点

并励发电机外特性有以下三个特点。

(1) 随着负载电流增大，端电压下降较快。

(2) 外特性曲线有“拐弯”现象。

(3) 稳定短路时，电流较小。

一般电源是不允许短路的，但并励发电机不同。如果短路，则端电压急剧下降，短路电流不大，发电机不会因短路而损坏，这是并励发电机的优点。但突然短路仍可造成瞬间较大的短路电流，这是应该注意的。

【例 1-3】 一台并励直流发电机，其额定数据：$P_N=18kW$，$U_N=230V$，$n_N=2000r/min$，$R_a=0.4\Omega$，$R_f=115\Omega$。如果额定负载下总损耗$\sum p=3.84kW$，求额定负载时，电枢电流I_{aN}、励磁电流I_{fN}、电动势E_a、效率η。

解：因为 $P_N=U_N I_N$，所以 $I_N=\dfrac{P_N}{U_N}=\dfrac{18\times10^3}{230}A=78A$

励磁电流：$I_{fN}=\dfrac{U_N}{R_f}=\dfrac{230}{115}A=2A$

电枢额定电流：$I_{aN}=I_N+I_{fN}=78A+2A=80A$

发电机的电动势：$E_a=U_N+I_{aN}R_a=230V+80\times0.4V=262V$

额定负载的效率：$\eta=\dfrac{P_2}{P_1}=\dfrac{P_N}{P_N+\sum p}=\dfrac{18\times10^3}{18\times10^3+3.84\times10^3}\times100\%=82.56\%$

任务1.4 直流电动机的运行分析

【任务引入】

在工程设计中，要选用直流电动机或需要维修直流电动机时，首先要掌握直流电动机的工作原理，并且要掌握直流电动机的工作特性和机械特性。

【任务目标】

(1) 了解直流电动机的分类。

(2) 掌握直流电动机的基本方程式。

(3) 掌握直流电动机的工作特性和机械特性。

【技能目标】

(1) 能够根据直流电动机的基本方程式、工作特性和机械特性选择直流电动机。

(2) 能够利用工作原理和工作特性分析查找直流电动机的故障原因并排除故障。

【知识储备】

一台电机既可作为发电机运行，又可作为电动机运行，这就是直流电机的可逆原理。下面以他励电机为例说明可逆原理：

把一台他励直流发电机并联于直流电网上运行，U保持不变。减少原动机的输出功率，发电机的转速下降。当n下降到一定程度时，使得$E_a=U$，此时$I=0$，发电机输出的电功率$P_2=0$，原动机输入的机械功率仅仅用来补偿电机的空载损耗。继续降低原动机的n，将有$E_a<U$，I_a反向，这时电网向电机输入电功率，电机进入电动机状态运行。同理，上述的物

理过程也可以反过来，电机从电动机状态转变到发电机状态。

1.4.1　直流电动机的励磁方式

根据直流电动机励磁绕组和电枢绕组与电源连接关系的不同，直流电动机可分为他励、并励、串励、复励电动机等类型。

一、他励直流电动机

励磁绕组和电枢绕组分别由两个独立的直流电源供电，励磁电压 U_f 与电枢电压 U 彼此无关，且电枢电流和输入电流相同，即：$I=I_a$，如图 1-45 所示。

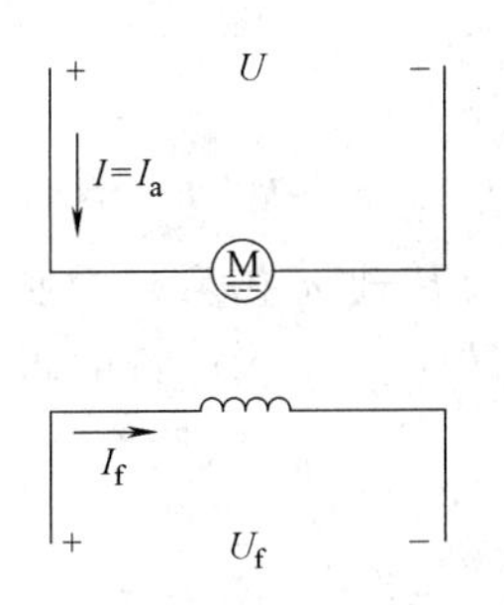

图 1-45　他励直流电动机

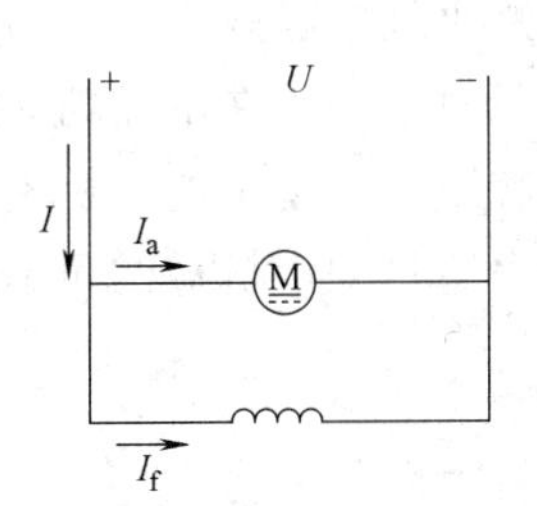

图 1-46　并励直流电动机

二、并励直流电动机

励磁绕组与电枢绕组并联，由同一电源供电，如图 1-46 所示。励磁电压等于电枢绕组端电压，即：$U=U_f$；且满足：$I=I_a+I_f$。

他励和并励电动机的励磁电流只有电机额定电流的 1%～5%，所以励磁绕组的导线细、匝数多。

三、串励直流发电机

励磁绕组与电枢绕组串联后再接直流电源，如图 1-47 所示。满足：$I=I_a=I_f$。

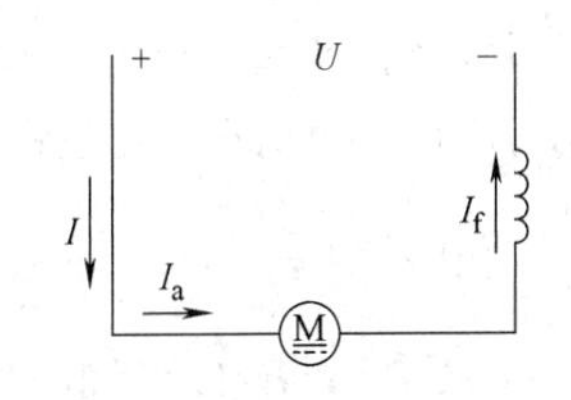

图 1-47　串励直流电动机

因励磁电流等于电枢电流，所以励磁绕组的导线粗、匝数少。

四、复励直流电动机

每个主磁极上套有两个励磁绕组：一个与电枢绕组并联，称为并励绕组；另一个与电枢绕组串联，称为串励绕组。电枢绕组可以先与串励绕组串联，再与并励绕组并联，如图 1-48a所示；电枢绕组也可以先与并励绕组并联，再与串励绕组串联，如图 1-48b 所示。两个励磁绕组产生的磁动势方向相同时称为积复励式；两个励磁绕组产生的磁动势方向相反时称为差复励式。

1.4.2　直流电动机的基本方程式

图 1-49 为一台他励直流电动机的示意图。在外加电源作用下输入电流 I_a，电枢电流 I_a 与励磁磁通 Φ 作用产生电磁转矩 T，电磁转矩 T 克服负载转矩 T_2 和空载转矩 T_0 后，驱动转子旋转。电枢绕组旋转切割主磁通，

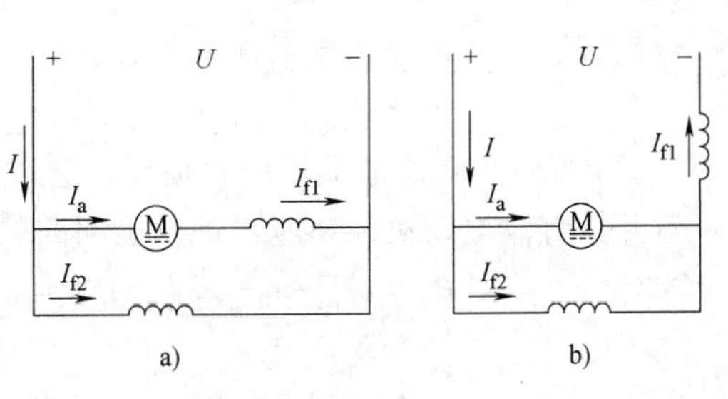

图 1-48　复励直流电动机

产生电枢反电动势 E_a。按电动机惯例，I_a 的正方向与 E_a 相同，端电压 U 的正方向与 I_a 相同。

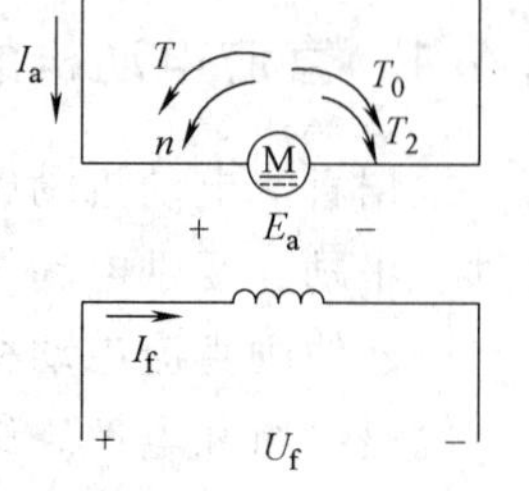

图 1-49　他励直流电动机

一、电动势平衡方程式

在图 1-49 所示参考方向下，可列出直流电动机的电动势平衡方程式：

$$U=E_a+I_aR_a \tag{1-40}$$

式中，R_a 为电枢电阻。

该平衡方程式表明，电源电压除一小部分被电枢电阻损耗外，其余被电动机吸收转换为反电动势去带动电动机转动。

二、转矩平衡方程式

稳态运行时，作用在电动机轴上的转矩有三个：一个是电磁转矩 T，方向与转速 n 相同，为拖动转矩；一个是电动机空载损耗转矩 T_0，方向总与转速 n 相反，为制动转矩；还有一个是轴上所带生产机械的负载转矩 T_2，一般亦为制动转矩。稳态运行的转矩平衡关系式为

$$T=T_2+T_0 \tag{1-41}$$

由此可见，电动机轴上的电磁转矩一部分与负载转矩相平衡，另一部分是空载损耗。

三、功率平衡方程式

将电压平衡方程式两边乘以电枢电流 I_a，得

$$UI_a=E_aI_a+I_a^2R_a \tag{1-42}$$

即：

$$P_1=P_{em}+p_{Cua}+p_{Cub} \tag{1-43}$$

式中，P_1 为电动机从电源输入的电功率，$P_1=UI_a$；P_{em} 为电磁功率，$P_{em}=E_aI_a$；p_{Cua} 和 p_{Cub} 分别为电枢回路的绕组铜损耗和电刷接触损耗，$p_{Cua}+p_{Cub}=I_a^2R_a$。

电磁功率：

$$P_{em}=E_aI_a=\frac{pN}{60a}\Phi nI_a=\frac{pN}{2\pi a}\Phi I_a\frac{2\pi n}{60}=T\Omega \tag{1-44}$$

从 $P_{em}=E_aI_a$ 可知，电磁功率具有电功率性质；从 $P_{em}=T\Omega$ 可知，电磁功率又具有机械功率性质。电磁功率实质是电机由电能转换为机械能的那一部分功率。

将转矩平衡方程式两边乘以机械角速度 Ω，得

$$T\Omega=T_0\Omega+T_2\Omega \tag{1-45}$$

即

$$P_{em}=p_0+P_2=p_\omega+p_{Fe}+p_{ad}+P_2 \tag{1-46}$$

式中，P_2 为轴上输出的机械功率，$P_2=T_2\Omega$；p_0 为空载损耗，包括机械损耗、铁损耗 p_{Fe} 和附加损耗 p_{ad}，$p_0=T_0\Omega$。

他励直流电动机的功率平衡方程式：

$$P_1=P_{em}+p_{Cua}+p_{Cub}=P_2+p_{Cua}+p_{Cub}+p_{Fe}+p_\omega+p_{ad}=P_2+\sum p \tag{1-47}$$

式中，$\sum p$ 为他励直流电动机的总损耗，$\sum p=p_{Cua}+p_{Cub}+p_{Fe}+p_\omega+p_{ad}$。

对并励直流电动机，还应考虑励磁回路的铜损耗 $p_{Cuf}=U_fI_f$。即

$$\begin{aligned}P_1&=p_{Cua}+p_{Cub}+p_{Cuf}+P_{em}=p_{Cua}+p_{Cub}+p_{Cuf}+p_\omega+p_{Fe}+p_{ad}+P_2\\&=\sum p+P_2\end{aligned} \tag{1-48}$$

直流电动机的功率流程图如图 1-50 所示。

直流电动机的效率为

$$\eta=\frac{P_2}{P_1}\times100\%=\left(1-\frac{\sum p}{P_2+\sum p}\right)\times100\% \tag{1-49}$$

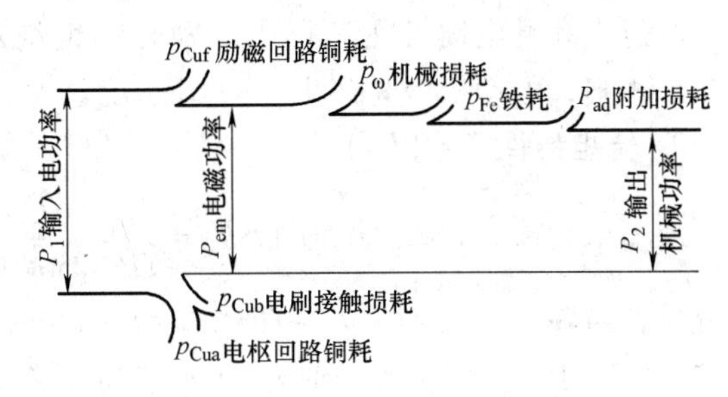

图 1-50　直流电动机的功率流程图

【例 1-4】 有一台 2.5kW 的直流电动机，电枢绕组的电阻为 0.4Ω，外加电压为 110V，假定磁场恒定不变，当转速 $n=0$ 时，反电动势为 0V；当 $n=\frac{1}{4}n_N$ 时，反电动势为 25V；当 $n=\frac{1}{2}n_N$ 时，反电动势为 50V；当 $n=\frac{3}{4}n_N$ 时，反电动势为 75V；当 $n=n_N$ 时，反电动势为 100V，求上述四个转速时，电枢电流各为多少？从电流的变化看，说明了什么？

解： 根据电动机电压平衡方程：$U=E_a+I_aR_a$ 知，

（1）当 $E_a=0$ 时，　$I_a=\frac{U}{R_a}=\frac{110}{0.4}\text{A}=275\text{A}$

（2）当 $E_a=25\text{V}$ 时，　$I_a=\frac{U-E_a}{R_a}=\frac{110-25}{0.4}\text{A}=212.5\text{A}$

（3）当 $E_a=50\text{V}$ 时，　$I_a=\frac{U-E_a}{R_a}=\frac{110-50}{0.4}\text{A}=150\text{A}$

（4）当 $E_a=75\text{V}$ 时，　$I_a=\frac{U-E_a}{R_a}=\frac{110-75}{0.4}\text{A}=87.5\text{A}$

（5）当 $E_a=100\text{V}$ 时，　$I_a=\frac{U-E_a}{R_a}=\frac{110-100}{0.4}\text{A}=25\text{A}$

从计算结果可知，当直流电动机转速为零，即接通电源的瞬间，电流是很大的。随着转速的升高，反电动势逐渐增大，电枢电流逐渐减小，当转速升高到额定值时，电流最小。

1.4.3　直流电动机的工作特性

直流电动机的运行特性主要有两条，一条是工作特性，另一条是转矩特性（或称为机械特性）。

一、并励（他励）电动机的工作特性

所谓并励直流电动机的工作特性是指在 $U=U_N$，励磁电流 $I_f=I_{fN}$，电枢回路不串电阻时，电动机的转速 n、电磁转矩 T 和效率 η 分别与输出功率 P_2 或 I_a 之间的关系。

1. 转速特性 $n=f(P_2)$

根据转速公式 $n=\frac{E_a}{C_e\Phi}=\frac{U}{C_e\Phi}-\frac{R_a}{C_e\Phi}I_a$，得出转速特性曲线如图 1-51 所示。忽略电枢反应的去磁作用，转速与负载电流按线性关系变化。

注意：并励电动机在运行中，励磁绕组绝对不能断开。否则，电动机容易产生“飞车”现象。

2. 转矩特性 $T=f(P_2)$

由输出功率 $P_2=T_2\Omega$，所以 $T_2=\dfrac{P_2}{\Omega}=\dfrac{P_2}{2\pi n/60}$。由此可见，当转速不变时，$T_2=f(P_2)$ 为一通过原点的直线。实际上，当 P_2 增加时转速 n 有所下降，因此 $T_2=f(P_2)$ 的关系曲线将稍微向上弯曲。由电磁转矩 $T=T_2+T_0$，只要在 $T_2=f(P_2)$ 的关系曲线上加上空载转矩 T_0，便可得到 $T=f(P_2)$ 的关系曲线，如图 1-51 所示。

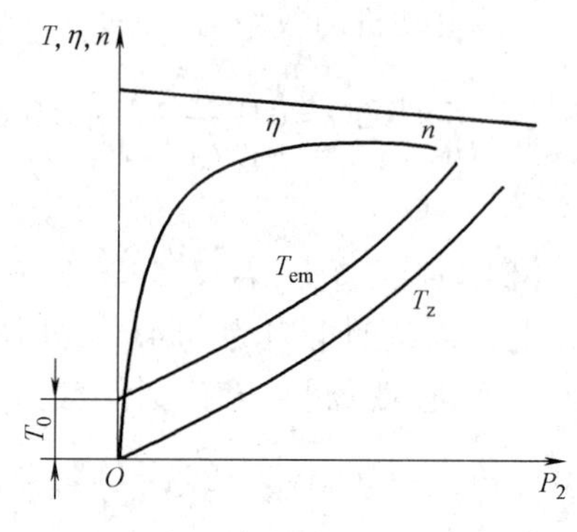

图 1-51　并励直流电动机的工作特性

3. 效率特性 $\eta=f(P_2)$

由功率平衡方程可知，电动机的损耗主要由可变的铜损和固定的铁损组成。当负载 P_2 较小时，铁损不变，效率低；随着负载 P_2 的增加，铁损不变，铜损增加，但总损耗的增加小于负载的增加，效率上升；负载继续增大，铜损是按负载电流的二次方增大，使得效率开始下降。效率特性如图 1-51 所示。

二、串励电动机的工作特性

所谓串励直流电动机的工作特性是指在 $U=U_N$，电枢回路不串电阻时，电动机的转速 n、电磁转矩 T 和效率 η 分别与输出功率 P_2 或 I_a 之间的关系。串励电动机的特点是：$I=I_a=I_f$。

1. 转速特性 $n=f(P_2)$

当负载电流较小时，电机磁路不饱和，每极气隙磁通与励磁电流呈线性关系。即

$$\Phi=k_fI_f=k_fI_a \tag{1-50}$$

根据转速公式：

$$n=\frac{U_N}{C_e\Phi}-\frac{(R_a+R_f)I_a}{C_e\Phi}=\frac{U_N}{k_fC_eI_a}-\frac{R_a+R_f}{k_fC_e} \tag{1-51}$$

式中，R_f 为串励绕组的电阻；R_a 为电枢绕组的电阻；k_f 为比例系数。

式（1-51）表明 $n=f(P_2)$ 曲线大致为一双曲线，如图 1-52 所示。

由 $\Phi=k_fI_f=k_fI_a$，当负载电流为零时，电机转速趋于无穷大，所以串励电动机不宜轻载或空载运行。

2. 转矩特性 $T=f(P_2)$

轻载或空载时，$T=C_T\Phi I_a=k_fC_TI_a^2$。当负载电流较大时，磁路饱和，串励电动机的工作特性与并励电动机相同。曲线如图 1-52 所示。

3. 效率特性 $\eta=f(P_2)$

效率特性与并励电动机相同。曲线如图 1-52 所示。

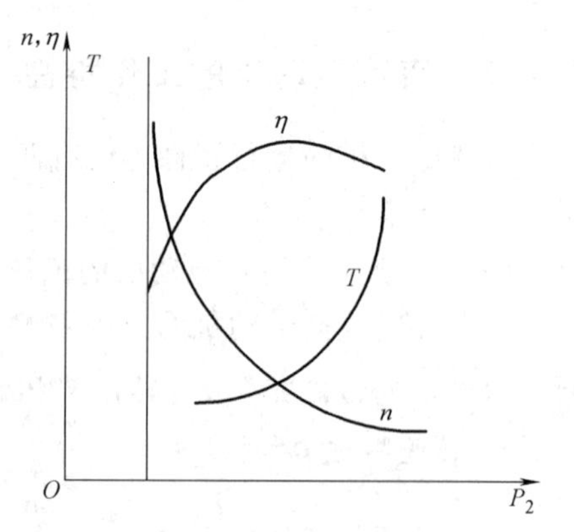

图 1-52　串励电动机的工作特性

1.4.4　他励直流电动机的机械特性

他励直流电动机机械特性是指电动机的电枢电压 U、励磁电流 I_f、电枢电路总电阻 R 保持一定时，转速 n 与电磁转矩 T 的关系曲线 $n=f(T)$ 或电动机转速 n 与电枢电流 I_a 的关系曲线 $n=f(I_a)$，后者也就是转速调整特性。由于转速和转矩都是机械量，所以把它称为机械特性。利用机械特性和负载转矩特性可以确定拖动系统的稳定转速，在一定条件下还可以利用机械特性和运动方程式分析拖动系统的动态运动情况，如转速、转矩及电流随时间的变化规律。可见，电动机的机械特性对分析电力拖动系统的起动、调速、制动等运行性能是十分重要的。

一、机械特性方程式

他励直流电动机的电路原理图如图 1-53 所示。

由他励直流电动机的基本方程式，即

电磁转矩：$T=C_T\Phi I_a$

感应电动势：$E_a=C_e\Phi n$

电压平衡方程式：$U=E_a+I_aR$

得电动机的机械特性方程：

$$n=\frac{U-I_aR}{C_e\Phi}=\frac{U}{C_e\Phi}-\frac{R}{C_eC_T\Phi^2}T=n_0-\beta T \tag{1-52}$$

式中，R 为电枢电路总电阻，包括电枢绕组电阻 R_a 及电枢串联电阻 R_s；n_0 为理想空载转速，即 $T=0$ 时的转速，$n_0=\frac{U}{C_e\Phi}$；β 为机械特性的斜率，$\beta=\frac{R}{C_eC_T\Phi^2}$。

在机械特性方程式中，当 U、R、Φ 为常数时，即可画出一条向下倾斜的直线，如图 1-54所示，这根直线就是他励直流电动机的机械特性。由特性可见，转速 n 随转矩 T 增大而降低，这说明电动机一加负载转速会有一些降落。

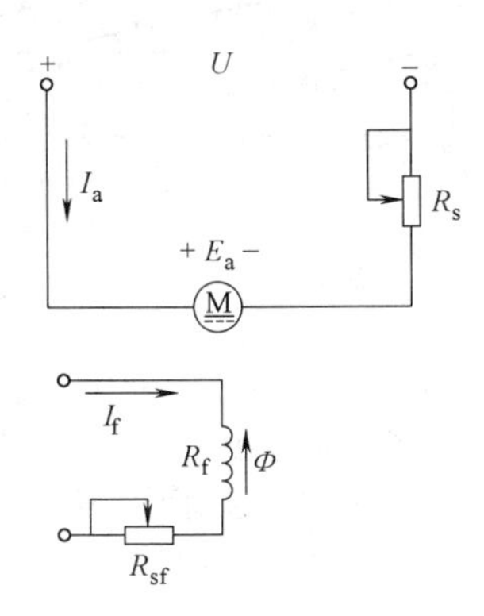

图 1-53　他励直流电动机电路原理图

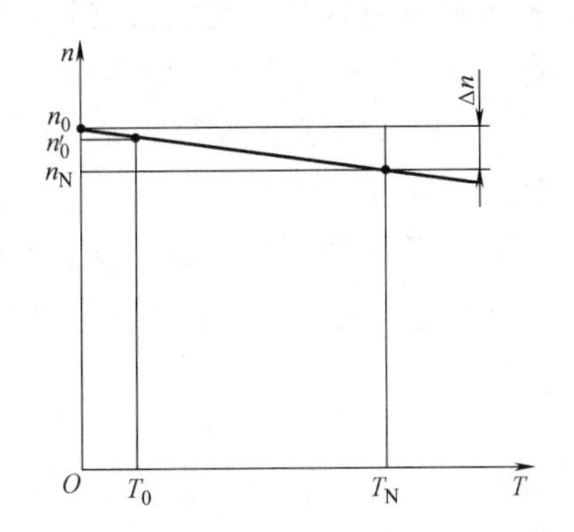

图 1-54　他励直流电动机的机械特性

二、固有机械特性

当他励电动机电压 U 及磁通 Φ 均为额定值，且电枢没有串联电阻（$R_s=0$）时的机械特性称为固有机械特性，其方程式为

$$n=\frac{U_N}{C_e\Phi_N}-\frac{R_a}{C_eC_T\Phi_N^2}T \qquad (1\text{-}53)$$

按式（1-53）给出的固有机械特性如图 1-55 中的 $R=R_a$ 直线所示。由于 R_a 较小，因此他励直流电动机的固有机械特性较“硬”。

三、人为机械特性

人为机械特性可用改变电动机参数的方法获得。他励直流电动机一般可得下列三种人为机械特性。

1. 电枢串联电阻时的人为机械特性

此时 $U=U_N$，$\Phi=\Phi_N$，$R=R_a+R_s$，电枢串联电阻时的人为机械特性方程式为

$$n=\frac{U_N}{C_e\Phi_N}-\frac{R_a+R_s}{C_eC_T\Phi_N^2}T \qquad (1\text{-}54)$$

电枢串联电阻时的人为机械特性如图 1-55 中直线 1 与 2 所示。人为机械特性随串联电阻的增大而变“软”。这类人为机械特性是一组通过 n_0，但具有不同斜率的直线。

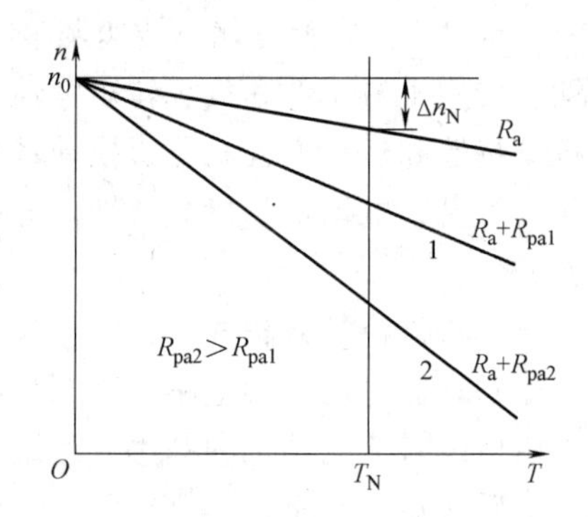

图 1-55 他励直流电动机的固有机械特性和串阻人为机械特性

2. 改变电枢电压的人为机械特性

此时 $R_s=0$，$\Phi=\Phi_N$，改变电枢电压时的人为机械特性方程为

$$n=\frac{U}{C_e\Phi_N}-\frac{R_a}{C_eC_T\Phi_N^2}T \qquad (1\text{-}55)$$

由于电动机的额定电压是工作电压的上限，因此改变电压时，只能在低于额定电压的范围内变化，故称降压特性。与固有特性相比较，特性曲线的斜率不变，理想空载转速 n_0 随电压减小成正比减小，故改变电压时的人为特性是一组低于固有机械特性而与之平行的直线，如图 1-56 所示。

3. 改变励磁磁通的人为机械特性

一般他励直流电动机在额定磁通下运行时，电机已接近饱和。所以改变磁通通常是减弱磁通，故称弱磁特性。在励磁回路内串联电阻 R_{sf}，并变化其值，即能使磁通 Φ 减弱，并在低于额定磁通 Φ_N 时调节 Φ 的大小。

此时 $U=U_N$，$R_s=0$，减弱磁通时的人为机械特性方程为

$$n=\frac{U_N}{C_e\Phi}-\frac{R_a}{C_eC_T\Phi^2}T \qquad (1\text{-}56)$$

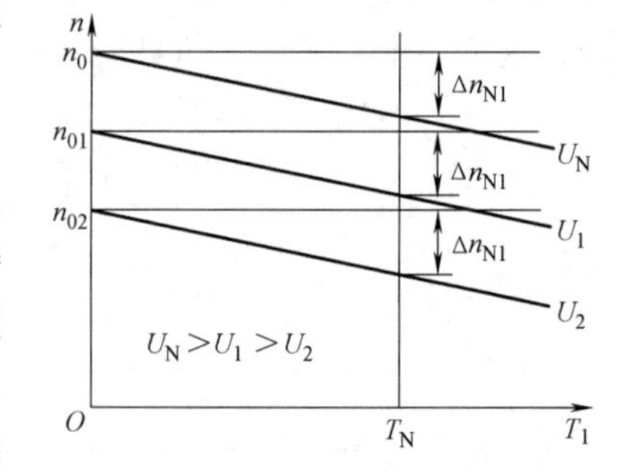

图 1-56 他励直流电动机改变电枢电压时的机械特性

由于磁通 Φ 的减少，使得理想空载转速 n_0 和斜率 β 都增大，Φ 为不同数值时的人为机械特性如图 1-57 所示。磁通减弱时，特性上移而且变“软”。

四、机械特性的绘制

根据机械特性方程式绘制或计算机械特性时，必须知道 C_e、C_T、Φ 等参数，而这些参数与电机的内部结构等有关，通常只有设计资料中才能查到。因此一般情况下，都是利用电

机的铭牌数据或实测数据来绘制机械特性。需要知道的数据有额定功率 P_N、额定电压 U_N、额定电流 I_N 和额定转速 n_N。

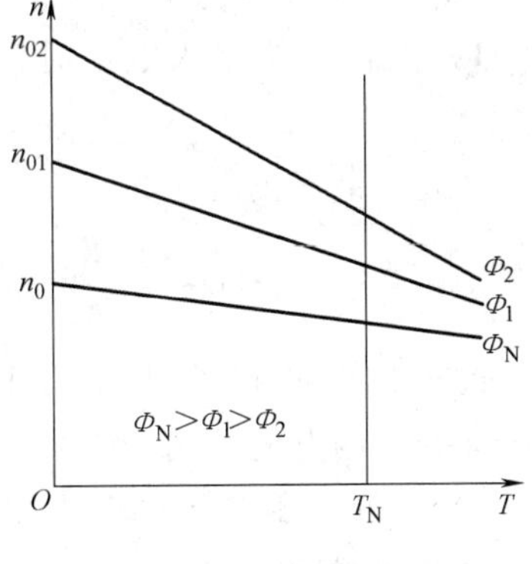

图 1-57 他励直流电动机弱磁时的机械特性

1. 固有机械特性的绘制

他励电动机的固有机械特性为一直线，所以只要求出直线上任意两点的数据就可以画出这条直线。一般选择理想空载点（$T=0$，$n=n_0$）和额定运行点（$T=T_N$，$n=n_N$）。具体步骤是：

（1）估算 R_a R_a 数值在铭牌中找不到，可以实测，也可用下式估算。

$$R_a=\left(\frac{1}{2}\sim\frac{2}{3}\right)\frac{U_NI_N-P_N}{I_N^2} \tag{1-57}$$

式（1-57）为一经验公式，认为在额定负载下电枢铜耗占电机总损耗的 1/2~2/3。

（2）计算 $C_e\Phi_N$ 和 $C_T\Phi_N$

$$C_e\Phi_N=\frac{U_N-I_NR_a}{n_N} \tag{1-58}$$

$$C_T\Phi_N=9.55C_e\Phi_N \tag{1-59}$$

（3）计算理想空载点 $T=0$，$n=n_0=\dfrac{U_N}{C_e\Phi_N}$

（4）计算额定工作点 $T=C_T\Phi_NI_N$，$n=n_N$

2. 人为机械特性的绘制

人为机械特性的计算方法和固有机械特性的计算方法相似，在固有机械特性方程 $n=n_0-\beta T$ 的基础上，根据人为特性所对应的参数 R_a、U 或 Φ 变化，重新计算 n_0 和 β，然后得到人为机械特性方程式。下面通过例题说明各种机械特性曲线的绘制方法。

【例 1-5】 某他励直流电动机的铭牌数据为：$P_N=22\text{kW}$、$U_N=220\text{V}$、$I_N=116\text{A}$、$n_N=1500\text{r/min}$。（1）绘制固有机械特性曲线；（2）分别绘制下列几种情况的人为机械特性曲线：（a）电枢电路中串入电阻 $R_{pa}=0.7\Omega$；（b）电源电压降至 110V；（c）磁通减弱至 $\frac{2}{3}\Phi_N$。

解：（1）绘制固有机械特性曲线

估算 R_a
$$R_a=\frac{2}{3}\frac{U_NI_N-P_N}{I_N^2}=\frac{2}{3}\times\frac{220\times116-22000}{116^2}\Omega=0.175\Omega$$

计算 $C_e\Phi_N$
$$C_e\Phi_N=\frac{U_N-I_NR_a}{n_N}=\frac{220-116\times0.175}{1500}=0.133$$

计算理想空载点
$$n_0=\frac{U_N}{C_e\Phi_N}=\frac{220}{0.133}\text{r/min}=1654\text{r/min}$$

计算额定工作点 $T=C_T\Phi_NI_N=9.55C_e\Phi_NI_N=9.55\times0.133\times116\text{N}\cdot\text{m}=147.2\text{N}\cdot\text{m}$

连接理想空载点和额定工作点，即得固有机械特性曲线，如图 1-58 中曲线 1 所示。

（2）绘制人为机械特性曲线

1）电枢电路串入电阻时，理想空载点的转速 n_0 不变，而特性曲线的斜率 β 将会变化。

额定负载时的转速为

$$n=n_0-\frac{R_a+R_{pa}}{C_e\Phi_N}I_N=1654\text{r/min}-\frac{0.175+0.7}{0.133}\times116\text{r/min}=890\text{r/min}$$

此人为机械特性曲线为通过（$T=0$，$n_0=1654\text{r/min}$）和（$T=147.2\text{N}\cdot\text{m}$，$n=890\text{r/min}$）两点的直线，如图 1-58 中的曲线 2 所示。

2）电源电压降低时，理想空载点的转速 n_0 将会变化，而特性曲线的斜率 β 不变。

理想空载转速为

$$n_0'=\frac{U}{C_e\Phi_N}=\frac{110}{0.133}\text{r/min}=827\text{r/min}$$

额定负载时的转速为

$$n=n_0'-\frac{R_a}{C_e\Phi_N}I_N=827\text{r/min}-\frac{0.175}{0.133}\times116\text{r/min}=674\text{r/min}$$

此人为机械特性曲线为通过（$T=0$，$n_0'=827\text{r/min}$）和（$T=147.2\text{N}\cdot\text{m}$，$n=647\text{r/min}$）两点的直线，如图 1-58 中的曲线 3 所示。

3）磁通减弱时，理想空载点的转速 n_0 和特性曲线的斜率 β 都会变化。

理想空载转速为

$$n_0''=\frac{U}{\frac{2}{3}C_e\Phi_N}=\frac{220}{\frac{2}{3}\times0.133}\text{r/min}=2481\text{r/min}$$

额定负载时的转速为

$$n=n_0''-\frac{R_a}{C_eC_T\Phi^2}T_N=n_0''-\frac{R_a}{9.55(C_e\Phi)^2}T_N$$

$$=2481\text{r/min}-\frac{0.175}{9.55\times\left(\frac{2}{3}\times0.133\right)^2}\times147.2\text{r/min}$$

$$=2138\text{r/min}$$

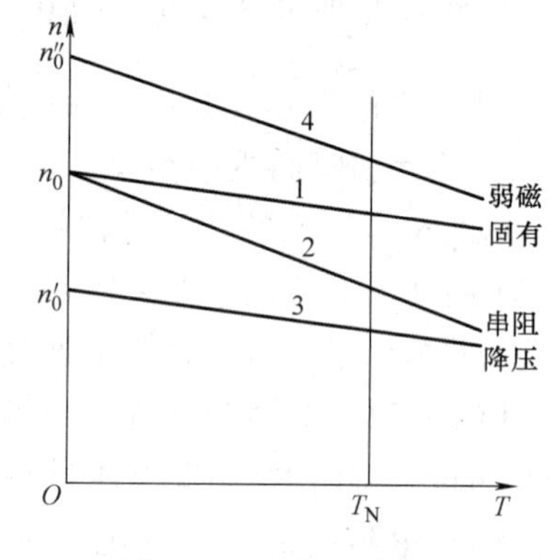

图 1-58　固有机械特性和人为机械特性曲线

此人为机械特性曲线为通过（$T=0$，$n''_0=2481\text{r/min}$）和（$T=147.2\text{N}\cdot\text{m}$，$n=2138\text{r/min}$）两点的直线，如图 1-58 中的曲线 4 所示。

任务 1.5　直流电动机的应用

【任务引入】

直流电动机在实际生活中有大量的应用，如果电动机不能正常工作或不能正常起动，则需要对其进行维修，这就需要了解电动机的起动过程和起动要求；同时电动机在工作中需要调速，工作结束时为了提高劳动生产力，需要对电动机进行制动，电动机的起动、调速和制动如何进行呢？下面我们就来学习直流电动机的使用。

【任务目标】

(1) 了解直流电动机的起动、调速和制动的概念。

(2) 掌握直流电动机的起动方法和起动原理。

(3) 掌握直流电动机的调速过程和调速原理。

(4) 掌握直流电动机的制动过程和制动原理。

【技能目标】

(1) 通过学习直流电动机的使用，根据提供的装置能够进行直流电动机的起动、调速和制动的操作。

(2) 能够根据不同的应用正确选用直流电动机，并且能够排除在使用过程中出现的故障。

1.5.1　直流电动机的起动

直流电动机接上电源之后，电动机转速从零到达稳定转速的过程称为起动过程。在起动过程中，电枢电流、电磁转矩、转速都随时间变化，是一个过渡过程。开始起动瞬间，转速等于零，这时的电枢电流称为起动电流，用 I_{st} 表示，对应的电磁转矩称为起动转矩，用 T_{st} 表示。

一、直流电动机的起动要求

(1) 起动转矩足够大。只有在 $T>T_L$ 时，电动机才能顺利起动，一般 $T_{st}>(1.1\sim1.2)T_L$。

(2) 起动电流要小。为避免较大的电刷火花，一般 $I_{st}<(2.0\sim2.5)I_N$。

(3) 起动设备要简单、可靠、经济。

他励直流电动机直接起动时，必须先保证有磁场（即先通励磁电流），而后加电枢电压。刚起动瞬间，转速 $n=0$，$E_a=0$。由电枢绕组电动势平衡方程式 $U=E_a+I_aR_a$，若直接加额定电压直接起动，起动电流 $I_{st}=\dfrac{U_N}{R_a}$。由于电枢绕组电阻 R_a 很小，起动电流可能突增到额定电流的十多倍。这样，电动机的换向情况恶化，产生严重的火花；还可能引起过电流保护装置的误动作或引起电网电压的下降，影响其他用户的正常用电；而且由 $T_{st}=C_T\Phi_NI_{st}$ 可见，较大的起动电流 I_{st} 将产生较大的起动转矩 T_{st}，将损坏拖动系统的传动机构。为此，直流电动机一般不允许直接起动，在起动时必须设法限制电枢起动电流。

对于一般的他励直流电动机，为了限制起动电流，可以采用电枢回路串联电阻或降低电枢电压等起动方法。

二、电枢回路串电阻起动

起动时，可在电枢电路中串联起动电阻 R_Ω，以限制起动电流 $I_{st}\left(I_{st}=\dfrac{U_N}{R_a+R_\Omega}\right)$ 在允许范围内。但随着转速的升高，反电动势 E_a 增大，起动电流 I_{st} 和起动转矩 T_{st} 将减小，为保证足够的起动转矩，在起动过程中应将起动电阻逐步切除。图 1-59 表示他励电动机分三级起动时的电路图。电动机起动前，应使励磁回路附加电阻为零，以使磁通达到最大值，能产生较大的起动转矩。

当电动机已有磁场时，接通电枢电源，此时触点 1S、2S 和 3S 断开，电枢和三段电阻

$R_{\Omega1}$、$R_{\Omega2}$、$R_{\Omega3}$串联接入电网。设电压为U_N，则起动电流为

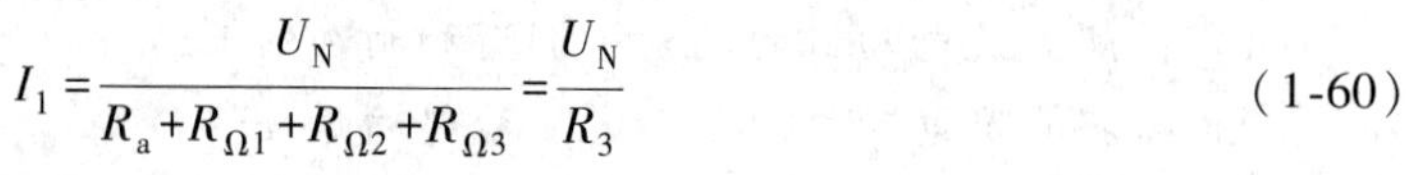

$$I_1=\frac{U_N}{R_a+R_{\Omega1}+R_{\Omega2}+R_{\Omega3}}=\frac{U_N}{R_3} \tag{1-60}$$

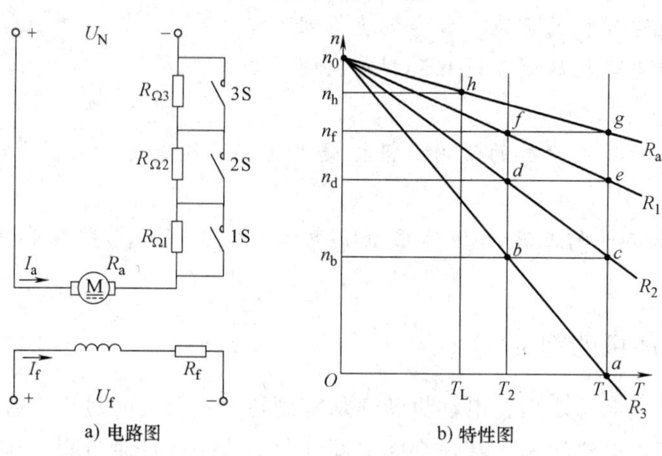

图 1-59　他励电动机分三级起动的电路和特性

由电流I_1所产生的起动转矩T_1如图 1-59b 所示。由于$T_1>T_L$电动机开始起动，转速沿n_0ba直线上升，电枢电动势增加，电枢电流和电磁转矩下降，且加速度逐步变小，特性由a点加速到b点。为了得到较大的加速度，到b点时把电阻$R_{\Omega3}$切除（控制电路使触点 3S 接通），b点的电流$I_2=\frac{U_N-E_{ab}}{R_a+R_{\Omega1}+R_{\Omega2}+R_{\Omega3}}=\frac{U_N-E_{ab}}{R_3}$称为切换电流，$b$点的电磁转矩为$T_2$。电阻$R_{\Omega3}$切除后，机械特性变成直线$n_0dc$了。电阻切换的瞬时，由于惯性，转速不能突变，电动势也保持不变，因而电流将随$R_{\Omega3}$被短接而突增，转矩也按比例增加。如果电阻设计恰当，可以保证c点的电流$I_c=\frac{U_N-E_{ab}}{R_a+R_{\Omega1}+R_{\Omega2}}=\frac{U_N-E_{ab}}{R_2}=I_1$，转矩又增大到$T_1$，保证电动机又获得较大的加速度。然后电动机由$c$点加速到$d$点，再切除电阻$R_{\Omega2}$（触点 2S 闭合），此时电枢电路总电阻为$R_1$（$R_1=R_a+R_{\Omega1}$），机械特性变成直线$n_0fe$了。因惯性，运行点由$d$点过渡到$e$点，电动机电流又一次由$I_2$回升到$I_1$（转矩由$T_2$增至$T_1$），拖动系统由$e$点继续加速到$f$点，再切除电阻$R_{\Omega1}$（触点 1S 闭合），此时电枢电路总电阻为$R_a$，机械特性变成固有机械特性。因惯性，运行点由$f$点过渡到$g$点，电动机由$g$点继续加速到$h$点，此时电磁转矩与负载转矩相等，电动机稳定运转，起动过程到此结束。

电枢串电阻起动设备简单，操作方便，但能耗较大，它不宜用于频繁起动的大、中型电动机，可用于小型电动机的起动。

【例 1-6】　有一台他励直流电动机，它的额定输出功率为$P_N=25\text{kW}$，额定电压$U_N=110\text{V}$，额定电流$I_N=263\text{A}$，额定转速$n_N=1000\text{r/min}$，电枢绕组的电阻$R_a=0.04\Omega$，求：（1）直接起动时，起动电流大小是多少？（2）若采用变阻器起动，将起动电流限制在额定电流的 2.5 倍，应串联电阻的阻值是多少？

解：（1）全压直接起动时，$E_a=0$，故：$I_{st}=\frac{U_N}{R_a}=\frac{110}{0.04}\text{A}=2750\text{A}$

（2）采用串电阻起动时，有：$2.5I_N=\frac{U_N}{R_a+R_\Omega}$

故：$$R_\Omega=\frac{U_N}{2.5I_N}-R_a=\frac{110}{2.5\times263}\Omega-0.04\Omega=0.12\Omega$$

三、降压起动

降低电枢电压起动，即起动前将施加在电动机电枢两端的电源电压降低，以减小起动电流 I_{st}。电动机起动后，随着转速的不断提高，电动势 E_a 也逐渐增长，再逐渐提高电源电压，使起动电流和起动转矩维持在一定数值，保证电动机按需要的加速度升速，其接线原理和起动工作特性如图 1-60 所示。较早采用发电机—电动机组实现电压调节，现已逐步被晶闸管可控整流电源所取代。这种起动方法需要专用电源，投资较大，但起动电流小，起动转矩容易控制，起动平稳，起动能耗小，是一种较好的起动方法。

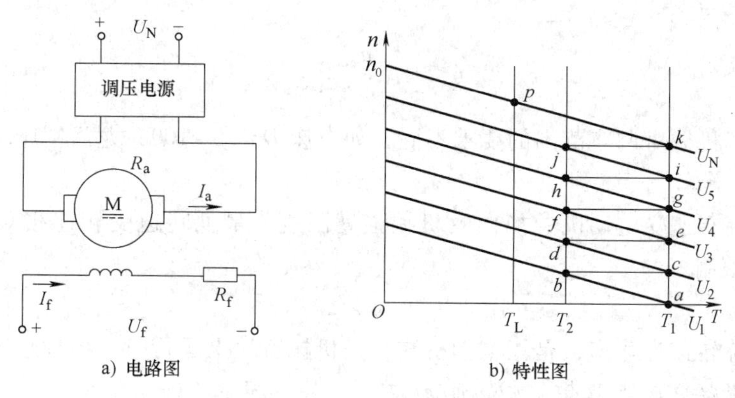

图 1-60　他励直流电动机降压时的接线图和机械特性

四、直流电动机的反转

要使电动机反转，必须改变电磁转矩的方向。电磁转矩是由主磁通和电枢电流相互作用而产生的，改变任意二者之一的方向，就可以改变电磁转矩的方向。所以要使直流电动机反转的方法有两种：①保持电枢两端电压极性不变，把励磁绕组反接，使励磁电流反向，磁通反向；②保持励磁绕组电流方向不变，把电枢绕组反接，使电枢电流反向。如果电枢电流和励磁电流方向同时改变，则电动机旋转方向不变。

由于他励直流电动机的励磁绕组匝数多，电感大，若运行时改变励磁电流的方向，励磁电流从正向额定值变到反向额定值的时间长，反向过程缓慢，而且在励磁绕组反接断开瞬间，绕组中将产生很大的自感电动势，可能造成绝缘击穿或在开关处产生火花，所以实际应用中大多采用改变电枢电压极性的方法来实现电动机的反转。但在电动机容量很大，对反转速度变化要求不高的场合，为了减小控制电器的容量，可采用改变励磁绕组极性的方法实现电动机的反转。

1.5.2　他励直流电动机的调速

为了提高劳动生产率和保证产品质量，要求生产机械在不同的情况下有不同的工作速度，如轧钢机在轧制不同的品种和不同厚度的钢材时，就必须有不同的工作速度以保证生产的需要，这种人为改变速度的方法称为调速。

调速可用机械方法、电气方法或机械电气配合的方法，本节只介绍电气调速。电气调速是指在负载不变的情况下人为地改变电气参数，从而转换机械特性，在某一负载下得到不同的转速。它与电动机在负载或电压随机波动时而引起的转速扰动变化是两个不同的概念。

由电动机的机械特性方程：$n=\frac{U}{C_e\Phi}-\frac{R}{C_eC_T\Phi^2}T$ 可知，在负载转矩不变的情况下，调节转速有三种方法：改变电枢电阻 R、改变电枢电压 U、改变励磁磁通 Φ。

为了评价各种调速方法的优缺点，对调速方法提出了一定的技术经济指标，通常称为调速指标。下面先对调速指标做一简要说明。

一、调速指标

1. 调速范围

调速范围是指电动机在额定负载下调速时，其最高转速 n_{max} 与最低转速 n_{min} 之比，用 D 表示，即

$$D=\frac{n_{max}}{n_{min}} \tag{1-61}$$

不同的生产机械对调速范围的要求不同，如车床 $D=20\sim100$，龙门刨床 $D=10\sim40$，轧钢机 $D=1.2\sim3$ 等。

电动机最高转速受电动机的换向及机械强度限制，最低转速受转速相对稳定性（即静差率）要求的限制。

2. 静差率

静差率或称转速变化率，是指电动机在一条机械特性上运行时，由理想空载增加到额定负载时的转速降落 Δn_N 与理想空载转速 n_0 之比，用 δ 表示，即

$$\delta=\frac{n_0-n_N}{n_0}\times100\%=\frac{\Delta n_N}{n_0}\times100\% \tag{1-62}$$

式中，n_N 为额定负载转矩时的转速。

从式（1-62）可以看出，在 n_0 相同时，机械特性越“硬”，额定负载时转速降 Δn_N 越小，静差率 δ 越小，转速的相对稳定性越好，负载波动时，转速变化也越小。图 1-61 中机械特性 1 比机械特性 2 要“硬”，所以 $\delta_1<\delta_2$。静差率除与机械特性硬度有关外，还与理想空载转速 n_0 成反比。对于同样“硬度”的特性，如图 1-61 中特性 1 和特性 3，虽然转速降相同（$\Delta n_1=\Delta n_3$），但其静差率却不同，即：$\delta_1<\delta_3$。为了保证转速的相对稳定性，常要求静差率 δ 应不大于某一允许值（负载允许值）。

不同的生产机械对静差率的要求也不同，一般设备要求 $\delta<30\%\sim50\%$，而精度高的造纸机则要求 $\delta\leqslant0.1\%$。

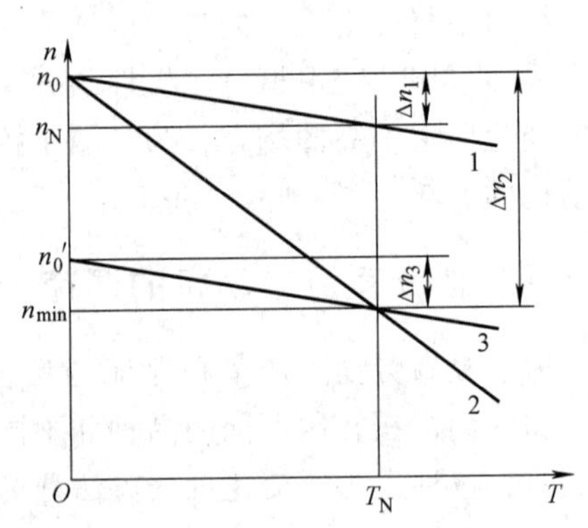

图 1-61　不同机械特性的静差率

调速范围 D 与静差率 δ 两项性能指标是互相制约的，当采用同一种方法调速，静差率要求较低时，则可以得到较宽的调速范围；反之，静差率要求较高时，则调速范围小。如果静差率要求一定时，采用不同的调速方法，其调速范围不同，如改变电枢电源电压调速比电枢串电阻调速的调速范围大。调速范围与静差率是互相制约的，系统可能达到的最低转速 n_{min} 取决于低速特性的静差率。因此需要调

速的生产机械，必须同时给出静差率与调速范围这两项指标，以便选择适当的调速方法。

由式（1-61）和式（1-62）不难导出：

$$D=\frac{n_{\max}}{n_{\min}}=\frac{n_{\max}}{n_0'-\Delta n_N}=\frac{n_{\max}}{\frac{\Delta n_N}{\delta}-\Delta n_N}=\frac{n_{\max}\delta}{\Delta n_N(1-\delta)} \tag{1-63}$$

式中，n_0'为低速特性的理想空载转速，如图 1-61 所示；Δn_N 为低速特性额定负载时的转速降，如图 1-61 中的 Δn_3 所示。

在设计调速方案时，可以根据生产要求提出的 D 与 δ，算出允许的 Δn_N，然后决定采用何种调速方法。反之，也可以选出某种调速方法，这样低速特性已定，在一定的 Δn_N 下，算出调速范围，以校验此方法是否满足生产需要。例如在图 1-61 中，利用特性 2 和 3 均可得到最低转速 $n_{\min}$，则 D 就被确定，如生产机械要求 $\delta=0.5$，则由式（1-63）可得允许的转速降 $\Delta n_N=n_{\min}$，由图可见 $\Delta n_2>n_{\min}$，故特性 2 不能满足生产机械的要求。

3. 调速的平滑性

调速的平滑性是指相邻两级转速的接近程度。在一定的调速范围内，调速的级数越多，就认为调速越平滑。相邻两级转速之比称为平滑系数，用 φ 表示，即

$$\varphi=\frac{n_i}{n_{i-1}} \tag{1-64}$$

平滑系数 φ 越接近 1，说明调速的平滑性越好。如果转速连续可调，其级数趋于无穷多，称为无级调速，即 $\varphi=1$，其平滑性最好；如果调速不连续，级数有限，称为有级调速。

4. 调速的经济性

经济性包含两方面的内容：一方面是指调速所需的设备投资和调速过程中的能量损耗，另一方面是指电动机调速时能否得到充分利用。一台电动机当采用不同的调速方法时，电动机容许输出的功率和转矩随转速变化的规律是不同的，但电动机实际输出的功率和转矩是由负载需要所决定的，而不同的负载，其所需要的功率和转矩随转速变化的规律也是不同的，因此在选择调速方法时，既要满足负载要求，又要尽可能使电动机得到充分利用。经分析可知，电枢回路串电阻调速以及降低电枢电压调速适用于恒转矩负载的调速，而弱磁调速适用于恒功率负载的调速。

二、电枢回路串电阻调速

他励直流电动机拖动负载运行时，保持电源电压及励磁电流为额定值不变，在电枢回路中串入不同值的电阻，电动机将运行于不同的转速，如图 1-62 所示，图中的负载为恒转矩负载。

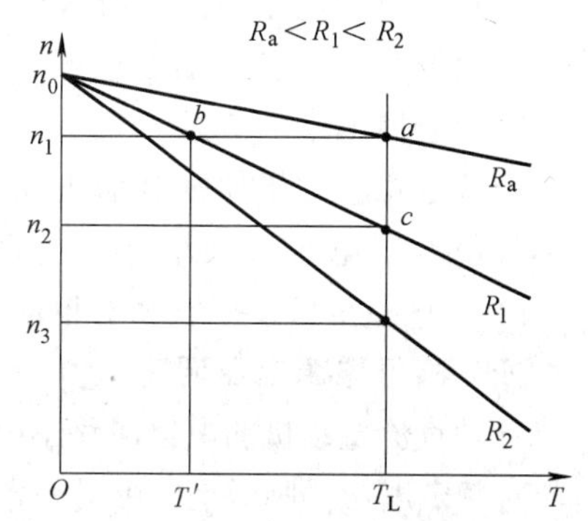

图 1-62　电枢串电阻调速机械特性

电枢回路串接电阻后，机械特性将变软，在某一负载下转速将下降。现以转速由 n_1 降为 n_2 说明系统的调速过程。在图 1-62 中，设电动机原来工作在固有机械特性曲线的 a 点上，此时 $T=T_L$。当电枢电阻由 R_a 突增至 R_1时，n 及 E_a 因惯性不能突变，I_a 及 T 减小。运行点在相同的转速下由 a 点过渡到 b 点，电磁转矩由 T_L 降为 T'，由运动方程可知系统减速。随着 n 及 E_a 的下降，I_a 及 T 不断增高。直到 n 降到 n_2 时，$T=T_L$，转矩

重新平衡，系统以较低的转速稳定运行，调速过程结束。

通常把电动机运行于固有机械特性上的转速称为基速，那么电枢回路串电阻调速的调速范围只能在基速之下调节。

这种方法的调速指标不高，调速范围不大（低速时机械特性较软，不能满足一般生产机械对静差率的要求），调速的平滑性不高，并为有级调速。由 $T=C_T\Phi I_a=T_L$ 可知，若拖动恒转矩负载串电阻调速时，可保证 I_a=常数，即电枢串电阻调速适用于恒转矩负载。

有一点要注意，调速变阻器可以作为起动变阻器用；相反，起动变阻器却不能作为调速变阻器用。原因是起动变阻器是按短时间工作设计的，不能够长时间通电使用。

三、弱磁调速

保持他励直流电动机电枢电源电压不变，电枢回路也不串接电阻，在电动机拖动负载转矩不很大（小于额定转矩）时，减少直流电动机的励磁磁通，可使电动机转速升高。他励直流电动机带恒转矩负载时弱磁调速机械特性如图 1-63 所示。

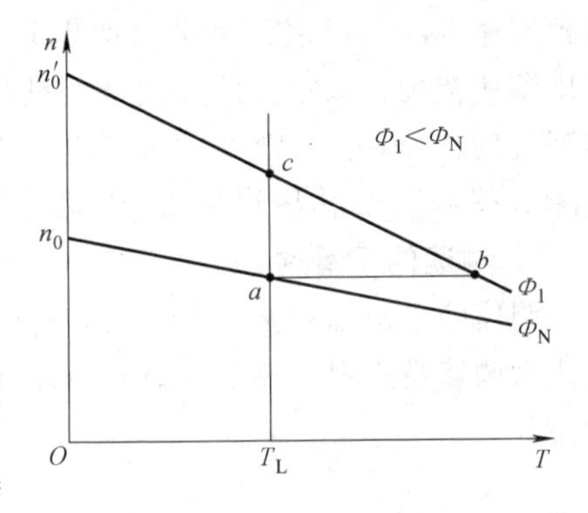

图 1-63　弱磁调速机械特性

由于电动机的额定磁通设计在铁心接近饱和处，因此改变励磁磁通 Φ 均为减弱的方向，故称为弱磁调速。当 Φ 减弱时，理想空载转速 n_0 将升高，机械特性的斜率 β 将增大。但 n_0 比 β 增加得快，因此在一般情况下，Φ 的减弱使转速 n 升高，即转速从基速向上调节。在图 1-63 中，工作点将 a 点过渡到 b 点，并最终稳定在 c 点。弱磁调速的范围是在基速与电动机所允许最高转速之间进行调节，至于电动机所允许最高转速值是受换向与机械强度所限制，一般为 $1.2n_N$ 左右，特殊设计的调速电动机可达 $3n_N$ 或更高。单独使用弱磁调速方法，调速的范围不会很大。

当电动机拖动恒转矩负载弱磁调速时，要特别注意电枢电流不要过载。因为 $T=C_T\Phi I_a=T_L$，若磁通 Φ 减少，因 T_L 不变，则电枢电流 I_a 就应增大。弱磁调速前，如果电动机拖动的是额定恒转矩负载，此时 $I_a=I_N$，弱磁升速后，电枢电流就增大，使得 $I_a>I_N$，导致过载。

如果电动机拖动的是恒功率负载，即 $P_L=T_L\Omega=T\Omega$=常数，或 $C_T\Phi I_a\dfrac{2\pi n}{60}$=常数。弱磁调速时，转速升高，而电枢电流 I_a=常数，所以弱磁调速适用于恒功率负载。

弱磁调速的优点是，在功率较小的励磁电路中进行调节，控制方便、能量损耗小、调速的平滑性较高。缺点是励磁过弱时，机械特性的斜率大，转速稳定性差，拖动恒转矩负载时，可能会使电枢电流过大。

应该注意，如果他励电动机在运行过程中励磁电路突然断线，Φ 变成很小的剩磁，此时不仅使电枢电流大大增加，而且由于严重弱磁，转速将上升到危险的飞逸转速，俗称“飞车”，它甚至可以把整个电枢破坏，因此必须有相应的保护措施。

四、降低电源电压调速

他励直流电动机的电枢回路不串接电阻，由一可调节的直流电源向电枢供电，最高电压不应超过额定电压。励磁绕组由另一电源供电，一般保持励磁磁通为额定值。电枢电源电压不同时，电动机拖动负载将运行于不同的转速上，如图 1-64 所示，图中的负载为恒转矩负载。

由于提高电动机电枢端电压受到绕组绝缘耐压的限制，所以常采用降低电枢电压的方法调速。直流电动机往往是由单独的可调整流装置供电的。目前用得最多的可调直流电源是晶闸管整流装置，容量较大的直流电动机一般用机组（交流电动机—直流发电机组）作为可调直流电源。

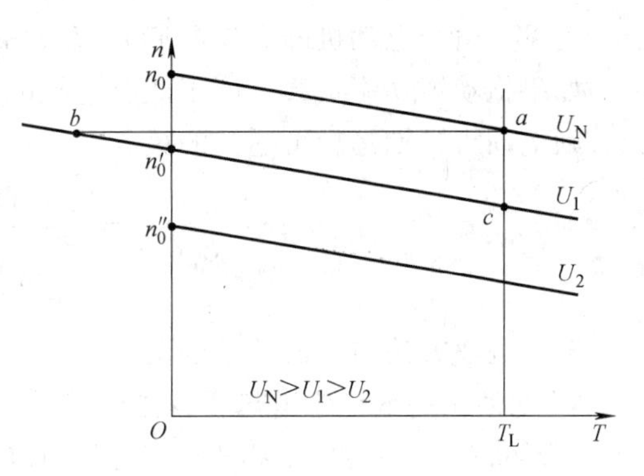

图 1-64　改变电枢电压调速机械特性

降低电枢电压 U，可得一组平行的机械特性，在某一负载下可获得基速与零速之间的不同转速，如图 1-64 所示。由于机械特性的硬度不变，即使电动机在低速运行时，转速随负载变动而变化的幅度也较小，即转速稳定性好。当电枢电压连续调节时，转速变化也是连续的，所以这种调速称为无级调速。

为了扩大调速范围，通常把降压和弱磁两种调速方法结合起来，在基速以上采用弱磁调速，在基速以下采用降压调速。

改变电枢电源电压调速方法的优点是调速平滑性好，即可实现无级调速，调速效率高，转速稳定性好，缺点是所需的可调压电源设备投资较高。同样，这种调速方法适用于恒转矩负载。

【例 1-7】　某台他励直流电动机，额定功率 $P_N=220\text{kW}$，额定电压 $U_N=220\text{V}$，额定电流 $I_N=115\text{A}$，额定转速 $n_N=1500\text{r/min}$，电枢回路电阻 $R_a=0.1\Omega$，忽略空载转矩 T_0，电动机带额定负载运行，试求：

（1）要求把转速降到 1000r/min，可有几种方法，并求出它们的参数。

（2）当减弱磁通 $\Phi=\frac{3}{4}\Phi_N$，拖动恒转矩负载时，求电动机稳定转速和电枢电流。能否长期运行？为什么？如果拖动恒功率负载，情况又怎样？

解：（1）要把转速降到 1000r/min，可有两种方法：电枢回路串电阻、降低电枢电压。

计算电枢回路串联的电阻：

$$C_e\Phi_N=\frac{U_N-I_NR_a}{n_N}=\frac{220-115\times0.1}{1500}=0.139$$

$$R_\Omega=\frac{U_N-C_e\Phi_Nn}{I_N}-R_a=\frac{220-0.139\times1000}{115}\Omega-0.1\Omega=0.604\Omega$$

计算降低的电枢电压：

$$U=C_e\Phi_Nn+I_NR_a=0.139\times1000\text{V}+115\times0.1\text{V}=150.5\text{V}$$

（2）当 $\Phi=\frac{3}{4}\Phi_N$ 时，计算电枢电流和转速：

由 $T=C_T\Phi I_a=T_L=$常数，得　$I_a=\frac{\Phi_N}{\Phi}I_N=\frac{4}{3}\times115\text{A}=153\text{A}$

$$n=\frac{U_N-I_aR_a}{C_e\Phi}=\frac{220-153\times0.1}{\frac{3}{4}\times0.139}\text{ r/min}=1964\text{r/min}$$

可见，由于电动机的电枢电流 $I_a > I_N$，故不能长期运行。

如果拖动恒功率负载，由于此时电枢电流 $I_a = I_N$ 常数。

则电动机长期运行可达到的最高转速：

$$n = \frac{U_N - I_a R_a}{C_e \Phi} = \frac{220 - 115 \times 0.1}{\frac{3}{4} \times 0.139} \text{r/min} = 2000 \text{r/min}$$

五、调速方法与负载特性的配合

1. 电动机的容许输出与调速方法

电动机的容许输出是指电动机在某一转速下长期可靠工作时所能输出的最大转矩和功率。容许输出主要取决于电动机的发热，而发热又主要取决于电枢电流。

电动机的充分利用是指在一定的转速下电动机的实际输出转矩和功率达到它的容许值，即电枢电流达到额定值。

当电动机调速时，在不同的转速下，电枢电流能否总保持为额定值，即电动机能否在不同转速下都得到充分利用，这个问题与调速方式和负载类型的配合有关。以电动机在不同转速都能得到充分利用为条件，他励直流电动机的调速可分为恒转矩调速和恒功率调速。

在采用电枢串电阻调速和降低电压调速时，磁通 $\Phi = \Phi_N$ 保持不变，若在不同转速下保持电流 $I_a = I_N$ 不变，即电动机得到充分利用，则容许输出转矩和功率分别为

$$T_2 \approx T = C_T \Phi_N I_N = C \tag{1-65}$$

$$P_2 = \frac{Tn}{9550} = C_1 n \tag{1-66}$$

电动机的容许输出功率与转速成正比，而容许输出转矩为恒值——恒转矩调速。

在采用减弱磁通调速时，磁通 Φ 是变化的，在不同转速下若保持电流 $I_a = I_N$ 不变，即电动机得到充分利用，则容许输出转矩和功率分别为

$$T_2 \approx T = C_T \Phi I_N = C_T \frac{U_N - I_N R_a}{C_e n} I_N = \frac{C_2}{n} \tag{1-67}$$

$$P_2 = \frac{Tn}{9550} = \frac{C_2}{n} \cdot \frac{n}{9550} = \frac{C_2}{9550} \tag{1-68}$$

电动机的容许输出转矩与转速成反比，而容许输出功率为恒值——恒功率调速。

必须指出，电动机的容许输出转矩和功率仅表示电动机的利用限度，并不代表实际输出。电动机的实际输出是由负载决定的，根据不同的负载性质，选择不同的调速方法，可使电动机得到比较充分的利用，现分析如下。

2. 恒转矩调速方法与负载特性的配合

（1）与恒转矩负载配合。对此负载，可选择电动机的额定转矩 $T_N = T_L = C$，电动机的额定转速 n_N 等于生产机械所要求的最高转速 n_{max}，则电动机的额定功率为

$$P_N = \frac{T_N n}{9550} = \frac{T_N n_{max}}{9550} \tag{1-69}$$

这样，在整个调速范围内，虽然低速时电动机的输出功率小于额定功率，但电动机的电枢电流可始终保持在额定值，电动机得到充分利用。所以对恒转矩负载应采用恒转矩调速方法。

（2）与恒功率负载配合。由于负载功率 $P_L = C$，故负载转矩在最低转速 n_{min} 时为最大，即

$$T_{Lmax} = \frac{9550P_L}{n_{min}} \tag{1-70}$$

这要求所选用电动机的额定负载转矩 T_N 必须等于 T_{Lmax}。另外，由于恒转矩调速方法调速时，转速是由额定转速向下调节，故 $n_N = n_{max}$。这样所选电动机的额定功率为

$$P_N = \frac{T_N n_N}{9550} = \frac{P_L n_N}{n_{min}} = P_L \frac{n_{max}}{n_{min}} = P_L D \tag{1-71}$$

由此可见，对恒功率负载采用恒转矩调速方法，所选电动机的功率是负载功率的 D 倍。只有在最低转速时，$I_a = I_N$。当转速升高时，转矩将减小，必然使电枢电流 I_a 减小，故在整个调速范围内电流不能始终保持为额定值，电动机得不到充分利用，因此对恒功率负载采用恒转矩调速方法是不经济的。

3. 恒功率调速方法与负载特性的配合

（1）与恒功率负载配合。在恒功率调速方法中，转速是由额定转速向上调节，故电动机额定转速 n_N 为生产机械要求的最低转速 n_{min}，所选电动机为 $T_N = T_{Lmax}$，故所选电动机的功率为

$$P_N = \frac{T_N n_N}{9550} = P_L = C \tag{1-72}$$

在调速过程中，磁通 Φ 与转速 n 成反比。对恒功率输出，转矩与转速也成反比。因此，电磁转矩 T 与磁通 Φ 成正比。这样在调速范围内，电枢电流可始终保持为额定值，电动机得到充分利用，所以对恒功率负载应采用恒功率调速方法调速。

（2）与恒转矩负载配合。为在最高转速时也能满足生产的需求，故选用的电动机功率为

$$P_N = \frac{T_L n_{max}}{9550} \tag{1-73}$$

这样只有在最高转速运行时，电流才会是额定值。在调速范围内，电动机都得不到充分利用。另外，对恒转矩负载，不论采用哪一种调速方法，电动机的额定功率都按最高转速选择，是一样的。但若采用恒转矩调速方法，电动机的 $n_N = n_{max}$；而采用恒功率调速方法，电动机的 $n_N = n_{min}$。对于相同容量的电动机，额定转速高，则体积小，价格就便宜。因此，对恒转矩负载不宜采用恒功率调速方法。

通过以上分析，为了使电动机得到充分利用，拖动恒转矩负载时，应采用恒转矩调速方式；拖动恒功率负载时，应采用恒功率调速方式。对风机类负载，三种方式都不是十分适合，但采用串电阻或降压调速比弱磁调速合适一些。

1.5.3　他励电动机的制动

电动机的制动分为机械制动和电气制动两种。机械制动如电磁制动器（又称“抱闸”）等。电气制动是指电动机的电磁转矩 T 与转速 n 的方向相反，T 起制动作用的状态。

电动机的制动有两种情况：①使系统迅速减速停车，这时的制动是指电动机从某一转速迅速减速到零的过程（包括只降低一段转速的过程），这种制动属于过渡过程，称为“制动

过程”；②限制位能性负载的下降速度，这时电磁转矩与负载转矩相平衡，使位能性负载处于稳速下降的制动运行状态，这种制动属于稳定运行，称为“制动运行”。

电气制动的方法有能耗制动、倒拉反接制动、电源反接制动和回馈制动等。

一、能耗制动

图 1-65a 为他励电动机电动状态下的电路，图中标出的各参量的方向均为正方向。图 1-65b为制动状态的电路，磁场保持与电动状态相同，常开触点 S 断开，电枢脱离电源；同时常闭触点 S 把电枢接到制动电阻 R_Z 上去，电动机由电动状态进入能耗制动状态。开始制动时，由于惯性，转速 n 存在且转向与电动状态时相同，因此电枢具有感应电动势 E_a，其方向也与电动状态时相同。此时 E_a 产生电流 I_a，其方向与 E_a 相同，而与电动状态时相反。显然，由于 $U=0$，则：$I_a=-\dfrac{E_a}{R_a+R_Z}$。电枢电流 I_a 为负值，即其方向与电动状态时的正方向相反。当 Φ 的方向未变而电流 I_a 反向，转矩 T 也与电动状态时反向，因此 T 与 n 的方向相反，为制动转矩，使系统较快地减速。制动过程中，电动机靠系统的动能发电，转化成发电机，把动能变成电能，消耗在电枢电路的电阻 R_a+R_Z 上，因此称为能耗制动。

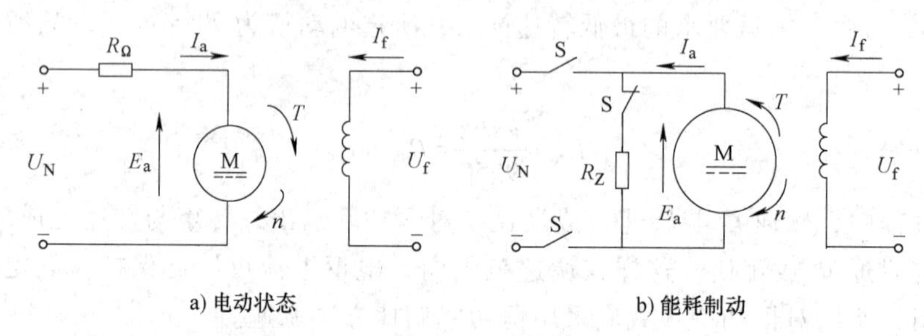

图 1-65　他励电动机电动状态和能耗制动状态下的电路图

能耗制动机械特性方程式为

$$n=-\frac{R_a+R_Z}{C_e C_T \Phi_N^2}T \tag{1-74}$$

能耗制动的机械特性是一条通过坐标原点并与电枢回路串接电阻 R_Z 的人为机械特性平行的直线，如图 1-66 所示。第二象限内的一段为能耗制动特性。

如果制动前运行转速是 n_A，开始制动时，n_A 不变，工作点平移到能耗制动特性上，因而制动转矩 T_B 为负，其方向与负载转矩 T_L 相同。在 $(-T_B-T_L)$ 的作用下，电动机减速，工作点沿特性下降，制动转矩逐渐减小，直到零为止。如果 T_L 为反抗性恒转矩负载，电动机就在 $n=0$ 时停车；如果 T_L 为位能性恒转矩负载，电动机将反向起动，并稳速运行在第三象限的 C 点上。

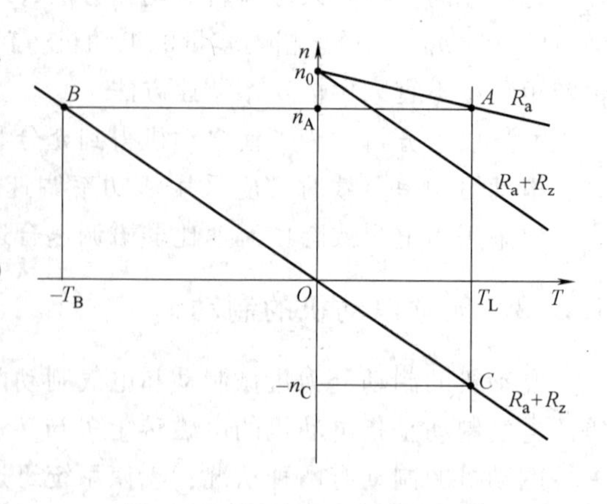

图 1-66　能耗制动的机械特性

必须指出，在一定转速下进行能耗制动时，电枢必须串联电阻 R_Z，否则电枢电流将过大，在高速时甚至接近短路电流的数值。如果按最

大制动电流不超过 $2I_N$ 来选择 R_Z，则可近似认为：$R_a+R_Z \geqslant \frac{E_{aN}}{2I_N} \approx \frac{U_N}{2I_N}$，故：

$$R_Z \geqslant \frac{U_N}{2I_N}-R_a \tag{1-75}$$

二、反接制动

1. 电源反接制动

设电动机原来工作在电动状态，在 $T=T_L$ 时稳速于图 1-67 中的 A 点。若瞬间把电枢电源反接，同时电枢电路中要串入大电阻 R_Z。因惯性，工作点会跳变到图中新特性的 B 点上，电磁转矩 T 变负，进入电源反接制动。在 $(-T_1-T_L)$ 的作用下，电动机迅速制动到 $n=0$（图中 C 点）。此时，若不切除电源的话，电动机将反向起动。对反抗性恒转矩负载，电动机最终将稳速于第三象限的反向电动状态（图中 D 点）；对位能性恒转矩负载，电动机最终将稳速于第四象限的反向回馈制动状态（图中 E 点）。

电源反接制动的机械特性方程为

$$n=-\frac{U_N}{C_e\Phi_N}-\frac{R_a+R_Z}{C_eC_T\Phi_N^2}T \tag{1-76}$$

机械特性曲线如图 1-67 所示，第二象限内的一段即为电源反接制动特性。

由于电枢反接，U_N 为负，则电流 I_a 为：$I_a=-\frac{U_N+E_a}{R_a+R_Z}$。如果反接制动电流也不超过 $2I_N$，则应使：$R_a+R_Z \geqslant \frac{U_N+E_{aN}}{2I_N} \approx \frac{2U_N}{2I_N}=\frac{U_N}{I_N}$，即

$$R_Z \geqslant \frac{U_N}{I_N}-R_a \tag{1-77}$$

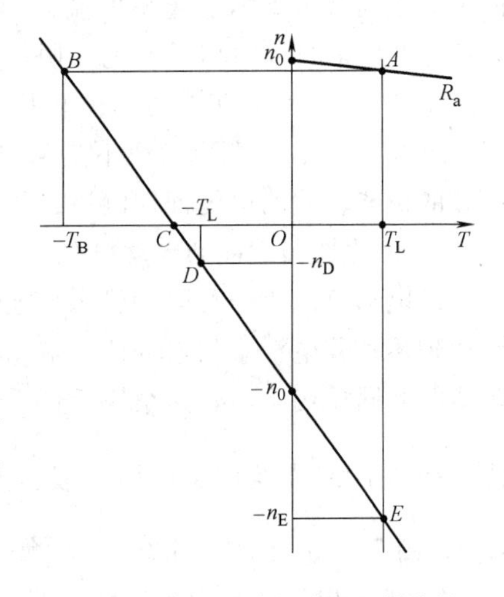

图 1-67　电源反接制动的机械特性

反接制动适合于要求频繁正、反转的电力拖动系统，先用反接制动达到迅速停车，然后接着反向起动并进入反向稳态运行，反之亦然。若是只要求准确停车的系统，反接制动不如能耗制动方便。

2. 倒拉反接制动

倒拉反接制动适用于位能性负载。以起重机提升重物为例，设重物 G 产生的负载转矩为 T_L，电动机按电动状态接通，在 $T=T_L$ 时电动机使重物 G 向上稳速提升（图 1-68 中的 A 点）。此时，若在电枢电路内串入较大的电阻 R_Z，机械特性变软，瞬间工作点转换到新特性上（图中 B 点），因 $T<T_L$，则电动机减速，并制动到零（图中 C 点）。但此时仍有 $T<T_L$，在位能性负载 T_L 的作用下，电动机将反方向起动，此时转速 n 与电磁转矩 T 的方向相反，进入制动状态，直到 $T=T_L$ 时电动机稳速下降（图中 D 点）。

倒拉反接制动特性方程式为

$$n=\frac{U_N}{C_e\Phi_N}-\frac{R_a+R_Z}{C_eC_T\Phi_N^2}T \tag{1-78}$$

图 1-68 中给出了电动机串较大电阻 R_Z 时的人为机械特性，在第四象限内的一段即为倒拉反接制动特性。电枢电路的电压平衡方程式变为

$$I_a(R_a+R_Z)=U_N-(-E_a)=U_N+E_a \tag{1-79}$$

若将瞬间制动电流限制在 $2I_N$，则制动电阻 R_Z 可选为

$$R_Z \geqslant \frac{U_N+E_{aN}}{I_a}-R_a \approx \frac{2U_N}{2I_N}-R_a=\frac{U_N}{I_N}-R_a \tag{1-80}$$

显而易见，下放重物的稳定运行速度可以因串入电阻 R_Z 的大小不同而异，制动电阻 R_Z 越大，下放速度越快。电动机进入倒拉反接制动状态必须有位能性负载反拖电动机，同时电枢回路要串入较大的电阻。在此状态中，位能性负载转矩是拖动转矩，而电动机的电磁转矩是制动转矩，它抑制重物下放的速度，使之限制在安全范围之内，这种制动方式不能用于停车，只可以用于下放重物。

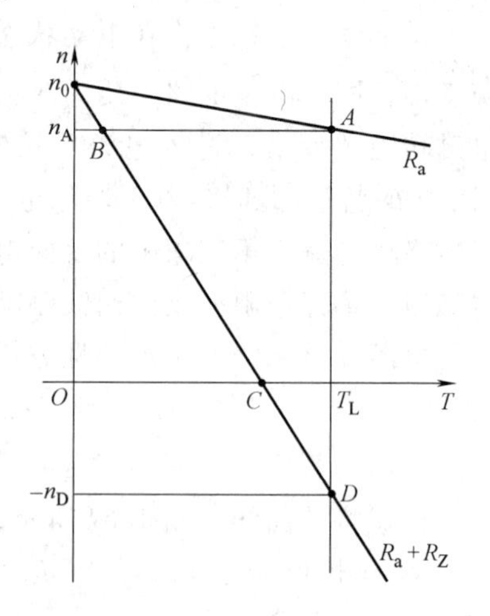

图 1-68 倒拉反接制动的机械特性

三、回馈制动

假定他励直流电动机处于正向电动运行状态，由于某种原因导致电动机的转速 n 超过理想空载转速 n_0，这时电枢感应电动势 $E_a>U_N$，电枢电流 I_a 变为负值，电磁转矩 T 为负，T 与 n 的方向相反，进入回馈制动。此时电磁功率 $P_{em}=E_aI_a<0$，表明机械功率被转换成电功率；而输入功率 $P_1=U_NI_a<0$，说明电动机不是从电源获得电功率，而是电动机向电源发出电功率，即将负载的位能转化为电能回馈电源，故称回馈制动。回馈制动可能出现下列两种情况。

1. 位能性负载拖动电动机

设电动机原工作在电动状态，拖动位能性负载提升。当采用电源反接制动时，转速很快制动到零；若电源不切断的话，电动机将反向起动，进入反向电动状态；在电磁转矩和负载转矩的共同作用下，转速很快反向升高，当 $|-n|>|-n_0|$ 时，进入反向回馈制动，机械特性如图 1-67 中第四象限的一段；此时 $|-E_a|>|-U|$，则有：$I_a=\dfrac{-U-(-E_a)}{R_a+R_Z}>0$，故 $T>0$，则 T 与 n 反向，当 $T=T_L$ 时负载稳速下放（图中 E 点）。

2. 他励电动机改变电枢电压调速

在降低电压的降速过程中，当突然降低电枢电压，感应电动势还来不及变化时。瞬间出现 $E_a>U$ 的情况，此时 $I_a=\dfrac{U-E_a}{R_a}<0$，则 $T<0$，故 T 与 n 反向，且 $n>n_0$，即出现短时回馈制动状态，机械特性如图 1-69 中第二象限的一段，此时是将负载的动能转化成电能回馈电源，但电动机最终仍将稳定在与负载相平衡的电动状态。

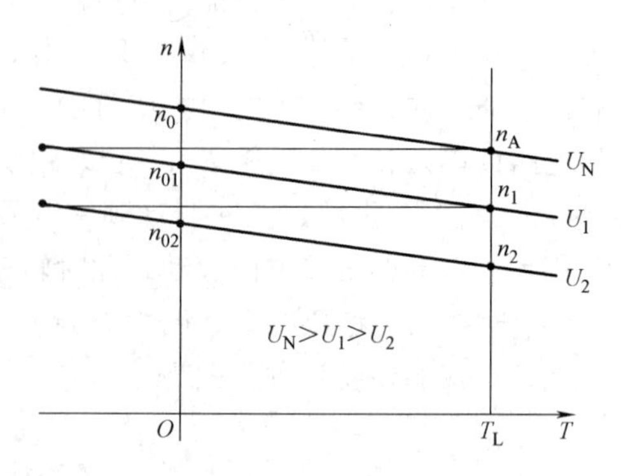

图 1-69 降压调速过程中的回馈制动机械特性

四、他励直流电动机四象限运行的分析方法

他励直流电动机机械特性方程式的一般形

式为

$$n=\frac{U}{C_e\Phi}-\frac{R_a+R_Z}{C_eC_T\Phi^2}T=n_0-\beta T \tag{1-81}$$

当按规定正方向用曲线表示机械特性时，电动机的固有机械特性及人为机械特性将位于直角坐标的四个象限之中。在Ⅰ、Ⅲ象限内为电动状态；在Ⅱ、Ⅳ象限内为制动状态。电动机的负载有反抗性负载、位能性负载及风机泵类负载等，它们的机械特性也位于直角坐标的四个象限之中。

在电动机机械特性与负载机械特性的交点处，$T=T_L$，$\frac{dn}{dt}=0$，电动机稳定运行。该交点即为电动机的工作点。图1-70表示出了他励直流电动机的各种运转状态。

1. 电动运行状态

电动运行状态的特点是电动机的电磁转矩 T 和转速 n 的方向相同，T 是拖动转矩。此时电动机从电源吸收电能，并把电能转变为机械能。因为 T 和 n 的方向相同，电动机的机械特性和稳定工作点在第一象限或第三象限内。

在图1-70中，A、B 两点均为正向电动状态；而 C、D 两点均为反向电动状态。

2. 制动运行状态

制动运行状态的特点是电动机的电磁转矩 T 和转速 n 的方向相反，T 是制动转矩。电动机的机械特性及稳定工作点在第二象限或第四象限内。

在图1-70中，E、F 两点均为正向回馈制动状态；而 G、H 两点均为反向回馈制动状态。电动机把机械能转变为电能并回馈到电源，此时变成一台发电机。

在图1-70中，J 点为位能性负载下能耗制动的稳定点；O 点为反抗性负载下能耗制动的稳定点。此时电动机把机械能转变为电能，并消耗在电枢回路的电阻（R_a+R_Z）上。

在图1-70中，K 点为位能性负载下倒拉反接制动的稳定点。此时电动机既从电源吸收电能，又把机械能转变为电能，两种来源的电能都消耗在电枢回路的电阻（R_a+R_Z）上。

3. 运转状态分析

电动机在工作点以外的机械特性上运行时，$T\neq T_L$，系统将处于加速或减速的过渡过程中。利用位于四个象限的电动机机械特性和负载机械特性，就可以分析运转状态的变化情况，其方法如下：

假设电动机原来运行于机械特性某点上，处于稳定运转状态。当人为地改变电动机参数时，例如降低电源电压、减弱磁通或在电枢回路中串电阻等，电动机的机械特性将发生相应的变化。在改变电动机参数的瞬间，转速 n 不能突变，电动机将以不变的转速从原来的运转点过渡到新特性上来。在新特性上电磁转矩将不再与负载转矩相等，因而电动机便运行于过渡过程之中，这时转速是升高还是降低，由 $T-T_L$ 的正负来决定。

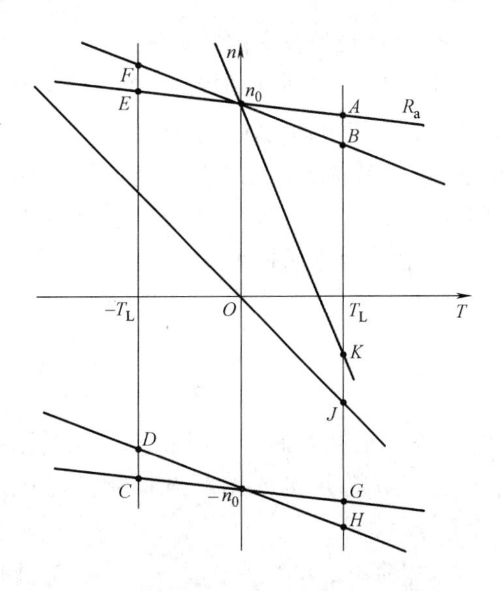

图1-70 他励直流电动机的各种运转状态

此后运行点将沿着新机械特性变化，最后可能有两种情况：

（1）电动机的机械特性与负载机械特性相交，得到新工作点，在新的稳定状态下运行。

（2）电动机处于静止状态。例如，电动机拖动反抗性恒转矩负载，在能耗制动过程中，当 $n=0$ 时，$T=0$。

上述方法是分析电力拖动系统运动过程最基本的方法，它不仅适用于他励直流电动机拖动系统，也适用于交流电动机拖动系统。

1.5.4　串励直流电动机的调速简介——PWM 调速器

在干线铁道电力机车、工矿电力机车、城市有轨和无轨电车和地铁电机车等电力牵引设备上，常采用直流串励或复励电动机，由恒压直流电网供电。过去用切换电枢回路电阻来控制电动机的起动、制动和调速，在电阻中耗电很大。而现在采用直流斩波器或脉宽调制变换器可以将恒压直流变换成可变直流。

1. 直流斩波器的基本结构

直流斩波器的基本结构和原理图如图 1-71 所示。

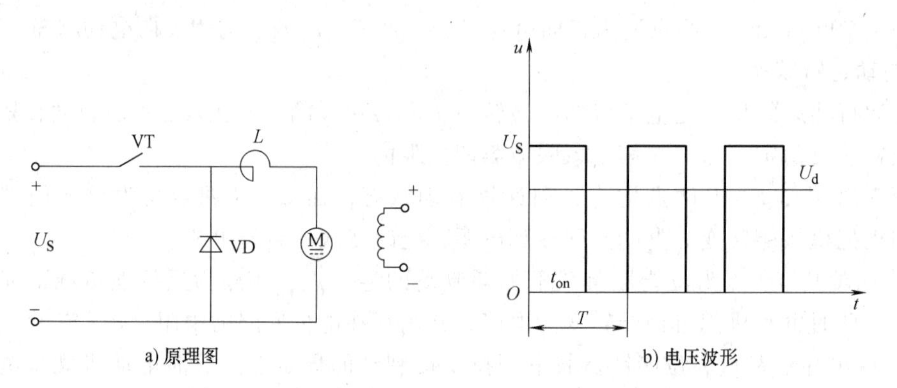

图 1-71　直流斩波器—电动机的原理图和电压波形

2. 斩波器的基本控制原理

在图 1-71a 所示的原理图中，VT 表示电力电子开关器件，VD 表示续流二极管。当 VT 导通时，直流电源电压 U_S 加到电动机上；当 VT 关断时，直流电源与电动机脱开，电动机电枢经 VD 续流，两端电压接近于零。如此反复，电枢端电压波形如图 1-71b 所示，好像是电源电压 U_S 在 t_{on}时间内被接上，又在 $T-t_{on}$时间内被斩断，故称“斩波”。

3. 输出电压的计算

这样，电动机得到的平均电压为

$$U_d=\frac{t_{on}}{T}U_S=\rho U_S \tag{1-82}$$

式中，T 为晶闸管的开关周期；t_{on}为开通时间；ρ 为开关频率。

为了节能并实行无触点控制，现在多用电力电子开关器件，如快速晶闸管、GTO、IGBT 等。

采用简单的单管控制时，称作直流斩波器，后来逐渐发展成采用各种脉冲宽度调制开关的电路——脉宽调制变换器（Pulse Width Modulation，PWM）。

4. 斩波电路的三种控制方式

根据对输出电压平均值进行调制的方式不同而划分，共有三种控制方式：

T不变，变t_{on}——脉冲宽度调制（PWM）；

t_{on}不变，变T——脉冲频率调制（PFM）；

t_{on}和T都可调，改变占空比——混合型。

5. PWM 系统的优点

（1）主电路线路简单，需用的功率器件少。

（2）开关频率高，电流容易连续，谐波少，电机损耗及发热都较小。

（3）低速性能好，稳速精度高，调速范围宽，可达 1∶10000 左右。

（4）若与快速响应的电机配合，则系统频带宽，动态响应快，动态抗扰能力强。

（5）功率开关器件工作在开关状态，导通损耗小，当开关频率适当时，开关损耗也不大，因而装置效率较高。

直流 PWM 调速系统作为一种新技术，发展迅速，应用日益广泛，特别在中、小容量的系统中，已取代晶闸管—电动机系统成为主要的直流调速方式。

单闭环直流脉宽调速系统的框图如图 1-72 所示。其中，PWM 为脉宽调制变换器，UPM 为脉宽调制器，GD 为基极驱动器，GM 为调制波发生器。

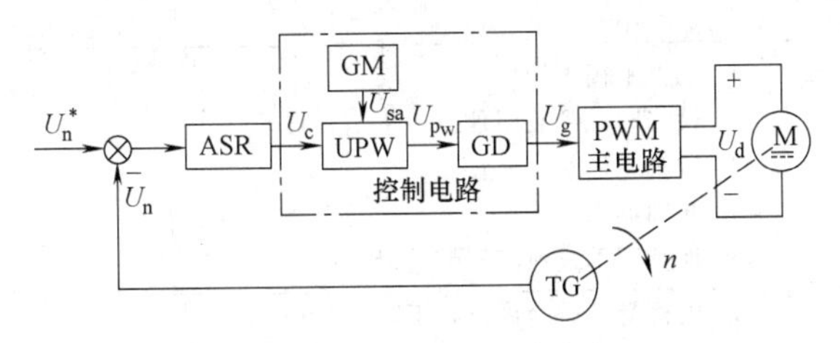

图 1-72　单闭环直流脉宽调速系统原理框图

任务 1.6　直流电机常见故障分析

【任务引入】

直流电机在使用过程中经常会出现各种故障，比如：电源接通后电动机不转、电刷下火花过大、电机振动、运行时有异声、外壳带电等。要正确排除故障，必须先了解其常见故障的原因及处理方法等相关知识。

【任务目标】

（1）能分析直流电机常见故障现象及产生原因。

（2）掌握直流电机常见故障的修理方法。

（3）掌握直流电机的工作原理和工作特性。

【技能目标】

（1）掌握直流电机通电后不转的原因及处理方法。

（2）掌握直流电机运行中火花过大的原因及处理方法。

1.6.1　直流电动机常见故障及原因分析

直流电动机常见故障现象及产生故障的可能原因见表 1-3。

表 1-3　直流电动机常见故障现象及原因分析

故障现象	造成故障的可能原因
无法起动	1. 电源电路不通 2. 起动时过载 3. 励磁回路断开 4. 起动电流太小 5. 电枢绕组接地、断路、短路
电刷下火花过大	1. 电刷与换向器接触不良 2. 刷握松动或安装位置不正确 3. 电刷磨损过短 4. 电刷压力大小不当或不均匀 5. 换向器表面不光洁、有污垢，换向器上云母片突出 6. 电动机过载 7. 换向极绕组部分短路 8. 换向极绕组接反 9. 电枢绕组有断路或短路故障 10. 电枢绕组与换向片之间脱焊
电机温升过高	1. 长期过载 2. 未按规定运行 3. 通风不良
电机振动	1. 电枢平衡未校好 2. 检修时风叶装错位置或平衡块移动 3. 转轴变形 4. 联轴器未校正 5. 地基不平或地脚螺钉不紧
机壳带电	1. 电机受潮后绝缘电阻下降 2. 电机绝缘老化 3. 引出线碰壳 4. 电刷灰或其他灰尘的累积

1.6.2　直流电动机故障处理方法

一、无法起动的故障处理

1. 检查电路是否通路，熔断器是否完好；电动机进线端是否正确；电刷与换向器表面接触是否良好。如电刷与换向器断开，则需调整刷握位置和弹簧压力。

2. 检查电动机负载，如过载，则应减小电动机所带的负载。

3. 用万用表检查磁场变阻器及励磁绕组是否断路。如断路，需重新接好线。

4. 检查电枢绕组是否有接地、断路、开焊、短路等现象。检查方法如下：

（1）电枢绕组接地的检查方法。

① 校验灯检查。将 36V 低压交流电经 36V 照明灯，分别接在换向片及转轴一端，若灯泡发光，则说明电枢绕组接地，如图 1-73 所示。

具体是哪个槽的绕组元件接地，可采用图 1-74 所示方法，将 6~12V 直流电压接到相隔 $K/2$（K 为换向片数）的两换向片上，用毫伏表的一支表笔触及转轴，另一支表笔依次触及所有的换向片，若读数为零，则该换向片或该换向片所连接的绕组元件接地。

② 兆欧表检查。对低压电动机，将 500V 兆欧表的一端接在电枢轴（或机壳）上，另

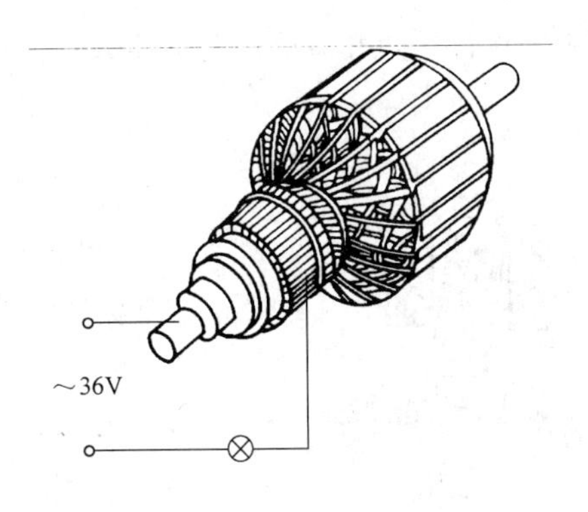

图 1-73　照明灯检查绕组接地

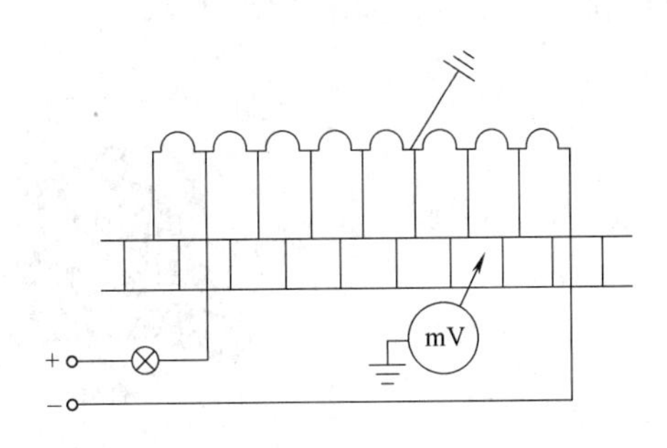

图 1-74　检查绕组接地

一端分别接在电枢绕组、换向片上，以 120r/min 的转速摇动 1min 后，读出其指针指示的数值，测量出电枢绕组对机壳、换向片对地的绝缘电阻。

（2）电枢绕组断路、开焊的检查方法。

在相隔接近一个极距的两换向片上接入低压直流电源，用直流毫伏表测量相邻换向片间的压降，如图 1-75 所示。电枢断路或焊接不良时，则在相连接的换向片上测得的压降要比平均值显著增大。

（3）电枢绕组短路的检查方法。

与检查电枢绕组断路的方法相同，若电枢绕组匝间短路时，则在和短路绕组相连接的换向片上测得的压降值显著降低。若换向片间直接短路时，则测得的片间压降等于零或甚微，如图 1-76 所示。

5. 检查电源电压是否太低；检查起动变阻器是否合适，电阻是否太大。

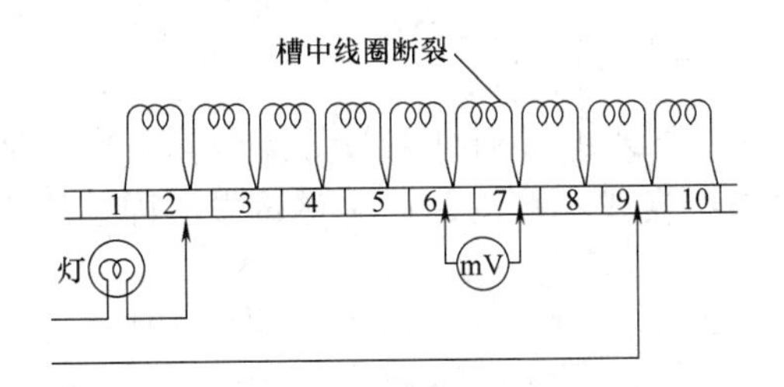

图 1-75　检查电枢绕组是否有断路

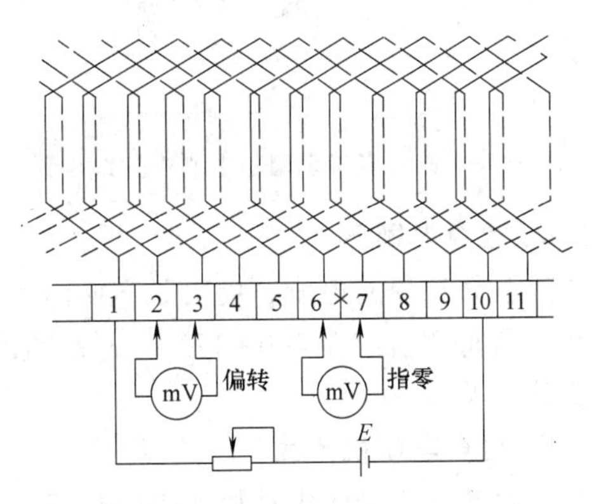

图 1-76　检查电枢绕组是否有短路

二、电刷下火花过大的故障处理

1. 检查电刷与换向器接触面

若电刷与换向器接触不良，应研磨电刷、清洁换向器表面，如电刷表面凹凸不平，可采用 00 号砂布研磨电刷的接触面。若电刷磨损过短，则更换同型号的新电刷或修理换向器。

2. 检查刷握和安装位置

如果刷握松动或位置不正确，须紧固或重新调整刷握位置。刷握可以与换向器或集电环表面相垂直，也可以倾斜一个角度。电刷应能在刷握框中上下自由移动，但不能太松而使电刷在刷握中摇晃，如图 1-77 所示。

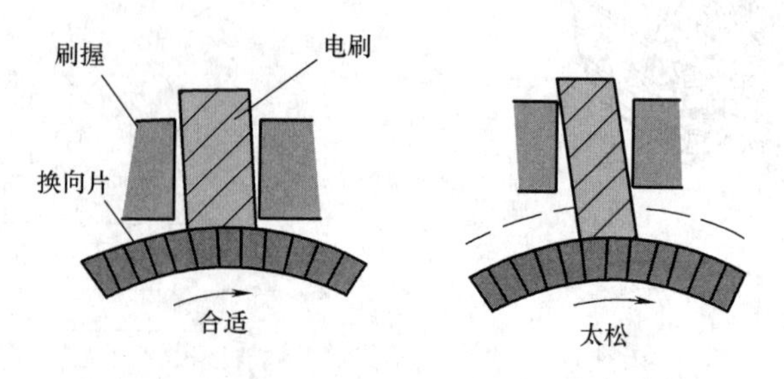

图 1-77　检查刷握和安装位置

3. 调整电刷中性线位置

如图 1-78 所示，频繁合上和断开励磁绕组的电源开关 S，同时将电刷架慢慢移动，直至电枢两端的毫伏表指针不动或摆动很小，即可固定电刷。

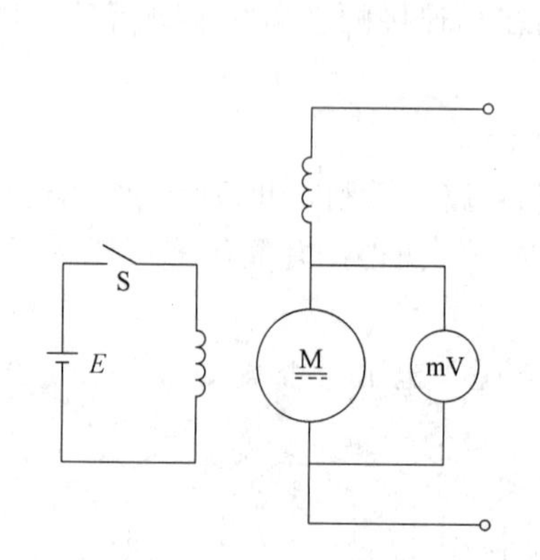

图 1-78　通过毫伏表调整电刷中性线位置

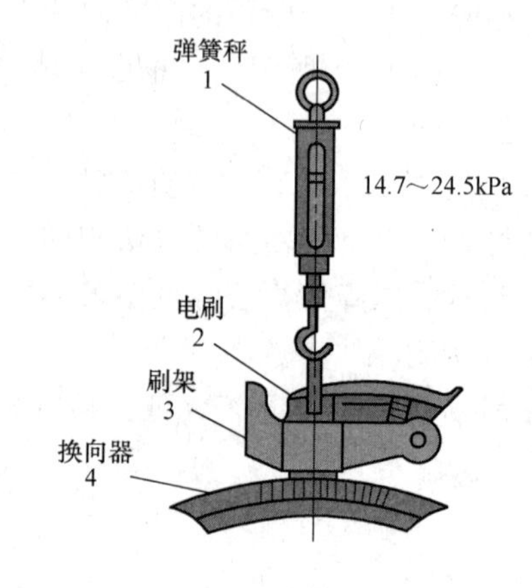

图 1-79　用弹簧秤检查电刷压力

4. 检查电刷压力

用弹簧秤提起电刷，使之脱离换向片，如图 1-79 所示。此时弹簧秤的读数除以电刷的面积，所得数值应在 $150\sim250\mathrm{g/cm^2}$范围内。若大小不当或不均匀，说明弹簧失去弹性，需要更换弹簧。

5. 检查电动机负载

如过载，应减小电动机所带的负载。

6. 检查换向极绕组的极性

用指南针测试换向极的极性，如发现换向极绕组接反，则应将它反接过来。

7. 检查电枢绕组和换向极绕组

如发现换向极绕组或电枢绕组有断路、短路或脱焊等现象，则采用合适的办法修复即可。

1.6.3　直流发电机常见故障及其处理方法

直流发电机常见故障及其处理方法见表 1-4。

表 1-4　直流发电机常见故障及其处理方法

故障现象	可能的故障原因	处 理 方 法
发电机电压不能建立	剩磁消失	用直流电通入并励绕组，重新产生剩磁
	电刷过短，接触不良	更换新电刷
	刷架位置不对	移动刷架座，调整刷架中性线位置
	并励绕组出线接反	调换并励绕组两出线头
	并励绕组电路断开	用万用表或兆欧表测量，拆开修理
	并励绕组短路	用电桥测量直流电阻，并排除短路点或重绕绕组
	并励绕组与换向绕组、串励绕组相碰短路	用万用表或兆欧表测量，并排除相碰点
	励磁电路中电阻太大	检查变阻器，使它短路后再试
	旋转方向错误	改变发电机转向
	转速太低	提高转速或调换原动机
	并励绕组极性不对	用直流电通入并励绕组，用指南针判断其极性，纠正接线
	电路中有两点接地，造成短路	用万用表或兆欧表检查，排除短路点
	电枢绕组短路或换向器片间短路	用电压降法检查，并排除短路故障或重绕绕组
发电机空载电压过低	原动机转速低	用测速表检查，提高原动机转速或更换原动机
	传送带过松	用测速表测量原动机和发电机的转速是否相差过大，应调紧传送带或更换其他类型的传送带
	刷架位置不当	调整刷架座位置，选择电压最高处
	他励绕组接错	在他励电压和电流正常的情况下，可能极性顺序接错，可用指南针测量，纠正接线
	串励绕组和并励绕组接错	在小型发电机中有时会出现此种情况，拆开重新接线
	复励电机串励绕组接反	调换串励绕组接线
	主极原有垫片未垫	拆开测量主极内径，垫衬原有厚度的垫片
发电机加负载后，电压显著下降	换向极绕组接反	将换向极绕组接线对调
	电刷位置不在中性线上	调整刷杆座位置，使火花情况好转
	主磁极与换向极安装顺序不对	绕组通入 12V 直流电源，用指南针判别极性，纠正接线
	复励电机串励绕组接反	调换串励绕组接线

实训 1.1　直流电机的拆装

【任务引入】

通过对直流电机的拆卸与安装活动，了解直流电机的基本结构及其特征。结合相关理论知识的学习，使学生更加容易地掌握直流电机的工作原理，为学习直流电机的检修技能打下坚实的基础。

【任务目标】

(1) 了解直流电机的内部结构及其分类，理解直流电机的工作原理。

(2) 熟悉直流电机的铭牌数据，并能进行简单计算。

【技能目标】

(1) 掌握直流电机的拆卸和安装技能。

(2) 了解直流电机常见故障及检测方法。

【知识储备】

一、直流电机的拆卸

1. 拆装工具

轴承拉具、活扳手、铁锤、纯铜棒、木锤、常用电工工具、3V 直流电源、毫伏表、兆欧表等。

2. 拆卸步骤

直流电机的拆解图如图 1-80 所示。直流电机的拆卸步骤如下。

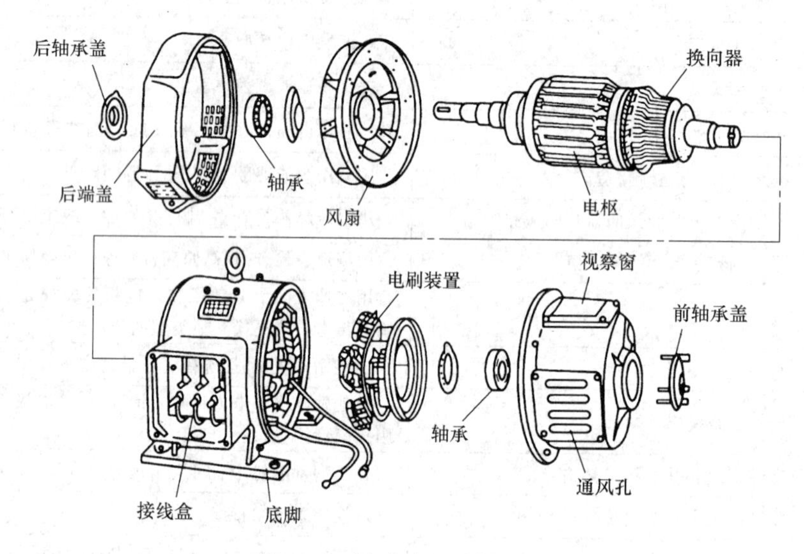

图 1-80 直流电机的拆解图

(1) 拆去接至电机的所有连线。

(2) 拆除电机的地脚螺栓。

(3) 拆除与电机相连接的传动装置。

(4) 拆去轴伸端的联轴器或带轮，在前、后端盖与机座连接处做好记号。

(5) 拆下后端盖（换向器侧的端盖）的端盖螺栓和轴承盖螺栓，并取下轴承外盖。

(6) 打开后端盖上的通风窗盖板，从刷盒中取出电刷，再拆下刷杆上的连接线。

(7) 拆卸后端盖，使用铁锤通过铜棒沿端盖四周边缘均匀地敲击，逐步使端盖止口脱离机座及轴承外圈，取下后端盖及固定在其上的电刷装置。

(8) 用纸板或白布把换向器包好，并用纱线扎紧。

(9) 拆下前端盖的端盖螺栓，把连同前端盖和风扇在一起的电枢从定子内小心地抽出来，防止损伤绕组和换向器。

(10) 拆下前端盖上的轴承盖螺栓，取下轴承外盖。

(11) 如发现轴承有异常现象，可把轴承卸下，清洗轴承，加上轴承润滑脂。

电机的电枢、定子的零部件如有损坏，则还需继续拆卸。

二、直流电机的装配

直流电机的装配步骤如下。

（1）清洁换向器表面及换向片与云母片之间凹槽内的异物，清洁电枢绕组表面。

（2）清洁主磁极和换向磁极表面，清洁电刷装置。

（3）先将前端盖一侧的轴承与轴承盖装好。

（4）装刷架于前端盖内。

（5）将带有刷架的端盖装到定子机座上。

（6）将机座立放，机座在上、端盖在下，并将电刷从刷盒中取出来，吊挂在刷架外侧。

（7）将转子吊入定子内，使轴承进入端盖轴承孔。

（8）装后端盖及轴承外盖。

（9）气隙的检查与调整。

（10）将电刷放入刷盒内并压好，接好连接线，盖上通风窗盖板。

（11）研磨电刷并测试电刷压力。

（12）装出线盒及接引出线。

（13）装其余零部件。

（14）调整电刷，使电刷在中性线上。

（15）安装固定好电机，检查电机转动是否灵活。

（16）绝缘电阻测量，检查电机起动与运行电流，观察电机的转速及换向器表面的火花情况。

三、项目评价

步骤	内容	工艺要求	配分	得分
1	拆装前的准备工作	拆卸所做记号： 1. 联轴器或带轮与轴台的距离______mm 2. 端盖与机座间记号做于______方位 3. 前后轴承记号的形状____________ 4. 刷架位置____________	10分	
2	拆卸顺序	1. ______，2. ______，3. ______，4. ______， 5. ______，6. ______，7. ______，8. ______， 9. ______，10. ______，11. ______	10分	
3	拆卸带轮或联轴器	工艺要点____________________	20分	
4	拆卸端盖	工艺要点____________________	20分	
5	拆卸轴承	工艺要点____________________	20分	
6	装配顺序	1. ______，2. ______，3. ______，4. ______， 5. ______，6. ______，7. ______，8. ______， 9. ______，10. ______，11. ______，12. ______， 13. ______，14. ______，15. ______，16. ______	20分	
训练所用时间：	学生签名：	教师签名：	总分	

实训 1.2　验证直流电动机的起动、调速、反转和制动

【任务引入】

直流电动机的电枢电阻很小，因而直接起动时的电流很大；研究直流电动机各种起动方法的目的，就是为了限制起动电流，同时保证有足够大的起动转矩。为满足负载一定时调节转速的需要，在不同负载性质、不同转速范围的条件下，采用不同的调速方法。根据负载要求，电动机应能实现反转。在负载不变的情况下，为提高工作效率，产生制动电磁转矩，使电动机快速停车。

【任务目标】

（1）学习和初步掌握并励直流电动机的起动方法和起动器的用法。

（2）初步掌握并励直流电动机转速调节的方法。

（3）熟悉改变并励直流电动机转向的方法。

（4）熟悉并励直流电动机制动的方法。

【技能目标】

（1）掌握并励直流电动机的起动方法和技能；

（2）掌握并励直流电动机的调速方法和技能；

（3）熟悉并励直流电动机反转的方法和技能；

（4）熟悉并励直流电动机制动的方法和技能。

【知识储备】

一、并励直流电动机的起动

1. 电枢串电阻起动

并励直流电动机电枢串电阻起动原理图如图 1-81 所示，起动步骤如下。

（1）首先将励磁回路串联的电阻器 R_f 短接，以保证起动时主磁场最强。

（2）在电枢回路电阻 R_m 调至最大时，合上电源开关 QS，起动电动机，随着电动机转速上升，逐步切除电枢回路电阻 R_m，直至电动机正常运转。

（3）从电动机轴伸端观察电动机旋转方向，用转速表测量电动机的转速，并记录电源电压。

（4）断开电源开关 QS，电动机停车。

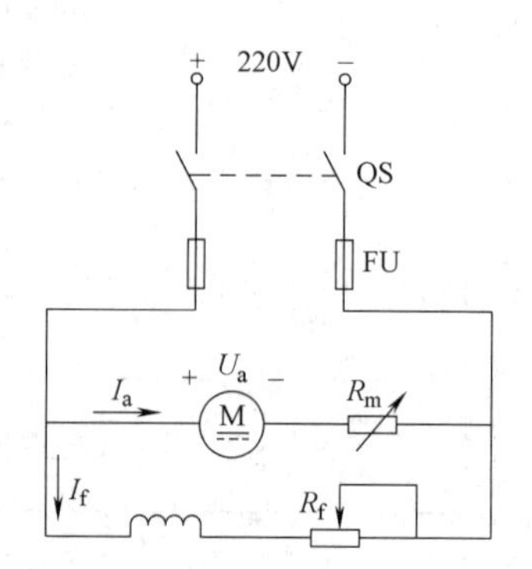

图 1-81　并励直流电动机电枢串电阻起动原理图

2. 电枢降压起动

并励直流电动机电枢降压起动原理图如图 1-82 所示。其中，可调直流电源是由晶闸管整流装置来实现输出电压可调，起动步骤如下：

（1）将并励电动机改接成他励电动机，先合上励磁电源开关 QS2，调节励磁回路电阻 R_f，使励磁电流达到额定值。

（2）将可调直流电源调至零位，合上电枢电源开关 QS1，再使可调电源电压逐渐增加，

直至达到额定电压。

（3）从电动机轴伸端观察电动机旋转方向，用转速表测量电动机的转速，并记录电源电压。

（4）断开电枢电源开关 QS1 和励磁电源开关 QS2，电动机停车。

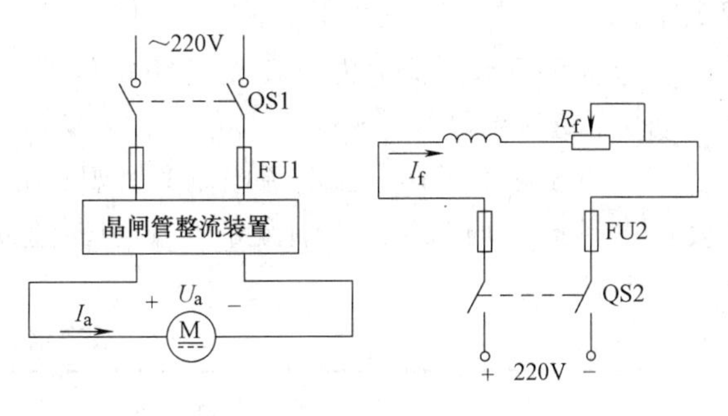

图 1-82 他励直流电动机电枢降压起动原理图

二、并励直流电动机的调速

1. 改变电枢回路电阻调速

并励直流电动机电枢串电阻调速原理图如图 1-81 所示，调速步骤如下：

（1）起动并励电动机，在电枢回路所串电阻 R_m 为零时，调节励磁回路电阻 R_f，使电动机转速 $n=n_N$。

（2）逐步增加电枢回路电阻 R_m 的阻值，使转速 n 下降，分别测量 6~8 组转速 n、电枢电压 U_a 和电枢电流 I_a 的数值，将测量数据记入表 1-5 中。

表 1-5 改变电枢电阻调速

项目	1	2	3	4	5	6	7	8
电压 U_a/V								
电流 I_a/A								
转速 n/(r/min)								

（3）根据实验数据，画出并励电动机串电阻调速特性曲线 $n=f(I_a)$。

2. 改变励磁磁通调速

并励直流电动机改变励磁磁通调速，一般是从额定磁通开始，逐渐减小励磁磁通使转速升高，即弱磁调速。弱磁调速原理图如图 1-81 所示，调速步骤如下：

（1）起动并励电动机，在电枢回路所串电阻 R_m 为零时，调节励磁回路电阻 R_f，使电动机转速 $n=n_N$。

（2）缓慢增加励磁回路电阻 R_f，观察并测量电动机的转速，此时电动机转速应逐步升高，到 $n=1.2n_N$ 时为止。分别测量 6~8 组转速 n 和电枢电流 I_a 的数值，将测量数据记入表 1-6 中。

表 1-6 改变励磁磁通调速

项目	1	2	3	4	5	6	7	8
励磁电流 I_f/A								
电流 I_a/A								
转速 n/(r/min)								

（3）根据实验数据，画出并励电动机弱磁调速特性曲线 $n=f(I_f)$。

3. 改变电枢电压调速

先将并励电动机改接成他励电动机，励磁磁通保持额定值不变。电枢电压从额定值开始，逐渐减小电枢电压使转速降低，即降压调速。降压调速原理图如图 1-82 所示，调速步骤如下。

（1）先将可调直流电源电压调至额定位置，起动他励电动机，调节励磁回路电阻 R_f，使电动机转速 $n=n_N$。

（2）逐步减小可调直流电源电压值，观察并测量电动机的转速，此时电动机转速应逐步降低，到 $n=0$ 时为止。分别测量 6~8 组转速 n 和电枢电压 U_a 的数值，将测量数据记入表 1-7 中。

表 1-7　改变电枢电压调速

项目	1	2	3	4	5	6	7	8
电枢电压 U_a/V								
电流 I_a/A								
转速 n/(r/min)								

（3）根据实验数据，画出他励电动机降压调速特性曲线 $n=f(U_a)$。

三、并励直流电动机的反转

（1）切断电源，在励磁绕组接法不变的情况下，将电枢绕组两端反接，然后重新起动电动机，从轴伸端观察电动机的旋转方向。

（2）切断电源，在电枢绕组接法不变的情况下，将励磁绕组两端反接，然后重新起动电动机，从轴伸端观察电动机的旋转方向。

（3）切断电源，将电枢绕组和励磁绕组同时反接（即改变电源极性），然后重新起动电动机，从轴伸端观察电动机的旋转方向。

四、并励直流电动机的制动

1. 能耗制动

能耗制动接线图如图 1-83 所示，其制动步骤如下。

（1）先将并励电动机改接成他励电动机，合上励磁电源开关 QS2，再将电枢电源开关 QS1 合到直流电源上，起动电动机。

（2）将开关 QS1 从直流电源切换到制动电阻 R_L 上，从轴伸端观察电动机的转速变化，同时观察电枢电流在开关切换瞬间的数值。

（3）当电动机转速降为零后，将开关 QS1 拉起，再将开关 QS2 拉起。

2. 电枢电源反接制动

电枢电源反接制动接线图如图 1-84 所示，其制动步骤如下。

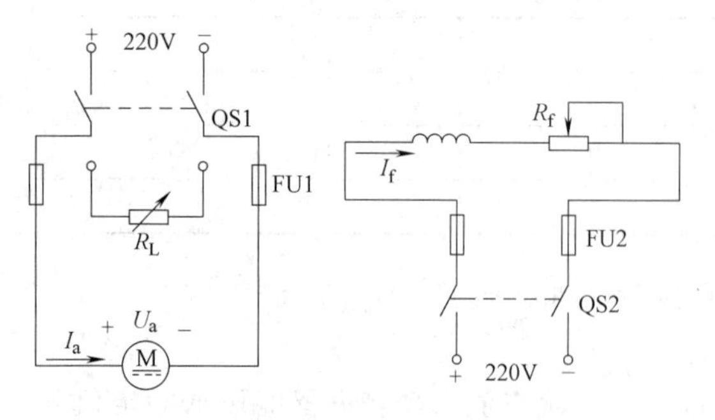

图 1-83　能耗制动接线图

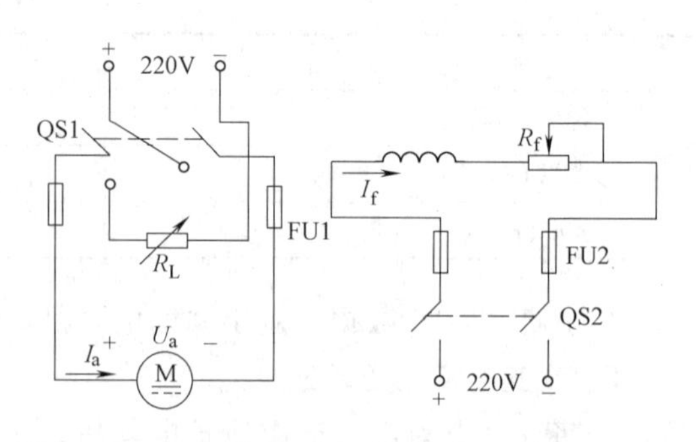

图 1-84　电枢电源反接制动接线图

（1）先将并励电动机改接成他励电动机，合上励磁电源开关 QS2，再将电枢电源开关 QS1 合到直流电源上，起动电动机。

（2）将开关 QS1 从直流电源切换到制动电阻 R_L 上，从轴伸端观察电动机的转速变化，同时观察电枢电流在开关切换瞬间的数值。

（3）当电动机转速降至接近零时，立刻将开关 QS1 拉起（否则电动机会反转），然后再将开关 QS2 拉起。

五、项目评价

步骤	内容	工艺要求	配分	得分
1	直流电动机起动	1. 电枢串阻起动＿＿＿＿＿ 2. 电枢降压起动＿＿＿＿＿	20 分	
2	直流电动机调速	1. 改变电枢回路电阻调速＿＿＿＿＿ 2. 改变励磁磁通调速＿＿＿＿＿ 3. 改变电枢电压调速＿＿＿＿＿ 4. 转速特性曲线＿＿＿＿＿	40 分	
3	直流电动机反转	电动机正反转实现＿＿＿＿＿	10 分	
4	直流电动机制动	1. 能耗制动＿＿＿＿＿ 2. 电枢电源反接制动＿＿＿＿＿	20 分	
5	实验电路接线	工艺要点＿＿＿＿＿	10 分	
训练所用时间：	学生签名：	教师签名：	总分	

思考题与习题 1

1-1　直流电机的换向器在电机中的作用是什么？如果将电枢绕组装在定子上，磁极装在转子上，换向器和电刷应怎样装置，才能作直流电动机运行？

1-2　直流电机由哪些主要部件组成？各起什么作用？用什么材料制成？

1-3　直流电机的电枢铁心、主磁极、换向极各用什么材料？是如何制成的？为什么？

1-4　直流电机的铭牌数据含义是什么？一台 Z_2 直流电动机，额定功率 $P_N = 160\text{kW}$，额定电压 $U_N = 220\text{V}$，额定效率 $\eta_N = 0.9$，额定转速 $n_N = 1500\text{r/min}$，该电机的额定电流多大？

1-5　直流电机的电刷应如何放置？其基本的原则是什么？

1-6　一台直流发电机，$P_N = 90\text{kW}$，$U_N = 230\text{V}$，$n_N = 1450\text{r/min}$，$\eta_N = 89\%$，求额定电流 I_N。

1-7　一台直流电动机，$P_N = 13\text{kW}$，$U_N = 220\text{V}$，$n_N = 1500\text{r/min}$，$\eta_N = 89\%$，求额定电流 I_N。

1-8　单叠绕组的支路对数如何确定？而单波绕组的支路对数等于多少？

1-9　一台 p 对极的直流发电机。将电枢绕组由单叠改为单波（导体数不变），问额定电压、额定电流和额定功率如何变化？

1-10　按要求画出直流电机的绕组展开图。（1）单叠右行绕组 $2p=6$，$Z=S=K=24$；（2）单波左行绕组 $2p=4$，$Z=S=K=19$。

1-11　一台四极直流发电机，每极磁通 $\Phi = 3.5\times10^{-2}\text{Wb}$，电枢总导体数 $N=152$，转速 $n=1200\text{r/min}$。求（1）绕组为单叠及单波时，空载电动势各为多少？（2）保持导体电流 $i_a = 50\text{A}$ 不变，问绕组为单叠及单波时电磁转矩各为多少?

1-12　一台四极直流电机采用单叠绕组，问：(1) 若取下一只电刷或相邻两只电刷，电机是否仍可以工作? (2) 若只用相对两只电刷呢? (3) 若电枢绕组中一个元件断线时，电机是否可以工作? (4) 以上条件下，若为单波绕组又会怎样呢?

1-13　在直流发电机中，电刷顺电枢旋转方向移动一个角度后，其电枢反应属何性质? 若电刷逆电枢旋转方向移动一个角度后，其电枢反应又属何性质? 如果是电动机，在这两种情况下，其电枢反应性质又是怎样?

1-14　并励直流发电机自励的条件是什么?

1-15　什么叫换向? 换向元件在换向过程中可能产生哪些电动势? 这些电动势对换向有什么影响?

1-16　直流电机的换向极应安装在何位置? 换向极绕组产生的磁动势的方向和大小是怎样确定的?

1-17　什么叫电动机的机械特性? 什么是固有特性? 什么是人为特性? 什么是硬特性? 什么是软特性?

1-18　他励直流电动机有哪几种调速方法? 各有什么优缺点?

1-19　直流电动机为什么不能直接起动? 有哪几种起动方法? 采用什么起动方法比较好?

1-20　他励直流电动机起动时，为什么一定要先加励磁电压? 如果未加励磁电压（或因励磁绕组断线），而将电枢接通电源，在下面两种情况下会有什么后果：(1) 空载起动；(2) 负载起动，$T_L=T_N$。

1-21　一台并励直流发电机，励磁回路电阻 $R_f=44\Omega$，负载电阻 $R_L=4\Omega$，电枢回路电阻 $R_a=0.25\Omega$，端电压 $U=220V$。求：电枢电动势、电枢电流、励磁电流、负载电流、输出功率和电磁功率。

1-22　一台他励直流电动机的额定数据如下：$P_N=100kW$，$U_N=220V$，$I_N=511A$，$n_N=1500r/min$，电枢回路总电阻 $R_a=0.0113\Omega$，忽略磁路饱和的影响。试求：(1) 理想空载转速；(2) 固有机械特性的斜率；(3) 额定转速降；(4) 若电动机拖动恒转矩负载 $T_L=0.84T_N$ 运行，问电动机的转速、电枢电流及电枢电动势各为多少?

1-23　一台并励直流发电机的数据如下：额定功率 $P_N=80kW$，额定电压 $U_N=230V$，额定转速 $n_N=1000r/min$，极对数 $p=2$，电枢电阻 $R_a=0.0262\Omega$，励磁回路电阻 $R_f=26.4\Omega$，铁耗和机械耗共 2.48kW，附加损耗为额定功率的 0.5%，试求发电机额定运行时其输入功率、电磁功率和效率。

1-24　一台并励直流电动机，$U_N=220V$，$I_N=80A$，电枢电阻 $R_a=0.01\Omega$，电刷压降 $2\Delta U_b=2V$，励磁回路总电阻 $R_f=110\Omega$，附加损耗 $p_{ad}=0.01P_N$，效率 $\eta=85\%$。求额定负载下：(1) 输入功率 P_1；(2) 输出功率 P_2；(3) 总损耗 $\sum p$；(4) 电枢铜耗 p_{cua}；(5) 励磁回路损耗 p_{cuf}；(6) 机械和铁耗 $p_{\omega}+p_{Fe}$。

1-25　一台并励直流电动机，$P_N=96kW$，$U_N=440V$，$I_N=255A$，$I_{fN}=5A$，$n_N=1550r/min$，电枢回路总电阻 $R_a=0.078\Omega$，试求出电动机：(1) 额定输出转矩 T_{2N}；(2) 额定电磁转矩 T_N；(3) 理想空载转速 n_0。

1-26　一台并励直流电动机，已知 $P_N=96kW$，$U_N=440V$，$I_N=255A$，$I_{fN}=5A$，$n_N=1550r/min$，$R_a=0.078\Omega$，求额定负载时，电动机的输出转矩 T_N、电磁转矩 T_{em}、电磁功率 P_{em} 和理想空载转速 n_0。

1-27　一台他励直流电动机，铭牌数据如下：$P_N=2.2kW$，$U_N=220V$，$I_N=12.6A$，$n_N=1500r/min$。求：(1) 绘出固有机械特性；(2) 当 $I_a=0.5I_N$ 时，电动机的转速 n；(3) 当 $n=1550r/min$ 时，电枢电流 I_a。

1-28　已知一台他励直流电动机的数据为：$P_N=100kW$，$U_N=220V$，$I_N=510A$，$n_N=1000r/min$，$R_a=0.0219\Omega$。忽略磁路饱和的影响，求额定运行时：(1) 电磁转矩；(2) 输出转矩；(3) 输入功率；(4) 效率。

1-29　电动机数据同题 1-26。求：(1) 绘出电枢串入附加电阻 $R_{pa}=2\Omega$ 时的人为机械特性；(2) 绘出当 $\Phi=0.8\Phi_N$ 时的人为机械特性；(3) 绘出当 $U=0.5U_N$ 时的人为机械特性；(4) 分别求出上述三种情况当 $I_a=I_N$ 时的电动机转速。

1-30　一台并励直流电动机，$P_N=12kW$，$U_N=220V$，$I_N=64A$，$n_N=685r/min$，$R_a=0.296\Omega$。问：直接加额定电源电压起动，起动电流为额定电流的几倍? 若限制起动电流为额定电流的 2.5 倍，应与电枢串联多大电阻的起动变阻器?

1-31 一台并励直流电动机的额定数据如下：$P_N=7.2kW$、$U_N=110V$、$n_N=900r/min$、$\eta_N=0.85$、$R_a=0.08\Omega$、$I_{fN}=2A$。(1) 电动机的额定电磁功率和电磁转矩各等于多少？(2) 如果电动机带额定负载转矩不变，要使电动机转速降到400r/min，应在电枢回路中串入多大的电阻？

1-32 一台他励直流电动机：$P_N=55kW$，$U_N=220V$，$I_N=287A$，$n_N=1500r/min$，$R_a=0.0302\Omega$，电动机拖动额定恒转矩负载运行。若要求转速调到800r/min。求：(1) 采用电枢串电阻调速时，电枢回路需串入多大电阻？(2) 采用改变电枢电源电压调速时，电枢电源电压应调到多少伏？

1-33 一台他励直流电动机原来运行状态为 $U_a=110V$，已知 $R_a=20\Omega$，$I_a=1A$，$n=3000r/min$，若负载转矩不变，求：(1) 将电枢电压减半，则转速为多少？(2) 若磁通减少了10%，则电枢电流和转速各为多少？(3) 采用电枢回路串电阻的方法，使转速 $n=2000r/min$，电枢所串电阻为多大？

1-34 一台他励直流电动机：$P_N=7.5kW$，$U_N=220V$，$I_N=40.8A$，$n_N=1500r/min$，$R_a=0.36\Omega$，设轴上负载转矩 $T_L=0.8T_N$ 时，求：(1) 在固有特性上工作时的电动机转速 n；(2) 若其他条件不变，当磁通减弱到 $0.5\Phi_N$ 时，电动机的转速为多少？(3) 若电枢中串入电阻 0.5Ω，此时电动机的转速为多少？

1-35 一台他励直流电动机：$P_N=3kW$，$U_N=110V$，$I_N=35.2A$，$n_N=750r/min$，$R_a=0.35\Omega$，系统总飞轮矩 $GD^2=4.9N\cdot m^2$，电动机原运行在额定工作状态，试求：要进行能耗制动，其最大制动电流为 $2I_N$，电枢回路中应串入多大能耗制动电阻。

1-36 一台他励直流电动机：$P_N=75kW$，$U_N=220V$，$I_N=385A$，$n_N=1000r/min$，$R_a=0.01824\Omega$，电动机拖动负载转矩 $T_L=0.75T_N$ 运行。若要求转速升高到1200r/min。求：(1) 采用弱磁调速时，磁通应减少到额定磁通值的多少倍？该转速下电枢电流为多少？(2) 若所拖动负载转矩不变，当电枢电流最大不超过额定电流时，弱磁升速的最高转速为多少？

1-37 一台他励直流电动机：$P_N=17kW$，$U_N=110V$，$I_N=186A$，$n_N=1500r/min$，$R_a=0.029\Omega$，电动机拖动位能性负载 $T_L=0.84T_N$ 运行。若要求电动机以转速375r/min下放负载。求：(1) 采用能耗制动运行时，电枢回路应串入多大电阻？(2) 采用倒拉反接制动运行时，电枢回路应串入多大电阻？

变 压 器

【学习目标】

(1) 掌握变压器的基本结构、分类、应用。

(2) 掌握变压器的工作原理。

(3) 熟悉变压器的铭牌数据、额定值的定义和计算。

(4) 熟练掌握变压器的电磁关系、基本方程式、等效电路。

(5) 熟练掌握变压器的参数计算、运行特性(电压变化率、效率)的计算。

(6) 了解标幺值的概念。

(7) 熟练掌握三相绕组的联结组标号的判定方法。

(8) 了解三相磁路的构成方法。

(9) 了解自耦变压器、三绕组变压器、电压和电流互感器等其他多种用途的变压器的结构特点和工作原理。

(10) 了解变压器的常见故障及处理方法。

【项目引入】

变压器的主要用途是变换电压,此外还可以改变交流电流、变换阻抗及改变相位等。在电力系统中,发电厂发出的电能需要通过远距离传输才能到达最终用户端。在电力传输过程中,首先要对电能进行升压,到达用户端后再进行降压,在升压、降压和用户使用时的变配电过程中都要用到变压器。

变压器

任务 2.1 认识变压器

【任务引入】

变压器是一种静止的电机，它利用电磁感应原理，将一种等级电压、电流的交流电能变为同频率的另一种等级电压、电流的交流电能。首先我们要掌握变压器的基本原理、主要部件和铭牌等知识。

【任务目标】

(1) 了解变压器的应用和分类。

(2) 了解变压器的基本结构。

(3) 掌握变压器的铭牌数据。

【技能目标】

(1) 会用变压器的铭牌选择变压器。

(2) 培养学生学习变压器的兴趣和愿望。

2.1.1 变压器简介

图 2-1 变电站中的变压器

在电力系统中，变压器是输配电能的主要电气设备，其外形如图 2-1 所示。发电厂中发电机输出的电压受绝缘水平的限制，通常为 6.3kV 和 10.5kV，最高不超过 27kV。用这样低的电压进行远距离输电将使建设成本和运行成本大大提高。因为当输送一定功率的电能时，电压越低则电流越大，选用的输电线截面积就越大；同时电流越大，消耗在输电线电阻上的电能就越大。为此需要采用高压输电，即用升压变压器把电压升高到输电电压，例如 110kV、220kV 或 500kV 等，以降低输送电流，因而线路上的电压降和功率损耗明显减小，线路用铜量也可减小，以节省投资费用。一般说来，输电距离越远，输送功率越大，则要求的输电电压越高。输电线路将几万伏或几十万伏高电压的电能输送到负荷区后，由于受用电设备绝缘及安全的限制，通常大型动力设备采用 6kV 或 10kV，小型动力设备和照明则为 380V/220V。所以在供用电系统中需要大量的降压变压器，将输电线路输送的高电压变换成各种不同等级的低电压，以满足各类负载的需要。因此变压器在电力系统中得到了广泛的应用，变压器的安装容量可达发电机总装机容量的 6~8 倍，因此变压器对电力系统有着极其重要的意义。图 2-2 为实际输电线路的一个实例。

变压器除应用于电力系统外，还可用于其他各种场合。例如，用于整流设备、电炉、高压试验装置、煤矿井下、交通运输等的特种变压器，用于交流电能测量的各种仪用互感器，实验室中使用的调压器，还有用于各种电子仪器和控制装置的控制变压器等。

本项目主要研究电力系统中供输配电用的双绕组电力变压器的基本结构、工作原理、运行特性等，并对变压器的并联运行进行分析，还对三绕组变压器及其他用途变压器做了简单

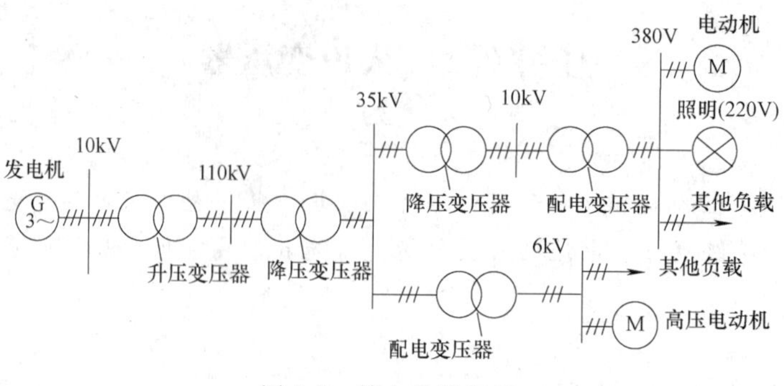

图 2-2　输电线路实例

介绍。

2.1.2　变压器的基本结构

目前电力变压器中，油浸式变压器是生产量最大、用途最广的一种变压器，其铁心和绕组均放在盛满变压器油的油箱中，各绕组通过绝缘套管引至油箱外，以便与外电路连接。

变压器的主要组成部分是铁心和一次绕组、二次绕组。附件有绝缘套管、油箱及储油柜、散热器、安全气道等。图 2-3 是油浸式变压器结构示意图。

一、铁心

变压器铁心分为铁心柱、磁轭两部分。铁心既是变压器用作导磁的磁路，又是器身的机械骨架。铁心由铁心柱、铁轭和夹紧装置组成，铁心柱上套有绕组，铁轭将铁心柱连接起来，使之形成闭合磁路。

为了减少铁心中的磁滞和涡流损耗，目前大部分变压器铁心用 0.23～0.35mm 厚、表面涂有绝缘漆的晶粒取向硅钢片叠成。

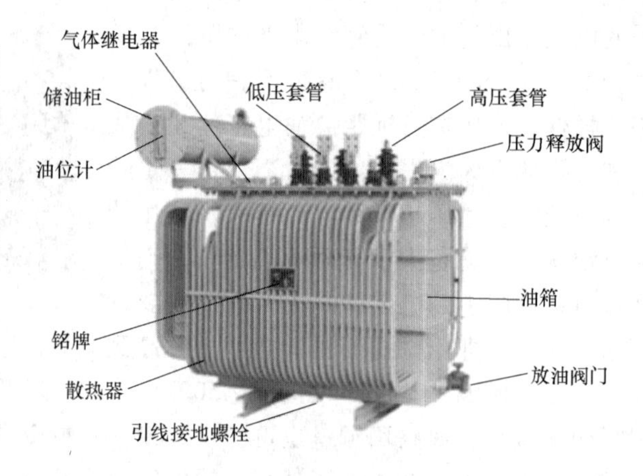

图 2-3　油浸式电力变压器结构示意图

1. 叠片式变压器

根据结构形式和工艺特点不同，变压器铁心主要有心式和壳式两种。

（1）心式变压器铁心。图 2-4 为单相变压器心式铁心外形图和示意图。图 2-5 为三相变压器心式铁心外形图和示意图。这种铁心结构的特点是，铁轭靠着绕组的顶端和底面，而不包围绕组的侧面。由于心式铁心结构比较简单，绕组的布置和绝缘比较容易，因此电力变压器主要采用心式铁心结构。

（2）壳式变压器铁心。图 2-6 为单相变压器壳式铁心外形图和示意图。图 2-7 为三相变压器壳式铁心外形图和示意图。这种铁心结构的特点是，铁轭不仅包围绕组的顶端和底面，而且包围绕组的部分侧面。

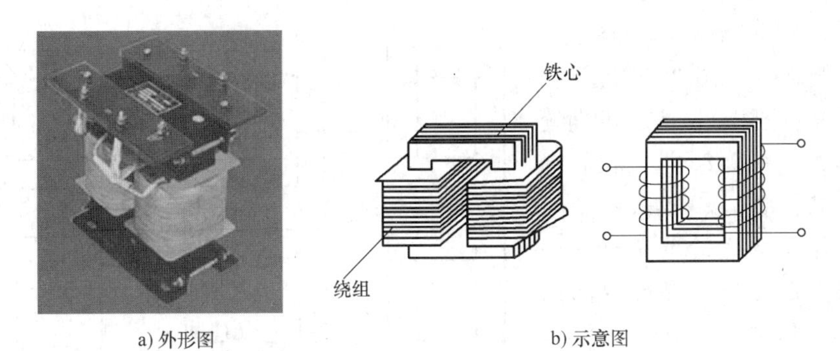

a) 外形图　　b) 示意图

图 2-4　单相变压器心式铁心

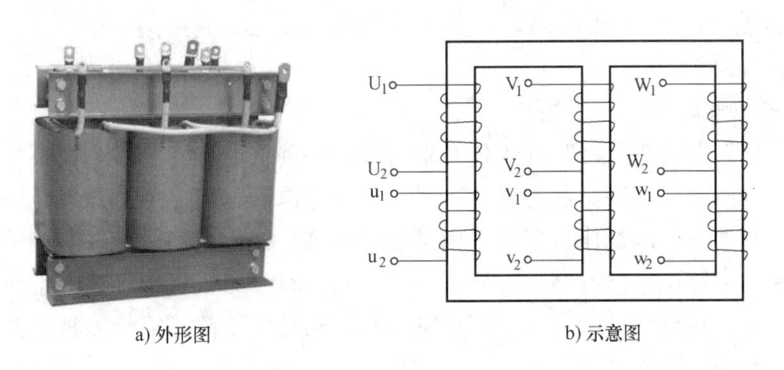

a) 外形图　　b) 示意图

图 2-5　三相变压器心式铁心

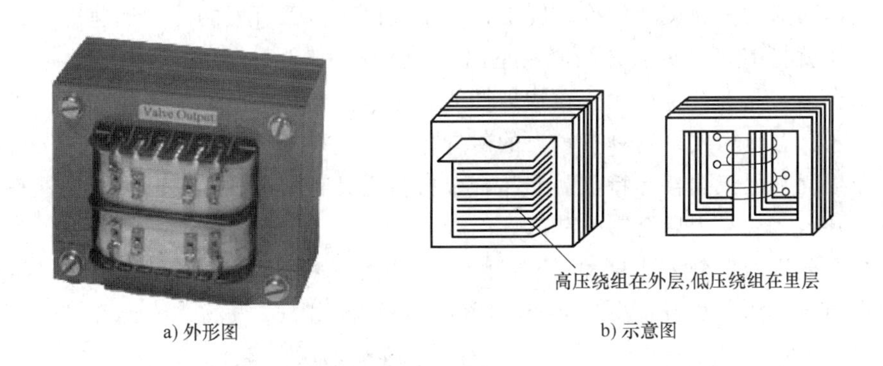

a) 外形图　　b) 示意图

图 2-6　单相变压器壳式铁心

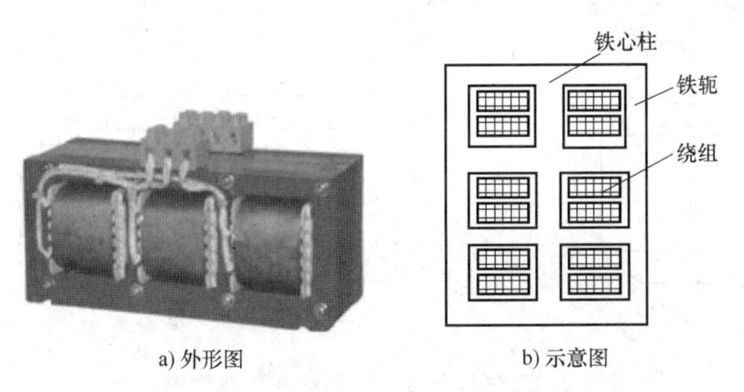

a) 外形图　　b) 示意图

图 2-7　三相变压器壳式铁心

叠片式铁心是由剪成一定形式的硅钢片叠装而成。图2-8a是单相铁心叠片形式；图2-8b是三相直缝铁心叠片形式；图2-8c是三相斜缝铁心叠片形式。铁心一般采用交错式叠法，相邻层的接缝要错开。叠片式变压器大部分使用晶粒取向的冷轧硅钢片作铁心，这种钢片沿着碾轧方向有较小的损耗和较高的磁导率，三相斜缝铁心叠片在磁路转角处，可减少铁损耗。

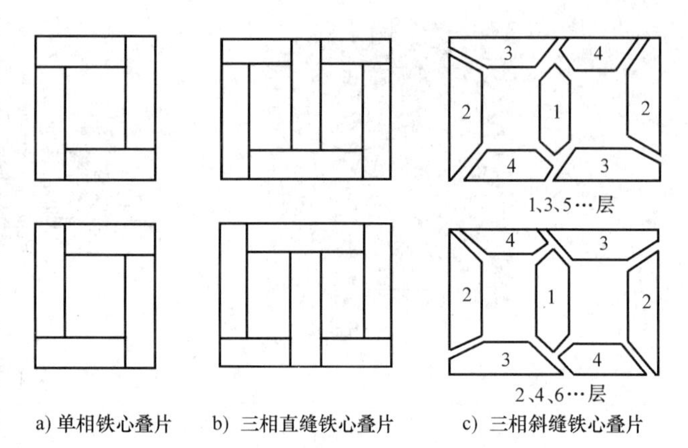

a) 单相铁心叠片　b) 三相直缝铁心叠片　c) 三相斜缝铁心叠片

图2-8　铁心的叠装形式

2. 非晶合金变压器

非晶合金变压器是20世纪70年代开发研制的一种节能型变压器。在日常生活中人们接触的材料一般有两种：一种是晶态材料，另一种是非晶态材料。所谓晶态材料，是指材料内部的原子排列遵循一定的规律；反之，内部原子排列处于无规则状态，则为非晶态材料。一般的金属，其内部原子排列有序，都属于晶态材料。科学家发现，金属在熔化后，内部原子处于活跃状态。一旦金属开始冷却，原子就会随着温度的下降，而慢慢地按照一定的晶态规律有序地排列起来，形成晶体。如果冷却过程很快，原子还来不及重新排列就被凝固住了，由此就产生了非晶态合金。制备非晶态合金采用的正是一种快速凝固的工艺，将处于熔融状态的高温液体喷射到高速旋转的冷却辊上，合金液以每秒百万度的速度迅速冷却，仅用千分之一秒的时间就将1300℃的合金液降到室温，形成非晶带材。

非晶态合金与晶态合金相比，在物理性能、化学性能和机械性能方面都发生了显著的变化。以铁基非晶合金为例，它具有较大的磁导率、较小的矫顽力、较高的饱和磁感应强度、较小的磁滞损耗和涡流损耗等特点。非晶合金材料还具有耐腐蚀、耐磨损、韧性高和对机械应力敏感等特点，故受力后会影响其磁性能。

非晶合金变压器也分为油浸式和干式两种。其铁心采用极薄的非晶合金带材卷绕而成，铁心截面为矩形。图2-9为非晶合金变压器的铁心结构图。

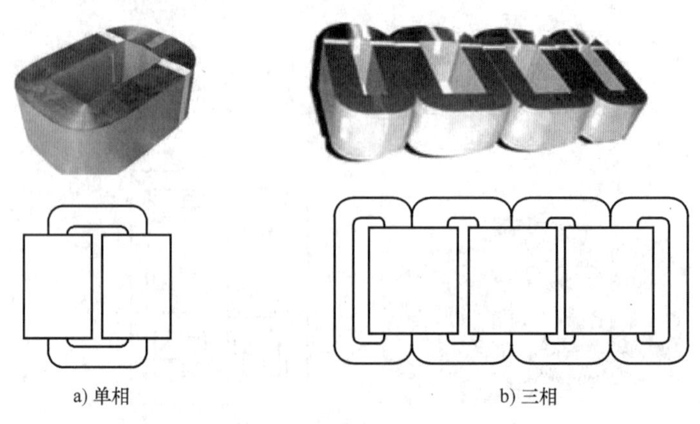
a) 单相　b) 三相

图2-9　非晶合金变压器的铁心结构图

3. 卷铁心变压器

（1）平面卷铁心变压器。平面卷铁心由硅钢片连续卷制，铁心无接缝，大大减少了磁阻，空载电流减少了60%～80%。连续卷绕充分利用了硅钢片的取向性，空载损耗降低了20%～35%。卷铁心经退火工艺后，其导磁性能可恢复到机加工前的原有水平。卷铁心结构呈自然紧固状态，无需夹件紧固，避免了因铁心夹紧所带来的铁心性能恶化、损耗增加。卷铁心自身是一个无接缝的整体，且结构紧凑，在运行时的噪声水平降低到30～45dB，保护了环境，很适合于建筑物内和生活区安装使用。对于卷铁心变压器的生产，目前我国主要集中在10kV电压等级，电力部门采购的卷铁心变压器以315kV·A及以下的容量居多。图2-10为平面卷铁心变压器外形图。

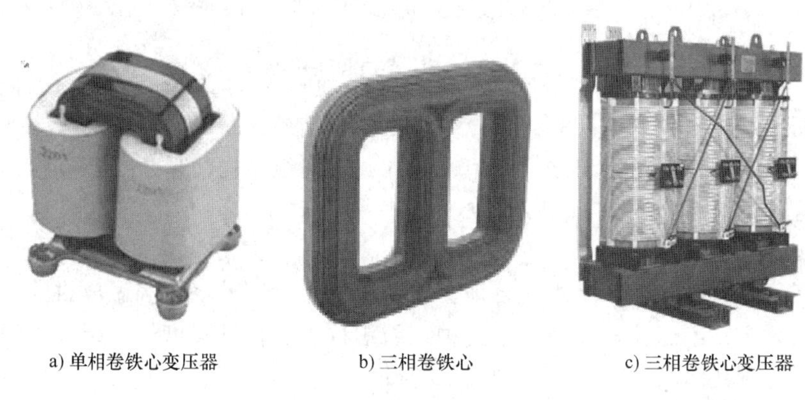

a) 单相卷铁心变压器　　b) 三相卷铁心　　c) 三相卷铁心变压器

图2-10　平面卷铁心变压器

（2）立体卷铁心变压器。立体卷铁心变压器是一种节能型电力变压器，它创造性地改革了传统电力变压器的叠片式磁路结构和三相布局，使产品性能更为优化。如三相磁路完全对称、节电效果显著、噪声大大降低、散热及过载能力更强、结构紧凑体积小等。三维立体卷铁心的磁化方向完全与硅钢片的轧制方向一致，且铁心层间没有搭头接缝，磁路各处的磁通分布均匀，没有明显的高阻区、没有接缝处磁通密度的畸变现象。在材质相同的前提下，卷绕式铁心与叠片式铁心相比，其铁损工艺系数从1.3～1.5之间下降到1.05左右，仅此一项可使铁心损耗降低10%～20%。由于特殊的三维立体结构，使铁心的铁轭部分用材量比传统叠片铁心减少了25%，且减少的重量占铁心总重约6%。三相磁路长度完全相等，三相磁路长度之和最短。三相磁路完全对称，三相空载电流完全平衡。图2-11为立体卷铁心变压器结构图。

二、绕组

绕组是变压器传递交流电能的电路部分，常用包有绝缘材料的铜或铝导线绕制而成。为了使绕组便于制造且具有良好的机械性能，一般将绕组做成圆筒形。在变压器中，接到高压电网的绕组称为高压绕组，也称一次绕组，高压绕组的匝数多、导线细；接到低压电网或负载的绕组称为低压绕组，也称二次绕组，低压绕组的匝数少、导线粗。

根据高、低压绕组在铁心柱上排列方式的不同，绕组分为同心式和交叠式两大类；材料分为铜（铝）圆漆包线和扁绝缘线；工艺采用绕线包、套线包等。

1. 同心式绕组

同心式绕组是将高、低压绕组同心地套在铁心柱上。为了便于绝缘，通常把低压绕组套

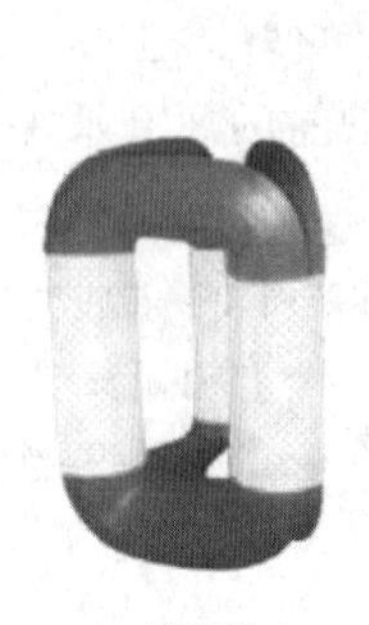

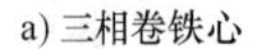

a) 三相卷铁心　　b) 三相卷铁心变压器结构　　c) 三相卷铁心变压器外形

图 2-11　立体卷铁心变压器

在里面，把高压绕组套在外面。高、低压绕组之间留有空隙，可作为油浸式变压器的油道，即利于绕组散热，又作为两绕组之间的绝缘。同心式绕组结构简单，制造方便，国产电力变压器均采用这种绕组，如图 2-12 所示。

2. 交叠式绕组

交叠式绕组是将高、低压绕组交替地套在铁心柱上。这种绕组多做成饼式，高、低压绕组之间的间隙较多，绝缘比较复杂，但这种绕组漏抗小、机械强度好、引线方便，主要用在电炉和电焊等特种变压器中。结构如图 2-13 所示。

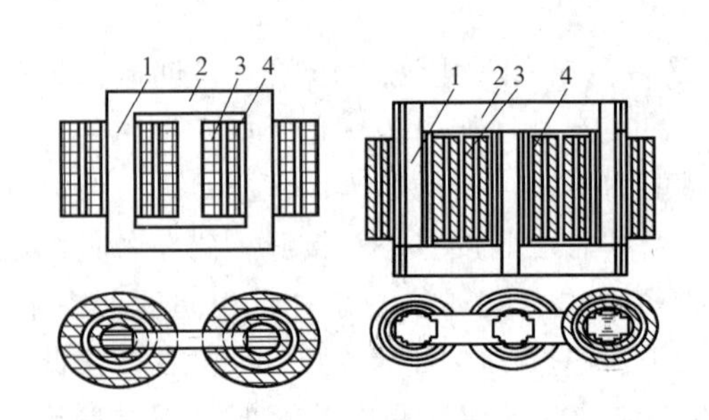

图 2-12　同心式绕组

1—铁心柱　2—铁心轭　3—高压绕组　4—低压绕组

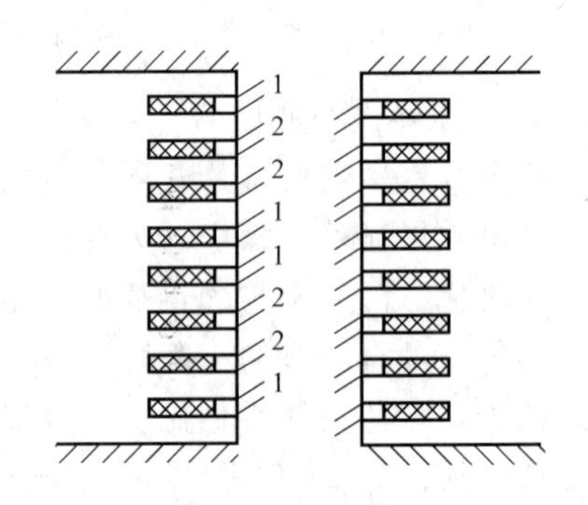

图 2-13　交叠式绕组

1—低压绕组　2—高压绕组

根据绕制的特点，绕组可分为圆筒式、箔式、连续式、纠结式和螺旋式几种形式。

（1）圆筒式绕组。圆筒式绕组是最简单的一种绕组，它是用绝缘导线沿铁心柱高度方向连续绕制。在绕完第一层后，垫上层间绝缘纸再绕第二层。当层数较多时，可在层间设置 1~2 个轴向油道，以利于散热。这种绕组一般用于三相容量在 1600kV·A 以下、电压不超过 15kV 的变压器的高、低压绕组中。

（2）箔式绕组。箔式绕组是用宽度与铁心柱高度一致的带状铜箔或铝箔做导线，两端焊上引出线，在箔带上覆以相同宽度的绝缘纸，用卷绕机按需要的匝数卷成圆筒形即成，每卷一层即为一匝。此种绕组整体性好、机械强度高、占用空间小，已用于 1600kV·A 以下、电压不超过 500V 的三相变压器的低压绕组中。

（3）连续式绕组。连续式绕组是由扁导线连续绕制成若干线盘（又称线饼）组成。每个线盘是由导线沿圆周方向连续绕成。线盘之间依靠绝缘纸做成的垫块，形成油道。由于线盘之间没有焊接头，而是用“翻盘”的方法连续绕制，所以称为连续式绕组。连续式绕组应用范围较大，它的机械强度高、散热条件好，因此一般适用于三相容量为630kV·A及以上、电压为3~110kV的变压器绕组中。

（4）纠结式绕组。纠结式绕组的外形与连续式绕组相似。连续式绕组每个线盘中电气上相邻的线匝是依次排列的，而纠结式绕组电气上相邻的线匝之间插入了另一线匝，好似很多线匝纠结在一起。采用纠结式绕组的目的是为了增加绕组的纵向电容，以便在过电压时，起始电压比较均匀地分布于各线匝之间，避免匝间绝缘击穿。但纠结式绕组焊头多、绕制费时，一般用于三相容量在6300kV·A以上、电压在110kV以上的变压器绕组中。

（5）螺旋式绕组。螺旋式绕组是由多根绝缘扁导线沿径向并联排列，然后沿铁心柱轴向高度，像螺纹一样一匝跟着一匝地绕制而成，这时一个线盘就是一匝。当并联导线数太多时，可把并联导线沿轴向分出两排，绕制成双螺旋式绕组。为了减小导线中的附加损耗，绕制过程中将导线进行换位。这种绕组一般用于容量在800kV·A以上、电压在35kV以下的三相变压器大电流绕组中。

三、变压器油

变压器油是从石油中提炼出来的矿物油，它在变压器中既是冷却介质又是绝缘介质。变压器油的介电强度高、黏性低、闪燃点高、酸碱度低以及灰尘与水分极少。在使用中要防止水分进入变压器油中，即使少量的水分，也会使变压器油的绝缘强度大为降低，因此要求油箱中的油最好不要和外面的空气接触，以免空气中所含的水分进入油中，同时也可防止变压器油被氧化变质。变压器油根据凝固点的不同，分为10号油、25号油和35号油，其凝固点分别是-10℃、-25℃和-35℃，用于环境温度不同的地区。

四、其他部分

1. 油箱

油浸式变压器的器身，放在充满变压器油的油箱中。油箱用钢板焊成，为了增强冷却效果，油箱壁上含有散热管或装设散热器。

2. 储油柜（旧称油枕）

它是安装在油箱上的圆筒形容器，通过连通管与油箱相连，柜内油面高度随着油箱内变压器油的热胀冷缩而变动。储油柜的作用是保证变压器的器身始终浸在变压器油中，同时减少油和空气的接触面积，从而降低变压器油受潮和老化的速度。储油柜外形如图2-14所示。

3. 绝缘套管

电力变压器的引出线从油箱内穿过油箱盖时，必须穿过瓷质的绝缘套管，以使带电的引出线与接地的油箱绝缘。绝缘套管的结构取决于电压等级，较低电压采用实心瓷套管；10~35kV电压采用空心充气式或充油式套管；电压在110kV及以上时采用电容式套管。为了增加表面爬电距离，绝缘套管的外形常做成多级伞形，电压越高，级数越多。绝缘套管外形如图2-15所示。

4. 安全气道（又称防爆管）

安全气道是一根钢制圆管，顶端出口封有一块玻璃或酚醛薄膜片，下部与油箱连通。当变压器内部发生故障时，油箱内压力升高，油和气体冲破玻璃或酚醛薄膜片向外喷出，以免

图 2-14　储油柜

图 2-15　绝缘套管

油箱破裂。

5. 气体继电器

气体继电器安装在储油柜与油箱之间的连通管内，是变压器内部故障的保护装置。气体继电器外形如图 2-16 所示。

6. 调压装置

为调节变压器的输出电压，可改变高压绕组的匝数，进行小范围内调压。一般在高压绕组某个部位（如中性点、中部或端部）引出若干个抽头，并将这些抽头连接在可切换的分接开关上。调压装置外形如图 2-17 所示。

图 2-16　气体继电器

图 2-17　调压装置

2.1.3　变压器的分类

一、电力变压器的分类

1. 按变压器的用途分

① 升压变压器，用来得到高于电源电压等级的变压器；

② 降压变压器，用来得到低于电源电压等级的变压器；

③ 配电变压器；

④ 联络变压器，连接几个不同电压等级的电力系统，根据电力潮流的变化，每侧都可以作为一次侧或二次侧使用；

⑤ 厂用变压器，供发电厂本身用电的变压器。

2. 按变压器的绕组分

① 双绕组变压器，每相有两个绕组，分别叫作一次绕组和二次绕组；

② 三绕组变压器，从一种电压变换为另外两种电压的变压器，每相有三个绕组，一个为一次绕组，另两个为二次绕组；

③ 多绕组变压器；

④ 自耦变压器，把一次绕组和二次绕组合并成一个绕组的变压器。

3. 按相数分

① 单相变压器；

② 三相变压器；

③ 多相变压器。

4. 按变压器冷却条件分

① 油浸式自冷变压器；

② 干式空气自冷变压器；

③ 油浸式风冷变压器；

④ 油浸式水冷变压器；

⑤ 干式浇注绝缘变压器；

⑥ 强迫油循环风冷变压器；

⑦ 强迫油循环水冷变压器。

5. 按绕组使用的金属材料分

① 铜线变压器；

② 铝线变压器。

6. 按调压方式分

电力系统的电压随运行方式及负载大小而有所变化。为了维持供电电压基本恒定，需要调压。常用的调压方法是在高压绕组抽若干个分接头，切换分接头便可进行调压。连接和切换分接头的装置叫分接开关（也称调压开关）。

① 无励磁调压变压器，在切换分接开关之前，必须将变压器停电；

② 有载调压变压器，可在不停电的情况下切换分接开关。

二、特种变压器的分类

特种变压器是根据冶金、矿业、化工、交通等部门的具体要求设计制造的专业变压器，大致有以下几种。

① 整流变压器，用于把交流电能转换为直流电能的场合；

② 电炉变压器，用于把电能转换为热能的场合；

③ 供高压试验用的试验变压器；

④ 供矿井下配电用的矿用变压器；

⑤ 供船舶上用的船用变压器；

⑥ 中频变压器（供1000~8000Hz交流系统用）；

⑦ 供大电流试验用的大电流变压器。

除以上所述的各种变压器以外，还有电压互感器、电流互感器、调压器和电抗器等产品，因其基本原理和结构与变压器有相似之处，故统称为变压器类产品。

2.1.4　变压器的额定值

额定值是制造厂家对变压器在指定工作条件下运行时所规定的一些量值。在额定状态下运行时，可以保证变压器长期可靠地工作，并具有优良的性能。额定值也是产品设计和试验的依据。额定值都标在每台变压器的铭牌上，也称为铭牌值。根据国家标准规定，电力变压器的铭牌上应标注以下内容。

一、型号

变压器的型号表示变压器的结构特点、额定容量（kV·A）和高压侧电压等级。表 2-1 列出了电力变压器产品型号中字母排列顺序及含义。例如，某变压器的型号为 OSSPSZ-120000/220，其中：O 表示自耦，SS 表示三相水冷，PSZ 表示强迫油循环、三绕组、有载调压，120000 表示额定容量为 120MV·A，220 表示高压侧额定电压为 220kV。

表 2-1　电力变压器产品型号中字母排列顺序及含义

序号	分类	类　别	代表符号
1	绕组耦合方式	独立	—
		自耦	O
2	相数	单相	D
		三相	S
3	绕组外绝缘介质	变压器油	—
		空气(干式)	G
		气体	Q
		成形固体　浇注式	C
		成形固体　包绕式	CR
		难燃液体	R
4	冷却装置	自然循环冷却装置	—
		风冷却器	F
		水冷却器	S
5	油循环方式	自然循环	—
		强迫油循环	P
6	绕组数	双绕组	—
		三绕组	S
		双分裂绕组	F

序号	分类	类　别	代表符号
7	调压方式	无励磁调压	—
		有载调压	Z
8①	线圈导线材质	铜	—
		铜箔	B
		铝	L
		铝箔	LB
9	铁心材质	电工钢片	—
		非晶合金	H
10	特殊用途或特殊结构	密封式	M
		串联用	C
		起动用	Q
		防雷保护用	B
		调容用	T
		高阻抗	K
		地面站牵引用	QY
		低噪声用	Z
		电缆引用	L
		隔离用	G
		电容补偿用	RB
		油田动力照明用	Y
		厂用变压器	CY
		全绝缘	J
		同步电机励磁用	LC

① 1. 线圈以铝为主时，表示铝；以铜为主时表示铜。
2. 如果调压线圈或调压段为铜时，其他为铝线时，表示铝。

二、额定数据

1. 额定电压 U_{1N} 和 U_{2N}

额定电压是指变压器在额定工作条件下长期稳定运行时，其绕组所允许承受的最大电压。U_{1N} 为一次侧额定电压，U_{2N} 为二次侧额定电压，单位为千伏（kV）。其中 U_{2N} 是指当一次侧接额定电压，而二次侧空载（开路）时的电压。对三相变压器，额定电压均指线电压。变压器的额定电压必须与电网的规定电压等级保持一致，通常对于降压变压器来说，高压侧额定电压为线路的额定电压，低压侧额定电压要比线路额定电压高出 5%～10%。国内现行电网的额定电压等级有 0.4kV、3.15kV、6kV、10kV、35kV、110kV、220kV、330kV、500kV 等。

2. 额定电流 I_{1N} 和 I_{2N}

I_{1N} 和 I_{2N} 是指在额定负载、额定电压下，一、二次侧线圈允许流过的电流，单位为安(A)。对三相变压器，额定电流均指线电流。

3. 额定容量 S_N

额定容量是指变压器额定运行状态下，其二次侧输出的视在功率，单位为千伏安(kV·A)或兆伏安（MV·A)。对于双绕组变压器，一、二次绕组的额定容量相等，即为变压器的额定容量。变压器按照容量分成小、中、大及特大型变压器，容量为630kV·A以下的为小型变压器；800～6300kV·A的为中型变压器；8000～63000kV·A的为大型变压器；90000kV·A以上的为特大型变压器。

对于单相变压器，有

$$S_N = U_{1N}I_{1N} = U_{2N}I_{2N} \tag{2-1}$$

对于三相变压器，有

$$S_N = \sqrt{3}\,U_{1N}I_{1N} = \sqrt{3}\,U_{2N}I_{2N} \tag{2-2}$$

4. 额定频率 f_N

额定频率是指通入变压器的电压、电流的频率，我国规定电力系统的额定频率为50Hz，欧、美地区电网频率为60Hz。

5. 额定电压比 k

额定电压比是指变压器一次侧额定电压与二次侧额定电压之比。对降压变压器，即为高压侧绕组与低压侧绕组的额定电压之比，表示为

$$k = \frac{U_{1N}}{U_{2N}} \tag{2-3}$$

对三相变压器，额定电压比是指一、二次额定相电压之比。

6. 阻抗电压 U_k

阻抗电压也称为短路电压，定义为：将变压器二次侧绕组短路，在一次侧绕组上加缓慢升高的电压，当两侧绕组中的电流均达到额定值时，一次侧绕组上所加的电压称为阻抗电压 U_k，一般用其所占一次侧额定电压的百分数 $U_k(\%)$ 表示，即

$$U_k(\%) = \frac{U_k}{U_{1N}} \times 100\% \tag{2-4}$$

测量变压器的阻抗电压时，所加在一次侧的阻抗电压，就是降落在变压器绕组短路阻抗 Z_k 上的电压降，即

$$U_k = I_N Z_k \tag{2-5}$$

同时变压器的短路阻抗的百分数 $Z_k(\%)$ 可为

$$Z_k(\%) = \frac{Z_k}{Z_N} \times 100\% \tag{2-6}$$

式中，Z_N 为变压器的基准阻抗，且有

$$Z_N = \frac{U_{1N}}{I_{1N}} = \frac{U_{2N}}{I_{2N}} \tag{2-7}$$

根据以上四式，推导可得

$$Z_{\mathrm{k}}(\%)=\frac{Z_{\mathrm{k}}}{Z_{\mathrm{N}}}\times 100\% = =\frac{U_{\mathrm{k}}}{U_{1\mathrm{N}}}\times 100\% \tag{2-8}$$

可见，变压器的阻抗电压百分数与短路阻抗百分数是相等的。

变压器的阻抗电压百分数是一个重要的技术参数，它的物理意义是变压器在额定负载时，变压器内部阻抗上的压降。因此，它对变压器的并联运行、短路时的短路冲击电流、带负载能力等都起着重要作用。变压器的阻抗电压百分数与其容量有关，一般容量较小的变压器阻抗电压百分数较小，容量较大的变压器阻抗电压百分数较大。按照国家标准规定，电力变压器阻抗电压百分数的范围为4%~24%。

7. 额定温升与冷却方式

额定温升是指变压器在额定工作条件下长期稳定运行时，变压器所能承受的绕组或变压器内上层油面的温度与周围环境温度的最大温差。根据国家标准规定，当变压器安装地点的海拔高度不超过1000m时，绕组温升的限值为65℃，上层油面的温升限值为55℃。通常变压器的环境温度按最高40℃、最低-30℃计算。因此，变压器在运行时绕组的温度不能超过105℃，上层油面的温度不能超过95℃。当变压器的安装地点高于1000m，或者环境温度超过40℃时，由于散热效率下降，变压器的温度限值应相应下调。

冷却方式是指变压器自身采用的散热降温的方式方法。有油冷、水冷和风冷；冷却介质的循环方式有自然循环（N）、强迫导向油循环（D）和强迫非导向油循环（F）。

8. 空载电流 I_0 与空载合闸电流

变压器二次绕组开路，一次绕组通以额定频率的额定电压时，一次绕组中流过的电流称为空载电流 I_0。空载电流中较小的有功分量用于铁心损耗，较大的无功分量用于产生交变磁通。空载电流通常用其所占一次额定电流的百分数表示，即

$$I_0(\%)=\frac{I_0}{I_{1\mathrm{N}}}\times 100\% \tag{2-9}$$

一般变压器的容量越大，其空载电流百分数 $I_0(\%)$ 就越小，通常为1%~3%。

空载合闸电流是指变压器空载合闸送电时，由于铁心磁路饱和而产生很大的励磁电流，有时也称为励磁涌流，其数值是空载电流的3~5倍。空载合闸电流与铁心中的剩磁与合闸时电压的相位角有关。

9. 效率 η

变压器的效率 η 为输出有功功率与输入有功功率的比值，即

$$\eta=\frac{P_2}{P_1}\times 100\% \tag{2-10}$$

一般大型变压器的效率在99%以上，而中、小型变压器的效率在96%以上。

10. 电压调整率 $\Delta u(\%)$

在变压器运行时，由于存在内部阻抗，其二次侧端电压就会随着负载的变化而波动。二次侧空载电压 $U_{2\mathrm{N}}$ 与额定负载时的电压 U_2 之差占空载电压的百分数，称为电压调整率 $\Delta u(\%)$。

$$\Delta u(\%)=\frac{U_{2\mathrm{N}}-U_2}{U_{2\mathrm{N}}}\times 100\% \tag{2-11}$$

电压调整率主要与变压器的阻抗电压百分数、负载的功率因数有关。功率因数 $\cos\varphi_2$ 较

小时，电压调整率较大；反之，功率因数较大时，电压调整率较小。所以，二次侧的功率因数不宜太低。

【例 2-1】　一台 SL—16000/110 型号的变压器，$U_{1N}/U_{2N}=110/11\text{kV}$，Y，d1 接法，求高压边和低压边的额定线电流及相电流。

解：线电流：

$$I_{1N}=\frac{S_N}{\sqrt{3}U_{1N}}=\frac{16000}{\sqrt{3}\times 110}\text{A}=83.98\text{A}$$

$$I_{2N}=\frac{S_N}{\sqrt{3}U_{2N}}=\frac{16000}{\sqrt{3}\times 11}\text{A}=839.8\text{A}$$

相电流：

$$I_{1NP}=I_{1N}=83.98\text{A}$$

$$I_{2NP}=\frac{1}{\sqrt{3}}I_{2N}=\frac{1}{\sqrt{3}}\times 839.8\text{A}=484.87\text{A}$$

任务 2.2　变压器的基本工作原理分析

【任务引入】

本任务讲述单相变压器空载、负载运行时的物理特性，分析各物理量之间的关系，建立变压器的基本方程式、等效电路和相量图。在变压器的运行分析中，假设一次电压保持额定值不变。单相变压器运行情况分析完全适用于三相变压器在对称负载下运行的情况。

【任务目标】

（1）熟悉变压器空载、负载运行的物理状况，各物理量之间的关系。

（2）熟悉变压器的基本方程式、等效电路和相量图。

【技能目标】

（1）掌握变压器的空载试验。

（2）掌握变压器的短路试验。

2.2.1　变压器的空载运行

一、变压器各电磁量的参考方向

图 2-18 为单相双绕组变压器原理图。在一个闭合的铁心上套有两个绕组，这两个绕组有不同的匝数，并且互相绝缘，两绕组间只有磁的耦合、而没有电的联系。

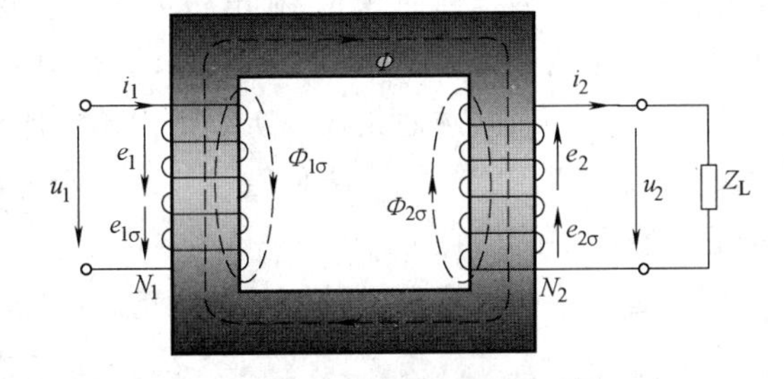

图 2-18　单相变压器原理图

在两个线圈中，接交流电源的线圈称为一次绕组（旧称原绕组、初级线圈），各物理量用下标“1”表示，其电压为 u_1、电流为 i_1、主电动势为 e_1、漏电动势为 $e_{1\sigma}$、匝数为 N_1。另一个接负载的线圈称为二次绕组（旧称副绕组、次级线圈），各物理量用下标“2”表示，其电压为 u_2、电流为 i_2、主电动势为 e_2、漏电动势为 $e_{2\sigma}$、匝数为 N_2。

若将一次绕组接到交流电源上，绕组便有交流电流 i_1 流过，在铁心中产生交变磁通 Φ，与一次、二次绕组同时交链，分别在两个绕组中感应出同频率的主电动势 e_1 和 e_2 以及漏电动势 $e_{1\sigma}$和 $e_{2\sigma}$。

变压器运行时，电路与磁路中的各个物理量都是交流量，为讨论其关系方程，必须规定各物理量的参考方向。对一次绕组，它相当于是电源的负载，通常按“电动机惯例”选择参考方向，即：电压与电流的参考方向一致；磁通与电流的参考方向之间符合右手螺旋定则；感应电动势与磁通的参考方向之间符合右手螺旋定则（即感应电动势与电流的参考方向一致）。对二次绕组，它相当于是负载的电源，通常按“发电机惯例”选择参考方向，即：感应电动势与磁通的参考方向之间符合右手螺旋定则；电流与感应电动势参考方向一致；输出电压与电流的参考方向一致。

二、单相变压器空载时的物理量

当变压器的一次绕组接入额定电压、额定频率的交流电源、二次绕组开路（二次电流为零）时，称为变压器的空载运行。单相变压器空载运行的原理图如图 2-19 所示。

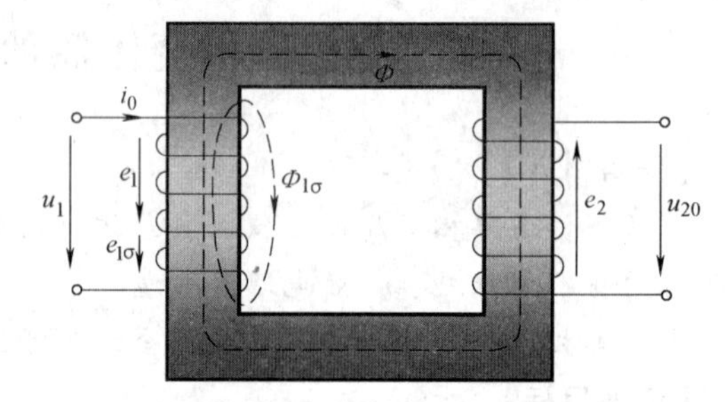

图 2-19 单相变压器空载运行原理图

当二次绕组开路，把一次绕组接到电压为 u_1 的交流电源上时，一次绕组就流过交流电流 i_0，由于二次绕组开路（即 $i_2=0$），此时电流 i_0 称为变压器的空载电流。空载电流流过一次绕组产生空载磁动势 i_0N_1，该空载磁动势建立变压器的空载磁场。其中，一部分磁通 Φ 沿铁心闭合，同时与一、二次绕组相交链，是变压器传递能量的媒介，称为主磁通；另一部分磁通 $\Phi_{1\sigma}$仅与一次绕组交链，称为一次绕组漏磁通，它所经回路中有一部分为非铁磁材料（空气、变压器油、铜或铝等）。由于铁心是用高导磁材料硅钢片叠成的，磁导率远较非铁磁材料大，所以空载运行时，主磁通占总磁通的绝大部分，而漏磁通仅占总磁通的很小一部分（0.1%~0.2%）。另外，由于铁磁材料存在饱和现象，主磁通所经回路磁阻不是常数，主磁通与产生它的电流之间是非线性关系（即 $\Phi=f(i_0)$ 为非线性曲线）。但漏磁通所经回路中有一段为非铁磁材料，其回路的磁阻主要由这段非铁磁材料决定，基本上为常数，因此漏磁通 $\Phi_{1\sigma}$ 与 i_0 保持线性关系（即 $\Phi_{1\sigma}=f(i_0)$ 为线性曲线）。在电磁关系上，主磁通在一、二次绕组中均感应电动势，二次绕组如果与负载接通，则在此感应电动势作用下向负载输出电功率，所以主磁通起传递能量的媒介作用。而漏磁通仅在一次绕组中感应电动势，不能传递能量，只起压降作用。由此可见，在分析变压器时把这两种磁通分开，既可把非线性问题和线性问题分别处理，又便于考虑它们在电磁上的特点。

归纳起来，变压器空载时，各物理量之间的关系可表示为

$$
u_1 \to i_0 \to \begin{cases} N_1 i_\mu \to \begin{cases} \Phi_{1\sigma} \to e_{1\sigma} \\ \Phi \to \begin{cases} e_1 \\ e_2 \to u_{20} \end{cases} \end{cases} \\ i_{Fe} r_1 \end{cases}
$$

以下讨论各物理量的特点。

1. 空载电流 $\dot{I}_0$

空载电流 i_0 可分为两部分：一是建立空载时的磁场（产生主磁通 Φ 和一次绕组漏磁通 $\Phi_{1\sigma}$），称为空载电流无功分量 i_μ；二是补偿空载时变压器内部的有功功率损耗，称为空载电流有功分量 i_{Fe}。在电力变压器中，空载电流的无功分量远大于有功分量，因此空载电流基本上属于无功性质的电流，通常称为励磁电流。空载电流的数值不大，约为额定电流的1%~10%。一般，变压器的容量越大，空载电流所占的百分数越小。

空载电流的波形取决于铁心主磁路的饱和程度。当变压器接额定电压时，铁心通常在近于饱和的情况下工作。由于外施电压为正弦波形，则主磁通曲线 $\Phi=f(t)$ 为正弦波，利用非线性的铁心磁化曲线 $\Phi=f(i_0)$，可得空载电流曲线 $i_0=f(t)$ 为尖顶波，如图2-20所示。

若用一个等效的正弦波空载电流代替实际的尖顶波空载电流，这时便可用相量 $\dot{I}_0$ 表示空载电流。将 $\dot{I}_0$ 分解为无功分量 $\dot{I}_\mu$ 和有功分量 $\dot{I}_{Fe}$。$\dot{I}_\mu$ 与主磁通 $\dot{\Phi}_m$ 同相位，$\dot{I}_{Fe}$超前主磁通 $\dot{\Phi}_m$ 的角度为90°，故 $\dot{I}_0$ 超前 $\dot{\Phi}_m$ 一个铁耗角 α，如图2-21所示。且有

$$\dot{I}_0=\dot{I}_{Fe}+\dot{I}_\mu \tag{2-12}$$

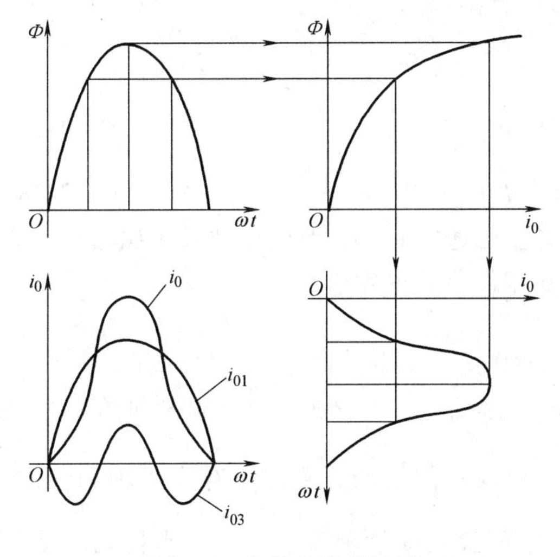

图2-20 空载电流的波形

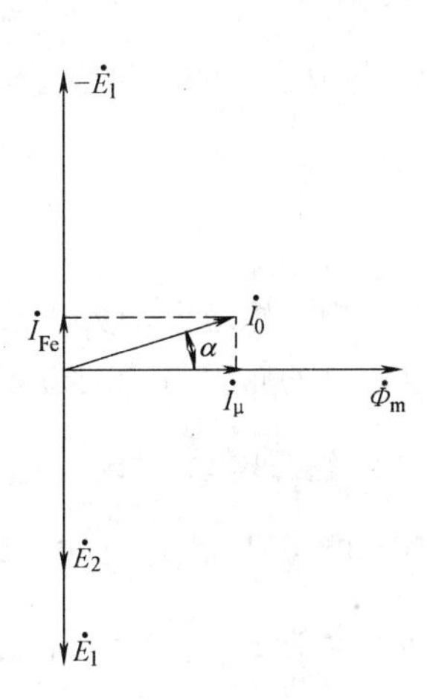

图2-21 空载电流与主磁通的相位关系

2. 空载磁动势 $\dot{F}_0$

空载磁动势 $\dot{F}_0$ 是指一次空载电流 $\dot{I}_0$ 建立的磁动势，即 $\dot{F}_0=\dot{I}_0N_1$。它产生主磁通 $\dot{\Phi}_m$ 和漏磁通 $\dot{\Phi}_{1\sigma}$。

3. 主磁通 $\dot{\Phi}_m$

由于铁心材料具有良好的导磁性能，所以沿铁心主磁路闭合，同时交链一、二次绕组的主磁通 $\dot{\Phi}_m$ 占总磁通的绝大部分。又因铁心具有饱和性，主磁通磁路的磁阻不是常数，致使主磁通与励磁空载电流之间为非线性关系。主磁通 $\dot{\Phi}_m$ 同时交链一、二次绕组，并分别感应

出电动势 $\dot{E}_1$ 和 $\dot{E}_2$。二次绕组电动势 $\dot{E}_2$ 相当于负载的电源，这说明通过主磁通的耦合作用，变压器实现了能量的传递。

4. 一、二次绕组的感应电动势 $\dot{E}_1$、$\dot{E}_2$

设主磁通按正弦规律变化，即 $\Phi=\Phi_m\sin\omega t$，其中，$\omega=2\pi f$。在规定参考方向前提下，一、二次绕组感应电动势的瞬时值为

$$e_1=-N_1\frac{\mathrm{d}\Phi}{\mathrm{d}t}=-N_1\omega\Phi_m\cos\omega t=N_1\omega\Phi_m\sin(\omega t-90°) \tag{2-13}$$

$$e_2=-N_2\frac{\mathrm{d}\Phi}{\mathrm{d}t}=-N_2\omega\Phi_m\cos\omega t=N_2\omega\Phi_m\sin(\omega t-90°) \tag{2-14}$$

感应电动势的有效值为

$$E_1=\frac{N_1\omega\Phi_m}{\sqrt{2}}=\frac{2\pi}{\sqrt{2}}fN_1\Phi_m=4.44fN_1\Phi_m \tag{2-15}$$

$$E_2=\frac{N_2\omega\Phi_m}{\sqrt{2}}=\frac{2\pi}{\sqrt{2}}fN_2\Phi_m=4.44fN_2\Phi_m \tag{2-16}$$

式中，f 为电源的频率（Hz）；Φ_m 为主磁通的幅值（Wb）。

$\dot{E}_1$、$\dot{E}_2$ 与 $\dot{\Phi}_m$ 间的相量表达式为

$$\dot{E}_1=-\mathrm{j}4.44fN_1\dot{\Phi}_m \tag{2-17}$$

$$\dot{E}_2=-\mathrm{j}4.44fN_2\dot{\Phi}_m \tag{2-18}$$

由以上分析，感应电动势有效值的大小分别与主磁通的频率、绕组匝数及主磁通最大值成正比；电动势的频率与主磁通频率相同；电动势相位滞后主磁通 90°。

5. 一次绕组漏电动势 $\dot{E}_{1\sigma}$

由于空载电流 $\dot{I}_0$ 流过一次绕组产生磁动势 $\dot{F}_0$，继而产生漏磁通 $\dot{\Phi}_{1\sigma}$，漏磁通在一次绕组感应出漏电动势 $\dot{E}_{1\sigma}$。考虑到漏磁场是通过非铁磁材料闭合的，磁路不存在磁饱和性质，是线性磁路，即空载电流 $\dot{I}_0$ 与一次漏电动势 $\dot{E}_{1\sigma}$之间存在线性关系。因此，常把漏电动势看作电流在一个电抗上的电压降，即

$$\dot{E}_{1\sigma}=-\mathrm{j}\dot{I}_0x_1 \tag{2-19}$$

其中，$x_1=2\pi fL_{1\sigma}$，称为一次绕组漏电抗，反映了一次侧漏磁场的存在和该漏磁场对一次侧电路的影响。

6. 空载损耗 p_0

变压器空载时，输出功率为零，但要从电源中吸取一小部分有功功率，用来补偿变压器内部的功率损耗。这部分功率变为热能散逸出去，称为空载损耗，用 p_0 表示。

空载损耗包括两部分：一部分是一次绕组空载铜损耗 p_{Cu}，且 $p_{Cu}=I_0^2r_1$；另一部分是铁损耗 p_{Fe}，是交变磁通在铁心中引起的磁滞损耗和涡流损耗。空载电流 $\dot{I}_0$很小，r_1 也很小，故铜损耗可忽略不计，可认为空载损耗近似等于铁损耗，即

$$p_0 \approx p_{\mathrm{Fe}} \tag{2-20}$$

空载损耗占额定容量的0.2%~1%。这个数值并不大，但因电力变压器在电力系统中用量很大，且常年连接于电网上，所以减小空载损耗有着重要的意义。

采用最新研制的铁硼系列非晶态合金材料制作铁心，空载损耗可降低约75%。因此硅钢片有被取代的趋势。

三、变压器空载时的基本方程

1. 一次电压平衡方程

由图2-19可得一次电压平衡方程为

$$u_1 = -e_1 - e_{1\sigma} + i_0 r_1 \tag{2-21}$$

当电源电压为正弦函数时，可得一次电压平衡方程的相量形式为

$$\dot{U}_1 = -\dot{E}_1 - \dot{E}_{1\sigma} + \dot{I}_0 r_1 = -\dot{E}_1 + \dot{I}_0 r_1 + \mathrm{j}\dot{I}_0 x_1 = -\dot{E}_1 + \dot{I}_0 Z_1 \tag{2-22}$$

式中，Z_1为一次绕组漏阻抗，为常数，$Z_1 = r_1 + \mathrm{j}x_1$。

由于I_0和Z_1均很小，故漏阻抗压降$I_0 Z_1$更小（通常小于$0.5\% U_{1\mathrm{N}}$）。忽略很小的漏阻抗压降，则有

$$\dot{U}_1 \approx -\dot{E}_1 \tag{2-23}$$

其有效值为

$$U_1 \approx E_1 = 4.44 f N_1 \Phi_{\mathrm{m}} \tag{2-24}$$

推导得

$$\Phi_{\mathrm{m}} = \frac{E_1}{4.44 f N_1} \approx \frac{U_1}{4.44 f N_1} \tag{2-25}$$

由式（2-25）可得，影响变压器主磁通大小的因素有电源电压U_1、频率f_1及绕组匝数N_1。当电源电压、频率及匝数不变时，变压器主磁通大小基本不变。

2. 二次电压平衡方程

由于二次绕组开路，由图2-19可得二次电压平衡方程为

$$u_{20} = e_2 \tag{2-26}$$

其相量形式为

$$\dot{U}_{20} = \dot{E}_2 \tag{2-27}$$

其有效值为

$$U_{20} = E_2 = 4.44 f N_2 \Phi_{\mathrm{m}} \tag{2-28}$$

3. 电压比

电压比k定义为一、二次绕组主电动势之比，即

$$k = \frac{E_1}{E_2} = \frac{N_1}{N_2} \approx \frac{U_1}{U_{20}} = \frac{U_{1\mathrm{N}}}{U_{2\mathrm{N}}} \tag{2-29}$$

由式（2-29）可知，电压比亦为两侧绕组匝数比或空载时两侧电压之比。

对三相变压器，电压比是指一、二次侧相电动势之比，也是一、二次侧额定相电压之比。而三相变压器的额定电压是指线电压，故其电压比与一、二次侧额定电压之间的关系如下。

（1）对于Y，d（Y/Δ）联结

$$k=\frac{U_{1N}}{\sqrt{3}U_{2N}} \tag{2-30}$$

（2）对于 D，y（Δ/y）联结

$$k=\frac{\sqrt{3}U_{1N}}{U_{2N}} \tag{2-31}$$

（3）对于 Y，y（Y/y）和 D，d（Δ/Δ）联结

$$k=\frac{U_{1N}}{U_{2N}} \tag{2-32}$$

其中，符号 Y 或 y 是指三相绕组为星形联结，而 D 或 d 是指三相绕组为三角形联结；大写字母表示高压绕组的接法，小写字母表示低压绕组的接法。

四、空载时的相量图和等效电路

1. 空载时的相量图

相量图能直观地反映变压器各物理量之间的相位关系，在分析问题时也常被采用。变压器空载运行时的相量图如图 2-22 所示。

绘制变压器空载相量图的步骤如下。

（1）以 $\dot{\Phi}_m$ 为参考相量，在横坐标上画出 $\dot{\Phi}_m$。

（2）根据式（2-17）和式（2-18），作出电动势 $\dot{E}_1$ 和 $\dot{E}_2$，它们均滞后 $\dot{\Phi}_m 90°$。

（3）空载电流 $\dot{I}_0$ 的无功分量 $\dot{I}_\mu$ 与 $\dot{\Phi}_m$ 同相位，其有功分量 $\dot{I}_{Fe}$超前 $\dot{\Phi}_m 90°$，两分量合成得到 $\dot{I}_0$。

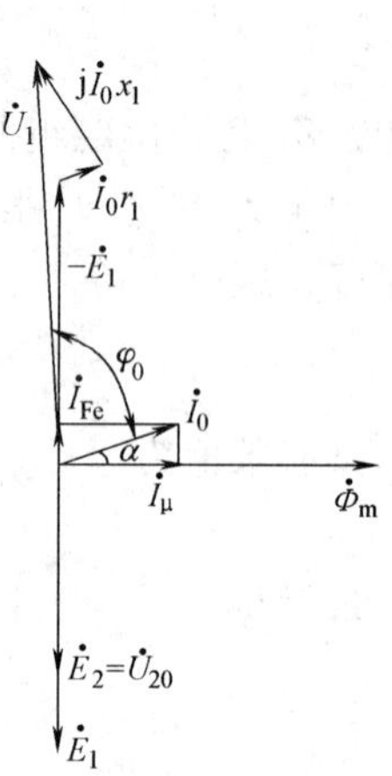

图 2-22 变压器空载运行时的相量图

（4）由式（2-22），依次作出$-\dot{E}_1$、$\dot{I}_0r_1$、$j\dot{I}_0x_1$，叠加得 $\dot{U}_1$。

其中，$\dot{U}_1$ 和 $\dot{I}_0$ 之间的相位差 φ_0，称为变压器空载时的功率因数角。一般 $\dot{I}_{Fe}$ 远小于 $\dot{I}_\mu$，故 $\varphi_0\approx 90°$，即空载时功率因数 $\cos\varphi_0$ 很低。另外，为了看清相量图，图中的相量 $\dot{I}_0r_1$ 及 $j\dot{I}_0x_1$ 有意放大了。

2. 空载时的等效电路

根据式（2-22）和式（2-12），可画出变压器空载运行时的并联等效电路，如图 2-23 所示。图中，r_{Fe}称为变压器的铁耗电阻，它是表征铁损耗 p_{Fe}的一个等效参数；x_μ 称为变压器的磁化电抗，它是表征铁心磁化性能的一个等效参数。它们之间有如下关系：

$$\dot{I}_0=\dot{I}_{Fe}+\dot{I}_\mu=-\frac{\dot{E}_1}{r_{Fe}}-\frac{\dot{E}_1}{jx_\mu}=-\dot{E}_1\left(\frac{1}{r_{Fe}}+\frac{1}{jx_\mu}\right) \tag{2-33}$$

$$p_{Fe}=r_{Fe}I_{Fe}^2 \tag{2-34}$$

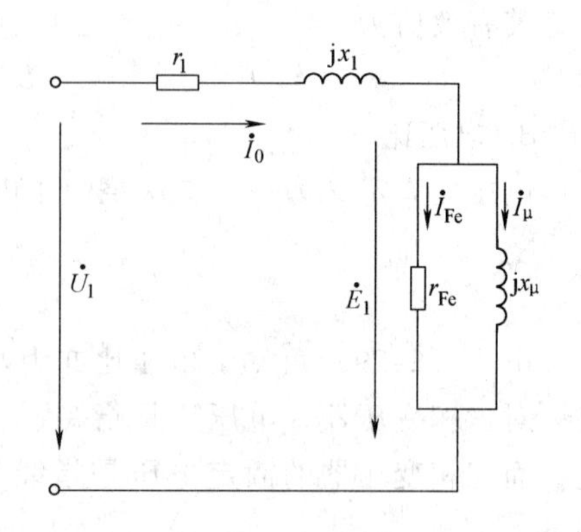

图 2-23 变压器空载运行时的等效电路

为计算方便，常把并联等效电路化为串联等效电路。由式（2-33）可得到

$$-\dot{E}_1=\left(\frac{r_{Fe}x_{\mu}^2}{r_{Fe}^2+x_{\mu}^2}+j\frac{x_{\mu}r_{Fe}^2}{r_{Fe}^2+x_{\mu}^2}\right)\dot{I}_0=(r_m+jx_m)\dot{I}_0=Z_m\dot{I}_0 \tag{2-35}$$

式中，r_m 称为变压器的励磁电阻，它表征铁损耗的一个等效参数，即 $p_{Fe}=r_mI_0^2$；x_m 称为变压器的励磁电抗，它表征铁心磁化特性的一个等效参数；$Z_m=r_m+jx_m$ 称为变压器的励磁阻抗，它表征铁心磁化特性和铁损耗的一个综合等效参数。

引入励磁参数后，式（2-22）可变换成如下形式：

$$\dot{U}_1=Z_m\dot{I}_0+Z_1\dot{I}_0 \tag{2-36}$$

由此可画出变压器空载运行时的串联等效电路，如图 2-24 所示。

对等效电路分析如下：

（1）一次绕组漏阻抗 $Z_1=r_1+jx_1$ 是常数。

（2）励磁阻抗 $Z_m=r_m+jx_m$ 不是常数，r_m 和 x_m 随主磁路饱和程度的增加而变化。r_m 是反映铁损耗的等效参数，若磁路越饱和，铁损耗越大，则 r_m 就越大；x_m 是反映主磁通感应电动势的等效参数，若磁路越饱和，磁路的磁阻越大，则 x_m 就越小。但是，由于电源电压不变，则主磁通基本不变，铁心主磁路的饱和程度也近于不变，故 Z_m 可认为不变。

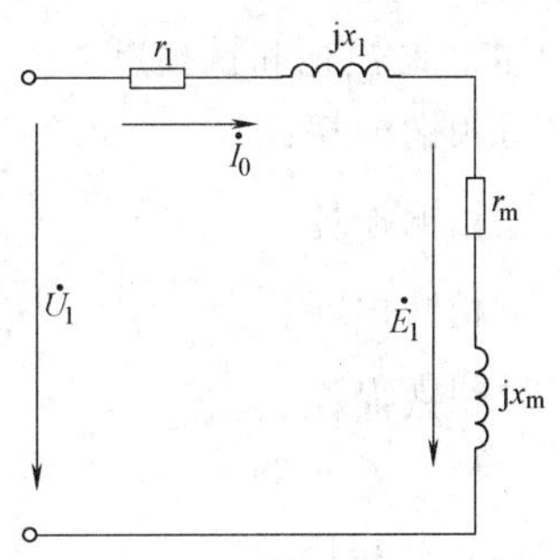

图 2-24 变压器空载运行时的串联等效电路

（3）由于空载运行时，铁损耗远大于铜损耗，所以 r_m 远大于 r_1；由于主磁通 $\dot{\Phi}_m$ 远大于一次绕组漏磁通 $\dot{\Phi}_{1\sigma}$，所以 x_m 远大于 x_1。故在近似分析中可忽略 r_1 和 x_1。

（4）从等效电路中看出，励磁电流 $\dot{I}_0$ 的大小主要取决于励磁阻抗 Z_m。从变压器运行的角度，希望励磁电流小些，因而要采用高导磁材料的铁心材料，以增大 Z_m，减小 I_0，提高变压器的效率和功率因数。

【例 2-2】 一台三相变压器，$S_N=31500kV\cdot A$，$U_{1N}/U_{2N}=110/10.5kV$，Y，d 接法；一次绕组每相的参数：$r_1=1.21\Omega$，$x_1=14.45\Omega$，$r_m=1439.3\Omega$，$x_m=14161.3\Omega$。试求：（1）一、二次额定电流；（2）电压比；（3）空载电流及一次额定电流的百分比；（4）空载时每相铜损耗、铁损耗及三相的铜损耗、铁损耗；（5）空载功率因数。

解：（1）一、二次额定电流

$$I_{1N}=\frac{S_N}{\sqrt{3}U_{1N}}=\frac{31500\times10^3}{\sqrt{3}\times110\times10^3}A=165.3A$$

$$I_{2N}=\frac{S_N}{\sqrt{3}U_{2N}}=\frac{31500\times10^3}{\sqrt{3}\times10.5\times10^3}A=1732A$$

（2）电压比

用额定相电压之比表示，即

$$k=\frac{U_{1N}}{\sqrt{3}U_{2N}}=\frac{110\times10^3}{\sqrt{3}\times10.5\times10^3}=6.05$$

(3) 空载电流及一次额定电流的百分比

利用空载时的等效电路，由相电压计算出每相空载电流为

$$I_0=\frac{U_{1N}/\sqrt{3}}{\sqrt{(r_1+r_m)^2+(x_1+x_m)^2}}$$

$$=\frac{110\times10^3/\sqrt{3}}{\sqrt{(1.21+1439.3)^2+(14.45+14161.3)^2}}\text{A}=4.46\text{A}$$

由于变压器一次绕组为Y接法，一次侧相电流等于线电流，故空载电流占一次额定电流的百分比为

$$\frac{I_0}{I_{1N}}=\frac{4.46}{165.3}=0.027=2.7\%$$

(4) 铜损耗和铁损耗

每相铜损耗： $I_0^2 r_1=4.46^2\times1.21\text{W}=24.07\text{W}$

三相铜损耗： $p_{Cu}=3I_0^2 r_1=3\times24.07\text{W}=72.21\text{W}$

每相铁损耗： $I_0^2 r_m=4.46^2\times1439.3\text{W}=28629.9\text{W}$

三相铁损耗： $p_{Fe}=3I_0^2 r_m=3\times28629.9\text{W}=85889.7\text{W}$

可见，$p_{Fe}\gg p_{Cu}$。

(5) 功率因数

$$\varphi_0=\arctan\frac{x_m+x_1}{r_m+r_1}=\arctan\frac{14161.3+14.5}{1439+1.21}=84.19°$$

$$\cos\varphi_0=\cos84.19°=0.1$$

可见，变压器空载运行时功率因数很低。

2.2.2 变压器的负载运行

一、负载运行时的物理情况

变压器一次侧接在额定频率、额定电压的交流电源上，二次侧接上负载 Z_L 的运行状态，称为负载运行。图2-25是单相变压器负载运行示意图。

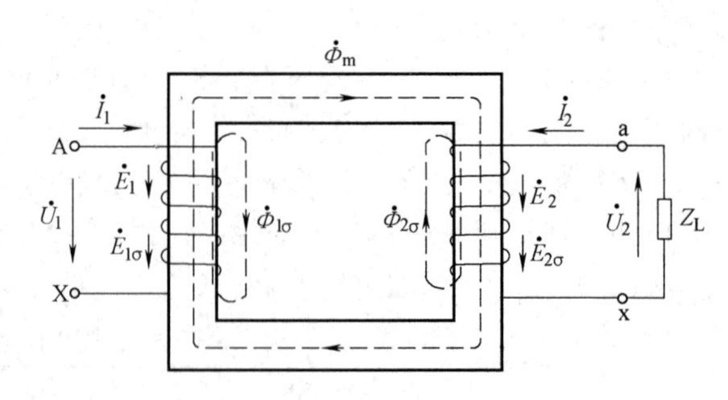

图2-25 单相变压器负载运行的示意图

当二次绕组接上负载时，二次侧流过电流 $\dot{I}_2$，建立二次侧磁动势 $\dot{F}_2=\dot{I}_2N_2$，这个磁动势作用在铁心的主磁路上，企图改变主磁通 $\dot{\Phi}_m$（具有去磁作用）。由于外加电源电压 $\dot{U}_1$ 不变，主磁通 $\dot{\Phi}_m$ 近似保持不变。所以当二次侧磁动势 $\dot{F}_2$ 出现时，一次侧电流必须由 $\dot{I}_0$ 变为 $\dot{I}_1$，一次侧磁动势即从 $\dot{F}_0$ 变为 $\dot{F}_1$。其中 $\dot{F}_1=\dot{I}_1N_1$ 中所增加的那部分磁动势，用来抵消二次侧磁动势的作用，以维持主磁通不变，此时变压器处于负载运行时新的电磁平衡状态。

负载运行时，$\dot{F}_1$ 和 $\dot{F}_2$ 除了共同建立铁心中的主磁通 $\dot{\Phi}_m$ 以外，还分别产生交链各自绕组的漏磁通 $\dot{\Phi}_{1\sigma}$ 和 $\dot{\Phi}_{2\sigma}$，并分别在一、二次绕组感应出漏电动势 $\dot{E}_{1\sigma}$ 和 $\dot{E}_{2\sigma}$。同样可以用漏电抗压降的形式来表示一、二次绕组漏电动势，即

$$\dot{E}_{1\sigma}=-\mathrm{j}\dot{I}_1x_1 \tag{2-37}$$

$$\dot{E}_{2\sigma}=-\mathrm{j}\dot{I}_2x_2 \tag{2-38}$$

其中，x_2 称为二次绕组漏电抗，对应漏磁通 $\dot{\Phi}_{2\sigma}$，是常数。另外，一、二次绕组电流 $\dot{I}_1$ 和 $\dot{I}_2$ 分别产生电阻压降 $\dot{I}_1r_1$ 和 $\dot{I}_2r_2$。各物理量之间的关系表示如下：

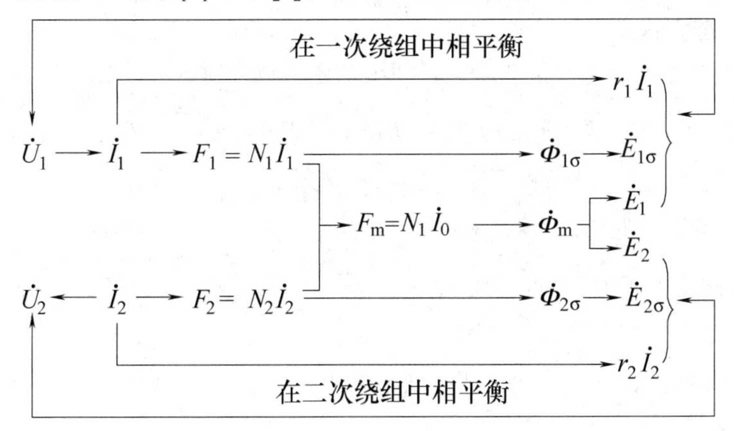

二、负载运行时的基本方程式

1. 磁动势平衡方程式

根据图 2-25 中 $\dot{I}_1$ 和 $\dot{I}_2$ 的正方向以及绕组的绕向，负载时作用于铁心主磁路上的合成磁动势为 $\dot{F}_1+\dot{F}_2$，这个合成磁动势建立了铁心中的主磁通 $\dot{\Phi}_m$。由于变压器从空载到负载，铁心中的主磁通 $\dot{\Phi}_m$ 基本不变，因而合成磁动势基本上就是空载时的磁动势 $\dot{F}_0$，即得磁动势平衡方程式为

$$\dot{F}_1+\dot{F}_2=\dot{F}_0 \tag{2-39}$$

$$N_1\dot{I}_1+N_2\dot{I}_2=N_1\dot{I}_0 \tag{2-40}$$

用电流形式表示为

$$\dot{I}_1=\dot{I}_0+\left(-\frac{N_2}{N_1}\right)\dot{I}_2=\dot{I}_0+\left(-\frac{\dot{I}_2}{k}\right)=\dot{I}_0+\dot{I}_{1L} \tag{2-41}$$

式中，$\dot{I}_{1L}=-\dfrac{\dot{I}_2}{k}$称为一次侧电流的负载分量。

式（2-41）表示一、二次侧电路的相互影响的依存关系，也说明了能量的传递关系。当变压器负载运行时，一次电流 $\dot{I}_1$ 由两个分量组成：一个是励磁电流 $\dot{I}_0$，用来建立负载时的主磁通 $\dot{\Phi}_m$，它不随负载大小而变动；另一个是负载分量电流 $\dot{I}_{1L}$，用以抵消二次磁动势

对磁通的影响，它随负载大小变化而变化。这说明变压器负载运行时，通过磁动势平衡关系，将一、二次电流紧密联系起来，二次电流增大或减小的同时必然引起一次电流的增大或减小，相应地当二次输出功率增大或减小时，一次侧从电网吸取的功率必然同时增大或减小。

变压器额定负载运行时，由于 $I_0 \ll I_{1L}$，则有 $\dot{I}_1 \approx -\frac{\dot{I}_2}{k}$，即得

$$\frac{I_1}{I_2} \approx \frac{1}{k} = \frac{N_2}{N_1} \tag{2-42}$$

可见，一、二次电流的大小近似与绕组匝数成反比。因此，高压绕组匝数多、电流小，低压绕组匝数少、电流大。可见两侧绕组匝数不同，不仅能改变电压，同时也能改变电流。

2. 电动势平衡方程式

按照图 2-25 中各物理量的正方向，可列出变压器负载时的一、二次侧电动势的方程式。

$$\dot{U}_1 = -\dot{E}_1 - \dot{E}_{1\sigma} + \dot{I}_1 r_1 = -\dot{E}_1 + \dot{I}_1(r_1 + jx_1) = -\dot{E}_1 + \dot{I}_1 Z_1 \tag{2-43}$$

$$\dot{U}_2 = \dot{E}_2 + \dot{E}_{2\sigma} - \dot{I}_2 r_2 = \dot{E}_2 - \dot{I}_2(r_2 + jx_2) = \dot{E}_2 - \dot{I}_2 Z_2 \tag{2-44}$$

式中，Z_2 为二次绕组漏阻抗，$Z_2 = r_2 + jx_2$。

变压器二次侧端电压 $\dot{U}_2$ 也可写成

$$\dot{U}_2 = \dot{I}_2 Z_L \tag{2-45}$$

综上所述，可得负载运行时变压器的基本方程式为

$$\begin{cases} \dot{U}_1 = -\dot{E}_1 + \dot{I}_1(r_1 + jx_1) = -\dot{E}_1 + \dot{I}_1 Z_1 \\ \dot{U}_2 = \dot{E}_2 - \dot{I}_2(r_2 + jx_2) = \dot{E}_2 - \dot{I}_2 Z_2 \\ \dot{I}_1 = \dot{I}_0 + \left(-\frac{\dot{I}_2}{k}\right) \\ \dot{U}_2 = \dot{I}_2 Z_L \\ \dot{E}_1 = -\dot{I}_0(r_m + jx_m) = -\dot{I}_0 Z_m \end{cases}$$

三、变压器绕组折算

变压器的基本方程式反映了变压器内部的电磁关系，利用基本方程式，可以对变压器进行定量计算。一般已知：外加电源电压 U_1、变压器电压比 k、阻抗 Z_1、Z_2 和 Z_m 及负载阻抗 Z_L，便可解出 6 个未知数 $\dot{I}_0$、$\dot{I}_1$、$\dot{I}_2$、$\dot{E}_1$、$\dot{E}_2$ 和 $\dot{U}_2$。但联立方程组的求解过程是相当繁琐的，并由于电力变压器的电压比 k 较大，使一、二次侧的电动势、电流、阻抗等相差很大，计算时精确度降低，也不便于比较。变压器负载运行时，实际上是借助于一、二次绕组的电磁联系来传递能量，这样对变压器的分析势必涉及两条电路（一次绕组及二次绕组）和一个磁路。为了便于分析，将变压器传递能量的电磁过程，用一个由元件参数组成的电路来等效，将本来应属于“场”的问题用“路”来解决。

在变压器中，一次侧和二次侧虽没有直接的电联系，但却有磁的联系。从磁动势平衡关系中可以看出，二次绕组的负载电流是通过它的磁动势 $\dot{F}_2$ 来影响一次绕组电流的。如果将

二次侧的匝数 N_2 和电流 I_2 换成匝数 N_1 的电流值，只要仍保持二次侧磁动势 $\dot{F}_2$ 不变，那么，从一次侧来观察二次侧的作用是完全一样的，即仍有同样的功率送给二次绕组。这种保持绕组磁动势不变而假想改变其匝数与电流的方法，称为折算法。

对于降压变压器，一般是将二次绕组的匝数折算为一次绕组的匝数，并在二次侧物理量符号的右上角加上“′”，表示为该量的折算值。

1. 二次电动势的折算

将二次绕组折算到一次绕组，即使 $N_2'=N_1$，根据电动势与匝数成正比关系，得

$$\frac{E_2'}{E_2}=\frac{N_2'}{N_2}=\frac{N_1}{N_2}=k \tag{2-46}$$

$$E_2'=kE_2 \tag{2-47}$$

同理，有

$$E_{2\sigma}'=kE_{2\sigma} \tag{2-48}$$

2. 二次电流的折算

根据折算前后的二次磁动势 $\dot{F}_2$ 不变的原则，得

$$\dot{I}_2'N_1=\dot{I}_2N_2 \tag{2-49}$$

$$\dot{I}_2'=\dot{I}_2\frac{N_2}{N_1}=\frac{\dot{I}_2}{k} \tag{2-50}$$

3. 二次漏阻抗的折算

根据折算前后的二次绕组电阻上所消耗的铜损耗不变的原则，得

$$I_2'^2r_2'=I_2^2r_2 \tag{2-51}$$

$$r_2'=k^2r_2 \tag{2-52}$$

同理，根据折算前后的二次绕组漏阻抗所消耗的无功功率不变的原则，得

$$x_2'=k^2x_2 \tag{2-53}$$

4. 负载阻抗的折算

根据折算前后视在功率不变的原则，得

$$I_2'^2Z_L'=I_2^2Z_L \tag{2-54}$$

$$Z_L'=k^2Z_L \tag{2-55}$$

5. 二次电压的折算

根据折算前后输出功率不变的原则，得

$$U_2'I_2'=U_2I_2 \tag{2-56}$$

$$\dot{U}_2'=\frac{\dot{I}_2}{\dot{I}_2'}\dot{U}_2=k\dot{U}_2 \tag{2-57}$$

综上所述，将低压侧各物理量折算到高压侧时，凡单位是V（伏特）的物理量折算值等于原值乘以 k；凡单位为A（安培）的物理量折算值等于原值除以 k；凡单位为Ω（欧姆）的物理量折算值等于原值乘以 k^2。

通过折算，变压器负载时的基本方程式为

$$\begin{cases}\dot{U}_1=-\dot{E}_1+\dot{I}_1(r_1+\mathrm{j}x_1)=-\dot{E}_1+\dot{I}_1Z_1\\ \dot{U}_2'=\dot{E}_2'-\dot{I}_2'(r_2'+\mathrm{j}x_2')=\dot{E}'_2-\dot{I}_2'Z_2'\\ \dot{I}_1=\dot{I}_0+(-\dot{I}_2')\\ \dot{U}_2'=\dot{I}_2'Z_\mathrm{L}'\\ \dot{E}_1=-\dot{I}_0(r_\mathrm{m}+\mathrm{j}x_\mathrm{m})=-\dot{I}_0Z_\mathrm{m}\\ \dot{E}_1=\dot{E}_2'\end{cases}$$

四、变压器的等效电路

1. T 形等效电路

根据折算后的变压器基本方程式，可分别画出一、二次侧的等效电路，如图 2-26 所示。由于 $\dot{E}_1=\dot{E}_2'$，故包含这两个电动势的电路可以合并为一条支路，并且根据 $\dot{E}_1=-\dot{I}_0$（$r_\mathrm{m}+\mathrm{j}x_\mathrm{m}$）$=-\dot{I}_0Z_\mathrm{m}$，可将电动势用励磁阻抗上的压降表示。由 $\dot{I}_1=\dot{I}_0+(-\dot{I}_2')$ 可见，流经这条支路的电流为 $\dot{I}_0$，则得到 T 形等效电路如图 2-27 所示。

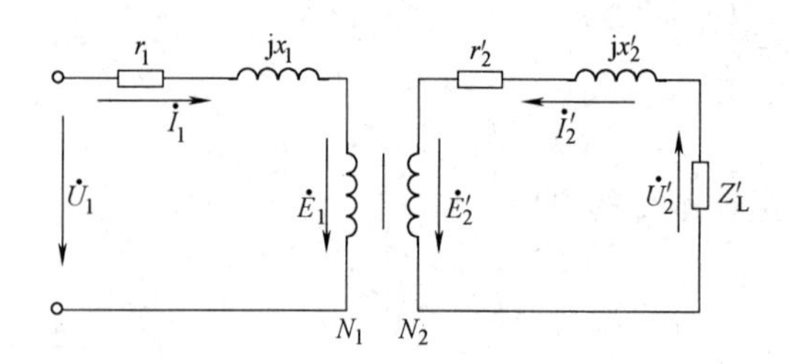

图 2-26 一、二次绕组等效电路

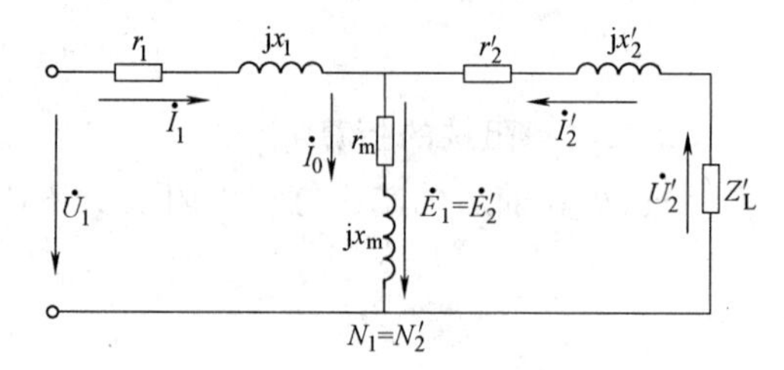

图 2-27 T 形等效电路

2. 近似等效电路

T 形等效电路含有串联和并联电路，复数运算较为麻烦。由于 Z_m 远大于 Z_1，可将 $Z_\mathrm{m}=r_\mathrm{m}+\mathrm{j}x_\mathrm{m}$ 支路移到电源端，得到近似等效电路，如图 2-28 所示。近似等效电路有一定的误差，但可使计算简化。在工程允许的情况下，可使用近似等效电路。

3. 简化等效电路

变压器的空载电流较小，在有些计算中可忽略不计，即在 T 形等效电路中去掉励磁阻抗 Z_m 支路，从而得到更为简单的串联电路，称为简化等效电路，如图 2-29 所示。

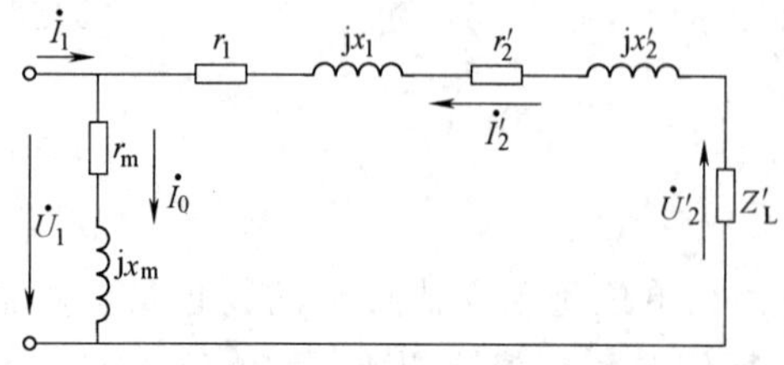

图 2-28 近似等效电路

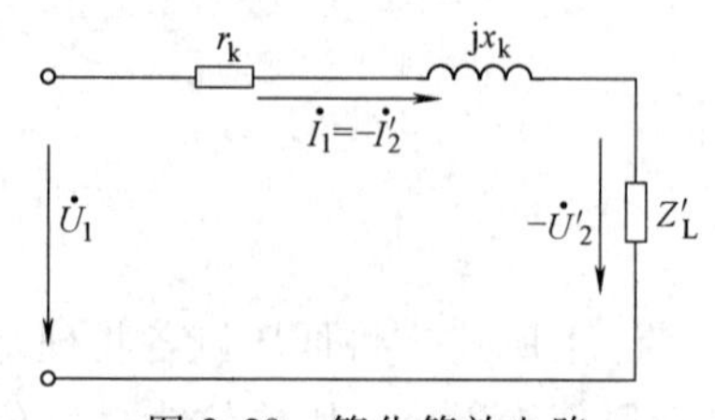

图 2-29 简化等效电路

其中，$r_k=r_1+r_2'$称为短路电阻；$x_k=x_1+x_2'$称为短路电抗；$Z_k=r_k+jx_k$ 称为短路阻抗。可见短路阻抗为折算后的一、二次漏阻抗之和，其数值很小，且为常数。

由简化等效电路可知，短路阻抗起限制短路电流的作用。由于短路阻抗值很小，所以变压器的短路电流值较大，一般可达额定电流的 10~20 倍。

对应于简化等效电路的基本方程为

$$\dot{U}_1=-\dot{U}_2'+\dot{I}_1r_k+j\dot{I}_1x_k=-\dot{U}_2'+\dot{I}_1Z_k \tag{2-58}$$

五、变压器的相量图

变压器一般带感性负载，对应 T 形等效电路，带感性负载时的变压器相量图如图 2-30 所示。如果已知变压器负载运行时的有关物理量及参数，画相量图的步骤如下。

（1）选主磁通 $\dot{\Phi}_m$ 作为参考相量，并画在横坐标上。

（2）作 $\dot{E}_1=\dot{E}_2'$相量，它们滞后 $\dot{\Phi}_m 90°$。

（3）作 $\dot{I}_2'$滞后 $\dot{E}_2'$一个 Ψ_2 角，Ψ_2 由二次绕组漏阻抗和负载阻抗决定，即

$$\Psi_2=\arctan\frac{X_L+x_2}{R_L+r_2} \tag{2-59}$$

（4）在 $\dot{E}_2'$相量上叠加$-j\dot{I}_2'x_2'$和$-\dot{I}_2'r_2'$，可得 $\dot{U}_2'$、$\dot{I}_2'$和 $\dot{U}_2'$之间的相位角 φ_2 为二次侧的功率因数角。

（5）作 $\dot{I}_0$相量超前 $\dot{\Phi}_m$一个铁损耗角 α_{Fe}，且 $\alpha_{Fe}=\arctan\dfrac{r_m}{x_m}$。

（6）作出$-\dot{I}_2'$，与 $\dot{I}_0$相量相加得 $\dot{I}_1$。

（7）作出$-\dot{E}_1$，并在$-\dot{E}_1$相量上叠加 $\dot{I}_1r_1$ 和 $j\dot{I}_1x_1$，可得 $\dot{U}_1$，$\dot{U}_1$与 $\dot{I}_1$之间的相位角 φ_1 为一次侧的功率因数角。

由简化等效电路的电压平衡方程式（2-58），可得其简化相量图如图 2-31 所示。

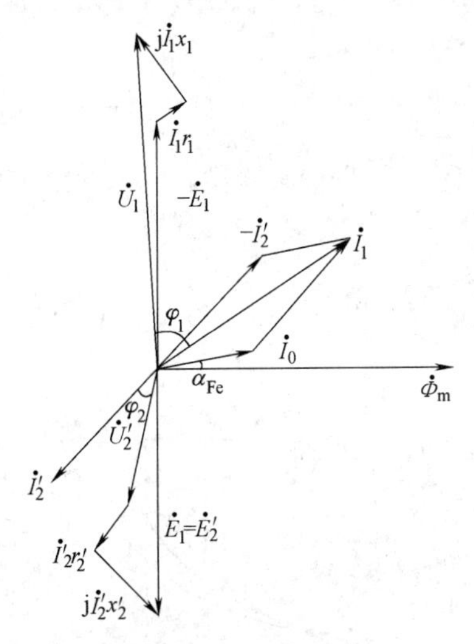

图 2-30 变压器带感性负载时的相量图

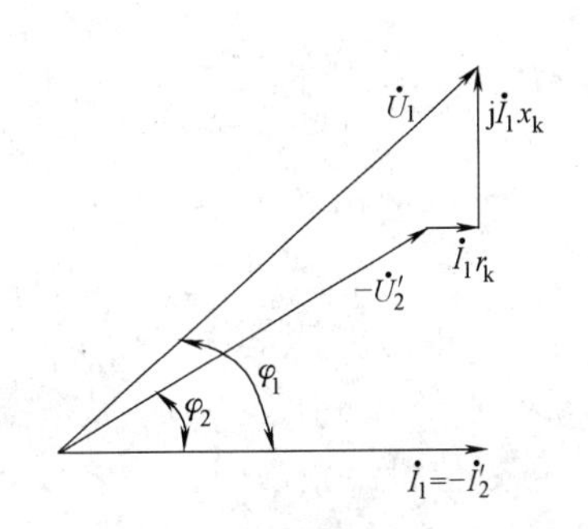

图 2-31 变压器带感性负载时的简化相量图

任务 2.3　变压器的参数测定和标幺值

【任务引入】

由前述可知，当采用基本方程式、等效电路或相量图分析变压器的运行特性时，必须知道变压器的参数，即线圈电阻、漏电抗及励磁阻抗等，这些参数可用计算法或实验法测定。在设计变压器时，必须根据材料和有关尺寸来计算变压器的参数。对已经制成的变压器，用直接带负载的方法测量其运行性能很不经济，对大型变压器有时甚至不可能，因此必须采用间接的方法，即通过空载和短路试验测出变压器的参数。

【任务目标】

(1) 熟练掌握变压器的参数测定。

(2) 了解标幺值的概念。

【技能目标】

(1) 熟练掌握变压器的参数测定。

(2) 掌握标幺值和实际值的区别。

2.3.1　变压器的参数测定

一、空载试验

空载试验可测定变压器的电压比 k、空载电流 I_0、空载损耗 p_0 及励磁参数 Z_m 等。空载试验的接线图如图 2-32 所示。为了便于试验和安全起见，通常在低压侧进行空载试验（因为空载试验时电压高、电流小），即将低压线圈接交流电源，高压线圈开路。为了测出空载电流和空载损耗随电压而变化的曲线，外施电压 U_0 要能在一定范围内进行调节。在不同的

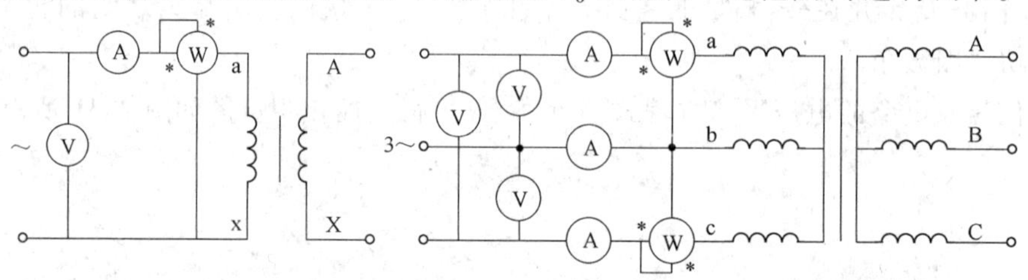

a) 单相变压器空载试验接线图　　b) 三相变压器空载试验接线图

图 2-32　变压器空载试验接线图

外施电压下，分别测出 p_0、I_0 就可以作出曲线 $p_0=f(U_0)$ 和 $I_0=f(U_0)$，如图 2-33 所示。

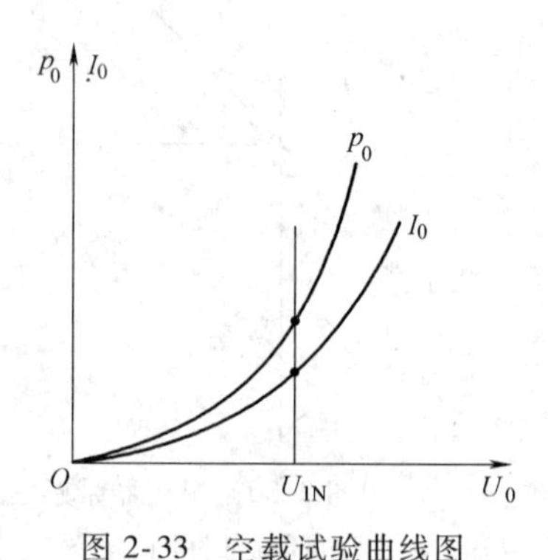

图 2-33　空载试验曲线图

从 T 形等效电路可知，空载时的总阻抗为

$$Z_0=Z_1+Z_m=r_1+jx_1+r_m+jx_m \tag{2-60}$$

由于在电力变压器中，$r_m \gg r_1$、$x_m \gg x_1$，故可近似地认为：$Z_0 \approx Z_m=r_m+jx_m$。这样根据空载试验所得的 U_0、p_0、I_0，便可近似得出励磁回路的参数。

$$|Z_m|=\frac{U_0}{I_0} \tag{2-61}$$

$$r_m=\frac{p_0}{I_0^2} \tag{2-62}$$

$$x_m=\sqrt{|Z_m|^2-r_m^2} \tag{2-63}$$

应当指出，由于 x_m 与磁路的饱和程度有关，故不同电压下测出的 x_m 值不同。为了使测出的参数符合变压器的实际运行情况，应取额定电压点来计算励磁阻抗。

另外，对三相变压器，其测量电压 U_0、电流 I_0 均为线值，功率 p_0 为三相总功率，计算时应化为相值。同时由于空载试验是在低压侧进行的，如果需要得到高压侧励磁阻抗的数值，还必须乘以 k^2 以折算到高压侧。这里 k 是指高压侧对低压侧的电压比。

一般电力变压器在额定电压时，空载电流为额定电流的 2%~10%，空载损耗为额定容量的 0.2%~1.0%，随着变压器额定容量的增大，I_0 和 p_0 的百分比将降低。

二、短路试验

短路试验可以测量变压器的短路参数 Z_k、铜耗 p_{Cu} 和阻抗电压 U_s。为了安全和便于测量，通常在高压侧进行短路试验（因为短路试验时电压低、电流大），即将高压线圈接交流电源、低压线圈短接，变压器短路试验接线图如图 2-34 所示。从简化等效电路可看出，外加电压仅用来克服短路阻抗压降，由于电力变压器的短路阻抗很小，为了避免过大的短路电流损坏变压器的线圈，短路试验应在低压下进行。调节外施电压 U_k，使电流在 $0\sim1.3I_N$ 范围内变化，测出短路电流 I_k 和短路损耗 p_k。随外施电压变化的曲线 $I_k=f(U_k)$ 和 $p_k=f(U_k)$，如图 2-35 所示。由于短路阻抗是常数，故 $I_k=f(U_k)$ 是一条直线，而短路损耗 $p_k=f(U_k)$ 接近于抛物线。

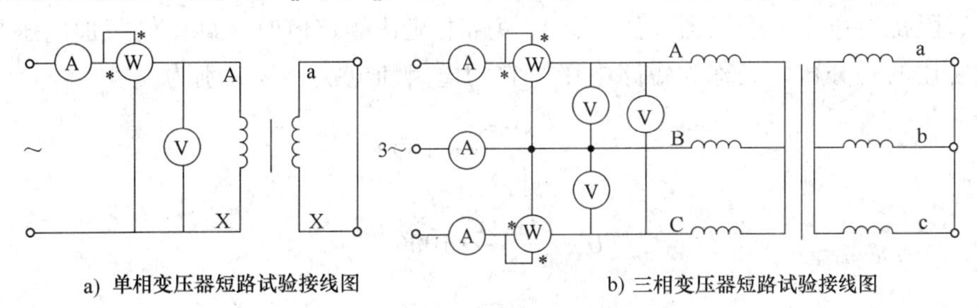

图 2-34 变压器短路试验接线图

由于短路实验时外施电压很低，主磁通很小，铁耗和励磁电流均可不计。故短路情况下可采用变压器的简化等效电路，于是通过短路试验测出的 U_k、I_k 和 p_k，便可求出短路参数。

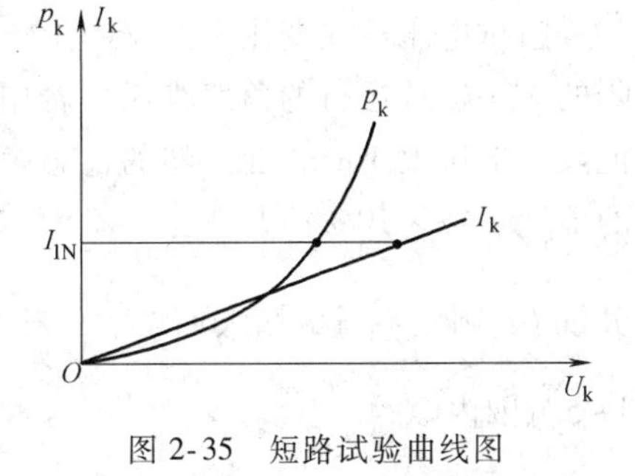

图 2-35 短路试验曲线图

1. 短路参数

$$|Z_k|=\frac{U_k}{I_k} \tag{2-64}$$

$$r_k=\frac{p_k}{I_k^2} \tag{2-65}$$

$$x_k=\sqrt{|Z_k|^2-r_k^2} \tag{2-66}$$

2. 温度折算

由于短路电阻的大小随温度变化，而试验时的温度和变压器实际运行时不同。因此按国

家标准规定，测出的电阻值应换算到工作温度（75℃）时的值。对于铜线变压器，有

$$r_{k75℃}=r_{k\theta}\times\frac{234.5+75}{234.5+\theta} \tag{2-67}$$

$$|Z_{k75℃}|=\sqrt{r_{k75℃}^2+x_k^2} \tag{2-68}$$

式中，θ 为试验时的室温；$r_{k\theta}$为 θ 温度下的短路电阻。

对铝线变压器，有

$$r_{k75℃}=r_{k\theta}\times\frac{228+75}{228+\theta} \tag{2-69}$$

换算到工作温度（75℃）时的短路损耗为

$$p_{k75℃}=mI_N^2r_{k75℃} \tag{2-70}$$

短路试验时由于电压加在高压侧，因此测出的参数是在高压侧的数值。如需要求低压侧的参数，应除以 k^2。一般电力变压器在额定电流下的短路损耗为额定容量的 0.4%～4%，随变压器容量的增大而降低。

3. 阻抗电压

阻抗电压就是短路阻抗$|z_{k75℃}|$（高压侧的值）与高压侧电流 I_{1N}的乘积，用高压侧额定电压的百分数表示，即

$$U_{k75℃}=\frac{U_k}{U_{1N}}\times100\%=\frac{I_{1N}|z_{k75℃}|}{U_{1N}}\times100\% \tag{2-71}$$

可见，阻抗电压就是变压器短路、并且短路电流达额定值时，高压侧所加电压与高压侧额定电压之比的百分数，又称为短路电压，它的电阻和电抗分量分别为

$$U_{kr}=\frac{I_{1N}r_{k75℃}}{U_{1N}}\times100\% \tag{2-72}$$

$$U_{kx}=\frac{I_{1N}x_k}{U_{1N}}\times100\% \tag{2-73}$$

$$U_k=\sqrt{U_{kr}^2+U_{kx}^2} \tag{2-74}$$

式中，U_{kr}、U_{kx}和 U_k 组成阻抗电压直角三角形。

阻抗电压标在变压器的铭牌上，它的大小反映了变压器在额定负载下运行时，漏阻抗压降的大小。从运行的角度来说，希望阻抗压降小些，使变压器输出电压随负载变化波动小。但阻抗电压太小时，变压器的稳态短路电流太大，可能损坏变压器。一般中小型电力变压器的 U_k 为 4%～10%，大型变压器为 12.5%～17.5%。电阻分量 U_{kr}随容量增大而减小，电抗分量 U_{kx}则随容量的增大而增大，比值$\frac{U_{kx}}{U_{kr}}$在大型变压器中可达 10～15，中小型变压器则在 1～5范围内。

2.3.2 标幺值

在电力工程计算中，涉及的单位有两种体制。一种是实际值，例如，电流单位用 A、电压单位用 V、阻抗单位用 Ω 等表示；另一种是标幺值，例如，电压、电流、阻抗、功率等物理量表示成与同单位基值之比的形式。通常，在各物理量原来符号的右上方加上“*”，

以表示该物理量的标幺值，如电流的标幺值用 I^* 表示。在电机和变压器中，一般把各个物理量的额定值作为基值，即有

$$标幺值=\frac{实际值}{基值}=\frac{实际值}{额定值} \tag{2-75}$$

一、一、二次电压、电流的标幺值

当选用额定值为基值时，则有

$$U_1^*=\frac{U_1}{U_{1N}} \tag{2-76}$$

$$I_1^*=\frac{I_1}{I_{1N}} \tag{2-77}$$

$$U_2^*=\frac{U_2}{U_{2N}} \tag{2-78}$$

$$I_2^*=\frac{I_2}{I_{2N}} \tag{2-79}$$

二、功率标幺值

对于功率，不论是视在功率 S、有功功率 P，还是无功功率 Q，其基值均为对应的额定容量 S_N。

在三相对称运行中，无论变压器如何连接，均有

$$S^*=\frac{S}{S_N}=\frac{3U_pI_p}{3U_{pN}I_{pN}}=U^*I^* \tag{2-80}$$

$$P^*=\frac{P}{S_N}=\frac{3U_pI_p\cos\varphi}{3U_{pN}I_{pN}}=U^*I^*\cos\varphi \tag{2-81}$$

$$Q^*=\frac{Q}{S_N}=\frac{3U_pI_p\sin\varphi}{3U_{pN}I_{pN}}=U^*I^*\sin\varphi \tag{2-82}$$

式中，U_p 是指相电压；I_p 是指相电流。可见，三相变压器的功率标幺值与单相变压器的功率标幺值相同。

三、阻抗标幺值

通常，一、二次绕组阻抗的基值取为

$$Z_{1N}=\frac{U_{1pN}}{I_{1pN}} \tag{2-83}$$

$$Z_{2N}=\frac{U_{2pN}}{I_{2pN}} \tag{2-84}$$

相应的一、二次绕组阻抗的标幺值为

$$Z_1^*=\frac{Z_1}{Z_{1N}}=\frac{I_{1pN}Z_1}{U_{1pN}} \tag{2-85}$$

$$Z_2^*=\frac{Z_2}{Z_{2N}}=\frac{I_{2pN}Z_2}{U_{2pN}} \tag{2-86}$$

上式表明，阻抗的标幺值等于额定电流在阻抗上产生电压的标幺值。

四、使用标幺值的优点

（1）如果各物理量的标幺值乘以100%，则变成额定值的百分值，因此用标幺值很容易转换成百分制。

（2）无论变压器的容量相差多少，用标幺值表示的参数及性能，数据的变化范围很小，这样便于对不同容量的变压器进行比较。例如，空载电流的标幺值 I_0^* 为0.02~0.1，短路阻抗的标幺值 Z_k^* 为0.04~0.1。

（3）因为未折算值和折算值的标幺值相等，则一、二次绕组各物理量不需再折算了。例如：

$$r_2^*=\frac{I_{2N}r_2}{U_{2N}}=\frac{kI_{1N}r_2}{U_{1N}/k}=k^2r_2\frac{I_{1N}}{U_{1N}}=\frac{I_{1N}}{U_{1N}}r_2'=r_2'^* \tag{2-87}$$

注意，二次侧折算到一次侧后的物理量，其基值应取一次侧的额定值。

（4）采用标幺值后，各物理量的数值简化了。例如某物理量若为额定值，则其标幺值等于1，因此使计算很方便。另外，采用标幺值后，有些物理量具有相同的数值，例如短路阻抗与阻抗电压的标幺值相等，即

$$Z_k^*=\frac{Z_k}{Z_{1N}}=\frac{I_{1pN}Z_k}{U_{1pN}}=\frac{U_k}{U_{1pN}}=U_k^* \tag{2-88}$$

同样可得

$$r_k^*=\frac{I_{1pN}r_{k75℃}}{U_{1pN}}=\frac{U_{kr}}{U_{1pN}}=U_{kr}^* \tag{2-89}$$

$$x_k^*=\frac{I_{1pN}x_k}{U_{1pN}}=\frac{U_{kx}}{U_{1pN}}=U_{kx}^* \tag{2-90}$$

当短路电流等于额定电流时，短路损耗及其标幺值为

$$p_{kN}=mI_{1pN}^2r_k \tag{2-91}$$

$$p_{kN}^*=\frac{p_{kN}}{S_N}=\frac{mI_{1pN}^2r_k}{mU_{1pN}I_{1pN}}=\frac{I_{1pN}r_k}{U_{1pN}}=r_k^* \tag{2-92}$$

【例2-3】 一台三相铜线电力变压器，$S_N=750\text{kV}\cdot\text{A}$、$U_{1N}/U_{2N}=10000/400\text{V}$、Y，y0联结。在低压侧做空载试验，测出数据为：$U_0=400\text{V}$、$I_0=60\text{A}$、$P_0=3800\text{W}$；在高压侧做短路试验，测出数据为 $U_k=440\text{V}$、$I_k=43.3\text{A}$、$P_k=10900\text{W}$。设 $r_1=r_2'$、$x_1=x_2'$。求：（1）T形等效电路中的各参数，并用标幺值表示；（2）阻抗电压及各分量。（设室温为15℃）

解：（1）

$$k=\frac{U_{1N}/\sqrt{3}}{U_{2N}/\sqrt{3}}=\frac{10000}{400}=25$$

$$I_{1N}=\frac{S_N}{\sqrt{3}U_{1N}}=\frac{750\times10^3}{\sqrt{3}\times10000}\text{A}=43.3\text{A}$$

$$I_{2N}=kI_{1N}=25\times43.3\text{A}=1083\text{A}$$

$$Z_{1N}=\frac{U_{1N}}{\sqrt{3}I_{1N}}=\frac{10000}{\sqrt{3}\times43.3}\Omega=133.3\Omega$$

$$Z_{2N}=\frac{U_{2N}}{\sqrt{3}I_{2N}}=\frac{400}{\sqrt{3}\times1083}\Omega=0.213\Omega$$

在低压侧的励磁阻抗及标幺值为

$$|Z'_{\mathrm{m}}|=\frac{U_0}{\sqrt{3}I_0}=\frac{400}{\sqrt{3}\times60}\Omega=3.85\Omega$$

$$r'_{\mathrm{m}}=\frac{P_0}{3I_0^2}=\frac{3800}{3\times60^2}\Omega=0.35\Omega$$

$$|Z_{\mathrm{m}}^*|=\frac{|Z'_{\mathrm{m}}|}{|Z_{2\mathrm{N}}|}=\frac{3.85}{0.213}=18.1$$

$$r_{\mathrm{m}}^*=\frac{r'_{\mathrm{m}}}{|Z_{2\mathrm{N}}|}=\frac{0.35}{0.213}=1.64$$

$$x_{\mathrm{m}}^*=\sqrt{|Z_{\mathrm{m}}^*|^2-r_{\mathrm{m}}^{*2}}=\sqrt{18.1^2-1.64^2}=18$$

在高压侧的短路阻抗及标幺值为

$$|Z_{\mathrm{k}}|=\frac{U_{\mathrm{k}}}{\sqrt{3}I_{\mathrm{k}}}=\frac{440}{\sqrt{3}\times43.3}\Omega=5.87\Omega$$

$$r_{\mathrm{k}}=\frac{P_{\mathrm{k}}}{3I_{\mathrm{k}}^2}=\frac{10900}{3\times43.3^2}\Omega=1.94\Omega$$

$$x_{\mathrm{k}}=\sqrt{|Z_{\mathrm{k}}|^2-r_{\mathrm{k}}^2}=\sqrt{5.87^2-1.94^2}\Omega=5.54\Omega$$

$$r_{\mathrm{k75℃}}=r_{\mathrm{k}\theta}\times\frac{234.5+75}{234.5+\theta}=1.94\times\frac{234.5+75}{234.5+15}\Omega=2.41\Omega$$

$$|Z_{\mathrm{k75℃}}|=\sqrt{r_{\mathrm{k75℃}}^2+x_{\mathrm{k}}^2}=\sqrt{2.41^2+5.54^2}\Omega=6.04\Omega$$

$$|Z_{\mathrm{k75℃}}^*|=\frac{|Z_{\mathrm{k75℃}}|}{|Z_{1\mathrm{N}}|}=\frac{6.04}{133.3}=0.045$$

$$r_{\mathrm{k75℃}}^*=\frac{r_{\mathrm{k75℃}}}{|Z_{1\mathrm{N}}|}=\frac{2.41}{133.3}=0.018$$

$$x_{\mathrm{k}}^*=\frac{x_{\mathrm{k}}}{|Z_{1\mathrm{N}}|}=\frac{5.54}{133.3}=0.0416$$

$$r_1^*=r_2^*=\frac{1}{2}r_{\mathrm{k75℃}}^*=0.009$$

$$x_1^*=x_2^*=\frac{1}{2}x_{\mathrm{k}}^*=0.0208$$

（2）求阻抗电压及分量

$$U_{\mathrm{k75℃}}=\frac{I_{1\mathrm{pN}}|Z_{\mathrm{k75℃}}|}{U_{1\mathrm{pN}}}\times100\%=\frac{43.3\times6.04}{10000/\sqrt{3}}\times100\%=4.5\%$$

$$U_{\mathrm{kr75℃}}=\frac{I_{1\mathrm{pN}}r_{\mathrm{k75℃}}}{U_{1\mathrm{pN}}}\times100\%=\frac{43.3\times2.41}{10000/\sqrt{3}}\times100\%=1.8\%$$

$$U_{\mathrm{kx}}=\frac{I_{1\mathrm{pN}}x_{\mathrm{k}}}{U_{1\mathrm{pN}}}\times100\%=\frac{43.3\times5.54}{10000/\sqrt{3}}\times100\%=4.16\%$$

任务 2.4　变压器的运行特性

【任务引入】

对于实际的变压器，由于其绕组存在电阻和电抗，当变压器带负载运行时，变压器绕组自身要产生一定的功率损耗和压降。若负载发生变化时，其效率和二次侧端电压将随负载的变化而变化，这就是变压器的运行特性研究的内容。

【任务目标】

(1) 熟练掌握变压器的外特性和电压变化率。

(2) 熟练掌握变压器的效率特性。

【技能目标】

(1) 熟练掌握变压器外特性的计算。

(2) 熟练掌握变压器效率特性的计算。

2.4.1　变压器的外特性和电压变化率

一、外特性

外特性是指一次侧电压 $U_1=U_{1N}$、负载功率因数 $\cos\varphi_2=$常数时，二次侧电压随负载电流的变化规律，即 $U_2=f(I_2)$。通过实验可得，在不同性质负载下的外特性曲线如图 2-36 所示，图中电压和电流用标幺值表示。

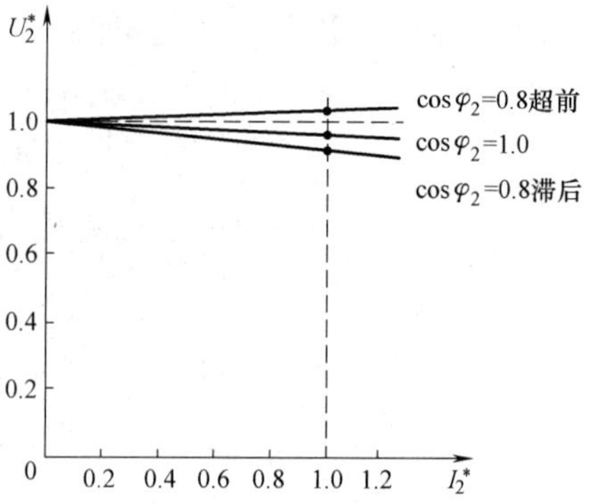

图 2-36　变压器的外特性曲线

可见，当变压器带阻性负载（$\varphi_2=0$）和感性负载（$\varphi_2>0$）时，二次电压随负载电流的增加而下降；而带容性负载（$\varphi_2<0$）时，二次电压随负载电流的增加可能会增加。

二、电压变化率

1. 定义

电压变化率是指，当一次侧接在额定频率和额定电压的电网上，空载时二次电压 U_{20} 与在给定负载功率因数下、二次侧有额定电流时的二次电压 U_2 的差值，与二次额定电压的百分比表示的数值，即

$$\Delta U=\frac{U_{20}-U_2}{U_{2N}}\times 100\%=\frac{U_{2N}-U_2}{U_{2N}}\times 100\%=\frac{U_{1N}-U_2'}{U_{1N}}\times 100\% \qquad (2\text{-}93)$$

2. 电压变化率的参数表达式

电压变化率与变压器的参数和负载性质有关，图 2-37 为变压器感性负载时的简化相量图。把相量 $-\dot{U}_2'$ 延长到 P'，使 $\overline{OP'}=\overline{OA}=U_{1N}$，过 A 点和 B 点分别作直线 $\overline{APb}$ 和 $\overline{Ba}$ 垂直于 $\overline{OP'}$，过 B 点作 $\overline{bB}$ 平行于 $\overline{OP'}$，连接直线 $\overline{AP'}$。则从图 2-37 中可以看出，有

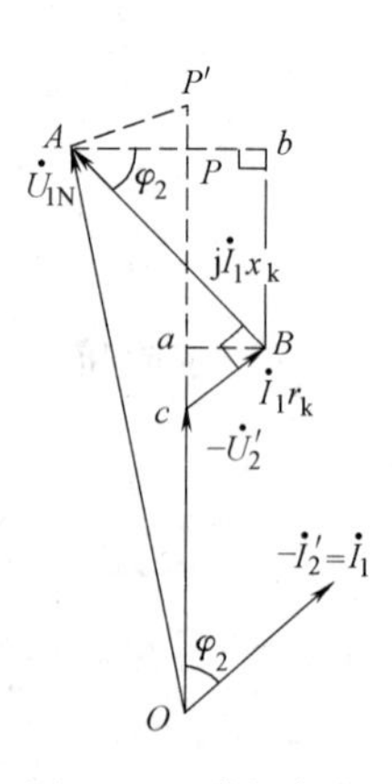

图 2-37　感性负载时的简化相量图

$$U_{1N}-U_2'=\overline{OP'}-\overline{Oc}=\overline{PP'}+\overline{cP}=\overline{PP'}+\overline{ca}+\overline{aP}$$

由于$\overline{PP'}$很小，可忽略不计，则

$$U_{1N}-U_2'\approx\overline{ca}+\overline{aP}=\overline{ca}+\overline{Bb}=I_1r_k\cos\varphi_2+I_1x_k\sin\varphi_2$$

故推得，电压变化率为

$$\begin{aligned}\Delta U&=\frac{U_{1N}-U_2'}{U_{1N}}\times100\%\\&=\frac{[I_1^*r_k\cos\varphi_2+I_1^*x_k\sin\varphi_2]I_{1N}}{U_{1N}}\times100\%\\&=I_1^*(r_k^*\cos\varphi_2+x_k^*\sin\varphi_2)\times100\%\\&=I_2^*(u_{kr}^*\cos\varphi_2+u_{kx}^*\sin\varphi_2)\times100\%\end{aligned}\tag{2-94}$$

式（2-94）表明：对于感性负载（$\varphi_2>0$），ΔU为正值，说明带负载后二次电压比空载电压低；对于纯电阻负载（$\varphi_2=0$），由于$x_k^*\gg r_k^*$，所以ΔU为正值且很小；对于容性负载（$\varphi_2<0$），由于$\sin\varphi_2$为负值，当$|x_k^*\sin\varphi_2|>|r_k^*\cos\varphi_2|$时，$\Delta U$为负值，说明带负载后二次电压可能比空载电压高。

3. 电压调整

变压器在运行时，二次电压将随负载的变化而变化。如果变化范围太大，将给用户带来不利影响，因此必须进行电压调整。

为了保证二次端电压在允许范围之内，通常在变压器的高压绕组设置抽头，并装设分接开关。通过调节变压器高压绕组的工作匝数，来调节变压器的二次电压。高压绕组的抽头常有±5%～±2.5%两种。中、小型电力变压器一般有三个分接头，记作U_N±5%；大型电力变压器采用五个或多个分接头，例如，U_N±2×2.5%或U_N±8×1.5%。

分接开关又分为两类：一种是要在断电状态下才能操作的分接开关，称为无励磁分接开关；另一种在变压器带电时也能操作，称为有载分接开关。相应的变压器就分为无励磁调压变压器和有载调压变压器两种。有载调压变压器在调压过程中无须断电，已得到越来越广泛的应用。目前，人们正研究一种新型的无触点静止式有载调压装置，这种装置将使有载调压更为可靠和安全。

2.4.2 效率特性

变压器在能量传递过程中，产生了铜耗和铁耗，致使输出功率小于输入功率，将输出功率与输入功率之比称为效率。效率的高低反映了变压器运行的经济性，所以它是变压器运行性能的另一个重要指标。由于变压器是一种静止的设备，在能量传递中无机械损耗，所以它的效率比同容量的旋转电机要高，一般中小型变压器的效率为95%～98%，大型的则达99%以上。

一、能量传递过程

变压器中能量的传递过程可以从T形等效电路中清楚地看出，如图2-38所示。

变压器的一次绕组从电网吸取有功功率$P_1=U_1I_1\cos\varphi_1$，其中很小一部分功率消耗在一次绕组电阻r_1和铁耗电阻r_m上（即$p_{Cu1}=I_1^2r_1$和$p_{Fe}=I_0^2r_m$），其余功率通过电磁感应关系传递给二次绕组，称为电磁功率P_{em}，二次绕组获得电磁功率的大小为

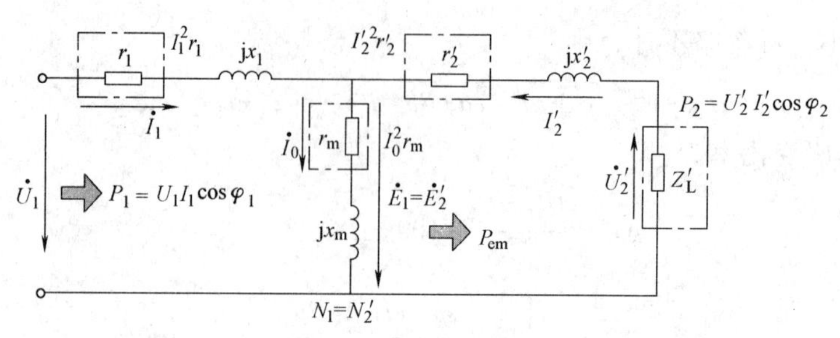

图 2-38　变压器能量传递过程

$$P_{em}=E_2'I_2'\cos\psi_2=E_2I_2\cos\psi_2 \tag{2-95}$$

式中，ψ_2 为 $\dot{E}_2$和 $\dot{I}_2$间的相位差。

电磁功率中有一小部分消耗在二次绕组的电阻 r_2 上（即 $p_{Cu2}=I_2'^2r_2'=I_2^2r_2$），其余的传递给负载，输出功率为

$$P_2=U_2'I_2'\cos\varphi_2=U_2I_2\cos\varphi_2 \tag{2-96}$$

由此可得功率平衡方程式为

$$P_1=p_{Cu1}+p_{Fe}+P_{em} \tag{2-97}$$

$$P_{em}=p_{Cu2}+P_2 \tag{2-98}$$

以上是变压器中有功功率的平衡关系，用类似方法也可以确定变压器中无功功率的平衡关系。

二、损耗

变压器中的损耗分铁耗和铜耗两大类，每一类中又包含基本损耗和附加损耗两种。

铁耗包括基本铁耗和附加铁耗两种，基本铁耗是变压器铁心中的磁滞和涡流损耗，近似与 B_m^2 或 U_1^2 成正比；附加铁耗包括铁心片间由于绝缘损伤引起的局部涡流损耗，主磁通在结构部件（夹板、螺钉等）中引起的涡流损耗以及高压变压器中的介质损耗等，附加铁耗也近似与 U_1^2 成正比，附加铁耗难于准确计算，一般为基本铁耗的 15%~20%。实测铁耗为基本铁耗和附加铁耗之和。

铜耗包括基本铜耗和附加铜耗两种，基本铜耗是线圈的直流电阻引起的损耗，它等于电流的二次方与电阻的乘积，计算时电阻应换算到工作温度下的电阻值；附加铜耗包括由于漏磁引起的趋肤效应使导线有效电阻变大而增加的铜耗，多根导线并绕时的内部环流损耗等。在中小型变压器中，附加铜耗为基本铜耗的 0.5%~5%，在大型变压器中，则可达到 10%~20%甚至更多。附加铜耗和基本铜耗一样，与负载电流的二次方成正比，实测铜耗为二者之和。

三、变压器的效率

1. 效率定义式

效率定义为输出功率与输入功率的百分比，即

$$\eta=\frac{P_2}{P_1}\times100\% \tag{2-99}$$

由于变压器效率很高，用直接负载法测量输出功率 P_2 和输入功率 P_1 来确定效率，很难得到准确的结果。为此，一般采用间接法来计算效率，即先测出各种损耗，然后用输出功率

P_2 加总损耗表示输入功率 P_1，即

$$\eta=\frac{P_2}{P_1}\times 100\%=\frac{P_2}{P_2+p_{\mathrm{Cu}}+p_{\mathrm{Fe}}}\times 100\% \tag{2-100}$$

式中，p_{Cu} 为变压器总铜耗；p_{Fe} 为变压器总铁耗。

2. 效率计算式

为简便起见，计算时可做如下假定。

（1）由于电压变化率 ΔU 很小，可忽略不计，即 $U_2\approx U_{2\mathrm{N}}$，故有

$$P_2=mU_2I_2\cos\varphi_2=mU_{2\mathrm{N}}I_{2\mathrm{N}}\cos\varphi_2\frac{I_2}{I_{2\mathrm{N}}}=I_2^{*}S_{\mathrm{N}}\cos\varphi_2 \tag{2-101}$$

（2）空载损耗 p_0 包括一次绕组铜耗 p_{Cu1} 和铁耗 p_{Fe}。由于 I_0 很小，而 $U_1=U_{1\mathrm{N}}$，所以 $p_{\mathrm{Cu1}}\ll p_{\mathrm{Fe}}$，可忽略 p_{Cu1} 不计，故 $p_0\approx p_{\mathrm{Fe}}$。因电压不变，则可把 p_{Fe} 看成与负载大小和性质无关的常数，即 p_0 称为不变损耗。

（3）短路损耗 p_{k} 包括一次绕组铜耗 p_{Cu1}、二次绕组铜耗 p_{Cu2} 和铁耗 p_{Fe}。短路试验时，因外施电压很低，故铁心磁通密度很低，铁耗可忽略不计。因此，短路损耗主要是铜耗，即 $p_{\mathrm{k}}\approx p_{\mathrm{Cu1}}+p_{\mathrm{Cu2}}$。由于铜耗随负载而变，所以 p_{k} 称为可变损耗，故有

$$p_{\mathrm{k}}=p_{\mathrm{Cu}}=I_1^2r_{\mathrm{k75℃}}=\left(\frac{I_1}{I_{1\mathrm{N}}}\right)^2I_{1\mathrm{N}}^2r_{\mathrm{k75℃}}=I_1^{*2}p_{\mathrm{kN}}=I_2^{*2}p_{\mathrm{kN}}=\beta^2p_{\mathrm{kN}} \tag{2-102}$$

式中，$\beta=\frac{I_1}{I_{1\mathrm{N}}}=I_1^{*}=I_2^{*}=\frac{I_2}{I_{2\mathrm{N}}}$ 称为变压器的负载系数。

变压器的效率计算公式为

$$\begin{aligned}\eta&=\frac{P_2}{P_1}\times 100\%=\frac{P_1-(p_{\mathrm{Cu}}+p_{\mathrm{Fe}})}{P_1}\times 100\%\\&=\left(1-\frac{p_{\mathrm{Cu}}+p_{\mathrm{Fe}}}{P_2+p_{\mathrm{Cu}}+p_{\mathrm{Fe}}}\right)\times 100\%\\&=\left[1-\frac{p_0+\beta^2p_{\mathrm{kN}}}{\beta S_{\mathrm{N}}\cos\varphi_2+p_0+\beta^2p_{\mathrm{kN}}}\right]\times 100\%\end{aligned} \tag{2-103}$$

3. 效率特性

效率特性是指一次电压 $U_1=U_{1\mathrm{N}}$、负载功率因数 $\cos\varphi_2=$ 常数时，变压器的效率随负载电流的变化规律，即 $\eta=f(I_2)$。效率特性曲线如图 2-39 所示。

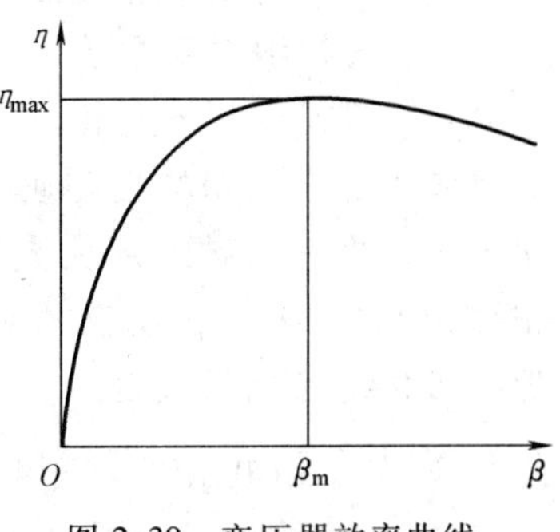

图 2-39 变压器效率曲线

式（2-103）说明，在一定负载功率因数下，效率 η 仅随 β 变化。空载时，因 $P_2=0$，则 $\eta=0$；负载较小时，p_0 占损耗的主要部分，所以效率较低；负载增加时，P_2 增加，则 η 增加；当超过一定负载时，p_{k} 占损耗的主要部分，因 p_{k} 与 β^2 成正比增加，而输出功率 P_2 与 β 成正比，所以效率反而下降。这样，在 $\eta=f(\beta)$ 曲线上出现了最大效率点。为了求出最大效率，令 $\frac{\mathrm{d}\eta}{\mathrm{d}\beta}=0$，即可求得发生效率最大值时的负载系数 β_{m} 和最大效率值 $\eta_{\max}$。

由推导可得，当可变损耗 p_k 与不变损耗 p_0 相等时，效率达最大值，即 $\beta_m^2 p_{kN}=p_0$，故有

$$\beta_m=\sqrt{\frac{p_0}{p_{kN}}} \tag{2-104}$$

$$\eta_{max}=\left(1-\frac{2p_0}{\beta_m S_N \cos\varphi_2+2p_0}\right)\times 100\% \tag{2-105}$$

一般电力变压器的最大效率发生在 $\beta_m=0.5\sim0.6$ 范围内。

任务 2.5　三相变压器

【任务引入】

目前各国电力系统均采用三相制，所以三相变压器得到了广泛的应用。从运行原理和分析方法来说，三相变压器在对称负载运行时，各相电压、电流大小相等，相位上彼此相差 120°，三相变压器的任一相和单相变压器完全相同，故可取一相进行分析。因此，单相变压器的分析方法及其结论完全适用于三相变压器在对称负载下的运行情况。本任务主要讨论有关三相变压器的几个特殊问题，如三相变压器的磁路系统、联结组标号、感应电动势的波形等。

【任务目标】

（1）了解三相变压器的磁路系统。

（2）熟练掌握单相变压器和三相变压器的联结组标号。

（3）熟悉三相变压器并联运行的条件和并联运行的特点。

【技能目标】

（1）熟练掌握三相变压器联结组标号的判定方法。

（2）熟悉三相变压器并联运行的条件和简单计算。

2.5.1　三相变压器的磁路系统

三相变压器按磁路系统可分为三相组式变压器和三相心式变压器两类。

一、三相组式变压器

三相组式变压器是由三台单相变压器组成，由于每相的主磁通沿各自的磁路闭合，故三相磁路系统彼此独立，三相绕组可接成星形或三角形，图 2-40 为星形联结三相组式变压器。当一次侧外加对称三相电压时，三相主磁通 $\dot{\Phi}_A$、$\dot{\Phi}_B$、$\dot{\Phi}_C$ 也是对称的，因此三相空载电流也是对称的。

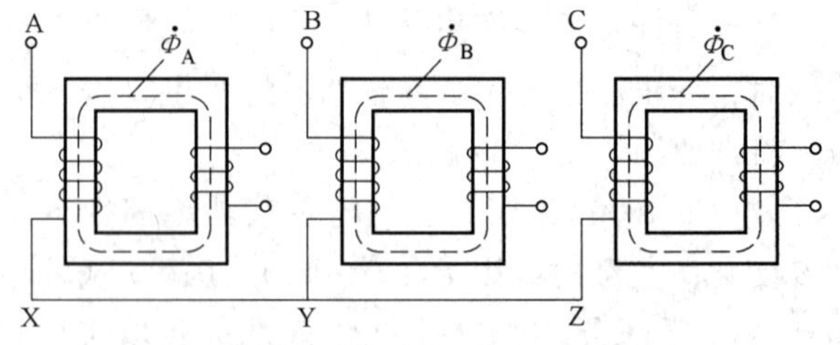

图 2-40　三相组式变压器的磁路

二、三相心式变压器

三相心式变压器的铁心结构是从单相变压器演变过来的，如图 2-41 所示。将三个单相变压器铁心组合成图 2-41a 的形式，由于三相绕组产生的主磁通是对称的，即 $\dot{\Phi}_A+\dot{\Phi}_B+\dot{\Phi}_C=0$，

因此可省去中间的铁心柱，变成图 2-41b 所示形式。为了使结构简单和节省硅钢片，将三相铁心布置在同一平面内，便得到现在常用的三相心式变压器铁心，如图 2-41c 所示形式。在这种磁路系统中，因每相主磁通都要借另外两相的磁路闭合，故三相磁路系统彼此关联。在这种变压器中，三相磁路长度不相等，中间 B 相较短，两边的 A、C 两相较长，所以三相磁阻不相等。当外加三相对称电压时，三相空载电流便不相等，B 相稍小，A、C 两相稍大些。但由于变压器的空载电流的百分值很小，它的不对称对变压器运行的影响较小，可忽略不计。

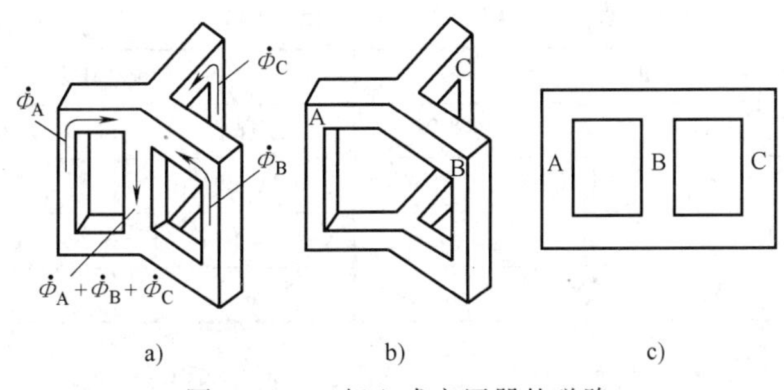

图 2-41 三相心式变压器的磁路

现在用得较多的是三相心式变压器，它具有消耗材料少、效率高、占地面积小、维护简单等优点。但在大容量的巨型变压器以及运输条件受到限制的地方，为了便于运输及减少备用容量，往往采用三相组式变压器。

近代巨型的电力变压器，由于受到安装场所空间高度的限制或者铁路运输条件的限制，必须设法降低铁心的高度。为此，常采用三相旁轭式铁心，也就是在三相心式变压器的铁心两边加上两个旁轭，如图 2-42 所示。其中间三个铁心柱上分别套上 A、B、C 三相绕组，边上两个旁轭上没有绕组。设铁轭上部各段的磁通分别是 $\dot{\Phi}_1$、$\dot{\Phi}_2$、$\dot{\Phi}_3$、$\dot{\Phi}_4$，可得

$$\left.\begin{aligned}\dot{\Phi}_A&=\dot{\Phi}_2-\dot{\Phi}_1\\ \dot{\Phi}_B&=\dot{\Phi}_3-\dot{\Phi}_2\\ \dot{\Phi}_C&=\dot{\Phi}_4-\dot{\Phi}_3\end{aligned}\right\}\tag{2-106}$$

当外施三相电压对称时，三相铁心中的磁通必然也是对称的。从 $\dot{\Phi}_A+\dot{\Phi}_B+\dot{\Phi}_C=0$ 的关系中，可得 $\dot{\Phi}_1=\dot{\Phi}_4$。于是式（2-106）中各磁通的关系，与普通三相系统中星形联结时相电压与线电压的关系一样，如图 2-43 所示。从图中可知，铁轭中的磁通（$\dot{\Phi}_1$、$\dot{\Phi}_2$、$\dot{\Phi}_3$、$\dot{\Phi}_4$）将为铁心柱中的磁通（$\dot{\Phi}_A$、$\dot{\Phi}_B$、$\dot{\Phi}_C$）的 $1/\sqrt{3}$，从而使整个铁心的高度降低，这对变压器的运输是有利的，但整个铁心的质量却较三柱式铁心略有增加。

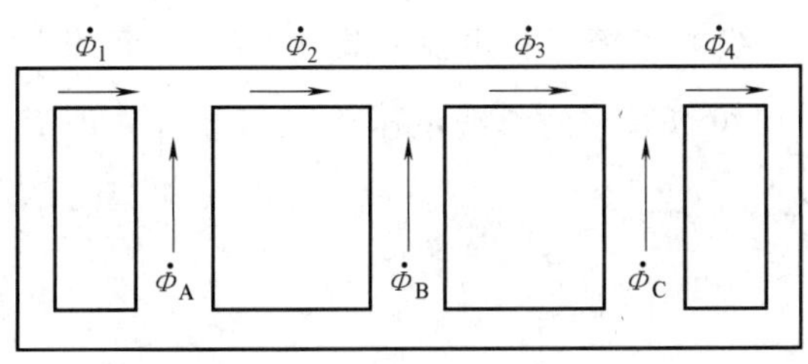

图 2-42 三相旁轭式铁心

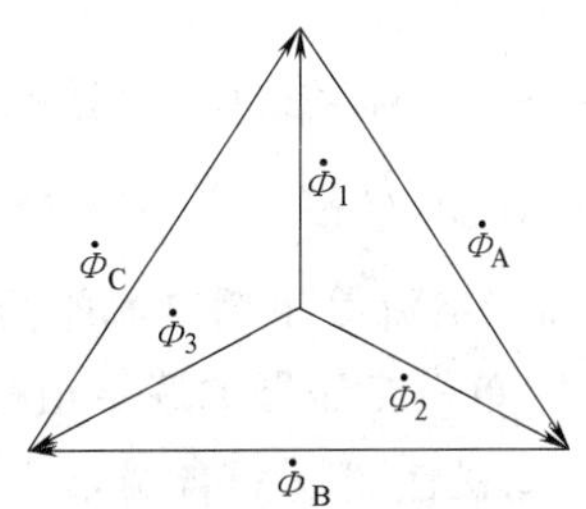

图 2-43 三相旁轭式铁心中的磁通关系

2.5.2 三相变压器的电路系统

一、三相变压器绕组的接线方式

由于三相心式变压器的绕组之间既存在电联系，又存在磁联系，绕组是一个有极性的线圈，因此变压器绕组的端点应明确标出其首、尾端，便于变压器电路的正确连接。按照国标GB/T 1094.4—2005 的规定，变压器线圈首、尾端的标志规定见表 2-2。

表 2-2 电力变压器的出线端标志

线圈名称	单相变压器		三相变压器		中性点
	首端	尾端	首端	尾端	
高压线圈	A	X	A、B、C	X、Y、Z	N
低压线圈	a	x	a、b、c	x、y、z	n
中压线圈	A_m	X_m	A_m、B_m、C_m	X_m、Y_m、Z_m	N_m

在三相变压器中，不论一次绕组或二次绕组，主要是采用星形和三角形两种联结方法。把三相线圈的三个尾端 X、Y、Z 联结在一起，而把它们的三个首端 A、B、C 引出，这称为星形联结，用“Y”表示，如图 2-44a 所示。把一相绕组的末端和另一相绕组的首端联结在一起，顺次连成一个闭合回路，然后从首端 A、B、C 引出，这称为三角形联结，用“D”表示，如图 2-44b、c 所示。其中，在图 b 中，三相绕组按 A—XC—ZB—YA 的顺序联结，称为逆序（逆时针）三角形联结；在图 c 中，三相绕组按 A—XB—YC—ZA 的顺序联结，称为顺序（顺时针）三角形联结。

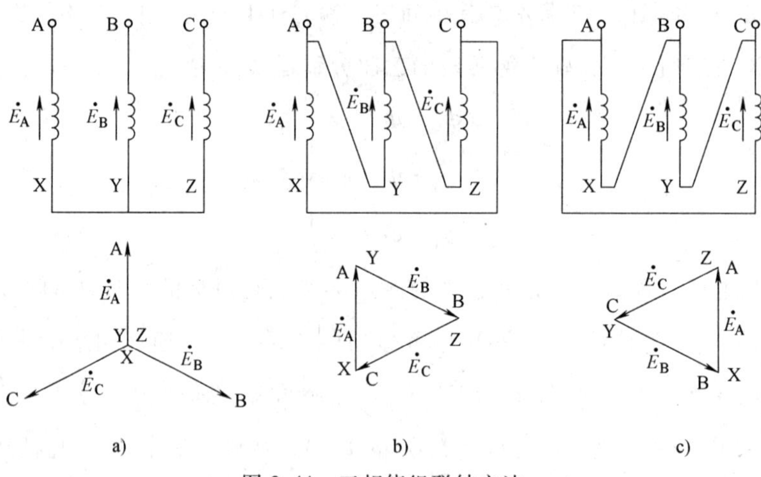

图 2-44 三相绕组联结方法

在三相对称系统中，当线圈为星形联结时，线电流等于相电流（即 $I_l=I_p$），而线电压等于相电压的$\sqrt{3}$倍（即 $U_l=\sqrt{3}U_p$）；当线圈为三角形联结时，线电压等于相电压（即 $U_l=U_p$），而线电流等于相电流的$\sqrt{3}$倍（即 $I_l=\sqrt{3}I_p$）。

二、单相变压器的联结组标号

1. 同极性端（同名端）

图 2-45 表示一个单相变压器或三相变压器中的一相，高压绕组 AX 和低压绕组 ax 位于

同一铁心柱上。由于变压器的高、低压绕组被同一主磁通 Φ 所交链，因此当 Φ 交变时，在高、低压绕组内感应出的电动势有一定的极性关系。当高压绕组的某一端点瞬时电位为正时，同时在低压绕组必有一电位为正的对应端点，这两个对应端点称为同极性端（或同名端），用符号“·”表示。通常，感应电动势的参考方向规定为从尾端指向首端。在图 2-45a 和 d 中，两绕组的首端为同极性端（即 A 与 a 同极性），则电动势相量 $\dot{E}_A$ 与 $\dot{E}_a$ 同相位。在图 2-45b 和 c 中，两绕组的首端为异极性端（即 A 与 x 同极性），则电动势相量 $\dot{E}_A$ 与 $\dot{E}_a$ 反相位。可见，电动势的相位取决于绕组的绕向和绕组出线端的标志。

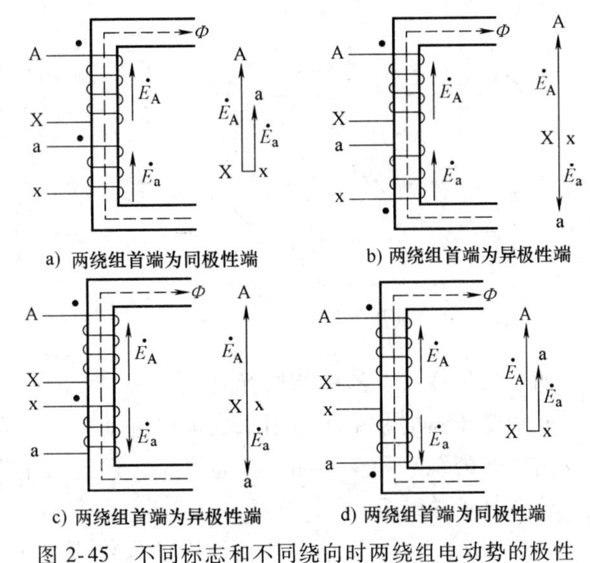

图 2-45 不同标志和不同绕向时两绕组电动势的极性

2. 时钟表示法

为了形象地表示一、二次电动势的相位关系，采用时钟表示法。就是把高压绕组的电动势相量看作时钟的长针（分针），把低压绕组的电动势相量看作时钟的短针（时针），把长针固定指向 0 点（或 12 点），此时短针所指的数字即为联结组标号。

对单相变压器，联结组标号只有如下两种：

（1）当 $\dot{E}_A$ 和 $\dot{E}_a$ 同相位时，将高压侧电动势 $\dot{E}_A$ 作为长针，并指向 0 点；则低压侧电动势 $\dot{E}_a$ 作为短针，也指向 0 点。此时，联结组标号用 I，I0 表示。

（2）当 $\dot{E}_A$ 和 $\dot{E}_a$ 反相位时，$\dot{E}_A$ 作为长针指向 0 点；则 $\dot{E}_a$ 作为短针指向 6 点。此时，联结组标号用 I，I6 表示。

国家标准规定：单相变压器以 I，I0 为标准联结组。

综上所述，对于单相变压器或三相变压器中同一铁心柱上的两个绕组，高、低压绕组之间电动势（或电压）的相位不是同相就是反相。当高、低压绕组的首端极性相同时，电动势同相，记为 I，I0；当高、低压绕组的首端极性相异时，电动势反相，记为 I，I6。

三、变压器极性的测定

对于一台已经制造好的变压器，可采用下列方法来测出同一铁心柱上的两个绕组（高压绕组和低压绕组）间电压的相位关系。如图 2-46 所示，将绕组的尾端 x 和 X 相连，在变压器的高压侧加以适当大小的交流电压 U_{AX}，然后读取低压侧的电压 U_{ax} 及 A、a 端的电压 U_{Aa}。

（1）如果 $U_{Aa} \approx U_{AX}-U_{ax}$，则 A、a 为同极性端，则高压侧电压 $\dot{U}_{AX}$ 与低压侧电压 $\dot{U}_{ax}$ 同相位，如图 2-47a 所示。这时 A、X 和 a、x 的端点标志称为减极性标志。

（2）如果 $U_{Aa} \approx U_{AX}+U_{ax}$，则 A、a 为异极性端，则高压侧电压 $\dot{U}_{AX}$ 与低压侧电压 $\dot{U}_{ax}$ 反相位，如图 2-47b 所示。这时 A、X 和 a、x 的端点标志称为加极性标志。

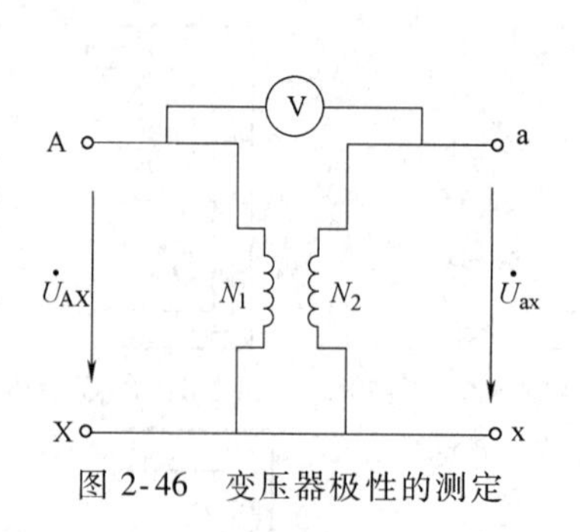

图 2-46 变压器极性的测定

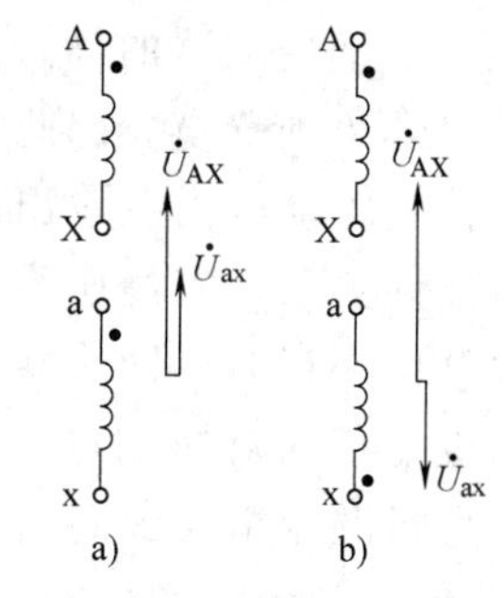

图 2-47 高低压绕组的电压相量图

四、三相变压器的联结组标号

三相变压器的联结组是用二次侧线电动势与一次侧对应线电动势的相位差来表示的，它不仅与线圈的绕法和首尾端的标志有关，还与三相绕组的接法有关。

1. Y，y 联结组

图 2-48 为 Y，y 联结时三相线圈的联结图，图 a 中将一、二次侧（高、低压侧）的同极性端标为首端，图 c 中将一、二次侧的异极性端标为首端。

在图 2-48a 中，与单相变压器一样，一、二次侧各对应相电动势同相位，且一、二次侧绕组均为同一种接法，所以 $\dot{E}_{AB}$和 $\dot{E}_{ab}$也同相位，相量图如图 b 所示。如 $\dot{E}_{AB}$在 0 点，则 $\dot{E}_{ab}$也在 0 点，因此这种联结组用 Y，y0 表示。

在图 2-48c 中，一、二次侧各对应相电动势反相位，这时 $\dot{E}_{AB}$和 $\dot{E}_{ab}$也反相位，相量图如图 d 所示。如 $\dot{E}_{AB}$在 0 点，则 $\dot{E}_{ab}$在 6 点，这种联结组用 Y，y6 表示。

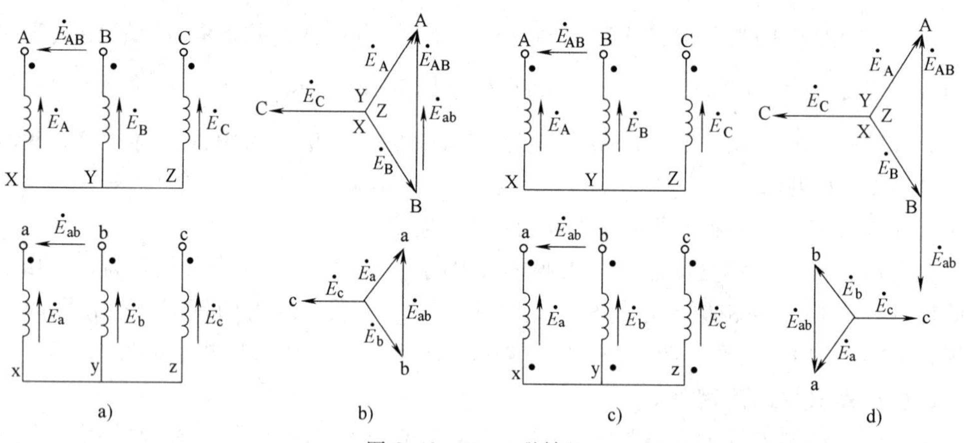

图 2-48 Y，y 联结组

在图 2-48a、c 中，如果保持接线相序和一次侧标志不变，只把二次侧标志做如下改动：把原来的 b 相变为 a 相、c 相改为 b 相、a 相变为 c 相。在这种情况下，相序仍保持不变，但更改标志后的各相电动势相应地滞后了 120°，与之对应的线电动势也相应地滞后了 120°。若用时钟表示法，当时针每走过 1 个数字，将跨越 30°。若滞后 120°，相当于时针顺时针移过 4 个数字，则更改后的联结组标号应增大 4 个组别号，即：原为 Y，y0 联结组应改为 Y，y4 联结组；原为 Y，y6 联结组应改为 Y，y10 联结组。同理，若把 c 相变为 a 相、a 相变为 b 相、b 相变为 c 相，在这种情况下，相序仍保持不变，但更改后的各相相电动势却滞后了

240°，相对应的线电动势也滞后 240°。用时钟表示法，更改后的联结组应增大 8 个组别号，即：原来为 Y，y0 联结组应改为 Y，y8 联结组；原来为 Y，y6 联结组应改为 Y，y2 联结组。所以，Y，y 联结共有 2、4、6、8、10、12 六种偶数联结组标号。

2. Y，d 联结组

图 2-49 为 Y，d 联结组，图 a 表示同名端为首端，二次侧各相的串连次序为 a-y-b-z-c-x-a（反串），这时一、二次侧对应的相电动势为同相位；图 c 表示同名端为首端，二次侧各相的串连次序为 a-x-b-y-c-z-a（顺串），同样一、二次侧对应的相电动势同相位。

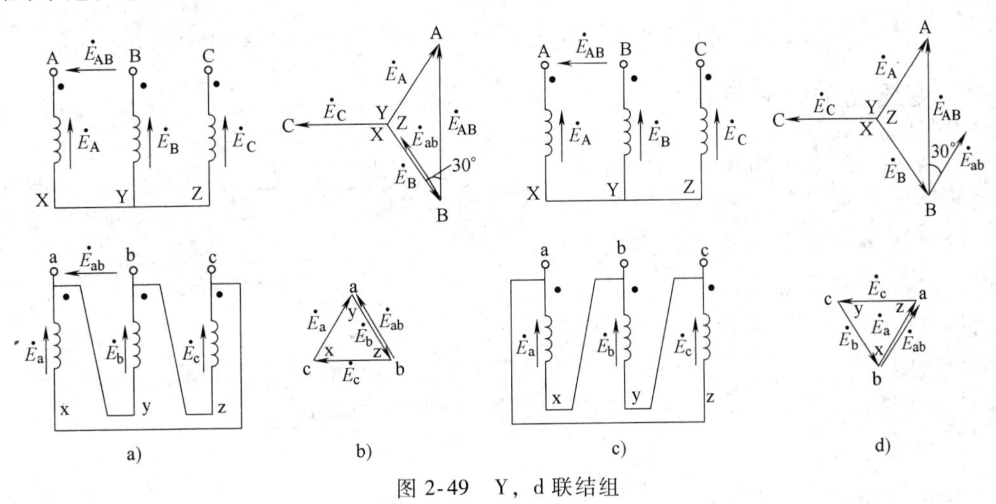

图 2-49 Y，d 联结组

在图 2-49a 中，一、二次线电动势相差 30°，相量图如图 2-49b 所示，若 $\dot{E}_{AB}$放在 0 点，则 $\dot{E}_{ab}$在 11 点，因此联结组标号用 Y，d11 表示。在图 2-49c 中，一、二次线电动势相差 30°，若 $\dot{E}_{AB}$在 0 点，则 $\dot{E}_{ab}$在 1 点，因此联结组标号用 Y，d1 表示。同理，若保持一次侧标志不变，只更改二次侧标志，顺相序依次后推，则可得到 1、3、5、7、9、11 六种奇数联结组标号。

此外，变压器还可以接成 D，y 或 D，d 联结。按照类似的方法，D，y 联结共有 1、3、5、7、9、11 六种奇数联结组标号；D，d 联结共有 2、4、6、8、10、12 六种偶数联结组标号。

3. 标准组别

我国生产的电力变压器常用 Y，yn、Y，d、YN，d 等联结方式。其中大写字母表示高压绕组的联结法，小写字母表示低压绕组的联结法，YN 或 yn 表示有中性线的星形接法。综上所述，Y，y、D，d 联结各有六种偶数联结组；Y，d、D，y 联结各有六种奇数联结组。即三相变压器共有 24 种不同的组别。为了统一，我国国家标准规定只生产 Y，yn0、Y，d11、YN，d11、YN，y0、Y，y0 五种，其中前三种最为常用。Y，yn0 联结组二次侧可引出中性线成为三相四线制，作配电变压器时可以兼带照明负载和动力负载。Y，d11 联结组用在二次侧电压超过 400V 的线路中，这时变压器有一方接成三角形对运行有利。YN，d11 联结组主要用在高压输电线路中，使电力系统的高压侧有可能接地（接地保护）。YN，y0、Y，y0 用于一般动力负载。

五、联结组标号判定步骤

（1）按规定的绕组的出线端标志，根据所规定的联结法，画出联结图。

（2）注明相电动势的正方向，正方向规定从末端指向首端，若一、二次绕组以同名端为首端（或末端），则一、二次绕组对应相电动势同相位；反之，则反相位。线电动势正方向规定从下标后面字母的一相指向前面字母的那一相。

（3）画出一、二次绕组相应的相电动势相量图。一般将相量 $\dot{E}_{AB}$ 和 $\dot{E}_{ab}$ 的头 A 和 a 画在一起。

（4）利用时钟表示法，根据一、二次线电动势的相位差确定联结组标号。

2.5.3 变压器的并联运行

现在发电厂和变电所中，常常采用多台变压器并联运行的方式，并联运行是将两台（或多台）变压器的一次绕组和二次绕组分别连到公共母线上，同时对负载供电。图 2-50 是两台变压器并联运行的接线图。

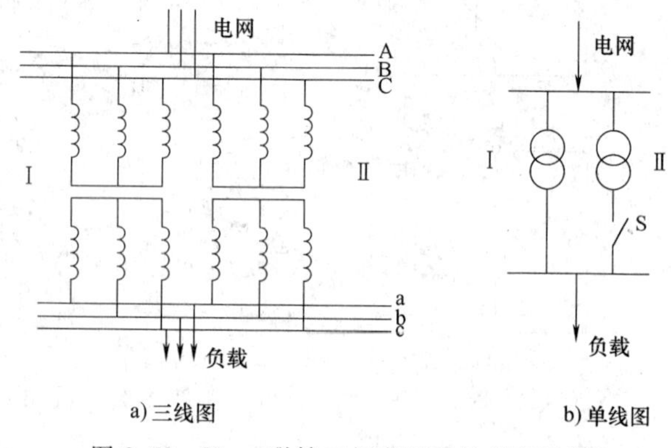

图 2-50 Y，y 联结三相变压器的并联运行

一、并联运行的优点

（1）提高供电的可靠性。并联运行时，如果某台变压器发生故障，可将其从电网切除检修，而电网仍继续供电。

（2）可以根据负载的大小调整投入并联运行变压器的台数，以提高运行效率。

（3）可减少总的备用容量，并可随着用电量的增加分批增加新的变压器。

当然，并联太多也不经济，因一台大容量变压器的造价比容量相同的几台小变压器的造价低，占地面积小。这里主要讨论变压器并联运行时需满足的条件，以及这些条件不满足时会出现什么问题。

二、并联运行的条件

1. 变压器并联时理想运行的情况

（1）空载时并联运行的各个变压器二次侧间没有电流，这样空载时各变压器二次侧没有铜耗，一次侧的铜耗也很少。

（2）负载后各变压器所承担的负载电流按它们的额定容量成正比地分配，这样变电所的装机容量就可以得到充分利用。

（3）负载后各变压器二次电流同相位，这样在总的负载电流一定时，各变压器所分担的电流最小；当各变压器二次电流一定时，则共同负担的负载电流最大。

2. 并联条件

为了达到上述理想的并联运行，并联运行的各变压器必须具备下列条件。

（1）各并联运行变压器的联结组标号应相同。

（2）各并联运行变压器的额定电压相等，即电压比相等。

（3）各并联运行变压器的短路阻抗标幺值相等，短路电抗和短路电阻之比也应相等。

三、并联运行的条件不满足的情况

1. 联结组标号不同的变压器并联运行

在上述三个并联条件中，第一条必须严格保证，如果联结组标号不同，当各变压器的一次侧接到同一电网时，它们二次线电压的相位不同。从前面关于联结组的分析可知，在三相变压器中，如果两台变压器的联结组不同，在一次电压相同的情况下，则它们二次线电动势的相位差至少是30°（如Y，y0和Y，d11并联时，二次线电动势的相位差就是30°）。在此情况下，如果两变压器的电压比相等，可得图2-51的相量图。此时二次线电压差ΔE为

$$\Delta E=\left|\dot{E}_{ab\,\mathrm{I}}-\dot{E}_{ab\,\mathrm{II}}\right|=2E_{ab}\sin\frac{30^\circ}{2}=0.518E_{ab} \tag{2-107}$$

该电动势差作用在两变压器二次绕组构成的闭合回路中，由于变压器本身的漏阻抗很小，这样大的电动势差将在两变压器的二次绕组中产生很大的循环电流，可能使变压器绕组烧坏，故联结组标号不同的变压器绝对不允许并联运行。

2. 电压比不同的变压器并联运行

以两台变压器并联为例，设两台变压器的联结组标号相同，但电压比不同（例如$k_{\mathrm{I}}<k_{\mathrm{II}}$）。为了便于计算，将一次侧各物理量折算到二次侧，并忽略励磁电流，则可得到并联运行时的简化等效电路如图2-52所示。由于$k_{\mathrm{I}}<k_{\mathrm{II}}$，所以一次电压折算到二次侧的数值有

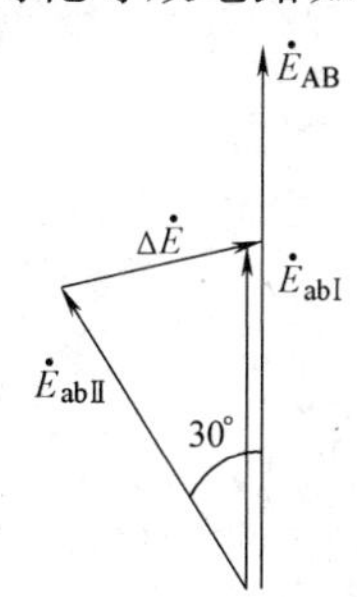

图2-51 Y，y0与Y，d11并联时

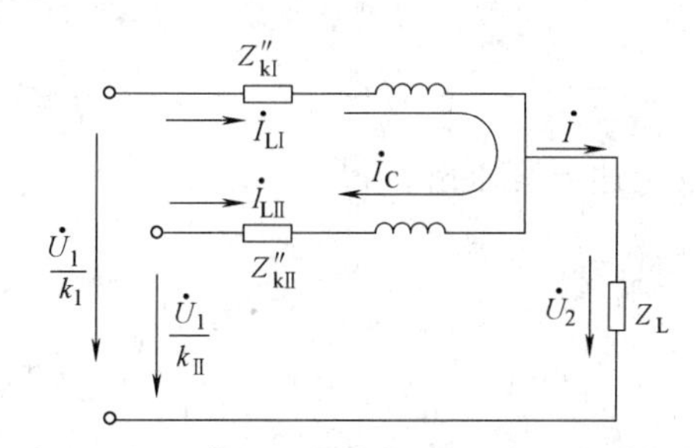

图2-52 电压比不等的两台变压器的并联运行等效电路图

$$\frac{U_1}{k_{\mathrm{I}}}>\frac{U_1}{k_{\mathrm{II}}} \tag{2-108}$$

（1）空载运行。从图2-52可以看出，空载时（$\dot{I}=0$）变压器内部有环流$\dot{I}_C$存在，即

$$\dot{U}_{20\,\mathrm{I}}=\frac{\dot{U}_1}{k_{\mathrm{I}}} \tag{2-109}$$

$$\dot{U}_{20\,\mathrm{II}}=\frac{\dot{U}_1}{k_{\mathrm{II}}} \tag{2-110}$$

$$\dot{I}_C=\frac{\dot{U}_{20\,\mathrm{I}}-\dot{U}_{20\,\mathrm{II}}}{Z''_{k\,\mathrm{I}}+Z''_{k\,\mathrm{II}}}=\frac{\frac{\dot{U}_1}{k_{\mathrm{I}}}-\frac{\dot{U}_1}{k_{\mathrm{II}}}}{Z''_{k\,\mathrm{I}}+Z''_{k\,\mathrm{II}}} \tag{2-111}$$

式中，$Z''_{k\,\mathrm{I}}$、$Z''_{k\,\mathrm{II}}$为折算到二次侧的短路阻抗。

此环流同时存在于变压器的一、二次绕组中，对二次侧来说，环流就是式（2-111）所计算出的$\dot{I}_C$；对一次侧来说，因图2-52是一次侧折算到二次侧的简化等效电路，因此第一

台变压器一次侧中的环流为$-\frac{\dot{I}_C}{k_{\mathrm{I}}}$，第二台为$-\frac{\dot{I}_C}{k_{\mathrm{II}}}$。显然由于$k_{\mathrm{I}}<k_{\mathrm{II}}$，两变压器一次侧的环流大小不等。

从式（2-111）可以看出，当一次侧电压U_1一定时，空载环流的大小正比于变压器电压比倒数的差值，反比于两个变压器折算到二次侧的短路阻抗之和。由于一般电力变压器的短路阻抗很小，故即使电压比相差不大也能引起相当大的环流。为了保证变压器并联运行时空载电流不超过额定电流的10%，通常规定为

$$\Delta k=\frac{|k_{\mathrm{I}}-k_{\mathrm{II}}|}{\sqrt{k_{\mathrm{I}}k_{\mathrm{II}}}}\times 100\%\leqslant 1\% \tag{2-112}$$

（2）负载运行。当变压器带负载运行时，利用图2-52的等效电路，可列出方程式

$$\dot{I}_{\mathrm{I}}=\frac{\frac{\dot{U}_1}{k_{\mathrm{I}}}-\dot{U}_2}{Z''_{\mathrm{kI}}} \tag{2-113}$$

$$\dot{I}_{\mathrm{II}}=\frac{\frac{\dot{U}_1}{k_{\mathrm{II}}}-\dot{U}_2}{Z''_{\mathrm{kII}}} \tag{2-114}$$

$$\dot{I}=\dot{I}_{\mathrm{I}}+\dot{I}_{\mathrm{II}} \tag{2-115}$$

联立上述方程求解，得

$$\dot{I}_{\mathrm{I}}=\frac{Z''_{\mathrm{kII}}}{Z''_{\mathrm{kI}}+Z''_{\mathrm{kII}}}\dot{I}+\frac{\frac{\dot{U}_1}{k_{\mathrm{I}}}-\frac{\dot{U}_1}{k_{\mathrm{II}}}}{Z''_{\mathrm{kI}}+Z''_{\mathrm{kII}}}=\dot{I}_{\mathrm{LI}}+\dot{I}_{\mathrm{C}} \tag{2-116}$$

$$\dot{I}_{\mathrm{II}}=\frac{Z''_{\mathrm{kI}}}{Z''_{\mathrm{kI}}+Z''_{\mathrm{kII}}}\dot{I}-\frac{\frac{\dot{U}_1}{k_{\mathrm{I}}}-\frac{\dot{U}_1}{k_{\mathrm{II}}}}{Z''_{\mathrm{kI}}+Z''_{\mathrm{kII}}}=\dot{I}_{\mathrm{LII}}-\dot{I}_{\mathrm{C}} \tag{2-117}$$

由上式可见，变压器负载运行时，每一台变压器的电流都是由环流和负载分量两部分组成的。其中环流等于空载时的电流，是由于电压比不等而引起的，对第一台变压器环流为$\dot{I}_{\mathrm{C}}$，第二台为$-\dot{I}_{\mathrm{C}}$，两者大小相等、方向相反，说明两变压器二次侧的环流由一台变压器流到另一台变压器。至于两变压器的负载分量$\dot{I}_{\mathrm{LI}}$和$\dot{I}_{\mathrm{LII}}$，则按变压器的短路阻抗成反比分配，它们与总电流成正比。应当指出，只要联结组相同，无论两变压器的短路阻抗是否相等，上式中$\dot{I}_{\mathrm{LI}}$和$\dot{I}_{\mathrm{LII}}$都正确。

3. 电压比相等，短路阻抗标幺值不相等的并联运行

设并联的变压器已满足电压比k相等（$k_{\mathrm{I}}=k_{\mathrm{II}}=k$）和联结组标号相同两个条件，环流不存在，只剩下负载分量。两台变压器并联运行的等效电路如图2-53所示，

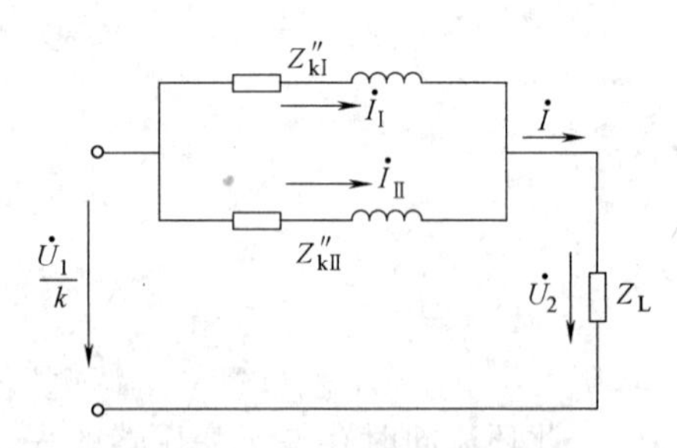

图2-53　短路阻抗标幺值不等时并联运行的等效电路

此时 $\dot{I}_C=0$，且有

$$\dot{I}_{\text{I}}=\frac{Z''_{k\text{II}}}{Z''_{k\text{I}}+Z''_{k\text{II}}}\dot{I}=\frac{Z_{k\text{II}}}{Z_{k\text{I}}+Z_{k\text{II}}}\dot{I} \tag{2-118}$$

$$\dot{I}_{\text{II}}=\frac{Z''_{k\text{I}}}{Z''_{k\text{I}}+Z''_{k\text{II}}}\dot{I}=\frac{Z_{k\text{I}}}{Z_{k\text{I}}+Z_{k\text{II}}}\dot{I} \tag{2-119}$$

用标幺值表示，则为

$$\dot{I}_{\text{I}}^*=\frac{Z''_{k\text{II}}}{I_{N\text{I}}(Z''_{k\text{I}}+Z''_{k\text{II}})}\dot{I}=\frac{\dot{I}}{\dfrac{I_{N\text{I}}Z_{k\text{I}}}{U_N}\left(\dfrac{U_N I_{N\text{II}}}{Z_{k\text{II}}I_{N\text{II}}}+\dfrac{U_N I_{N\text{I}}}{Z_{k\text{I}}I_{N\text{I}}}\right)} \tag{2-120}$$

故有

$$\dot{I}_{\text{I}}^*=\frac{\dot{I}}{Z_{k\text{I}}^*\left(\dfrac{I_{N\text{I}}}{Z_{k\text{I}}^*}+\dfrac{I_{N\text{II}}}{Z_{k\text{II}}^*}\right)} \tag{2-121}$$

$$\dot{I}_{\text{II}}^*=\frac{\dot{I}}{Z_{k\text{II}}^*\left(\dfrac{I_{N\text{I}}}{Z_{k\text{I}}^*}+\dfrac{I_{N\text{II}}}{Z_{k\text{II}}^*}\right)} \tag{2-122}$$

从上两式可得

$$\frac{\dot{I}_{\text{I}}^*}{\dot{I}_{\text{II}}^*}=\frac{Z_{k\text{II}}^*}{Z_{k\text{I}}^*} \tag{2-123}$$

从式（2-123）可见，各负载电流的标幺值与各自的短路阻抗的标幺值成反比。若短路阻抗的标幺值相等，则并联运行的变压器同时达到满载；如果不相等，则短路阻抗标幺值小的变压器首先达到满载。其次，各变压器二次电流的相位差取决于短路阻抗的相位差（$\psi_{k\text{II}}-\psi_{k\text{I}}$）。当 $\psi_{k\text{II}}=\psi_{k\text{I}}$时，各变压器二次电流同相位。因 $\tan\psi_{k\text{I}}=\dfrac{x_{k\text{I}}}{r_{k\text{I}}}$、$\tan\psi_{k\text{II}}=\dfrac{x_{k\text{II}}}{r_{k\text{II}}}$，故为了使各并联运行的变压器的二次电流同相位，则各变压器的短路电抗与短路电阻之比相等，此时总负载电流是各变压器二次电流的算术和（直接相加）。如果不符合此条件，则各变压器二次电流不同相位，其相量和才是总电流。但实际计算表明，即使各变压器短路电抗与短路电阻之比相差较大，则变压器的二次电流的相量和与它们的算术和相比相差很小。所以实际工作中，一般不考虑各变压器阻抗角的差别，而认为总负载电流就是各变压器二次电流的算术和。

应注意：并联运行时每台变压器所分担的电流与其短路阻抗的标幺值成反比，不是与短路阻抗成反比。但当两台变压器并联时，若容量相等，则电流与短路阻抗成反比，即

$$\frac{\dot{I}_{\text{I}}}{\dot{I}_{\text{II}}}=\frac{Z_{k\text{II}}}{Z_{k\text{I}}} \tag{2-124}$$

由前面公式很容易推广到有多台变压器并联运行时的情况，当 n 台变压器并联运行时，第 i 台变压器二次侧电流的标幺值为

$$I_i^* = \frac{I}{Z_{ki}^* \sum_{i=1}^{n} \frac{I_{Ni}}{Z_{ki}^*}} \tag{2-125}$$

式中，有

$$I = I_{\text{I}} + I_{\text{II}} + \cdots + I_i + \cdots + I_n \tag{2-126}$$

$$\sum_{i=1}^{n} \frac{I_{Ni}}{Z_{ki}^*} = \frac{I_{N\text{I}}}{Z_{k\text{I}}^*} + \frac{I_{N\text{II}}}{Z_{k\text{II}}^*} + \cdots + \frac{I_{Ni}}{Z_{ki}^*} + \cdots + \frac{I_{Nn}}{Z_{kn}^*} \tag{2-127}$$

式（2-125）表明，在一定负载电流下，各变压器所承担的负载电流与各变压器的短路阻抗标幺值成反比，即短路阻抗标幺值小的变压器所承担的负载相对大些。因此，为了使负载按变压器的容量大小成正比分配，各变压器短路阻抗标幺值应相等，实际运行时希望各变压器电流的标幺值相差不大于 10%，所以要求各变压器的短路阻抗的标幺值相差不大于 10%。

在式（2-125）中，可用容量代替二次电流。因 $I = I_{\text{I}} + I_{\text{II}} + \cdots$，若两边乘以变压器的相数和二次电压值，即得总的并联组输出负载容量，它等于各变压器所分担的负载容量之和，即 $S = S_{\text{I}} + S_{\text{II}} + \cdots$，而不是各变压器的额定容量之和。变压器并联时，各变压器一、二次电压分别相等，所以各变压器负载容量的标幺值与各负载电流标幺值相等，即

$$S_{\text{I}}^* = \frac{S_{\text{I}}}{S_{N\text{I}}} = \frac{U_2 I_{\text{I}}}{U_{2N} I_{N\text{I}}} = I_{\text{I}}^* \tag{2-128}$$

式中，$U_2 \approx U_{2N}$。

所以各变压器负载容量计算式为

$$S_i^* = \frac{S}{Z_{ki}^* \sum_{i=1}^{n} \frac{S_{Ni}}{Z_{ki}^*}} \tag{2-129}$$

或者为

$$S_i = \frac{S_{Ni}}{Z_{ki}^* \sum_{i=1}^{n} \frac{S_{Ni}}{Z_{ki}^*}} \times S \tag{2-130}$$

【例 2-4】 两变压器并联运行，y,d11 联结，具体数据为：电压 $U_{1N}/U_{2N} = 35/10\text{kV}$，$S_{N\text{I}} = 1800\text{kV}\cdot\text{A}$，$u_{k\text{I}} = 8.25\%$，$S_{N\text{II}} = 1000\text{kV}\cdot\text{A}$，$u_{k\text{II}} = 6.75\%$。总负载为 2800kV · A。求：（1）每台变压器分配的负载是多少？（2）为了不使任何一台变压器过载，问最大能供给多大负载？（3）并联组的利用率是多少？

解：（1）$\frac{S_{\text{I}}^*}{S_{\text{II}}^*} = \frac{u_{k\text{II}}}{u_{k\text{I}}} = \frac{6.75}{8.25} = 0.818$　　$S_{\text{I}}^* = 0.818 S_{\text{II}}^*$

$S_{\text{I}}^* \times S_{N\text{I}} + S_{\text{II}}^* \times S_{N\text{II}} = S$　　$0.818 S_{\text{II}}^* \times 1800 + S_{\text{II}}^* \times 1000 = 2800\text{kV}\cdot\text{A}$

解之，得：$S_{\text{I}}^* = 0.926$，$S_{\text{II}}^* = 1.132$

$S_{\text{I}} = S_{\text{I}}^* S_{N\text{I}} = 0.926 \times 1800\text{kV}\cdot\text{A} = 1667\text{kV}\cdot\text{A}$　　（未达到满载）

$S_{\text{II}}=S_{\text{II}}^{*}S_{\text{NII}}=1.132\times1000\text{kV}\cdot\text{A}=1132\text{kV}\cdot\text{A}$ （过载 13.2%）

（2）为了不使任何一台变压器过载，应取 $S_{\text{II}}^{*}=1$，这时

$$\frac{S_{\text{I}}^{*}}{S_{\text{II}}^{*}}=\frac{u_{\text{kII}}}{u_{\text{kI}}}=\frac{6.75}{8.25}=0.818 \qquad S_{\text{II}}^{*}=1 \quad 即：S_{\text{I}}^{*}=0.818$$

$$S=S_{\text{I}}^{*}\times S_{\text{NI}}+S_{\text{II}}^{*}\times S_{\text{NII}}=0.818\times1800\text{kV}\cdot\text{A}+1\times1000\text{kV}\cdot\text{A}=2472\text{kV}\cdot\text{A}$$

（3）并联组的利用率为：$\eta=\dfrac{S}{S_{\text{NI}}+S_{\text{NII}}}=\dfrac{2472}{1800+1000}=88.3\%$

若在本例题中，有 $u_{\text{kI}}=6.75\%$，$u_{\text{kII}}=8.25\%$，情况又如何？

（1）$\dfrac{S_{\text{I}}^{*}}{S_{\text{II}}^{*}}=\dfrac{u_{\text{kII}}}{u_{\text{kI}}}=\dfrac{8.25}{6.75}=1.222 \qquad S_{\text{I}}^{*}=1.222S_{\text{II}}^{*}$

$$1.222S_{\text{II}}^{*}\times1800+S_{\text{II}}^{*}\times1000=2800\text{kV}\cdot\text{A}$$

$$S_{\text{I}}^{*}=1.069 \qquad S_{\text{II}}^{*}=0.875$$

$$S_{\text{I}}=S_{\text{I}}^{*}S_{\text{NI}}=1.069\times1800\text{kV}\cdot\text{A}=1924\text{kV}\cdot\text{A}$$

$$S_{\text{II}}=S_{\text{II}}^{*}S_{\text{NII}}=0.875\times1000\text{kV}\cdot\text{A}=875\text{kV}\cdot\text{A}$$

（2）$S_{\text{I}}^{*}=1 \quad S_{\text{II}}^{*}=0.818$

$$S=S_{\text{I}}^{*}\times S_{\text{NI}}+S_{\text{II}}^{*}\times S_{\text{NII}}=1\times1800\text{kV}\cdot\text{A}+0.818\times1000\text{kV}\cdot\text{A}=2618\text{kV}\cdot\text{A}$$

（3）$\eta=\dfrac{S}{S_{\text{NI}}+S_{\text{NII}}}=\dfrac{2618}{1800+1000}=93.5\%$

【例 2-5】 有两台 Y，d11 的三相变压器并联运行，已知 $S_{\text{NI}}=5600\text{kV}\cdot\text{A}$，$U_{1\text{N}}/U_{2\text{N}}=6000/3050\text{V}$，$Z_{\text{kI}}^{*}=0.055$；$S_{\text{NII}}=3200\text{kV}\cdot\text{A}$，$U_{1\text{N}}/U_{2\text{N}}=6000/3000\text{V}$，$Z_{\text{kII}}^{*}=0.055$。若两台变压器的短路电阻与短路电抗之比相等，求空载时每一台变压器的环流及标幺值。

解： 因为两变压器的短路电阻与短路电抗之比相等，所以 $\psi_{\text{kI}}=\psi_{\text{kII}}$，即

$$|Z_{\text{k}}|=|Z_{\text{kI}}|+|Z_{\text{kII}}|$$

而 $I_{2\text{NI}P}=\dfrac{5600\times10^{3}}{3\times3050}\text{A}=612\text{A} \qquad I_{2\text{NII}P}=\dfrac{3200\times10^{3}}{3\times3000}\text{A}=356\text{A}$

$$Z_{2\text{NI}}=\frac{3050}{612}\Omega=4.98\Omega \qquad Z_{2\text{NII}}=\frac{3000}{356}\Omega=8.43\Omega$$

$$Z_{\text{kI}}^{*}=\frac{Z''_{\text{kI}}}{Z_{2\text{NI}}} \qquad Z''_{\text{kI}}=Z_{2\text{NI}}\times Z_{\text{kI}}^{*}=4.98\times0.055\Omega=0.274\Omega$$

$$Z_{\text{kII}}^{*}=\frac{Z''_{\text{kII}}}{Z_{2\text{NII}}} \qquad Z''_{\text{kII}}=Z_{2\text{NII}}\times Z_{\text{kII}}^{*}=8.43\times0.055\Omega=0.464\Omega$$

$$k_{\text{I}}=\frac{U_{1\text{NI}}}{U_{2\text{NI}}}=\frac{6000/\sqrt{3}}{3050}=1.135 \qquad k_{\text{II}}=\frac{U_{1\text{NII}}}{U_{2\text{NII}}}=\frac{6000/\sqrt{3}}{3000}=1.155$$

所以 $I_{\text{C}}=\dfrac{\dfrac{U_1}{k_{\text{I}}}-\dfrac{U_1}{k_{\text{II}}}}{Z''_{\text{kI}}+Z''_{\text{kII}}}=\dfrac{3050-3000}{0.274+0.464}=\dfrac{50}{0.738}=67.75\text{A}$

$$I_{\text{CI}}^{*}=\frac{I_{\text{C}}}{I_{2\text{NI}}}=\frac{67.75}{612}=0.11 \qquad I_{\text{CII}}^{*}=\frac{I_{\text{C}}}{I_{2\text{NII}}}=\frac{67.75}{356}=0.19$$

任务 2.6 特殊用途的变压器

【任务引入】

变压器除了用作交流电压的变换外，还有其他各种用途，如变更电源的频率、整流设备的电源、电焊设备的电源、电炉电源或作电压互感器、电流互感器等，这些具有特殊用途的变压器通称为特种变压器。在进行电气设备试验时，经常会用到由自耦变压器做成的调压变压器；在测量高电压和大电流时，往往借助于电压互感器和电流互感器；电焊变压器（即交流电焊机）也是常见的电气作业工具。因此，学习特种变压器的相关知识和了解其使用注意事项，是很有必要的。

【任务目标】

（1）掌握自耦变压器的电路特点和结构特点。

（2）了解三绕组变压器的工作原理和等效电路。

（3）了解互感器的工作原理和使用时应注意的事项。

【技能目标】

（1）熟悉自耦变压器的接线。

（2）了解三绕组变压器的绕组容量和电磁关系。

（3）学会电压互感器和电流互感器的应用。

2.6.1 自耦变压器

普通变压器的一、二次绕组之间只有磁的耦合，没有电的直接联系。自耦变压器的特点在于一、二次绕组之间不仅有磁的耦合，而且还有电的直接联系。

当变压器一、二次侧的额定电压相差不大时，采用自耦变压器比采用普通变压器节省材料、降低成本，并可缩小变压器的体积和减轻重量，有利于大型变压器的运输和安装。因此，在高电压、大容量的电力系统中，当所需电压的电压比不太大时，自耦变压器的运用越来越多。

单相自耦变压器的外形图和原理图如图 2-54 所示。三相自耦变压器的外形图和原理图如图 2-55 所示。

一、工作原理

自耦变压器是将一、二次绕组合成一个绕组，其中一次绕组的一部分兼作二次绕组，它的一、二次绕组之间不仅有磁耦合，而且还有电的直接联系，单相自耦变压器原理如图 2-56 所示。

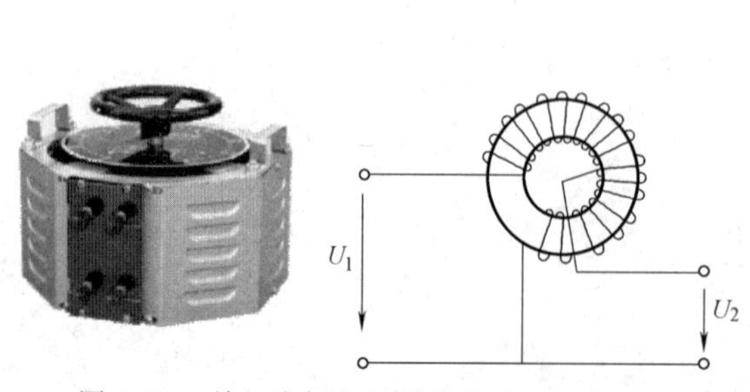

图 2-54 单相自耦变压器的外形图和原理图

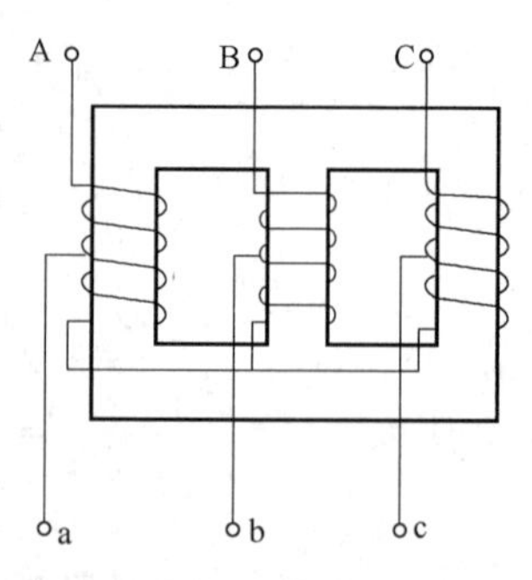

图 2-55 三相自耦变压器的外形图和原理图

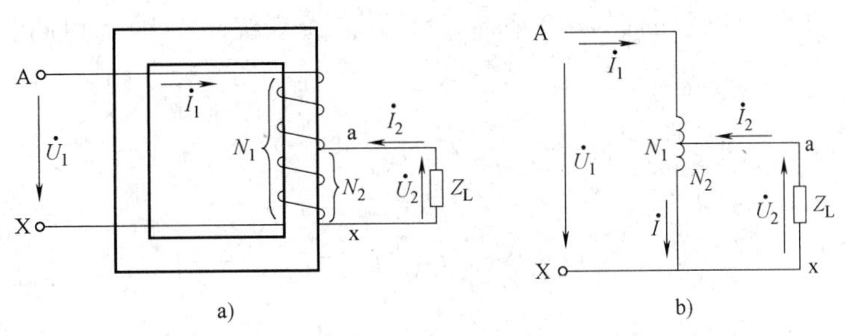

图 2-56 单相自耦变压器原理图

自耦变压器的工作原理与双绕组变压器相同。设高压（一次）绕组的额定电压为 U_{1N}、额定电流为 I_{1N}、匝数为 N_1；低压（二次）绕组的额定电压为 U_{2N}、额定电流为 I_{2N}、匝数为 N_2。该变压器相当于降压变压器，一、二次绕组因绕在同一铁心柱上，而被同一主磁通所交链，所以一次绕组每匝感应电动势为

$$\dot{E}_{1t}=\frac{\dot{E}_1}{N_1}=-j4.44f\dot{\Phi}_m \tag{2-131}$$

二次绕组每匝感应电动势为

$$\dot{E}_{2t}=\frac{\dot{E}_2}{N_2}=-j4.44f\dot{\Phi}_m \tag{2-132}$$

显然，$\dot{E}_{1t}=\dot{E}_{2t}$。如果将双绕组变压器的一、二次绕组串联起来作为新的一次侧，而二次绕组仍作二次侧与负载阻抗 Z_L 相连接，便得到一台降压自耦变压器。AX 为高压绕组；ax 为低压绕组，又称公共绕组；Aa 为串联绕组。自耦变压器一、二次绕组之间不仅有磁的耦合，而且还有电的联系。

实质上自耦调压器就是利用一个绕组抽头的办法来实现改变电压的一种变压器。

1. 电压关系

设自耦变压器的额定电压为 U_{1N}、U_{2N}，额定电流为 I_{1N}、I_{2N}，则额定容量为

$$S_N=U_{1N}I_{1N}=U_{2N}I_{2N} \tag{2-133}$$

如忽略漏阻抗压降，电压比与普通变压器一样，即

$$k=\frac{N_1}{N_2}=\frac{E_1}{E_2}\approx\frac{U_{1N}}{U_{2N}} \tag{2-134}$$

2. 电流关系

在图 2-56b 中，公共部分电流的相量为 $\dot{I}$，它与一、二次电流相量的关系为

$$\dot{I}=\dot{I}_{1N}+\dot{I}_{2N} \tag{2-135}$$

由磁动势平衡方程式，两部分绕组所产生的磁动势与励磁磁动势互相平衡，即

$$\dot{I}_{1N}N_{Aa}+\dot{I}N_2=\dot{I}_0N_1 \tag{2-136}$$

$$\dot{I}_{1N}(N_1-N_2)+\dot{I}N_2=\dot{I}_{1N}N_1-\dot{I}_{1N}N_2+(\dot{I}_{1N}+\dot{I}_{2N})N_2=\dot{I}_0N_1 \tag{2-137}$$

所以

$$\dot{I}_{1N}\mathrm{N}_1+\dot{I}_{2N}N_2=\dot{I}_0N_1 \tag{2-138}$$

由此可知，自耦变压器的磁动势平衡关系与普通双绕组变压器相同。在忽略励磁电流 $\dot{I}_0$的条件下，有

$$\dot{I}_{1N}=-\frac{N_2}{N_1}\dot{I}_{2N}=-\frac{1}{k}\dot{I}_{2N} \tag{2-139}$$

$$\dot{I}=\dot{I}_{1N}+\dot{I}_{2N}=-\frac{1}{k}\dot{I}_{2N}+\dot{I}_{2N}=\dot{I}_{2N}\left(1-\frac{1}{k}\right) \tag{2-140}$$

可见，当不计励磁电流 $\dot{I}_0$时，一次电流 $\dot{I}_1$和二次电流 $\dot{I}_2$相差 180°；自耦变压器公共绕组部分的电流比额定负载电流要小。

因此从有效值来看，有

$$I=I_{2N}-I_{1N} \tag{2-141}$$

二、容量关系

变压器的额定容量为

$$S_N=U_{1N}I_{1N}=U_{2N}I_{2N}=U_{2N}(I+I_{1N})=U_{2N}I+U_{2N}I_{1N}=S'+S'' \tag{2-142}$$

可见，自耦变压器的额定容量由以下两部分组成。

1. 计算容量 S'

式（2-142）中第一部分为 $S'=U_{2N}I$，这部分容量是由公共绕组经过电磁感应关系传递给二次侧的电磁容量，即通常双绕组变压器的电磁功率，这一容量决定了变压器的主要尺寸和材料消耗，是变压器设计的基础，称为自耦变压器的计算容量，其大小为

$$S'=U_{2N}I=U_{2N}I_{2N}\left(1-\frac{1}{k}\right)=S_N\left(1-\frac{1}{k}\right)<S_N \tag{2-143}$$

可见，自耦变压器的计算容量小于额定容量。

2. 传导容量 S''

式（2-142）中的第二部分为 $S''=U_{2N}I_{1N}$，这部分容量是由一次电流 I_{1N}通过电路连接关系直接传递给负载的，故称为传导容量。由于传导容量不增加变压器的计算容量，且是双绕组变压器所没有的，所以它比起双绕组变压器来有一系列优点。

三、自耦变压器的特点

与普通双绕组变压器相比较，自耦变压器的主要特点如下。

（1）由于自耦变压器的计算容量小于额定容量，所以在同样的额定容量下，自耦变压器的主要尺寸缩小，有效材料（硅钢片和铜线）和结构材料（钢材）都相应地减少，故自耦变压器的效率较高。同时由于尺寸缩小，变压器的重量减轻，外形尺寸缩小，有利于变压器的运输和安装。一般自耦变压器用于一、二次电压相差较小的场合。但通常在自耦变压器中只有 $k\leqslant 2$ 时，上述优点才明显。

（2）图 2-57 为自耦变压器短路试验的等效电路。可以证明，自耦变压器的短路阻抗标幺值 Z_{kA}^* 比双绕组变压器的短路阻抗标幺值 Z_k^* 小。

由于自耦变压器短路阻抗标幺值比双绕组变压器小，故短路电流较大。为了提高自耦变压器承受突然短路的能力，设计时，对自耦变压器的机械结构应适当加强，必要时可以适当增大短路阻抗以限制短路电流。

（3）由于自耦变压器一、二次侧有电的直接关系，当高压侧过电压时会引起低压侧严

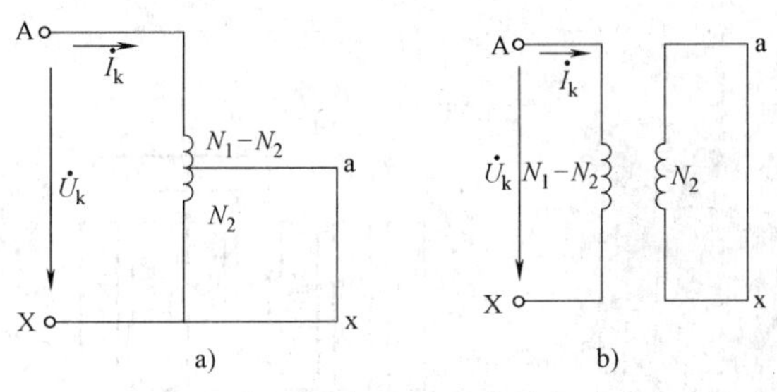

图 2-57 自耦变压器等效电路

重的过电压。为避免这种危险，一、二次侧都需要安装避雷针。

（4）在一般变压器中，有载调压装置往往连接在接地的中性点上，这样调压装置的电压等级可以比在线端调压时低。而自耦变压器中性点调压侧会带来所谓的相关调压问题。因此，要求自耦变压器有载调压时，只能采用在线端调压方式。

（5）体积小，可减少变电站占地面积，运输和安装也更加方便。

四、自耦变压器的应用

自耦变压器在不需要一、二次侧隔离的场合都有应用，具有体积小、耗材少、效率高的优点。常见的交流（手动旋转）调压器、家用小型交流稳压器内的变压器、三相电机自耦减压起动箱内的变压器等，都是自耦变压器的应用范例。但由于一、二次侧共用一个绕组，因此在某些场合不宜使用，特别是不能用于移动低压照明灯变压器。

随着我国电气化铁路事业的高速发展，自耦变压器供电方式得到了长足的发展。由于自耦变压器供电方式非常适用于大容量负荷的供电，对通信线路的干扰又较小，因而被客运专线以及重载货运铁路所广泛采用。早期我国铁路专用自耦变压器主要依靠进口，成本较高且维护不便。近年来，由中铁电气化集团保定铁道变压器有限公司设计并生产的0D8-M系列铁路专用自耦变压器先后在神朔铁路、京津城际高铁、大秦铁路重载列车单元改造等多条重要铁路投入使用，受到相关部门的高度好评，填补了国内相关产品的空白。

2.6.2 三绕组变压器

电力系统中，除了采用双绕组电力变压器外，还广泛使用三绕组变压器。这是因为发电厂或变电站有时需要用两种以上的电压向用户供电或连接两个不同电压等级的电网，在这种情况下，可以用一台三绕组变压器来代替两台双绕组变压器，降低使用成本。图 2-58 为三绕组变压器外形图。

三绕组变压器每相有高、中、低压三个绕组，它们同心地套装在同一铁心柱上，当其中一个绕组接上电源时，另外两个绕组将感应出不同的电压。

三个绕组在铁心柱内、外层的排列布置，既要考虑绝缘处理方便，又要考虑功率传递的方向。从绝缘上考虑，高压绕组不宜靠近铁心，应放置在最外层。所以降压用的三绕组变压器，选用高压绕组在外层、中压绕组放在中间、低压绕组放在靠近铁心的排列布置方式，如图 2-59a 所示。当三绕组变压器用于发电厂的升压场合时，功率传递方向是由低压绕组分别向中、高压绕组传递，应选用低压绕组放在中间、中压绕组放在内层的排列方式，如图 2-59b所示。采用这种排列方式可减少漏磁，从而减小阻抗电压；绕组间的耦合较好，从而改善变压器的电压调整率。

图 2-58　SFSZ9 系列 110kV 级三绕组变压器

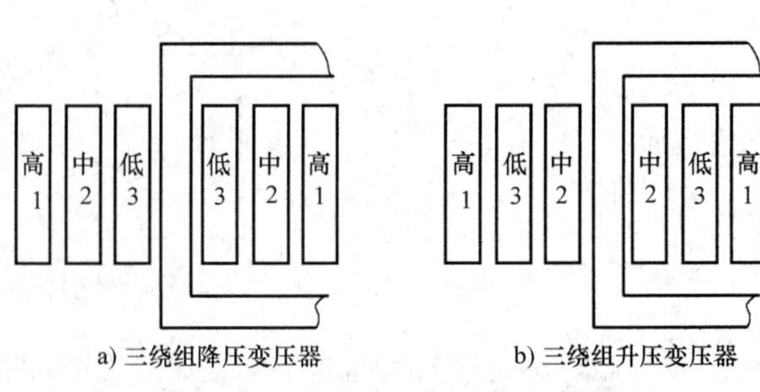

a) 三绕组降压变压器　　b) 三绕组升压变压器

图 2-59　三绕组变压器的绕组布置图

1. 绕组容量

双绕组变压器一、二次绕组容量是相等的，而三绕组变压器各绕组的容量可以相等，也可以不相等。三绕组变压器铭牌上的额定容量，是指容量最大的那个绕组的容量，另外两个绕组的容量，可以是额定容量，也可以小于额定容量。各绕组的容量是用变压器额定容量的百分数来表示的，电力变压器规定高、中、低压绕组的容量组合有三种，见表 2-3。

表 2-3　高、中、低压绕组的容量组合

组合方式 / 绕组类型	高压(%)	中压(%)	低压(%)
一	100	100	50
二	100	50	100
三	100	100	100

从表 2-3 可以看出，两个二次绕组的容量之和将大于一次绕组的容量。在实际使用中，当一次侧达到额定容量时，二次侧两个绕组不可能同时达到设计容量。例如，采用表 2-3 中第一种组合时，低压绕组容量达到 50%，中压绕组容量只能达到 50%；若中压绕组容量达到 100%，则低压不能输出功率了。

三个绕组的容量之所以这样安排，一方面是由于两个二次绕组的峰值负载可能是错开的，另一方面，一次绕组的视在功率应为两个二次绕组视在功率的相量和，而两个二次绕组的功率因数也不完全相同。因此一次绕组的容量不按两个二次绕组容量之和进行规定，在经济和技术上都较为合理。

2. 联结组标号

在三相三绕组电力变压器中，为了保证相电动势波形接近正弦波形，同时避免不对称负载时产生中性点偏移，通常总有一个绕组接成三角形。三绕组电力变压器采用的标准联结组标号是：YN，yn0，d11；YN，d11，d11。

3. 基本电磁关系

三绕组变压器的工作原理图如图 2-60 所示，其基本电磁关系原则上与双绕组变压器相同。但它比双绕组多一个绕组，所以有三个电压比，即

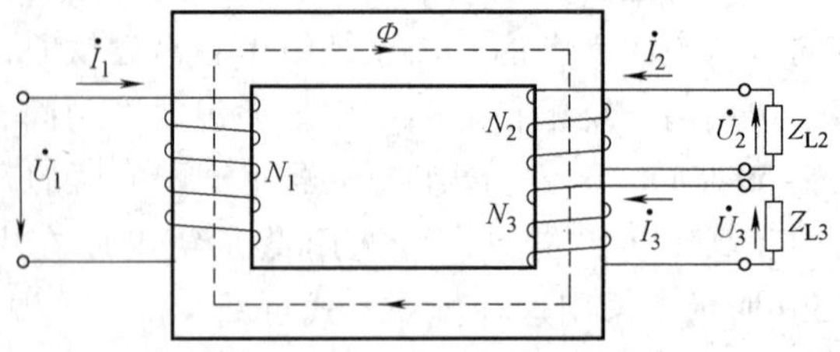

图 2-60　三绕组变压器的工作原理图

$$K_{12}=N_1/N_2=U_{1N}/U_{2N} \tag{2-144}$$

$$K_{13}=N_1/N_3=U_{1N}/U_{3N} \tag{2-145}$$

$$K_{23}=N_2/N_3=U_{2N}/U_{3N} \tag{2-146}$$

当三绕组负载运行时，主磁通是由三个绕组的合成磁动势所产生的，磁动势平衡方程式为

$$\dot{I}_1N_1+\dot{I}_2N_2+\dot{I}_3N_3=\dot{I}_0N_1 \tag{2-147}$$

由于空载励磁电流很小，可忽略不计，得

$$\dot{I}_1N_1+\dot{I}_2N_2+\dot{I}_3N_3\approx 0 \tag{2-148}$$

若把两个二次绕组的电流折算到一次绕组，则磁动势方程为

$$\dot{I}_1+\dot{I}\,'_2+\dot{I}\,'_3\approx 0 \tag{2-149}$$

2.6.3 互感器

互感器是一种测量用的设备，分为电压互感器和电流互感器两种，它们的作用原理与普通变压器相同。使用互感器有三个目的：

（1）为了工作人员的安全，使测量回路与高压电网隔离。

（2）扩大常规仪表的量程，即可用小量程的电流表测量大电流，用低量程电压表测量高压。

（3）用于各种继电保护装置的测量系统。

互感器有各种规格，但测量系统使用的电压互感器二次额定电压一般设计成100V，电流互感器二次额定电流一般设计成5A或1A。这样，配合互感器使用的仪表的量程：电压表为100V，电流表为5A或1A。作为控制系统使用的互感器没有统一的规格。互感器的主要性能指标是测量精度，要求转换值与被测值之间有良好的线性关系。

一、电压互感器

1. 工作原理

图2-61是电压互感器的外形图、接线图和符号图。一次侧并联接到被测的高压电路，二次侧接电压表或功率表的电压线圈。由于电压表和功率表的电压线圈内阻很大，所以电压互感器的运行情况相当于变压器开路。

a) 外形图

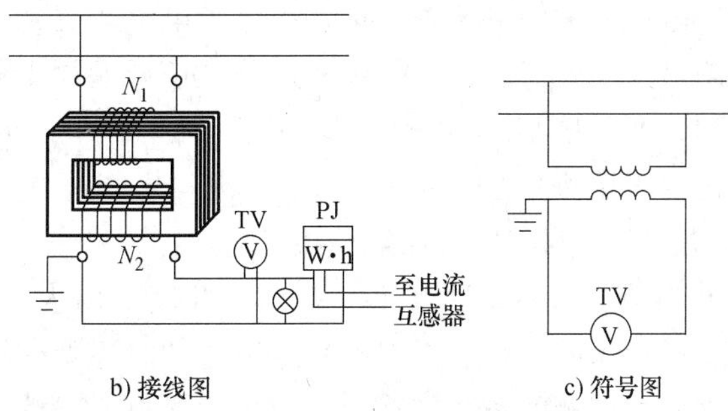

b) 接线图　　c) 符号图

图2-61　电压互感器

若忽略漏阻抗压降，利用一、二次侧不同的匝数比可将线路上的高压变为低压来测量。实际上由于有漏阻抗压降，这将影响电压互感器的精度。为了提高电压互感器的精度，必须要减少励磁电流和一、二次侧的漏阻抗，所以电压互感器的铁心一般采用性能很好的高级硅

钢片制成，且使铁心处于不饱和状态（磁通密度约为 0.6~0.8T）。

2. 使用电压互感器的注意事项

（1）电压互感器二次侧绝对不允许短路，否则会产生很大的短路电流（因一次电压远远高于二次电压）。这样大的短路电流将使绕组发热，甚至可能烧坏绕组绝缘，导致高压浸入低压回路危及人身和设备的安全。

（2）为安全起见，电压互感器的二次侧线圈连同铁心一起，必须可靠接地。

（3）电压互感器有一定的额定容量，使用时不宜接过多的仪表，以免电流过大引起较大的漏阻抗压降，从而影响精度。我国生产的电力电压互感器按精度等级分为 0.5、1.0 和 3.0 三个等级，这个精度等级是用电压变化率的百分数表示的，即 0.5 等级表示 $\Delta U=0.5\%$。

二、电流互感器

1. 工作原理

如图 2-62 所示是电流互感器，它的一次侧线圈由 1 匝或几匝截面积较大的导线构成，并串入所要测量电流的电路中，二次侧用匝数较多、截面积较小的导线构成，并与阻抗很小的仪表（电流表、功率表的电流线圈）接成闭合回路，因此，电流互感器相当于变压器短路运行的情况。

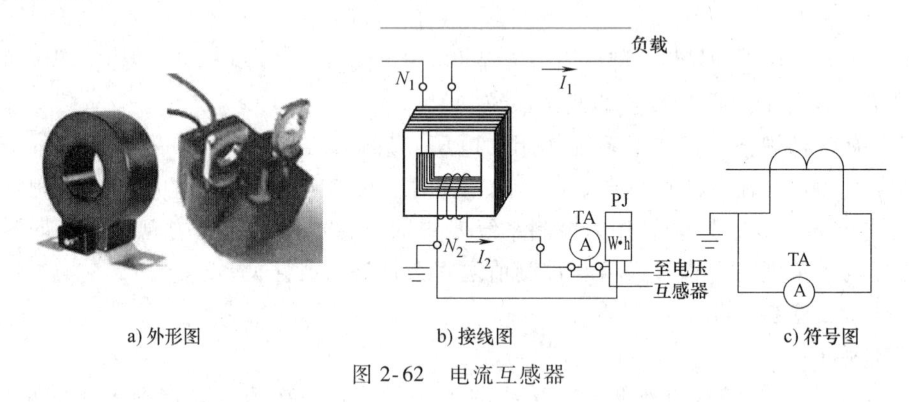

a) 外形图　　b) 接线图　　c) 符号图

图 2-62　电流互感器

由于电流互感器要求误差较小，所以励磁电流越小越好，因此铁心磁通密度较低，一般在 0.08~0.1T 范围内，如果忽略励磁电流，利用一、二次侧线圈不同的匝数关系，可将线路上的大电流变为小电流来测量，扩大了电流表的量程。由于互感器总有一定的励磁电流，因此，测出来的电流总是有一定的误差，按误差大小分为 0.2、0.5、1.0、3.0 和 10 五个等级。例如，0.5 级精度表示在一次额定电流时，一次电流与二次电流折算值之差与一次额定电流之比的误差不超过 0.5%。

2. 使用电流互感器的注意事项

（1）电流互感器二次侧绝对不允许开路。因为二次侧开路时，电流互感器成为空载运行，而一次电流的大小是由被测线路决定的，不像变压器那样一次电流随二次电流的变化而变化，这时一次侧的被测线路电流成了励磁电流，使铁心的磁通密度比额定运行时增加了许多，这一方面使二次侧感应高电压，可能使绕组绝缘击穿，对工作人员造成危险；另一方面铁心磁通密度增大后，铁耗会大大增加，使铁心过热，影响互感器的性能，甚至把它烧坏。

（2）电流互感器的二次侧线圈连同铁心一起，必须可靠接地。以防止由于绝缘损坏后二次侧有高电压，发生人身事故。

（3）为了使测量误差较小，电流互感器使用时二次侧所串接的仪表应尽量少，否则随着仪表数量的增加，电流互感器的二次侧端电压的电压降将增大，不再近似是短路状态，励磁电流增大，影响测量精度。

任务 2.7　配电变压器常见故障分析

【任务引入】

为了保证变压器安全可靠运行，在运行前应进行必要的检查和试验，运行中应进行严格的监视和定期维护，以便变压器有异常时及时发现、及时处理。新装和经过检修的变压器，在投运前应特别注意检查储油柜的油位是否正常，吸湿器内的干燥剂有无受潮，安全气道是否完好，分接开关位置是否正常，冷却装置是否齐全，控制回路是否良好，接地装置是否完好等。

变压器运行过程中，最常见的故障有绕组故障、铁心故障及套管和分接开关等故障。应根据故障的现象，查找原因并采取相应的处理方法。

【任务目标】

（1）了解运行中变压器的故障分析。

（2）了解变压器绕组的绝缘故障及修理。

（3）了解变压器铁心故障分析。

【技能目标】

（1）会分析运行中变压器的故障。

（2）学会变压器绕组的绝缘故障和铁心故障分析及修理。

2.7.1　变压器故障检查

各类变压器绕组、铁心、机械故障的判断与检测程序分为两大步骤：①由现场值班维护人员对运行中的变压器出现的外部异常现象提出问题，修理人员用感觉器官做初步判别；②维修人员利用仪器、仪表对故障变压器的可疑部分做针对性的测量，找出故障点。

一、利用感觉器官判别检查

① 检查变压器有无异常响声及气味。

② 检查变压器高低压引线有无接触不良或断路，接头有无变色，套管有无破裂。

③ 检查变压器绕组有无因接地或短路而造成的局部或大面积烧伤现象。

二、测量直流电阻

用万用表或电桥测量变压器一、二次绕组的直流电阻值。注意小型变压器高压侧的直流电阻较大（10~200Ω），而低压侧的直流电阻较小（1~20Ω）。

三、测量绝缘电阻

用兆欧表摇测绕组间和绕组对地间的绝缘电阻值。根据所测数值大小来判断各侧绕组的绝缘有无受潮，彼此之间及对地有无击穿等的可能。一般情况绝缘电阻都会很大。

四、送电检查法

从变压器低压侧绕组施加电压，逐步升高到额定值，检测其空载电流及空载损耗值，从而判断变压器铁心的叠片有无故障、磁路有无短路、绕组有无短路等。

2.7.2 变压器的故障处理

一、绕组故障

变压器绕组常见故障有绕组绝缘老化、绕组受潮、绕组短路、绕组漏电、绕组断路等，见表 2-4。

表 2-4 变压器绕组的常见故障及原因分析

故障种类	故障现象	可能原因	判断方法
匝间短路及层间短路	1. 异常发热,油温升高 2. 电源侧电流增大,且不平衡 3. 储油柜盖上有黑烟 4. 气体继电器动作,高压熔断器熔断,跌落保险脱落 5. 变压器内部有异常声音	1. 变压器进水、绕组受潮 2. 制造时绕组匝间绝缘有损伤 3. 绝缘老化,局部绝缘强度下降 4. 大电流冲击,造成局部匝间绝缘损伤	1. 观察仪表指示值 2. 听内部声音 3. 停电测量三相电阻值 4. 测量匝间耐压,观察放电波形
绕组对地(铁心、夹件、油箱等)短路,相间短路	1. 熔断器熔断、跌落保险脱落 2. 短路时有较大声响 3. 气体继电器动作,安全气道膜片损坏、喷油气 4. 无安全气道和气体继电器的变压器,可能使箱体变形甚至损坏	1. 变压器油严重受潮或存有较多的游离碳 2. 绝缘严重老化或有机械损伤 3. 因漏油使引线等露出油面,绝缘距离不够而击穿 4. 各种过电压造成击穿 5. 导电异物进入绕组内	观察油和绝缘材料情况,检查有无异物
绕组或引线断线	1. 发出放电声响 2. 输出断相或三相电压严重不平衡 3. 输入断相或三相电流不平衡 4. 严重的机械损伤	1. 线路连接点不实,特别是焊接点不良 2. 各种过电压使线路薄弱部位产生过电流而烧断 3. 匝间、相间、对地等故障使线路切断	1. 观察仪表的指示值 2. 用仪表测量各绕组的通断情况

二、铁心故障

变压器铁心常见故障有铁心片间绝缘老化、铁心过热、铁心噪声等，见表 2-5。

表 2-5 变压器铁心常见故障及原因分析

故障种类	现象	可能原因	判断方法
铁心片间绝缘损坏	1. 空载损耗大 2. 油温升高,油色变深 3. 吊心检查可见漆膜脱落,部分硅钢片裸露、变脆、起泡并因绝缘碳化而变色(严重时为黑色)	1. 受剧烈振动,片间发生位移摩擦 2. 片间绝缘老化 3. 因短路或长期过载产生高温使绝缘迅速老化	拆开目测或做铁耗试验
片间局部熔毁	1. 高压熔丝熔断 2. 油色变黑,并有特殊气味,油温升高 3. 吊心检查可看到熔毁点	1. 夹紧铁心的穿心螺杆与铁心间绝缘损坏,使螺杆与心片接触造成铁心片间短路,使铁心发热,局部熔毁 2. 铁心两点接地形成涡流通路,造成发热点	拆开检查

（续）

故障种类	现象	可能原因	判断方法
有异常噪声	有较大的异常噪声，一般为“嗡嗡”声，频率较高	1. 铁心夹紧件松动 2. 铁心安装不稳固 3. 片间有杂物等产生空隙 4. 过载或三相严重不平衡	拆开后逐件检查

实训 2.1　变压器的空载实验和短路试验

一、空载试验

1. 空载试验的目的

(1) 测量变压器的空载损耗和空载电流。

(2) 验证变压器铁心的设计计算、工艺制造是否满足技术条件和标准的要求。

(3) 检查变压器铁心是否存在缺陷，如局部过热、局部绝缘不良等。

2. 空载试验标准

空载试验必须在正弦的额定频率和额定电压下进行，使一个绕组达到额定励磁，其余绕组开路；绕组中有开口三角形联结的应使其闭合；所测得的空载损耗应符合国家标准的规定，其允许偏差为±15%，空载电流允许偏差为±30%。

3. 空载试验的电源

空载试验的电源应采用调压器，要求电源有较好的调压特性，最好能从接近零的电压开始升压，这样便于及早发现问题和降低操作过电压。另外要求三相电压平衡，波形呈正弦。

4. 空载试验的电路图

对于单相变压器，可采用图 2-32a 所示的接线进行空载试验。对于三相变压器，可采用图 2-32b 所示的两功率表法进行空载试验。当变压器额定电压和电流较大时，必须借助电压互感器和电流互感器进行间接测量。

5. 空载试验数据的分析

空载试验的数据中空载损耗是最重要的，引起空载损耗增大的原因有：

(1) 铁心硅钢片的材质不良。

(2) 铁心硅钢片的毛刺大。

(3) 铁心硅钢片的片间绝缘不好。

(4) 铁心中某一部分短路。

(5) 穿心螺杆或压板的绝缘损坏造成局部短路。

(6) 绕组匝间短路。

(7) 线圈并联支路的匝数不等。

空载试验中如果发现空载损耗和空载电流同时增大或不合格时，一般只要找到引起空载损耗增大的原因，空载电流增大的问题也能解决。如果只是空载电流不合格，这是小型变压器铁心接缝大造成的，大型变压器很少出现这种现象。

二、短路试验

1. 短路试验的目的

短路试验的目的是测量短路损耗和阻抗电压。试验时一般将低压侧短路，从高压侧施加额定频率的较小电压。当高压绕组中通过的电流达到额定电流时，高压绕组上所加的电压就是所要测的短路阻抗电压值，这时所测得的损耗即为短路损耗。

2. 短路试验的电路图

对于单相变压器，可采用图 2-34a 所示的接线进行短路试验。对于三相变压器，可采用图 2-34b 所示的两功率表法进行短路试验。当变压器额定电压和电流较大时，必须借助电压互感器和电流互感器进行间接测量。

若受电源条件限制，三相变压器在制造或运行中需要逐相检查确认故障时，可采用单相电源分相试验，再将实验结果换算为等效的三相值。

3. 短路损耗和阻抗电压

变压器的短路损耗包括电流在绕组电阻上产生的电阻损耗和磁通引起的各种附加损耗，它是变压器运行时的重要经济指标之一。阻抗（短路）电压是变压器并联运行的基本参数之一，通常变压器铭牌上给出的短路电压是变压器在短路试验时测得的一次绕组电压与试验时加压的那个绕组的额定电压百分比。

4. 短路试验的作用

（1）计算变压器的效率。

（2）确定该变压器能否与其他变压器并联运行。

（3）计算变压器短路电流，确定热稳定和动稳定性能。

（4）计算变压器二次侧的电压变动。

（5）确定变压器温升试验的温升。

（6）发现变压器在结构和制造上的缺陷。

5. 短路试验数据的分析

短路损耗包括电阻损耗和附加损耗，在短路试验中，由于电阻损耗增加使短路损耗不合格的情况甚少，大部分短路损耗不合格的原因是由于附加损耗增大而引起的。引起附加损耗增大的原因主要有：

（1）变压器金属结构件中附加损耗增加。变压器铁心加紧结构件、油箱箱壁等由于漏磁通导致附加损耗过大和局部过热；油箱箱盖或绝缘套管法兰等附件损耗过大并发热等。

（2）绕组导线的涡流损耗增大、并联导线间短路或不完全换位等。

这些缺陷可能使附加损耗增加，但具体判断为哪种缺陷，需与其他试验配合来确定，如油气相色谱试验、直流电阻实验等。

6. 注意事项

（1）短路试验时要求在额定频率、额定电流下进行，若不能满足要求，则试验后应将结果换算至额定值。

（2）三绕组变压器，每次只试一对绕组，共试三次，非被测绕组应处于开路状态。

（3）合理选择电源容量、设备容量以及仪表的准确度，一般仪表要求不低于 0.5 级、电压互感器不低于 0.2 级。

（4）试验后将结果换算到额定温度（75℃）。

实训 2.2　变压器绕组同名端的判定

一、实验目的

(1) 了解三相变压器的联结组标号和极性的重要性。

(2) 掌握变压器绕组同名端的判别方法。

(3) 学会变压器常见故障的处理方法。

二、实验原理与说明

1. 变压器一、二次绕组的判别

由于变压器运行时，铁心损耗较小，忽略铁心损耗不计，输出视在功率近似与输入视在功率相等，故有 $U_1I_1=U_2I_2$。当功率一定时，电流与电压成反比。当 $U_1>U_2$ 时，则 $I_2>I_1$，故有一次绕组电流小，二次绕组电流大。因此，一次绕组由于电流小就用细导线，二次绕组电流大就用粗导线，故通过接线端的粗细可以判别一、二次绕组。另外，通过测量一、二次绕组的电阻，也可判别变压器的两绕组。一次绕组由于匝数多、导线细又长，故电阻大；而二次绕组匝数少、导线粗又相对短些，故电阻小。

2. 同名端的测定

(1) 直流测定法。

在图 2-63a 中，在开关 S 闭合的瞬间，磁路中的磁通突然增加，会在线圈 1 和线圈 2 中分别产生感应电动势 e_1、e_2，若直流电压表正偏，说明实际极性是 a 端为正极，x 端为负极，故 A 与 a 端为同名端（或 X 与 x 端为同名端）。在图 2-63b 中，在开关 S 闭合的瞬间，若直流电压表反偏，说明实际极性是 x 端为正极，a 端为负极，故 A 与 x 端为同名端（或 X 与 a 端为同名端）。

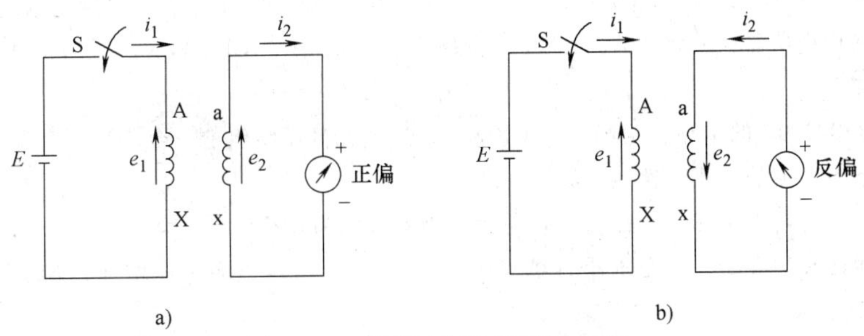

图 2-63　直流测定法判断同名端

(2) 交流判别法。

按图 2-46 接线，在高压绕组上加上交流电压，用交流电压表测量 U_{AX}、U_{ax}及 U_{Aa}。如果 $U_{Aa}\approx U_{AX}-U_{ax}$，则 A、a 为同名端；如果 $U_{Aa}\approx U_{AX}+U_{ax}$，则 A、a 为异名端。

三、实验任务与步骤

1. 判别变压器的一、二次绕组

用万用表的欧姆档分别测量一、二次绕组的电阻。$r_1=$____ Ω，$r_2=$____ Ω。

2. 同名端的判别

(1) 直流测定法。

按图 2-63 接线，闭合开关 S 的瞬间，直流电压表的指针____偏，A 与____互为同名端，

X 与____互为同名端。

(2) 交流测定法。

按图 2-46 接线，在高压绕组上加上额定电压 220V，用交流电压表分别测量。可得 U_{AX} =____ V，U_{ax} =____ V，U_{Aa} =____ V。

故，A 与____互为同名端，X 与____互为同名端。

四、实验注意事项

(1) 正确接线。

(2) 正确选择量程，当不知道实测值时，应先从大量程开始，仪器不得超载使用。

(3) 转换仪器仪表的量程时，必须先断开电源，不得带电转换。

五、实验结果的分析处理

分析误差原因、结论、收获体会等。

思考题与习题 2

2-1 变压器是怎样实现变压的？

2-2 变压器的主要用途是什么？为什么要高压输电？

2-3 简述变压器的铁心结构。

2-4 变压器有哪些主要结构部件？各部分有何作用？

2-5 变压器的绕组起什么作用？它是如何分类的？

2-6 变压器二次额定电压是怎样定义的？

2-7 双绕组变压器一、二次侧的额定容量为什么按相同进行设计？

2-8 试述主磁通和漏磁通两者之间的主要区别。

2-9 变压器的基本工作原理是什么？

2-10 一台单相变压器，$S_N = 50kV \cdot A$，$U_{1N}/U_{2N} = 10/0.23kV$，试求一、二次额定电流。

2-11 一台三相变压器，$S_N = 100kV \cdot A$，$U_{1N}/U_{2N} = 35/6.3kV$，Yd（Y/Δ）联结，试求一、二次额定电流及额定相电流。

2-12 一台 380/220V 的单相变压器，如不慎将 380V 加在低压绕组上，会产生什么现象？

2-13 试述空载电流的大小、性质、波形。

2-14 x_1、x_2、x_m 各对应于什么磁通？它们是否为常数？为什么？

2-15 在下述四种情况下，求变压器的 Φ_m、x_m、I_0、p_{Fe}。(1) 电源电压增加；(2) 一次绕组匝数增加；(3) 铁心接缝变大；(4) 铁心叠片减少。

2-16 试绘出变压器 T 形、近似和简化等效电路，并说明各参数的意义。

2-17 变压器二次侧接电阻、电感和电容负载时，从一次侧输入的无功功率有何不同？为什么？

2-18 变压器空载实验一般在哪侧进行？将电源加在低电压侧或高电压侧实验所计算出的励磁阻抗是否相等？

2-19 变压器短路试验一般在哪一侧进行？将电源加到高压侧或低压侧试验所计算出的短路阻抗是否相等？

2-20 变压器外加电压一定，当负载（电感性）电流增大时，一次电流如何变化？二次电压如何变化？当二次电压偏低时，对于降压变压器该如何调节分接头？

2-21 变压器负载运行时引起二次端电压变化的原因是什么？二次电压变化率是如何定义的，它与哪些因素有关？当二次侧带什么性质负载时有可能使电压变化率为零？

2-22 电力变压器的效率与哪些因素有关？何时效率最高？

2-23　根据联结组标号画出下列接线图。(1) Yy2；(2) Yd5；(3) Dy1；(4) Yy8。

2-24　将 Yd 接法的三相变压器，一次侧加额定电压，用电流表测量二次侧三角形绕组闭合后的回路电流，试问三相组式变压器与三相心式变压器测得的读数是否相同？为什么？

2-25　三绕组变压器的额定容量是怎样确定的？三个绕组的容量有哪几种分配方式？

2-26　三绕组变压器多用于什么场合？画出三绕组变压器简化等效电路，并指出各电抗的物理意义。

2-27　自耦变压器的额定容量为什么比双绕组容量大，两者之间的数量关系如何？自耦变压器的 k_a 一般为多少？为什么？

2-28　说出自耦变压器的优缺点。

2-29　使用电流互感器时需要注意哪些事项？

2-30　使用电压互感器时需要注意哪些事项？

2-31　变压器空载损耗过大的原因有哪些？

2-32　有一台单相变压器，$S_N=5000\text{kV}\cdot\text{A}$，$U_{1N}/U_{2N}=10500/230\text{V}$，试求一、二次绕组的额定电流。

2-33　有一台 $S_N=5000\text{kV}\cdot\text{A}$，$U_{1N}/U_{2N}=10/3.6\text{kV}$，Y,d 联结的三相变压器。试求：(1) 变压器的额定电压和额定电流；(2) 变压器一、二次绕组的额定电压和额定电流。

2-34　有一台单相变压器，额定容量为 5kV·A，高、低压绕组均由两个线圈组成，高压边每个线圈的额定电压为 1100V，低压边每个线圈的额定电压为 110V，现将它们进行不同方式的联结。试问：可得几种不同的电压比？每种联结时，高、低压的额定电流为多少？

2-35　一台单相变压器，已知 $S_N=5000\text{kV}\cdot\text{A}$，$U_{1N}/U_{2N}=35/6.6\text{kV}$，铁心的有效面积为 $S_{Fe}=1120\text{cm}^2$，若取铁心中最大磁通密度 $B_m=1.5\text{T}$，试求高、低压绕组的匝数和电压比（不计漏磁）。

2-36　某三相变压器容量为 500kV·A，Y，yn 联结，电压为 6300/400V，现将电源电压由 6300V 改为 10000V，如保持低压绕组匝数每相 40 匝不变，试求原来高压绕组匝数及新的高压绕组匝数。

2-37　有一台型号为 S-560/10 的三相变压器，额定电压 $U_{1N}/U_{2N}=10000/400\text{V}$，Y，yn0 联结，供给照明用电，若白炽灯额定值是 100W、220V，要求变压器不过载，三相总共可接多少灯？

2-38　某三相铝线变压器，$S_N=750\text{kV}\cdot\text{A}$，$U_{1N}/U_{2N}=10000/400\text{V}$，Y，d 联结，室温 30℃，在低压边做空载实验，测出 $U_o=400\text{V}$，$I_o=65\text{A}$，$P_o=3700\text{W}$。在高压边做短路试验，测得 $U_k=450\text{V}$，$I_k=35\text{A}$，$P_k=7500\text{W}$。试求变压器高压侧的参数并画出 T 形等效电路。

2-39　某三相铝线变压器，$S_N=1250\text{kV}\cdot\text{A}$，$U_{1N}/U_{2N}=10000/400\text{V}$，Y,yn0 联结，室温 20℃，在低压边做空载试验，测出 $U_o=400\text{V}$，$I_o=25.2\text{A}$，$P_o=2450\text{W}$；在高压边做短路试验，测得 $U_k=440\text{V}$，$I_k=72.17\text{A}$，$P_k=13590\text{W}$。试求：(1) 变压器高压侧的参数并画出 T 形等效电路；(2) 当负载为额定负载且 $\cos\varphi_2=0.8$（滞后）和 $\cos\varphi_2=0.8$（超前）时的电压的电压变化率、二次端电压和效率。

2-40　某三相变压器的额定容量 $S_N=5600\text{kV}\cdot\text{A}$，额定电压 $U_{1N}/U_{2N}=6000/3300\text{V}$，Y，d 联结。空载损耗 $P_o=18\text{kW}$，试求：(1) 当输出电流为额定电流，$\cos\varphi_2=0.8$（滞后）时的效率；(2) 效率最高时的负载系数和最高效率。

2-41　一台三相变压器额定数据为 $S_N=5600\text{kV}\cdot\text{A}$，$U_{1N}/U_{2N}=10/6.3\text{kV}$，Y,d11 联结；已知空载损耗 $p_0=6800\text{W}$。在高压侧做短路试验，所测数据为 $U_k=550\text{V}$，$I_k=323.3\text{A}$，$p_k=18000\text{W}$；试求：(1) 短路参数 z_k、r_k、x_k 的标幺值；(2) 满载且 $\cos\varphi_2=0.8$（滞后）时二次电压变化率和效率？（忽略温度的影响）

2-42　三相变压器的额定值为：$S_N=5600\text{kV}\cdot\text{A}$，$U_{1N}/U_{2N}=35/6.3\text{kV}$，Y,d11 联结，从短路试验得：$U_{1k}=2610\text{V}$，$I_{1k}=92.3\text{A}$，$p_k=53\text{kW}$，当 $U_1=U_{1N}$，$I_2=I_{2N}$ 时，测得 $U_2=U_{2N}$，求此时负载的性质及功率因数角的大小（不考虑温度折算）。

项目3 异步电动机

【学习目标】

（1）掌握三相异步电动机的基本结构和铭牌参数；掌握单相异步电动机的基本结构。

（2）掌握三相异步电动机的工作原理与工作特性，理解三相异步电动机的起动、调速和制动方法；能分析常用单相异步电动机的工作原理。

（3）掌握三相异步电动机绕组展开图的绘制方法；掌握单相异步电动机的起动方法。

（4）掌握三相异步电动机常见故障的分析与维修；掌握单相异步电动机常见故障的判断方法。

【项目引入】

三相异步电动机由三相交流电源供电，主要作为电动机使用，去拖动各种生产机械。它具有结构简单、制造容易、价格低廉、运行可靠、维护方便、效率较高等优点；其缺点是不能经济地在较大范围内平滑调速和必须从电网吸收滞后的无功功率，使电网功率因数降低。三相异步电动机的容量从几十瓦到几千千瓦，在工、农业及其他各个领域中都获得了广泛的应用。

单相异步电动机不但具有结构简单、成本低廉、噪声小、运行可靠、维修方便等优点，而且使用方便，可以直接在单相220V交流电源上使用；缺点是体积较大、运行性能相对较差。所以，单相异步电动机的容量一般只有几十到几百瓦，广泛应用于像电风扇、洗衣机、电冰箱、空调器、鼓风机、吸尘器等家用电器和手持电动工具的动力机。

机床

起重机

任务3.1　认识三相异步电动机

【任务引入】

在工业企业的生产过程中，所有的生产机床都是由电动机拖动的。其中，三相异步电动机的应用最为广泛。对工业生产中的电动机进行定期保养、维护和检修，是保证电力拖动机械设备正常工作的先决条件。

【任务目标】

（1）掌握三相异步电动机的结构及其各组成部分的作用。

（2）了解三相异步电动机铭牌中型号和额定值的含义。

（3）熟悉三相异步电动机的定子绕组接法、温升、防护形式及工作制要求。

（4）掌握并能分析三相异步电动机的工作原理。

【技能目标】

（1）能读懂三相异步电动机的铭牌。

（2）具有分辨三相异步电动机的定子绕组星形或三角形联结的能力。

（3）掌握三相异步电动机选择的原则，具有进行三相异步电动机的初步选用能力。

（4）能够利用工作原理分析查找三相异步电动机的故障原因并排除故障。

3.1.1　三相异步电动机的分类

（1）按转子结构形式：可分为笼型和绕线型。

（2）按防护形式：可分为开启式、防护式、封闭式、防爆式。

（3）按通风冷却方式：可分为自冷式、自扇冷式、他扇冷式、管道通风冷式、外壳水冷式等。

（4）按绝缘等级：可分为 A 级（105℃）、E 级（120℃）、B 级（130℃）、F 级（155℃）、H 级（180℃）。

（5）按工作定额：可分为连续式、短时式、周期式。

（6）按安装结构：可分为卧式、立式、带底脚式、带凸缘式。

3.1.2　三相异步电动机的基本结构

三相异步电动机主要由定子和转子两部分组成，转子装在定子腔内，定转子之间的间隙称为气隙。若气隙较大，则磁阻较大，产生较大的励磁电流使运行功率因数较低；若气隙较小，将使装配困难，容易造成运行中定子与转子铁心相碰，气隙一般为 0.2～1.5mm。三相异步电动机的主要结构如图 3-1 所示。

一、定子部分

定子是电动机固定部分的总称，由机座、定子铁心、定子绕组等构成。

1. 机座

机座由铸铁或铸钢浇注而成，其作用是固定定子铁心和定子绕组，在机座两端有端盖支撑转子，端盖中心有轴承固定转轴。机座表面做成瓦楞形式，用于加强散热。机座侧面或顶面有接线盒，用于保护和固定定子绕组的引出线端子。机座上端装有吊环，用于起吊和搬运电动机。机座外形图如图 3-2 所示。

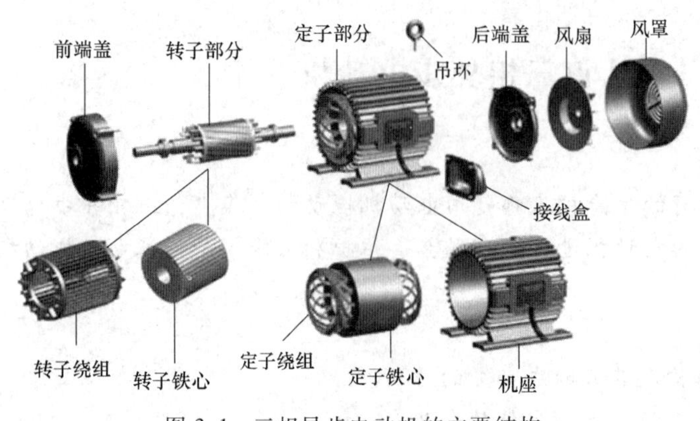

图 3-1　三相异步电动机的主要结构

图 3-2　机座

2. 定子铁心

定子铁心的作用是固定定子绕组和作为部分磁路。它由 0.35～0.5mm 厚、表面涂有绝缘漆的薄硅钢片叠压而成，可减少由交变磁通引起的铁心涡流与磁滞损耗。在每片定子铁心的内圆上有均匀分布的槽口，用于嵌放三相定子绕组。定子冲片和定子铁心如图 3-3 所示。

3. 定子绕组

定子绕组的作用是通入三相交流电，在气隙中产生旋转磁场。它由高强度漆包线绕制成线圈，再按一定规律嵌放到定子铁心槽中，线圈与铁心之间要进行绝缘。定子绕组由三个完全相同的独立绕组组成，三相绕组在铁心内对称分布，其首尾端线引到接线盒的接线柱上。定子三相绕组如图 3-4 所示。

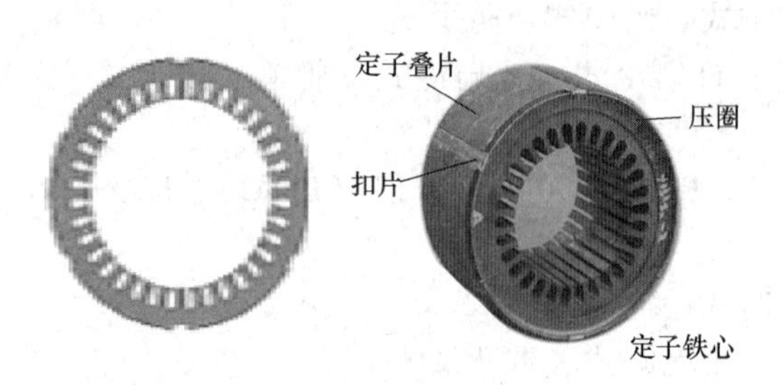

图 3-3　定子冲片和定子铁心

图 3-4　定子三相绕组

二、转子部分

转子是指电动机的旋转部分，主要由转子铁心、转子绕组、转轴和风扇组成。绕线转子异步电动机还有集电环与电刷装置。

1. 转子铁心

转子铁心的作用是固定转子绕组和作为部分磁路。它采用与定子铁心相同的材料制成，并紧固于转轴上，在其外表面有均匀分布的线槽，用于嵌放转子绕组。为改善电动机的起动和运行性能，笼型转子铁心一般采用斜槽结构，通常斜 0.9～1.1 个定子槽距。转子冲片和转子铁心如图 3-5 所示。

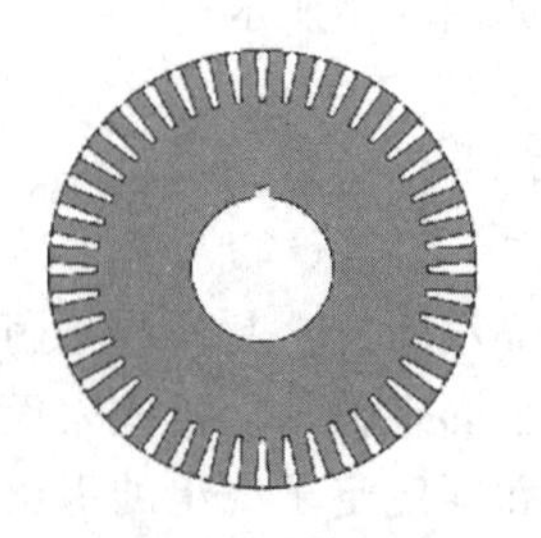

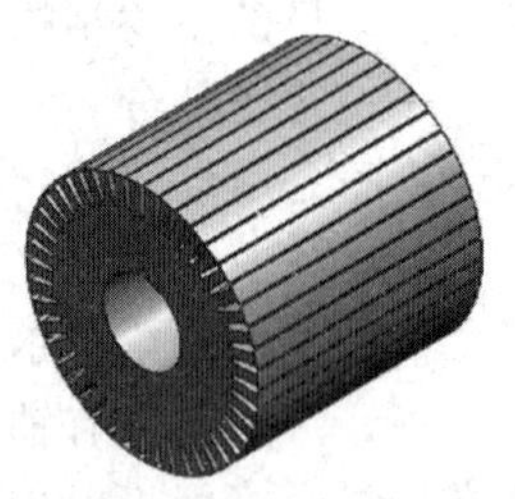

图 3-5　转子冲片和转子铁心

2. 转子绕组

转子绕组的作用是切割定子旋转磁场，产生感应电流，并且在电磁力作用下使转子转动。根据构造的不同，分为笼型转子和绕线型转子两种。

(1) 笼型转子。是在转子铁心槽中嵌放铜条或铝条（铸铝），然后在两端用端环将导条全部接通。中、小型异步电动机一般采用铸铝式转子，功率较大的异步电动机常采用铜条式转子。铸铝式转子如图 3-6 所示，铜条式转子如图 3-7 所示。为提高电动机的起动转矩，在容量较大的异步电动机中，可采用双笼型或深槽式转子结构。由于笼型转子绕组本身被端环短路，因此转子参数无法进行调节。

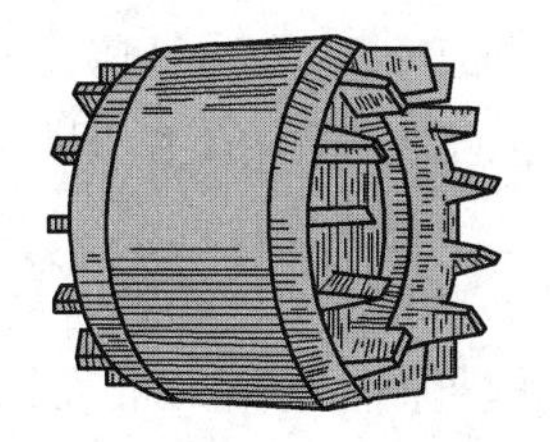

a) 铸铝式转子结构

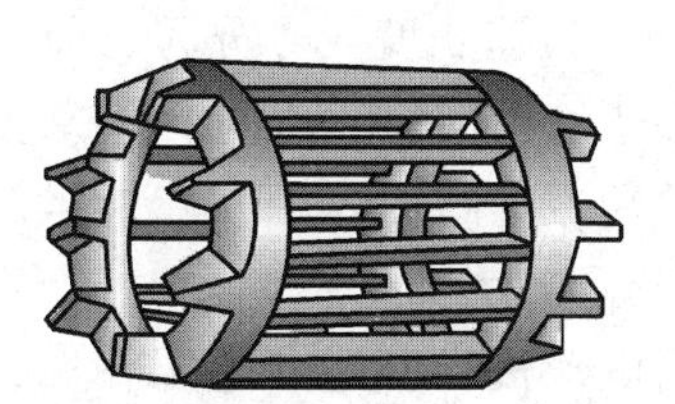

b) 铸铝式转子绕组

图 3-6 铸铝式转子

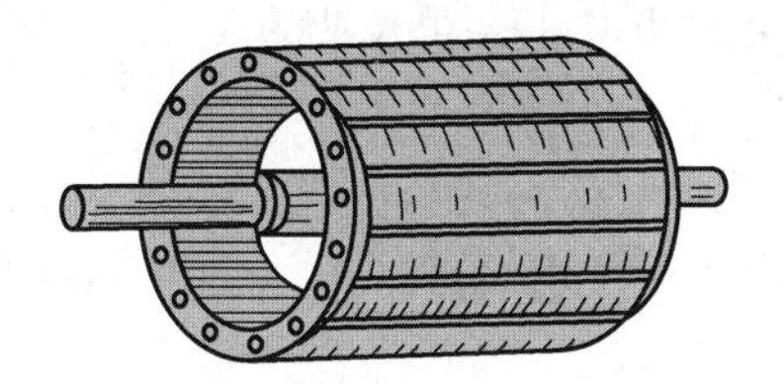

a) 铜条式转子结构

b) 铜条式转子绕组

图 3-7 铜条式转子

(2) 绕线型转子。绕线型转子结构如图 3-8 所示。三相对称转子绕组接成星形后，三个首端引出线接到固定在转轴并相互绝缘的三个铜制集电环上，通过固定在端盖上的电刷与集电环接触，再通过电刷自行短接或接到变阻器上，定、转子绕组接线如图 3-9 所示。变阻器也采用星形联结，调节变阻器的电阻值就可达到调节电动机转速的目的。

图 3-8 绕线型转子结构

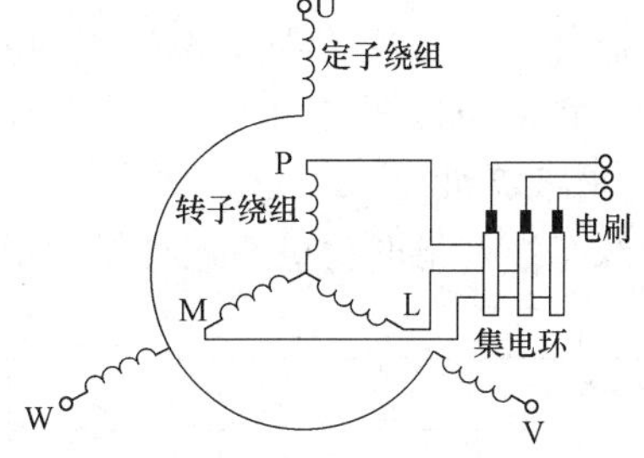

图 3-9 绕线型定、转子绕组原理图

(3) 转轴。转轴是输出转矩、带动负载的重要部件，一般由合金钢或中碳钢制成。为便于电动机运转时通风散热，电动机转子上一般装有风扇。

3.1.3 三相异步电动机的铭牌

在三相异步电动机的机座上装有一块铭牌，如图 3-10 所示。铭牌上标有电动机的主要技术数据和工作参数。

1. 型号

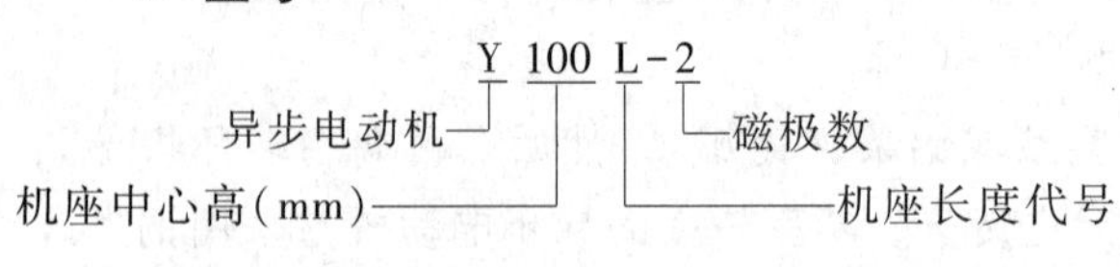

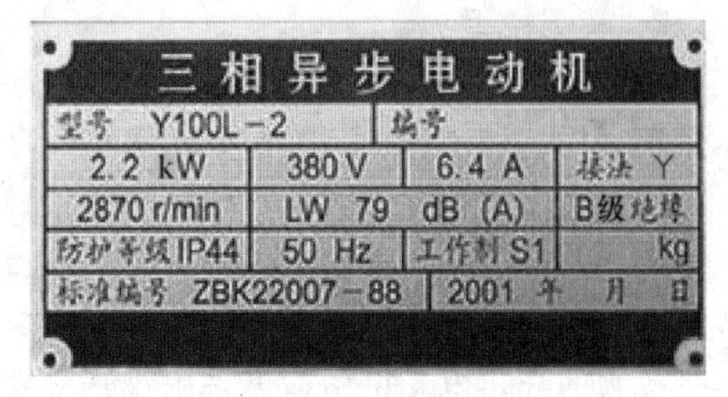

图 3-10　三相异步电动机的铭牌

机座中心高是指转轴中心到机座底面的垂直距离，单位为 mm；中心高在 63~315mm 为小型，中心高在 315~630mm 为中型，中心高在 630mm 以上为大型。机座长度代号分为三种：L 为长机座，M 为中机座，S 为短机座。铁心长度的尺寸需查手册，在同样的高度下，机座长则铁心长，相应的电动机容量也较大。磁极数是指定、转子旋转磁场的极数。

2. 额定功率 P_N

额定功率是指电动机在额定状态工作时，允许从转轴上输出的最大机械功率，单位为 W 或 kW。

3. 额定电压 U_N

额定电压是指电动机定子电路规定使用的线电压，单位为 V 或 kV。若铭牌上标有两个电压值，则表示在两种不同接法时的线电压。

4. 额定电流 I_N

额定电流是指电动机在额定状态下，输入定子电路的线电流，单位为 A。若铭牌上标有两个电流值，则表示在两种不同接法时的线电流。

5. 频率 f_N

频率是指输入电动机的交流电源频率，单位为 Hz。国际上常用的有 50Hz 和 60Hz 两种，我国使用 50Hz。

6. 额定转速 n_N

额定转速是指电动机在额定工作状态下，转子的正常转速，单位为 r/min。

7. 接法

三相异步电动机定子共有三相绕组，在接线盒内有六个引出线端子，可接成星形（Y）或三角形（△）接法。在 Y 系列三相异步电动机的技术条件中规定：功率 3kW 及以下为星形接法；4kW 及以上者均为三角形接法。

8. 绝缘等级

绝缘等级是指电动机绝缘材料的耐热等级，具体见表 3-1。

表 3-1　绝缘材料耐热等级

绝缘等级	Y	A	E	B	F	H	C
最高允许温度/℃	90	105	120	130	155	180	大于 180

9. 噪声

噪声是指在额定工作状态下，电动机的噪声大小，单位为 dB。

10. 防护等级

电动机防护等级采用国际电工委员会（IEC）推荐的 IP××等级标准，在等级标准中，“××”是两位数字，第一位表示对固体的防护等级，第二位表示对液体的防护等级，见

GB/T 4942.1—2006。比如笼型异步电动机按其外壳防护方式的不同，可分为开启式（IP11）、防护式（IP22及IP23）和封闭式（IP44及IP54）三大类。

11. 定额工作制

定额工作制是指电动机按铭牌规定参数工作时，可以持续运行的时间和顺序。电动机定额分连续定额、短时定额和断续定额三种，分别用S1、S2和S3表示。

（1）连续定额（S1）：表示电动机按铭牌规定参数工作时可以长期连续运行。

（2）短时定额（S2）：表示电动机按铭牌规定参数工作时只能在规定的时间内短时运行。我国规定的短时运行时间为10min、30min、60min及90min四种。

（3）断续定额（S3）：表示电动机按铭牌规定参数工作时，运行一段时间就要停止一段时间，周而复始地按一定周期（如10min）重复运行。我国规定的负载持续率为15%、25%、40%及60%四种。

三相异步电动机铭牌额定数据之间的关系为

$$P_N = \sqrt{3} U_N I_N \cos\varphi_N \eta_N \tag{3-1}$$

式中，$\cos\varphi_N$ 为额定功率因数；η_N 为额定效率。

对额定电压为380V的三相异步电动机而言，额定功率因数和额定效率在0.85左右，由式（3-1）可得：1kW额定功率的电动机，额定电流大约为2A。这样，可根据电动机的额定功率来估算其额定电流。

3.1.4 三相异步电动机的定子绕组接线

一、接线方式

三相异步电动机的定子绕组有六条引出线接入接线盒。其中，第一相绕组的首尾端用 U_1、U_2 表示，第二相绕组的首尾端用 V_1、V_2 表示，第三相绕组的首尾端用 W_1、W_2 表示。电动机的接线方式分为：星形（Y）联结（见图3-11），三角形（Δ）联结（见图3-12）。如果六条引出线上的标号已被破坏或重绕电动机绕组后，就必须先确定六条引出线的首尾端并进行标号，然后再按规定接到接线盒内。

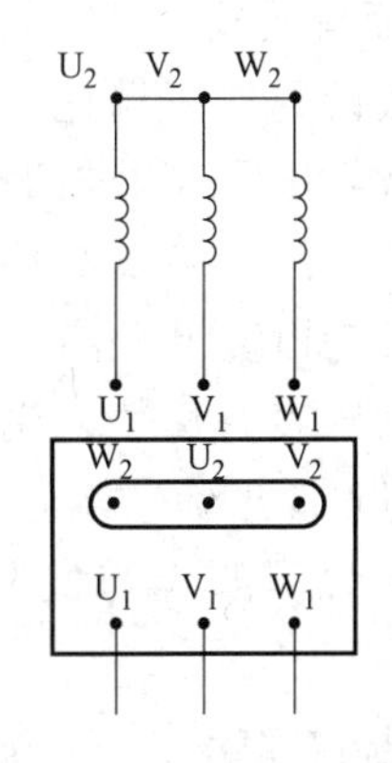

图3-11 定子绕组星形联结

二、接线端子的判断

1. 分出每相绕组的两个出线端

用万用表电阻 $R\times1$ 档测量绕组的六个引线头，若两个引线头之间的电阻值很小，则这两个引线头为同一相绕组的引线端，按照此法依次分清三相绕组每相的引线端，并标上号码。

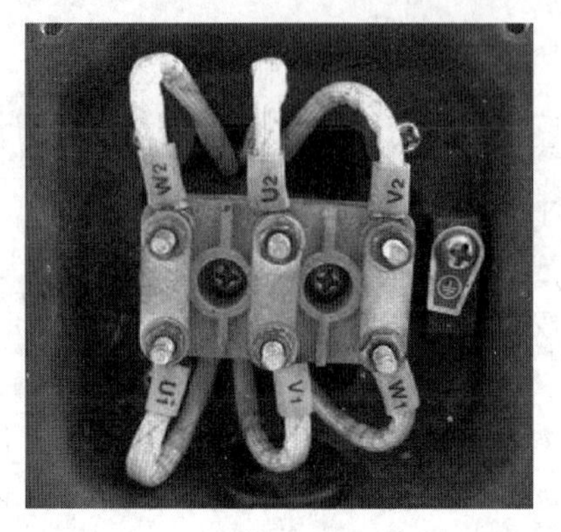

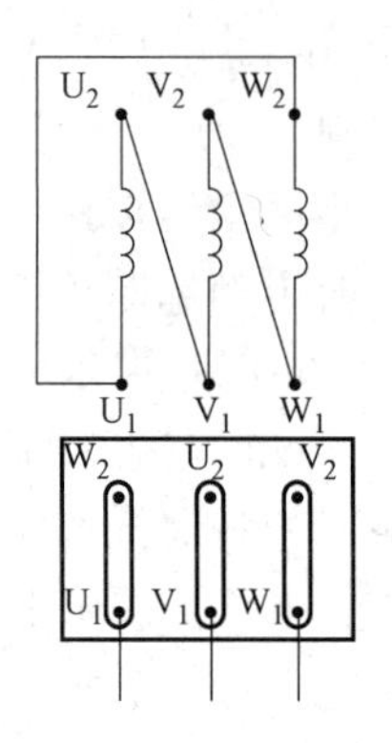

图 3-12　定子绕组三角形联结

2. 直流法判断首尾端

如图 3-13 所示，先将万用表置于 mA 档接于某一相绕组两端，再拿一节干电池经开关接于第二相绕组两端。闭合开关 S，若瞬间万用表正偏，则电池正极所接线头与万用表负表笔所接线头同为首端或尾端；若瞬间万用表反偏，则电池正极所接线头与万用表正表笔所接线头同为首端或尾端。用同样方法可以判断第三相的首尾端。

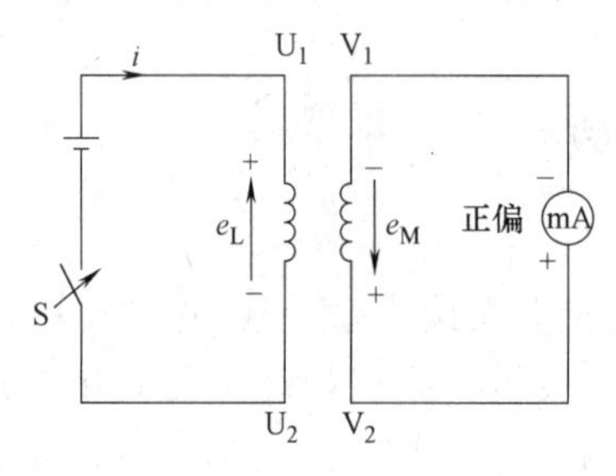

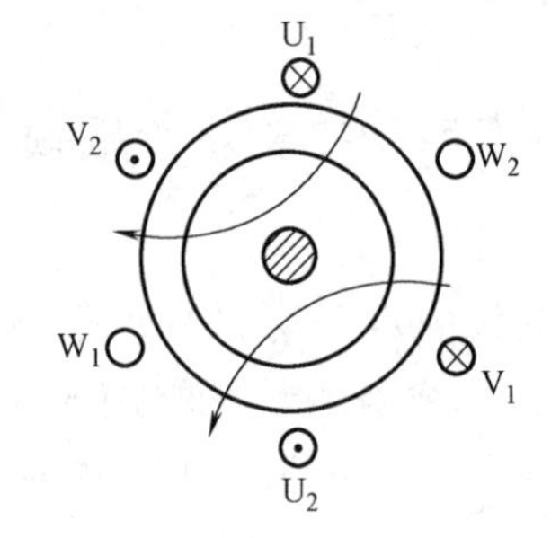

图 3-13　直流法判断首尾端

3. 交流法判断首尾端

将任意两相假设的首尾端进行连线，如图 3-14a 中的 U_2 和 V_1 相连，构成两相绕组串联，将这两相绕组剩下的两个接线头接上一个交流电压表。然后在第三相绕组上接一个 36V 的低压交流电源。若电压表有读数，说明两相绕组为首尾端相连，即假设正确；如电压表无读数，如图 3-14b 所示，说明假设与实际正好相反，只需将编号对调即可。

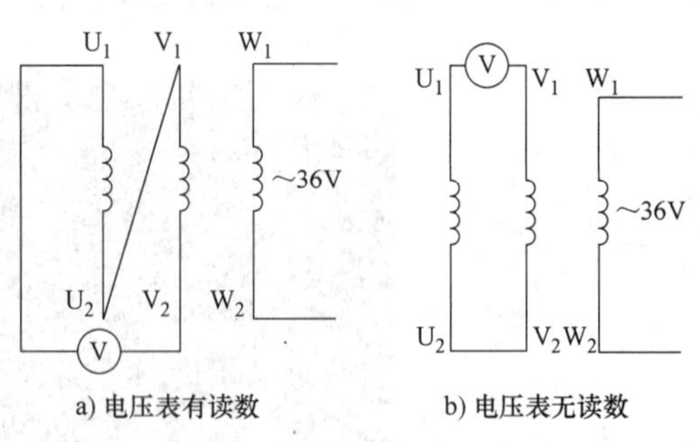

图 3-14　交流法判断首尾端

4. 剩磁法判断首尾端

将假设的三相绕组接线头首端连接在一起，尾端也连接在一起，两端接一微安表，如图 3-15 所示。转动电动机转子，若微安表指针不偏转，说明假设的首尾端正确；若指针偏转，说明有绕组首尾端假设错误，任意调换一相绕组的首尾端，

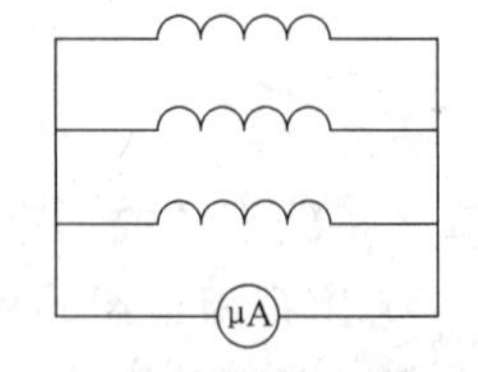

图 3-15　剩磁法判断首尾端

再转动转子，直至微安表指针不偏转，这时连接在一起的就同为首端或同为尾端。

3.1.5 三相异步电动机的工作原理

一、旋转磁场的产生

假设三相异步电动机的定子绕组中，每相绕组只由一个线圈组成。三个相同的线圈 U_1U_2、V_1V_2、W_1W_2 在空间的位置彼此互差 120°电角度，分别放在六个定子铁心槽中，如图 3-16 所示。

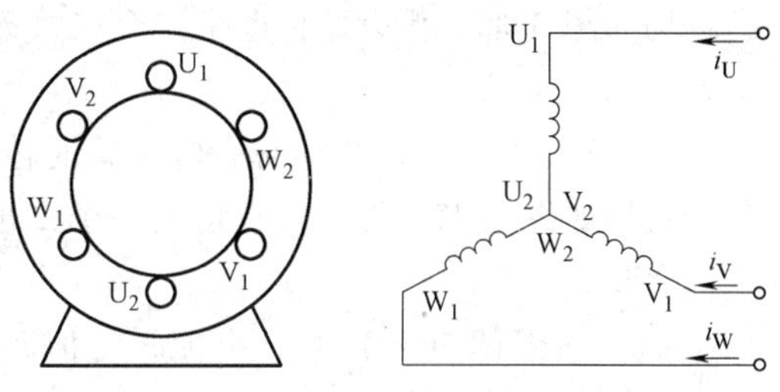

图 3-16 定子三相绕组结构示意图（$p=1$）

当把三相绕组接成星形（或三角形），并接通三相对称交流电源后，在定子绕组中便产生三个对称电流，即

$$
\begin{cases}
i_U = I_m \sin\omega t \\
i_V = I_m \sin(\omega t - 120°) \\
i_W = I_m \sin(\omega t + 120°)
\end{cases}
\tag{3-2}
$$

当电流通过每个绕组时产生脉动磁场（幅值大小随时间变化、幅值位置不动）；当时间互差 120°的三相对称电流通入空间互差 120°的三相对称绕组时，将产生旋转磁场（幅值大小不变，幅值位置随时间移动）。下面以图解的形式说明旋转磁场的产生，如图 3-17 所示。

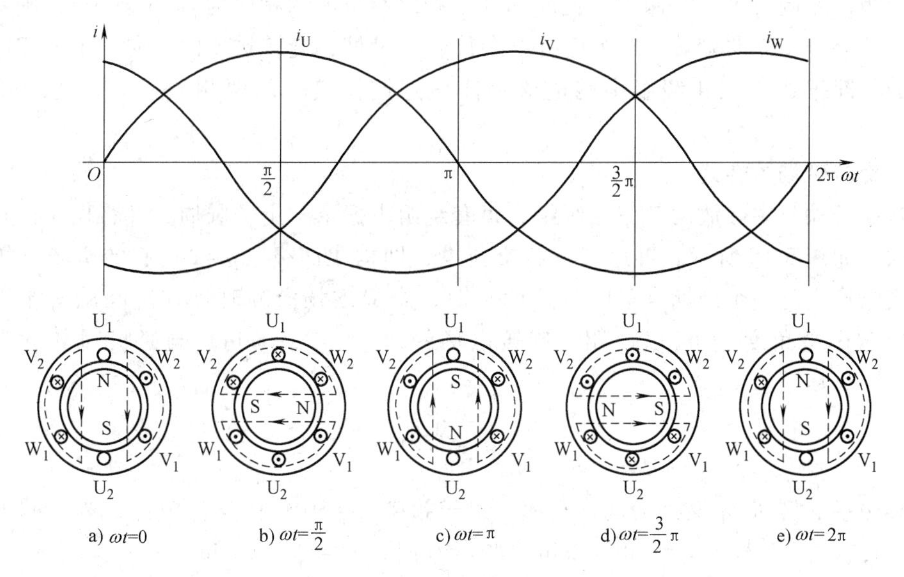

图 3-17 定子绕组的旋转磁场（$p=1$）

假设电流由线圈的始端流入、末端流出为正，反之则为负。电流流入端用“⊗”表示，流出端用“⊙”表示。这里分别取 $\omega t=0°$、$\omega t=90°$、$\omega t=180°$、$\omega t=270°$、$\omega t=360°$五个时刻，分析旋转磁场的产生。

在 $\omega t=0$（即 0°）时，电流瞬时值 $i_U=0$、$i_V<0$、$i_W>0$，此时三个线圈电流所产生的合成磁场如图 3-17a 所示，它在空间形成二极磁场。

在 $\omega t=\pi/2$（即 90°）时，电流瞬时值 $i_U>0$、$i_V<0$、$i_W<0$，此时三个线圈电流所产生的合成磁场如图 3-17b 所示，它也是一个二极磁场，但磁极的轴线相对图 a 在空间顺时针方向转了 90°。

在 $\omega t=\pi$（即 180°）时，电流瞬时值 $i_U=0$、$i_V>0$、$i_W<0$，此时三个线圈电流所产生的合成磁场如图 3-17c 所示，它也是一个二极磁场，但磁极的轴线相对图 a 在空间顺时针方向转了 180°。

在 $\omega t=3\pi/2$（即 270°）时，电流瞬时值 $i_U<0$、$i_V>0$、$i_W>0$，此时三个线圈电流所产生的合成磁场如图 3-17d 所示，它也是一个二极磁场，但磁极的轴线相对图 a 在空间顺时针方向转了 270°。

在 $\omega t=2\pi$（即 360°）时，电流瞬时值 $i_U=0$、$i_V<0$、$i_W>0$，此时三个线圈电流所产生的合成磁场如图 3-17e 所示，它也是一个二极磁场，但磁极的轴线相对图 a 在空间顺时针方向转了 360°。

由此可见：在定子铁心中嵌放空间互差 120°电角度的三相对称绕组，并向三相定子绕组中通入三相对称交流电流，则在气隙中产生圆形旋转磁场。对二极磁场，当电流变化一个周期（360°电角度）时，合成磁场沿顺时针在空间旋转一周（360°机械角）。

二、旋转磁场的转向

当通入三相绕组中电流的相序为 $i_U \to i_V \to i_W$ 时，旋转磁场在空间是沿绕组始端 $U_1 \to V_1 \to W_1$ 方向旋转，即图 3-17 中的顺时针方向旋转。如果把通入三相绕组中的电流相序任意调换其中两相，如调换 V、W 两相，此时通入三相绕组电流的相序为 $i_U \to i_W \to i_V$，则旋转磁场将按 $U_1 \to W_1 \to V_1$ 方向旋转，即逆时针方向旋转。可见，旋转磁场的方向是由三相电流的相序决定的，即把通入三相绕组中的电流相序任意调换其中的两相，就可改变旋转磁场的方向。

三、旋转磁场的转速

若在定子铁心中嵌放两套三相绕组，每套绕组占据半个定子圆周，并将属于同相的两个线圈串联，如图 3-18 所示。再通入三相交流电，即构成四极（$p=2$）旋转磁场，如图 3-19 所示。当电流变化一个周期（360°电角度）时，合成磁场沿顺时针在空间旋转半周（180°机械角或 360°电角度）。可以证明，旋转磁场的转速 n_1（r/min）与磁极对数 p 和频率 f_1（Hz）的关系为

$$n_1=\frac{60f_1}{p} \tag{3-3}$$

旋转磁场的转速 n_1 又称为同步转速，对于频率 $f_1=50\text{Hz}$ 的交流电源，当 $p=1$ 时，$n_1=3000\text{r/min}$；当 $p=2$ 时，$n_1=1500\text{r/min}$；当 $p=3$ 时，$n_1=1000\text{r/min}$；……

四、三相异步电动机的旋转原理

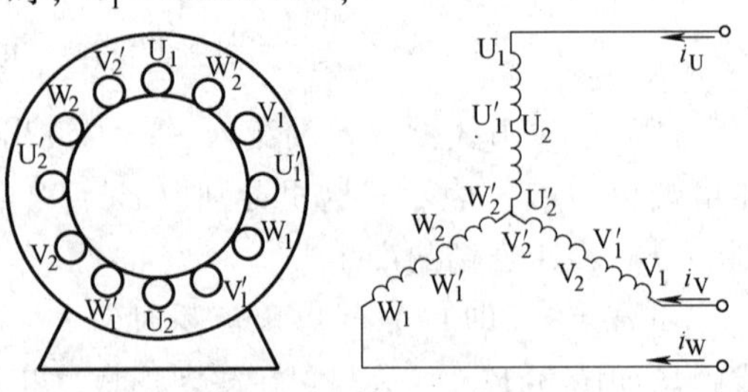

图 3-18　定子三相绕组结构示意图（$p=2$）

由以上分析可知，如果在定子三相对称绕组中通入三相对称交流电流，就会在定、转子之间建立一个以同步速 n_1 旋转的磁场。转子绕组与旋转磁场之间存在相对运动，切割磁力线而产生感应电动势（可由右手定则判断方向），因为转子绕组是闭合的，故在感应电动

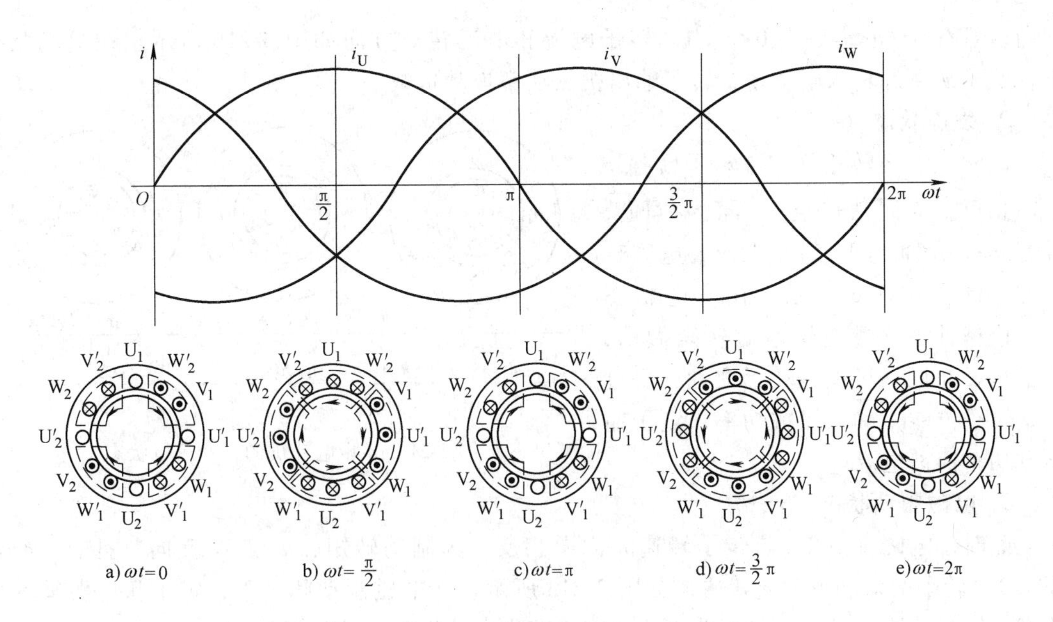

图 3-19 定子绕组的旋转磁场（$p=2$）

势的作用下转子绕组中会有电流流过。转子电流与旋转磁场相互作用，便在转子绕组上产生电磁力 f_{em}（可由左手定则判断方向），电磁力对转轴形成电磁转矩 T_{em}。可以判定电磁转矩的方向与旋转磁场的方向相同，故在电磁转矩的作用下，转子将沿旋转磁场方向转动。各物理量的方向如图 3-20 所示。因转子绕组的电动势是靠与旋转磁场之间的相对运动产生的，所以转子转速 n 将低于磁场转速 n_1，故称为异步电动机。又因定、转子之间能量的传递是靠电磁感应作用的，所以异步电动机又称感应电动机。因转子的转动方向与旋转磁场的转向一致，所以要使电动机反转，只需改变旋转磁场的方向，即对调定子绕组接三相电源的任意两根电源线。

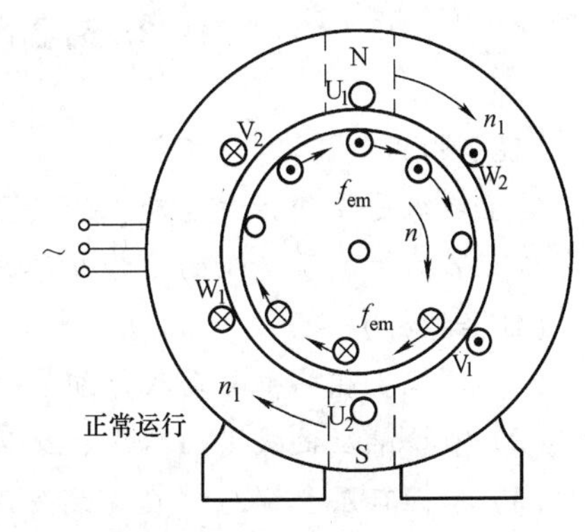

图 3-20 三相异步电动机的旋转原理

同步转速 n_1 与转子转速 n 二者之差称为转差，转差与同步转速 n_1 的比值称为转差率 s，即

$$s=\frac{n_1-n}{n_1} \tag{3-4}$$

转差率 s 是异步电动机运行时的一个重要物理量，当同步转速 n_1 一定时，转差率的数值与电动机的转速 n 相对应。在额定运行时，转差率的范围大约为 0.01~0.05。可见，三相异步电动机的额定转速 n_N 与同步速 n_1 非常接近，由铭牌上的额定转速即可得到同步转速，进而判断出异步电动机的磁极数。

五、异步电动机的三种运行状态

1. 电动状态（$0<s<1$）

此时，电磁转矩 T_{em} 与转子转速 n 方向相同，为拖动转矩，转子转速 n 与磁场同步速 n_1

同向，且有 $0\leqslant n<n_1$，即 $0<s\leqslant 1$。转子电流和电磁转矩方向如图 3-21b 所示。在电动状态下，定子从电源输入电功率，转子输出机械功率拖动负载。

2. 发电状态（$s<0$）

此时，电磁转矩 T_{em} 与转子转速 n 方向相反，为制动转矩，n 与 n_1 同向，且有 $n>n_1$，即 $s<0$。转子电流和电磁转矩方向如图 3-21c 所示。在发电状态下，机械外力必须克服电磁转矩做功，转子从原动机（可以是转子惯性，也可以是转子位能）输入机械功率，定子输出电功率回馈电源。

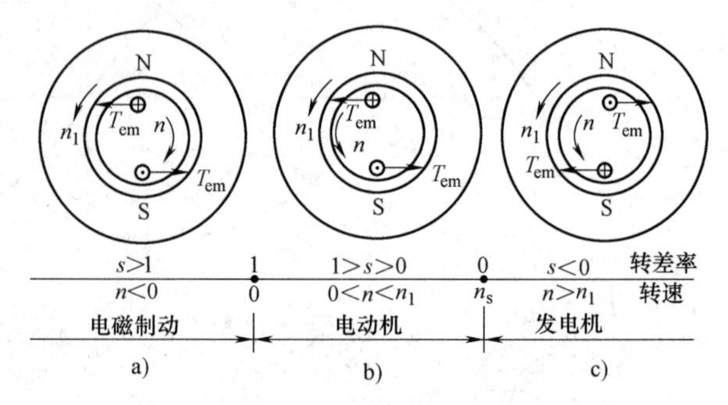

图 3-21　异步电动机的三种运行状态

3. 电磁制动状态（$s>1$）

此时，电磁转矩 T_{em} 与转子转速 n 方向相反，为制动转矩，n 与 n_1 反向，且有 $n<n_1$，即 $s>1$。转子电流和电磁转矩方向如图 3-21a 所示。在电磁制动状态下，定子从电源输入电功率，转子从原动机输入机械功率，它们均变成电动机内部的热损耗。

任务 3.2　三相交流电机的绕组

【任务引入】

定子绕组是三相异步电动机的重要组成部分，又是最容易发生故障的部分。要修理好定子绕组，必须对定子绕组的结构及接线原理与方法有清楚的了解。

【任务目标】

(1) 掌握三相异步电动机绕组的分类和基本术语。

(2) 掌握单层链式、同心式、交叉式绕组展开图的绘制方法。

(3) 掌握双层叠绕组、波绕组展开图的绘制方法。

【技能目标】

(1) 具有绘制三相异步电动机绕组展开图的能力。

(2) 具有根据绕组展开图总结绕组嵌放规律的能力。

(3) 具有根据绕组展开图进行绕组嵌放和进行绕组端部连接的能力。

3.2.1　交流绕组的基本概念

绕组展开图是表示绕组结构的常用方法，通过展开图可以更好地了解绕组的分布规律和接线规律。

1. 线圈及绕组

线圈是由两个出线端的单匝或多匝导线按固定模型绕制而成。线圈的直线段称为线圈边，嵌放在铁心槽中，起电磁能量转换的作用。线圈两端伸出槽外的部分称为端部，起连接线圈边的作用。几个线圈顺接串联构成的线圈组称为绕组，三相异步电动机的绕组是由三相结构完全相同、在空间互差 120°电角度的绕组构成的。三相定子绕组按定子铁心槽的布置方式，分为单层绕组、双层绕组及单双层混合绕组。

2. 电角度

电角度指交流电动势、电流等变化的角度。定子铁心圆周的几何角度恒为360°，称为机械角度360°。由于每转过一对磁极时，导条中感应的基波电动势就变化了一个周期，所以把一对磁极所占有的空间记为360°电角度。若电机有p对磁极，则电角度与机械角度的关系为

$$电角度=p\times机械角度 \tag{3-5}$$

3. 槽距角α

定子铁心每槽占有的电角度称为槽距角，计算公式为

$$\alpha=\frac{p\times360^\circ}{Z} \tag{3-6}$$

式中，p为磁极对数；Z为定子铁心槽数。

4. 极距τ

极距是指定子每个磁极沿气隙圆周表面所占的距离。通常极距用槽数表示，计算公式为

$$\tau=\frac{Z}{2p} \tag{3-7}$$

5. 节距y

节距是指一个线圈的两条有效边之间所跨占的槽数。从绕组产生最大的感应电动势考虑，y应接近τ。当$y<\tau$时，称为短距；当$y=\tau$时，称为整距；当$y>\tau$时，称为长距（因浪费材料，故一般不用）。

6. 每极每相槽数q

每极每相槽数是指每相绕组在每个磁极下所占的槽数，计算公式为

$$q=\frac{Z}{2mp} \tag{3-8}$$

式中，m为相数。

7. 极相组

将每个磁极下属于同一相的q个槽中的线圈按电流方向一致串联起来所形成的线圈组，称为极相组。单层绕组每一相极相组的个数等于极数的一半，而双层绕组每一相极相组的个数等于极数。

8. 线圈总数

单层绕组中，因一个线圈占据两个槽，故线圈总数等于铁心总槽数的1/2。双层绕组中，因每个槽中分上下两层嵌入两个线圈的有效边，故线圈总数与铁心总槽数相等。

9. 并绕根数

当电动机功率较大时，一般不采用截面积大的单根导线绕制线圈，而是选用截面积小的数根导线合并在一起绕制线圈。合并在一起的导线根数，称为并绕根数。

10. 并联支路数a

对于电流较大的电动机，为便于线圈的绕制及嵌线，除采用截面积较小的多根导线并绕外，还可将线圈并联成a条支路。注意，每条支路串联导体的总数及线的规格应相同，否则易造成环流和发热。

3.2.2 三相异步电动机绕组展开图画法

按端部连线的不同，三相单层绕组可分为链式绕组、交叉式绕组、同心式绕组；三相双层绕组可分为叠绕组和波绕组。绕组展开图是把定子铁心沿轴向切开，并把它展开拉平，这样就把圆筒形的定子画成平面图，把绕组的分布和连接方法画在平面图上。绕组展开图的绘制步骤如下：

① 分极、分相。将定子槽数按磁极数均分，称为分极，每个磁极占180°电角度。把每个磁极下的槽数按相数进行三等分，称为分相，每极每相占60°电角度，又称为60°相带。

② 确定线圈节距 y。线圈节距一般采用短距或整距。

③ 确定线圈有效边的电流方向。同一相线圈的各个有效边在同性磁极下的电流方向应相同，而在异性磁极下的电流方向应相反。

④ 根据节距将相邻异性磁极下同一相的槽中的线圈有效边连成线圈。

⑤ 确定各相绕组的电源引出线。三相绕组的电源引出线应彼此相隔120°电角度。

⑥ 连接各相绕组。顺着电流方向把同相绕组连接起来。

一、三相单层绕组展开图

在铁心每个槽中仅嵌放一层线圈有效边的绕组称为单层绕组，单层绕组在10kW以下的小功率三相异步电动机中广泛应用。

1. 单层链式绕组

单层链式绕组中所有线圈的形状、大小完全相同，三相线圈的排列如链环相扣，故称链式绕组。单层链式绕组的线圈端部较短，属于短距绕组，用铜量较省。常用于每极每相槽数 $q=2$ 的4、6、8极电动机。单层链式绕组线圈的节距 y 应为奇数，否则无法完成绕制。

【例3-1】 某电机定子槽数 $Z=24$，相数 $m=3$，极数 $2p=4$，并联支路数 $a=1$，试绘制单层链式短节距绕组展开图。

解：（1）计算基本参数

极距　$\tau=\dfrac{Z}{2p}=\dfrac{24}{2\times2}=6$（槽）　　节距取 $y=5$（槽）

槽距角　$\alpha=\dfrac{p\times360^\circ}{Z}=\dfrac{2\times360^\circ}{24}=30^\circ$（电角度）

每极每相槽数　$q=\dfrac{Z}{2pm}=\dfrac{24}{2\times2\times3}=2$（槽）

（2）标出槽号，并分极、分相，如图3-22a所示；

（3）标出槽电流方向；

（4）将U相线槽连成线圈和线圈组；

（5）按并联支路数将U相线圈组连接成U相绕组，如图3-22b所示；

（6）同样方法，连接V相和W相绕组，如图3-22c所示。

2. 单层同心式绕组

单层同心式绕组主要用于两极小型电动机，这种绕组的极相组是由节距不等、大小不等而中心线重合的线圈所组成的，故称为同心式。单层同心式绕组的优点是嵌线较容易，缺点是端部整形较难。

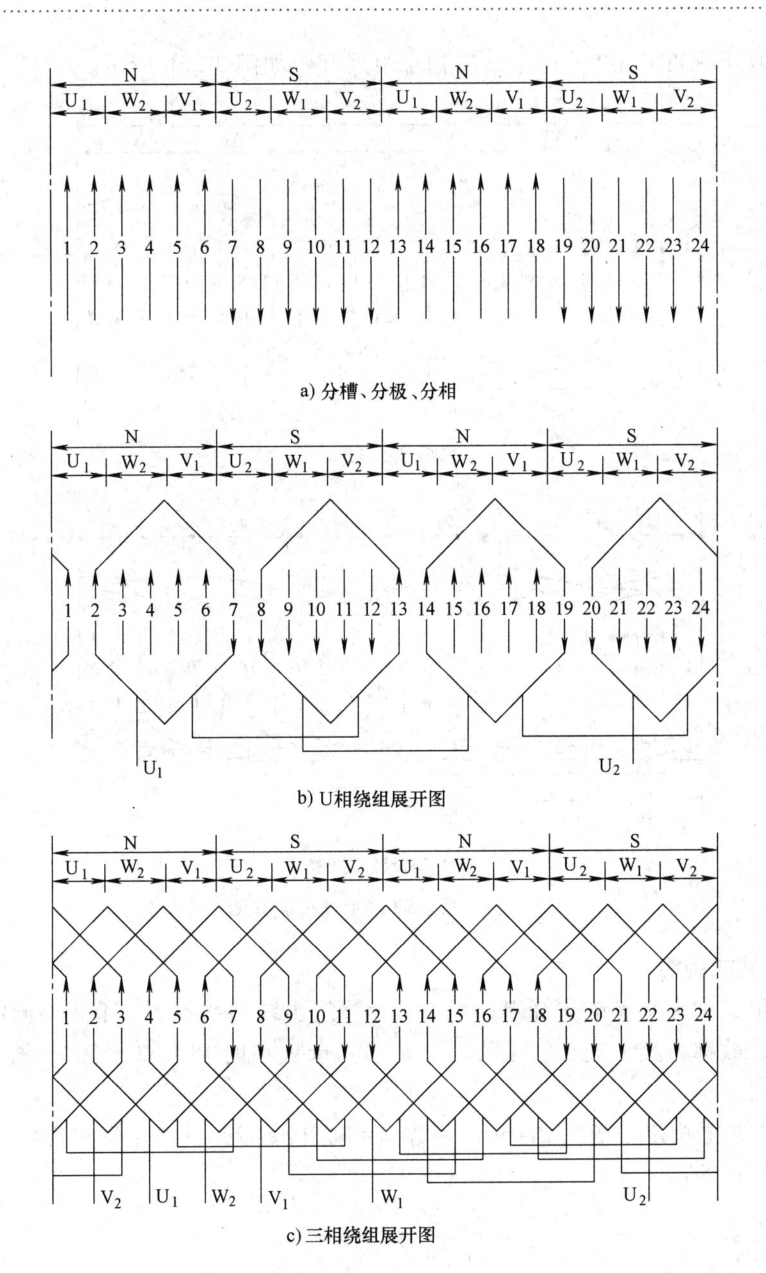

a) 分槽、分极、分相

b) U相绕组展开图

c) 三相绕组展开图

图 3-22 单层链式短节距绕组展开图

【例 3-2】 某电机定子槽数 $Z=24$，相数 $m=3$，极数 $2p=2$，并联支路数 $a=1$，试绘制单层同心式绕组展开图。

解：基本参数为

$$\tau=\frac{Z}{2p}=\frac{24}{2}=12(\text{槽})$$

$$\alpha=\frac{p\times360°}{Z}=\frac{1\times360°}{24}=15°(\text{电角度})$$

$$q=\frac{Z}{2pm}=\frac{24}{2\times3}=4(\text{槽})$$

U 相绕组展开图如图 3-23a 所示，三相绕组展开图如图 3-23b 所示。

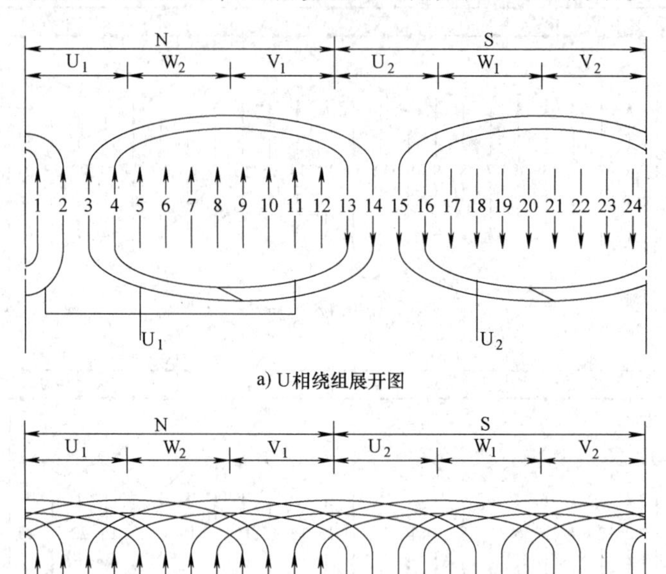

a) U相绕组展开图

b) 三相绕组展开图

图 3-23　单层同心式绕组展开图

3. 单层交叉式绕组

交叉式绕组又称为交叉链式绕组，由于每相绕组由线圈数不等、节距不同的两种线圈组交叉排列构成，故称为交叉式。它主要用于 $q=3$（奇数）的 18 槽 2 极和 36 槽 4 极等三相小型电动机中。

【例 3-3】 某电机定子槽数 $Z=36$，相数 $m=3$，极数 $2p=4$，并联支路数 $a=1$，试绘制单层交叉式绕组展开图。

解： 基本参数：

$$\tau=\frac{Z}{2p}=\frac{36}{4}=9(\text{槽})$$

$$\alpha=\frac{p\times360^\circ}{Z}=\frac{2\times360^\circ}{36}=20^\circ(\text{电角度})$$

$$q=\frac{Z}{2pm}=\frac{36}{2\times2\times3}=3(\text{槽})$$

U 相绕组展开图如图 3-24a 所示，三相绕组展开图如图 3-24b 所示。

二、双层绕组展开图

单层绕组的端部较厚、整形较难，并且无法通过短距削弱气隙磁场中的高次谐波。故容量较大（10kW 以上）的三相电动机中，通常采用双层绕组。双层绕组可分为叠绕组和波绕组两种形式。

双层绕组的每个铁心槽内嵌放上、下两层线圈边，每个线圈的一条有效边嵌放在某一槽

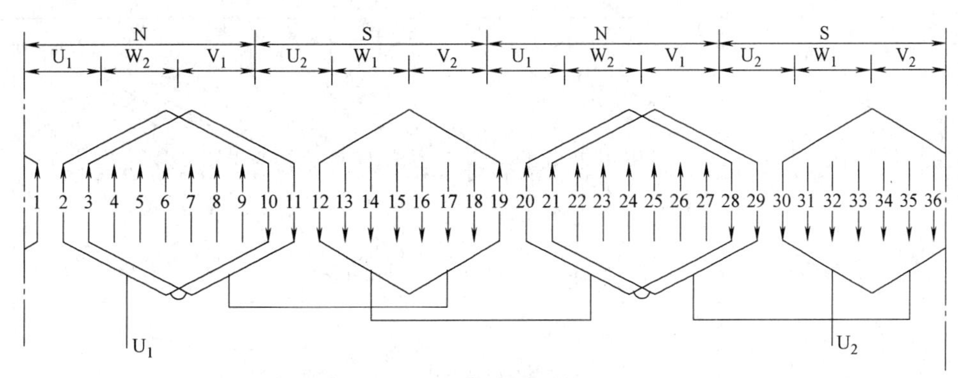

a) U相绕组展开图

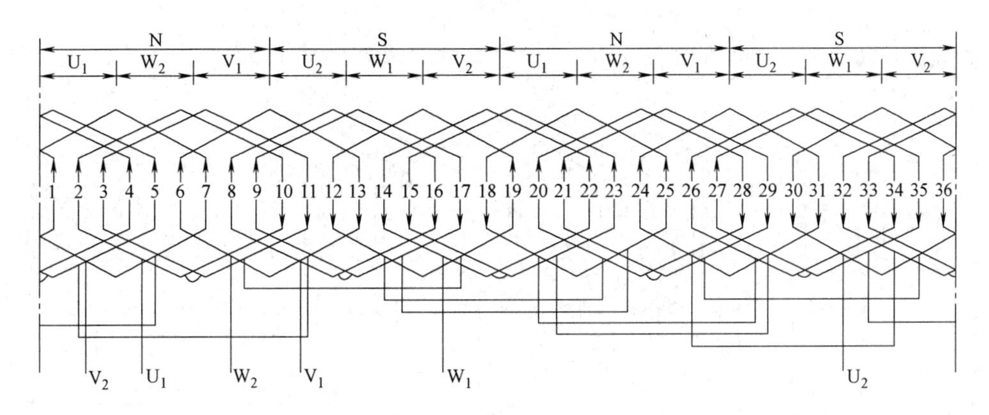

b) 三相绕组展开图

图 3-24 单层交叉式绕组展开图

的上层，另一条有效边则嵌放在另一槽的下层，上、下层之间用层间绝缘隔离。双层绕组可通过短距（如 $y=5\tau/6$）来改善气隙磁场波形，从而提高电动机的起动性能和运行性能。

1. 双层叠绕组

因各线圈的形状、大小一样，端部相互重叠，故称为叠绕组，叠绕组端部整齐美观。

【例 3-4】 某电机定子槽数 $Z=36$，相数 $m=3$，极数 $2p=4$，并联支路数 $a=1$，试绘制短节距的双层叠绕组展开图。

解： 画展开图时，通常实线表示线圈的上层边，虚线表示线圈的下层边。

基本参数：
$$\tau=\frac{Z}{2p}=\frac{36}{4}=9(\text{槽})$$

$$\alpha=\frac{p\times360^\circ}{Z}=\frac{2\times360^\circ}{36}=20^\circ(\text{电角度})$$

$$q=\frac{Z}{2pm}=\frac{36}{2\times2\times3}=3(\text{槽})$$

$$y=\frac{5}{6}\tau=\frac{5}{6}\times9=7.5(\text{槽})\qquad \text{取 } y=7\ (\text{或取 } y=8)$$

U 相绕组展开图如图 3-25a 所示，三相绕组展开图如图 3-25b 所示。

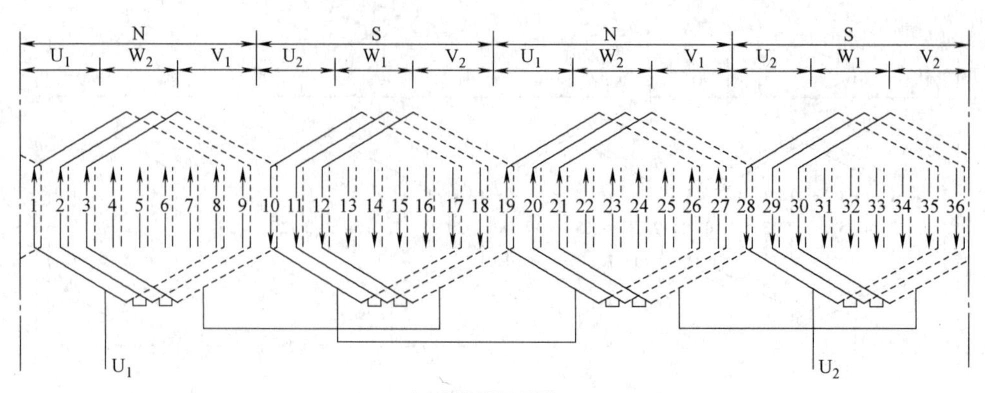

a) U相绕组展开图

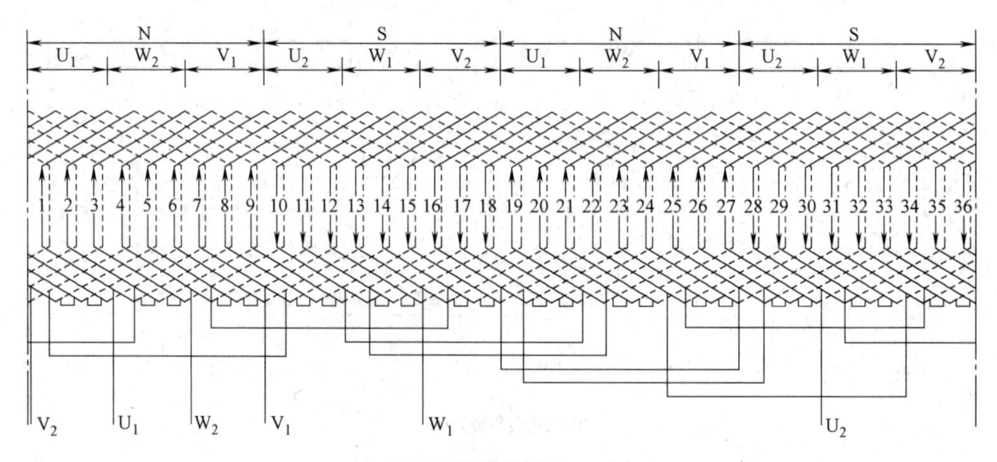

b) 三相绕组展开图

图 3-25　双层短节距叠绕组展开图

2. 双层波绕组

对于极数较多、支路导线截面积较大的异步电动机，为了节省线圈组（极相组）间连线用铜量，常采用波绕组。因两个相连接的线圈呈波浪形前进，故称为波绕组。

在波绕组中，同一线圈两个有效边之间所跨的槽数称为第一节距 y_1（一般 $y_1 \leqslant \tau$）；相串联的两个线圈，前一线圈下层边与后一线圈上层边之间所跨的槽数称为第二节距 y_2；相串联的两个线圈对应有效边之间所跨的槽数称为合成节距 y_H，显然 $y_H = y_1 + y_2$，对整数槽波绕组常选 $y_H = Z/p$。

双层波绕组的连接规律是：把所有 N 极下属于同一相的线圈顺着电流方向串联起来，构成一组；再把所有 S 极下属于同一相的线圈顺着电流方向串联起来，构成另一组；最后根据需要把这两组线圈串联或并联，即构成一相绕组。

【例 3-5】 某电机定子槽数 $Z=36$，相数 $m=3$，极数 $2p=4$，并联支路数 $a=1$，试绘制短节距的双层波绕组展开图。

解：基本参数为　　$\tau = \dfrac{Z}{2p} = \dfrac{36}{4} = 9$(槽)

$$\alpha=\frac{p\times360^{\circ}}{Z}=\frac{2\times360^{\circ}}{36}=20^{\circ}(\text{电角度})$$

$$q=\frac{Z}{2pm}=\frac{36}{2\times2\times3}=3(\text{槽})$$

$$y_1=\frac{5}{6}\tau=\frac{5}{6}\times9=7.5(\text{槽})\qquad \text{取 } y_1=7\ (\text{或取 } y_1=8)$$

$$y_H=\frac{Z}{p}=\frac{36}{2}=18(\text{槽})\qquad \text{则 } y_2=y_H-y_1=18-7=11(\text{槽})$$

U 相绕组展开图如图 3-26 所示。

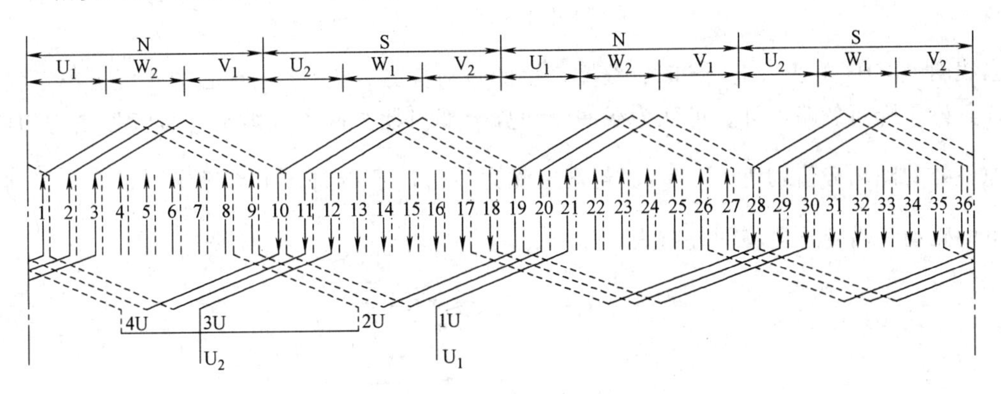

图 3-26 双层短节距波绕组 U 相展开图

任务 3.3 三相交流电机的磁场

【任务引入】

三相异步电动机为什么在通入三相交流电时，转子会旋转？其关键是在定、转子的气隙中产生了旋转磁场。单相绕组通入单相交流电，会在气隙中产生脉振磁场；三相对称绕组通入三相对称电流，就会在气隙中产生旋转磁场。

【任务目标】

(1) 理解单相绕组产生脉振磁场的分析方法。

(2) 理解三相绕组产生旋转磁场的分析方法。

(3) 掌握三相异步电动机基波旋转磁动势的计算方法。

【技能目标】

(1) 能够利用旋转磁场的计算公式，找出削弱高次谐波磁场的方法。

(2) 具有分析三相异步电动机因磁场不转而导致故障的能力。

3.3.1 单相绕组的磁场

由三相异步电动机的工作原理可知，定子三相对称绕组通入三相对称电流就会产生旋转磁场。本节从一相绕组产生的磁动势入手，分析三相绕组产生磁动势的数学表达式。

一、单层整距线圈的磁动势

图 3-27a 表示一台两极三相异步电机，定子上每相只有一个匝数为 N_y 的整距集中线圈，

先讨论只有 U 相绕组的情况。

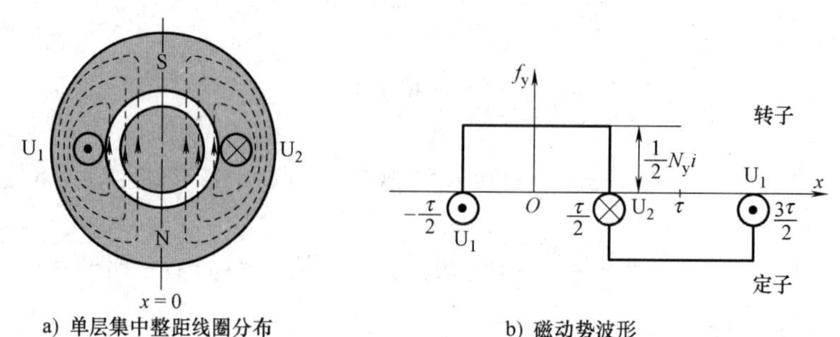

图 3-27　单层集中整距线圈产生的磁动势

当线圈 U_1-U_2 中通入电流 i 时，线圈产生的磁动势为 $N_y i$。由于铁心的磁阻远小于气隙磁阻，其磁压降可忽略不计，可认为线圈磁动势全部消耗在两个气隙上。若气隙是均匀的，则气隙各处的磁动势值均等于$\frac{1}{2}N_y i$。若规定磁力线由定子指向转子为磁场的正方向，则一对极下的磁动势沿定子内圆的分布为

$$f_y=\begin{cases}\frac{1}{2}N_y i & -\frac{\tau}{2}\leqslant x\leqslant+\frac{\tau}{2}\\ -\frac{1}{2}N_y i & \frac{\tau}{2}\leqslant x\leqslant\frac{3\tau}{2}\end{cases}\tag{3-9}$$

可见，单层整距集中线圈产生的气隙磁动势 f_y，在空间的分布是一个矩形波，如图 3-27b所示。如线圈中的电流为 $i=\sqrt{2}I\cos\omega t$，则气隙磁动势可写成

$$f_y=\begin{cases}\frac{\sqrt{2}}{2}N_y I\cos\omega t & -\frac{\tau}{2}\leqslant x\leqslant+\frac{\tau}{2}\\ -\frac{\sqrt{2}}{2}N_y I\cos\omega t & \frac{\tau}{2}\leqslant x\leqslant\frac{3\tau}{2}\end{cases}\tag{3-10}$$

所以，当单层整距集中线圈通入正弦交流电时，它所建立的气隙磁动势在空间沿定子内圆周方向作矩形分布，矩形波的幅值和方向随时间按正弦规律变化，但其轴线在空间保持固定位置，这种磁动势称为脉振磁动势。脉振磁动势的频率就是交流电流的频率，它所建立的磁场称为脉振磁场。

对于一个在空间按矩形规律分布的磁动势，可以用傅里叶级数分解成一个基波和一系列高次谐波，如图 3-28 所示。由于磁动势波形分布的对称性，高次谐波中只有奇次谐波项。

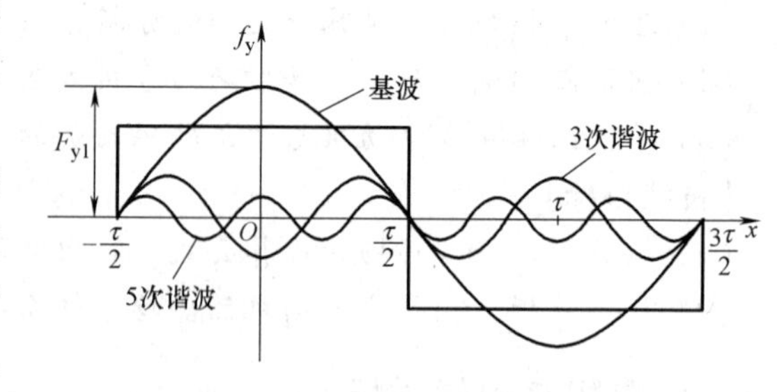

图 3-28　矩形波磁动势的基波和高次谐波

气隙磁动势的表达式为

$$\begin{aligned}f_{y(x,t)}&=(F_{y1}\cos\frac{\pi}{\tau}x-F_{y3}\cos3\frac{\pi}{\tau}x+F_{y5}\cos5\frac{\pi}{\tau}x+\cdots)\cos\omega t\\&=f_{y1}+f_{y3}+f_{y5}+\cdots\end{aligned}\tag{3-11}$$

其中，基波磁动势为

$$f_{y1}=F_{y1}\cos\left(\frac{\pi}{\tau}x\right)\cos\omega t \tag{3-12}$$

基波磁动势的幅值为

$$F_{y1}=\frac{2\sqrt{2}}{\pi}N_{y}I=0.9N_{y}I \tag{3-13}$$

ν 次谐波磁动势（$\nu=3$，5，7，…）为

$$f_{y\nu}=F_{y\nu}\cos\left(\nu\frac{\pi}{\tau}x\right)\sin\left(\nu\frac{\pi}{2}\right)\cos\omega t \tag{3-14}$$

ν 次谐波磁动势的幅值为

$$F_{y\nu}=\frac{2\sqrt{2}}{\nu\pi}N_{y}I=\frac{0.9}{\nu}N_{y}I \tag{3-15}$$

二、单层整距分布绕组的磁动势

设有 q 个相同的单层整距线圈串联构成一个线圈组，各线圈之间依次相差一个槽距角 α，如图 3-29a 所示。

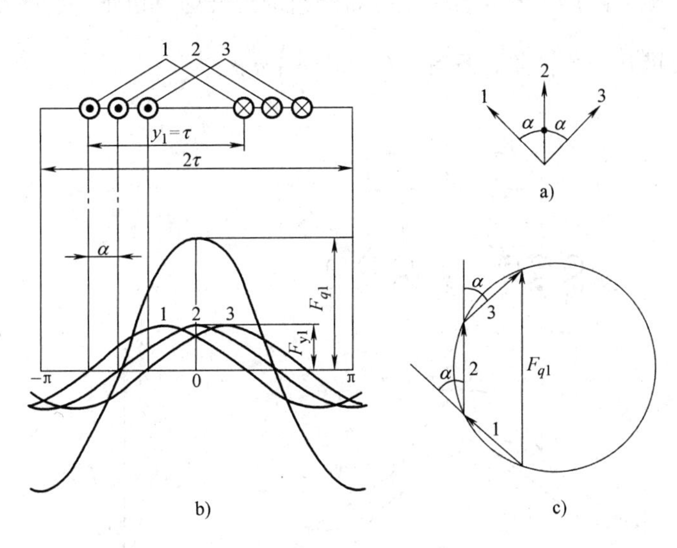

图 3-29 单层整距分布绕组的磁动势

将在空间依次相隔 α 电角度的 q 个基波磁动势逐点相加，即得到基波的合成磁动势，如图 3-29b 所示。若将基波磁动势用空间矢量来表示，矢量的长度代表各基波磁动势的幅值，矢量的方向代表该磁动势在空间的位置，如图 3-29c 所示。将 q 个基波磁动势矢量相加，得到单层整距分布绕组的基波合成磁动势为

$$f_{q1}=F_{q1}\cos\left(\frac{\pi}{\tau}x\right)\cos\omega t \tag{3-16}$$

式中，基波磁动势幅值为

$$F_{q1}=qF_{y1}k_{q1} \tag{3-17}$$

基波磁动势的分布系数为

$$k_{q1}=\frac{\sin\left(q\dfrac{\alpha}{2}\right)}{q\sin\dfrac{\alpha}{2}} \tag{3-18}$$

同理，可得单层整距分布绕组的 ν 次谐波合成磁动势为

$$f_{q\nu}=F_{q\nu}\cos\left(\nu\frac{\pi}{\tau}x\right)\sin\left(\nu\frac{\pi}{2}\right)\cos\omega t \tag{3-19}$$

式中，ν 次谐波磁动势幅值为

$$F_{q\nu}=qF_{y\nu}k_{q\nu} \tag{3-20}$$

ν 次谐波磁动势的分布系数为

$$k_{q\nu}=\frac{\sin\left(q\dfrac{\nu\alpha}{2}\right)}{q\sin\dfrac{\nu\alpha}{2}} \tag{3-21}$$

三、双层短距分布绕组的磁动势

图 3-30a 所示为一个 $q=3$ 的双层短距分布绕组的展开图。由于是短距绕组，所以每一相的上下层导体都要错开一个 β 角，且有：$\beta=\left(1-\dfrac{y}{\tau}\right)\pi$。

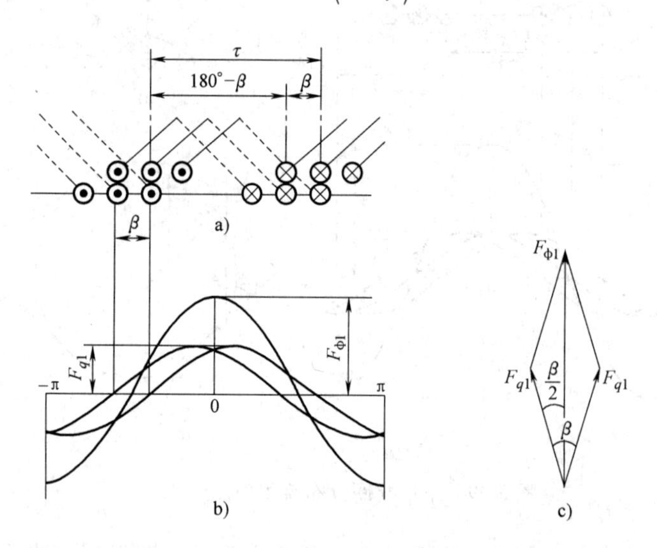

图 3-30　双层短距分布绕组的磁动势

对双层短距分布绕组，可以将所有上层导体看成是一个 $q=3$ 的单层整距绕组，而将所有下层导体看成是另一个 $q=3$ 的单层整距绕组，两个绕组在空间的位置错开了 β 电角度。把两个单层整距绕组的基本磁动势逐点相加，便可求得双层短距分布绕组的基波合成磁动势，如图 3-30b 所示；用矢量相加的方法可以得到其幅值，如图 3-30c 所示。

双层短距分布绕组的基波合成磁动势为

$$f_{\phi1(p=1)}=F_{\phi1(p=1)}\cos\left(\frac{\pi}{\tau}x\right)\cos\omega t \tag{3-22}$$

式中，基波磁动势幅值为

$$F_{\phi1(p=1)}=2F_{q1}\cos\frac{\beta}{2}=2F_{q1}k_{y1} \tag{3-23}$$

基波磁动势的短距系数为

$$k_{y1}=\cos\frac{\beta}{2}=\sin\left(\frac{y}{\tau}90^{\circ}\right) \tag{3-24}$$

同理，可得双层短距分布绕组的 ν 次谐波合成磁动势为

$$f_{\phi\nu(p=1)}=F_{\phi\nu(p=1)}\cos\left(\nu\frac{\pi}{\tau}x\right)\sin\left(\nu\frac{\pi}{2}\right)\cos\omega t \tag{3-25}$$

式中，ν 次谐波磁动势幅值为

$$F_{\phi\nu(p=1)}=2F_{q\nu}k_{y\nu} \tag{3-26}$$

ν 次谐波磁动势的短距系数为

$$k_{y\nu}=\cos\left(\nu\frac{\beta}{2}\right)=\sin\left(\frac{\nu y}{\tau}90^{\circ}\right) \tag{3-27}$$

通常，将分布系数与短距系数的乘积称为绕组系数，即

基波绕组系数：
$$k_{w1}=k_{q1}k_{y1} \tag{3-28}$$

ν 次谐波绕组系数：
$$k_{w\nu}=k_{q\nu}k_{y\nu} \tag{3-29}$$

四、单相绕组的磁动势

由于单相绕组是由分布在各个极下的线圈组连接而成，设电机的磁极对数为 p、每极每相槽数为 q、每个线圈的匝数为 N_y、并联支路数为 a。可以证明：对双层短距分布绕组，每相绕组串联匝数为 $N=2pqN_y/a$；对单层分布绕组（单层绕组总是整距，即 $k_{y1}=1$），每相绕组串联匝数为 $N=pqN_y/a$。

单相绕组基波合成磁动势为

$$f_{\phi1}=F_{\phi1}\cos\left(\frac{\pi}{\tau}x\right)\cos\omega t \tag{3-30}$$

式中，基波磁动势幅值为

$$F_{\phi1}=\frac{2\sqrt{2}}{\pi}\frac{IN}{p}k_{w1}=0.9\frac{IN}{p}k_{w1} \tag{3-31}$$

同理，可得单相绕组 ν 次谐波合成磁动势为

$$f_{\phi\nu}=F_{\phi\nu}\cos\left(\nu\frac{\pi}{\tau}x\right)\cos\omega t \tag{3-32}$$

式中，ν 次谐波磁动势幅值为

$$F_{\phi\nu}=\frac{2\sqrt{2}}{\pi}\frac{IN}{\nu p}k_{w\nu}=0.9\frac{IN}{\nu p}k_{w\nu} \tag{3-33}$$

综上所述，单相绕组通入正弦交流电将产生脉振磁动势，其性质如下：

① 空间位置固定、幅值随时间作正弦变化。

② 基波磁动势的幅值位置与该相绕组的轴线重合。

③ 基波和高次谐波的脉振频率与电流的频率相同。

④ 谐波的次数越高，其幅值越小。绕组采用分布绕组和短距绕组可削弱高次谐波，使

合成磁动势接近正弦波。

3.3.2 三相绕组的磁场

一、三相绕组的基波合成磁动势

三相对称绕组的轴线在空间彼此相差 120°电角度，当通入时间彼此相差 120°电角度的三相对称电流时，在气隙中将产生三个脉振磁动势，三相基波磁动势的表达式为

$$\left.\begin{aligned} f_{U1(x,t)} &= F_{\phi1}\cos\left(\frac{\pi}{\tau}x\right)\cos\omega t \\ f_{V1(x,t)} &= F_{\phi1}\cos\left(\frac{\pi}{\tau}x-\frac{2\pi}{3}\right)\cos\left(\omega t-\frac{2\pi}{3}\right) \\ f_{W1(x,t)} &= F_{\phi1}\cos\left(\frac{\pi}{\tau}x-\frac{4\pi}{3}\right)\cos\left(\omega t-\frac{4\pi}{3}\right) \end{aligned}\right\} \tag{3-34}$$

将三个脉振磁动势相加，可得三相绕组的基波合成磁动势为

$$f_{1(x,t)} = f_{U1}+f_{V1}+f_{W1} = \frac{3}{2}F_{\phi1}\cos\left(\omega t-\frac{\pi}{\tau}x\right) = F_1\cos\left(\omega t-\frac{\pi}{\tau}x\right) \tag{3-35}$$

式中，基波磁动势幅值： $F_1 = \frac{3}{2}F_{\phi1} = \frac{3}{2}\times 0.9\frac{IN}{p}k_{w1} = 1.35\frac{IN}{p}k_{w1}$

式（3-35）表明，三相绕组的基波合成磁动势是一个在空间按正弦规律分布、幅值大小不变、随时间沿 $+x$ 方向移动的行波，这种磁动势称为圆形旋转磁动势。

综上所述，三相对称绕组通入三相对称正弦交流电时，将产生旋转磁动势，其性质如下：

① 幅值大小不变、空间位置随时间沿 $+x$ 方向移动，旋转速度为 $n_1 = \frac{60f_1}{p}$。

② 当某相电流达到最大值时，基波磁动势的幅值位置与该相绕组的轴线重合。

③ 基波旋转磁动势的极数与绕组的极数相同。

④ 基波磁动势的旋转方向取决于三相电流的相序，总是由超前电流相绕组轴线转向滞后电流相绕组轴线。

二、三相绕组的高次谐波合成磁动势

将三相绕组的 ν 次谐波磁动势相加，可得三相绕组的 ν 次谐波合成磁动势为

$$\begin{aligned} f_{\nu(x,t)} &= f_{U\nu}+f_{V\nu}+f_{W\nu} \\ &= F_{\phi\nu}\cos\left(\nu\frac{\pi}{\tau}x\right)\cos\omega t+F_{\phi\nu}\cos\nu\left(\frac{\pi}{\tau}x-\frac{2\pi}{3}\right)\cos\left(\omega t-\frac{2\pi}{3}\right)+ \\ &\quad F_{\phi\nu}\cos\nu\left(\frac{\pi}{\tau}x-\frac{4\pi}{3}\right)\cos\left(\omega t-\frac{4\pi}{3}\right) \end{aligned} \tag{3-36}$$

经运算可知：

（1）当 $\nu=3k$（$k=1, 3, 5, \cdots$），即 $\nu=3, 9, 15, \cdots$时，有

$$f_\nu = 0 \tag{3-37}$$

即对称三相绕组的合成磁动势中不存在 3 次及 3 的倍数次谐波。

（2）当 $\nu=6k+1$（$k=1, 2, 3, \cdots$），即 $\nu=7, 13, 19, \cdots$时，有

$$f_\nu = \frac{3}{2} F_{\phi\nu} \cos\left(\omega t - \nu \frac{\pi}{\tau} x\right) \tag{3-38}$$

即合成磁动势为沿$+x$方向旋转、转速为$\frac{n_1}{\nu}$、幅值为$\frac{3}{2}F_{\phi\nu}$的旋转磁动势。

（3）当$\nu=6k-1$（$k=1, 2, 3, \cdots$），即$\nu=5, 11, 17, \cdots$时，有

$$f_\nu = \frac{3}{2} F_{\phi\nu} \cos\left(\omega t + \nu \frac{\pi}{\tau} x\right) \tag{3-39}$$

即合成磁动势为沿$-x$方向旋转、转速为$\frac{n_1}{\nu}$、幅值为$\frac{3}{2}F_{\phi\nu}$的旋转磁动势。

任务3.4　三相异步电动机的运行

【任务引入】

在电气设备的运行过程中，常常会出现各种各样的故障。只有掌握了三相异步电动机的工作原理，才能在最短的时间内找到故障发生的原因，从而排除故障。

【任务目标】

（1）掌握三相异步电动机的内部等效电路。

（2）掌握三相异步电动机的功率平衡方程。

（3）掌握三相异步电动机的电磁转矩表达式。

【技能目标】

（1）能够利用工作原理分析查找三相异步电动机的故障原因并排除故障。

（2）能根据铭牌数据推算三相异步电动机的带负载能力。

3.4.1　正弦磁场下交流绕组的感应电动势

一、导体的感应电动势

1. 电动势的瞬时值

$$e = Blv = B_m lv \sin\omega t = E_m \sin\omega t \tag{3-40}$$

2. 正弦电动势的频率

定子绕组感应电动势的频率：

$$f_1 = \frac{pn_1}{60} \tag{3-41}$$

转子绕组感应电动势的频率：

$$f_2 = \frac{p(n_1-n)}{60} = \frac{pn_1(n_1-n)}{60n_1} = sf_1 \tag{3-42}$$

3. 导体电动势的有效值 E_{b1}

$$E_{b1} = \frac{B_m lv}{\sqrt{2}} = \frac{B_m l}{\sqrt{2}} 2\tau f = \sqrt{2} f B_m \tau l \tag{3-43}$$

式中，

$$v = \frac{\pi D n}{60} = \frac{2p\tau n}{60} = 2\tau f$$

将每极磁通量 $\Phi = B_{av}\tau l = \frac{2}{\pi} B_m \tau l$ 代入上式，得导体电动势的有效值为

$$E_{b1}=\sqrt{2}f\frac{\pi\Phi}{2}=2.22f\Phi \tag{3-44}$$

二、整距线圈的电动势

如图 3-31 所示，线圈匝电动势为

$$\dot{E}_{c1}=\dot{E}'_{b1}-\dot{E}''_{b1}=2\dot{E}'_{b1} \tag{3-45}$$

对于 N_c 匝整距线圈电动势的有效值为

$$E_{c1}=2E'_{b1}=4.44fN_c\Phi \tag{3-46}$$

三、短距线圈的电动势

短距线圈的节距 $y<\tau$，用电角度表示时，节距为 $\gamma=\frac{y}{\tau}\times180°$，如图 3-32 所示。

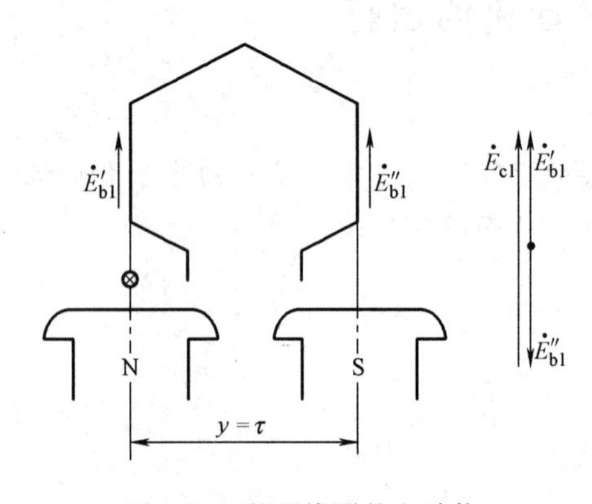

图 3-31 整距线圈的电动势

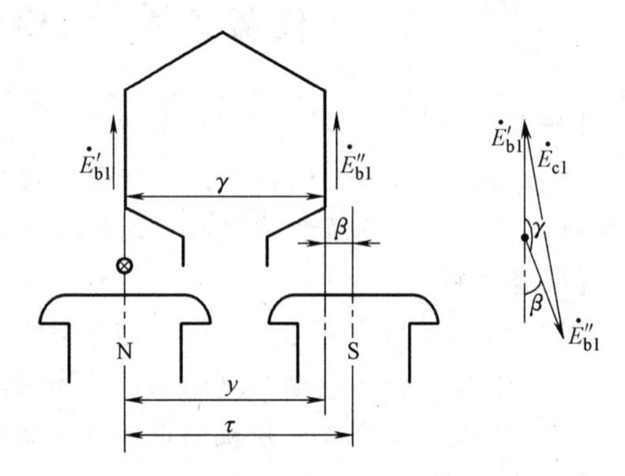

图 3-32 短距线圈的电动势

线圈匝电动势为

$$\dot{E}_{c1}=\dot{E}'_{b1}-\dot{E}''_{b1}=\dot{E}'_{b1}\angle0°-\dot{E}'_{b1}\angle-\gamma \tag{3-47}$$

根据相量图中的几何关系，得 N_c 匝线圈电动势的有效值为

$$E_{c1}=2E'_{b1}\cos\frac{180-\gamma}{2}=2E'_{b1}\sin\left(\frac{y}{\tau}90°\right)=4.44fk_{y1}N_c\Phi \tag{3-48}$$

式中，k_{y1}为线圈的基波短距系数，表示线圈短距时感应电动势比整距时应打的折扣。

$$k_{y1}=\frac{E_{c1(y<\tau)}}{E_{c1(y=\tau)}}=\sin\left(\frac{y}{\tau}90°\right) \tag{3-49}$$

四、分布绕组的电动势

每个极相组由 q 个线圈组成，而每个线圈的电动势相位相差槽距角 α，如图 3-33 所示。

q 个线圈的合成电动势有效值为

$$E_{q1}=2R\sin\frac{q\alpha}{2} \tag{3-50}$$

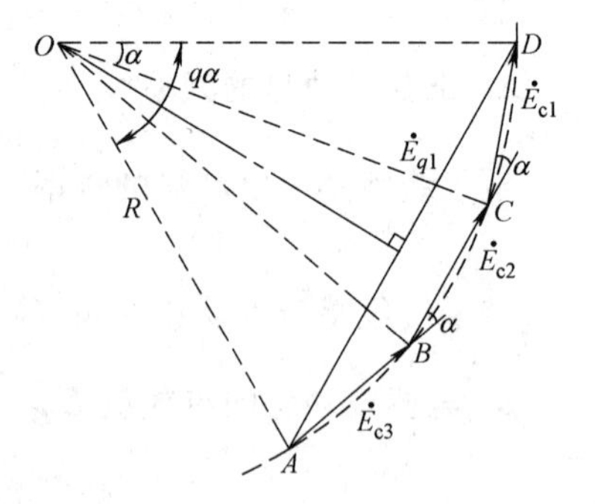

图 3-33 分布绕组的电动势

式中，R 为外接圆的半径，即：$R=\frac{E_{c1}}{2\sin\frac{\alpha}{2}}$，代入式（3-50）得

$$E_{q1}=E_{c1}\frac{\sin\frac{q\alpha}{2}}{\sin\frac{\alpha}{2}}=qE_{c1}\frac{\sin\frac{q\alpha}{2}}{q\sin\frac{\alpha}{2}}=qE_{c1}k_{d1} \tag{3-51}$$

式中，k_{d1}为绕组的基波分布系数。由于绕组分布在不同的槽内，使得 q 个分布线圈的合成电动势小于 q 个集中线圈的合成电动势，k_{d1}可看作是由此所引起的折扣系数。

$$k_{d1}=\frac{E_{q1}}{qE_{c1}}=\frac{\sin\frac{q\alpha}{2}}{q\sin\frac{\alpha}{2}} \tag{3-52}$$

一个极相组的电动势有效值为

$$E_{q1}=q\times 4.44fN_c k_{y1}\Phi k_{d1}=4.44f(qN_c)k_{w1}\Phi \tag{3-53}$$

式中，qN_c 是一个极相组的总匝数；$k_{w1}=k_{y1}k_{d1}$为基波绕组系数，它是既考虑绕组短距、又考虑绕组分布时，整个绕组的合成电动势所应打的总折扣，且 $k_{w1}<1$。

五、一相绕组的电动势

对双层线圈来说，一相绕组由 $2p$ 个极相组组成；而对单层线圈来说，一相绕组由 p 个极相组组成。设一相绕组的总串联匝数为 N，则一相的电动势有效值应为

$$E_{\phi 1}=4.44fNk_{w1}\Phi \tag{3-54}$$

式中，对于双层绕组：$N=\frac{2pqN_c}{a}$；对于单层绕组：$N=\frac{pqN_c}{a}$。

3.4.2 高次谐波磁场下交流绕组的感应电动势

一、一相绕组的谐波电动势

高次谐波电动势的计算方法与基波电动势的计算方法相似。从图 3-28 可见，对于第 ν 次谐波磁场，其磁极对数为基波的 ν 倍，极距为基波的 $1/\nu$，而磁场转速与基波相同，即有

$$p_\nu=\nu p,\tau_\nu=\frac{\tau}{\nu},n_\nu=n_1 \tag{3-55}$$

这些谐波磁场将在定子绕组中感应出谐波电动势，其一相绕组的有效值为

$$E_{\phi\nu}=4.44f_\nu Nk_{w\nu}\Phi_\nu \tag{3-56}$$

式中，f_ν 为 ν 次谐波的频率，且有

$$f_\nu=\frac{p_\nu n_\nu}{60}=\frac{\nu pn_1}{60}=\nu f_1 \tag{3-57}$$

ν 次谐波的每极磁通为

$$\Phi_\nu=\frac{2}{\pi}B_{m\nu}l\frac{\tau}{\nu} \tag{3-58}$$

ν 次谐波电动势的短距系数为

$$k_{y\nu}=\cos\left(\nu\frac{\beta}{2}\right)=\sin\left(\frac{\nu y}{\tau}90^\circ\right) \tag{3-59}$$

ν 次谐波电动势的分布系数为

$$k_{q\nu}=\frac{\sin\left(q\frac{\nu\alpha}{2}\right)}{q\sin\frac{\nu\alpha}{2}} \tag{3-60}$$

ν 次谐波电动势的绕组系数为

$$k_{w\nu}=k_{q\nu}k_{y\nu} \tag{3-61}$$

在计算出各次谐波电动势的有效值后，一相电动势的有效值应为

$$\begin{aligned}E_{\phi}&=\sqrt{E_{\phi1}^2+E_{\phi3}^2+E_{\phi5}^2+E_{\phi7}^2+\cdots}\\&=E_{\phi1}\sqrt{1+\left(\frac{E_{\phi3}}{E_{\phi1}}\right)^2+\left(\frac{E_{\phi5}}{E_{\phi1}}\right)^2+\left(\frac{E_{\phi7}}{E_{\phi1}}\right)^2+\cdots}\end{aligned} \tag{3-62}$$

计算表明，因（$E_{\phi3}/E_{\phi1}$）$^2 \ll 1$，则 $E_{\phi}\approx E_{\phi1}$。所以，谐波电动势对每相总电动势的有效值影响很小，主要是使电动势的波形发生畸变。

二、减小谐波电动势的方法

由前所述，三相对称绕组的合成磁动势中不存在 3 次及 3 的倍数次谐波，则三相对称绕组中不存在 3 次及 3 的倍数次谐波电动势。另外，更高次谐波电动势的幅值很小，对波形的影响可以忽略不计。所以，欲改善电动势的波形，主要是设法消除或减弱 5 次和 7 次谐波电动势。

1. 采用短距绕组

适当选择线圈的节距，使得某一次谐波的短距系数等于或接近于零，即可达到消除或削弱该次谐波的目的。

由式（3-59）可见，只要把整距线圈的节距缩短$\frac{\tau}{\nu}$，即取 $y=\frac{\nu-1}{\nu}\tau$，则 $k_{y\nu}=0$。例如，取 $y=\frac{4}{5}\tau$ 时，$k_{y5}=0$，则 5 次谐波电动势 $E_5=0$。同理，取 $y=\frac{6}{7}\tau$ 时，$k_{y7}=0$，则 7 次谐波电动势 $E_7=0$。为了同时削弱 5 次和 7 次谐波电动势，通常选 $y=\frac{5}{6}\tau$，此时对基波电动势影响不大，但 5 次和 7 次谐波电动势被显著削弱。这可由以下计算结果看出：

$$k_{y1}=\sin\left(\frac{y}{\tau}90^\circ\right)=\sin\left(\frac{5}{6}\times90^\circ\right)=0.966$$

$$k_{y5}=\sin\left(\frac{5y}{\tau}90^\circ\right)=\sin\left(5\times\frac{5}{6}\times90^\circ\right)=0.259$$

$$k_{y7}=\sin\left(\frac{7y}{\tau}90^\circ\right)=\sin\left(7\times\frac{5}{6}\times90^\circ\right)=0.259$$

2. 采用分布绕组

就分布绕组而言，每极每相槽数 q 越多，抑制谐波电动势的效果就越好，表 3-2 给出了不同 q 值对应的基波和 5 次、7 次谐波的分布系数。可见，采用分布绕组后，其基波分布系数减小不多，而谐波分布系数减小显著。但是 q 增多，则总槽数增多，这将使电机的成本提高。考虑到 $q>6$ 时，高次谐波分布系数的下降已不太显著，所以一般取 $q=2\sim6$。

表 3-2 不同 q 值对应的分布系数

q	k_{q1}	k_{q5}	k_{q7}	q	k_{q1}	k_{q5}	k_{q7}
1	1	1	1	4	0.958	0.205	-0.158
2	0.966	0.259	-0.259	5	0.957	0.200	-0.149
3	0.960	0.218	-0.177	6	0.956	0.197	-0.145

3. 采用斜槽

由于定、转子存在齿槽，使气隙磁场中存在齿谐波分量，从而在线圈中感应电动势，并且次数为 $\nu=k\dfrac{Z}{p}\pm1$（$k=1$，2，…）的谐波较强。由于 ν 与一对极下的齿数有特定关系，故称为齿谐波电动势。

对于齿谐波电动势，当 $\nu=k\dfrac{Z}{p}\pm1=2mqk\pm1$ 时，有 $k_{y\nu}=k_{y1}$、$k_{q\nu}=k_{q1}$，即齿谐波的分布系数和短距系数与基波相同，则依靠分布和短距的方法不能减小齿谐波电动势。

目前，常采用转子铁心斜槽来减小齿谐波电动势。可以证明，当斜槽的距离等于该次空间谐波的波长时，导体内的 ν 次谐波电动势将互相抵消。通常，铁心斜槽的距离取一个齿距。由于斜槽也会削弱基波电动势，所以在计算基波电动势时，还需乘上一个斜槽系数。

3.4.3 三相异步电动机的电压方程

异步电动机的工作原理与变压器有许多相似之处，如异步电动机的定子和转子绕组相当于变压器的一次和二次绕组；变压器是利用电磁感应把电能从一次绕组传递到二次绕组，异步电动机也是利用电磁感应把电能从定子绕组传递到转子绕组。异步电动机与变压器有许多区别，如变压器铁心中的磁场是脉振磁场，而异步电动机气隙中的磁场是旋转磁场；变压器二次绕组是静止的、输出电功率，而异步电动机转子是旋转的、输出机械功率。变压器可看作是转子静止的异步电动机。

一、定子电路各电量的关系

在三相定子绕组内通入三相交流电流，气隙中将产生旋转磁场。旋转磁场将以同步速 n_1 切割定子绕组，并在定子每相绕组中感应电动势 E_1，其频率$\left(f_1=\dfrac{pn_1}{60}\right)$与电源频率相同。通过定子绕组的分布和短距，使气隙中的旋转磁场近似为正弦变化，即

$$\Phi=\Phi_{\mathrm{m}}\sin\omega t \tag{3-63}$$

由 $e_1=-N_1\dfrac{\mathrm{d}\Phi}{\mathrm{d}t}$得

$$e_1=\sqrt{2}E_1\sin(\omega t-90°) \tag{3-64}$$

式中，电动势的有效值 $E_1=4.44f_1k_{\mathrm{w1}}N_1\Phi_{\mathrm{m}}$；其相量形式为

$$\dot{E}_1=-\mathrm{j}4.44f_1k_{\mathrm{w1}}N_1\dot{\Phi}_{\mathrm{m}} \tag{3-65}$$

类似于变压器一次绕组，定子每相绕组的电压方程式为

$$\dot{U}_1=-\dot{E}_1+\dot{I}_1(r_1+\mathrm{j}x_1) \tag{3-66}$$

式中，r_1 表示定子每相绕组的电阻；x_1 表示定子绕组每相漏磁通产生的漏电抗。因为由 r_1 和 x_1 产生的电压降相对于 E_1 来说很小，工程上可近似认为：$\dot{U}_1 \approx -\dot{E}_1$，其有效值关系为

$$U_1 \approx E_1 = 4.44 f_1 k_{w1} N_1 \Phi_m \tag{3-67}$$

式中，N_1 表示定子每相绕组的串联匝数；Φ_m 表示旋转磁场每极磁通最大值。

由式（3-67）可见，当外加电源电压 U_1 不变时，气隙中的主磁通 Φ_m 也基本不变。负载变化仅影响定子电流。

二、转子电路各电量的关系

当转子以转速 n 旋转时，旋转磁场将以（n_1-n）的相对速度切割转子绕组，并感应电动势 E_{2s}，其频率为

$$f_2 = \frac{p(n_1-n)}{60} = sf_1 \tag{3-68}$$

同定子一样，转子每相绕组感应电动势的有效值为

$$E_{2s} = 4.44 f_2 k_{w2} N_2 \Phi_m = 4.44 s f_1 k_{w2} N_2 \Phi_m = sE_2 \tag{3-69}$$

式中，k_{w2}表示转子绕组因分布和短距而使感应电动势减小的倍数，且 $k_{w2}<1$；N_2 表示转子每相绕组的串联匝数；E_2 表示转子静止时转子每相绕组的感应电动势。

转子每相绕组的电压方程式为

$$\dot{E}_{2s} = \dot{I}_{2s}(r_2 + jx_{2s}) \tag{3-70}$$

式中，r_2 表示转子每相绕组的电阻；x_{2s}表示转子绕组每相漏磁通产生的漏电抗，且有

$$x_{2s} = 2\pi f_2 L_2 = 2\pi s f_1 L_2 = sx_2 \tag{3-71}$$

式中，x_2 表示转子静止时的转子每相绕组漏电抗。

转子每相绕组的电流有效值为

$$I_{2s} = \frac{E_{2s}}{\sqrt{r_2^2 + x_{2s}^2}} = \frac{sE_2}{\sqrt{r_2^2 + (sx_2)^2}} \tag{3-72}$$

转子电路的功率因数为

$$\cos\varphi_2 = \frac{r_2}{\sqrt{r_2^2 + (sx_2)^2}} \tag{3-73}$$

对正常工作的异步电动机来说，E_2、r_2 和 x_2 基本不变，则转子电流和转子功率因数随转差率变化的曲线如图 3-34 所示。

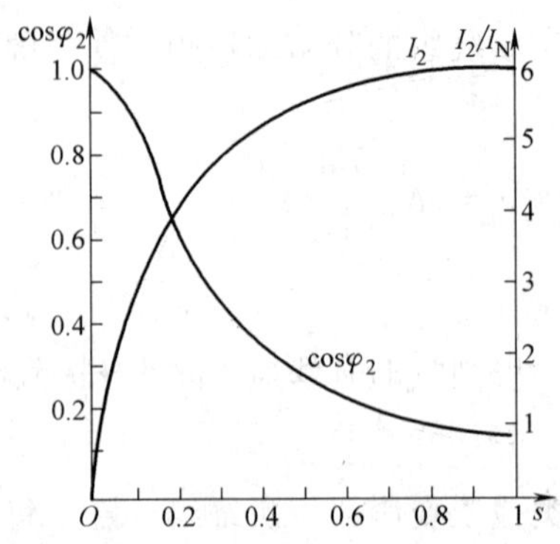

图 3-34　$I_{2s}=f(s)$ 和 $\cos\varphi_2=f(s)$ 曲线

3.4.4　三相异步电动机的等效电路

参照变压器的分析方法，可以将定子电路和转子电路合并为一个等效电路，这样可省去中间的非线性磁路计算，使电路计算简化。由于异步电动机的转子是旋转的，则定、转子的电路频率不同，所以在进行绕组折算之前，需要进行频率折算。

一、频率折算

所谓频率折算是指将转子电路的频率折算成定子电路的频率。由转子每相绕组的电压方程式

(3-70)，两端同除以 s，得

$$\dot{E}_2=\dot{I}_2\left(\frac{r_2}{s}+\mathrm{j}x_2\right) \tag{3-74}$$

上式中，$\dot{I}_2$ 的幅值虽仍与 $\dot{I}_{2s}$相同，但其频率已从 f_2 变为 f_1，其余各量也变为转子静止时的量，这种处理方法称为频率折算。频率折算的含义是用一个电阻为$\frac{r_2}{s}$的静止等效转子代替电阻为 r_2 的实际旋转的转子，而等效转子的磁动势不变。

频率折算后，异步电动机的定子绕组相当于变压器的一次绕组，转子绕组相当于二次绕组，其等效电路如图 3-35 所示。

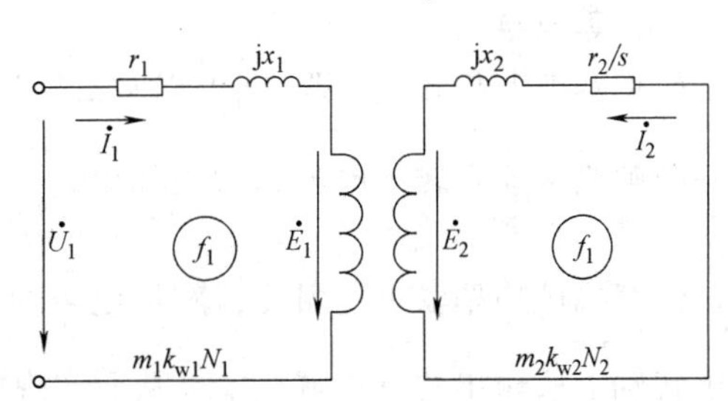

图 3-35 频率折算后定、转子等效电路

合成气隙磁通是由定子、转子磁动势共同产生的，同变压器一样应满足磁动势平衡方程式，即

$$\frac{m_1}{2}0.9\frac{N_1k_{w1}}{p}\dot{I}_1+\frac{m_2}{2}0.9\frac{N_2k_{w2}}{p}\dot{I}_2=\frac{m_1}{2}0.9\frac{N_1k_{w1}}{p}\dot{I}_m \tag{3-75}$$

故有

$$\dot{I}_1=\dot{I}_m+\left(-\frac{m_2N_2k_{w2}}{m_1N_1k_{w1}}\dot{I}_2\right)=\dot{I}_m+\dot{I}_{1L} \tag{3-76}$$

式中，$\dot{I}_m$ 为定子电流的励磁分量；$\dot{I}_{1L}$为定子电流的负载分量。

同样，定子电动势可以用励磁阻抗表示为

$$\dot{E}_1=-z_m\dot{I}_m=-(r_m+\mathrm{j}x_m)\dot{I}_m \tag{3-77}$$

二、绕组折算

按照变压器的分析方法，对经频率折算后的转子绕组再进行绕组折算，即用一个与定子绕组相数、有效匝数完全相同的等效转子绕组去代替相数为 m_2、有效匝数为 N_2k_{w2}的实际转子绕组。折算前后应保持转子的磁动势、有功功率和无功功率不变，折算后的各量用右上角加“′”表示。可推得

$$\left.\begin{aligned}I_2'&=\frac{I_2}{k_i}\\E_2'&=k_eE_2\\r_2'&=k_ik_er_2\\x_2'&=k_ik_ex_2\end{aligned}\right\} \tag{3-78}$$

式中，$k_i=\frac{m_1N_1k_{w1}}{m_2N_2k_{w2}}$称为电流比；$k_e=\frac{N_1k_{w1}}{N_2k_{w2}}$称为电压比。

综上所述，绕组折算时，转子的电动势和电压应乘以 k_e，转子电流应除以 k_i，转子电阻和漏电抗应乘以 k_ik_e。折算后异步电动机的基本方程为

$$
\left.\begin{aligned}
\dot{U}_1 &= -\dot{E}_1+(r_1+jx_1)\dot{I}_1 \\
\dot{E}'_2 &= \left(\frac{r'_2}{s}+jx'_2\right)\dot{I}'_2 \\
\dot{I}_1 &= \dot{I}_m+(-\dot{I}'_2) \\
\dot{E}_1 &= \dot{E}'_2=-\dot{I}_m(r_m+jx_m)
\end{aligned}\right\} \quad (3\text{-}79)
$$

三、等效电路

根据基本方程式（3-79），可以画出异步电动机的 T 形等效电路，如图 3-36 所示。图中把$\frac{r'_2}{s}$分解成两项：转子电阻 r'_2和附加电阻$\frac{1-s}{s}r'_2$。在实际电动机中，转子回路中并无附加电阻，但有机械功率输出。因此，附加电阻所消耗的电功率 $m_1\frac{1-s}{s}r'_2I'^2_2$实际上代表了电动机转子转轴上所输出的总机械功率，从而实现能量转换与功率平衡。

异步电动机的等效电路是一个感性电路。这表明电动机需要从电网吸收感性无功电流来激励主磁通和漏磁通，因此定子电流总是滞后于定子电压，即异步电动机的功率因数总是滞后的。

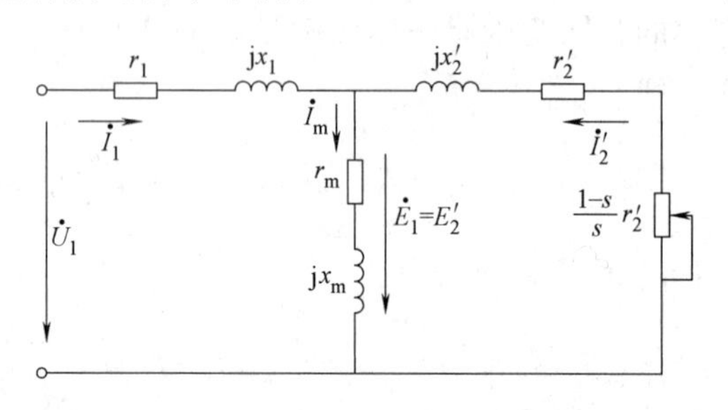

图 3-36　异步电动机的 T 形等效电路

T 形等效电路计算起来比较复杂，在实际应用中常采用简化等效电路。它把励磁支路移到等效电路的输入端，同时在励磁支路中串入 r_1 和 x_1，用来校正因励磁支路电压升高对励磁电流的影响，这样得到的简化等效电路如图 3-37 所示。

四、相量图

根据基本方程式（3-79），可以画出异步电动机的相量图，如图 3-38 所示。利用相量图可以直观地看出异步电动机各电磁量之间的相位关系，对定性分析异步电动机的性能具有一定的作用。

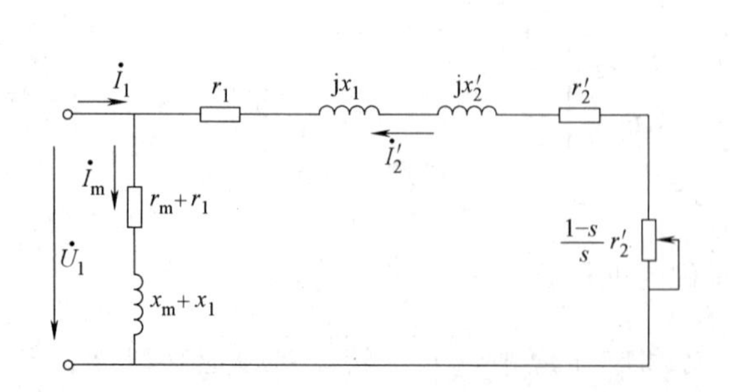

图 3-37　异步电动机的简化等效电路

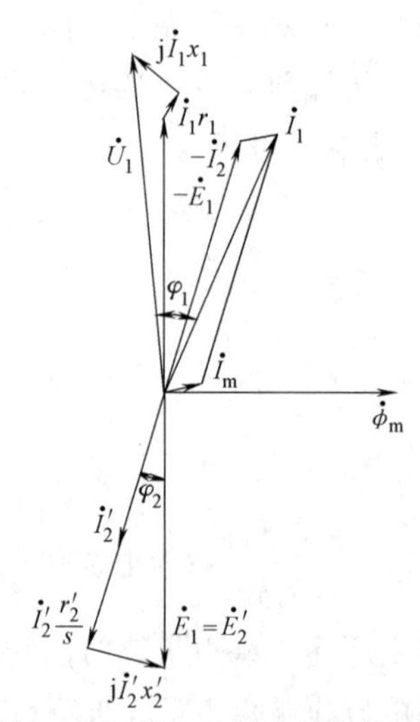

图 3-38　异步电动机的相量图

3.4.5　三相异步电动机的功率和转矩平衡方程式

一、功率平衡方程式

异步电动机在运行中的功率损耗主要有：

① 定子电流产生的铜损耗 p_{Cu1} 和转子电流产生的铜损耗 p_{Cu2}。

② 交变磁通在定子铁心中产生的磁滞损耗及涡流损耗，合称铁损耗 p_{Fe}。

③ 转轴旋转过程中由机械摩擦、风的阻力产生的损耗，称为机械损耗 p_{fw}。

④ 由高次谐波磁通和漏磁通产生的损耗，称为附加损耗 p_{ad}。

定子输入电功率 P_1 中有小部分用于定子铜损耗 p_{Cu1} 和定子铁损耗 p_{Fe}，余下的大部分功率利用电磁感应作用传递到转子，称为电磁功率 P_{em}；电磁功率中有小部分用于转子铜损耗 p_{Cu2}，余下的大部分功率转化为总机械功率 P_m；总机械功率扣除机械损耗 p_{fw} 和附加损耗 p_{ad}，余下的大部分功率即为输出机械功率 P_2。电动机的功率平衡方程式为

$$\begin{cases} P_1 = p_{Cu1} + p_{Fe} + P_{em} \\ P_{em} = p_{Cu2} + P_m \\ P_m = p_{fw} + p_{ad} + P_2 \end{cases} \tag{3-80}$$

或

$$P_1 = P_2 + p_{Cu1} + p_{Fe} + p_{Cu2} + p_{fw} + p_{ad} = P_2 + \sum p \tag{3-81}$$

式中，$\sum p$ 为电动机内部的功率损耗。三相异步电动机的功率流程图如图 3-39 所示。

电动机的效率等于输出功率与输入功率的百分比，即

$$\eta = \frac{P_2}{P_1} \times 100\% = \frac{P_1 - \sum p}{P_1} \times 100\% \tag{3-82}$$

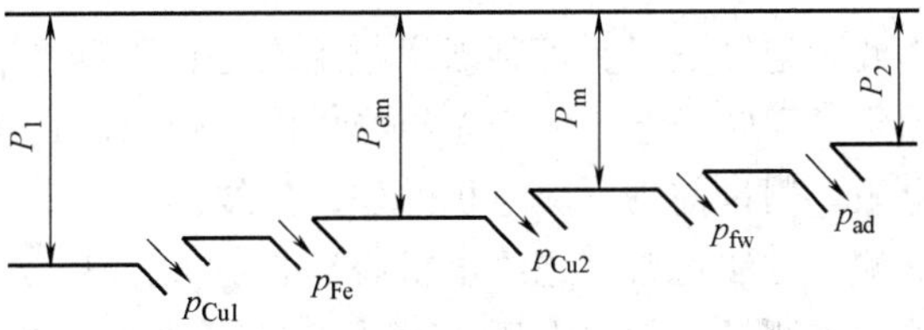

P_1 P_{em} P_m P_2 p_{Cu1} p_{Fe} p_{Cu2} p_{fw} p_{ad}

图 3-39　三相异步电动机的功率流程图

理论证明，电动机工作在额定功率的 75%～80%时效率最高。所以选择电动机时，应使额定功率稍大于所拖动的机械负载功率。

二、转矩平衡方程式

由功率平衡方程式 $P_m = p_{fw} + p_{ad} + P_2$，等式两边同除以机械角速度 Ω，即得转矩平衡方程式为

$$T_{em} = T_0 + T_2 \tag{3-83}$$

式中，T_{em} 称为电磁转矩；T_0 称为空载转矩；T_2 称为输出转矩。单位均为 N · m。它们的表达式分别为

$$T_{em} = \frac{P_m}{\Omega} = \frac{P_m}{2\pi n/60} = 9.55\frac{P_m}{n} \tag{3-84}$$

$$T_0 = \frac{p_{fw} + p_{ad}}{\Omega} = \frac{p_{fw} + p_{ad}}{2\pi n/60} = 9.55\frac{p_{fw} + p_{ad}}{n} \tag{3-85}$$

$$T_2 = \frac{P_2}{\Omega} = \frac{P_2}{2\pi n/60} = 9.55\frac{P_2}{n} \tag{3-86}$$

式中，P_m、p_{fw}、p_{ad}、P_2 的单位均为 W；n 的单位为 r/min。

在额定运行时，额定输出转矩表达式为

$$T_N = 9.55 \frac{P_N}{n_N} \tag{3-87}$$

任务3.5　三相异步电动机的参数测定和工作特性

【任务引入】

三相异步电动机在出厂前或修理完毕后，都要进行各项技术指标的测试，以检验电机是否能够正常工作。通过实验，可以测得电机内部的各项参数，以便进行性能分析和计算。

【任务目标】

(1) 掌握三相异步电动机参数测试的目的和方法。

(2) 具有进行三相异步电动机测试数据分析、计算的能力。

【技能目标】

(1) 能进行三相异步电动机绝缘电阻、直流电阻的测量。

(2) 能进行三相异步电动机耐压试验、转子开路电压试验。

(3) 能进行三相异步电动机空载试验、堵转试验。

3.5.1　绝缘电阻测定

测量绝缘电阻，可判断绕组绝缘是否严重受潮或是否存在严重缺陷。通常测量电机在运转前定子和转子绕组的冷态绝缘电阻，包括测量各相绕组之间以及各相绕组对机壳之间的绝缘电阻。测量前需拆除电机的外部接线。

测量方法通常用绝缘电阻表（俗称兆欧表）。额定电压低于500V的电动机用500V的绝缘电阻表测量；额定电压在500~3000V的电动机用1000V的绝缘电阻表测量；额定电压大于3000V的电动机用2500V的绝缘电阻表测量。500V以下的低压电动机其绝缘电阻应不小于5MΩ，3~6kV的高压电动机其绝缘电阻应不小于20MΩ。

3.5.2　绕组直流电阻的测定

测量直流电阻可检查绕组匝数、线径和接线是否正确及连接是否良好，根据绕组冷态和热态时的电阻值，可推算出绕组的平均温升。直流电阻的测量分以下三种情况。

(1) 每相绕组电阻在10Ω以上时，可采用万用表测量或电压降法测量。

(2) 每相绕组电阻在1~10Ω时，常采用单臂电桥测量。

(3) 每相绕组电阻在1Ω以下时，最好采用双臂电桥测量。

三相异步电动机各相定子绕组的直流电阻值：10kW以下为1~10Ω；10~100kW为0.05~1Ω；100kW以上的高压电动机为0.1~5Ω；100kW以上的低压电动机为0.001~0.1Ω。

3.5.3　转子开路电压的测定

绕线转子异步电动机需进行本项试验。当定子绕组通入三相交流电后，在三相转子绕组中就有感应电压，转子任意两集电环之间的电压称为转子开路电压。

测量转子开路电压的目的是检查定、转子三相绕组是否对称。当定子三相电压对称时，转子三相绕组的开路电压最大值（或最小值）与平均值之差，不得超过平均值的±（1%～2%）。

3.5.4　空载试验

一、空载试验电路

空载试验是在三相定子绕组加额定电压，电动机在空载状态下运行。空载试验的目的是确定空载电流和空载损耗，从而求出铁损耗（p_{Fe}）、机械损耗（p_{fw}）和励磁参数（r_m、x_m）。空载试验的电路图如图3-40所示，一般空载电流为额定电流的25%～55%，空载损耗为额定功率的3%～8%。

二、空载特性曲线

试验时，电动机空载，定子绕组通过调压器接额定三相对称交流电源。通过调压器逐渐升高电动机定子绕组相电压至 $U_0=(1\sim1.2)U_N$，再逐渐降低电压，直到电动机转速明显变化为止。在此过程中测取对应的空载电流 I_0（相电流，下同）和空载功率 P_0 值7～8组，作出 $I_0=f(U_0)$ 和 $P_0=f(U_0)$ 两条曲线，如图3-41所示。

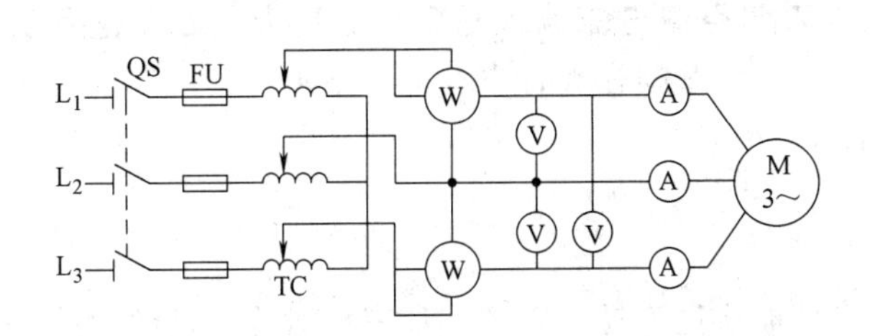

图3-40　三相异步电动机空载试验电路图

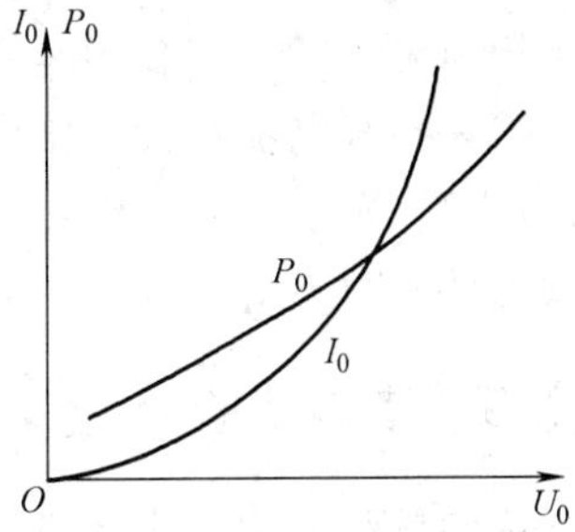

图3-41　异步电动机空载特性

三、铁耗与机械损耗的分离

异步电动机空载运行时，其等效电路如图3-42所示。

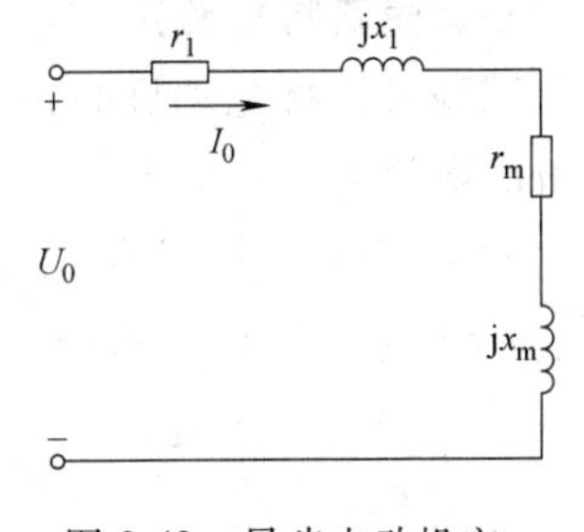

图3-42　异步电动机空载运行等效电路

空载时的输入功率 P_0 供给定子铜损耗 $p_{Cu1}=3I_0^2r_1$、铁心损耗 $p_{Fe}=3I_0^2r_m$ 和机械损耗 p_{fw}，即

$$P_0=p_{Cu1}+p_{Fe}+p_{fw} \tag{3-88}$$

从 P_0 中减去 p_{Cu1}，并用 P_0' 表示，得铁心损耗与机械损耗之和为

$$P_0'=P_0-p_{Cu1}=p_{Fe}+p_{fw} \tag{3-89}$$

其中，p_{Fe} 近似与磁通密度的二次方成正比，即近似与 U_0^2 成正比，而 p_{fw} 与 U_0 无关，它只取决于转速的大小。空载时可认为 p_{fw} 为常数。因此 $P_0'=f(U_0^2)$ 近似为直线，如图3-43所示。延长此近似直线与纵轴交于 O' 点，过 O' 点作一水平虚线。当 $U_0=0$ 时，$p_{Fe}=0$，所以虚线下部纵坐标就表示机械损耗 p_{fw}，而在横轴的 U_{1N}^2 处，虚线以上部分就是铁心损耗 p_{Fe}。

四、励磁参数计算

通常测取额定电压下的空载电流和空载损耗，求得励磁参数。

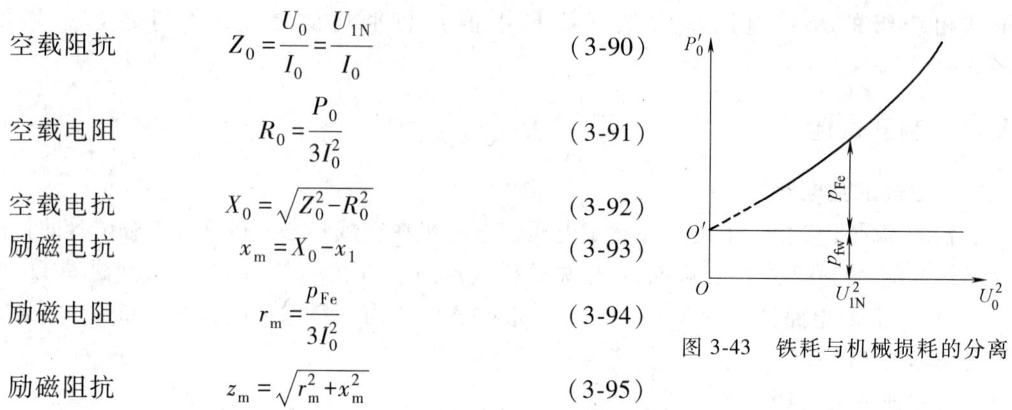

空载阻抗 $$Z_0=\frac{U_0}{I_0}=\frac{U_{1N}}{I_0} \tag{3-90}$$

空载电阻 $$R_0=\frac{P_0}{3I_0^2} \tag{3-91}$$

空载电抗 $$X_0=\sqrt{Z_0^2-R_0^2} \tag{3-92}$$

励磁电抗 $$x_m=X_0-x_1 \tag{3-93}$$

励磁电阻 $$r_m=\frac{p_{Fe}}{3I_0^2} \tag{3-94}$$

励磁阻抗 $$z_m=\sqrt{r_m^2+x_m^2} \tag{3-95}$$

图 3-43　铁耗与机械损耗的分离

五、空载试验的常见故障

① 三相电流不平衡：在额定电压下的三相空载电流，任何一相与平均值的偏差不得超过平均值的 10%，如超过此值表明被试电机有缺陷，造成的原因有定子三相绕组不对称、气隙的不均匀程度较严重、磁路不对称等。

② 空载电流和空载损耗过大：大致分为三种情况。一是空载电流和空载损耗都增大，但绕组电阻正常，则多半是铁心质量不佳或是定转子铁心未对齐；反之，则表明绕组匝数少。二是空载电流过大而空载损耗正常，则表明空载电流偏大是由气隙过大或磁路饱和引起；反之，则表明电机铁耗和风摩耗偏大。三是空载损耗大且空载电流不平衡，则表明绕组并联支路匝数不等，或有少数线匝匝间短路。

3.5.5　堵转试验

堵转试验又称短路试验，是在转子短路且被堵住不动，定子外加三相对称较低的短路电压的情况下进行的。堵转试验的目的是确定短路电流和短路损耗，从而求出短路参数（R_k、X_k）。堵转试验的电路图与空载试验相同，但转子要卡住不动。

一、短路特性测定

试验时，将电动机的转子堵转不转，用调压器从零开始逐步升高定子电压。当流过定子绕组的电流为额定值 I_N 时，此时的定子电压称为短路电压 U_k，输入的电功率称为短路功率 P_k。对额定电压为 380V 的电动机，短路电压为 70～95V 则认为合格。短路特性曲线 $I_k=f(U_1)$ 和 $P_k=f(U_1)$ 如图 3-44 所示。

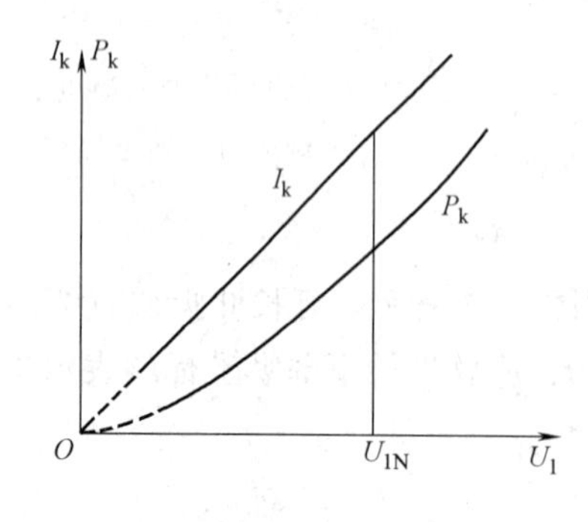

图 3-44　短路特性曲线

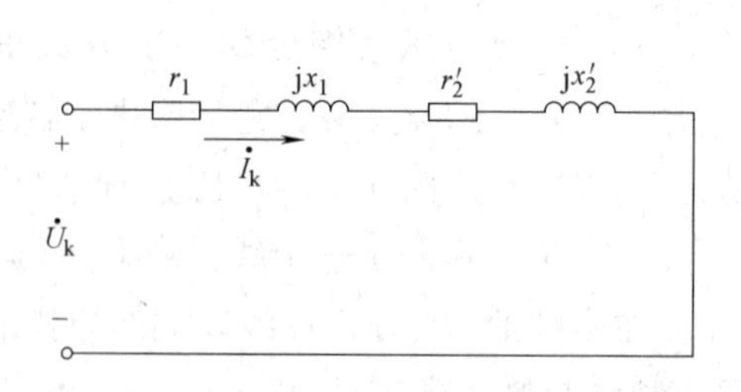

图 3-45　异步电动机堵转时的等效电路

二、短路参数计算

异步电动机堵转时的等效电路如图 3-45 所示，其中 r_2'、x_2'分别是转子电阻和漏电抗折算到定子侧的值。因堵转时外加电压很低，故铁心损耗可忽略不计。因 $n=0$，故机械损耗 $p_{fw}=0$。则定子输入功率 P_k 都消耗在定子和转子电阻上，即

$$P_k=p_{Cu1}+p_{Cu2}=3I_k^2(r_1+r_2') \tag{3-96}$$

短路阻抗：

$$Z_k=\frac{U_k}{I_k} \tag{3-97}$$

短路电阻：

$$R_k=r_1+r_2'=\frac{P_k}{3I_k^2} \tag{3-98}$$

短路电抗：

$$X_k=x_1+x_2'=\sqrt{Z_k^2-R_k^2} \tag{3-99}$$

3.5.6　耐压试验

电动机定子绕组相与相之间及每相与机壳之间经过绝缘处理后，应能承受一定的电压而不击穿称为耐压。对绕线转子异步电动机还包括转子绕组相与相之间及相与地之间的耐压。耐压试验的目的是考核各相绕组之间及各相绕组对机壳之间的绝缘性能的好坏，以确保电动机的安全运行及操作人员的人身安全。

耐压试验一般在单相工频耐压试验机上进行。对 1kW 以下的电动机，试验电压的有效值为 $500+2U_N$；对额定电压为 380V、功率为 1~3kW 以内的电动机，试验电压取 1500V；对额定电压为 380V、功率为 3kW 及以上的电动机，试验电压取 1760V。试验时间均为 1min。

3.5.7　三相异步电动机的工作特性

三相异步电动机的工作特性是指在电源电压和频率为额定值的条件下，电动机的转速、定子电流、电磁转矩、功率因数和效率与输出功率的函数关系。图 3-46 是一台三相异步电动机的工作特性曲线。

一、转速特性 $n=f(P_2)$

三相异步电动机空载时，转子转速 n 接近于同步转速 n_1。随着负载的增加，转速 n 降低，转差率 s 增大，转子电流增大，以产生电磁转矩来平衡负载转矩。

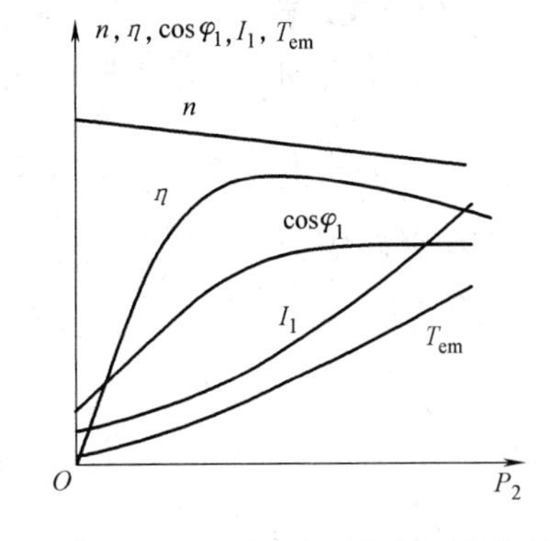

图 3-46　三相异步电动机的工作特性

二、电磁转矩特性 $T_{em}=f(P_2)$

由转矩平衡方程式：$T_{em}=T_0+T_2=T_0+\dfrac{P_2}{\Omega}$

因空载转矩 T_0 近似不变，且电动机转速变化也很小，所以电磁转矩 T_{em}随 P_2 的变化近似为一条直线。

三、定子电流特性 $I_1=f(P_2)$

由磁动势平衡方程式：$\dot{I}_1=\dot{I}_m+(-\dot{I}_2')$

空载时，转子电流 $\dot{I}_2\approx0$，定子电流几乎全部是励磁电流 $\dot{I}_m$。随着负载的增加，转子电流增大，定子电流也随之增大。

四、功率因数特性 $\cos\varphi=f(P_2)$

空载时，定子电流基本上是励磁电流，所以功率因数很低，不超过0.2。随着负载的增加，定子电流中的有功分量增大，使功率因数提高了。通常在额定负载附近，$\cos\varphi$ 达到最大值。

五、效率特性 $\eta=f(P_2)$

由效率公式：

$$\eta=\frac{P_2}{P_1}\times100\%=\frac{P_2}{P_2+p_{\mathrm{Cu1}}+p_{\mathrm{Fe}}+p_{\mathrm{Cu2}}+p_{\mathrm{fw}}+p_{\mathrm{ad}}}\times100\%$$

空载时，$P_2=0$，$\eta=0$。随着输出功率 P_2 的增加，效率 η 也增加。当可变损耗（p_{Cu1}、p_{Cu2}、p_{ad}）等于不变损耗（p_{Fe}、p_{fw}）时，电动机的效率达到最大值。如果负载继续增大，效率反而降低。

任务3.6　三相异步电动机的机械特性

【任务引入】

三相异步电动机的机械特性是分析电动机起动、调速和制动的基础，是研究电动机带负载起动能力和过载能力的基础。因此，理解机械特性是使用电动机的关键之处。

【任务目标】

（1）理解三相异步电动机的转矩特性表达式。

（2）掌握三相异步电动机机械特性曲线的画法。

（3）掌握三相异步电动机机械特性曲线上的特殊工作点。

【技能目标】

（1）会分析负载变化时三相异步电动机的工作变化过程。

（2）会分析三相笼型异步电动机降压和三相绕线转子异步电动机转子串电阻时的机械特性。

3.6.1　电磁转矩的表达式

1. 物理表达式

利用异步电动机等效电路可知，电磁功率可以表示为

$$P_{\mathrm{em}}=m_1E_2'I_2'\cos\varphi_2=m_1I_2'^2\frac{r_2'}{s}\tag{3-100}$$

则电磁转矩为

$$\begin{aligned}T_{\mathrm{em}}&=\frac{P_{\mathrm{em}}}{\Omega_1}=\frac{P_{\mathrm{em}}}{\omega_1/p}=\frac{p}{\omega_1}m_1E_2'I_2'\cos\varphi_2\\&=m_1\frac{p}{2\pi f_1}\times4.44f_1k_{\mathrm{w1}}N_1\Phi_{\mathrm{m}}I_2'\cos\varphi_2\\&=C_{\mathrm{T}}\Phi_{\mathrm{m}}I_2'\cos\varphi_2\end{aligned}\tag{3-101}$$

式中，Ω_1 为同步角速度，且 $\Omega_1=\frac{2\pi n_1}{60}=\frac{2\pi f_1}{p}=\frac{\omega_1}{p}$；$m_1$ 为定子绕组的相数；C_{T} 为转矩系数，且 $C_{\mathrm{T}}=\frac{m_1p}{\sqrt{2}}k_{\mathrm{w1}}N_1$，由异步电动机结构决定，通常 C_{T} 为常数。

由式（3-101）可见，电磁转矩的大小与气隙每极磁通及转子电流有功分量的乘积成正比。它反映了电磁转矩是由转子电流和气隙基波磁通相互作用而产生的物理本质，所以物理表达式常用来进行定性分析。

2. 参数表达式

用异步电动机的参数表示电磁转矩为

$$T_{em}=\frac{P_{em}}{\Omega_1}=\frac{m_1 I_2'^2\frac{r_2'}{s}}{2\pi f_1/p} \tag{3-102}$$

根据简化等效电路，可得转子电流有效值为

$$I_2'=\frac{U_1}{\sqrt{\left(r_1+\frac{r_2'}{s}\right)^2+(x_1+x_2')^2}} \tag{3-103}$$

将式（3-103）代入式（3-102）中，可得电磁转矩的参数表达式为

$$T_{em}=\frac{m_1 p U_1^2\frac{r_2'}{s}}{2\pi f_1\left[\left(r_1+\frac{r_2'}{s}\right)^2+(x_1+x_2')^2\right]} \tag{3-104}$$

$T_{em}=f(s)$ 称为转矩特性，特性曲线如图 3-47 所示。

3.6.2　三相异步电动机的机械特性

机械特性是指电动机的转子转速 n 与电磁转矩 T_{em} 之间的关系，由 $n=(1-s)n_1$，可将 $T_{em}=f(s)$ 转换成机械特性 $n=f(T_{em})$。机械特性分为固有机械特性和人为机械特性。

一、固有机械特性

异步电动机工作在额定电压及额定频率下，定子绕组按规定的接线方法接线，定子及转子电路中不外串电阻或电抗，此时的机械特性称为固有机械特性，如图 3-48 所示。机械特性曲线分成两个性质不同的区域，即 AB 段和 Bn_1 段。

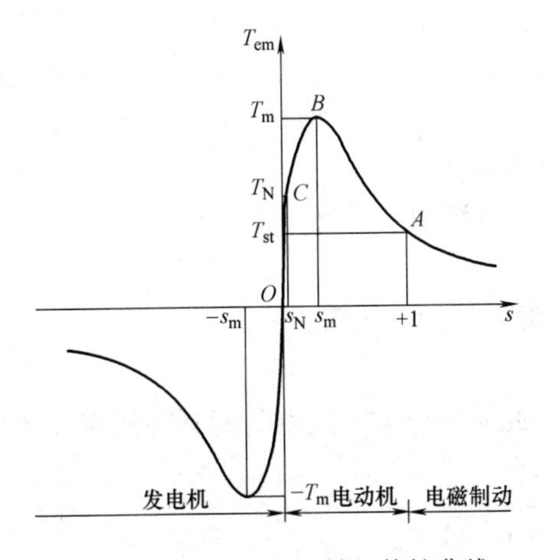

图 3-47　$T_{em}=f(s)$ 转矩特性曲线

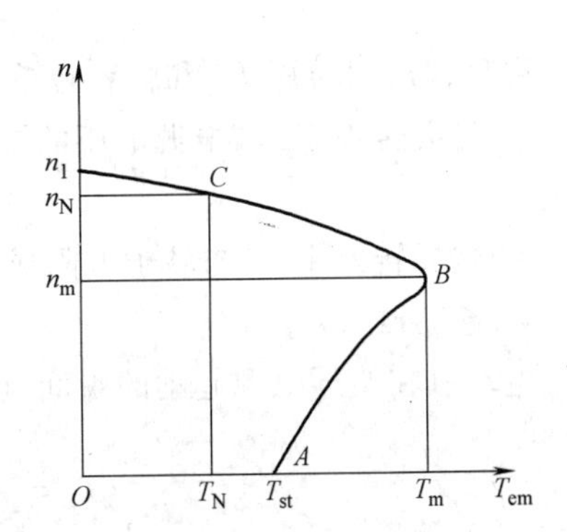

图 3-48　异步电动机固有机械特性曲线

当电动机起动时，只要起动转矩 T_{st} 大于反抗转矩 T_L，电动机便转动起来，电磁转矩 T_{em} 的变化沿曲线 AB 段运行。随着转速的上升，AB 段中 T_{em} 一直增大，所以转子一直被加速使电动机很快越过 AB 段而进入 Bn_1 段。在 Bn_1 段随着转速上升，电磁转矩下降。当转速上升到某一定值时，电磁转矩 T_{em} 与反抗转矩 T_L 相等，此时转速不再上升，电动机就稳定运行在 Bn_1 段。通常 AB 段称为不稳定区，Bn_1 段称为稳定区。

电动机一般都工作在稳定区域 Bn_1 段上，在这个区域内，负载转矩变化时，异步电动机的转速变化不大，即电动机转速随转矩的增加而略有下降，这种机械特性称为硬特性。异步电动机的机械特性上有三个特殊转矩点。

1. 理想空载点 n_1

转子不拖动机械负载，且忽略空载转矩（理想状态）。此时反抗转矩为零，转子转速达到了同步转速，即：$n=n_1$、$s=0$、$T_{em}=0$、$I_2=0$。

2. 额定点（C 点）

电动机在额定负载下稳定运行时的输出转矩称为额定转矩 T_N，对应的转速称为额定转速 n_N，转差率为额定转差率 s_N。额定转矩的计算公式如式（3-87）所示。

3. 最大值点（B 点）

电磁转矩的最大值称为最大转矩 T_m，它是稳定区和不稳定区的分界点。此时的转差率称为临界转差率 s_m，相对应的临界转速 $n_m=(1-s_m)n_1$。若负载转矩超过最大转矩，电动机将因带不动负载而发生停车，俗称“闷车”，此时电动机的电流会增大到额定值的 4~7 倍，将引起电动机严重过载、甚至烧毁。

为保证电动机在电源电压的波动时能正常工作，规定电动机的最大转矩 T_m 要比额定转矩 T_N 大得多。通常用过载系数 $\lambda_m=T_m/T_N$ 来衡量电动机的过载能力，一般三相异步电动机的过载能力 $\lambda_m=1.8\sim2.5$。利用数学中求极值的方法，对转矩参数表达式求导，令 $\frac{dT_{em}}{ds}=0$，可得临界转差率 s_m 和最大转矩 T_m 的表达式为

$$s_m=\frac{r_2'}{\sqrt{r_1^2+(x_1+x_2')^2}} \tag{3-105}$$

$$T_m=\frac{m_1pU_1^2}{4\pi f_1[r_1+\sqrt{r_1^2+(x_1+x_2')^2}]} \tag{3-106}$$

可见，最大转矩 T_m 和临界转差率 s_m 具有以下特点：

① 最大转矩 T_m 与电源电压的二次方成正比，与电源频率成反比，而与转子电阻的大小无关。

② 临界转差率 s_m 与转子电阻成正比，而与电源电压的大小无关。

4. 起动点（A 点）

电动机在接通电源起动的瞬间（$n=0$、$s=1$），此时的电磁转矩称为起动转矩 T_{st}，即

$$T_{st}=\frac{m_1pU_1^2r_2'}{2\pi f_1[(r_1+r_2')^2+(x_1+x_2')^2]} \tag{3-107}$$

可见，起动转矩具有以下特点：

① 起动转矩 T_{st}与电源电压的二次方成正比。

② 起动转矩 T_{st}与转子回路电阻有关，在一定范围内增大转子电阻，可以增大起动转矩。

起动时，必须满足 $T_{st}>T_L$；否则，电动机将无法起动，出现堵转现象，电动机电流可达到额定值的 4~7 倍，造成电动机过热。

通常用起动系数 $\lambda_{st}=T_{st}/T_N$ 来衡量电动机的起动能力，一般三相异步电动机的起动系数 $\lambda_{st}=0.9\sim2.0$，笼型电动机的取值较小，绕线转子电动机取值较大。

二、人为机械特性

若改变 U_1 和 f_1 或定子和转子回路串附加电阻和电抗时，所得机械特性称为人为机械特性。常用的人为机械特性有降低定子电压 U_1 和转子串附加电阻两种。

1. 降低 U_1 时的人为机械特性

由于设计电动机时，在额定电压下磁路已经接近饱和，如升高电压会使励磁电流激增，使电动机严重过热、甚至烧毁，故一般只能得到降压时的人为机械特性。因 $T_m\propto U_1^2$，而 s_m 与 U_1 无关，可得降低 U_1 时的人为机械特性如图 3-49 所示。

2. 转子回路串入三相对称电阻时的人为机械特性

在绕线转子异步电动机的转子回路串入电阻 R_p，因 $s_m\propto r_2$，而 T_m 与 r_2 无关，可得转子回路串入三相对称电阻时的人为机械特性，如图 3-50 所示。

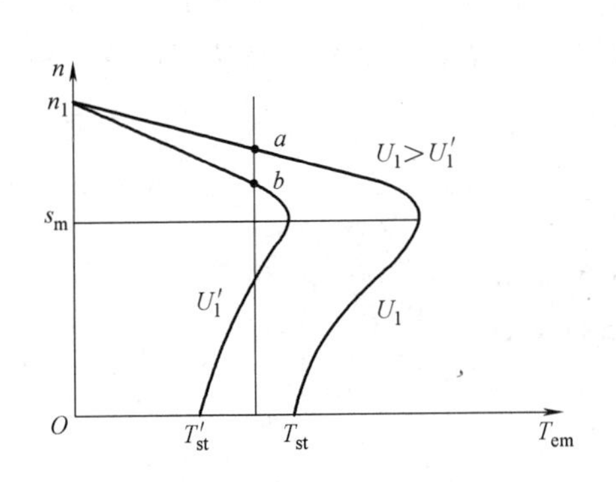

图 3-49 定子降压人为机械特性

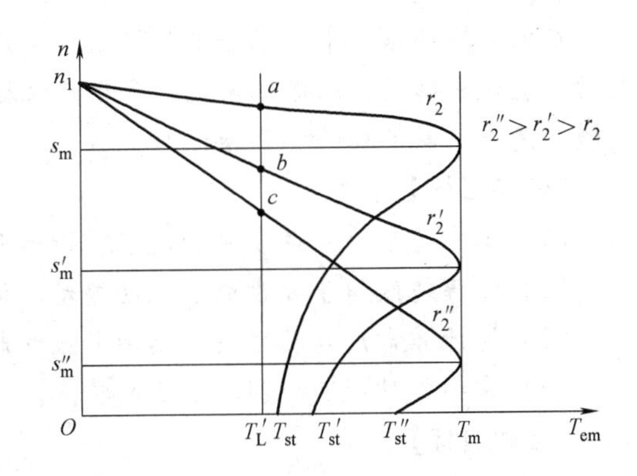

图 3-50 转子串电阻人为机械特性

三、三相异步电动机的稳定运行区

三相异步电动机的机械特性曲线分为直线段（转速范围 $n_1\sim n_m$）和近似双曲线段（转速范围 $n_m\sim0$），如图 3-51 所示。假设电动机拖动恒转矩负载，且运行在直线段的 a 点，此时 $T_{ema}=T_L$；若 T_L 增大，则 $T_{em}<T_L'$，转速 n 降低，由特性曲线可知，T_{em}会增大；当 $T_{emb}=T_L'$时，电动机重新稳定在 b 点；同样，若 T_L 减小，转速 n 上升，最终稳定在 c 点。可见，机械特性曲线的直线段是电动机的稳定区间。同样可以证明，电动机拖动恒功率负载时，机械特性曲线的直线段仍是电动机的稳定区间。

若假设电动机拖动恒转矩或恒功率负载，且运行在双曲线段的某一点上，按上述分析过程可以证明，机械特性曲线的双曲线段是电动机的非稳定区间。但是对于风机型负载，电动机仍能工作在双曲线段。对三种不同类型的负载，其稳定工作点分别为图 3-52 中的 a、b、c

点所示。可以推得，对于任意性质的负载，电动机稳定运行的条件是

$$\frac{dT_{em}}{dn}<\frac{dT_L}{dn} \tag{3-108}$$

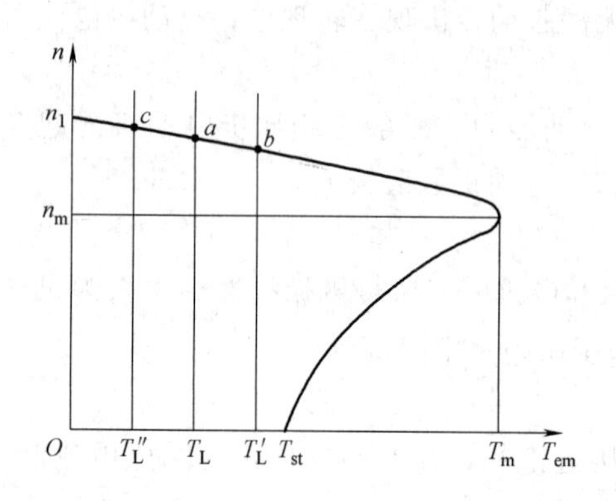

图 3-51　三相异步电动机的稳定运行区间

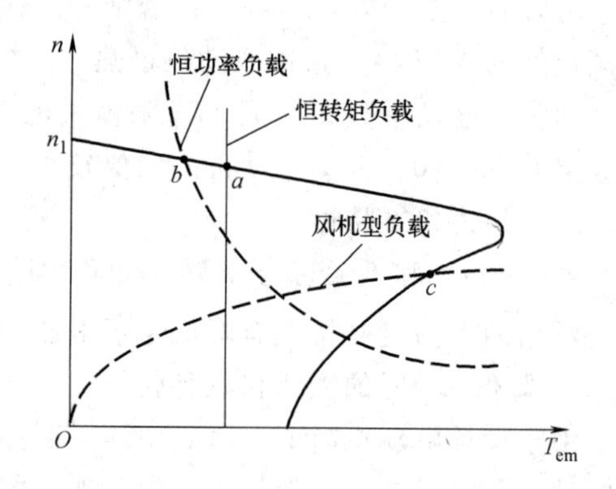

图 3-52　三种类型负载的稳定工作点

任务 3.7　三相异步电动机的应用

【任务引入】

在电力拖动系统中，根据生产机械和生产工艺的要求，电动机在一定负载下，能够正常起动、调速和制动，以保证电动机和生产机械的可靠工作。掌握电动机的起动、调速和制动性能，是选用电动机的重要指标。

【任务目标】

（1）掌握笼型异步电动机的起动、调速和制动方法。

（2）掌握绕线转子异步电动机的起动、调速和制动方法。

（3）能计算常用起动方法的起动电流和起动转矩的大小。

（4）掌握各种调速和制动方法的特点。

【技能目标】

（1）会选用合适的起动、调速和制动方法。

（2）能进行起动设备、调速设备和制动设备的连线及使用。

（3）了解起动设备、调速设备和制动设备的故障检修方法。

3.7.1　三相异步电动机的起动

电动机的定子接通电源后，从静止状态到稳定运行状态的过渡过程称为起动。在起动瞬间（$n=0$、$s=1$），旋转磁场以最大的相对速度切割转子导体，转子感应电动势及电流最大，致使定子起动电流也最大，其值为额定电流的 4~7 倍。尽管起动电流很大，但因起动功率因数甚低，所以起动转矩较小。

过大的起动电流会引起电网电压明显下降，将影响接在同一电网的其他用电设备的正常运行，严重时甚至电动机本身也转不起来；如果是频繁起动，不仅使电动机温度升高，还会产生过大的电磁冲击，影响电动机的寿命。较小的起动转矩会使电动机起动时间拖长，既影

响生产效率又会使电动机温度升高；如果小于负载转矩，电动机就根本不能起动。

由于异步电动机存在着起动电流很大，而起动转矩却较小的问题，所以必须在起动瞬间限制起动电流，并尽可能地提高起动转矩，以加快起动过程。下面对笼型和绕线转子异步电动机常用的几种起动方法进行讨论。

一、笼型异步电动机的起动

1. 直接起动

利用刀开关或接触器将电动机定子绕组直接接到额定电压的电源上使电动机起动，称为直接起动，又称全压起动。直接起动的优点是起动设备和操作都比较简单，其缺点是起动电流大、起动转矩小。对于小容量异步电动机来说，因起动电流较小，且体积小、惯性小、起动快，对电网和电动机本身都不会造成影响。在工程实践中，常用下列公式判断能否直接起动。

$$\frac{I_{st}}{I_N} \leqslant \frac{3}{4}+\frac{S_N}{4P_N} \tag{3-109}$$

式中，I_{st}为电动机的起动电流，单位为 A；I_N 为电动机的额定电流，单位为 A；S_N 为电源的总容量，单位为 kV · A；P_N 为电动机的额定功率，单位为 kW。

如果不能满足式（3-109）的要求，则必须采用减压起动以限制起动电流。

2. 减压起动

减压起动是在起动时降低定子电压，起动结束后再转成额定电压正常运行。减压起动虽然可以限制起动电流，但起动转矩却大大下降（因起动转矩与电压二次方成正比），故减压起动只适用于空载或轻载起动的笼型异步电动机。下面介绍几种常用的减压起动方法。

（1）定子电路串接电阻（或电抗）起动。定子电路串接电阻或电抗的起动电路图分别如图 3-53 和图 3-54 所示。起动时，先合上电源隔离开关 QS，再将切换开关 S 扳向“起动”位置，电动机串入电阻 R 或 X 起动，待转速接近稳定值时，将 S 扳向“运行”位置，R 或 X 被切除，使电动机恢复正常运行。

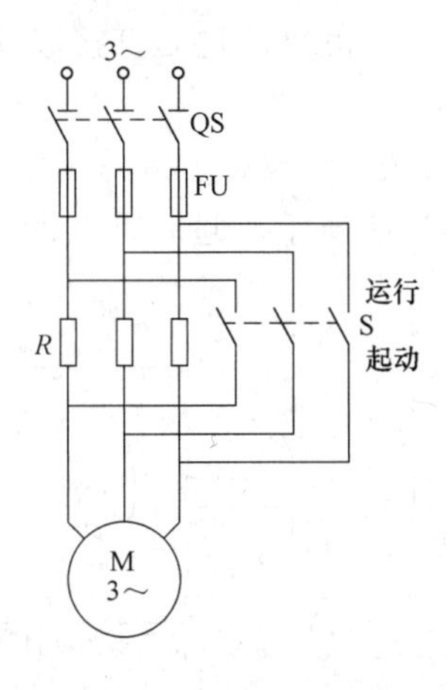

图 3-53 定子电路串接电阻起动电路图

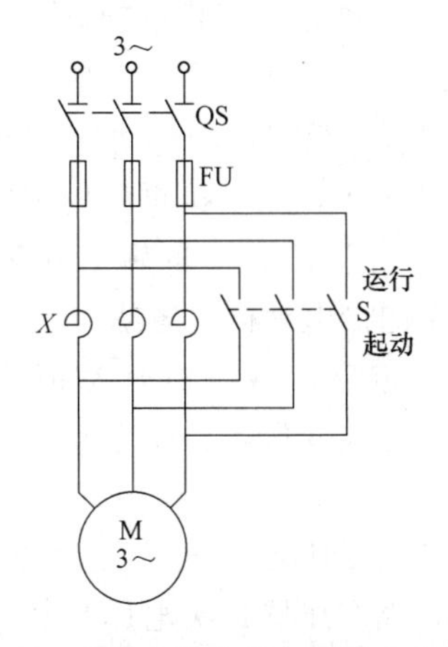

图 3-54 定子电路串接电抗起动电路图

（2）定子绕组星形/三角形（Y/△）换接起动。Y/△换接起动只适用于正常运行时定子绕组作三角形联结的笼型异步电动机。起动时定子绕组接成星形，使定子绕组每相所承受的电压降低到额定电压的 $1/\sqrt{3}$，从而降低起动电流，待电动机转速稳定后，再换接成三角形正常运行。起动电路图如图 3-55 所示。

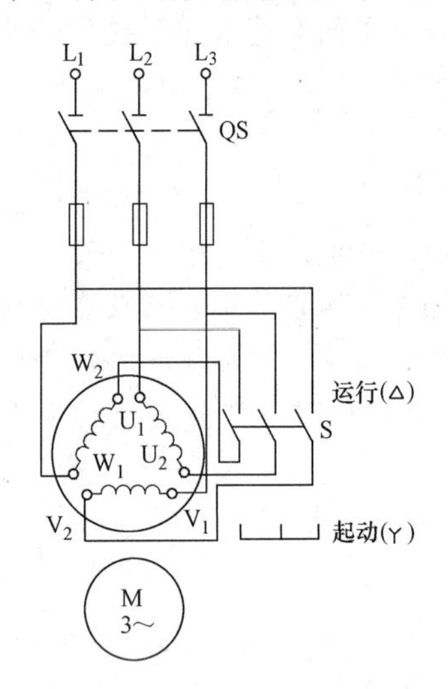

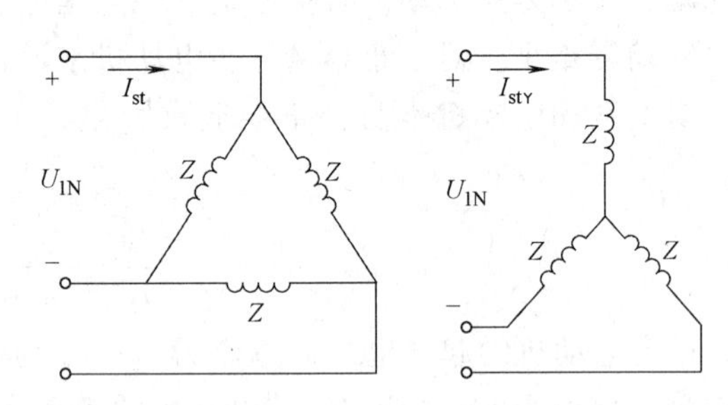

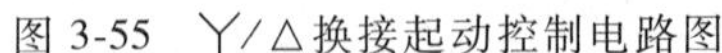
图 3-55　Y/△换接起动控制电路图　　图 3-56　Y/△换接起动电压和电流的关系

设定子绕组每相阻抗的大小为 $|Z|$，电源线电压为 U_{1N}，△联结时直接起动的线电流为 $I_{st\triangle}$，Y联结时减压起动的线电流为 I_{stY}，如图 3-56 所示。则有

$$\frac{I_{stY}}{I_{st\triangle}}=\frac{\dfrac{U_{1N}}{\sqrt{3}|Z|}}{\sqrt{3}\dfrac{U_{1N}}{|Z|}}=\frac{1}{3} \tag{3-110}$$

$$\frac{T_{stY}}{T_{st\triangle}}=\frac{(U_{1N}/\sqrt{3})^2}{U_{1N}^2}=\frac{1}{3} \tag{3-111}$$

可见，采用Y/△换接起动，减压起动电流和起动转矩（Y联结）均为直接起动电流和起动转矩（△联结）的 1/3 倍。

一般，Y 系列异步电动机额定功率在 4kW 以上的均设计成△联结。

（3）定子电路串接自耦变压器起动。起动电路图如图 3-57 所示。起动时，将切换开关扳到“起动”位置，自耦变压器一次侧接电网，二次侧接电动机定子绕组，实现减压起动。当转速稳定后，将切换开关扳到“运行”位置，切除自耦变压器，使电动机在额定电压下正常运行。

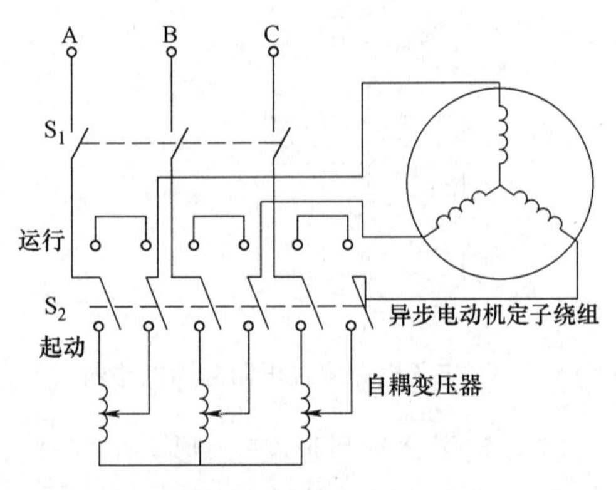

图 3-57　定子电路串接自耦变压器起动电路图

设自耦变压器的电压比为 k，电动机定子电压（自耦变压器二次电压）为直接起动时的 $1/k$ 倍，电动机定子电流（自耦变压器二次电流）也降为直接起动的 $1/k$，则电路电流（自耦变压器一次电流）降为直接起动的 $1/k^2$。由于电磁转矩与定子电压的二次方成正比，故起

动转矩也降低为直接起动的 $1/k^2$。

自耦变压器的二次侧上备有几个不同的电压抽头，以供用户选择电压。例如，QJ 型有三个抽头，其输出电压分别是电源电压的 55%、64%、73%，相应的电压比分别为 1.82、1.56、1.37。

二、绕线转子异步电动机的起动

绕线转子异步电动机通常采用转子电路串接电阻或串接频敏变阻器的方法实现起动。

1. 转子电路串接电阻起动

绕线转子异步电动机的转子电路串接适当的电阻，既可降低起动电流，又可提高起动转矩，起动电路图如图 3-58 所示。

起动时，先将变阻器调到最大位置，然后合上电源开关，转子便转动起来。随着转速的升高，将串入的电阻逐渐切除，直到全部切除为止，转速上升到正常值。

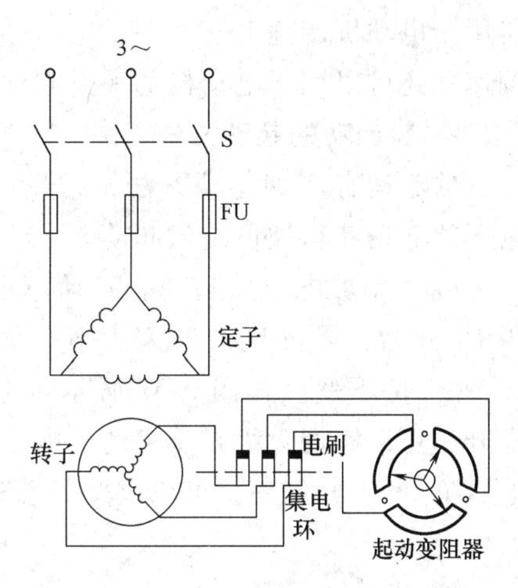

图 3-58　绕线转子异步电动机转子串接电阻起动过程

2. 转子电路串接频敏变阻器起动

频敏变阻器是由三相窗式铁心（由 6~12mm 钢板或铁板叠成）和三相绕组（星形联结）组成，每相铁心线圈可以等效为一个电阻 R_m 和电抗 X_m 的串联电路。R_m 主要反映铁心内的涡流和磁滞损耗，由于厚钢板的铁心损耗很大，故 R_m 较大。因为铁心损耗近似与频率的二次方成正比，刚开始起动时（$s=1$），转子电流的频率最高（$f_2=f_1$），则频敏变阻器的等效电阻 R_m 最大。随着转子转速的逐渐升高，转子电流频率（$f_2=sf_1$）便逐渐降低，则等效电阻 R_m 也随之减小。这种特性正好满足随转速升高自动切除电阻的起动要求，起动结束后，将转子绕组短接，把频敏变阻器从电路中切除。起动电路图如图 3-59a 所示。

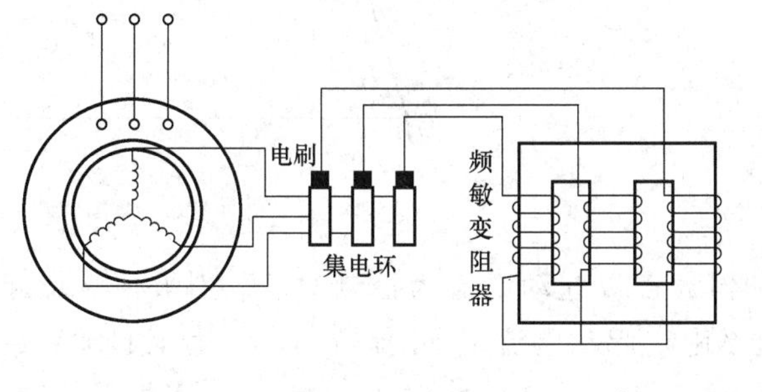

a) 起动电路图

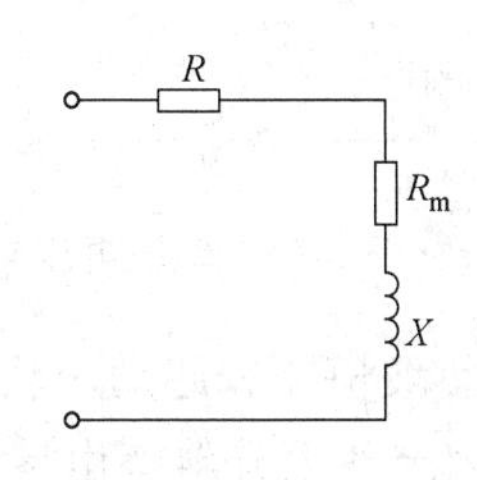

b) 频敏变阻器等效电路

图 3-59　转子电路串接频敏变阻器

频敏变阻器相当于一个电抗器，它的电阻（等效涡流损耗电阻 R_m）和绕组电抗（X）是随交变电流的频率而变化，故称为频敏变阻器。其等效电路如图 3-59b 所示。

三、三相异步电动机的软起动

前面介绍的几种传统起动方法都是有级起动，电动机在起动过程中从一级切换到另一级的瞬间会产生冲击电流，起动不够平稳。随着电力电子技术的发展，一种新型的无级起动器——软起动器（又称固态起动器）以其优良的起动性能和保护性能得到了越来越广泛的应用。

1. 软起动器的工作原理

所谓软起动，是指在起动过程中电动机的转矩变化平滑而不跳跃，即起动过程是平稳的。典型软起动器的主电路是三相晶闸管移相调压器，如图 3-60 所示。

每一相都是由反并联的两个晶闸管或者是双向晶闸管组成的。改变晶闸管触发导通的触发延迟角 α，就能改变调压器的输出电压。由于是通过改变触发延迟角的相位来调压，所以称为移相调压。当移相调压器用于电动机调速时，可使速度平滑地变化，称为软调速；还可以用于电动机的平滑制动，称为软制动。

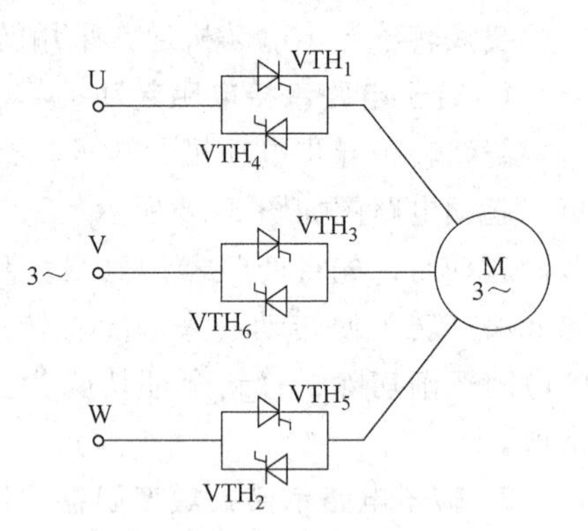

图 3-60　三相异步电动机软起动主电路图

2. 软起动的起动方法

软起动有多种起动方法，常用的起动方法有斜坡电压软起动和斜坡恒流软起动。

（1）斜坡电压软起动。起动电压从较低的起始电压 U_s 开始，以固定的速率上升，直至达到额定电压 U_N 并保持不变，如图 3-61 所示。电压由小到大线性上升，可以实现无级减压起动。电磁转矩与电压的二次方成正比，呈抛物线上升。改变起始电压 U_s 和上升斜率就可以改变起动时间。

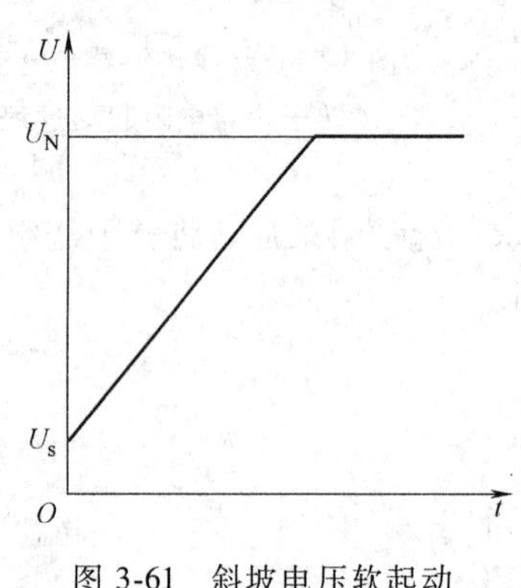

图 3-61　斜坡电压软起动

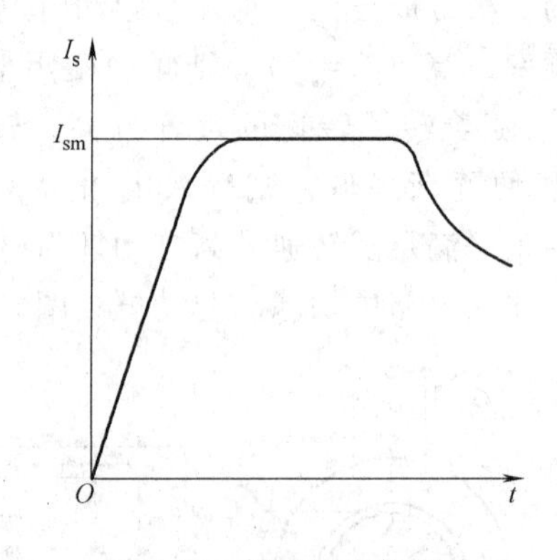

图 3-62　斜坡恒流软起动

（2）斜坡恒流软起动。软起动器大多以起动电流为控制对象。斜坡恒流软起动时，起动电流按固定的上升斜率由零上升至限定起动电流 I_{sm} 并保持不变，直至起动结束，电流才下降为正常运行电流，如图 3-62 所示。起动电流 $I_{sm}=(1.5\sim4.5)I_N$，可根据要求进行调节。要求起动转矩大的，可选取较大的 I_{sm}，否则应选取较小的 I_{sm}。

3. 软起动优缺点

（1）软起动的优点。

① 起动电流小，对电网无冲击电流，可减小负载的机械冲击。

② 起动电压及其上升斜率、起动时间可根据负载进行调节，实现电动机平稳起动。

③ 可实现电动机软停车、软制动及短路保护、断相保护、过热保护和欠电压保护等。

④ 电动机轻载或空载时，输出电压能随负载而变化，实现节能运行。

（2）软起动的缺点。

① 起动时的谐波对电网产生影响。

② 当重载或满载运行时，起动转矩大于额定转矩60%的拖动系统，起动电流很大，软起动器容量大，成本高。

3.7.2 三相异步电动机的调速

调速是指在机械负载不变的情况下，改变电动机本身的电气参数，达到改变电动机转子转速的目的。由异步电动机的转速公式

$$n=n_1(1-s)=\frac{60f_1}{p}(1-s) \tag{3-112}$$

可见，要调节异步电动机的转速，可采用改变电源频率 f_1、磁极对数 p 和转差率 s 三种方法来实现。

一、变极调速

在电源频率恒定条件下，改变定子绕组联结方式以改变旋转磁场的磁极对数 p，从而改变同步转速 n_1 和转子转速 n，称为变极调速。变极调速只适用于笼型电动机，因为笼型转子绕组的磁极对数是感应产生的，随定子磁极对数的改变而改变，使定转子磁极对数保持一致，从而形成有效的平均电磁转矩。

交流电动机定子绕组产生的磁极对数，取决于绕组中电流的方向。若使每相绕组中一半线圈的电流方向改变，可使磁极对数成倍变化。以U相绕组产生的磁场为例，假设U相绕组由两个线圈组成，当两个线圈首尾相串时，定转子之间将形成2对磁极，如图3-63所示。当两个线圈尾尾相串时，定转子之间将形成1对磁极，如图3-64所示。

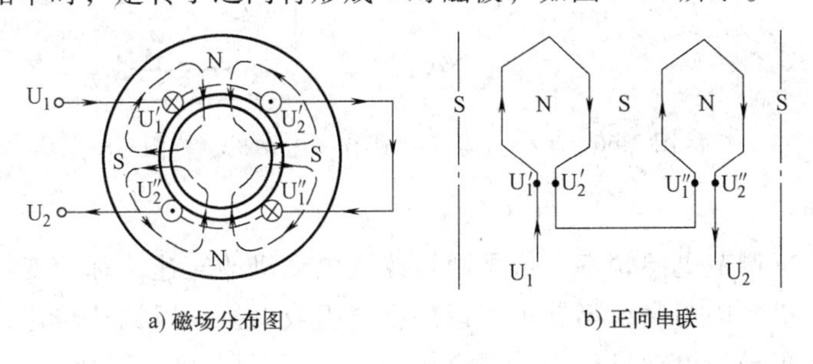

a) 磁场分布图　　b) 正向串联

图3-63 U相绕组两个线圈首尾相串（$p=2$）

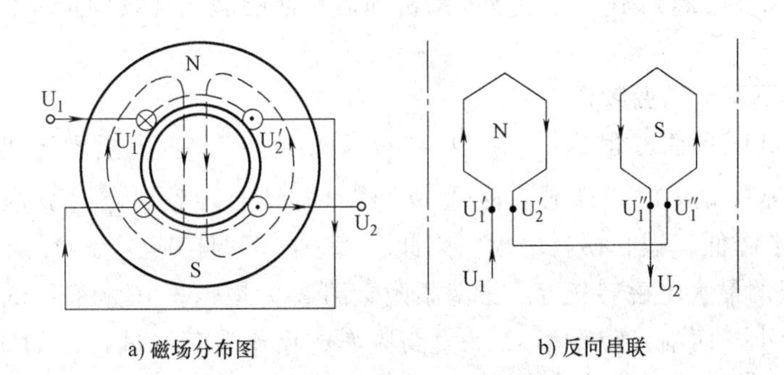

a) 磁场分布图　　b) 反向串联

图3-64 U相绕组两个线圈尾尾相串（$p=1$）

变极调速可获得倍极比为 2/4 极、4/8 极的双速电动机，也可以获得非倍极比为 4/6 极、6/8 极的双速电动机，还可以获得几档极数比为 2/4/8 极、4/6/8 极的三速电动机。

例如，△/YY联结双速异步电动机可用于拖动恒功率负载的调速，接线图如图 3-65 所示；Y/YY联结双速异步电动机可用于拖动恒转矩负载的调速，接线图如图 3-66 所示。

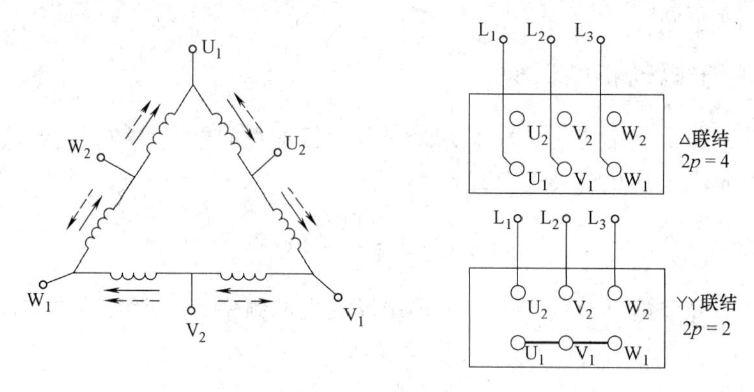

图 3-65　△/YY联结双速异步电动机接线图

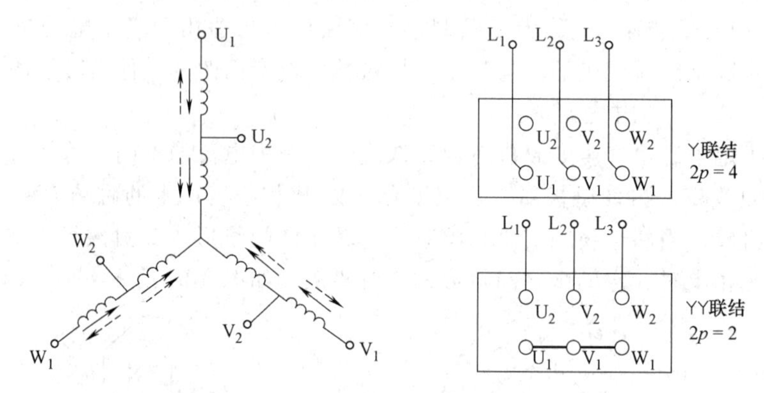

图 3-66　Y/YY联结双速异步电动机接线图

二、变频调速

通过变频器连续调节电源频率，可平滑地改变电动机的转速，称为变频调速。变频调速一般用于笼型电动机，因为绕线型转子可以外串电阻或电抗，以调节转速，且变频器的价格较高，所以绕线转子异步电动机很少采用变频调速。

如果单一地调节电源频率，将导致电动机的运行性能恶化。设额定频率为基频，则变频调速分为两种。

1. 从基频向下调节的变频调速

由电动机的电压平衡方程式：$U_1 \approx 4.44 f_1 k_{w1} N_1 \Phi_m$，若定子电压 U_1 保持额定值不变，当电源频率 f_1 从基频减小时，铁心主磁通 Φ_m 将增加，会导致磁路过分饱和，励磁电流增加很大，功率因数降低，铁心损耗增大。因此，基频向下调速应保证 Φ_m 不变，即保持 U_1/f_1 = 恒值。电动机的最大电磁转矩 T_m 在基频附近可视为恒值，在频率更低时，随着频率 f_1 的下调，T_m 将变小，而临界转差率 s_m 一直与频率成反比。其机械特性如图 3-67a 所示，可见它是一种近似恒转矩调速的类型。

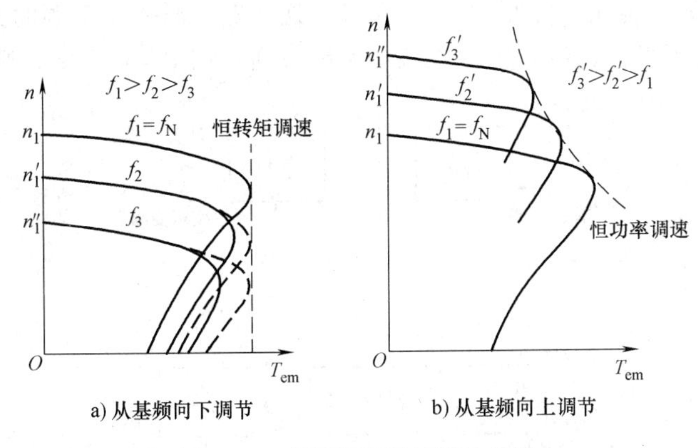

图 3-67　变频调速机械特性曲线

2. 从基频向上调节的变频调速

当电源频率 f_1 从基频升高时，定子电压 U_1 不允许超过额定值，故应保持 U_1 = 常数。当 f_1 升高时，铁心主磁通 Φ_m 将下降，属减弱磁场调速类型，此时电动机最大电磁转矩 T_m 及临界转差率 s_m 与频率 f_1 的关系，可近似表示为

$$T_m \propto \frac{1}{f_1^2},\quad s_m \propto \frac{1}{f_1}$$

其机械特性如图 3-67b 所示，可见它是一种近似恒功率调速的类型。

3. 变频装置简介

要实现异步电动机的变频调速，必须有能够同时改变电压和频率的供电电源。现有的交流供电电源都是恒压恒频的，所以必须通过变频装置先把工频交流电通过整流器变成直流，然后再经过逆变器将直流变成为频率可控的交流，称为交-直-交变频（或称间接变频）；若没有中间的直流环节，又称为交-交变频（或称直接变频）。目前应用较多的还是间接变频装置。

（1）间接变频装置。图 3-68 为间接变频装置的主要构成环节。按照不同的控制方式，它可分为三种。

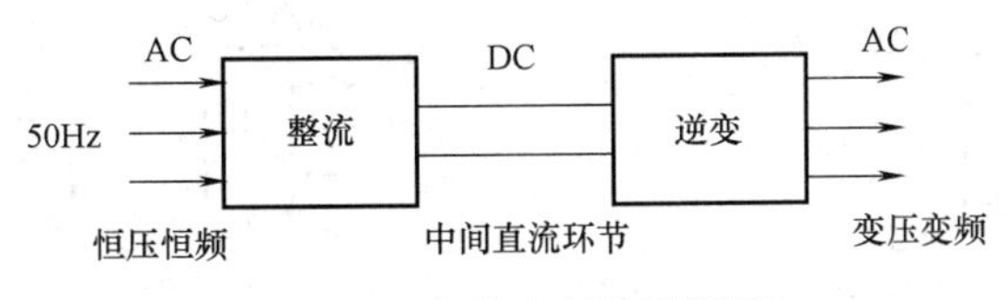

图 3-68　间接变频装置框图

① 用可控整流器变压、逆变器变频的交-直-交变频装置，如图 3-69a 所示。调压和调频分别在两个环节上进行，两者要在控制电路上协调配合。这种装置结构简单、控制方便。但是，由于输入环节采用可控整流器，当电压和频率调得较低时，电网端的功率因数较低；输出环节多采用晶闸管组成的三相六拍逆变器，输出的谐波较大。

② 用不可控整流器整流、斩波器变压、逆变器变频的交-直-交变频装置，如图 3-69b 所示。整流器采用二极管不可控整流，增设斩波器进行脉宽调压。这样虽然多了一个环节，但输入功率因数高。同样，由于输出的逆变环节不变，因此仍有谐波较大的问题。

③ 用不可控整流器整流、脉宽调制（PWM）逆变器同时变压变频的交-直-交变频装置，如图 3-69c 所示。用不可控整流，则输入端功率因数高；用 PWM 逆变，则谐波可以减小。

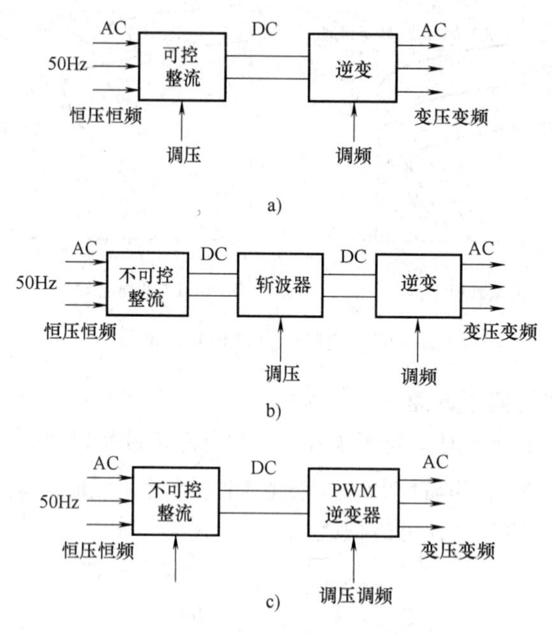

图 3-69　间接变频装置的三种形式

（2）直接变频装置。

直接变频装置框图如图 3-70 所示，它只用一个变换环节就可以把恒压恒频的交流电源变换成变压变频的交流电源。这种变频装置输出的每一相，都是一个两组晶闸管整流装置反并联的可逆电路，如图 3-71 所示。正、反两相按一定周期相互切换，在负载上就获得交流的输出电压 u_o，u_o 的幅值取决于各相整流装置的触发延迟角，u_o 的频率决定于两组整流装置的切换频率。当整流器的触发延迟角和这两组整流装置的切换频率不断变化时，即可得到变压变频的交流电源。

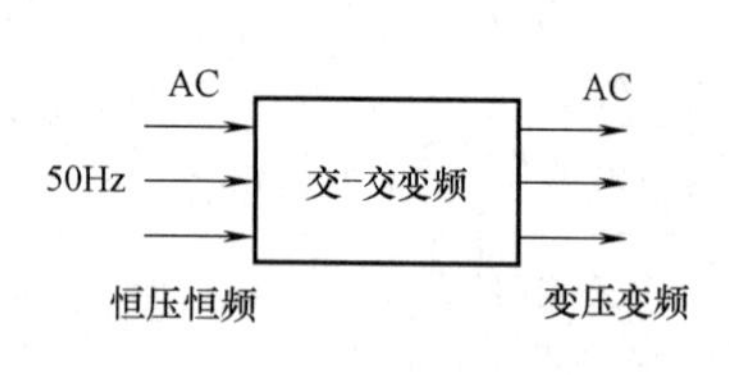

图 3-70　直接变频装置框图

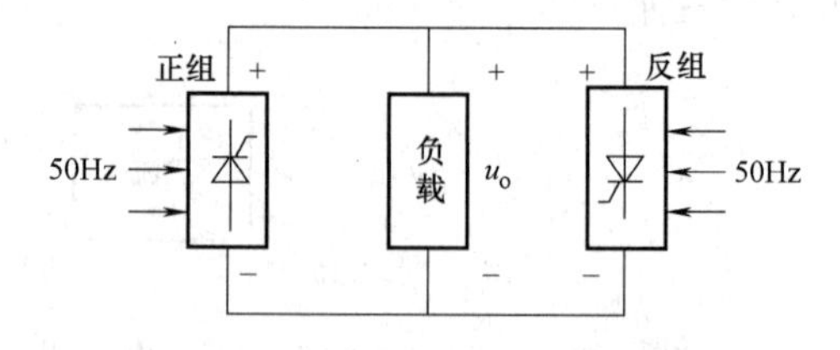

图 3-71　交-交变频装置一相电路

三、改变转差率调速

改变转差率调速的常用方法有两种。

1. 改变定子电压 U_1 调速

由于 $T_m \propto U_1^2$，则最大电磁转矩 T_m 随定子电压 U_1 的降低而下降，而临界转差率 s_m 与 U_1 无关，对应不同 $U_1^`$ 的机械特性如图 3-72 所示。在负载转矩不变时，降低 U_1 可使转速下降。这种调速方法，当转子电阻较小时，能调节速度的范围不大；当转子电阻较大时，可以有较大的调节范围，但又增大了损耗。

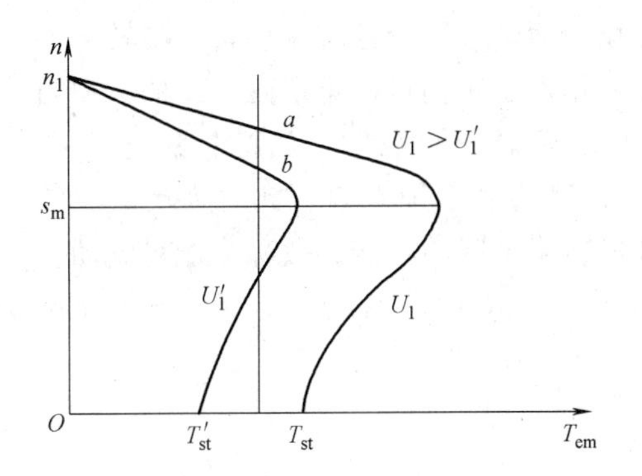

图 3-72 定子降压调速的机械特性

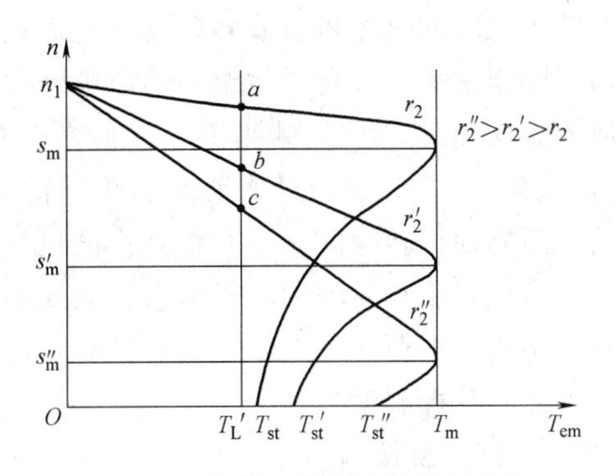

图 3-73 转子串阻调速的机械特性

2. 改变转子电阻 r_2 调速

这种方法只适用于绕线转子异步电动机。当在转子电路中串接一个变阻器时，随着转子电阻 r_2 的增大，临界转差率 s_m 将成正比增加，而最大电磁转矩 T_m 与 r_2 无关，对应不同 r_2 的机械特性如图 3-73 所示。在负载转矩不变时，外串电阻越大，转速就越低，改变转子电阻调速控制电路图如图 3-74 所示。这种调速方法损耗较大，调节范围有限。

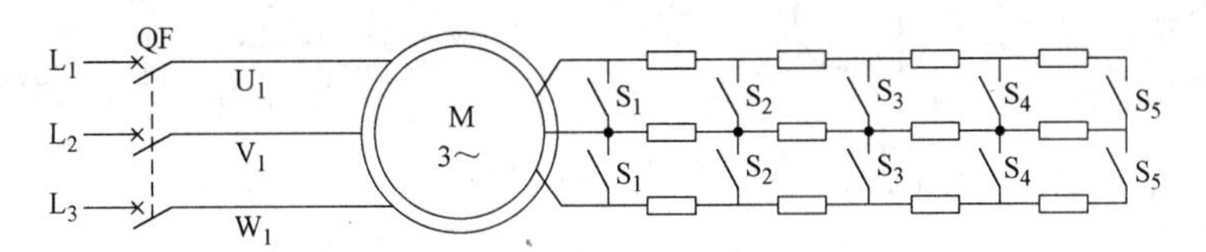

图 3-74 改变转子电阻调速控制电路图

3.7.3 三相异步电动机的制动

若使电动机的电磁转矩 T_{em} 与转子转速 n 的方向相反，则称为制动运行状态。制动可使电动机快速减速、停车及匀速下放重物。异步电动机的制动分为以下三种情况。

一、能耗制动

能耗制动电路图如图 3-75 所示。首先合上开关 S_1，异步电动机工作在电动状态，如图 3-76 中的 A 点所示。若瞬间断开 S_1，并同时合上开关 S_2，此时定子三相绕组从三相交流电源上切除，并将其中任意两相接到直流电源上，工作点瞬间跳变到曲线 1 上的 B 点。由于

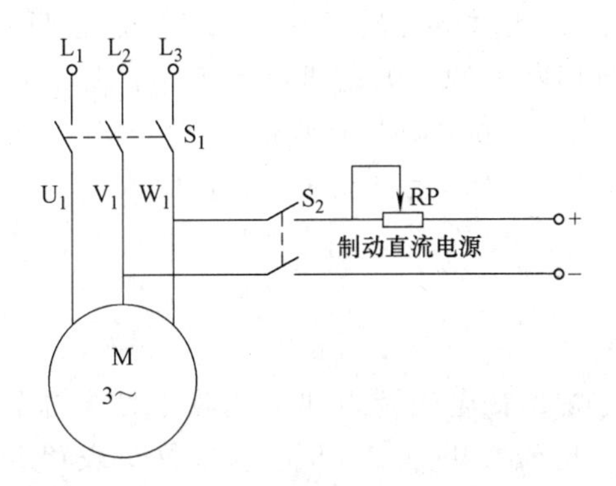

图 3-75 能耗制动电路图

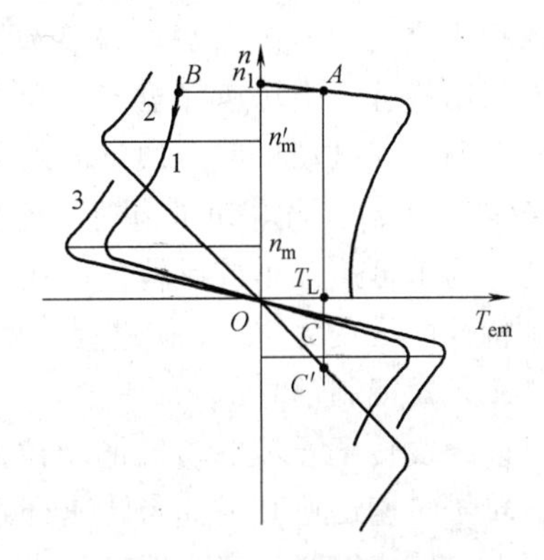

图 3-76 能耗制动机械特性曲线

定转子之间的磁场将由旋转磁场变为固定不动的磁场。而转子因惯性继续旋转，则转子导体切割固定磁场，在转子绕组中感应电动势和电流，根据左手定则可确定电磁转矩的方向与转速的方向相反，即为制动状态。当电动机拖动反抗性恒转矩负载时，最终将稳定于 O 点（准确停车）。当电动机拖动位能性恒转矩负载时，最终将稳定于 C 点，此时为反向能耗制动。因制动使转速降低，并将减小的机械能量转换成转子电阻的热能，故称为能耗制动。

若能耗制动时增大转子电阻，其机械特性曲线如图 3-76 中的曲线 2 所示。若能耗制动时减小直流电源所串电阻，其机械特性曲线如图 3-76 中的曲线 3 所示。

二、反接制动

1. 倒拉反接制动

倒拉反接制动适用于绕线转子异步电动机拖动位能性负载、并由重物提升转换成重物下放的状况。制动电路图如图 3-77 所示。

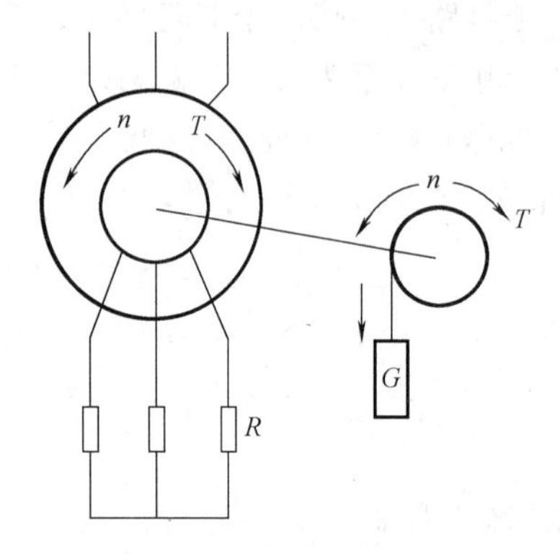

图 3-77　倒拉反接制动电路图

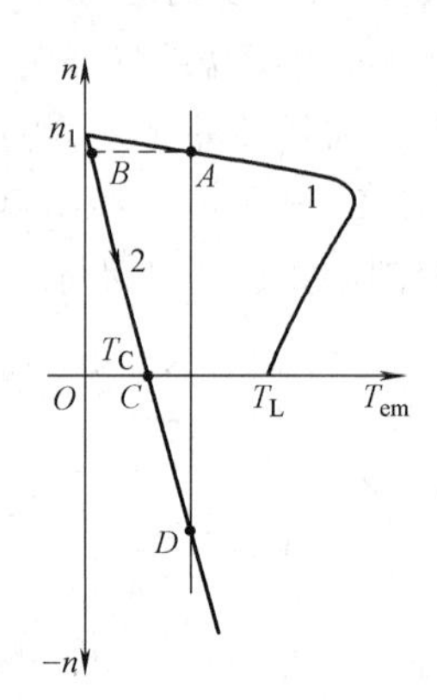

图 3-78　倒拉反接制动机械特性曲线

设异步电动机原来工作在电动状态，向上提升重物，如图 3-78 中的 A 点所示。此时，在转子电路中串接较大电阻，工作点瞬间跳变到 B 点，此处的电磁转矩小于负载转矩，使转子降速。但当转速降至零（C 点）时，电磁转矩仍然小于负载转矩，则转速反向进入第四象限，最终稳定在 D 点，实现重物下放。改变转子外串电阻值，可调节重物下放的速度。

2. 电源反接制动

电源反接制动电路图如图 3-79 所示。首先合上开关 S_1，绕线转子异步电动机工作在电动状态，如图 3-80 中曲线 1 上的 A 点所示。若瞬间断开开关 S_1，并同时合上开关 S_2，此时电源相序改变，工作点瞬间跳变到曲线 2 上的 B 点，此时电磁转矩变负，并与转速反向，进入制动状态。当转速降至零（C 点）时，若此时切断电源，电动机准确停车；若不及时切断电源，则电动机反向加速进入反向电动状态。当电动机拖动反抗性恒转矩负载时，最终将稳定于 D 点。当电动机拖动位能性恒转矩负载时，最终将稳定于 E 点，此时为反向回馈制动。为了迅速停车或反转，可在定子相序改变时，同时在转子回路中串接电阻 R_f，此时机械特性曲线变为 3，工作过程与曲线 2 相同。

三、回馈制动

设绕线转子异步电动机拖动位能性负载下放重物，在电磁转矩和负载转矩的共同作用下，转子转速迅速升高。当转速升到同步速 n_1 时，电磁转矩为零，但在位能性负载转矩的作用下，转速继续升高，即 $n>n_1$。此时，电磁转矩变负与转速反向，进入制动状态，最终

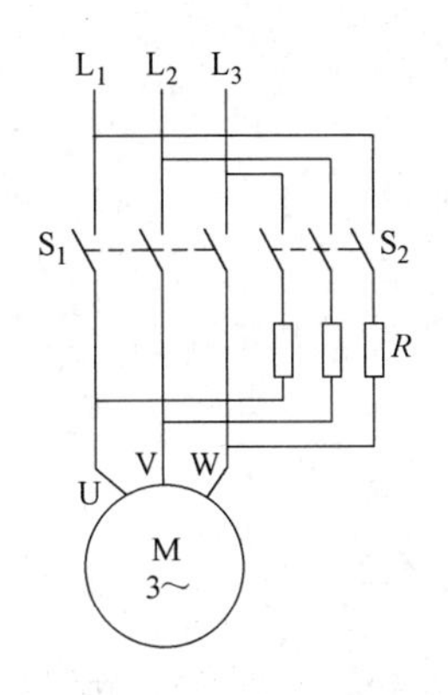

图 3-79 电源反接制动电路图

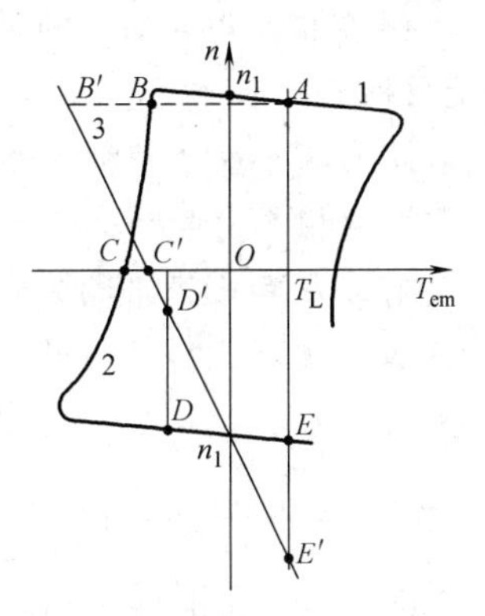

图 3-80 电源反接制动机械特性曲线

稳定在如图 3-81 中的 A 点。

回馈制动时，是将重物下放的位能转换成电能回馈电网，故称回馈制动。另外，在变极和变频调速过程中，也会产生短时回馈制动。图 3-82 所示的机械特性曲线 BC 段，即为变极调速中短时的回馈制动过程。

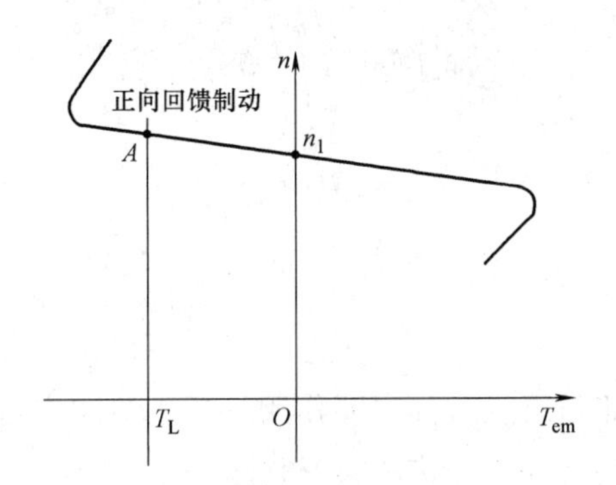

图 3-81 回馈制动机械特性曲线

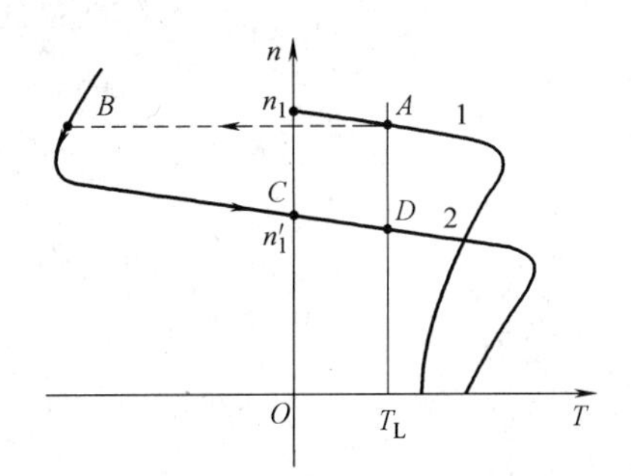

图 3-82 变极调速中短时的回馈制动

任务 3.8 单相异步电动机

【任务引入】

由单相交流电源供电的异步电动机称为单相异步电动机。它具有结构简单、成本低廉、运行可靠以及只需单相交流电源等优点，被广泛应用于家用电器、电动工具及医疗器械等方面。但其效率和功率因数比三相异步电动机稍低，因此容量一般不大，功率在几瓦到几百瓦之间。为解决单相异步电动机的起动问题，其定子绕组通常由两相绕组组成。在有些场合需要改变电动机的转速和转向等。

【任务目标】

(1) 了解单相异步电动机的结构。

(2) 掌握单相异步电动机的工作原理。

(3) 掌握单相异步电动机的起动原理。

(4) 了解单相异步电动机定子绕组的常用型式及其应用情况。

(5) 了解单相异步电动机的调速和反转原理。

【技能目标】

(1) 掌握单相异步电动机的铭牌数据。

(2) 掌握单相异步电动机的起动方法。

(3) 具有维护和检修单相异步电动机定子绕组的能力。

(4) 掌握各类调速和反转的接线方式。

(5) 能对单相异步电动机的常见故障进行判断和排除。

3.8.1 单相异步电动机的结构

同三相异步电动机的结构相仿，单相异步电动机也是由定子和转子两大部分组成，如图3-83所示。

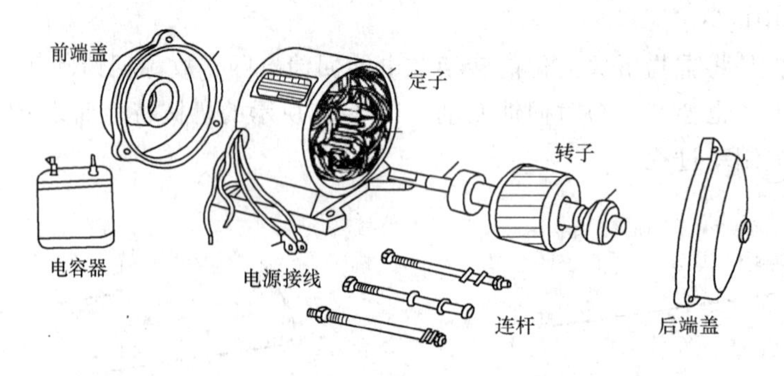

图 3-83 单相异步电动机的结构

一、定子

定子由定子铁心、定子绕组、机座、端盖等部分组成，其主要作用是通入单相交流电，产生旋转磁场。

1. 定子铁心

定子铁心的主要作用是作为磁路的一部分。它通常是用0.35mm的硅钢片冲槽后叠压而成，槽形一般为半闭口槽，槽内用以嵌放定子绕组。

2. 定子绕组

定子绕组的主要作用是通入单相交流电，在定、转子之间的气隙中产生旋转磁场。它一般都由起动绕组和工作绕组两相绕组组成，工作绕组与起动绕组的轴线在空间上相差90°电角度，两相绕组的槽数和绕组匝数可以相同、也可以不同，视不同类型的电动机而定。

定子绕组主要有单层同心式、单层链式和正弦式绕组，单相罩极式定子绕组常采用集中绕组。

3. 机座与端盖

机座的作用是固定定子铁心；端盖固定于机座的两端，其作用是支撑转子，使转子旋转输出机械能。机座和端盖一般采用铸铁、铸铝或钢板制成，机座通常有开启式、防护式和封闭式等几种形式。

二、转子

转子由转子铁心、转子绕组、转轴等组成。

1. **转子铁心**

转子铁心的主要作用是作为磁路的一部分。转子铁心固定于转轴上，它通常是用 0.35mm 的硅钢片冲槽后叠压而成，槽内用以嵌放转子绕组。

2. **转子绕组**

转子绕组一般采用笼型结构，用铝或铝合金浇铸而成。其主要作用是：切割旋转磁场，感应电动势、电流，产生电磁转矩。

3. **转轴**

转轴固定在端盖的轴承上，用于支撑转子铁心，一般由碳钢或合金钢加工而成。

三、单相异步电动机的铭牌

在单相异步电动机机座上均装有铭牌，如图 3-84 所示。

单相电容运行异步电动机			
型号	DO2-6314	电流	0.94A
电压	220V	转速	1400r/min
频率	50Hz	工作方式	连续
功率	90W	标准号	××××××
编号、出厂日期 ×××× ××××		××××电机厂	

图 3-84　单相异步电动机铭牌

1. **型号**

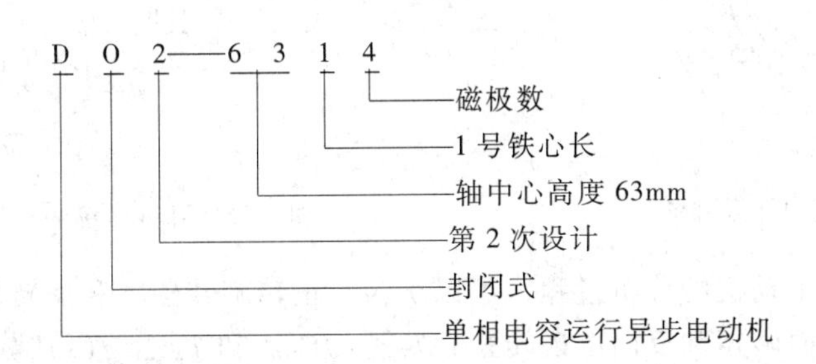

2. **电压 U_N**

U_N 指电动机在额定状态下运行时加在定子绕组上的电压，单位为 V。我国单相异步电动机的标准电压有：12V、24V、36V、42V 和 220V。

3. **频率 f_N**

f_N 指电动机外加交流电源的频率，单位为 Hz。我国交流电源的标准频率为 50Hz。

4. **功率 P_N**

P_N 指电动机在额定状态下运行时转轴上输出的最大机械功率，单位为 W 或 kW。我国单相异步电动机的标准额定功率为：6W、10W、16W、25W、40W、60W、90W、120W、180W、250W、370W、550W 及 750W。

5. **电流 I_N**

I_N 指在额定电压、额定功率和额定转速下，电动机允许输入的最大电流，单位为 A。

6. **转速 n_N**

n_N 指电动机在额定状态下运行时的转速，单位为 r/min。

7. **工作方式**

电动机的工作方式分为连续式和间断式两种。

3.8.2 单相异步电动机的工作原理

同分析三相异步电动机原理一样，先讨论定子绕组产生的旋转磁场，再分析电动机的转动原理。

一、单相绕组产生的脉振磁场

假设定子铁心中只嵌放了一相绕组（工作绕组 U_1U_2），在通入单相交流电后，产生的磁场分布如图 3-85 所示。当电流为正半周期时，绕组电流为 $U_1\otimes$、$U_2\odot$，产生上 S、下 N 的二极磁场，该磁场的大小随电流的大小而变化，方向则保持不变。当电流过零时，磁场也为零。当电流为负半周期时，绕组电流为 $U_1\odot$、$U_2\otimes$，产生上 N、下 S 的二极磁场，该磁场的大小随电流的大小而变化，方向则保持不变。由此可见，当向单相绕组中通入单相交流电后，产生的磁场大小及方向随时间在不断地变化，但磁场的轴线却固定不变，这种磁场称为脉振磁场。可以证明，一个脉振磁场能够分解成两个幅值相等、转速相同、转向相反的旋转磁场，脉振磁场的分解如图 3-86 所示。

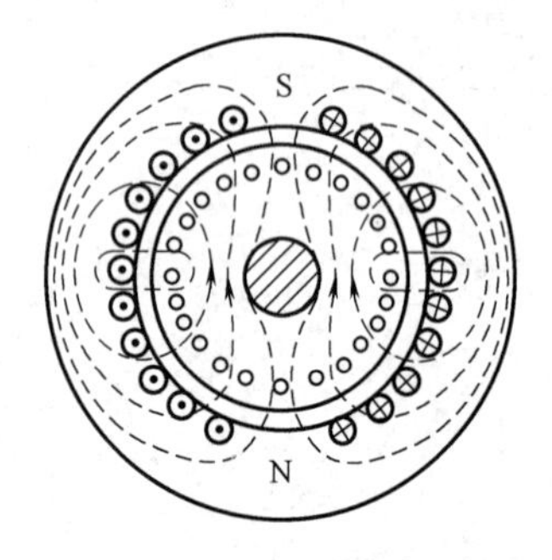

图 3-85 单绕组的脉振磁场

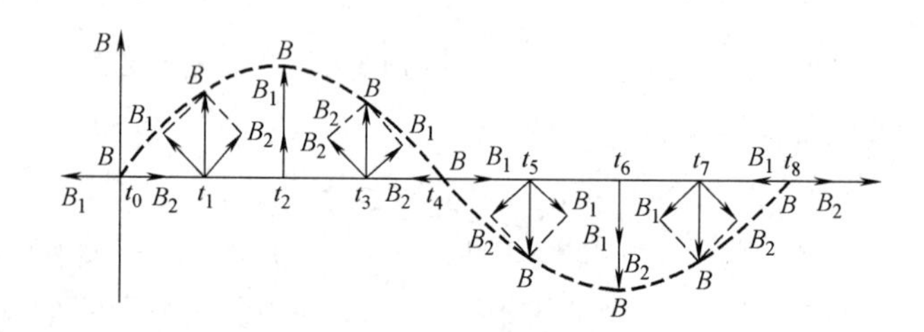

图 3-86 脉振磁场的分解

按照三相异步电动机的分析过程，可以认为，正转旋转磁场和反转旋转磁场分别与转子作用，产生正向电磁转矩和反向电磁转矩，$T_{em+}=f(s)$ 和 $T_{em-}=f(s)$ 如图 3-87 中的虚线所示，转子上的合成转矩 $T_{em}=f(s)$ 如图 3-87 中的实线所示。可见，当转子静止时，转子上的合成转矩为零，故单相异步电动机不能自行起动。如果用外力拨动一下转子，假如 $n>0$（即 $s<1$），则 $T_{em}>0$，转子正转；假如 $n<0$（即 $s>1$），则 $T_{em}<0$，转子反转。即转子会沿着外力拨动的方向转动。当然，实际单相异步电动机不能靠外力来起动。

二、两相绕组产生的旋转磁场

若在定子铁心中嵌放在空间上相差 90°电角度的两相绕组（工作绕组 U_1U_2 和起动绕组 Z_1Z_2），并向两相绕组中通入在时间上相差 90°电角度的两相交流电流 i_Z 和 i_U，如图 3-88 所示。通过不同时刻的电流所产生的磁场分布，可以看出，气隙磁场的幅值大小固定不变，气隙磁场的轴线位置随时间在空间旋转，这种磁场称为圆形旋转磁场。可以证明，当向空间相差 90°电角度的两相绕组中，通入时间相差小于 90°电角度的两相电流时，将产生椭圆形旋转磁场。

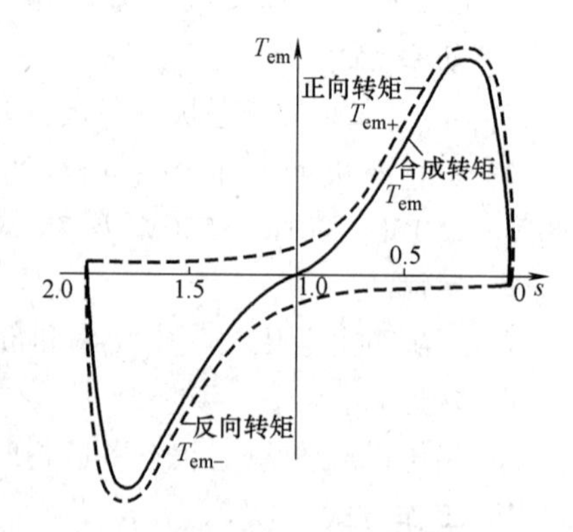

图 3-87 脉振磁场下的转矩特性

与三相异步电动机的转动原理相同，只要气隙中产生了旋转磁场，则单相异步电动机就会产生起动转矩，即能够自行起动了。

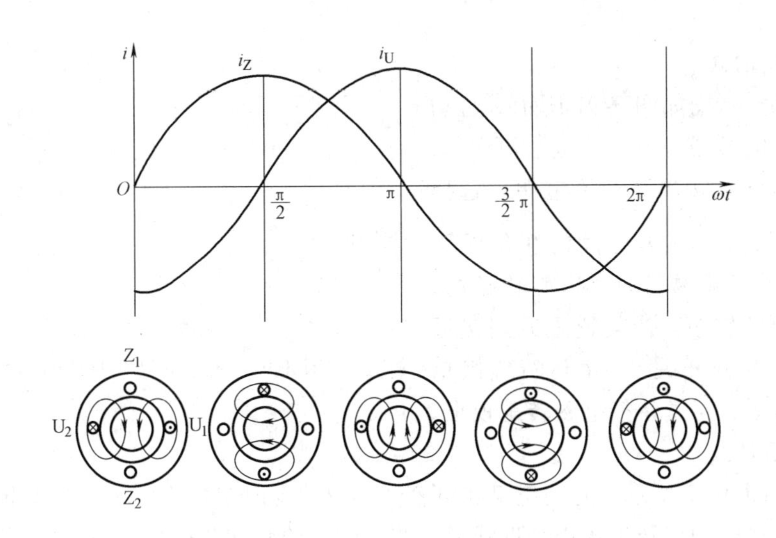

图 3-88 两相绕组产生的旋转磁场

3.8.3 单相异步电动机的分类

一、电阻分相式单相异步电动机

电阻分相式异步电动机原理图如图 3-89 所示。设计时，相对运行绕组来说，起动绕组的匝数较少、导线截面积较小，即其电抗小、电阻大。起动绕组和运行绕组并联接在同一单相电源上，起动绕组电流$\dot{I}_2$将超前运行绕组电流$\dot{I}_1$一个电角度，从而产生椭圆旋转磁场，使电动机能够自行起动。

起动绕组回路串有离心开关 S（安装在转子上），当转速上升到接近稳定转速时，离心力足够大，使 S 自动断开，以保护起动绕组和减少损耗，由运行绕组维持运行。由于电阻分相使$\dot{I}_1$与$\dot{I}_2$之间的相位差不大，旋转磁场的椭圆度较大，则起动转矩不大，只能用于空载和轻载起动的场合。离心式开关结构如图 3-90 所示。

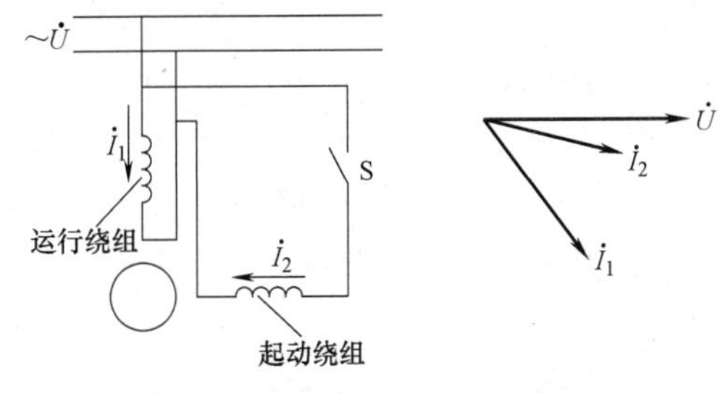

图 3-89 电阻分相式异步电动机原理图

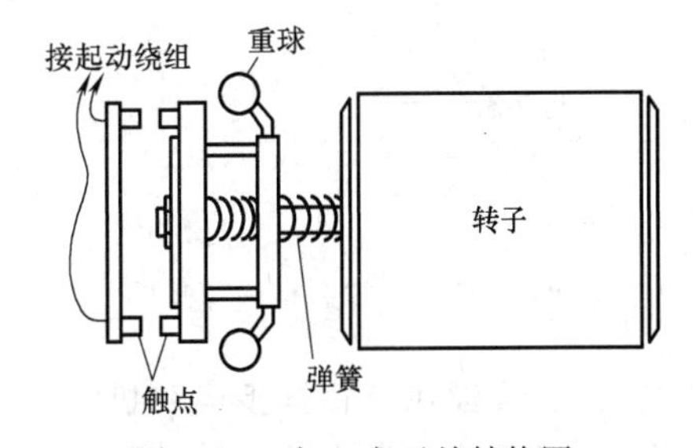

图 3-90 离心式开关结构图

二、电容分相式单相异步电动机

电容分相异步电动机是在起动绕组回路中串一电容器，使起动绕组中的电流$\dot{I}_2$超前于电压$\dot{U}$，从而与$\dot{I}_1$之间的相位差接近 90°，产生近似圆形的旋转磁场，起动性能和运行性能均优于电阻分相电动机。根据性能要求的不同，电容分相单相异步电动机又分为以下三种。

1. 电容起动式

原理图和相量图如图 3-91 所示。起动绕组串联一个电容器 C 和一个起动开关 S，再与运行绕组并联接单相交流电源。选择合适的电容器，使$\dot{I}_1$与$\dot{I}_2$之间的相位差为 90°，起动时的气隙磁场为圆形旋转磁场，获得较大的起动转矩。当转速上升到接近稳定转速时，断开开关 S，由运行绕组单独产生脉振磁场，正常运行电磁转矩较小。

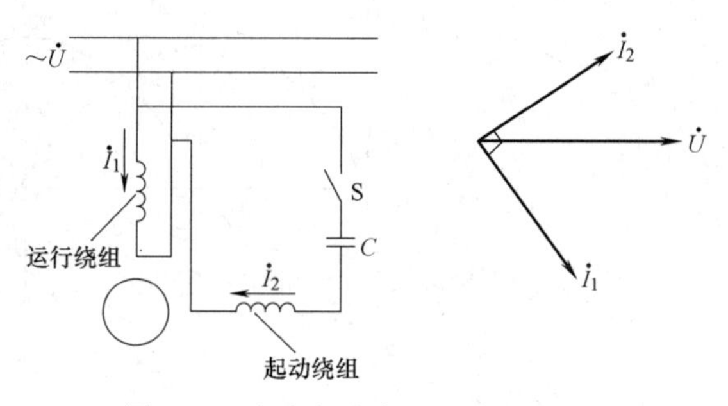

图 3-91 电容起动式原理图和相量图

2. 电容运转式

原理图如图 3-92 所示。起动绕组和电容器不仅起动时起作用，运行时也起作用。这样，可使起动和运行时的旋转磁场均接近圆形，获得较大的起动和运行电磁转矩，同时可提高电动机的功率因数和效率，适用于电风扇、洗衣机等。

3. 电容起动运转式

原理图如图 3-93 所示。在起动绕组回路中串入两个并联的电容器 C_1 和 C_2，其中 C_2 串接起动开关 S。因为电动机在起动和运行时，转差率不同，绕组等效电抗不同，则$\dot{I}_1$滞后$\dot{U}$的角度不同。起动时，S 闭合，两个电容相加得到较大的电容量，可使起动时$\dot{I}_1$与$\dot{I}_2$之间的相位差为 90°，旋转磁场为圆形。当转速上升到接近稳定转速时，断开开关 S，切除 C_2，在 C_1 的作用下，使$\dot{I}_1$与$\dot{I}_2$之间的相位差仍为 90°，即运行的旋转磁场仍为圆形。这样，可获得最大的起动和运行电磁转矩，同时功率因数和效率也最高，适用于空调机、小型空压机和电冰箱等。

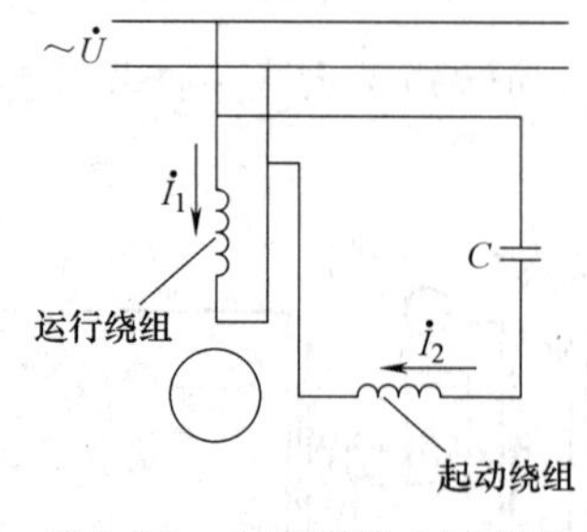

图 3-92 电容运转式原理图

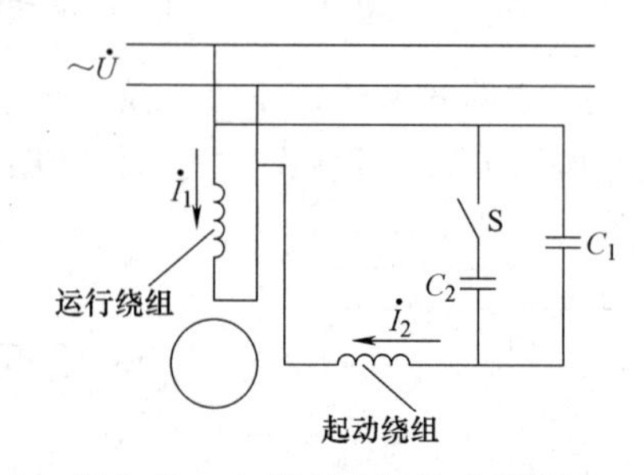

图 3-93 电容起动运转式原理图

三、罩极式单相异步电动机

罩极式单相异步电动机的转子为笼型，它的定子铁心通常由 0.35~0.5mm 厚的硅钢片叠压而成，按磁极形式的不同可分为凸极式和隐极式两种，其中凸极式结构最为常见。按励磁绕组布置的位置不同，又可分为集中励磁和单独励磁两种。图 3-94 所示为单独励磁的凸极式单相罩极异步电动机，定子每个凸极上套有励磁绕组作为运行绕组，极面的一边约 1/3

处开有小槽，经小槽放置一个闭合的铜环，称为短路环（相当于起动绕组）。

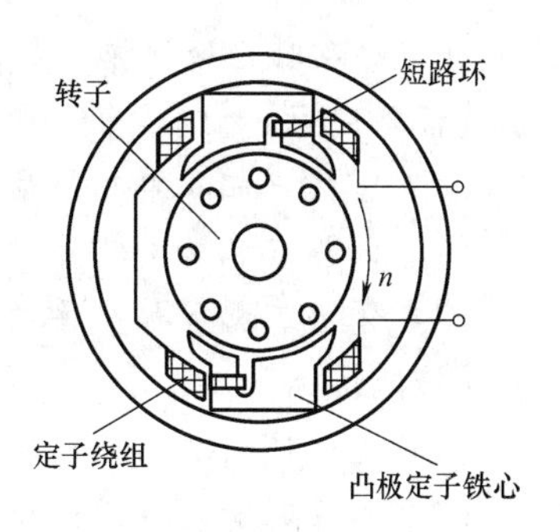

图 3-94　凸极式单相罩极异步电动机

当给励磁绕组突然施加单相交流电时，在励磁绕组和短路环的共同作用下，气隙中将形成一个连续移动的磁场（相当于旋转磁场），使笼型转子受力而旋转。旋转磁场的形成原理可用图 3-95 所示来说明。

（1）当流过励磁绕组中的电流由零开始增大到 a 点时，由电流产生的磁通也将增大。根据楞次定律，变化的磁通在线圈中感应电动势和电流，产生感应磁通，将阻碍原磁通的变化。则被铜环罩住的磁极部分会因铜环中产生感应电流，而使被罩磁极中的磁通较疏；未罩磁极部分因无感应磁通，则其磁通较密，如图 3-95a 所示。

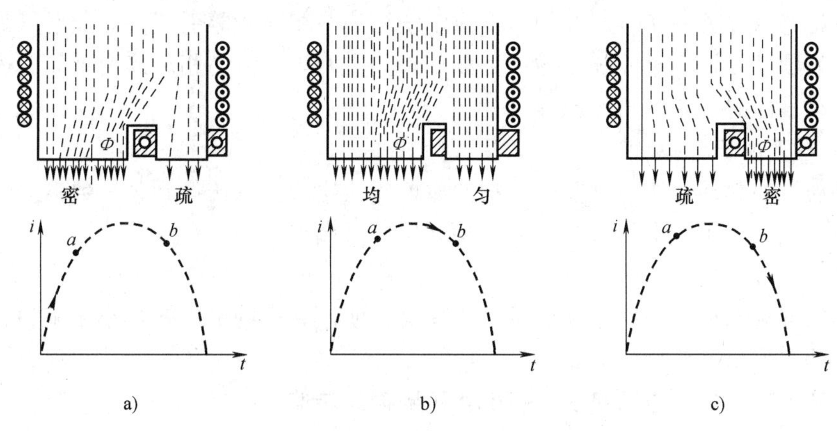

图 3-95　罩极式异步电动机旋转磁场的形成

（2）当电流在 ab 段时，电流的变化率近似等于零，这时铜环中基本上没有感应电流产生，因而磁极中的磁通均匀分布，如图 3-95b 所示。

（3）当励磁绕组中的电流由 b 点往下降时，铜环中的感应电流产生感应磁通，将阻止原磁通的减小，则被罩磁极部分的磁通分布较密，而未罩磁极部分的磁通分布较疏，如图 3-95c 所示。

由以上分析可见，单相罩极异步电动机的气隙磁场轴线随时间在空间旋转。只是，励磁绕组和铜环绕组在空间上相差不足 90°，两相绕组中的电流在时间上相差也不足 90°，故所产生的旋转磁场有较大的椭圆度，即起动转矩不大，主要用于小功率空载或轻载起动的场合。

任务 3.9　异步电动机的常见故障分析

【任务引入】

对电动机进行定期保养、维护和检修，是电力拖动系统可靠工作的保证。通过对三相和单相异步电动机故障原因的分析，使学生具有分析判断三相和单相异步电动机常见故障的能力，并能够及时排除故障，是电气维修工作者必备的职业素质。

【任务目标】

(1) 掌握三相和单相异步电动机常见故障现象、产生原因及修理方法。

(2) 掌握三相和单相异步电动机维护的内容。

(3) 掌握三相和单相异步电动机故障的分析方法。

【技能目标】

(1) 能快速、准确地判断出三相和单相异步电动机的常见故障原因及故障点。

(2) 能及时有效地排除三相和单相异步电动机的常见故障。

3.9.1 三相异步电动机常见故障分析

一、电动机接通电源后，转子不转并发出“嗡嗡”声

1. 断相

电源断相是由开关一相触点接触不良或定子绕组一相断线等引起的。此时气隙三相旋转磁场变成单相脉动磁场，单相脉动磁场可以分为大小相等、方向相反的两个旋转磁场，所以转子左右摆动不能起动并发出“嗡嗡”声。

2. 电源电压过低

因为电动机的起动转矩与电源电压的二次方成正比。当电压低到某一数值时，电动机的起动转矩小于阻力转矩，电动机就不能起动并发出“嗡嗡”声

3. 过载

电动机的容量选择小，所拖动的设备负荷重，使电动机的最大转矩小于阻力转矩，电动机也不能起动并发出“嗡嗡”声。

二、电源电压正常，电动机能运行但达不到额定转速

1. 过载

电动机拖动的设备机械故障或电动机轴承损坏等原因造成阻力转矩加大。

2. 笼型转子断条

转子绕组部分开路时，感应电流会变小，电磁转矩减小，最大转矩下降，则转速下降达不到额定转速。

3. 绕线型转子绕组断线

原理与笼型转子断条相同，同样达不到额定转速。

三、电动机在运行中温升过高，三相电流不平衡，差值较大

1. 三相电源电压严重不平衡

当三相电压严重不平衡时，则三相电流也严重不平衡，三相电流可分为正序和负序两个电流，并产生正序旋转磁场和负序旋转磁场。负序电流和负序磁场产生制动转矩，使电动机要多吸收功率克服制动转矩，从而使电动机温升过高。

2. 绕组匝间短路或不严重的相间短路

此时绕组的匝数减少，电动机的短路阻抗减小，则定子电流增大，绕组温度升高。

3. 断相运行

电源断相时，电动机成为单相运行，气隙磁场成为单相脉振磁场，因存在反向旋转磁场产生反向转矩，则电流明显增大，使电动机温升过高。

3.9.2 三相异步电动机常见故障现象及原因

三相异步电动机的常见故障及原因见表3-3。

表3-3 三相异步电动机的常见故障及原因

故障分类	故障现象	故障原因
空载不能起动	通电后电动机无反应	1. 三相电源中只有一相有电
		2. 定子绕组有两相断路
	通电后熔断器立即熔断，断路器跳闸	1. 定子绕组相间短路或接地
		2. 三相绕组中有一相头、尾接反
	通电后电动机有“嗡嗡”声，但不能起动	1. 电源缺一相
		2. 定子绕组有一相断路、接地或有较严重的匝间短路
		3. 定子与转子之间气隙严重不均匀，磁场产生单边吸力，转子被吸住
		4. 电源电压过低
		5. 拖动的机械设备被卡住
		6. 定子或转子绕组断路
		7. 电动机绕组内部接反或定子出现首、尾接反
		8. 槽配合不当
空载能起动，但三相电流不平衡	通电后电动机能起动，但三相电流不平衡	1. 三相电源不平衡
		2. 线路或接线上的缺陷，造成电压降过大
		3. 重绕定子绕组后三相匝数不相等
		4. 定子绕组内部接线有错误
	通电后电动机能起动，但三相电流不平衡，且有异常声响	1. 个别绕组的极相组接反
		2. 并联支路极性接反
空载电流过大	电动机空载时三相电流过大	1. 电源电压过高
		2. 定子与转子间隙过大
		3. 检修后定子绕组匝数未绕够
		4. 电动机装配不当
		5. 电动机定子绕组应该是Y联结，而错接成△联结
空载电流过小	电动机空载时三相电流过小	1. 将两路并联接成一路串联
		2. 误将△接法接成Y接法
		3. 检修后定子绕组每相匝数偏多
温升过高或冒烟	电动机的三相电流平衡，但温升过高或冒烟，或三相电流不够平衡、过热	1. 电源电压过高
		2. △接法误接成Y接法，工作相电压降低为原来的$1/\sqrt{3}$，轻负载能运行，而重负载绕组发热烧毁
		3. Y接法误接成△接法工作，相电压增高$\sqrt{3}$倍，绕组过热烧毁
		4. 负载过大
		5. 绕组端电压过低

（续）

故障分类	故障现象	故障原因
温升过高或冒烟	电动机的三相电流平衡，但温升过高或冒烟，或三相电流不够平衡、过热	6. 电动机通风散热不好或暴晒
		7. 负载状态下频繁起动
		8. 拖动机械卡住或润滑不良
		9. 笼型转子断条或绕线型转子绕组接线松脱
		10. 定、转子摩擦
		11. 定子绕组有小范围短路或局部接地
起动困难	加上负载后转速立即下降	1. 电源电压低
		2. △接法误接成Y接法
		3. 笼型转子笼条松动或断开
		4. 定子绕组内部有局部线接错，电流也不平衡
		5. 负载过大
振动过大	空载时振动过大	1. 转子动平衡差
		2. 转轴弯曲
		3. 安装基础刚性差或地脚螺栓松动
	空载时振动小，带负载时振动大	1. 联轴器的主轴与从动轴不在一直线上
		2. 带轮的中心线未调整好，有偏差
带电故障	机壳带电	1. 引出线的绝缘损坏、碰地
		2. 接线盒接头的绝缘损坏、碰地
		3. 端部过长、碰机壳
		4. 槽口绝缘纸损坏
		5. 在嵌线时，导线绝缘有机械损伤、碰壳
		6. 槽内有铁屑等杂物未除尽，导线嵌入后即通地
		7. 外壳没有可靠接地
绝缘故障	绝缘电阻降低	1. 潮气侵入或雨水滴入电动机内
		2. 绕组上脏污严重，灰尘过多
		3. 电动机过热后绝缘老化
		4. 引出线及接线盒接头的绝缘即将损坏
轴承故障	轴承盖发热，比机壳温度高	1. 新换轴承安装不好，有扭歪、卡住等不灵活现象
		2. 轴承油干涩，润滑油过少
		3. 有漏油现象，润滑油过多
		4. 轴承油内有灰砂、杂质及铁屑等物
		5. 轴承损坏
		6. 传送带张力过紧或联轴器装配不在同一直线上
		7. 端盖与轴座不同心，转起来过紧

3.9.3 单相异步电动机常见故障

单相异步电动机的常见故障及其处理见表3-4。

表3-4 单相异步电动机的常见故障及其处理

故障现象	可能的故障原因	处理方法
无法起动	电源电压不正常	检查电源电压是否过低
	定子绕组断路	检查定子绕组是否完好,接线是否良好
	电容器损坏	检查电容器的好坏
	转子卡住	检查轴承是否灵活,定转子是否相碰
	过载	检查所带负载是否正常
起动缓慢,转速过低	电源电压偏低	找出原因,提高电源电压
	绕组匝间短路	修理或更换绕组
	电容器击穿或容量减小	更换电容器
	电动机负载过重	检查轴承及负载情况
电动机过热	绕组短路或接地	找出故障,修理或更换
	运行绕组与起动绕组相互接错	调换接法
	离心开关触点无法断开,起动绕组长期运行	修理或更换离心开关
电动机噪声和振动过大	绕组短路或接地	找出故障,修理或更换
	轴承损坏或缺润滑油	更换轴承或加润滑油
	定子与转子的气隙中有杂物	清除杂物
	电风扇风叶变形	修理或更换

实训3.1 三相异步电动机的拆装

【任务引入】

对电动机进行定期保养、维护和检修时，首先需要掌握电动机的拆装方法。对电动机正确拆卸后，还需要对其进行正确的装配。如果装配方法不当，就会造成部分部件损坏，引发新的故障。通过对三相异步电动机拆装工艺的学习，使学生全面认识三相异步电动机，掌握三相异步电动机的拆装方法。

【任务目标】

(1) 了解三相异步电动机的结构，掌握电动机的基本组成及作用。

(2) 熟悉三相异步电动机的防护，能正确选择电动机的防护形式。

(3) 熟悉三相异步电动机的拆装工具及使用。

【技能目标】

(1) 了解电动机拆装的基本步骤。

(2) 了解电动机拆装过程中的各项要求。

(3) 能熟练地对小型三相异步电动机进行拆装。

【知识储备】

一、电动机的拆卸

对电动机进行检修和维护保养时，需要拆卸和装配电动机。拆卸前应做好检查和记录工作，如在线头和端盖等处做好标记，以便修复后的装配，然后再开始拆卸。拆卸步骤如下：

(1) 切断电源，卸下传送带，如图 3-96a 所示。

(2) 拆去接线盒内的电源接线和接地线，如图 3-96b 所示。

(3) 卸下底脚螺母、弹簧垫圈和平垫片，如图 3-96c 所示。

(4) 卸下带轮或联轴器，如图 3-96d 所示。

(5) 卸下前轴承外盖，如图 3-96e 所示。

(6) 卸下前端盖，如图 3-96f 所示。

可用大小适宜的扁凿，插在端盖突出的耳朵处，按端盖对角线依次向外撬，直至卸下前端盖。

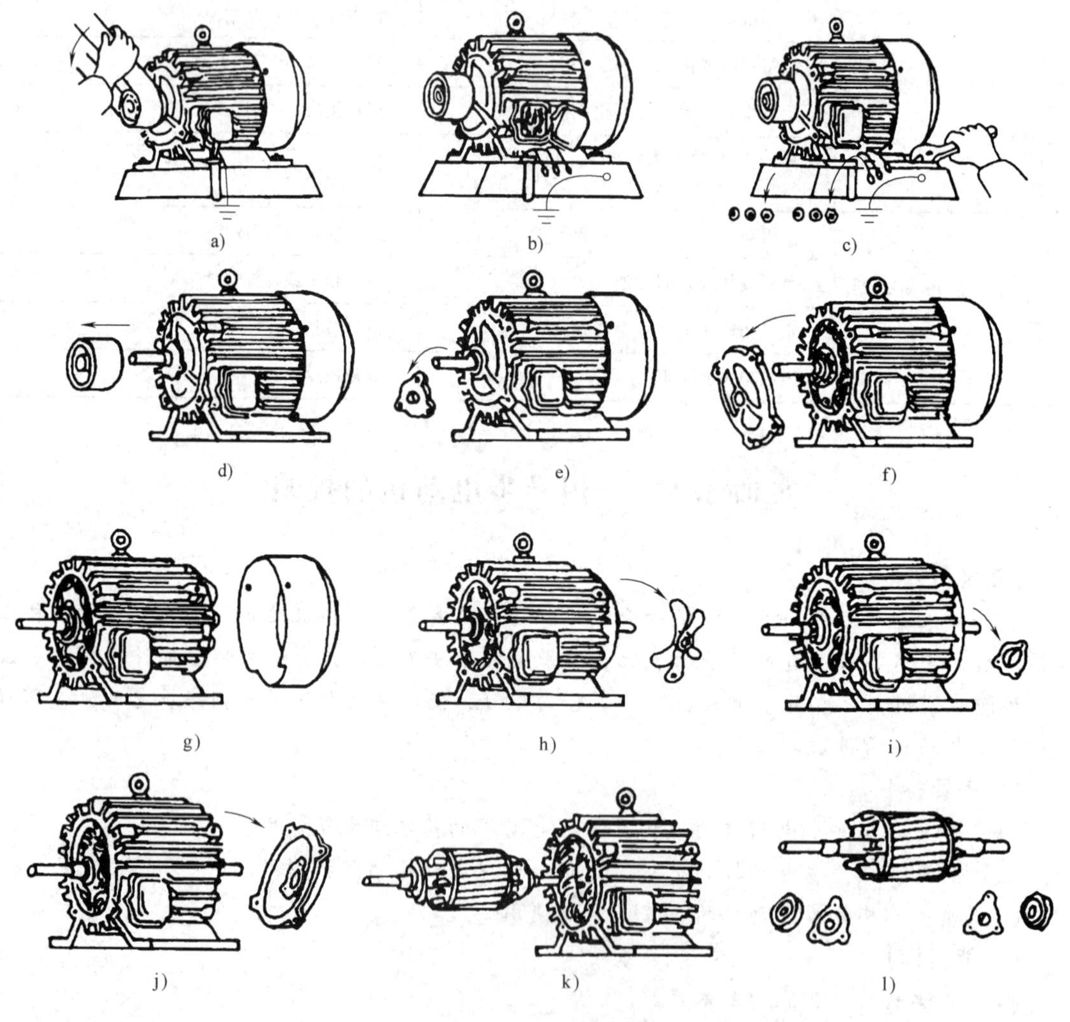

图 3-96　电动机拆卸步骤

（7）卸下风叶罩，如图 3-96g 所示。

（8）卸下风叶，如图 3-96h 所示。

（9）卸下后轴承外盖，如图 3-96i 所示。

（10）卸下后端盖，如图 3-96j 所示。

（11）卸下转子，如图 3-96k 所示。

在抽出转子之前，应在转子下面和定子绕组端部之间垫上厚纸板，以免抽出转子时碰伤铁心和绕组。

（12）最后用拉具拆卸前后轴承及轴承内盖，如图 3-96 所示。

二、电动机的装配

装配时应将各部件按拆卸时所做标记复位，装配步骤按拆卸的相反步骤进行。这里介绍主要部件的装配方法。

1. 安装轴承

轴承安装分为冷套法和热套法。冷套法是先将轴径部分擦拭干净，再将内轴承盖加足润滑油套入轴内，用一内径略大于轴承内圈的套筒抵住轴承内圈，将轴承敲打到位；如果找不到套筒，也可用一根铁条抵住轴承内圈，在周围均匀敲打，使其到位。热套法是将轴承放入 80～100℃的变压器油中 30～40min 后，趁热取出迅速套入轴径中。

2. 安装后端盖和转子

转轴短的一端为后端盖，后端盖的突耳外沿有固定风扇叶外罩的螺钉孔。装配时将转子竖直放置，将后端盖轴承座孔对准轴承外圈套，然后一边使端盖沿轴转动，一边用木榔头（若用铁锤应垫上木板）敲打端盖中间，使端盖到位，最后套上轴承外盖，拧紧轴承盖螺钉。

按拆卸时所做的标记，将转子放入定子内腔中，安装转子时千万要注意不能碰伤定子绕组。对准后端盖的螺钉孔，按对角交替的顺序拧紧后端盖螺钉，应边拧边均匀敲打端盖中间。

3. 安装前端盖

在前轴承内盖和前轴承内加足润滑油，采用后端盖装配方法将前端盖装好。装配时先用螺钉旋具清除机座和端盖口的杂物，再装上端盖，同样按对角交替的顺序拧紧螺钉。

4. 安装风扇叶和风罩

5. 安装带轮或联轴器

① 取一块细砂纸卷在圆锉或圆木棍上，把带轮或联轴器的轴孔打磨光滑。

② 用细砂纸把转轴的表面打磨光滑。

③ 对准键槽，把带轮或联轴器套在转轴上。

④ 调整带轮或联轴器与转轴之间的键槽位置。

⑤ 用铁板垫在键的一端，轻轻敲打，使键慢慢进入槽内，键在槽里要松紧适宜，太紧会损伤键和键槽，太松会使电动机运转时打滑、损伤键和键槽。

⑥ 旋紧压紧螺钉。

【检查评议】

三相异步电动机拆装评价表见表 3-5。

表 3-5 三相异步电动机拆装评价表

序号	主要内容	考核要求		评分标准		配分	得分
1	任务准备	1. 工具、材料、仪表准备完好 2. 穿戴劳保用品		1. 工具、材料、仪表准备不充分,每项扣5分 2. 劳保用品穿戴不齐备,扣10分		20	
2	拆装电动机	1. 工具使用 2. 拆卸操作		1. 电动机拆卸、装配方法不得当,每处扣5分 2. 导线损伤,扣10分 3. 工具使用不正确,扣10分		60	
3	安全文明生产	1. 现场整理 2. 设备、仪表 3. 工具 4. 遵守课堂纪律、尊重教师,时间把握		1. 未整理现场,扣5分 2. 设备仪器损坏,扣10分 3. 工具遗忘,扣5分 4. 不遵守课堂纪律和不尊重教师,取消实训		20	
时间	120分钟	开始		结束		合计	

实训 3.2 三相异步电动机的检测

【任务引入】

拆装三相异步电动机后，必须检查其装配质量，检测三相异步电动机的绕组直流电阻、绝缘电阻和空载电流等各项性能指标是否达到要求。检测试验是为了判别电动机的质量好坏，以保证电动机能够正常运行。

【任务目标】

(1) 会判别绕组绝缘是否严重受潮或是否有严重缺陷。

(2) 检查绕组中是否有短路现象。

(3) 根据空载电流和空载损耗的大小，检查定子绕组的匝数及接线是否正确、铁心质量是否良好。

【技能目标】

(1) 掌握兆欧表、双臂电桥等仪表的使用。

(2) 掌握测量绕组直流电阻、绝缘电阻和空载电流的方法。

(3) 会根据每相空载电流与三相空载电流平均值之间的偏差，判定气隙是否均匀、磁路是否对称。

【知识储备】

一、绝缘电阻的测定

1. 测定方法

(1) 绕组对机壳的绝缘电阻。将三相绕组的三个尾端（U_2、V_2、W_2）用裸铜线连在一起。兆欧表L端子接任一绕组首端；E端子接电动机外壳。以约120r/min的转速摇动兆欧表的摇把1min后，读取兆欧表的读数，如图3-97所示。

（2）绕组相与相之间的绝缘电阻。将三相绕组尾端连线拆开，用兆欧表两端分别接 U_1 和 V_1、U_1 和 W_1、W_1 和 V_1，按上述方法测量各相间的绝缘电阻。

（3）绕线型转子绕组的绝缘电阻。绕线型转子的三相绕组一般均在电动机内部接成丫，所以只需测量各相对机壳的绝缘电阻。测量时，应将电刷等全部安装到位，兆欧表L端接在转子引出线端或刷架上，E端接电动机外壳或转子轴，其余同测定方法（1）。

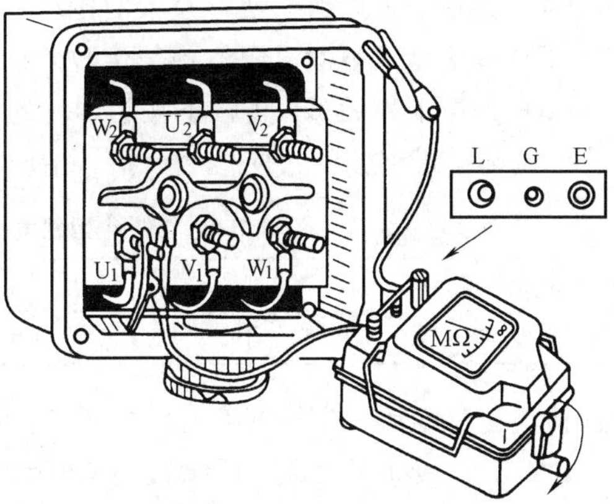

图3-97　用兆欧表测量绕组对地绝缘电阻

2. 测量结果的判定

对500V以下的电动机，如果测出的绝缘电阻在0.5MΩ及以上，说明该电动机绝缘尚好，可继续使用；如果在0.5MΩ以下，说明该电动机绕组已受潮或绕组绝缘很差，需要进行烘干处理或重新进行浸漆处理。对全部更换绕组的，绝缘电阻应不低于5MΩ。

二、直流电阻的测定

1. 测定方法

测量绕组直流电阻应合理选择电桥，一般小于1Ω的用双臂电桥，大于1Ω的可用单臂电桥，电桥的精度不得低于0.5级。以QJ44双臂电桥为例，测量绕组直流电阻应按图3-98所示接线。

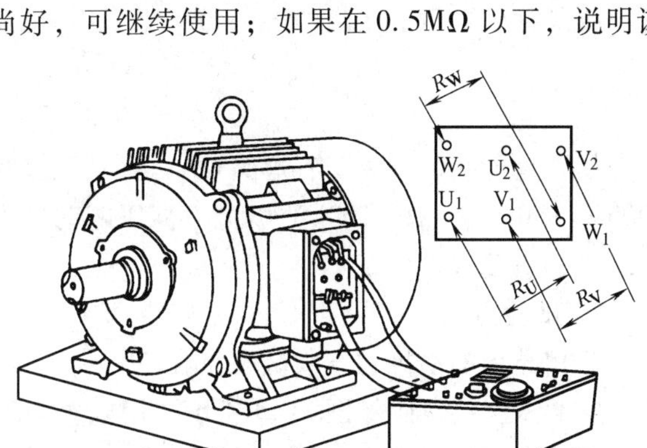

图3-98　测量绕组直流电阻接线图

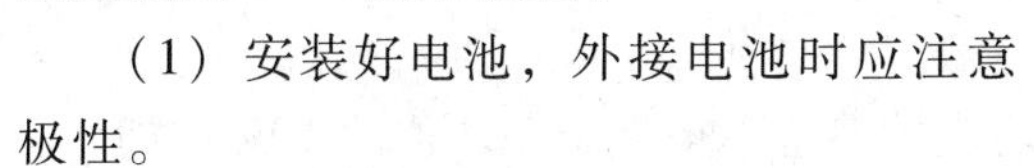

（1）安装好电池，外接电池时应注意极性。

（2）接好被测电阻 R_X，注意四条接线的位置应按图3-99所示。

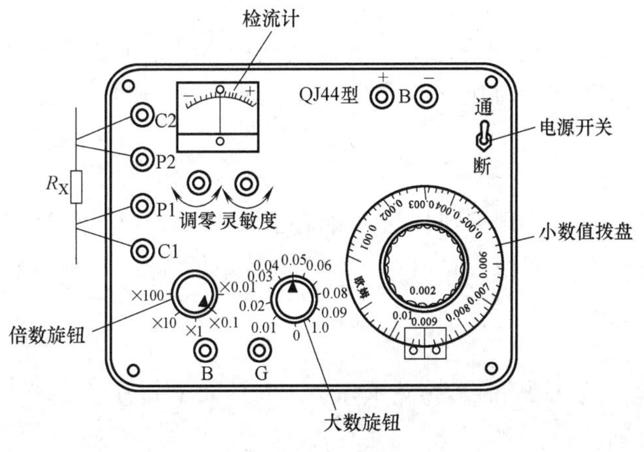

图3-99　被测电阻接线图

（3）将电源开关拨向“通”的方向，接通电源。

（4）调整调零旋钮，使检流计的指针指在“0”位。

（5）按估计的被测电阻值预选倍数旋钮或大数旋钮，倍数与被测值的关系见表 3-6。

（6）先按下按钮 B，再按下按钮 G。先调大数旋钮，粗略调定数值范围，再调小数值拨盘，细调确定最终数值，使检流计指针指向零。

表 3-6 QJ44 型双臂电桥倍率与测量范围对应表

被测电阻范围/Ω	1~11	0.1~1.1	0.01~0.11	0.001~0.011	0.0001~0.0011
应选倍率（X）	100	10	1	0.1	0.01

检流计指零后，先松开 G，再松开 B。测量结果为

（大数旋钮所指数+小数值拨盘所指数）×倍数旋钮所指倍数

（7）测量完毕后，将电源开关拨向“断”，断开电源。

2. 测量结果的判定

所测各相电阻值之间的误差与三相平均值之比不得大于 5%，即

$$\frac{R_{\max}-R_{\min}}{R_{\mathrm{av}}}\leqslant 5\%$$

如果超过此值，说明有短路现象。一般电动机在 10kW 以下，直流电阻为 1~10Ω；10~100kW 为 0.05~1Ω；100kW 以上，高压电动机为 0.1~5Ω，低压电动机为 0.001~0.1Ω。

三、空载试验

1. 试验方法

三相异步电动机的空载试验是在三相定子绕组上加额定电压，让电动机在空载状态下运行，空载试验接线图如图 3-40 所示。用电流表测量三相空载电流，用两功率表法测量三相功率。观察电动机的运行情况，监听有无异常声音，铁心是否过热，轴承的温升及运转是否正常等。绕线转子异步电动机还应检查电刷有无火花和过热现象。

2. 测量结果的判定

（1）任一相的空载电流与三相空载电流的平均值的偏差不得大于平均值的 10%，即

$$\frac{I_0-I_{0\mathrm{av}}}{I_{0\mathrm{av}}}\leqslant 10\%$$

（2）与该电动机原出厂的相应值对比，电动机的空载电流不应超出 10%，空载损耗不应超出 20%。否则，说明定子绕组的匝数及接线错误、铁心质量不好。

四、堵转试验

1. 试验方法

将电动机转子堵住不转，用调压器从零开始逐步升高加在电动机定子绕组上的电压，使定子绕组中流过的电流为额定值，这时调压器上的读数即为加在定子绕组上的电压，称为短路电压。

2. 测量结果的判定

当电动机额定电压为 380V 时，短路电压 $U_k=70\sim95\mathrm{V}$ 可认为是合格。此试验可判定电动机的制造和装配质量。

【检查评议】

三相异步电动机检测评价表见表 3-7。

表 3-7　三相异步电动机检测评价表

序号	主要内容	考核要求		评分标准		配分	得分
1	任务准备	1. 工具、材料、仪表准备完好 2. 穿戴劳保用品		1. 工具、材料、仪表准备不充分，每项扣 5 分 2. 劳保用品穿戴不齐备，扣 5 分 3. 不遵守课堂纪律，扣 10 分		20	
2	绝缘电阻测量	1. 绕组对地绝缘电阻 2. 绕组之间绝缘电阻		1. 仪表使用不得当，扣 5 分 2. 测量接线不正确，扣 10 分 3. 测量数值不正确，扣 5 分		20	
3	绕组直流电阻测量	1. U 相绕组直流电阻 2. V 相绕组直流电阻 3. W 相绕组直流电阻		1. 仪表使用不得当，扣 5 分 2. 测量接线不正确，扣 10 分 3. 测量数值不正确，扣 5 分		20	
4	空载试验	1. 空载运行情况 2. 空载电流		1. 测量接线不正确，扣 10 分 2. 测量数值不正确，扣 10 分		20	
5	堵转试验	1. 短路电压 2. 短路电流		1. 测量接线不正确，扣 10 分 2. 测量数值不正确，扣 10 分		20	
时间	120 分钟	开始		结束		合计	

思考题与习题 3

3-1　什么是旋转磁场？它是怎么产生的？

3-2　如何改变旋转磁场的转速？如何改变旋转磁场的转向？

3-3　说明三相异步电动机的工作原理。为什么三相异步电动机又称为三相感应电动机？

3-4　三相笼型和绕线转子异步电动机在结构上有哪些主要区别？

3-5　三相异步电动机首尾端判断方法有哪些？

3-6　三相异步电动机空载试验和短路试验的目的是什么？

3-7　三相异步电动机的机械特性和负载机械特性各有哪几类？其特点各是什么？

3-8　三相异步电动机的稳定运行范围是什么？而稳定运行条件又是什么？

3-9　三相异步电动机有哪几种降压起动方法？其优缺点是什么？

3-10　三相绕线转子异步电动机常采用哪几种起动方法？如果绕线转子异步电动机转子绕组开路，则电动机能否起动？

3-11　三相笼型异步电动机有哪几种调速方法？三相绕线转子异步电动机常采用哪种调速方法？

3-12　三相异步电动机有哪几种制动方法？各适用于什么类型的负载？

3-13　三相异步电动机拆装的步骤有哪些？

3-14　单相异步电动机与三相异步电动机在结构上有哪些不同？

3-15　脉振磁场与旋转磁场各有哪些特点？

3-16　单相异步电动机有哪些起动方法？

3-17　电阻起动和电容起动的单相异步电动机有什么不同？

3-18　画出电容起动单相异步电动机定子绕组单层交叉式绕组展开图，$Z=12$，$2p=2$。

3-19　画出电容起动单相异步电动机定子绕组单层同心式绕组展开图，$Z=12$，$2p=2$。

3-20　有一台吊扇采用电容运转单相异步电动机，通电后发现无法起动，而用力拨动风叶后即能运转，这是由哪些故障造成的？

3-21　吊扇使用很久后发现转速较慢，且起动困难，可能是什么原因造成的？

3-22 单相异步电动机有哪些调速方法？

3-23 如何改变单相异步电动机的旋转方向？

3-24 单相罩极异步电动机的短路环有什么作用？

3-25 有一台三相异步电动机磁极对数 $p=2$，电源频率 $f_1=50\text{Hz}$，带负载运行时的转差率 $s=0.03$，求同步转速 n_1 和转子转速 n。

3-26 一台三相异步电动机，定子槽数 $Z=36$，磁极数 $2p=6$，并联支路数 $a=1$，试绘出单层链式短节距绕组展开图。

3-27 一台三相异步电动机，定子槽数 $Z=24$，磁极数 $2p=2$，并联支路数 $a=1$，试绘出单层同心式绕组展开图。

3-28 一台三相异步电动机，定子槽数 $Z=18$，磁极数 $2p=2$，并联支路数 $a=1$，试绘出单层交叉式绕组展开图。

3-29 一台三相异步电动机，定子槽数 $Z=36$，磁极数 $2p=4$，并联支路数 $a=1$，试绘出双层短节距叠绕组展开图。（取 $y=5\tau/6$）

3-30 有一台交流电机的定子绕组为三相单层绕组，极数 $2p=4$，定子槽数 $Z=24$，支路数 $a=1$，试画出 U 相链式和同心式绕组的展开图，并计算基波绕组系数。

3-31 Y112M-4 型三相异步电动机的额定功率 $P_N=41\text{kW}$，额定电压 $U_N=380\text{V}$，额定电流 $I_N=8.8\text{A}$，额定转速 $n_N=1440\text{r/min}$，额定功率因数 $\cos\varphi_N=0.8$。求：（1）电动机的磁极数；（2）电动机满载运行时的输入功率；（3）额定转差率；（4）额定效率；（5）额定转矩。

3-32 一台 Y100L1-4 型三相异步电动机的额定功率 $P_N=2.2\text{kW}$，额定电压 $U_N=380\text{V}$，额定转速 $n_N=1420\text{r/min}$，额定功率因数 $\cos\varphi_N=0.82$，额定效率 $\eta_N=81\%$，$f_1=50\text{Hz}$。求：（1）额定电流 I_N；（2）额定转差率 s_N；（3）额定转矩 T_N。

3-33 有一台三相异步电动机，额定数据如下，$P_N=60\text{kW}$，$n_N=1440\text{r/min}$，$U_N=380\text{V}$，$I_N=130\text{A}$，Y接法。已知该电动机轴上的额定转矩为电磁转矩的 96%，定、转子铜耗相等，铁耗是总损耗的 23%，求：（1）电动机的各种损耗：p_{Fe}、$p_{fw}+p_{ad}$、p_{Cu1}、p_{Cu2}；（2）P_2、P_{em}和 P_1；（3）额定运行时的 η_N 及 $\cos\varphi_N$。

3-34 一台三相两极异步电动机，额定功率为 10kW，效率为 50Hz，在额定运行情况下，定子铜耗 360W，转子铜耗 239W，铁耗 330W，机械损耗 340W，忽略附加损耗，求此时的电磁功率、电磁转矩、输出转矩、输入功率和转速。

3-35 一台三相四极异步电动机，额定功率 $P_N=45\text{kW}$，额定电压 $U_N=380\text{V}$，额定运行时，电动机输入的功率 $P_1=48.85\text{kW}$，定子铜耗 $p_{Cu1}=1075\text{W}$，铁耗 $p_{Fe}=794\text{W}$，机械损耗 $p_{fw}=450\text{W}$，附加损耗 $p_{ad}=900\text{W}$。求额定运行时：（1）电磁功率；（2）额定转速；（3）电磁转矩；（4）输出转矩；（5）空载转矩；（6）效率。

3-36 一台三相 8 极异步电动机的额定数据为：$P_N=260\text{kW}$，$U_N=380\text{V}$，$n_N=722\text{r/min}$，$\lambda_M=2.13$，$f=50\text{Hz}$。试求：（1）产生最大转矩的转差率；（2）$s=0.02$ 和 $s=0.04$ 时的电磁转矩。

3-37 一台笼型三相异步电动机，额定功率 $P_N=20\text{kW}$，额定转速 $n_N=970\text{r/min}$，过载系数 $\lambda_m=2.0$，起动系数 $\lambda_{st}=1.8$。求该电动机的额定转矩 T_N、最大转矩 T_m 和起动转矩 T_{st}。

3-38 一台三相异步电动机，额定功率 $P_N=5.5\text{kW}$，额定转速 $n_N=1440\text{r/min}$，起动系数 $\lambda_{st}=2.3$，负载转矩 $T_L=60\text{N}\cdot\text{m}$。试问：（1）在额定电压下该电动机能否正常起动？（2）当电网电压降为额定电压的 80%时，该电动机能否正常起动？

3-39 一台绕线转子异步电动机的额定数据为 $P_N=5\text{kW}$，$U_N=380\text{V}$，$I_N=14.9\text{A}$，$n_N=960\text{r/min}$，$E_{2N}=164\text{V}$，$I_{2N}=20.6\text{A}$，定子绕组为Y接法，$\lambda_m=2.3$。若电动机拖动额定恒转矩负载运行时要求停车，现采用反接制动，制动时制动转矩为 $1.8T_N$，求每相串入的制动电阻值是多少？

项目4 同步电机

【学习目标】

(1) 了解三相同步电机的结构。

(2) 熟悉三相同步发电机的工作原理。

(3) 掌握三相同步发电机的 V 形曲线和功率因数的调节。

(4) 掌握三相同步电动机的起动性能和功率因数的调节。

【项目引入】

同步电机是一种常用的三相交流电机，因其转子转速恒等于旋转磁场的同步转速，故称“同步”电机。同步电机的转速与电网的频率成正比，只要电网的频率不变，同步电机的转速就不变。同步电机最突出的优点是其功率因数可以调节，故同步电机可作为调节功率因数的补偿机来使用。

同步电机既可作为发电机运行，也可作为电动机运行。现代发电站中的交流发电机几乎全是同步发电机；在船舶和内燃牵引机车上，同步电机也都作为发电机使用。在工矿企业中，一些要求恒定转速的大功率设备驱动装置上，同步电机是作为电动机使用的，此时同步电动机在驱动机械负载的同时，还能提高电网的功率因数，并且具有效率高、过载能力大及运行稳定等优点；特别是随着变频器的广泛使用，解决了同步电动机的调速问题，进一步扩大了其应用范围。

火力发电厂

水力发电厂

任务4.1 认识同步电机

【任务引入】

同步电机应用十分广泛，同步发电机是现代发电厂的主体设备，世界上绝大部分的交流电都是同步发电机产生的；而在大功率生产机械设备上，同步电动机常作为主要的拖动设备。因此，必须学会正确使用和定期维护同步电机，这样才能延长其使用寿命，发挥其功效。所以，我们要了解同步电机的基本结构、工作原理和外部特性等相关知识。

【任务目标】

(1) 了解三相同步电机的结构及其基本类型。

(2) 了解三相同步电机铭牌中型号和额定值的含义。

(3) 理解三相同步电机的工作原理。

【技能目标】

(1) 能读懂三相同步电机的铭牌。

(2) 具有进行三相同步电机的定子绕组星形或三角形联结的能力。

(3) 掌握三相同步电机选择的原则。

(4) 能够利用工作原理分析查找三相同步电机的故障原因并排除故障。

4.1.1 同步电机的基本类型

一、同步电机的工作原理

1. 同步发电机

同步电机由定、转子两部分组成，定、转子之间有气隙，如图 4-1 所示，定子上有 U_1U_2、V_1V_2、W_1W_2 三相对称交流绕组。转子磁极（主极）上装有直流励磁绕组，其产生的磁通从转子 N 极出来经气隙、定子铁心、气隙、进入 S 极而闭合。如用原动机拖动发电机转子沿逆时针方向恒速旋转，则磁极的磁力线将切割定子绕组的导体，由电磁感应定律可知，在定子导体中就会感应出交变电动势。设主极磁场的磁通密度沿气隙圆周按正弦规律分布，则导体内电动势也随时间按正弦规律变化。

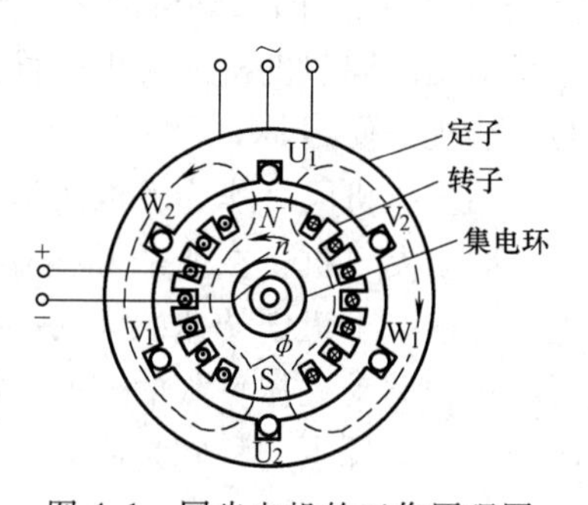

图 4-1　同步电机的工作原理图

由于定子绕组是三相对称绕组，在空间相差 120°电角度，当转子逆时针旋转时，磁力线将先切割 U 相绕组，再切割 V 相，最后切割 W 相。因此定子三相电动势大小相等、频率相同、相位彼此相差 120°，为对称三相电动势。设每相电动势的最大值为 E_m，并设 U 相电动势的初相位为零，则三相电动势的瞬时值为

$$\begin{cases} e_U = E_m \sin\omega t \\ e_V = E_m \sin(\omega t - 120°) \\ e_W = E_m \sin(\omega t + 120°) \end{cases} \tag{4-1}$$

2. 同步电动机

同步电动机与同步发电机的结构相同。除了在转子励磁绕组中通入直流电，以产生主磁场外；还需在定子三相绕组中通入三相交流电，以产生旋转磁场，原理与三相异步电动机相同。定、转子磁场就好像是一对“磁铁”相互吸引，旋转磁场就会带动转子磁极以同步速旋转起来，即

$$n = n_1 = \frac{60 f_1}{p} \tag{4-2}$$

由于同步电动机转子的转矩是旋转磁场与转子磁场不同极性间的吸引力所产生的，所以转子的转速始终等于旋转磁场转速，不因负载的改变而改变。

3. 电动势频率

当转子为一对极时，转子转一周，绕组中的感应电动势正好交变一次，当电机中有 p 对极时，则转子转一周，绕组中的感应电动势变化 p 次，而转子每分钟转 n 圈，则每秒钟的转数为$\frac{n}{60}$，因此电动势每秒交变$\frac{pn}{60}$次，即电动势的频率为$f=\frac{pn}{60}$赫兹。

可见，感应电动势的频率等于电机的极对数 p 与转子每秒钟转速$\frac{n}{60}$的乘积，我国工频为50Hz，因此电机的极对数与转速成反比。

4. 同步电机的特点

由以上分析可看出，同步电机无论作发电机或是作电动机运行，电动机的转速 n 与电网频率 f 之间有严格不变的关系，即当电网频率一定时，电机的转速 $n=\frac{60f_1}{p}$也为一恒定值，这是同步电机和异步电机的根本差别。当 $f=50\text{Hz}$、p 为整数时，同步电机的转速是固定值。

二、同步电机的基本类型

1. 按运行方式和功率转换方式分

同步电机可分为发电机、电动机和调相机。

2. 按结构型式分

（1）旋转电枢式：即磁极不动，三相对称绕组旋转，三相引出线由集电环和电刷引出，这种电机只适用于小容量同步电机，对于高压、中大容量的同步电机，由于该高压和大电流要从电刷和集电环的接触处引出，很不可靠，故不采用这种型式。

（2）旋转磁极式：对于大容量同步电机广泛采用这种形式，因磁极励磁绕组的功率和通过电枢的功率相比仅是很小的一部分，励磁电压又很低，因此使磁极旋转，励磁电流通过集电环送入励磁绕组较为合理，所以这种形式现在已成为同步电机的基本结构形式。按磁极形状又可以分为以下两种形式。

① 隐极式：图 4-2 为隐极式电机结构简图，图 4-3 为隐极式电机转子结构实物图。隐极式的气隙是均匀的，转子做成圆柱形，在圆周上铣有齿和槽。

② 凸极式：图 4-4 为凸极式电机结构简图，图 4-5 为凸极式电机转子结构实物图。凸

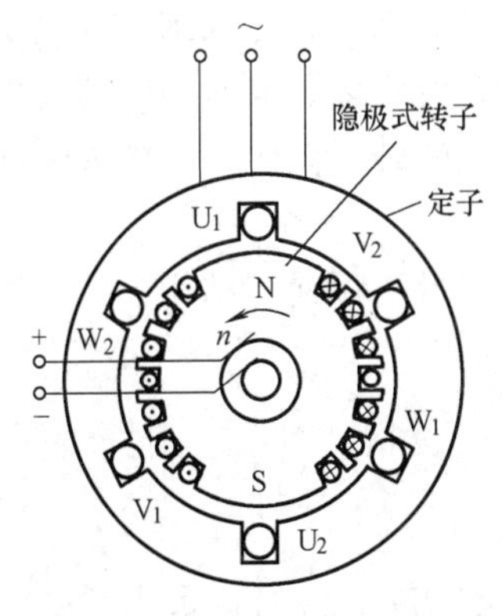

图 4-2 隐极式电机结构简图

图 4-3 隐极式电机转子结构实物图

极式转子的结构较为简单，磁极先制成后，再装到磁轭上，凸极式电机的气隙是不均匀的，极弧下气隙较小而极间较大。由于同步电机的励磁是直流电源供给的，并不需要电网供给无功功率，故气隙可以较大，其值一般在 0.5～10cm，异步机的气隙一般为 0.3cm。

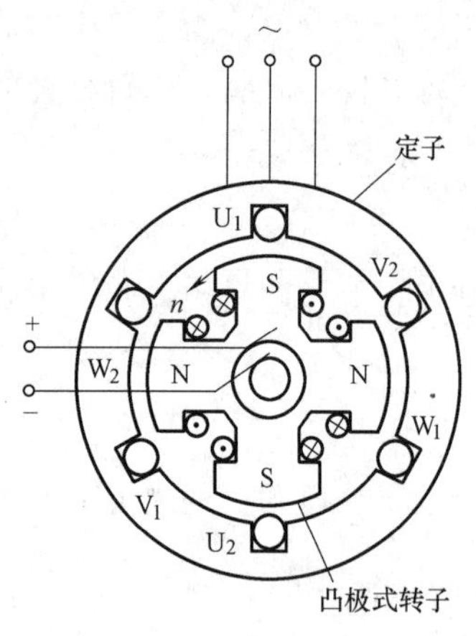

图 4-4　凸极式电机结构简图

图 4-5　凸极式电机转子结构实物图

我国的标准频率是 50Hz，此时同步电机的最高转速为 3000r/min，从转子的机械强度和更好地固定转子绕组来看，采用把励磁绕组分布嵌于转子各个槽内的隐极式结构更为合理；而当转速和离心力较小时，可用结构和制造比较简单的凸极式结构。这两种结构在运行原理上没有差别，只是由于气隙的均匀性不同而带来的分析方法上有些不同。

同步发电机一般采用汽轮机（或燃气轮机）或水轮机作为原动机来拖动，前者称为汽轮发电机，后者称为水轮发电机。由于汽轮机是高速的原动机，所以火力发电站中的汽轮发电机一般都做成 2 极隐极式；而原子能电站的大型发电机一般采用 4 极隐极式。由于水轮机一般是一种低速原动机，所以水轮发电机一般做成多极凸极式，其转速为几十转/分到几百转/分之间。同步电动机、由内燃机拖动的同步发电机和同步调相机一般做成凸极式。

4.1.2　同步电机的基本结构

汽轮发电机大多数做成 2 极的，因为提高转速可提高汽轮发电机组的运行效率、减小机组尺寸和造价，所以汽轮发电机的直径较小，长度则较长。凸极式同步发电机通常分为卧式和立式两种，绝大多数同步电动机、调相机和用内燃机或冲击式水轮机拖动的发电机都采用卧式结构，低速大容量的水轮发电机和大型水泵电动机则采用立式结构；立式水轮发电机由于水轮机转速低，因此为了获得额定频率的感应电动势，磁极数就很多，同时为了使发电机在突然去掉负载时，水轮机转速不致升得太高，这就要求发电机的转子满足一定的 GD^2（飞轮矩）值，相应地它的直径必须很大而轴向长度短。

无论什么型式的电机都是由定子和转子两部分组成，但因容量、用途、结构形式的不同而有许多不同之处。

一、定子

定子由定子铁心、绕组、机座、端盖以及其他部件组成。

1. 定子铁心

定子铁心由 0.35～0.5mm 的硅钢片制成。若直径较大，定子铁心可分块冲制，如凸极式电机，通常把定子分成二、四、六瓣，分别制造好后，再运到电厂拼装成一个整体，为了通风，铁心中留有通风道，整个铁心可用拉紧螺杆和特殊的非磁性压板压紧，固定在机座上。定子铁心如图 4-6 所示。

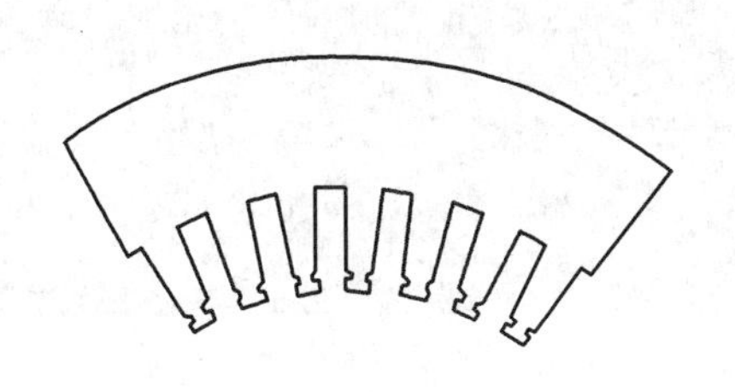

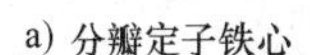
a) 分瓣定子铁心

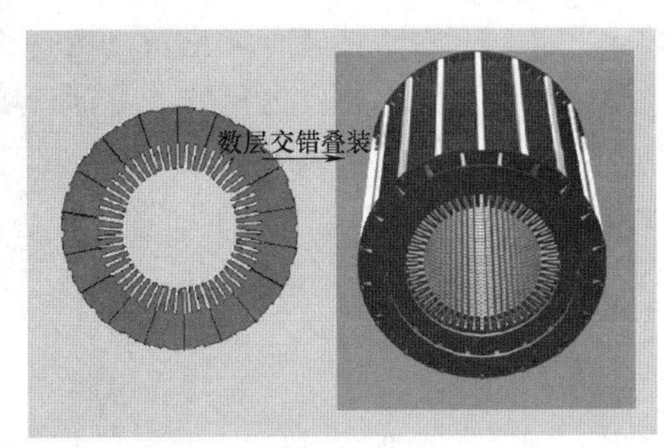

b) 整体定子铁心

图 4-6　定子铁心

2. 机座

机座用钢板焊接而成，其作用除支撑定子铁心外，还要满足通风系统的要求，组成所需通风路径，因此要求它有足够的刚度和强度，能承受加工、运输及运行中的各种力的作用；此外，为避开由定、转子之间电磁拉力引起的铁心的倍频强迫振动（100Hz），机座径向振动的固有频率一般均设计在 80~120Hz 以外，以防止发生危险的共振。

3. 定子绕组

定子绕组是由嵌在定子铁心槽内的线圈按一定规律连接而成。汽轮机一般采用三相双层短距叠绕组，水轮机一般采用三相双层短距波绕组。水轮机与汽轮机定子绕组主要有两点不同。

（1）由于水轮发电机极数很多，q（每极每相槽数）值较小，为改善电压波形，广泛采用分数槽绕组。

（2）对于大容量水轮发电机，为节省极间连接，一般采用单匝波绕组，其上、下层导线用两根线棒分别制造，嵌线后再焊接起来。

图 4-7 为汽轮发电机定子结构图；图 4-8 为水轮发电机定子结构图。

图 4-7　汽轮发电机定子结构

图 4-8　水轮发电机定子结构

二、转子

隐极式汽轮发电机由转子铁心、励磁绕组、护环、中心环集电环和风扇等组成；凸极式水轮发电机的转子主要由磁极、励磁绕组、磁轭、转子支架和轴等组成。

1. 隐极式转子

由于高速旋转，大容量两极汽轮发电机转子的周速最大可达205m/s，转子的长度与直径之比为2~6。这就使转子无论从机械力还是发热来看，都是汽轮发电机的关键部件。图4-9为隐极式转子结构图。

图4-9　隐极式转子结构

转子铁心是汽轮发电机关键的部件之一，它既是电机磁路的主要组成部分，又由于高速旋转时承受着巨大的离心力，因而其材料既要求有好的导磁性能，又需要有很高的机械强度，所以一般都采用整块的高机械强度和良好导磁性能的合金钢锻成，与转轴锻成一体。在锻造能力不够的情况下，为节省大锻件，也有采用组合式转子的。沿转子铁心表面用铣床铣出槽以安装励磁绕组。隐极式转子铁心结构如图4-10所示。

a) 转子铁心整体结构

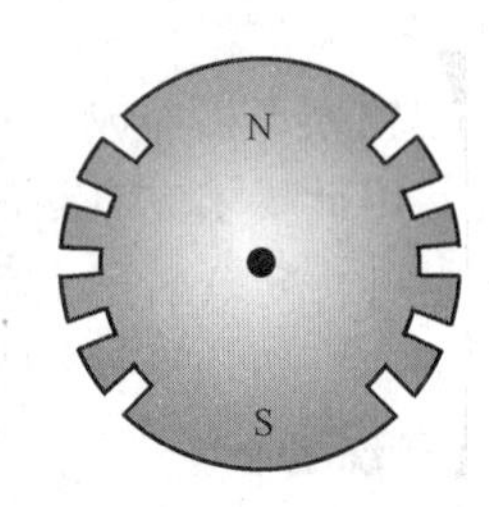

b) 转子铁心片

图4-10　隐极式转子铁心结构

励磁绕组由扁铜线绕制成同心式线圈，各线匝之间垫有绝缘，一般用0.3mm的云母板或0.5mm厚的环氧玻璃布板，铁心与线圈之间也要很好地绝缘，励磁绕组被槽楔压紧在槽里。由于转子圆周速度很高，转子线圈承受了很大的离心力，所以槽楔必须做成下面大、上面小的形状，而且采用具有较高机械强度的材料如硬质合金钢及铝铁镍青铜，同时，为了使端部不因离心力太大而变形，在其端部套一个厚壁金属圆筒即护环。励磁绕组结构如图4-11所示。

图4-11　励磁绕组结构

2. 凸极式转子

水轮发电机的转子主要由磁极、励磁绕组、磁轭、转子支架等组成。凸极式磁极一般采用1~1.5mm厚的A_3、$16M_n$或$45^{\#}$钢板冲片叠压而成，两端加磁极压板，用螺杆拉紧，磁极上套有励磁绕组。励磁绕组由扁铜线绕制成集中绕组，各励磁绕组串联后接到集电环上，在磁极的极靴上装有阻尼绕组，阻尼绕组的结构和笼型结构相似，它是由许多插在极靴槽中的铜条和两端用短路铜环连接起来而成。对发电机它可以减小并联运行时的转子振荡的幅值，叫阻尼绕组；对电动机主要作为起动绕组用。磁极固定在磁轭上，磁轭一般由2~5mm

厚的钢板冲成扇形片，交错叠成整圆，再用拉紧螺杆拉紧，在外缘冲有倒T形缺口，以装配磁极，同时磁轭主要用来组成磁路，在磁轭与转轴之间用转子支架支撑，这主要是由于水轮发电机转子尺寸较大，因而在轴和磁轭之间增加了一个过渡结构，转子支架由于主要传递轴上的力矩，因此必须有足够的强度。图4-12为凸极式转子结构图；图4-13为凸极式转子示意图。

图4-12　凸极式转子结构

三、同步电机冷却介绍

电机在运行过程中，由于产生损耗而发热使温度升高。随着单机容量的不断提高，大型同步电机的发热冷却问题日趋严重，为解决此问题，出现了许多不同的冷却方式。

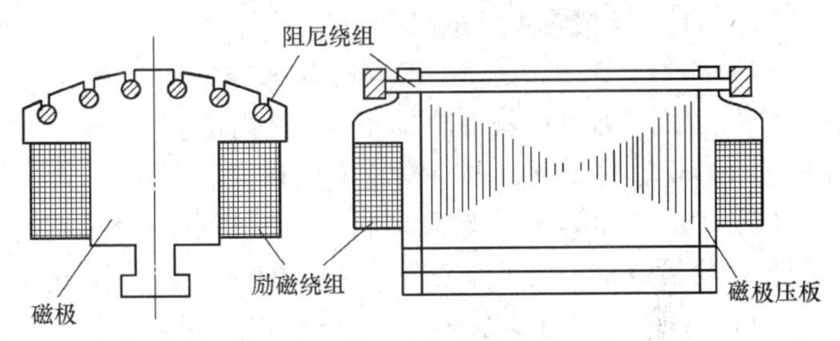

图4-13　凸极式转子示意图

中小型电机一般容量较小，冷却方式采用风冷，即用内装的风扇或外装风扇式冷却。

对大型同步电机，这个问题就不易解决，汽轮同步发电机因转子细长中部热量不易散发，所以转子冷却是比较困难的。目前汽轮发电机的冷却介质有空气、氮、氢、变压器油、水等，其中以空气、氢、水三种用得较多。

在冷却方式中，定子绕组采用水内冷或氢内冷较多；转子绕组采用氢内冷较多。近年来，大型汽轮发电机采用水内冷，此时绕组采用空心导线绕制而成，冷却水沿着空心线圈流通，直接将导线的热量带走，由于绕组是带电的，所以冷却水必须通过一段绝缘水管接到绕组上去，在定子绕组的端头上有特殊的水管接头，通过一段塑料管接到进、出口水的总管上；当转子采用水内冷时，要有把水引到高速旋转的转子上面的进水装置，以及把水引到励磁绕组的进水盒和把水引出的出水盒，这些对电机的结构提出了新的要求，1958年我国研制成功了第一台定、转子绕组都采用水内冷的1.2万kW的双水内冷汽轮发电机。

4.1.3　同步电机的额定值及主要系列

一、同步电机的额定值

（1）额定容量S_N或额定功率P_N：对同步发电机来说，额定容量S_N是指出线端的额定视在功率，一般以kV·A或MV·A为单位；而额定功率P_N是指发电机发出的有功功率，单位为kW或MW；对同步电动机P_N是指轴上输出的机械功率，单位为kW或MW；对同步调相机则用线端的额定无功功率Q_N来表示其容量，单位为kvar或Mvar。

（2）额定电压U_N：是指额定运行时定子的线电压，单位为V或kV。

（3）额定电流I_N：是指额定运行时流过定子的线电流，单位为A。

（4）额定功率因数$\cos\varphi_N$：即电机额定运行时的功率因数。

（5）额定效率 η_N：电机额定运行时的效率。

对发电机：
$$P_N = \sqrt{3}U_N I_N \cos\varphi_N = S_N \cos\varphi_N \quad (4\text{-}3)$$

对电动机：
$$P_N = \sqrt{3}U_N I_N \cos\varphi_N \eta_N \quad (4\text{-}4)$$

（6）额定频率 f_N：电机额定运行时发出交流电的频率，单位为 Hz。

（7）额定转速 n_N：电机额定运行时转子的转速，单位为 r/min。

（8）额定励磁电压 U_{fN} 和额定励磁电流 I_{fN}：电机额定运行时励磁绕组的端电压和输入电流，单位分别为 V 和 A。

（9）额定温升 K：电机额定运行时，定、转子绕组允许比环境温度升高的温度值，单位为℃。

二、同步电机的主要系列

（1）TF：三相同步发电机。T——同步，F——发电机。

（2）QFQ、QFN、QFS：不同冷却方式的同步发电机。QF——汽轮发电机，第三个字母表示冷却方式（Q——氢外冷，N——氢内冷，S——双水内冷），例如，QFN—100—2 表示容量为 100MW 的 2 极氢内冷汽轮发电机。

（3）TS：三相同步水轮发电机。T——同步，S——水轮，例如，TS1264/160—48 表示三相同步水轮发电机，定子铁心外径为 1264cm，铁心长 160cm，极数为 48，即 $n = 125$r/min。

（4）TD：三相同步电动机。D——电动机。

（5）TT：三相同步调相机，第二个 T 表示调相机。

任务 4.2　同步电机的电枢反应

【任务引入】

三相同步电机在空载时，转子励磁绕组外加直流电压，产生直流励磁电流和励磁磁动势，从而产生同步电机的主极磁场。三相同步电机在负载时，定子三相电枢绕组会流过对称三相电流，将产生一个以同步转速旋转的旋转磁场，即同步电机的电枢磁场。因此，同步电机气隙中的磁场是由主极磁场和电枢磁场叠加而成。所以，必须讨论两种磁场的性质和特点，以便分析同步电机的工作原理。

【任务目标】

（1）理解三相同步电机的空载磁场。

（2）理解三相同步电机的电枢磁场。

（3）理解三相同步电机的电枢反应。

【技能目标】

（1）能读懂三相同步电机的相量-矢量图；

（2）能画出不同负载性质下电枢反应的相量-矢量图；

（3）掌握三相同步电机三种运行状态的特点。

4.2.1　同步发电机的空载运行

一、同步电机的基本工作原理

1. 两种旋转磁场

在讨论三相异步电动机时曾说过，当对称三相电流流过对称三相绕组时，将在气隙中产生一个旋转磁场，它的基波磁动势有下列特性：振幅是单相绕组振幅的1.5倍，即$F_{m1}=\frac{3}{2}\times 0.9\times\frac{IW_1}{p}k_{w1}$，幅值恒定，它的转速为同步转速$n_1=\frac{60f_1}{p}$转/分，旋转方向是从电流超前的相转向电流滞后的相，当某相电流达到最大值时，旋转磁场的振幅恰好在该相绕组的轴线上。同步电机无论作为发电机运行还是作为电动机运行，和异步电机一样，只要它们的定子三相绕组中流过三相对称电流，都将在气隙中产生上述的旋转磁场，因该磁场是交流励磁的，故称交流励磁的旋转磁场。同步电机的定子绕组又称为电枢绕组，因此上述磁场又称为电枢磁场。

我们也可以用另一种方法获得旋转磁场。如果在转子上装有由直流励磁的磁极，且用原动机把转子带到同步转速，就像同步电机那样，则在气隙中同样出现一个圆形旋转磁场，这样获得的旋转磁场又称直流励磁的旋转磁场，或称机械旋转磁场。由前述内容可知，同步电机无论作发电机或是电动机运行，转子的转速总是等于同步转速，转子绕组中总存在直流励磁电流，所以它的气隙中始终存在着这个直流励磁的机械旋转磁场，异步电机虽然也存在转子旋转磁场在空间以同步转速旋转，但它是由定子旋转磁场感应产生的，和同步电机不同。正是由于这一点，给同步电机和异步电机带来了不同的特性和不同的分析方法。

同步发电机空载时，定子绕组中的电流为零，在气隙中只有直流励磁的旋转磁场；在负载的情况下，两种旋转磁场均存在。

2. 同步电机的运行方式

既然在同步电机的气隙中存在着两种不同的旋转磁场，只要这两个旋转磁场在空间有位移，它们之间便会有电磁力，犹如两块磁铁之间存在相互作用力一样。

同步电机在正常工作时，由于两种旋转磁场之间没有相对运动，因此它们之间的相互位置决定着同步电机的运行情况。如转子磁场在前，则当转子旋转时，它便拉着定子磁场跟随着它旋转，这时转子磁场超前电枢磁场，这便是发电机运行；若定子磁场在前，则当定子磁场旋转时，它便拉着转子磁场跟着它旋转，这便是电动机运行情况。

3. 磁场空间相位和相应电动势间的时间相位

设气隙中有两个以同步转速n_1、同方向旋转的圆形旋转磁场$\dot{\Phi}_1$和$\dot{\Phi}_2$，它们之间在空间相隔θ电角度，当它们相继掠过定子绕组时，将在该绕组中感应出相应的旋转电动势e_1和e_2，这时磁感应强度空间分布曲线$B=f(x)$和相应的感应电动势时间分布曲线$e=f(t)$有相似的波形。若只考虑基波分量，则感应电动势的时间相位差与相对应的磁场空间相位差相等，这与我们在介绍异步电动机时讨论的时、空概念相同。

4. 同步电机的电路方程及等效电路

在正常运行时，同步电机的定子磁场与转子绕组之间没有相对运动，因而不能在转子绕组中感应电动势，转子回路中只有直流励磁电流，故从电路的观点来看，同步电机要比变压器或异步电机更为简单，可不考虑转子电路，而只为定子电路单独写出电压方程式。转子励磁磁场将在定子绕组中感应电动势$\dot{E}_0$，称为空载电动势，有时也称励磁电动势。定子电枢磁场将在定子绕组中感应电动势$\dot{E}_a$，称为电枢反应电动势，$\dot{E}_a$与$\dot{E}_0$具有相同的频率。如不考虑饱和现象，利用叠加原理，参考方向按发电机惯例，可写出每相定子绕组的电压方程

式为

$$\dot{E}_0+\dot{E}_a=\dot{U}+\dot{I}(r_a+jx_\sigma) \tag{4-5}$$

式中，$\dot{U}$为定子绕组端电压；$\dot{I}$为定子绕组输出电流；r_a为定子绕组的电阻；x_σ为定子绕组的漏电抗。以上各物理量均为每相的数值，同步发电机等效电路如图 4-14 所示。

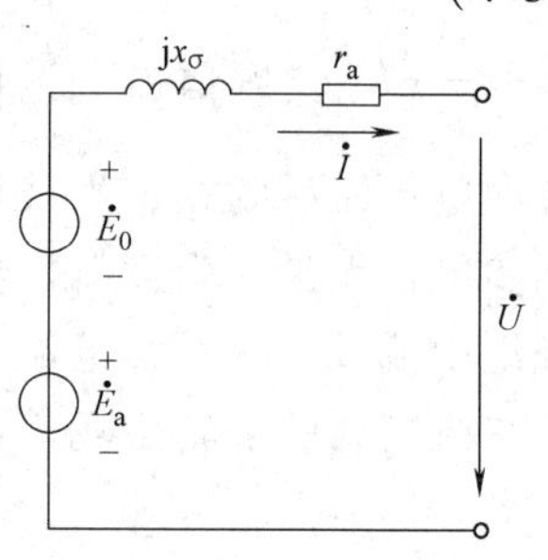

图 4-14　同步发电机等效电路

5. 同步电机的气隙合成磁场

在分析同步电机时，也常把气隙中的定子磁场和转子磁场合并为合成气隙磁场来考虑，这种分析方法更符合同步电机的实际情况。由于定、转子磁场均以同步转速旋转，气隙中合成旋转磁场便也按同步转速旋转，和转子绕组之间仍无相对运动，如不计饱和现象，则空气隙中的合成磁场在定子绕组中的感应电动势$\dot{E}_\delta$应等于$\dot{E}_a$和$\dot{E}_0$之和。同步电机的运行方式，也常用合成旋转磁场与转子磁场之间的相对位置来确定。当转子磁场超前于定子磁场时，转子磁场轴线便超前于气隙合成磁场轴线，同步电机作为发电机运行，等效磁极位置如图 4-15a 所示；其中，转子磁场轴线超前合成磁场轴线的夹角称为功率角 δ；此时 $\delta>0$，电磁转矩 T_e 为制动转矩，原动机输入的机械转矩与电磁转矩相平衡；转子吸收机械功率，定子发出电功率。当转子磁场滞后于定子磁场时，转子磁场轴线将滞后于气隙合成磁场的轴线，同步电机作为电动机运行，等效磁极位置如图 4-15b 所示；此时 $\delta<0$，T_e 为驱动转矩，带动负载运行；转子输出机械功率，定子吸收电功率。当转子磁场轴线与气隙合成磁场轴线重合时，同步电机作为补偿机运行，等效磁极位置如图 4-15c 所示；此时 $\delta=0$，$T_e=0$，电机不进行能量转换，仅发出或吸收无功功率。

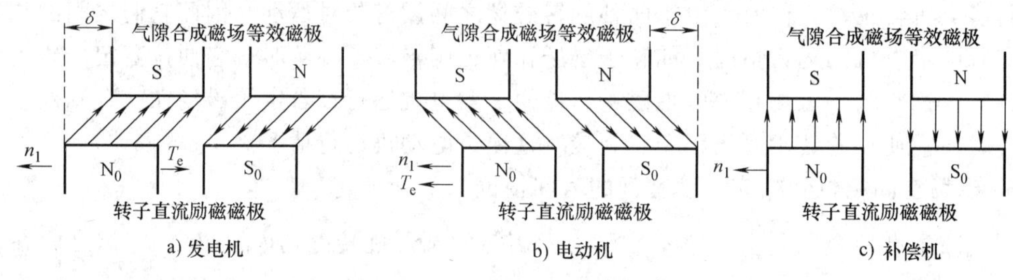

图 4-15　同步电机三种工作状态

二、同步发电机的空载运行

当同步发电机转子被原动机拖动至同步转速，转子绕组通入直流励磁电流，而定子绕组开路时，称为空载运行。这时定子（电枢）电流为零，此时在气隙中只有旋转的转子励磁磁场，图 4-16 表示一台凸极式同步发电机的空载磁路。

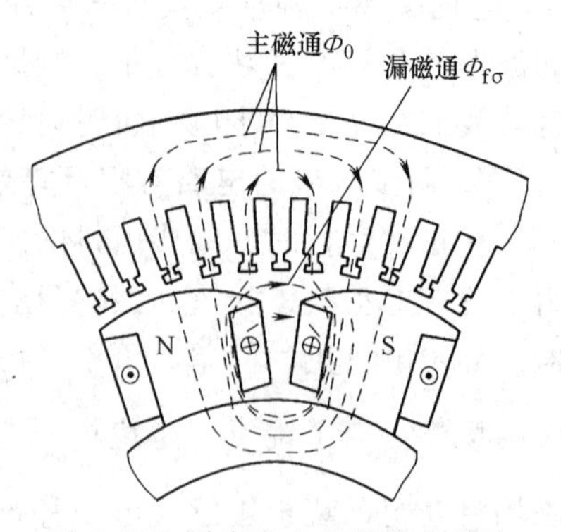

图 4-16　同步发电机的空载磁路

1. 主磁通

既交链转子，又经过气隙交链定子的磁通称为主磁通，它就是空载时的气隙磁通，或称励磁磁通。显然这是一个被原动机带动到同步转速的旋转磁场，其磁通密度为沿气隙圆周接近于正弦的空间分布波，每极磁通量的基波分量用$\dot{\Phi}_0$表示。

2. 漏磁通

只交链励磁绕组而不与定子绕组相交链的磁通称为励磁漏磁通，它不参与电机定、转子之间的能量转换，用$\dot{\Phi}_{f\sigma}$表示。

3. 磁路

主磁通所经过的路径为主磁路。同步电机的主磁路与直流电机相似。

4. 基波电动势

当转子以同步转速 n_1 旋转时，主磁通切割定子绕组感应出频率为 f_1 的三相基波电动势，其有效值为

$$E_0 = 4.44 f_1 W_1 k_{w1} \Phi_0$$

式中，Φ_0 为每极磁通量，单位为 Wb；频率 f_1 与 n_1 的关系为 $f_1 = \frac{pn_1}{60}$。

5. 空载特性

由电动势表达式可见，改变励磁电流 I_f 以改变主磁通 Φ_0，便可得到各个不同的空载电动势，特性曲线 $E_0 = f(I_f)$ 表示在同步转速下同步发电机的空载特性，如图 4-17 中曲线 1 所示。由于 $E_0 \propto \Phi_0$、$F_f \propto I_f$，因此空载特性曲线还可表示为磁化曲线 $\Phi_0 = f(F_f)$，即任何一台同步电机的空载特性实际上也反映了它的磁化曲线。从磁路计算可知，一台电机的磁化曲线实际上只决定于电机各段铁心和气隙的尺寸及铁心的材料，当电机制成后，其磁化曲线即确定不变。

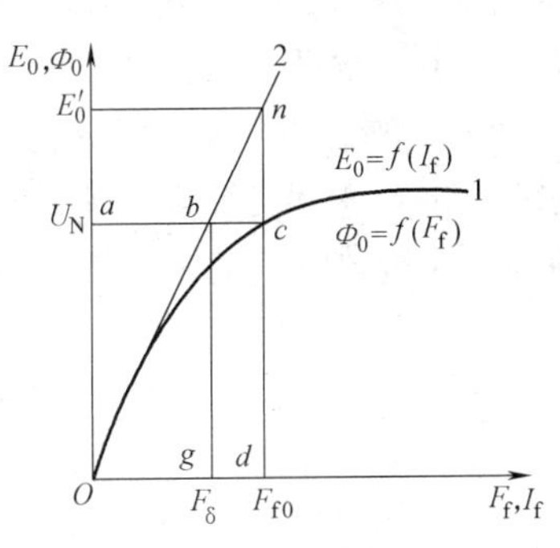

图 4-17 同步发电机的空载特性

与直流电机一样，空载特性开始一段为直线，延长后所得直线称为气隙线，如图 4-17 中曲线 2 所示。

4.2.2 同步发电机的电枢反应

空载时，同步电机中只有一个以同步旋转的转子磁场，即励磁磁场，它在三相绕组中感应出对称的三相电动势，每相电动势为$\dot{E}_0$，称为励磁主电动势，此时定子每相绕组有：$\dot{U} = \dot{E}_0$。但当定子绕组接上对称的感性负载后，就会产生三相对称电枢电流，这个感性负载电流将产生电枢磁动势，定子电枢磁动势与转子励磁磁动势相互作用形成了负载时的气隙合成磁动势，并建立负载时的气隙磁场。由分析可知，对于功率因数滞后的感性负载，气隙磁场在定子绕组中感应的电动势将明显地低于 E_0，再考虑电枢绕组中的电阻和漏抗压降后，就使得输出电压 U 更加低于 E_0。其中，对称负载时电压 U 低于 E_0 的两个因素中起主要决定作用的是电枢磁动势的影响。本节的主要任务就是研究对称负载时，电枢磁动势的基波对励磁磁场基波的影响，简称对称负载时的电枢反应。

一、电枢反应的性质

由于电枢磁动势与励磁磁动势的相对位置决定着同步电机的运行方式，下面将进一步讨

论磁动势相对位置对同步电机运行性能的影响。电枢磁动势与励磁磁动势间的相对位置取决于负载电流的性质，把空载电动势$\dot{E}_0$与输出电流$\dot{I}$之间的夹角称为内功率因数角ψ。当$\psi>0$时，$\dot{E}_0$超前$\dot{I}$；当$\psi<0$时，$\dot{E}_0$滞后$\dot{I}$；当$\psi=0$时，$\dot{E}_0$与$\dot{I}$同相位。

通常把端电压$\dot{U}$和输出电流$\dot{I}$之间的相位差角称为功率因数角φ，它是可以测量的。而内功率因数角ψ是分析电机特性时所定义的一个角度，只有在$\dot{I}=0$时才能测得$\dot{E}_0$，当$\dot{I}\neq0$时，$\dot{E}_0$实际上是不能测量的，这时电枢绕组感应电动势$\dot{E}_\delta$实际上是由气隙合成磁场产生的，因此也就无所谓$\dot{E}_0$与$\dot{I}$之间的夹角ψ。但是引入ψ角来分析同步电机的特性，特别是分析同步电机的电枢反应是很有用的。电枢反应的性质分为去磁、助磁、交磁三种情况，下面分析各种不同ψ角时的电枢反应。

1. $\dot{E}_0$与$\dot{I}$同相（$\psi=0$）时的电枢反应

图4-18a是一台同步发电机的原理图，为了简单起见，电枢绕组每一相都用一个等效线圈来表示，磁极为凸极式，励磁磁动势和电枢磁动势只考虑基波，且取A相励磁电动势为最大值时刻绘图。通常把转子磁极轴线位置称为直轴或d轴；与直轴相差90°电角（正交）的轴线位置称为交轴或q轴；相绕组的轴线位置称为相轴；时间相量在其上投影可得瞬时值的轴线位置，称为时轴。图a中直轴超前于A相轴线90°。

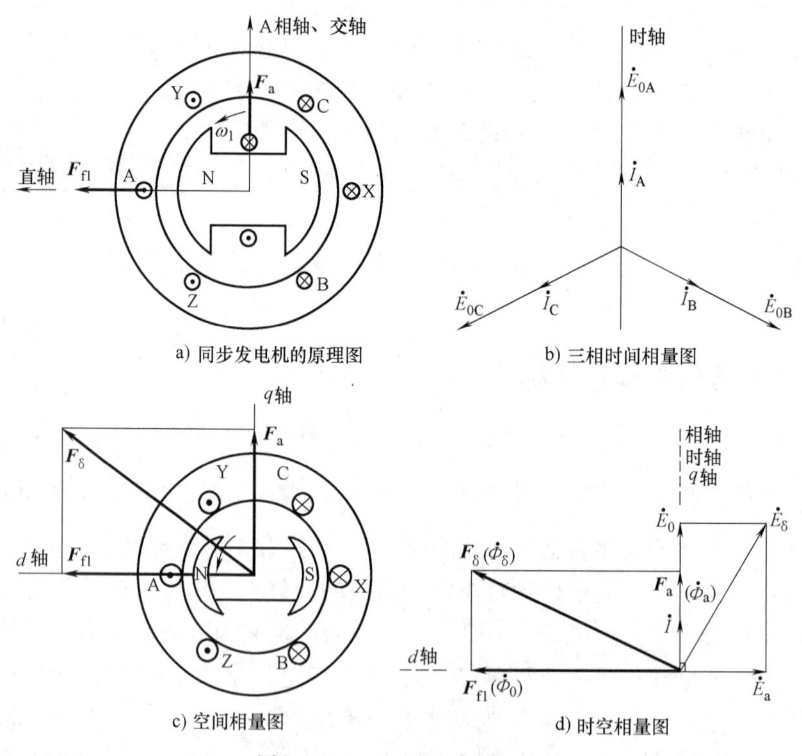

图4-18　$\psi=0$时的电枢反应

当旋转的励磁磁场逆时针旋转时，将在电枢三相绕组中感应对称的三相电动势$\dot{E}_{0A}$、$\dot{E}_{0B}$、$\dot{E}_{0C}$，继而产生三相对称电流$\dot{I}_A$、$\dot{I}_B$、$\dot{I}_C$，如图4-18b所示，电流、电动势正方向规定为从始端流出。在图 4-18a 中，因 A 相绕组所交链磁通最小，但 $d\Phi/dt$ 最大，所以 A 相绕组感应电动势最大；因为 $\psi=0$，所以 A 相电流也达最大值，由此可求得三相电流联合产生的电枢磁动势基波相量 $\boldsymbol{F}_a$ 便落在 A 相绕组轴线上，即 $\boldsymbol{F}_a$ 位于交轴（q 轴）上；而励磁磁动势的基波相量 $\boldsymbol{F}_{f1}$ 位于直轴（d 轴）上；它们和转子一起以同步转速旋转。由此可见，$\dot{E}_0$ 与 $\dot{I}$ 同相时，电枢基波磁动势 $\boldsymbol{F}_a$ 的轴线总是和励磁磁动势基波相量 $\boldsymbol{F}_{f1}$ 的轴线相差 90°电角度，而和转子的交轴重合，因此把这种电枢反应称为交轴电枢反应，而把这时的电枢磁动势 $\boldsymbol{F}_a$ 称为交轴电枢磁动势 $\boldsymbol{F}_{aq}$。

由于 $\boldsymbol{F}_{f1}$ 和 $\boldsymbol{F}_a$ 均以同步转速旋转，在空间相对静止，因此可用矢量相加而得出气隙合成磁动势相量 $\boldsymbol{F}_\delta$，这样便可得到空间相量图，如图 4-18c 所示。可见，交轴电枢反应使合成磁场轴线位置从空载时的直轴处逆转向后移了一个锐角，而且合成磁动势幅值有所增加。励磁磁动势超前气隙合成磁动势，主极上受到一个制动性质的转矩，电机要维持转速 n_1，必须输入更多的机械功率。此时电机输出有功功率，发电机不输出无功功率，所以交轴磁动势将会影响电磁转矩的产生及能量的转换。

已知气隙合成磁动势 $\boldsymbol{F}_\delta$，可求得由它产生的气隙磁通密度波 $\boldsymbol{B}_\delta$，并进一步求出 $\boldsymbol{B}_\delta$ 与定子任一相交链的磁通 $\dot{\Phi}_\delta$ 以及由 $\dot{\Phi}_\delta$ 感应于该相的电动势 $\dot{E}_\delta$，显然 $\dot{\Phi}_\delta$ 和 $\dot{E}_\delta$ 是时间相量。同理若忽略铁心饱和的影响，可从 $\boldsymbol{F}_{f1}$ 和 $\boldsymbol{F}_a$ 分别求出励磁电动势 $\dot{E}_0$ 和电枢电动势 $\dot{E}_a$，即 $\boldsymbol{F}_{f1}\rightarrow\boldsymbol{B}_{f1}\rightarrow\dot{\Phi}_0\rightarrow\dot{E}_0$ 和 $\boldsymbol{F}_a\rightarrow\boldsymbol{B}_a\rightarrow\dot{\Phi}_a\rightarrow\dot{E}_a$，这时应有 $\dot{\Phi}_0+\dot{\Phi}_a=\dot{\Phi}_\delta$，相应地有 $\dot{E}_0+\dot{E}_a=\dot{E}_\delta$。必须指出，这里所述的所有的时间相量都是属于定子中某一相中的物理量，由于三相对称，每一相内部各物理量之间的关系是相同的，因此没有必要指明是属于哪一相的量。当各相时轴和相轴都取在绕组的轴线上时，则旋转相量 $\sqrt{2}\dot{I}$ 在该轴上的投影即为电流的瞬时值，即当相量与该轴重合时，正弦量达到最大值。当某相电流达到最大值时，旋转磁动势的幅值就落在该相绕组的轴线上。

由此可见：①磁通相量 $\dot{\Phi}$（时间相量）应与产生它的磁通密度相量 $\boldsymbol{B}$（空间相量）重合；②忽略铁心中的损耗影响时，可以认为磁通相量 $\dot{\Phi}$ 应与产生它的电流相量 $\dot{I}$ 同相位，而磁动势 $\boldsymbol{F}$ 与产生它的电流 $\dot{I}$ 重合；③当磁通 $\dot{\Phi}$ 与感应电动势 $\dot{E}$ 正方向符合右手螺旋定则时，$\dot{E}$ 滞后于产生它的磁通 $\dot{\Phi}$ 90°，只要掌握这个基本关系，便可画出图 4-18d 所示的时空相量图。

2. 当 $\dot{E}_0$ 超前 $\dot{I}$ 90°（$\psi=90°$）时的电枢反应

图 4-19a 为空间相量图和三相电流分布图；图 4-19b 为三相时间相量图。

从图 4-19a 可见，当 A 相绕组所交链磁通为零，即 $\dot{E}_{0A}$ 为最大时，因 $\dot{E}_0$ 超前 $\dot{I}$ 90°，所以 $\dot{I}_A=0$。只有转子磁极的相对位置沿逆时针方向转 90°时，这时 $\dot{E}_{0A}=0$，而 $\dot{I}_A$ 达最大值，即当 A 相电流达到最大值时转子已向前转过 90°。此时电枢磁动势的基波幅值恰好位于励磁磁动势的轴线上，但方向与励磁磁动势方向相反，两者相差 180°。因此 $\boldsymbol{F}_{f1}$ 和 $\boldsymbol{F}_a$ 两个空间相量始终保持相位相反、且同步旋转的关系，相应的时空相量图如图 4-19c 所示。

由图 4-19c 可见，$\dot{E}_0$ 超前 $\dot{I}$ 90°时，电枢磁动势 $\boldsymbol{F}_a$ 的方向总是和励磁磁动势 $\boldsymbol{F}_{f1}$ 的方向相反，两者相减而得气隙中的合成磁动势 $\boldsymbol{F}_\delta$，因此气隙磁场被削弱了，即电枢反应的性质

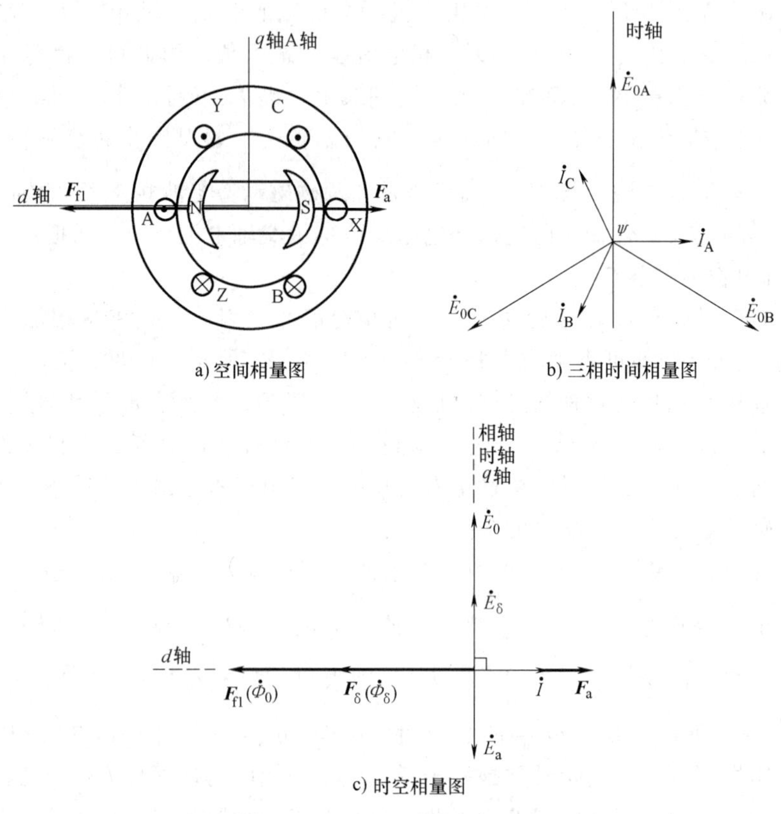

图 4-19　$\psi=90°$时的电枢反应

是纯去磁的。由于这时的电枢磁动势 $\boldsymbol{F}_a$ 位于直轴上，故称为直轴电枢磁动势 $\boldsymbol{F}_{ad}$，相应的电枢反应称为直轴电枢反应。

当电机接到电网上时，由于电网的电压需保持不变，从而要求气隙磁场近似保持不变，在 $\psi=90°$时，电枢反应起去磁作用，则原有的励磁磁动势就不够了，应增大直流励磁电流，此时同步电机的运行状态称为过激状态。可得结论：$\dot{E}_0$ 超前$\dot{I}$ 90°时，$\cos\psi=0$、$\sin\psi=1$，即有功功率等于零，但发出感性无功功率，或者说过激的同步发电机将向电网输送感性无功功率。

3. 当$\dot{E}_0$ 滞后$\dot{I}$ 90°（$\psi=-90°$）时的电枢反应

图 4-20a 为空间相量图，三相电流分布如图所示；图 4-20b 为时间相量图。

从图 4-20a 可见，这时 A 相励磁电动势$\dot{E}_{0A}$为最大值，但电枢电流为零，A 相电流提前 90°达最大值，也就是说当 A 相电流达到最大值时，转子磁场的空间位置滞后于 $\psi=0$ 时的转子磁场位置 90°，即当使 A 相电流达最大值时，转子须逆转向转 90°。这时电枢磁动势恰好作用在直轴，且方向与转子磁场方向相同，所以合成磁场 $\boldsymbol{F}_\delta=\boldsymbol{F}_{f1}+\boldsymbol{F}_a$ 可直接相加，比空载时增加，所以电枢反应是起助磁的。因 $\boldsymbol{F}_a$ 在 d 轴，故为直轴电枢磁动势 $\boldsymbol{F}_{ad}$，同样也称直轴电枢反应，其时空相量图如图 4-20c 所示。

同理，当电压保持不变时，$\boldsymbol{F}_\delta$ 也应不变，而由于 $\boldsymbol{F}_a$ 的助磁作用，所以需要减少直流励磁电流，此时同步电机的运行状态称为欠励磁状态。可得结论：$\dot{E}_0$ 滞后$\dot{I}$ 90°时，$\cos\psi=0$、

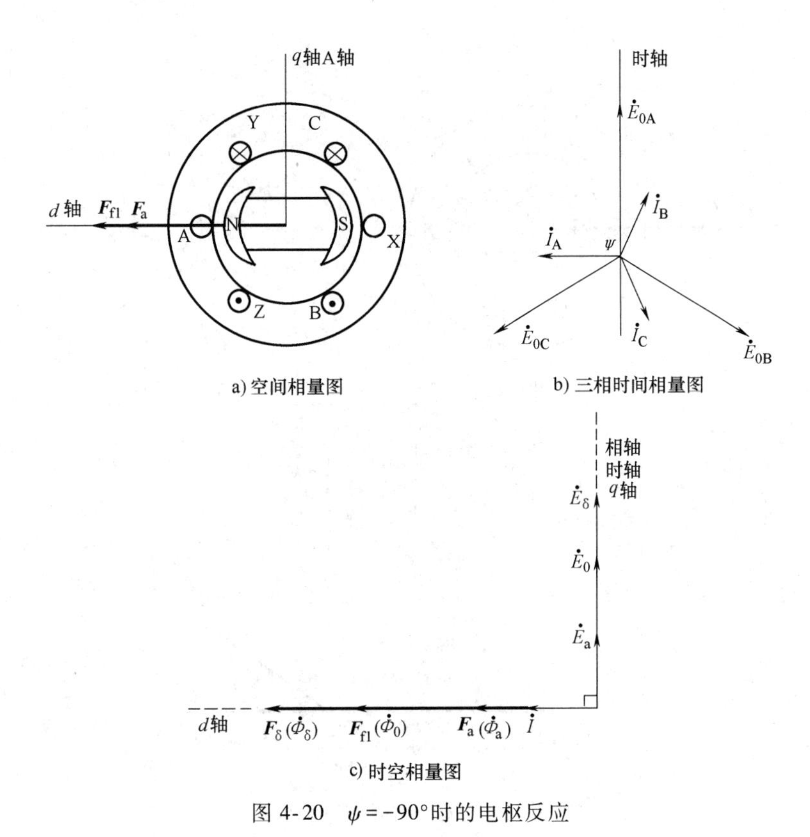

a) 空间相量图　　b) 三相时间相量图

c) 时空相量图

图 4-20　$\psi=-90°$时的电枢反应

$\sin\psi=-1$，即有功功率等于零，但发出容性无功功率，或者说欠励磁的同步发电机将向电网输送容性的无功功率。

4. 一般情况下（$0<\psi<90°$）的电枢反应

图 4-21a 为空间相量图和三相电流分布图；图 4-21b 为时间相量图。

由图 4-21a 可见，在这瞬间 A 相的励磁电动势$\dot{E}_{0A}$达最大值，如 $\psi=0$，则 A 相电流也达最大值，随之电枢磁动势 $\boldsymbol{F}_a$ 轴线也正好转在 A 相相轴上。但现在由于 $\psi\neq0$，在图 4-21a 所示瞬间，A 相电流尚未达到最大值，而必须经过一段时间即等转子逆时针转过 ψ 空间电角度时，A 相电流才达最大值，电枢磁动势 $\boldsymbol{F}_a$ 的幅值才位于 A 相绕组的轴线上。可见当$\dot{E}_0$ 超前 $\dot{I}$ ψ 角时，电枢磁动势 $\boldsymbol{F}_a$ 滞后于励磁磁动势 $\boldsymbol{F}_{f1}$（$\psi+90°$）电角度，其相应的时空相量图如图 4-21c 所示。这时电枢反应既非纯交磁性质，也非去磁性质，而是两者兼有。可将此时的电枢磁动势 $\boldsymbol{F}_a$ 分解为交轴和直轴两个分量：$\boldsymbol{F}_a=\boldsymbol{F}_{aq}+\boldsymbol{F}_{ad}$。其中，$\boldsymbol{F}_{aq}=\boldsymbol{F}_a\cos\psi$ 起交磁作用；$\boldsymbol{F}_{ad}=\boldsymbol{F}_a\sin\psi$ 起直轴去磁作用。

此时的电枢反应也可以把每一相电流$\dot{I}$ 分成两个分量：$\dot{I}=\dot{I}_q+\dot{I}_d$。其中，$I_q=I\cos\psi$；$I_d=I\sin\psi$。

$\dot{I}_q$ 与励磁电动势$\dot{E}_0$ 同相位，它们（指三相交轴分量$\dot{I}_{qA}$、$\dot{I}_{qB}$、$\dot{I}_{qC}$）产生交轴电枢反应磁动势 $\boldsymbol{F}_{aq}$，因此把$\dot{I}_q$ 分量称为$\dot{I}$ 的交轴分量；而$\dot{I}_d$ 滞后于励磁电动势$\dot{E}_0$ 90°，它们（指三相直轴分量$\dot{I}_{dA}$、$\dot{I}_{dB}$、$\dot{I}_{dC}$）产生直轴电枢磁动势 $\boldsymbol{F}_{ad}$，因此把$\dot{I}_d$ 分量称为$\dot{I}$ 的直轴分量。

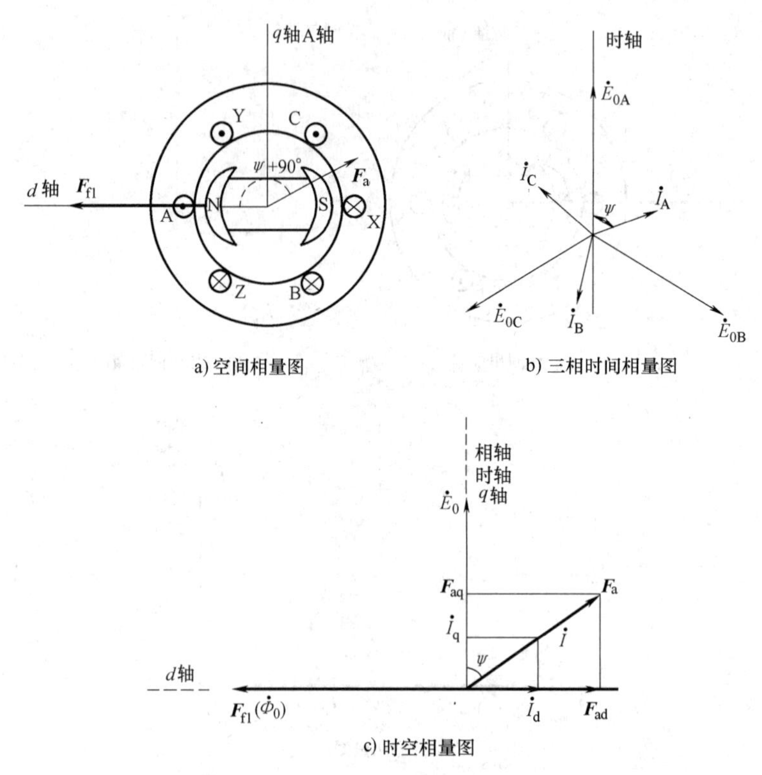

图 4-21　$0<\psi<90°$时的电枢反应

这时交轴分量$\dot{I}_{q}$产生的电枢反应与$\psi=0$时的一样，对气隙磁场起交磁作用，使气隙磁场逆转向后移一个角度；而直轴分量$\dot{I}_{d}$产生的电枢反应则与$\psi=90°$时的一样，对气隙磁场起去磁作用。

由上面分析可见，利用时空相量图来分析同步电机的电枢反应能从电流、电动势、磁通等时间相量的相位关系，直接求得电枢磁动势和励磁磁动势等空间相量的相位关系，方法简单、概念明确、理论完整，是一个好方法，所以时空相量图无论对异步电机还是同步电机均是一个重要工具，应很好地掌握它。

同步电机的运行方式，可以由内功率角ψ来判断。前已述及，同步电机作为发电机运行时，转子磁场超前于定子磁场；但若转子磁场超前的角度超过π电角度时，反而成了定子磁场超前的相对位置，电机即转变为电动机运行方式。因$\boldsymbol{F}_{a}$与$\boldsymbol{F}_{f1}$相差电角度为（$\pi/2+\psi$），所以发电机相当于$0<(\pi/2+\psi)<\pi$，电动机相当于$0>(\pi/2+\psi)>\pi$。或者作发电机运行时有$-\pi/2<\psi<\pi/2$，作电动机运行时有$-\pi/2>\psi>\pi/2$。

二、电枢反应的重要性

综上所述，电枢反应是同步电机负载运行时重要的物理现象，它不仅是引起负载时端电压变化的主要原因，而且也是实现能量转换的枢纽。考虑电枢反应作用，负载时电枢绕组中的感应电动势将由气隙合成磁场建立，气隙电动势减去定子漏阻抗压降，便得到端电压。

电枢反应的存在是实现能量传递的关键，当同步发电机空载时，定子绕组开路，没有负载电流，不存在电枢反应，因此也不存在由转子到定子的能量传递；当同步发电机带有负载后就产生了电枢电流，从而产生了电枢反应。当负载性质不同时，电枢磁场与转子电流产生的电磁力（即电磁转矩）具有不同的情况。

图 4-22a 为 $\psi=0$ 时的电枢磁场，即交轴电枢磁场对转子电流产生电磁转矩的情况，由左手定则可知，这时的电磁力将构成一个电磁转矩，它的方向正好和转子转向相反，企图阻止转子旋转，交轴电枢磁场是由与空载电动势同相的电流分量即电流的有功分量$\dot{I}_q$产生的，这就是说，发电机要输出有功功率，原动机就必须克服由于有功分量$\dot{I}_q$引起的交轴电枢反应磁场对转子的阻力矩。输出的有功功率越大，有功分量$\dot{I}_q$越大，交轴电枢反应磁场就越强，所产生的阻力矩也就越大，这就需要原动机输入更大的能量才能克服电磁阻力矩，以维护发电机的转速不变。

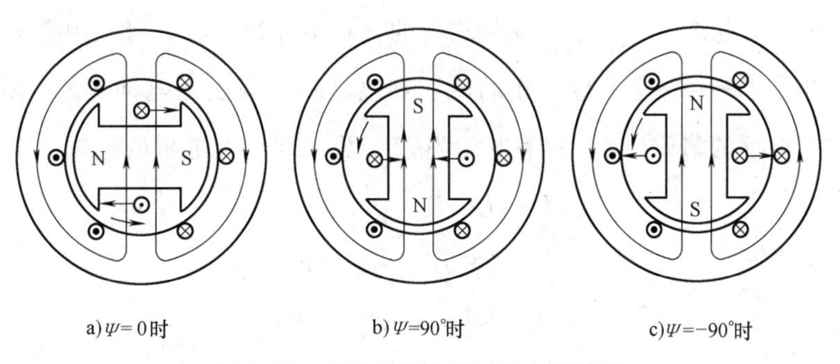

图 4-22　不同负载性质时的电磁转矩

由图 4-22b、c 可见，电枢电流的无功分量$\dot{I}_d$所产生的直轴电枢反应磁场与转子电流相互作用产生的电磁力，形成的电磁转矩为零，不妨碍转子的旋转。这就表明：当发电机供给纯感性（$\psi=90°$）和纯容性（$\psi=-90°$）负载时，并不需要原动机输出有功功率；但直轴电枢反应磁场对转子磁场起去磁或助磁作用，为维护端电压不变，所需的转子直流励磁电流就应增加或减少。所以，为了维持发电机转速不变，必须随负载的有功分量变化调节原动机的输入功率；为了维护发电机端电压不变，必须随着负载无功分量的变化，调节转子的励磁电流。

发电机定子方面的负载变化，就是这样通过电枢反应作用到转子上来的。同理也可说明同步电动机电磁转矩的产生原理，有功电流所产生的电磁转矩的作用方向与转子旋转方向相同，无功电流不产生电磁转矩。

任务 4.3　三相同步发电机的稳态分析

【任务引入】

在定性分析三相同步电机的电磁关系后，就可以列出电枢电压方程式和对应的相量图，为深入分析三相同步电机的性能打下基础。由于隐极同步电机的气隙基本是均匀的，气隙各处的磁阻相同，电枢磁动势无论作用在什么位置，所产生的电枢磁场是不变的；而凸极同步电机的气隙是不均匀的，气隙各处的磁阻是变化的，电枢磁动势作用在不同的位置，所产生的电枢磁场就完全不同。因此，分析隐极和凸极同步电机的方法是不一样的。

【任务目标】

(1) 掌握三相隐极同步发电机的电枢电压方程式和相量图。

（2）掌握三相凸极同步发电机的电枢电压方程式和相量图。

（3）理解三相隐极和凸极同步发电机同步电抗的物理意义。

【技能目标】

（1）能画出三相隐极同步发电机的相量图。

（2）能画出三相凸极同步发电机的相量图。

（3）掌握三相同步发电机的基本计算方法。

4.3.1 隐极式同步发电机的稳态分析

一、电压平衡方程式

在隐极式同步发电机中，由于气隙是均匀的，在不计饱和时，可利用叠加原理分别求出 $\boldsymbol{F}_{f1}$ 和 $\boldsymbol{F}_a$ 单独作用时产生于定子每一相的磁通和电动势，即励磁电动势 $\dot{E}_0$ 和电枢反应电动势 $\dot{E}_a$。再考虑到电枢的漏磁通 $\dot{\Phi}_\sigma$ 和漏电动势 $\dot{E}_\sigma$，隐极同步发电机的电磁关系如下。

$$U_f \to I_f \to F_{f1} \to \dot{\Phi}_0 \to \dot{E}_0$$

$$\dot{U} \to \dot{I}_1 \to \boldsymbol{F}_a \to \dot{\Phi}_a \to \dot{E}_a$$

$$\dot{I}_1 \to \dot{\Phi}_\sigma \to \dot{E}_\sigma$$

$$\dot{I}_1 \to r_a \dot{I}_1$$

根据电路定律，对电枢某一相来说，可得电枢电压方程式

$$\Sigma \dot{E} = \dot{E}_0 + \dot{E}_a + \dot{E}_\sigma = \dot{U} + \dot{I} r_a \tag{4-6}$$

由于三相绕组是对称的，所以仅列出一相的电压方程式。

因 $E_a \propto \Phi_a$，当不计饱和时，$\Phi_a \propto \boldsymbol{F}_a \propto I$，可见 $E_a \propto I$。关于相位关系，由于 $\dot{E}_a$ 滞后于产生它的磁通 $\dot{\Phi}_a$ 90°。而在不计电枢铁耗（即 $\alpha_{Fe}=0$）时，在相量图中 $\boldsymbol{F}_m$ 与 $\boldsymbol{B}_m$ 同相，而 $\boldsymbol{F}_m$ 与 $\dot{I}_m$ 重合，即 $\boldsymbol{F}_m$ 与 $\dot{\Phi}_m$ 重合。同理 $\boldsymbol{F}_a$ 和 $\boldsymbol{B}_a$ 同相，$\boldsymbol{B}_a$ 和 $\dot{\Phi}_a$ 重合，故 $\dot{\Phi}_a$ 和 $\boldsymbol{F}_a$ 重合，即 $\dot{\Phi}_a$ 与 $\dot{I}$ 同相，由此可见 $\dot{E}_a$ 滞后 $\dot{I}$ 90°，因此 $\dot{E}_a$ 可写成负电抗压降的形式，即

$$\dot{E}_a = -\mathrm{j}\dot{I}x_a \tag{4-7}$$

式中，x_a 称为电枢反应电抗，其物理意义是电枢反应磁场在定子每相绕组中所感应的电枢反应电动势的大小，$\dot{E}_a$ 可把它看作相电流在电枢反应电抗中所产生的压降。

从前面推导过程来看，虽然 $\dot{E}_a$、$\dot{I}$ 和 x_a 都是某一相的物理量，但 x_a 应理解为三相对称电流系统联合产生的电枢磁场所感应于一相中的电动势与相电流的比值，因此实际上它综合反应了三相对称电枢电流所产生的电枢反应磁场对于某一相的影响，这是一个等效电抗，从本质上讲，相当于异步电机中的励磁电抗 x_m，但因同步电机气隙较大，故 $x_a < x_m$。由于 $\dot{E}_\sigma = -\mathrm{j}\dot{I}x_\sigma$，所以电枢电压方程式可写成

$$\dot{E}_0 = \dot{U} + \dot{I}r_a + \mathrm{j}\dot{I}x_a + \mathrm{j}\dot{I}x_\sigma = \dot{U} + \dot{I}r_a + \mathrm{j}\dot{I}(x_a + x_\sigma) = \dot{U} + \dot{I}r_a + \mathrm{j}\dot{I}x_s \tag{4-8}$$

式中，x_s 称为隐极式同步电机的同步电抗，它取决于电枢反应电抗和定子漏电抗之和，即：$x_s = x_a + x_\sigma$。同步电抗是表征对称稳态运行时，电枢旋转磁场和电枢漏磁场的一个综合参数。

由前所述，电枢反应磁场与转子均以同步转速同方向旋转，定子磁场并不切割转子绕组，所以同步电抗也就是定子方面的总电抗，虽然转子绕组在电路方面不起副绕组的作用，但转子铁心为旋转磁场所经磁路的一个组成部分，所以在磁路方面却起重要作用，如果将转子抽去，则定子电流所遇到的电抗将不再是同步电抗而是接近于漏电抗 x_σ。

需要强调指出，只有当电枢绕组流过对称三相电流时，即气隙磁场为圆形旋转磁场时，同步电抗才有意义，而当电枢绕组中流过不对称三相电流时，便不能无条件地用同步电抗。

根据电枢一相的电压方程式，可以得到隐极同步发电机的等效电路如图 4-23a 所示。

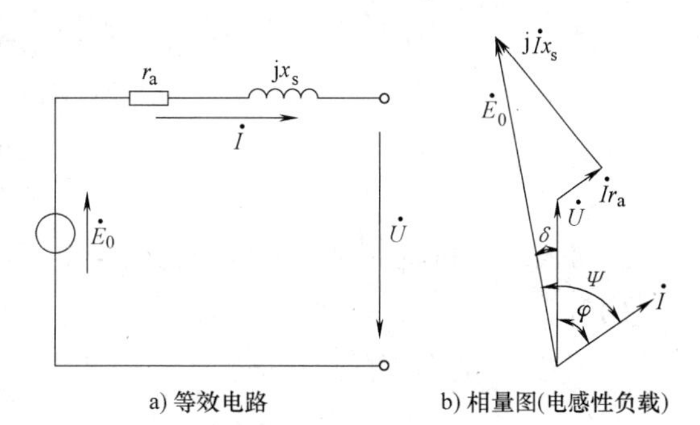

图 4-23　隐极同步发电机的等效电路和相量图

二、相量图

隐极式同步发电机的相量图如图 4-23b 所示，图中假设发电机为电感性负载。电枢电压$\dot{U}$与电枢电流$\dot{I}$的相位差 φ 称为负载功率因数角；励磁电动势$\dot{E}_0$与电枢电流$\dot{I}$的相位差 ψ 称为内功率因数角；励磁电动势$\dot{E}_0$与电枢电压$\dot{U}$的相位差 δ 称为功率角。在感性负载下，三个角有如下关系：

$$\psi=\varphi+\delta$$

若已知 U、I、r_a、x_s、$\cos\varphi$，则可按电压方程式求出 E_0 和 ψ，即

$$E_0=\sqrt{(U\cos\varphi+Ir_a)^2+(U\sin\varphi+Ix_s)^2} \tag{4-9}$$

$$\psi=\arctan\frac{U\sin\varphi+Ix_s}{U\cos\varphi+Ir_a} \tag{4-10}$$

当计饱和时，把励磁磁通和电枢反应磁通叠加（相量加），即可得到负载时气隙中的基波磁通，简称气隙磁通$\dot{\Phi}_\delta$，即有

$$\dot{\Phi}_\delta=\dot{\Phi}_0+\dot{\Phi}_a$$

气隙磁通在电枢绕组中感应的电动势称为气隙电动势，用$\dot{E}_\delta$表示，即有

$$\dot{E}_\delta=\dot{E}_0+\dot{E}_a=\dot{U}+\dot{I}r_a+j\dot{I}x_\sigma \tag{4-11}$$

4.3.2　凸极式同步发电机的稳态分析

一、电压平衡方程式

由于凸极式同步发电机的气隙不均匀，极弧下气隙较小，极间部分气隙较大，因此同一电枢磁动势作用于不同位置时，电枢反应是不一样的。通常采用双反应理论来定量分析凸极同步电机的电枢反应作用。

1. 双反应理论

双反应理论的基本想法是：在忽略磁路饱和的影响下，将电枢反应磁动势 $\boldsymbol{F}_a$ 分解成直轴电枢磁动势 $\boldsymbol{F}_{ad}$和交轴电枢磁动势 $\boldsymbol{F}_{aq}$两个分量，找出交轴和直轴相应的磁阻，分别计算

直轴和交轴的电枢反应磁通和相应的电动势，最后将直轴电枢电动势$\dot{E}_{ad}$和交轴电枢电动势$\dot{E}_{aq}$叠加，即得实际电枢反应电动势$\dot{E}_a$。凸极同步发电机的电磁关系如下。

$$U_f \rightarrow I_f \rightarrow F_0 \rightarrow \dot{\Phi}_0 \rightarrow \dot{E}_0$$

$$\dot{U} \rightarrow \dot{I} \rightarrow \begin{cases} \dot{I}_d \rightarrow \boldsymbol{F}_{ad} \rightarrow \dot{\Phi}_{ad} \rightarrow \dot{E}_{ad} \\ \dot{I}_q \rightarrow \boldsymbol{F}_{aq} \rightarrow \dot{\Phi}_{aq} \rightarrow \dot{E}_{aq} \\ \dot{\Phi}_\sigma \rightarrow \dot{E}_\sigma \\ \dot{I} r_a \end{cases}$$

凸极同步发电机的时空相量图如图 4-24 所示。

则有

$$\begin{cases} I_d = I\sin\psi \\ I_q = I\cos\psi \end{cases} \tag{4-12}$$

$$\dot{I} = \dot{I}_d + \dot{I}_q \tag{4-13}$$

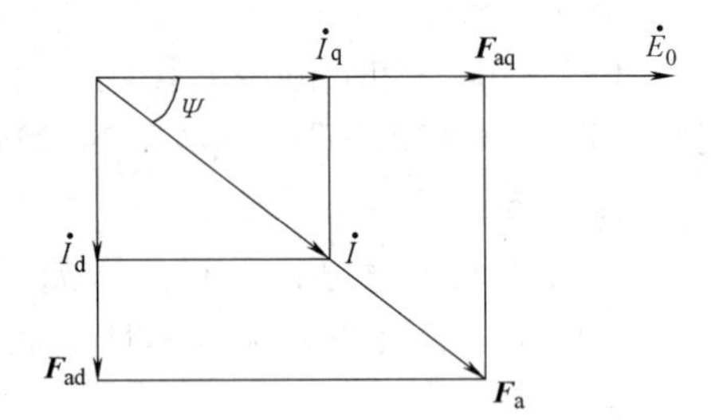

图 4-24 凸极同步发电机的时空相量图

2. 基本方程式

如果各物理量正方向采用发电机惯例，可得电枢一相的电压方程式为

$$\Sigma \dot{E} = \dot{E}_0 + \dot{E}_{ad} + \dot{E}_{aq} + \dot{E}_\sigma = \dot{U} + \dot{I} r_a \tag{4-14}$$

当不计饱和时，交轴和直轴电枢反应电动势可用相应的电抗压降来表示，即

$$\begin{cases} \dot{E}_{ad} = -\mathrm{j}\,\dot{I}_d x_{ad} \\ \dot{E}_{aq} = -\mathrm{j}\,\dot{I}_q x_{aq} \end{cases} \tag{4-15}$$

式中，x_{ad}和x_{aq}分别称为直轴和交轴电枢反应电抗，它表征当对称的三相直轴和交轴电流每相为 1A 时，三相联合产生的基波电枢磁场在电枢每一相绕组中感应的电动势。另外，电枢磁动势不仅产生主磁通，还要产生漏磁通，由漏磁通产生的漏电动势为

$$\dot{E}_\sigma = -\mathrm{j}\,\dot{I} x_\sigma = -\mathrm{j}\,\dot{I}_d x_\sigma - \mathrm{j}\,\dot{I}_q x_\sigma$$

式中，x_σ 为电枢漏电抗。

将$\dot{E}_{ad}$、$\dot{E}_{aq}$和$\dot{E}_\sigma$代入电压方程式，可得

$$\begin{aligned} \dot{E}_0 &= \dot{U} + \dot{I} r_a + \mathrm{j}\,\dot{I}_d x_{ad} + \mathrm{j}\,\dot{I}_q x_{aq} + \mathrm{j}\,\dot{I}_d x_\sigma + \mathrm{j}\,\dot{I}_q x_\sigma \\ &= \dot{U} + \dot{I} r_a + \mathrm{j}\,\dot{I}_d x_d + \mathrm{j}\,\dot{I}_q x_q \end{aligned} \tag{4-16}$$

式中，x_d 称为凸极同步电机的直轴同步电抗，$x_d = x_{ad} + x_\sigma$；x_q 称为凸极同步电机的交轴同步电抗，$x_q = x_{aq} + x_\sigma$。它们表征：当对称三相直轴或交轴电流每相为 1A 时，三相联合产生的总电枢磁场（包括气隙中旋转的电枢反应磁场和漏磁场）在电枢每一相绕组中感应的电动势。可见，由于气隙不均匀的缘故，凸极式同步电机有两个同步电抗。

3. 等效电路

对凸极同步发电机，无法由电枢电压方程式直接画出等效电路。为此，假设一个虚拟电动势$\dot{E}_Q$，令

$$\dot{E}_Q=\dot{E}_0-j(x_d-x_q)\dot{I}_d \tag{4-17}$$

由图4-24可知，$\dot{E}_0$ 与 $j\dot{I}_d$ 同相位或反相位（取决于内功率因数角的正负），而 $(x_d-x_q)I_d$ 一般都比 E_0 小，因此，$\dot{E}_0$ 与 $\dot{E}_Q$ 同相位。则电枢电压方程式可变化为

$$\begin{aligned}\dot{U}&=\dot{E}_0-\dot{I}r_a-j\dot{I}_dx_d-j\dot{I}_qx_q\\&=\dot{E}_0-j(x_d-x_q)\dot{I}_d-\dot{I}r_a-j\dot{I}_dx_d-j\dot{I}_qx_q+j(x_d-x_q)\dot{I}_d\\&=\dot{E}_Q-\dot{I}r_a-jx_q(\dot{I}_d+\dot{I}_q)\end{aligned}$$

所以

$$\dot{U}=\dot{E}_Q-\dot{I}r_a-jx_q\dot{I} \tag{4-18}$$

则得凸极同步发电机的等效电路如图4-25a所示。

二、相量图

凸极同步发电机的相量图也不能直接由电枢电压方程式画出来，同样需要利用虚拟电动势 $\dot{E}_Q$ 来过渡。相量图如图4-25b所示，其作图过程如下。

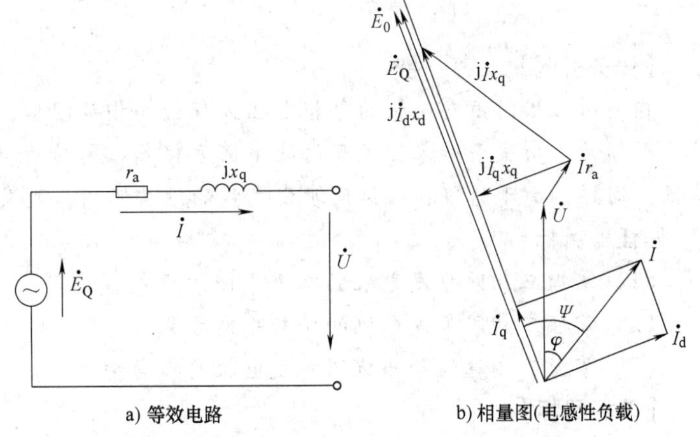

图4-25　凸极同步发电机的等效电路和相量图

（1）根据已知条件画出 $\dot{U}$ 和 $\dot{I}$（假设发电机接电感性负载，其相位差角为 φ）。

（2）画出相量 $\dot{E}_Q=\dot{U}+\dot{I}r_a+j\dot{I}x_q$，由于 $\dot{E}_Q$ 与 $\dot{E}_0$ 同相位，故 $\dot{E}_Q$ 与 $\dot{I}$ 的夹角为 ψ。

（3）根据求出的 ψ，将 $\dot{I}$ 分解成 $\dot{I}_d$ 和 $\dot{I}_q$。

（4）由 $\dot{E}_0=\dot{U}+\dot{I}r_a+j\dot{I}_dx_d+j\dot{I}_qx_q$，即得 $\dot{E}_0$。

由相量图可得：

$$\psi=\arctan\frac{U\sin\varphi+Ix_q}{U\cos\varphi+Ir_a}=\varphi+\delta \tag{4-19}$$

$$E_0=U\cos\delta+I_dx_d \tag{4-20}$$

【例4-1】 有一凸极式同步发电机，其直轴和交轴同步电抗的标幺值分别为：$x_d^*=1.0$，$x_q^*=0.6$。电枢电阻可忽略不计，试计算发电机发出额定电压、额定容量、$\cos\varphi=0.8$（滞后）时的励磁电动势 $\dot{E}_0^*$。

解： 设 $\dot{U}^*=1\angle0°$，则 $\dot{I}^*=1\angle-36.9°$，（$\varphi=\arccos0.8=36.9°$）

$$\begin{aligned}\dot{E}_Q^*&=\dot{U}^*+j\dot{I}^*x_q^*=1+j1\angle-36.9°\times0.6\\&=1.36+j0.48=1.44\angle19.4°\end{aligned}$$

由于 $\dot{E}_Q$ 与 $\dot{E}_0$ 同相位，所以 $\psi=19.4°-(-36.9°)=56.3°$，因此得电流的直轴和交轴分

量为

$$I_q^* = I^* \cos\psi = 1\times\cos56.3° = 0.555$$

$$\dot{I}_q^* = 0.555\angle 19.4°$$

$$I_d^* = I^* \sin\psi = 1\times\sin56.3° = 0.832$$

$$\dot{I}_d^* = 0.832\angle(19.4°-90°) = 0.832\angle -70.6°$$

$$\begin{aligned}\dot{E}_0^* &= \dot{U}^* + \mathrm{j}\dot{I}_d^* x_d^* + \mathrm{j}\dot{I}_q^* x_q^* \\ &= 1 + \mathrm{j}1\times0.832\angle -70.6° + \mathrm{j}0.6\times0.555\angle 19.4° = 1.77\angle 19.4°\end{aligned}$$

任务4.4　三相同步发电机的功率和转矩

【任务引入】

在列出三相同步发电机的电枢电压方程式和相量图后，为推出三相同步发电机的功角特性，必须讨论功率平衡方程式和转矩平衡方程式。由功角特性再分析三相同步发电机的运行特性。同样，由于隐极和凸极同步发电机的结构不同，则其功角特性也不一样。

【任务目标】

(1) 掌握三相同步发电机的功率平衡方程式。

(2) 掌握三相同步发电机的转矩平衡方程式。

(3) 掌握三相隐极和凸极同步发电机的功角特性。

【技能目标】

(1) 能写出三相同步发电机的功率平衡方程式。

(2) 能写出三相同步发电机的转矩平衡方程式。

(3) 能画出三相隐极和凸极同步发电机的功角特性曲线。

4.4.1　功率平衡方程式

在研究同步电机的功率问题时，往往不考虑直流励磁电源供给的功率。三相同步发电机的输入功率只有转子从原动机输入的机械功率 P_1，即

$$P_1 = T_1\Omega_1 = T_1\frac{2\pi n_1}{60} \tag{4-21}$$

式中，T_1 为原动机的输入转矩；Ω_1 和 n_1 分别为转子的角速度和转速。

输入的机械功率首先要克服空载损耗 p_0，然后才通过电磁感应作用转换到电枢为电磁功率 P_{em}，即

$$P_{em} = P_1 - p_0 \tag{4-22}$$

式中，空载损耗 p_0 包括机械损耗 p_{fw}、电枢铁损耗 p_{Fe}和附加损耗 p_{ad}，即

$$p_0 = p_{fw} + p_{Fe} + p_{ad} \tag{4-23}$$

再从电磁功率 P_{em}中减去电枢铜损耗 p_{Cu}后，便是输出功率 P_2，即

$$P_2 = P_{em} - p_{Cu} = 3UI\cos\varphi \tag{4-24}$$

式中，电枢铜损耗 $p_{Cu} = 3I^2r_a$。

由以上分析可得同步发电机的功率平衡方程式为

$$P_1 = p_{fw} + p_{Fe} + p_{ad} + p_{Cu} + P_2 \tag{4-25}$$

三相同步发电机的功率流程图如图4-26所示。

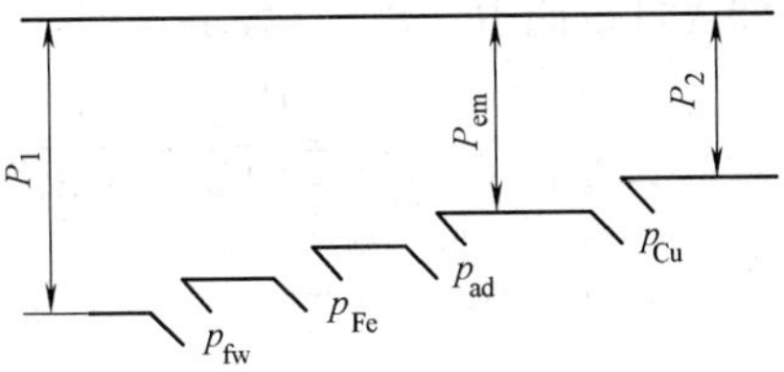

图4-26 功率流程图

4.4.2 转矩平衡方程式

由于同步电机的转速为同步转速且保持不变，所以将功率平衡方程式 $P_{em} = P_1 - p_0$ 的两边同除以同步角速度 Ω_1，即得同步发电机的转矩方程式为

$$T_e = T_1 - T_0 \tag{4-26}$$

式中，T_e 为电磁转矩，$T_e = \dfrac{P_{em}}{\Omega_1}$；$T_1$ 为输入转矩，$T_1 = \dfrac{P_1}{\Omega_1}$；$T_0$ 为空载转矩，$T_0 = \dfrac{p_0}{\Omega_1}$。

空载转矩是同步发电机空载运行时，为了克服空载损耗，原动机输入的转矩，为制动转矩。在发电机中，电磁转矩也为制动转矩。

4.4.3 同步发电机稳态的功角特性

稳态功角特性是指同步发电机接在恒定电网上稳定对称运行，且直流励磁电流不变时，电磁功率 P_{em} 与功率角 δ 之间的关系，即：$P_{em} = f(\delta)$。由功率平衡方程式得

$$P_{em} = P_2 + p_{Cu} = 3UI\cos\varphi + 3I^2 r_a = 3(U\cos\varphi + Ir_a)I$$

正如转差率 s 是异步电机的基本变量一样，对于并联运行于电网的同步电机来说，功率角 δ 是它的一个基本物理量。

一、隐极式同步发电机的功角特性

由隐极同步发电机的相量图4-23b可得，$E_0\cos\psi = U\cos\varphi + Ir_a$，故有

$$P_{em} = 3E_0 I\cos\psi \tag{4-27}$$

因在同步发电机中 $r_a \ll x_s$，故可忽略 r_a，这样可得简化等效电路和简化相量图，如图4-27所示。

由简化相量图可知，$U\sin\delta = Ix_s\cos\psi$，可得

$$P_{em} = 3E_0 I\cos\psi = 3\frac{E_0 U}{x_s}\sin\delta \tag{4-28}$$

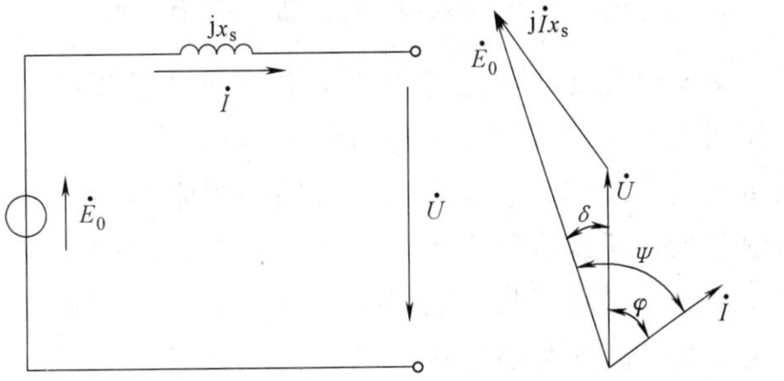

a) 简化等效电路　b) 简化相量图(电感性负载)

图4-27 隐极同步发电机的简化等效电路和相量图

式中，E_0 为定子每相的励磁电动势；U 为定子相电压，x_s 为每相同步电抗。

从功率表达式中可以看出：P_{em} 和 δ 之间为一正弦关系，而且当 $\delta = 90°$ 时，发电机将发出最大电磁功率，即

$$P_{emax} = 3\frac{E_0 U}{x_s} \tag{4-29}$$

其功角特性曲线如图4-28所示。

从功角特性公式可见，电磁功率随功率角而变化，且有最大值 P_{emax}。把最大电磁功率与额定电磁功率之比称为过载能力，用 k_m 表示，即

$$k_m = \frac{P_{emax}}{P_{eN}} = \frac{1}{\sin\delta_N} \tag{4-30}$$

式中，P_N 为额定电磁功率，$P_N = 3\frac{E_0 U}{x_s}\sin\delta_N$。汽轮发电机的过载能力一般不小于 1.5。

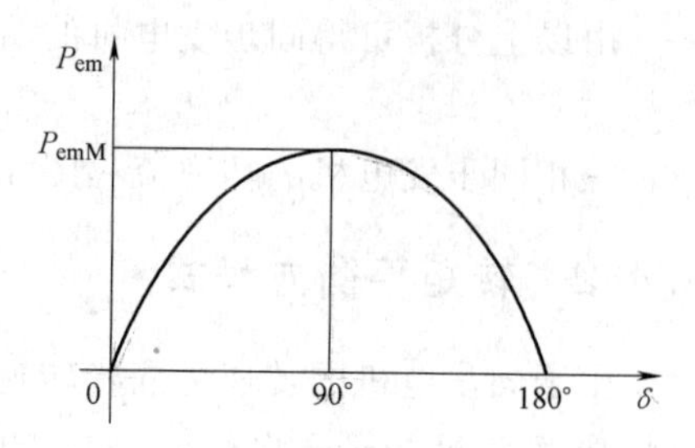

图 4-28　三相隐极同步发电机的功角特性

二、凸极式同步发电机的功角特性

由凸极同步发电机的相量图 4-25b 可得，$E_Q\cos\psi = U\cos\varphi + Ir_a$，故有

$$P_{em} = 3E_Q I\cos\psi = 3E_Q I_q \tag{4-31}$$

为简单起见，仍忽略电枢电阻 r_a，可得简化相量图，如图 4-29 所示。

由图 4-29 可得以下几何关系：

$$U\sin\delta = Ix_q\cos\psi$$

$$I_d x_d = E_0 - U\cos\delta$$

$$E_Q = E_0 - (x_d - x_q) I_d$$

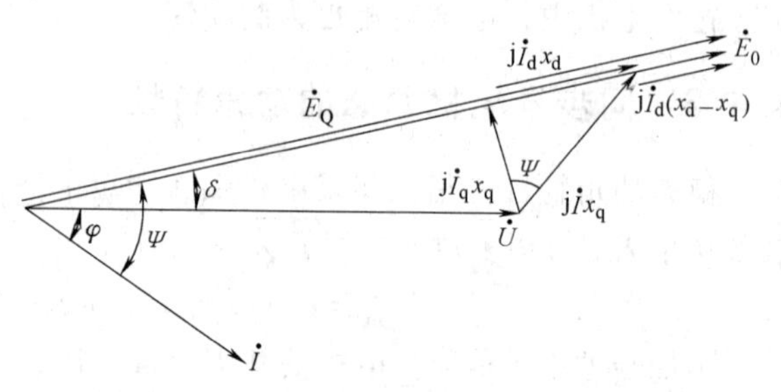

图 4-29　三相凸极同步发电机的简化相量图

利用上列关系式，可得凸极同步发电机的功角特性为

$$P_{em} = 3\frac{E_0 U}{x_d}\sin\delta + \frac{3U^2}{2}\left(\frac{1}{x_q} - \frac{1}{x_d}\right)\sin 2\delta = P_{em1} + P_{em2} \tag{4-32}$$

式中，$P_{em1} = 3\frac{E_0 U}{x_d}\sin\delta$ 称为基本电磁功率；$P_{em2} = \frac{3U^2}{2}\left(\frac{1}{x_q} - \frac{1}{x_d}\right)\sin 2\delta$ 称为附加电磁功率。

基本电磁功率 P_{em1} 是由定子电流和转子磁场互作用而产生的。附加电磁功率 P_{em2} 只在凸极式同步电机中才有，它是由交、直轴的磁阻不相等而引起的，所以也称为磁阻功率。从表达式中可见，附加电磁功率只和电网电压 U 有关，而与励磁电动势 E_0 的大小无关。换言之，即使 $E_0 = 0$（即转子没加励磁），只要 $U \neq 0$、$\delta \neq 0$，就会产生附加电磁功率。因此，在具有相同直轴同步电抗的情况下，凸极机的最大电磁功率将较隐极机略大，且电磁功率的最大值发生在 $\delta < 90°$ 处。凸极同步发电机的功角特性如图 4-30 所示。

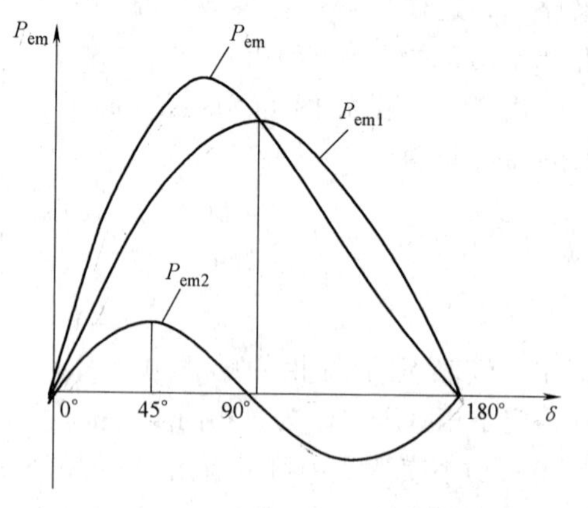

图 4-30　三相凸极同步发电机的功角特性

当同步发电机气隙越大时，附加电磁功率所占比例就越小，在正常情况下，附加电磁功率仅占电磁功率的百分之几。

【例 4-2】　一台 $x_d^* = 0.8$、$x_q^* = 0.5$ 的凸极式同步发电机，接在 $U^* = 1$ 的电网上运行，在

$I^*=1$、$\cos\varphi=0.8$（滞后）时，略去定子电阻。试求：(1) E_0 与 ψ；(2) P_{em} 与 P_{emax}；(3) k_m。

解：(1) 由相量图（图 4-29）可见

$$\psi=\arctan\frac{U^*\sin\varphi+I^*x_q^*}{U^*\cos\varphi}=\arctan\frac{1\times0.6+1\times0.5}{1\times0.8}=54°$$

$$E_0^*=U^*\cos(\psi-\varphi)+I_d^*x_d^*=U^*\cos(\psi-\varphi)+I^*\sin\psi x_d^*$$
$$=1\times\cos(54°-37°)+1\times0.8\times\sin54°=1.062$$

(2) 功率的基值取 $S_N=3U_{NP}I_{NP}$，则电磁功率的标幺值为

$$P_{em}^*=\frac{E_0^*U^*}{x_d^*}\sin\delta+\frac{U^{*2}}{2}\left(\frac{1}{x_q^*}-\frac{1}{x_d^*}\right)\sin2\delta$$

将 $\delta=\psi-\varphi=54°-37°=17°$代入上式得

$$P_{em}^*=\frac{1.602\times1}{0.8}\times\sin17°+\frac{1^2}{2}\times\left(\frac{1}{0.5}-\frac{1}{0.8}\right)\sin(2\times17°)=0.8$$

为求得 P_{emax}，可令$\frac{dP_{em}}{d\delta}=0$，得 $P_{em}=P_{emax}$时的 δ 角，即

$$\frac{dP_{em}^*}{d\delta}=\frac{E_0^*U^*}{x_d^*}\cos\delta+U^{*2}\left(\frac{1}{x_q^*}-\frac{1}{x_d^*}\right)\cos2\delta=0$$

令 $A=\frac{E_0^*U^*}{x_d^*}$，$B=U^{*2}\left(\frac{1}{x_q^*}-\frac{1}{x_d^*}\right)$，则得 $A\cos\delta+B\cos2\delta=0$。

由于 $\cos2\delta=2\cos^2\delta-1$，所以 $A\cos\delta+2B\cos^2\delta-B=0$，即

$$\cos^2\delta+\frac{A}{2B}\cos\delta-\frac{1}{2}=0$$

解之：$\cos\delta_1=0.305$，$\delta_1=72.2°$；$\cos\delta_2=-1.637$（舍去）。

将 δ_1 代入 P_{em}^*表达式中，得

$$P_{emax}^*=\frac{1.602\times1}{0.8}\times\sin72.2°+\frac{1^2}{2}\times\left(\frac{1}{0.5}-\frac{1}{0.8}\right)\sin(2\times72.2°)=2.129$$

(3) $k_m=\frac{P_{emax}^*}{P_{em}^*}=\frac{2.129}{0.8}=2.66$

任务 4.5 三相同步发电机的运行特性

【任务引入】

同步发电机的转速保持额定值，并供给三相对称负载时，称为稳态运行状态。稳态运行特性曲线是确定电机主要参数、评价电机性能的主要依据。稳态运行时，同步发电机的端电压 U、电枢电流 I、励磁电流 I_f 及功率因数 $\cos\varphi$ 之间的函数关系，称为运行特性。三相同步发电机的运行特性包括空载特性、短路特性、外特性、调整特性和负载特性，根据这些特性可以确定同步发电机的运行性能参数。

【任务目标】

(1) 理解三相同步发电机的空载特性。

（2）理解三相同步发电机的短路特性。

（3）掌握三相同步发电机的外特性和调整特性。

【技能目标】

（1）能画出三相同步发电机的空载及短路特性。

（2）能根据三相同步发电机的外特性计算电压调整率。

（3）能理解三相同步发电机调整特性的物理意义。

4.5.1 空载特性

空载特性是指在发电机的转速保持为同步转速（$n=n_1$）、电枢电路开路（$I=0$）的情况下，空载电压 U_0 与励磁电流 I_f 之间的关系曲线 $U_0=f(I_f)$。

前已述及，空载特性曲线实际上就是电机的磁化曲线。它可用计算法得到，也可用实验法测出。在实验测定时，电枢开路，用原动机把发电机拖到同步转速，然后逐渐增加励磁电流，并记录不同励磁电流下对应的电枢端电压，直到 $U_0=1.3U_N$ 左右，再逐步减少 I_f，记录对应的 U_0 和 I_f 值。由于铁磁材料的磁滞现象，将得到上升和下降两条不同的曲线，如图 4-31 所示。

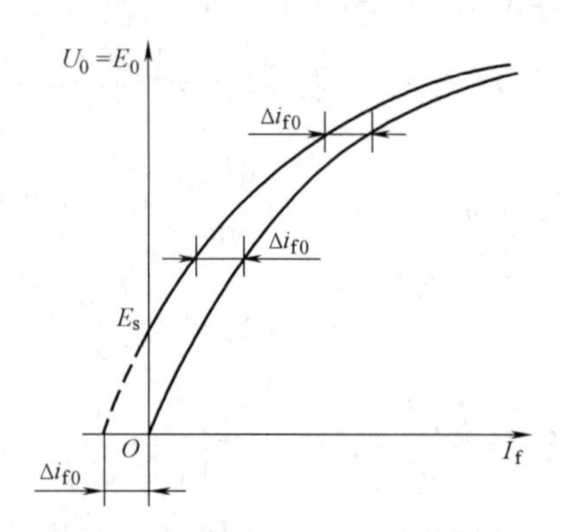

图 4-31 三相同步发电机的空载特性

图 4-31 中，$I_f=0$ 时的电动势 E_s 是由剩磁所感应的电动势，称为剩磁电动势。在测定参数时使用下降曲线，其最高点取 $E_0=1.3U_N$。若剩磁电动势较高，可延长曲线的直线部分使其与横轴相交，则交点到横坐标绝对值 Δi_{f0} 作为校正量，在所有试验测得的励磁电流数据上加上此值，即得通过原点的校正曲线。

空载特性是同步发电机的基本特性之一，虽然在实际运行时，发电机的空载运行是很少见的，但它却是一条非常重要的特性。它体现着电机中电与磁的关系，一方面表征了电机磁路的饱和情况；另一方面把它和短路特性、零功率因数特性配合在一起，可以确定电机的基本参数，如额定励磁电流、电压调整率等。

4.5.2 短路特性

短路特性是指发电机的转速保持不变、电枢绕组做三相稳态短路试验时，短路电流 I_k 与励磁电流 I_f 之间的关系曲线，即 $I_k=f(I_f)$。它不仅可用来说明同步发电机的性能，更重要的是可以测定电机参数。

短路实验的实验步骤：①将电枢三相绕组出线端短路；②使原动机拖动转子至同步速度；③调节励磁电流 I_f，使定子短路电流 I_k 由零升至 $1.2I_N$ 左右，记取对应的定子短路电流和励磁电流；④画出曲线 $I_k=f(I_f)$。三相同步发电机短路实验接线图和短路特性曲线如图 4-32a、b 所示。

短路时，发电机端电压 $U=0$，限制短路电流的仅是电机的内部阻抗，由于一般同步发电机的电枢电阻远小于同步电抗，可忽略不计。所以 $Z_s=r_a+jx_s\approx jx_s$（隐极式），故有

$$\dot{I}_k=\frac{\dot{E}_0}{Z_s}=\frac{\dot{E}_0}{jx_s}=\frac{\dot{E}_0}{x_s}\angle-90^\circ \tag{4-33}$$

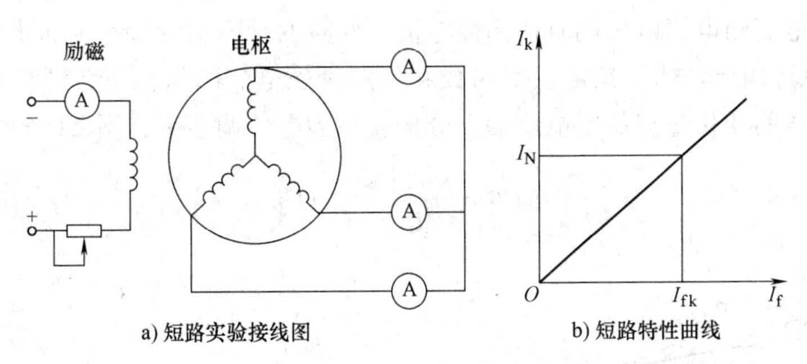

a) 短路实验接线图　　b) 短路特性曲线

图 4-32　三相同步发电机短路实验接线图和短路特性曲线

因此，短路电流可认为是纯感性的，即 $\psi\approx90°$。这时电枢电流只有直轴分量，它所产生的电枢磁动势基本上是一个起纯去磁作用的直轴磁动势，即 $F_a\approx F_{ad}$、$F_{aq}\approx0$。对凸极式发电机来讲，电枢电抗为直轴同步电抗。因此在短路时，不论是隐极机还是凸极机都具有相同形式的等效电路和时空相量图，如图 4-33a、b 所示。

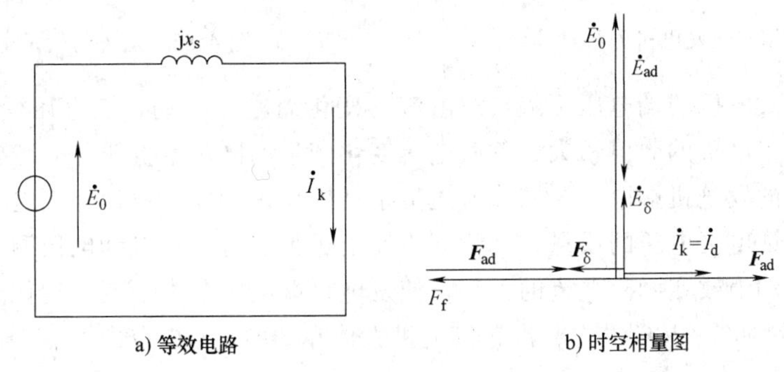

a) 等效电路　　b) 时空相量图

图 4-33　同步发电机稳态短路时的等效电路和相量图

由等效电路可见：$\dot{E}_0=j\dot{I}_kx_s=j\dot{I}_kx_\sigma+j\dot{I}_kx_a=j\dot{I}_kx_\sigma-\dot{E}_a$，而$\dot{E}_\delta=\dot{E}_0+\dot{E}_a=j\dot{I}_kx_\sigma$。此时气隙合成磁动势 $\boldsymbol{F}_\delta$ 很小，则由合成磁动势所产生的气隙磁场在电枢绕组中感应的电动势完全被漏抗压降所平衡，此时对应的气隙合成磁通很小，电机的磁路处于不饱和状态，磁动势和磁通成线性关系。故有：$F_\delta\propto\Phi_\delta\propto E_\delta=I_kx_\sigma\propto I_k$；同样，电枢磁动势正比于电枢电流，即有：$F_a\propto I_k$。因为励磁磁动势 $F_f=F_\delta+F_a$，所以 $F_f\propto I_k$。又因 $F_f\propto I_f$，故 $I_k\propto I_f$，即短路特性是一条直线。

4.5.3　外特性和调节特性

一、外特性

外特性是指发电机的转速保持同步转速，励磁电流和负载功率因数不变时，端电压与负载电流的关系曲线，即 $U=f(I)$。

当发电机接不同性质的负载，即功率因数不同时，其外特性也不相同。在感性负载和电阻性负载时，外特性都是下降的，因为这时电枢反应有去磁作用，电枢电阻压降和漏抗压降也会引起一定的电压降；而在容性负载时，因电枢反应起助磁作用，外特性也可能是上升的。三相同步发电机外特性曲线如图 4-34 所示。

从外特性求电压变化率如图 4-35 所示。在额定转速和额定功率因数时，调节发电机的励磁电流，使电枢电流和电枢电压同时达到额定值，此时的励磁电流就称为同步发电机的额定励磁电流 I_{fN}。在保持额定转速、额定功率因数和额定励磁电流的情况下，同步发电机从空载到额定负载时，电压的变化量与额定电压的百分比就称为电压调整率，用 $\Delta U\%$ 表示，即

$$\Delta U\% = \frac{E_0 - U_N}{U_N} \times 100\% \tag{4-34}$$

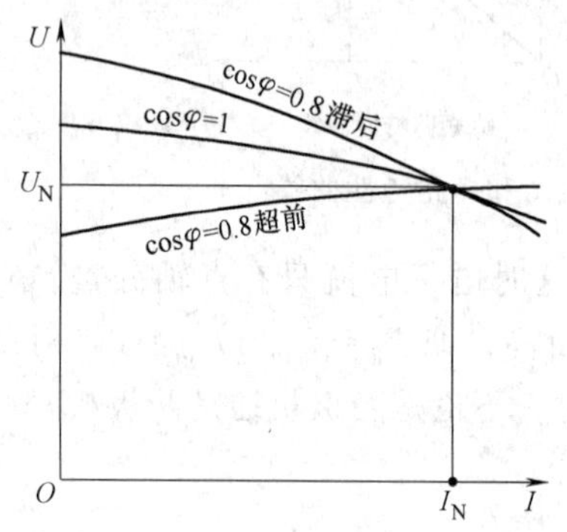

图 4-34　三相同步发电机外特性曲线

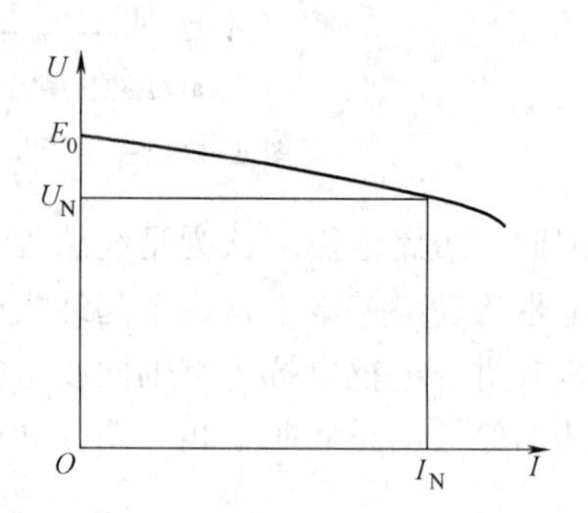

图 4-35　从外特性求电压变化率

为了使同步发电机的端电压不随负载电流的变化而剧烈变动，其电压变化率应尽量小。实际上，由于同步电抗的数值较大，负载电流变化产生的同步电抗压降必然要引起端电压明显地变化。过去的发电机端电压要靠值班人员手动操作来调整，以使电网电压值不致有太大的波动。为了保证电网电压的质量，现代同步发电机都装有快速自动电压调节器，它能根据端电压的变化自动地改变励磁电流的大小，使发电机端电压基本不变。近代凸极式同步发电机的 $\Delta U\%$ 大体在 18%～30%以内，汽轮发电机大体在 30%～48%以内。

二、调整特性

在保持额定转速、额定电压和额定功率因数时，励磁电流 I_f 与电枢电流 I 之间的关系 $I_f = f(I)$ 称为同步发电机的调整特性。调整特性反映了同步发电机要保持额定不变的端电压时，励磁电流随电枢电流的变化规律。

图 4-36 为发电机带三种不同性质负载时的调整特性。在不变的励磁电流作用下，同步发电机的端电压将随着电枢电流的变化而变化。为了在负载变化时保持同步发电机的端电压不变，只有调节励磁电流来补偿。对于电感性负载和纯电阻负载，为了补偿电枢电流所产生的去磁性电枢反应和漏阻抗压降，随着电枢电流的增加，必须相应地增加励磁电流，故此时的调整特性是上升的；对于电容性负载，在功率因数较小时，调整特性可能是下降的。

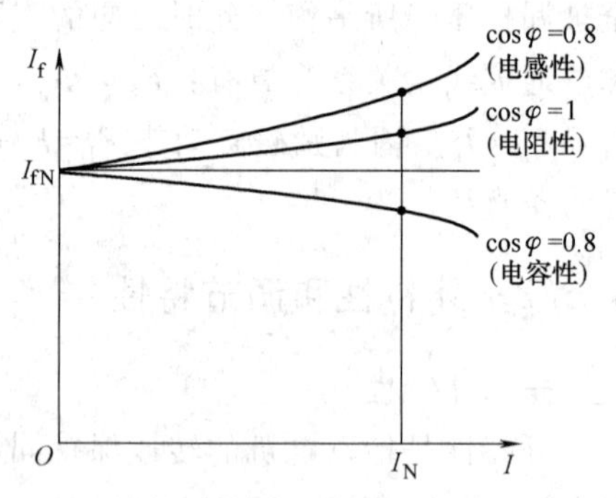

图 4-36　三相同步发电机的调整特性

任务 4.6　同步发电机的并联运行

【任务引入】

现代电力系统（电网）都是由许多发电厂并联组成，每个发电厂内又安装了多台发电

机并联运行，这样做的目的是为了高质量、高效率、高可靠性地发电和供电。发电机并联运行必须满足并联条件，否则会产生严重事故。在并联运行时，应根据负载的变化随时调节发电机的有功功率和无功功率。

【任务目标】

(1) 掌握三相同步发电机并联运行的条件。

(2) 了解三相同步发电机投入并联运行的方法。

(3) 掌握三相同步发电机有功功率和无功功率的调节方法。

【技能目标】

(1) 能借助简单设备，将三相同步发电机投入电网。

(2) 能根据负载变化，调节三相同步发电机的有功功率。

(3) 能根据功率因数的要求，调节三相同步发电机的无功功率。

4.6.1　并联运行的优点

现代发电站总是采用几台同步发电机接在共同的汇流排上并联运行，而一个电力系统（或称电网）中又有许多发电站并联运行，向用户供电，这样做可以更合理地利用动力资源和发电设备。例如，水电站和火电站并联后，在枯水期主要由火电站发电；而在旺水期，则主要靠水电站满载运行发出大量廉价的电力，火电站可以只供给每天的高峰负荷或只作同步调相机运转，使总的电能成本降低。联成大电网后，可以统一调度、定期轮流检修、维护发电设备，增加了供电的可靠性，也节约了备用机组的数量。联成大电网后，个别负载变化时，对电网电压和频率的扰动影响甚微，从而提高了供电质量。

同步发电机要并联运行，必须满足一定的条件才能合闸，否则会造成事故。当投入并联后，电机就向电网发出有功和无功功率，根据负载可对其进行调节；同步发电机与它并联电网的相对容量的大小对电机运行性能有很大影响，当电网容量远远超过发电机容量时，该发电机单机功率的调节对电网的电压和频率影响极微，这时电网电压和频率可认为是常数，该电网称为无穷大电网。在以后的分析中，若无特别说明，均指同步发电机接无穷大电网。

4.6.2　并联运行的条件

图4-37为发电机投入并联的接线图和相量图。同步发电机与电网并联合闸时，为了避免在发电机和电网组成的回路中产生冲击电流，以及由此在发电机转轴上产生的冲击转矩，待投入并联的发电机需要满足下列三个条件：

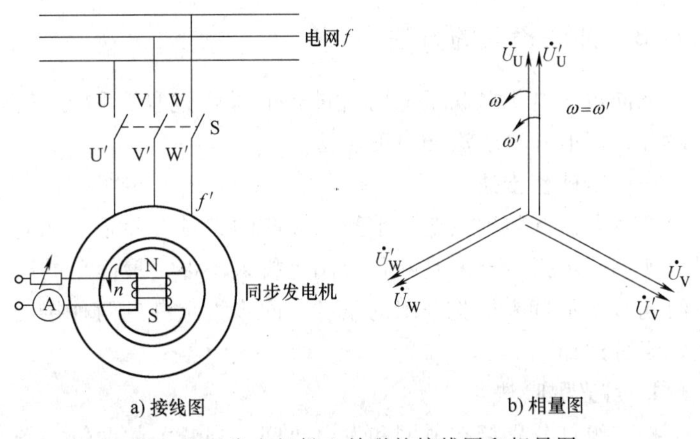

图4-37　发电机投入并联的接线图和相量图

(1) 发电机的相序与电网相序一致。

(2) 发电机电压的频率与电网频率相一致。

(3) 发电机的励磁电动势与电网电压应具有相同的有效值和相位，即：$\dot{E}_0=\dot{U}$。

上述各条件中，第 1 个条件必须满足，第 2 和第 3 个条件允许有一定偏差。下面分析不满足这些条件时，将会造成怎样的后果。

如果发电机的相序与电网的相序不同，如图 4-38 所示。设此时电网的 U 相电压与发电机的 U 相电压相等，而 V 相和 W 相的电压均不相等（电压差为线电压）。此时相当于在电网端点上加上一组负序电压，电流和转矩的冲击都很大，这是一种严重的故障情况。一般大型同步发电机的转向和相序，在出厂以前都已经标定。对于没有表明转向和相序的电机，可以利用相序指示器来确定。

如果发电机的频率与电网的频率不同，如图 4-39 所示。由于 $\omega\neq\omega'$，三相对应相电压之间的相位差将在 0~360°之间变化，其电压差值不断在 0~2U 之间变化。频率相差越大，电压差值变化的速度就越快。若此时并网合闸，将会产生较大的冲击电流和冲击转矩。因为 $f=pn_1/60$，所以调节发电机的瞬时速度来调整其频率，以满足频率相同的条件。

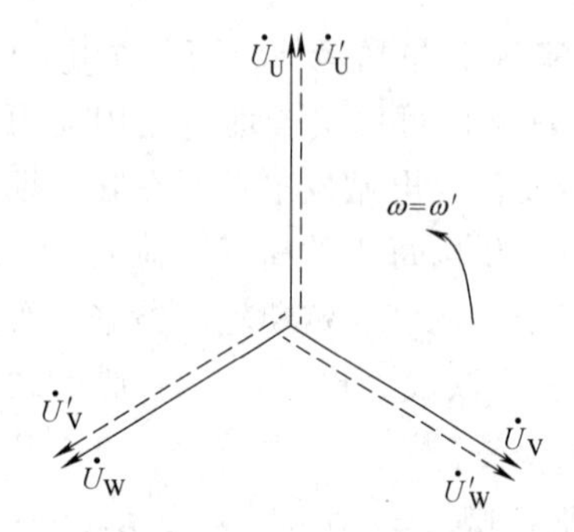

图 4-38　相序不同示意图

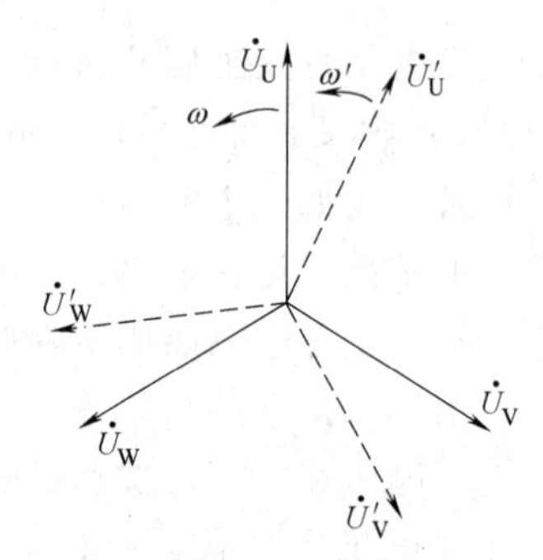

图 4-39　频率不同示意图

如果发电机端电压的有效值和相位与电网不同，各相之间也存在电压差值，若并网合闸时，也会产生冲击电流和冲击转矩。严重时，冲击电流可达额定电流的 5~8 倍。由前述公式 $E_0=4.44f_1W_1k_{w1}\Phi_0$ 可知，调节发电机的励磁电流就可以调节其励磁电动势，即改变发电机的端电压，以满足电压相同的条件。

4.6.3　并联投入的方法

把同步发电机并联至电网所进行的操作过程，称为整步（并车）过程。实际整步方法有两种，即准确整步法和自整步法。

一、准确整步法

把发电机调整到完全合乎投入并联的条件，然后投入电网，这种方法称为准确整步法。可以使用同步指示器来判断是否满足投入条件，最简单的同步指示方法为灯光法。就是利用三组同步指示灯来检验合闸的条件，同步指示灯有两种接法，分别是灯光黑暗法和灯光旋转法，现分述如下。

1. 灯光黑暗法

把三组灯分别接在电网和发电机间并列开关的两侧，图 4-40a 为同步指示灯接线。三只灯分别接在 A_1 和 A_2、B_1 和 B_2、C_1 和 C_2 之间，这时作用在每一组同步指示灯上的电压就等于电网的相电压和发电机对应的相电压之差。

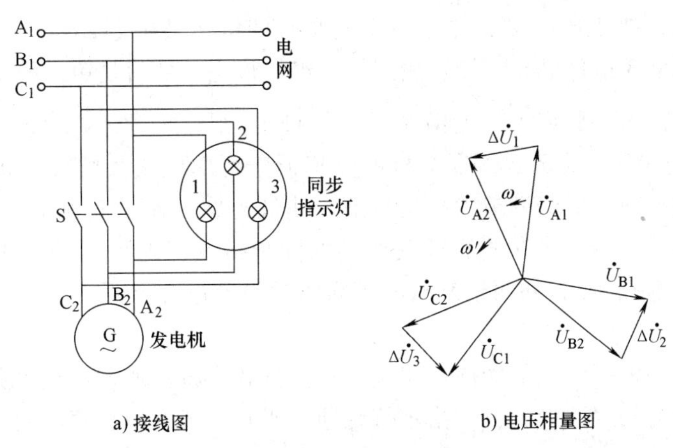

图 4-40　同步指示灯的接线图和电压相量图（灯光黑暗法）

当待并车的发电机频率与电网频率不同时，两边电压将有不同的旋转速度，即发电机和电网两组电压之间将有相对运动，设电网电压相量$\dot{U}_{A1}$、$\dot{U}_{B1}$、$\dot{U}_{C1}$固定不动，发电机的电压相量$\dot{U}_{A2}$、$\dot{U}_{B2}$、$\dot{U}_{C2}$将按照双方频率之差而转动。因而在不同瞬间两组相量有不同的位置，各组同步指示灯上所受的电压将不断地变化，于是同步指示灯的灯光便忽亮忽暗地闪烁。当两频率越为接近时，灯光的闪烁便越缓慢。根据灯光的闪烁情况，可以调节发电机的转速，使发电机电动势的频率尽可能接近电网的频率。若发电机电压与电网电压不相等，可调节励磁电流。图 4-40b 为同步指示灯的相量图。

由相量图可以看出，在不同的瞬间，三组指示灯所受的电压总相等，指示灯将同时明或暗，其明、暗变化的频率就是发电机与电网相差的频率。当调节发电机原动机的转速使灯光明暗频率很低时，就可以准备合闸。当三组灯全暗时，说明闸刀两侧电位差已很小，即发电机与电网电压差 $\Delta U\approx 0$，这时可迅速合上刀开关，完成并联合闸的操作。

如果灯光不是明、暗交替变化，表明相序不一致，应调整发电机的出线相序或电网的引线相序，严格保证相序一致。另外，在合闸瞬间，虽然 $\Delta U\approx 0$，但 f 与 f' 并非绝对相等，合闸后 ΔU 又会大起来，这时 ΔU 起自整步的作用，会把两个频率调整到相等。

2. 灯光旋转法（交叉接法）

同步指示灯的接线图如图 4-41a 所示，方法是把一组灯直接跨线接在 A_1 和 A_2 之间，而把另外两组灯交叉跨接在 B_1 和 C_2 及 C_1 和 B_2 之间。同步指示灯的电压相量图如图 4-41b 所示。设发电机的频率 f' 大于电网的频率 f，分析时取电网电压为基准。

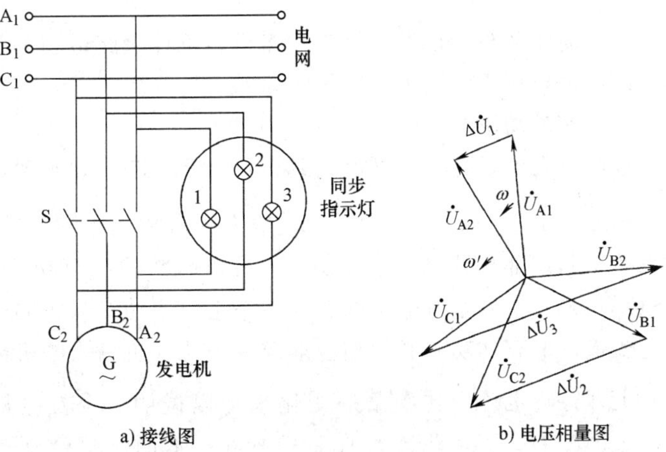

图 4-41　同步指示灯的接线图和电压相量图（灯光旋转法）

由相量图可见，在不同时刻，加于三组同步灯的电压 $\Delta\dot{U}_1$、$\Delta\dot{U}_2$、$\Delta\dot{U}_3$ 各不相等。从图4-41可见，先是第3组灯最亮，接着轮到第2组灯最亮，然后是第1组最亮，灯光按逆时针方向旋转。如果发电机频率 f' 比电网频率 f 多1Hz，则每秒钟 $\dot{U}_{A2}$ 围绕 $\dot{U}_{A1}$ 转一圈，则灯光也将逆时针旋转一圈；反之如果发电机的频率低于电网频率，则灯光将按顺时针方向旋转。根据灯光旋转方向，适当调节发电机转速，使灯光旋转速度变得很低，就可准备合闸。应当掌握合闸的时机，当跨接在同相开关两端的同步指示灯熄灭（即图中第1组指示灯的开关两端电压差为零），而另外两组灯亮度相同的时刻迅速合上开关，即完成投入并联运行的操作。

灯光旋转法可以根据灯光的转向，明确指示操作者应将转速调高还是调低。如果等待并车的发电机与电网的相序不同，三相指示灯将同时明暗。若发现相序不同时，必须把任意两线互换，才能进行整步。

二、自整步法

用准确整步法进行并车的优点是：能使新投入的发电机和电网不受或仅受轻微冲击。但由于是手动操作，要求技术熟练而且比较浪费时间。因此也有的采用自动装置并车，这时情况比较好些，但其装置比较复杂。而当电网出了事故后，如某大容量机组因故障突然退出运行，而要求重新起动一台机组代替它投入电网时，由于这时电网还处在异常状态，电压和频率都在不断变动，要采用准确整步法比较困难，所以又提出“自整步”的并车方法，其步骤如下：

① 先将发电机的励磁绕组经过约等于励磁绕组电阻10倍的电阻短路。

② 当发电机转速升到接近同步转速时，先合上并车开关。

③ 将发动机的励磁绕组切换到直流电源，即可利用电机的“自整步作用”使它迅速被牵入同步。

自整步法的优点是操作简单迅速，不需增添复杂的设备；缺点是合闸及投入励磁时有电流冲击。因此自整步法常用于紧急情况下的发电机并车。

4.6.4 有功功率和无功功率的调节

为了简化分析，设发电机为隐极机，不计磁路饱和，不计电枢电阻，且电网为无穷大电网，即电网电压 U=常数，频率 f=常数。

一、有功功率的调节

设同步发电机并入电网后空载运行（$P_2=0$），由原动机输入的功率恰好补偿各种损耗，即：$P_1=p_0+p_{Cu}$、$\dot{E}_0=\dot{U}$。如果增大输入的机械功率 P_1，使 $P_1>p_0+p_{Cu}$，则输入功率扣除损耗以后，其余部分转化为电磁功率，发电机将输出有功功率，即：$P_2=P_1-p_0-p_{Cu}$。从能量守恒观点来看，发电机输出的有功功率是由原动机输入的机械功率转换而来的，所以要改变发电机输出的有功功率必须相应地改变由原动机输入的机械功率。

上述过程也可用功率角的变化来加以说明。设发电机空载运行，此时 $\dot{E}_0=\dot{U}$、$\delta=0$、$P_{em}=0$、$T_e=0$、$T_1=T_0$，如图4-42所示。此时气隙合成磁场和转子磁场的轴线重合，发电机无功率输出，当增加原动机输入功率 P_1 时，即增加了发电机的输入转矩 T_1，这时 $T_1>T_0$，于是转子要加速。而无穷大电网的 $U=C$、$f=C$，气隙合成磁场的大小和转速都是不变的，转子加速就使转子磁场超前于气隙合成磁场（即 $\dot{E}_0$ 超前于 $\dot{U}$），也就使功率角 δ 逐渐增大，如图 4-43 所示。δ 角的增大会引起电磁功率 P_{em} 增大，发电机便输出有功功率 P_2。当 δ 增大到某一数值，使相应的电磁功率达到 $P_{em}=P_1-p_0$（或 $T_e=T_1-T_0$）时，转子加速的趋势即停止，发电机便处于新的平衡状态。上述的平衡过程，只有在逐渐增加输入功率时才能得到，这种平衡状态属于静止性质的。

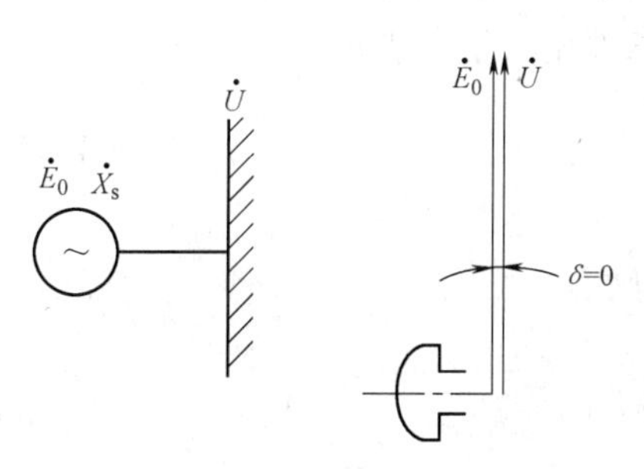

图 4-42 同步发电机空载时的相量图

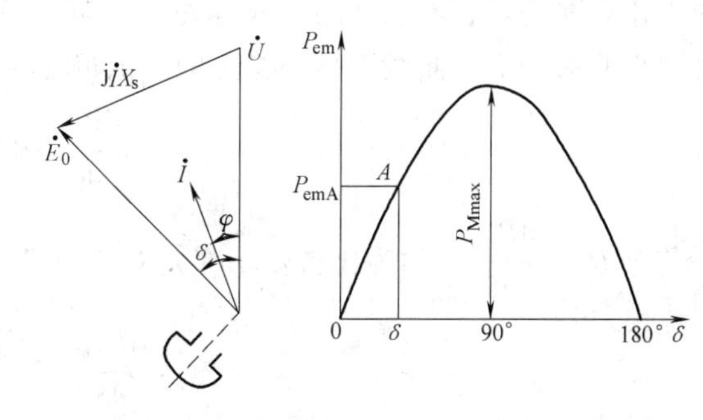

图 4-43 同步发电机有功功率的调节

由此可见，要调节与电网并联的发电机的有功功率，必须调节其原动机的输入功率，这时发电机内部会自行改变功率角 δ，相应地改变电磁功率和输出功率，达到新的平衡状态。但并不是可以无限制地增大来自原动机的输入功率，以增大发电机的电磁功率。当功率角 $\delta=90°$（隐极机）时，即达到电磁功率的极限值 P_{emax} 时，原动机供给的有效功率如果再增加，则无法建立新的平衡，P_{em}（或 T_e）将随 δ 角的增大而减小，这时将一直满足 $T_1-T_e>T_0$，转子继续加速而失去同步，故把 P_{emax} 称为电机的极限功率。

二、静态稳定

在电网或原动机方面偶然发生微小的扰动并消失以后，发电机能否回到原来状态继续同步运行的问题，就称为同步发电机的静态稳定问题。如果能恢复到原来的状态，发电机就是静态稳定的，反之就是不稳定的。

图 4-44 为隐极同步发电机的功角特性曲线。设发电机运行在 a 点，功率角为 δ_a，电磁功率为 P_{ema}，输入功率为 P_1，且有：$T_1=T_{ema}+T_0$。由于某种原因，原动机输入功率突然增加了 ΔP_1，则有：$T_1>T_{ea}+T_0$，发电机转子便将加速，则功率角将从 δ_a 增大到 δ_b，而电磁功率也增加为 P_{emb}，此时：$T_1=T_{eb}+T_0$，发电机运行在 b 点；当扰动消失后（$\Delta P_1=0$），输入功率减小，则有：$T_1<T_{eb}+T_0$，转子将减速，功率角将自 δ_b 开始减小，直到恢复到原值 δ_a 时，又有：$T_1=T_{ea}+T_0$，发电机仍运行在原来的稳定状态 a 点。同理，若瞬间的扰动使 P_1 减小，则转子将减速，功率角将由 δ_a 变为 δ_c，使电磁功率减小为 P_{emc}；当扰动消失后，转子加速，功率角将自 δ_c 开始增大，直到回复到原值 δ_a 时，功率又趋于平衡，发电机仍能稳定运行在原来的平衡状态。由此可见，运行点 a 有自动抗扰动的能力，能保持静态稳定。

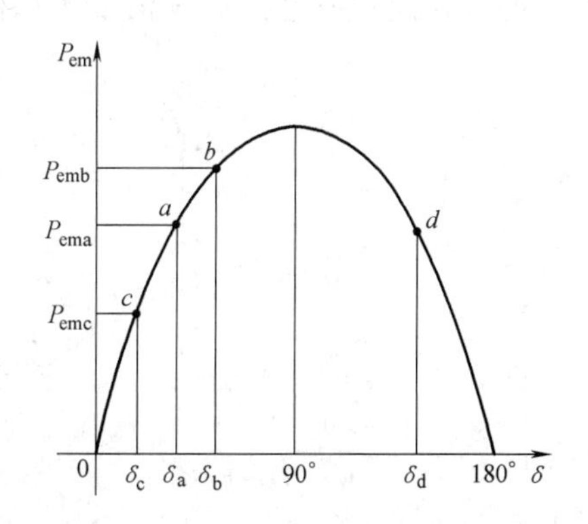

图 4-44 隐极同步发电机的静态稳定

同样分析可见，如发电机原来工作在 d 点，当发电机受到一个瞬时微小扰动后，它的工作点再也不能回到 d 点。当扰动增加使功率角增大时，电磁功率将会减小，转子将不断加速而失步；而当扰动减小使功率角减小时，电磁功率将会增大，转子将不断减速，功率角进一步减小，最后达到工作点 a。因此 d 点是静态不稳定的。

综上所述，处于发电机功角特性曲线上升部分的工作点都是静态稳定的，而曲线下降部分的工作点都是静态不稳定的。或者说，在功角特性曲线上，电磁功率和功率角同时增大或同时减小的那一部分曲线是静态稳定的。故静态稳定的条件用数学式表示为

$$\frac{\mathrm{d}P_{em}}{\mathrm{d}\delta}>0 \tag{4-35}$$

若令 $P_{cx}=\frac{\mathrm{d}P_{em}}{\mathrm{d}\delta}$，称为比整步功率。对隐极机来说，则有

$$P_{cx}=\frac{\mathrm{d}P_{em}}{\mathrm{d}\delta}=3\frac{E_0U}{x_s}\cos\delta \tag{4-36}$$

P_{cx}可以表示发电机运行的稳定程度。当 $\delta=0°$时，P_{cx}最大，故同步发电机在空载时最稳定；当 $\delta=90°$时，$P_{cx}=0$，此时处在稳定与不稳定的交界，故该点为静态稳定的极限；当 $\delta>90°$时，P_{cx}为负值，发电机便失去了稳定。

为了同步发电机的稳定运行，在设计时要求发电机的功率极限 P_{emax}应比其额定电磁功率 P_{eN}大一定的倍数，这个倍数即为前面所讨论的静态过载能力 k_m，一般要求 $k_m=1.7\sim3$，与此相对应的额定功率角 $\delta_N=25°\sim35°$。

最后还应指出，在改变原动机的输入功率时，会引起功率角和有功功率的改变；但同时无功功率也将改变，且随着有功功率的增大，无功功率将会减小。

三、无功功率的调节

电网的总负载中包含有功和无功功率，因此同步发电机与电网并联后，不但要向电网发出有功功率，而且还要向电网发出无功功率。

仍以隐极式同步发电机为例，不计磁路饱和及电枢电阻时，分析同步发电机无功功率的调节，以及无功电流与励磁电流的关系，下面分空载和负载两种情况进行分析。

1. 空载运行

隐极式同步发电机空载相量图如图 4-45 所示。调节励磁电流使电枢电流为零，此时：

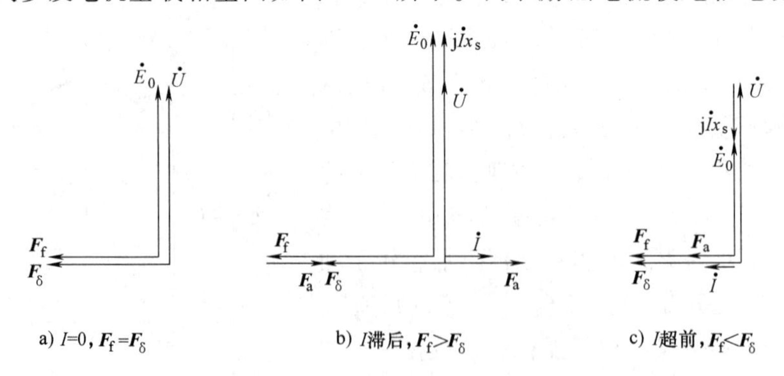

a) $I=0, F_f=F_\delta$　　b) $\dot{I}$滞后，$F_f>F_\delta$　　c) $\dot{I}$超前，$F_f<F_\delta$

图 4-45　同步发电机空载时不同励磁情况下的相量图

$\dot{E}_0=\dot{U}$、$\boldsymbol{F}_\mathrm{f}=\boldsymbol{F}_\delta$，这时的励磁电流称为正常励磁电流 I_{f0}，如图 4-45a 所示；如增大励磁电流（$I_\mathrm{f}>I_{f0}$），则有：$\dot{E}_0>\dot{U}$，由于电网电压不变，发电机必然输出一个滞后的无功电流，它产生一个去磁的电枢磁动势 $\boldsymbol{F}_\mathrm{a}$，维持 $\boldsymbol{F}_\delta$ 不变，这时励磁电流称为“过励”励磁电流，如图 4-45b所示；当减少励磁电流（$I_\mathrm{f}<I_{f0}$）时，$\dot{E}_0<\dot{U}$，发电机输出一个超前的无功电流，它产生助磁的电枢磁动势 $\boldsymbol{F}_\mathrm{a}$，这时的励磁电流称为“欠励”励磁电流，如图 4-45c 所示。

由此可见，当发电机的励磁电流变化时，发电机向电网发出的无功功率也将发生变化。过励时，发出感性（滞后）的无功功率；欠励时，发出容性（超前）的无功功率。

2. 负载运行

在发电机带负载情况下调节无功功率时，由于不改变原动机的输入，则输出有功功率不变，即

$$P_2=mUI\cos\varphi=C$$

$$P_\mathrm{em}=\frac{3E_0U}{x_\mathrm{s}}\sin\delta=C$$

故有

$$I\cos\varphi=C、E_0\sin\delta=C \tag{4-37}$$

式（4-37）说明，在恒定不变的有功功率下调节励磁电流时，电流 $\dot{I}$ 端点的轨迹为 $\overline{CD}$ 线，励磁电动势 $\dot{E}_0$ 端点的轨迹为 $\overline{AB}$ 线，不同励磁电流时的 $\dot{I}$ 和 $\dot{E}_0$ 的相量端点在轨迹线上有不同的位置。不同励磁情况下的相量图如图 4-46 所示。

当电枢电流全为有功分量时，即 $\varphi=0$，这时励磁电流称为正常励磁电流 I_{f0}；当过励（$I_\mathrm{f}>I_{f0}$）时，$E_0'>E_0$，则电枢电流 $\dot{I}'$滞后电压 $\dot{U}$，除输出有功功率外，还会输出一个滞后（感性）的无功功率；当欠励（$I_\mathrm{f}<I_{f0}$）时，$E_0''<E_0$，则电枢电流 $\dot{I}''$超前电压 $\dot{U}$，除输出有功功率外，还会输出一个超前（容性）的无功功率。

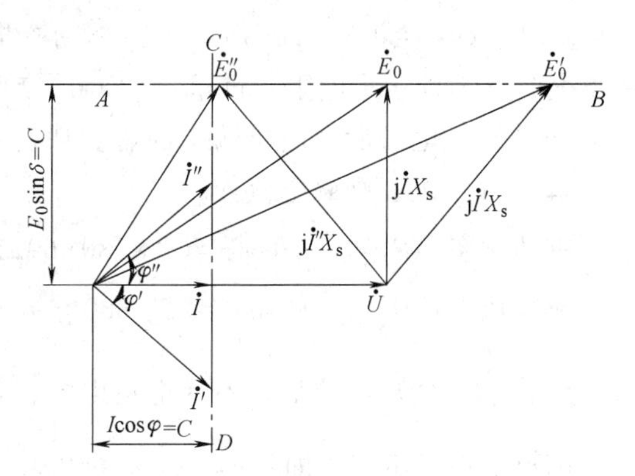

图 4-46 同步发电机负载时不同励磁情况下的相量图

综上所述，当发电机与无穷大电网并联时，调节励磁电流大小，就可以改变发电机输出的无功功率，不仅可改变无功功率的大小，而且能改变其性质。过励时，电枢电流总是滞后的，发电机发出感性无功功率；欠励时，电枢电流总是超前的，发电机发出容性无功功率。

另外，在输出功率不变的情况下，调节励磁电流，虽不会引起有功功率的改变，但励磁电动势 $\dot{E}_0$ 和功率角 δ 都随着励磁电流的改变而发生了变化。

3. V 形曲线

在有功功率保持不变时，电枢电流和励磁电流的关系曲线 $I=f(I_\mathrm{f})$ 称为 V 形曲线，如图 4-47 所示。对应于不同的有功功率会有不同的 V 形曲线，输出功率越大，电枢电流越大，

曲线越向上移。当励磁电流调到某一数值时电枢电流为最小，该点是V形曲线上的最低点，此时功率因数 $\cos\varphi=1$，而此时的励磁电流就是“正常”励磁电流 I_{f0}。将各曲线最低点连接起来得到一条 $\cos\varphi=1$ 的曲线，在这条作为基准的曲线右方，发电机处于过励运行状态，功率因数是滞后的，发电机向电网输出感性的无功功率；而在 $\cos\varphi=1$ 的曲线左方，发电机处于欠励运行状态，功率因数是超前的，发电机向电网输出容性的无功功率。

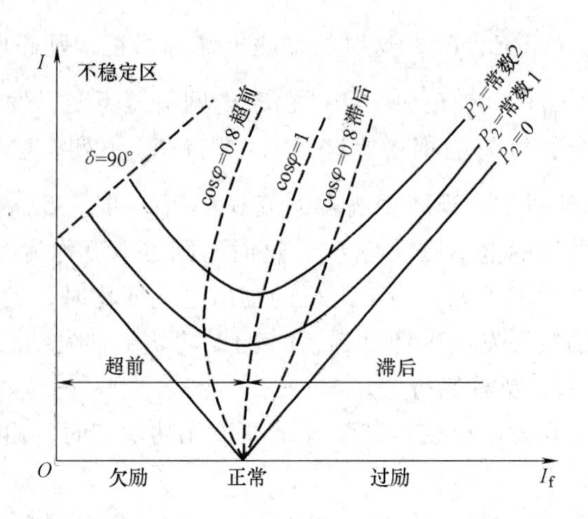

图 4-47　同步发电机的V形曲线

另外，V形曲线左侧有一个不稳定区。发电机处于欠励状态时，如果继续减小励磁电流，电枢电流 $\dot{I}$ 和超前 $\dot{U}$ 的 φ 角会同时增大，发电机将输出更多的容性无功功率，此时功率角 δ 随励磁电流的减小而增大，当减小励磁电流使 $\delta=90°$ 时，发电机处于静态稳定的极限位置；若再减小励磁电流，则 $\delta>90°$，进入功角特性的静态不稳定部分，在V形曲线上则对应不稳定区。

【例 4-3】　一台三相隐极式同步发电机与无穷大电网并联运行，电网电压为 $U=380\text{V}$、Y接法，每相同步电抗 $x_s=1.2\Omega$，发电机向电网输出线电流 $I=69.5\text{A}$，空载相电动势 $E_0=270\text{V}$，$\cos\varphi=0.8$（滞后）。若减小励磁电流使相电动势 $E_0'=250\text{V}$，保持原动机输入功率不变，且不计定子电阻。试求：（1）改变励磁电流前发电机输出的有功功率和无功功率；（2）改变励磁电流后发电机输出的有功功率、无功功率、功率因数和定子电流。

解：（1）改变励磁电流前

有功功率：$P_2=\sqrt{3}UI\cos\varphi=\sqrt{3}\times380\times69.5\times0.8\text{W}=36600\text{W}$

无功功率：$Q_2=\sqrt{3}UI\sin\varphi=\sqrt{3}\times380\times69.5\times0.6\text{var}=27400\text{var}$

（2）改变励磁电流后，不计电枢电阻，则 $P_2'=P_{em}=\dfrac{3E_0'U}{x_s}\sin\delta'$

因有功功率不变，即：$P_2'=P_2=36600\text{W}$

则：$\sin\delta'=\dfrac{P_2'}{3E_0'U}x_s=\dfrac{36600}{3\times250\times220}\times1.2=0.266$，$\delta'=15.4°$

由相量图知

$$\psi'=\arctan\frac{E_0'-U\cos\delta'}{U\sin\delta'}=\arctan\frac{250-220\times\cos15.4°}{220\times0.266}=\arctan\frac{250-212}{58.5}=33°$$

$$\varphi'=\psi'-\delta'=33°-15.4°=17.6°$$

$$\cos\varphi'=\cos17.6°=0.953(\text{滞后}),\sin\varphi'=\sin17.6°=0.302$$

有功功率不变，即：$I\cos\varphi=I'\cos\varphi'=C$，所以改变励磁电流后，定子电流为

$$I'=\frac{I\cos\varphi}{\cos\varphi}=\frac{69.5\times0.8}{0.953}\text{A}=58.3\text{A}$$

向电网输出的有功功率不变，仍为36600W，或

$$P_2=\sqrt{3}UI'\cos\varphi'=\sqrt{3}\times380\times58.3\times0.953\text{W}\approx36600\text{W}$$

无功功率为：$Q_2=\sqrt{3}UI'\sin\varphi'=\sqrt{3}\times380\times58.3\times0.302\text{var}=11600\text{var}$

【例4-4】 一台三相隐极式同步发电机与无穷大电网并联运行，已知电网电压为 $U_N=400\text{V}$，每相电抗 $x_s=1.2\Omega$，Y接法。当发电机输出功率 $P_2=80\text{kW}$ 时，$\cos\varphi=1$。若保持励磁电流不变，减少输出功率到 $P_2'=20\text{kW}$，不计定子电阻。试求：（1）功率角 δ'；（2）功率因数 $\cos\varphi'$；（3）电枢电流 I'；（4）输出的无功功率 Q 及其性质。

解：在功率未改变前

$$I=\frac{P_2}{\sqrt{3}U_N\cos\varphi}=\frac{80\times10^3}{\sqrt{3}\times400\times1}\text{A}=115.45\text{A}$$

因 $\varphi=0$，则：$\delta=\psi=\arctan\dfrac{Ix_s}{U}=\arctan\dfrac{115.45\times1.2}{400/\sqrt{3}}=30.95°$

$$E_0=\sqrt{U^2+(IX_s)^2}=\sqrt{(400/\sqrt{3})^2+(115.45\times1.2)^2}\text{V}=269.3\text{V}$$

（1）改变功率后，励磁电流不变，即 E_0 不变，电压 $U=400/\sqrt{3}\text{V}=231\text{V}$，$P'_{em}=P'_2=20\text{kW}$，则从功率表达式中求出 δ'，由 $P'_{em}=\dfrac{3E_0U}{x_s}\sin\delta'$，得

$$\sin\delta'=\frac{P'_{em}}{3E_0U}x_s=\frac{20000}{3\times269.3\times231}\times1.2=0.1286$$

$$\delta'=\arcsin0.1286=7.39°$$

（2）根据相量图

$$\psi'=\arctan\frac{E_0-U\cos\delta'}{u\sin\delta'}=\arctan\frac{269.3-231\times\cos7.39°}{231\times\sin7.39}=53.54°$$

$$\varphi'=\psi'-\delta'=53.54°-7.39°=46.15°,\cos\varphi'=0.69$$

（3）$I'=\dfrac{P'_2}{\sqrt{3}U_N\cos\varphi'}=\dfrac{20000}{\sqrt{3}\times400\times0.69}\text{A}=41.67\text{A}$

（4）$Q=\sqrt{3}U_NI'\sin\varphi'=\sqrt{3}\times400\times41.67\times\sin46.15°\text{var}=20.819\text{var}$

由于电枢电流滞后电网电压（$\varphi'>0$），故发电机发出感性无功功率。

任务4.7　三相同步电动机和同步调相机

【任务引入】

在现代工业生产中，一些机械设备的功率越来越大，这就要求其拖动电动机具有更大的功率。当功率达到数千千瓦以上时，选用同步电动机比选用异步电动机更为合适。一是因为同步电动机的功率因数是可以调节的，这对节约能源意义重大；二是对大功率的低速电动机，在功率一定时，同步电动机的体积小于异步电动机。由于电力系统的大部分负载均为感性，导致整个电网功率因数较低，所以需要在供电线路的不同地方设置专门的同步补偿机，以提高电网的功率因数。

【任务目标】

(1) 掌握三相同步电动机的工作原理。

(2) 理解三相同步电动机的运行特性。

(3) 掌握三相同步电动机的起动方法。

(4) 理解同步补偿机的工作原理。

【技能目标】

(1) 能画出三相同步电动机的等效电路和相量图。

(2) 能根据负载的要求，调节三相同步电动机的有功功率和无功功率。

(3) 能根据功率因数的要求，调节同步补偿机的无功功率。

4.7.1 同步电机的可逆性原理

同步电机既可以作发电机运行，又可以作电动机运行。现在研究已投入电网并联运行的隐极同步发电机，过渡到电动机状态的物理过程及内部各物理量之间关系的变化。

设同步发电机已向电网输送一定的有功功率，如图 4-48a 所示。这时 $\dot{E}_0$ 超前于 $\dot{U}$，若忽略电枢漏阻抗的影响，则 δ 可以看作是空间相量 $\boldsymbol{F}_{\mathrm{f}}$ 与气隙合成磁动势 $\boldsymbol{F}_{\delta}$ 的夹角，即转子主极轴线超前于气隙合成磁场，转子磁场拉着气隙合成磁场旋转。此时转子上将受到一个制动的电磁转矩，功率角 δ 为正值，相应的电磁功率 $P_{\mathrm{M}}=\dfrac{3E_0U}{x_{\mathrm{s}}}\sin\delta$ 也是正值。在旋转中，原

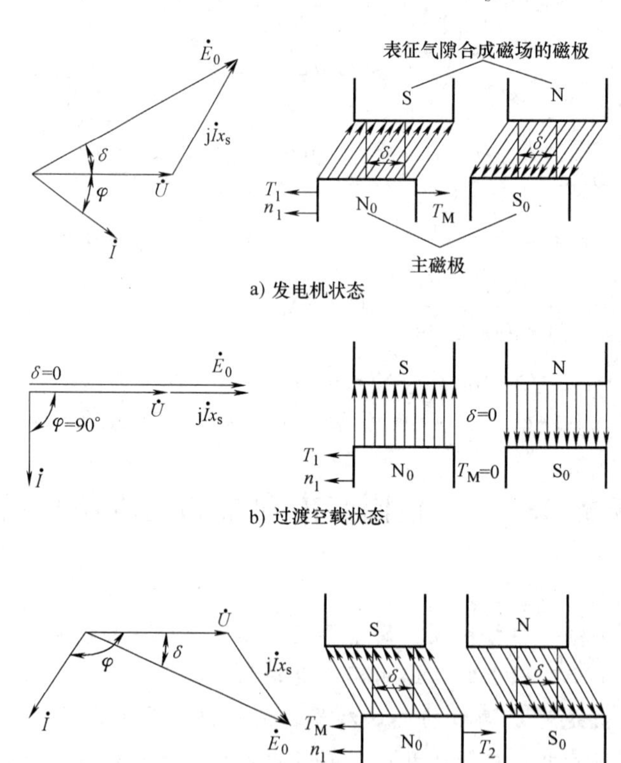

图 4-48 同步电机的可逆原理

动机的驱动转矩主要用来克服制动的电磁转矩，将机械能转变成电能。

如果逐步减少发电机的输入功率，转子将减速，δ 角减小，相应的电磁功率也减少。当功率角 $\delta=0$ 时，电磁功率为零，发电机的输入功率只能抵消空载损耗，此时 $P_1=p_0$、$T_1=T_0$，这时发电机运行在空载状态，并不向电网输送有功功率，如图 4-48b 所示。

若继续减少同步电机的输入功率，则功率角和电磁功率变成负值（δ 为负值，表示 $\dot{U}$ 超前于 $\dot{E}_0$），如图 4-48c 所示。电机开始自电网吸取功率，和原动机一起提供驱动转矩来克服空载制动转矩，供给空载损耗；如果再拆去原动机，就变成了空转的同步电动机，此时空载损耗全部由输入的电功率来供给；如在电机轴上再加上机械负载，则负值的 δ 角和负值的电磁功率都将变大，于是该电机已变成一台带负载运行的同步电动机。由于这时 δ 角为负值，则主极轴线滞后于气隙合成磁场轴线，故转子上将受到驱动的电磁转矩。

从上面分析可知，当同步发电机变为电动机时，功率角和相应的电磁转矩、电磁功率均由正值变为负值，电磁转矩由制动性质变为驱动性质。

4.7.2 同步电动机

同步电动机的定子（或称电枢）与同步发电机完全相同；其转子（或称磁极）一般采用凸极式结构，转子绕组外加直流励磁电源；另外，在转子磁极的极靴上装有起动绕组（或称阻尼绕组）。它比异步电动机有以下显著优点：①转速不随负载的变化而变化；②具有较高的功率因数，特别在过励状态下，还可以使功率因数超前，从而提高电网的功率因数；③同步电动机的体积和重量比同容量同转速的异步电动机小；④由于同步电动机的气隙较大，直轴同步电抗较小，过载能力高，静态稳定性好。同步电动机广泛用于拖动转速不需调节的生产机械，其容量多为几百以及 1 万千瓦以上，如驱动大型的空气压缩机、球磨机、鼓风机和水泵等设备。

一、同步电动机的基本方程式和相量图

当同步电机从发电机状态过渡到电动机状态时，功率角 δ 改变符号，此时电枢电压 $\dot{U}$ 超前励磁电动势 $\dot{E}_0$，并且功率因数角 $\varphi>90°$，表示电动机向电网输出负的有功功率，或认为从电网上吸收正的有功功率。所以在同步电动机中，把电枢电流 $\dot{I}_D$ 的正方向规定为输入电流（与发电机的电枢电流 $\dot{I}$ 相反），而其他物理量的正方向均不变。此时 $\dot{U}$ 应理解为外加端电压，$\dot{I}_D$ 为外加电压所产生的输入电流，而 $\dot{E}_0$ 则为反电动势。这样电枢电流 $\dot{I}_D$ 将超前于外加端电压 $\dot{U}$，且 $\varphi_D<90°$，此时功率因数 $\cos\varphi_D$ 和输入电功率 $P_1=mUI\cos\varphi_D$ 均为正值。显然，输入功率扣除定子铜耗后的电磁功率也为正值。

凸极式同步电动机的电磁关系可描述为

$$U_f \to I_f \to \boldsymbol{F}_0 \to \dot{\Phi}_0 \to \dot{E}_0$$

$$\dot{U} \to \dot{I}_D \to \begin{cases} \dot{I}_{dD} \to \boldsymbol{F}_{ad} \to \dot{\Phi}_{ad} \to \dot{E}_{ad} = -j\dot{I}_{dD}x_{ad} \\ \dot{I}_{qD} \to \boldsymbol{F}_{aq} \to \dot{\Phi}_{aq} \to \dot{E}_{aq} = -j\dot{I}_{qD}x_{aq} \\ \dot{\Phi}_{\sigma} \to \dot{E}_{\sigma} = -j\dot{I}_D x_{\sigma} \\ r_a\dot{I}_D \end{cases}$$

故凸极式同步电动机电枢每相的电压方程式为

$$\dot{U}=\dot{E}_0+\dot{I}_D r_a+j\dot{I}_{dD}x_d+j\dot{I}_{qD}x_q \tag{4-38}$$

式中，$x_d=x_{ad}+x_\sigma$ 称为同步电动机直轴同步电抗；$x_q=x_{aq}+x_\sigma$ 称为同步电动机交轴同步电抗。

为画出凸极同步电动机的等效电路和相量图，仍需引入虚拟电动势 $\dot{E}_Q$，即令

$$\dot{E}_Q=\dot{E}_0-j\dot{I}_{dD}(x_d-x_q)$$

则电枢每相的电压方程式可变为

$$\dot{U}=\dot{E}_Q+\dot{I}_D r_a+j\dot{I}_D x_q \tag{4-39}$$

与此方程式对应的等效电路和相量图如图 4-49 所示。

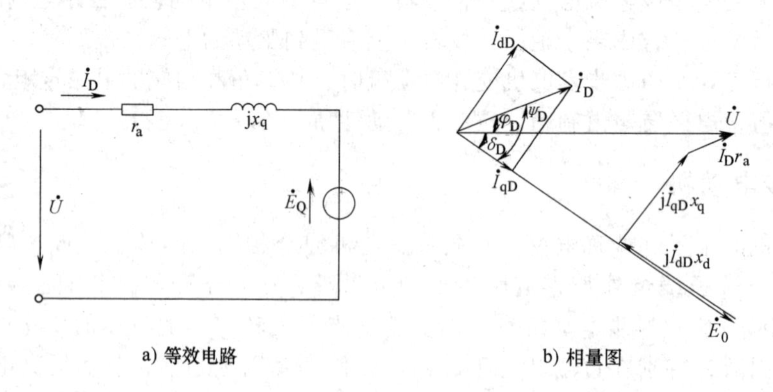

图 4-49　凸极同步电动机的等效电路和相量图

二、同步电动机的功率和转矩

1. 功率平衡方程式

不考虑励磁电源的功率，同步电动机电枢绕组从三相交流电源输入三相电功率 P_1，扣除电枢铜损耗 p_{Cu}后，就是经气隙传递到转子上的电磁功率 P_{em}，电磁功率再减去空载损耗 p_0（包括电枢铁耗 p_{Fe}、机械损耗 p_{fw}和附加损耗 p_{ad}），就得到输出的机械功率 P_2，即

$$P_{em}=P_1-p_{Cu1} \tag{4-40}$$

$$P_2=P_{em}-p_{Fe}-p_{fw}-p_{ad}=P_{em}-p_0 \tag{4-41}$$

故得功率平衡方程式为

$$P_2=P_1-p_{Cu}-p_{Fe}-p_{fw}-p_{ad} \tag{4-42}$$

2. 转矩平衡方程式

将 $P_2=P_{em}-p_0$ 两边同除以转子机械角速度 Ω_1，便得同步电动机的转矩平衡方程式

$$T_2=T_e-T_0 \tag{4-43}$$

式中，$T_2=\dfrac{P_2}{\Omega_1}$称为输出转矩；$T_e=\dfrac{P_{em}}{\Omega_1}$称为电磁转矩；$T_0=\dfrac{p_0}{\Omega_1}$称为空载转矩。

3. 功角特性

类似于同步发电机的推导过程，可得同步电动机功角特性的表达式为

$$P_{em}=\frac{3E_0U}{x_d}\sin\delta_D+\frac{3U^2}{2}\left(\frac{1}{x_q}-\frac{1}{x_d}\right)\sin2\delta_D \tag{4-44}$$

同样可得同步电动机的矩角特性表达式为

$$T_{\mathrm{e}}=\frac{3E_0U}{x_{\mathrm{d}}\Omega_1}\sin\delta_{\mathrm{D}}+\frac{3U^2}{2\Omega_1}\left(\frac{1}{x_{\mathrm{q}}}-\frac{1}{x_{\mathrm{d}}}\right)\sin2\delta_{\mathrm{D}} \tag{4-45}$$

此外，对同步发电机的过载能力、比整步功率所做的分析和结论，对电动机完全适用。

三、同步电动机的V形曲线

同步电动机的V形曲线是指在电网电压、频率和输出功率恒定时，电枢电流 I_{D} 和励磁电流 I_{f} 之间的关系曲线。

假定电网为无穷大电网，即电压 $\dot{U}$ 和频率 f 均保持不变，若忽略电枢电阻 r_{a}，可认为 $P_1\approx P_{\mathrm{em}}$。当电动机的输出功率 P_2 不变，且不考虑改变励磁时定子铁耗和杂散损耗的微弱变化，则电动机的电磁功率 P_{em} 也保持不变。由此可得

$$P_{\mathrm{em}}=\frac{3E_0U}{x_{\mathrm{s}}}\sin\delta_{\mathrm{D}}\approx3UI_{\mathrm{D}}\cos\varphi_{\mathrm{D}}=C$$

即有：$E_0\sin\delta_{\mathrm{D}}=C$ 和 $I_{\mathrm{D}}\cos\varphi_{\mathrm{D}}=C$

图4-50表示输出功率恒定、而改变励磁电流时隐极同步电动机的电动势相量图。

由相量图可见，当励磁电流改变时，因有功电流 $I_{\mathrm{D}}\cos\varphi_{\mathrm{D}}=C$，电枢电流相量 $\dot{I}_{\mathrm{D}}$ 末端的变化轨迹是一条与电压相量 $\dot{U}$ 垂直的水平线 AB；又因 $E_0\sin\delta_{\mathrm{D}}=C$，故相量 $\dot{E}_0$ 末端的变化轨迹为一条与电压相量 $\dot{U}$ 相平行的直线 CD。

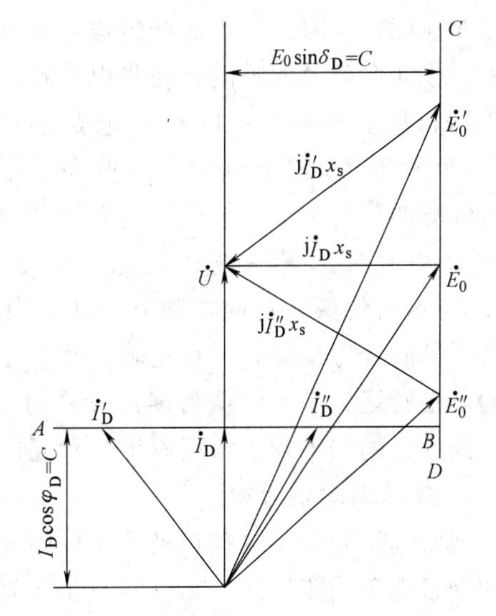

图4-50　隐极同步电动机调节励磁时的相量图

与同步发电机一样，同步电动机也有三种励磁状态。

（1）正常励磁：调节励磁电流 I_{f}，当 $I_{\mathrm{f}}=I_{\mathrm{f0}}$ 时，励磁电动势为 $\dot{E}_0$，此时电枢电流 $\dot{I}_{\mathrm{D}}$ 与电枢电压 $\dot{U}$ 同相位，$\cos\varphi_{\mathrm{D}}=1$，这时的励磁状态称为正常励磁。在正常励磁时，电动机呈现电阻性。

（2）过励磁：当 $I_{\mathrm{f}}>I_{\mathrm{f0}}$ 时，励磁电动势增大为 $\dot{E}_0'$，电枢电流 $\dot{I}_{\mathrm{D}}'$ 超前于电枢电压 $\dot{U}$，$\varphi_{\mathrm{D}}<0$，这时的励磁状态称为过励磁。在过励磁时，电动机呈现电容性，即从电网输入电容性的无功功率，或向电网输出电感性的无功功率。

（3）欠励磁：当 $I_{\mathrm{f}}<I_{\mathrm{f0}}$ 时，励磁电动势减小为 $\dot{E}_0''$，电枢电流 $\dot{I}_{\mathrm{D}}''$ 滞后于电枢电压 $\dot{U}$，$\varphi_{\mathrm{D}}>0$，这时的励磁状态称为欠励磁。在欠励磁时，电动机呈现电感性，即从电网输入电感性的无功功率。如果进一步减小励磁电流，电动势 $\dot{E}_0''$ 更加减小，并且功率角 δ_{D}'' 将继续增大，当 δ_{D}'' 接近90°时，则电动机接近不稳定区。

综上所述，在输出功率不变时，改变励磁电流将引起电动机无功电流的改变，随之电枢电流 $\dot{I}_{\mathrm{D}}$ 也将改变，当励磁电流等于“正常励磁”时，电流 $\dot{I}_{\mathrm{D}}$ 数值最小。这时无论增大或减

少励磁电流，都将使电枢电流增大。用实验方法可测得，在保持电压和输出有功功率不变的条件下，电枢电流 I_D 和励磁电流 I_f 的关系曲线 $I_D=f(I_f)$，又称 V 形曲线，如图 4-51 所示。

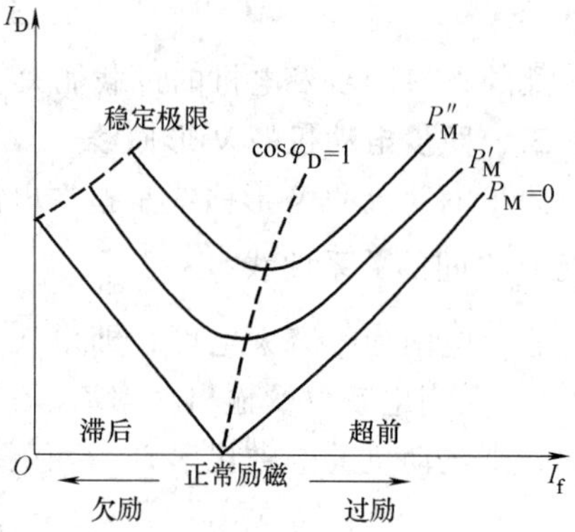

图 4-51　同步电动机的 V 形曲线

综上所述，调节励磁电流可以调节同步电动机的无功电流和功率因数，这是同步电动机的可贵之处。因为在电网上主要的负载是异步电动机和变压器，它们均要从电网吸取感性的无功功率，使电网的功率因数较低。如果使运行在电网上的同步电动机工作在过励状态，使它们从电网中吸收容性无功功率（即发出感性无功功率），从而提高了电网的功率因数。

四、同步电动机的起动

同步电动机的电磁转矩是由定子电流所产生的旋转磁场与转子旋转磁场的相互作用而产生的，而转子磁场和定子磁场一样是由外加电源而产生的。两磁场间的吸引力形成的电磁转矩，只有当它们之间没有相对运动时，才能得到平均的电磁转矩。如两磁场间有相对运动，且相对速度较大时，将不能产生恒定方向的电磁转矩。比如在起动的瞬间，同步电动机的定子旋转磁场和转子励磁磁场的相对速度为 n_1，在图 4-52a 所示瞬间，电磁转矩方向倾向于拖动转子逆时针方向旋转。但由于转子有转动惯量，还未等转起来时，定子磁场已转过 180°，达到图 4-52b所示的位置，这时电磁转矩方向倾向于拖动转子顺时针方向旋转。可见转子承受了一个交变的脉动转矩，其平均值为零，故电动机不能起动。因此，同步电动机常用以下三种起动方法。

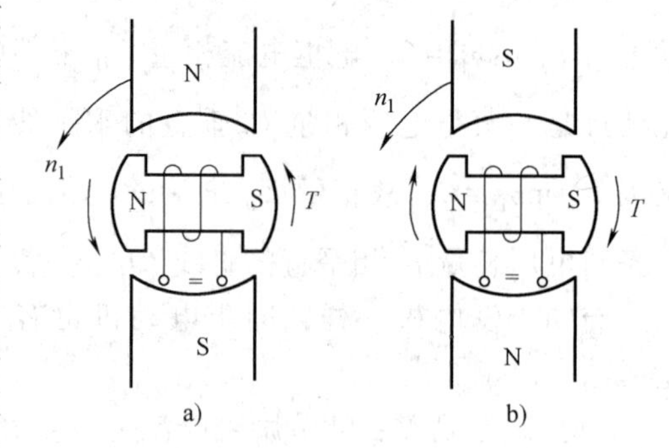

图 4-52　同步电动机起动示意图

1. 辅助电动机起动法

通常选用和同步电动机极数相同的异步电动机作为辅助电动机，先用辅助电动机将主机拖动到接近于同步转速，然后自整步将其投入电网，再切断辅助电动机电源。也可采用比同步电动机少一对极的异步电动机作为辅助电动机，将主机拖到超过同步转速，然后切断辅助电动机电源使转速下降，当降到同步转速时，再将同步电动机立即投入电网，这样可获得更大的整步转矩。

这种方法的缺点是电机不能在满负载下起动，否则要求辅助电动机的容量很大，会增加整个机组的设备投资。

2. 变频起动法

此法实质上是改变定子旋转磁场转速利用同步转矩来起动。在开始起动时，必须把电源的频率调得很低，然后逐步增加电源频率直到额定频率为止。于是转子的转速也将随着定子旋转磁场的转速而同步上升，直到额定转速。

采用变频起动须有变频电源，加外励磁机必须是非同轴的，因为如果是同轴的，则在最初转速很低时无法产生所需要的励磁电压。

3. 异步起动法

异步起动法是借助于在同步电动机转子上装置阻尼绕组的方法来获得起动转矩的，它是目前同步电动机常用的一种起动方法。阻尼绕组和异步电机的笼型绕组相似，只是它装在转子磁极的极靴上，二极之间的空隙处没有阻尼绕组，是一个不完整的笼型绕组，有时称同步电动机的阻尼绕组为起动绕组，其结构如图 4-53 所示。异步起动法的接线如图 4-54 所示，异步起动法的起动过程如下。

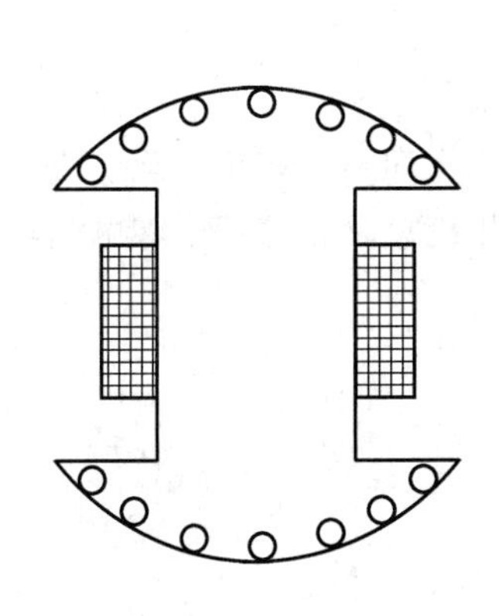

图 4-53 同步电动机的起动绕组

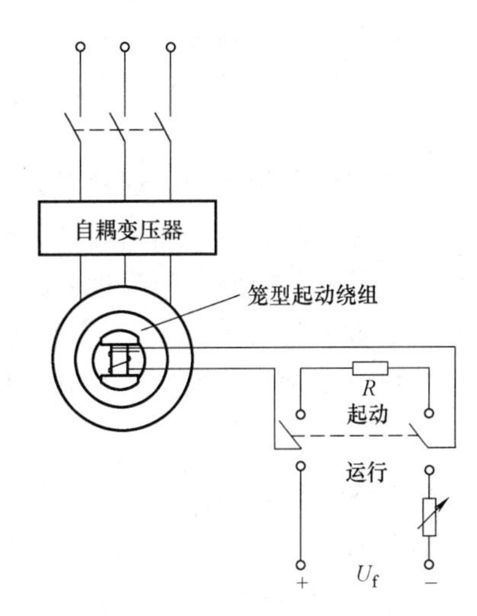

图 4-54 异步起动时的电路图

(1) 首先把同步电动机励磁回路通过一个电阻值约为励磁绕组阻值 10 倍的附加电阻而构成闭合回路。

异步起动时，励磁绕组切忌开路。因为刚刚起动时，定子旋转磁场与转子的相对速度很大，而励磁绕组匝数又很多，将在其中感应出一个很高的电动势，可能破坏励磁绕组的绝缘，造成人身安全事故。

但也不能将励磁绕组直接短路。若励磁绕组短路，很高的感应电动势会感应很大的电流，它与气隙磁场相互作用将产生较大的附加转矩，它在略大于半同步转速附近处产生较大的负转矩，使电动机的合成转矩曲线发生明显下凹，可能把同步电动机“卡住”在半速附近，不能继续升速，这种现象称为半同步胶住。

(2) 将同步电动机的定子绕组接通三相电源，这时定子旋转磁场将在阻尼绕组中感应电动势，从而产生感应电流，此电流与定子磁场相互作用而产生异步电磁转矩，同步电动机便作为异步电动机而起动。

(3) 当同步电动机的转速达到同步转速的 95% 左右后，将励磁绕组与直流电源接通，这时转子上增加了一个频率很低的交流转矩，转子磁场与定子磁场之间的相互吸引力便能把转子拉住，使它跟着定子旋转磁场同步旋转，即所谓“牵入同步”。

在同步电动机异步起动时，和异步电动机一样，为了限制过大的起动电流，可以采用降压方法起动，当电动机的转速达到一定值时，再恢复全电压，最后给予直流励磁，电动机便进入同步运行。

因为同步电动机起动的操作过程比较复杂，而且要求有足够的精度，所以现在同步电动机都普遍采用晶闸管励磁系统，它可使同步电动机的起动过程实现自动化。

4.7.3 同步调相机

电网的负载主要是异步电动机和变压器，因此电网除了供给感性负载必要的有功功率外，尚需附带供给很大一部分感性无功功率，从而使整个电网的功率因数降低。低功率因数会减少有功功率的传输能力，并使整个电力系统的设备利用率和效率降低。如能在适当地点，把负载所需的感性无功功率就地供给，避免远程输送，则既可以减少线路损耗和电压降，又可减轻发电机的负担而充分利用它的容量，应用同步调相机便是解决这一问题的有效方法。

一、同步调相机的原理和用途

运行于空载状态、用来改善电网功率因数的同步电动机称为同步调相机。除供应本身损耗外，它并不从电网上吸收过多的有功功率。因此，同步调相机总是在接近于零电磁功率和零功率因数的情况下运行。若忽略调相机的全部损耗，则电枢电流全是无功分量，其电动势方程式为

$$\dot{U}=\dot{E}_0+\mathrm{j}\dot{I}_D x_s$$

图 4-55 为同步补偿机过励和欠励时的相量图。可见，过励时电流超前于电压 90°，而欠励时电流滞后于电压 90°。所以调相机在过励时可看作是电网的一个纯电容负载，而欠励时则看作是电网的一个纯电感负载，只调节励磁电流就能灵活地调节它的无功功率大小和性质。由于电力系统中大多数为感性负载，所以调相机通常都是在过励状态下运行，它的额定容量也是指过励运行时的容量；只有在电网基本空载时，由于输电线电容的影响，使受电端电压偏高，才让调相机在欠励下运行，以保证电网电压的稳定。

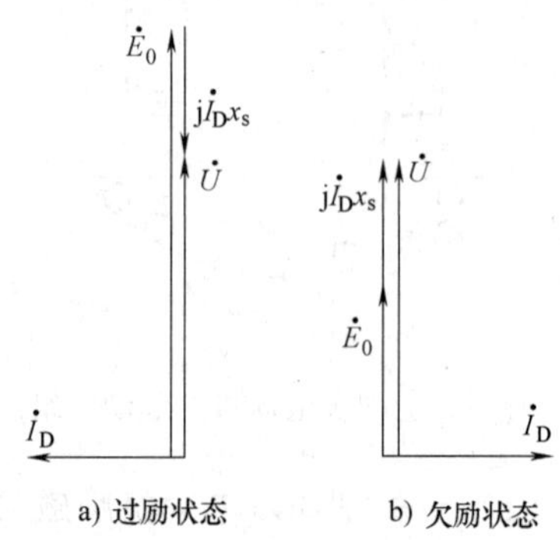

图 4-55　同步补偿机在过励和欠励时的相量图

二、同步调相机的特点

（1）同步调相机的额定容量是指在过励时的视在功率。励磁绕组是根据当时最大励磁电流引起的发热来设计的，而它在欠励运行时的容量只有过励容量的 0.5~0.55 倍，这是从实际需要和稳定性来考虑的。

（2）由于同步调相机不拖动机械负载，因而没有过载系数的要求。为了减少励磁绕组的用铜量，它的气隙比同步电动机的都要小些，因此，它的直轴同步电抗 x_d 较大。

（3）为了提高材料的利用率，调相机的极数较少，转速较高。

三、同步调相机的起动问题

同步调相机和电动机一样，可采用辅助电动机法和异步起动法起动，而以后者居多。由于调相机的容量较大，一般在几千或几万千伏安，在异步起动投入电网时，相当于投入了一个很大的电感负载，显著地降低了调相机接入处的电压，影响附近其他用电设备，因此，通常在定子回路串电抗器起动，以限制起动电流。

【例 4-5】 某工厂耗电功率约 1200kW，$\cos\varphi=0.65$（滞后），线电压为 6000V。如该厂需用 320kW 的电动机拖动设备，为提高工厂的功率因数，采用同步电动机，如功率因数提高到 $\cos\varphi'=0.8$（滞后），并假定同步电动机的效率为 100%，求这台同步电动机的容量为多

少？它的功率因数是多少？

解：原工厂耗电总电流：$I=\dfrac{P}{\sqrt{3}U\cos\varphi}=\dfrac{1200\times10^3}{\sqrt{3}\times6000\times0.65}\text{A}=177\text{A}$

因为 $\cos\varphi=0.65$　所以 $\varphi=49.4°$

总无功电流：$I_Q=I\sin\varphi=177\times\sin49.4°\text{A}=134.3\text{A}$

加入同步电动机后工厂总有功功率为：$P'=P+P_D=1200\text{kW}+320\text{kW}=1520\text{kW}$

欲使 $\cos\varphi'=0.8$，$\varphi'=36.9°$

电流为：
$$I'=\frac{P'}{\sqrt{3}U\cos\varphi'}=\frac{1520\times10^3}{\sqrt{3}\times6000\times0.8}\text{A}=182.8\text{A}$$

$$I'_Q=I'\sin\varphi'=182.8\times\sin36.9°\text{A}=109.7\text{A}\ （滞后）$$

同步电动机所需负担的无功电流（容性）

$$I_{DQ}=I_Q-I'_Q=134.3\text{A}-109.7\text{A}=24.6\text{A}$$

同步电动机有功功率：$P_D=320\text{kW}$

同步电动机无功功率：$Q_D=\sqrt{3}UI_{DQ}=\sqrt{3}\times6000\times24.6\times10^{-3}\text{kvar}=255.6\text{kvar}$

同步电动机视在功率：$S_D=\sqrt{P_D^2+Q_D^2}=\sqrt{320^2+255.6^2}\text{kV}\cdot\text{A}=409\text{kV}\cdot\text{A}$

同步电动机功率因数：$\cos\varphi_D=\dfrac{P_D}{S_D}=\dfrac{320}{409}=0.782$（超前）

4.7.4　永磁同步电动机

一、永磁同步电动机的特点

永磁同步电动机结构简单、体积小、重量轻、损耗小、效率高，和直流电机相比，它没有直流电机的换向器和电刷等缺点。和异步电动机相比，它由于不需要无功励磁电流，因而效率高、功率因数高、力矩惯量比大、定子电流和定子电阻损耗减小，且转子参数可测、控制性能好；但它与异步电机相比，也有成本高、起动困难等缺点。和普通同步电动机相比，它省去了励磁装置，简化了结构，提高了效率。永磁同步电动机矢量控制系统能够实现高精度、高动态性能、大范围的调速或定位控制，因此永磁同步电动机广泛应用于电动汽车、自动扶梯、医疗器械及家用电器等领域中。永磁同步电动机的外形如图 4-56 所示，永磁同步电动机示意图如图 4-57 所示，永磁同步电动机内部结构如图 4-58 所示。

图 4-56　永磁同步电动机外形图

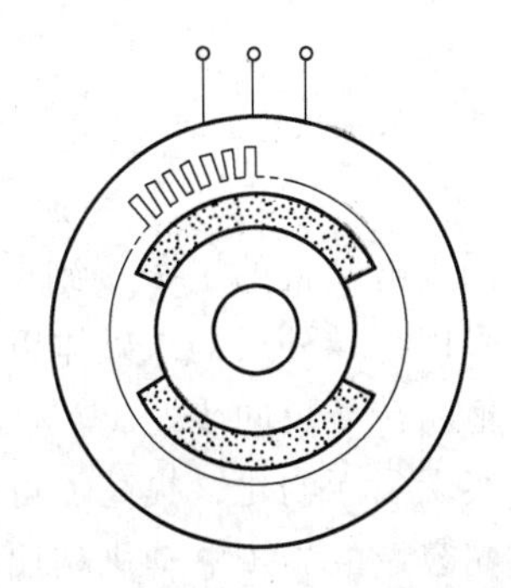

图 4-57　永磁同步电动机示意图

二、永磁同步电动机的分类

永磁同步电动机的转子磁钢的几何形状不同，使得转子磁场在空间的分布可分为正弦波和梯形波两种。因此，当转子旋转时，在定子上产生的反电动势波形也有两种：一种为正弦波，另一种为梯形波。这样就造成两种同步电动机在原理、模型及控制方法上有所不同，为了区别由它们组成的永磁同步电动机交流调速系统，习惯上又把正弦波永磁同步电动机组成的调速系统称为正弦型永磁同步电动机（PMSM）调速系统；而由梯形波（方波）永磁同步电动机组成的调速系统，在原理和控制方法上与直流电动机系统类似，故称这种系统为无刷直流电动机（BLDCM）调速系统。

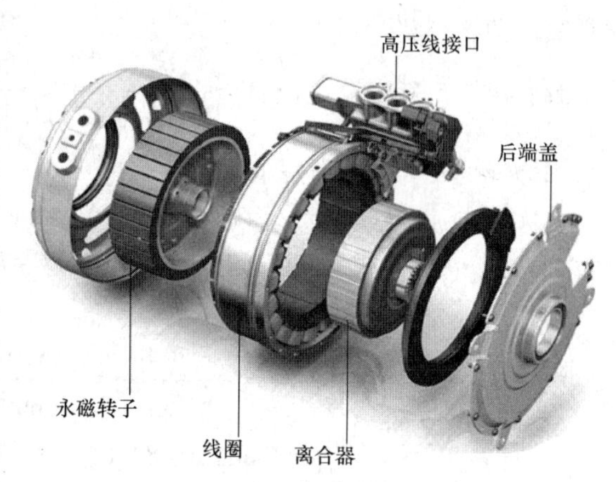

图 4-58　永磁同步电动机内部结构图

正弦型永磁同步电动机定子由三相绕组以及铁心构成，电枢绕组常以Y联结，采用短距分布绕组；气隙磁场设计为正弦波，以产生正弦波反电动势；转子采用永磁体代替直流励磁，目前主要以钕铁硼作为永磁材料。根据永磁体在转子上的安装位置不同，正弦波永磁同步电动机又分为两类：表面式和内置式。在表面式永磁同步电动机中，永磁体通常呈瓦片形，并位于转子铁心的外表面上，如图 4-59 所示，这种电动机的重要特点是直、交轴的主电感相等，气隙较大，弱磁能力小。而内置式永磁同步电动机的永磁体位于转子内部，永磁体外表面与定子铁心内圆之间有铁磁物质制成的极靴，可以保护永磁体，如图 4-60 所示，这种永磁电动机的重要特点是直、交轴的主电感不相等，气隙较小，有较好的弱磁能力。因此，这两种电动机的性能有所不同。

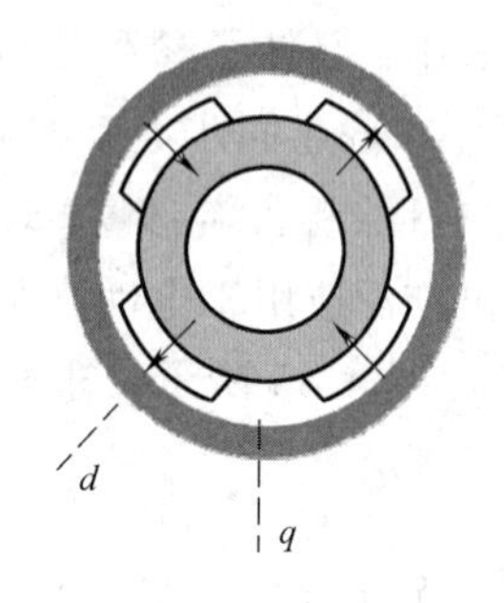

图 4-59　表面式转子结构

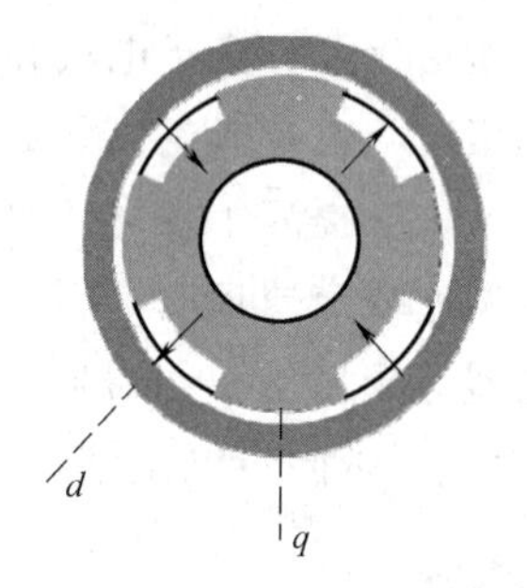

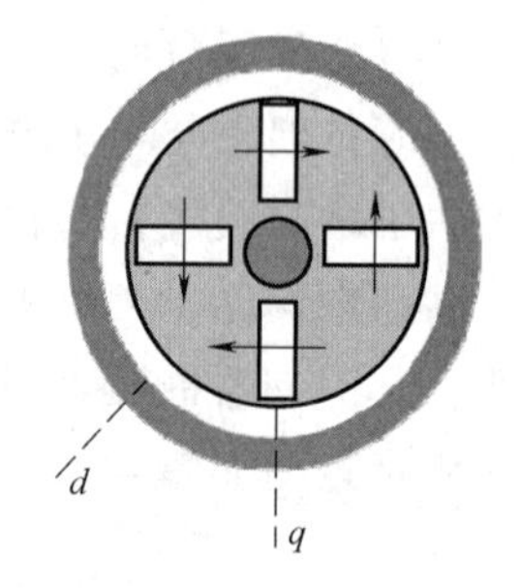

图 4-60　内置式转子结构

永磁同步电动机的定子接到交流电网，定子通入三相正弦电流，在气隙中产生旋转磁场；转子采用特殊外形的永磁体以产生正弦分布的气隙磁场；定、转子磁场相互作用产生电磁转矩，拖动转子以同步速旋转。与传统的同步电动机相比较，采用永磁体既简化了电动机的结构，实现了无刷化，提高了可靠性；又节约了用铜，省去了转子铜耗，提高了电动机的效率。与同容量的异步电动机相比较，可以显著地提高功率因数，并使额定效率高出 2%～8%，轻载时节能效果更为明显。其结构的简单程度和运行的可靠性，大体上与笼型异步电动机相当。

永磁同步电动机的分析方法、基本方程和运行特性与普通同步电动机相似，具体分析时需要注意以下几点：

（1）根据转子永磁体的装置方式，确定它是隐极式还是凸极式。

（2）永磁电动机的主磁通是无法调节的。

（3）由于有永磁体，电动机起动时的转矩-转差率曲线有所不同。

三、永磁同步电动机的起动

永磁同步电动机常常采用异步起动和磁滞起动方式。

1. 异步起动法

此时电动机的转子上除装设永磁体外，还装有笼型起动绕组，如图 4-61 所示。起动时电网输入定子的三相电流，将在气隙中产生一个以同步速旋转的磁动势和磁场，此旋转磁场与笼型绕组中的感应电流相作用，将产生一个驱动性质的异步电磁转矩 T_M，这与普通感应电动机相类似。另外，当转子旋转时，永磁体在气隙内将形成另一个转速为 $(1-s)n_1$ 的旋转磁场，并在定子绕组内感应一组频率为 $f=(1-s)f_1$ 的电动势，此电动势经过电网短路并产生一组三相电流；这组电流与永磁体的磁场相作用，将在转子上产生一个制动性质的电磁转矩 T_G。起动时的合成电磁转矩 T_{em} 是 T_M 和 T_G 的叠加，如图 4-62 所示。在合成电磁转矩 T_{em} 的作用下，电动机将起动起来。

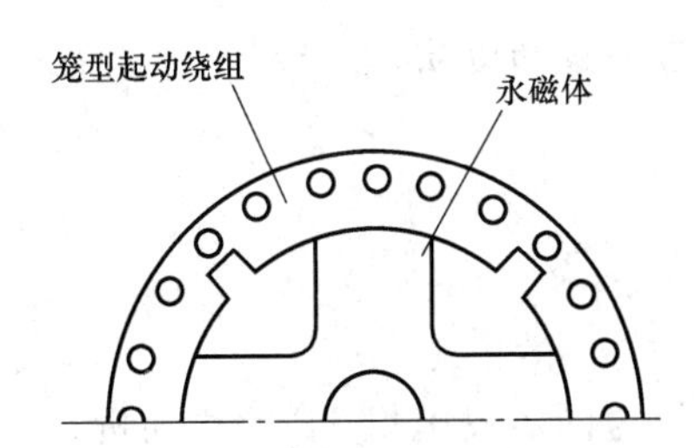

图 4-61 永磁同步电动机异步起动

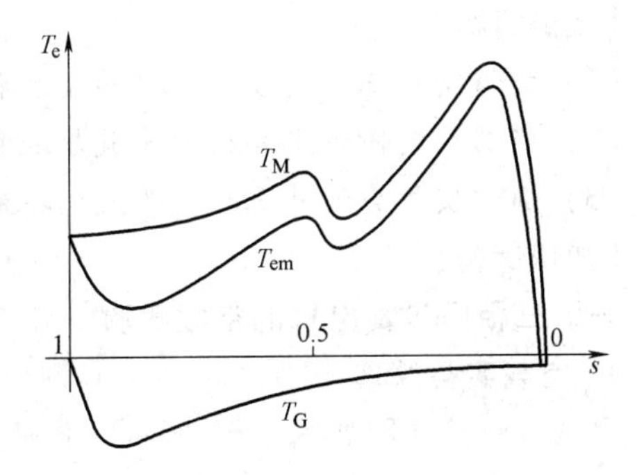

图 4-62 永磁同步电动机异步起动时的电磁转矩

2. 磁滞起动

这种电动机的转子由永磁体和磁滞材料做成的磁滞环组合而成，如图 4-63 所示。当定子绕组通入三相交流电流产生气隙旋转磁场，并使转子上的磁滞环磁化时，由于磁滞作用，转子磁场将发生畸变，使环内磁场滞后于气隙磁场一个磁滞角 α_h，从而使转子上受到一个驱动性质的磁滞转矩 T_h。T_h 的大小与所用材料的磁滞回线面积大小有关，而与转子转速的高低无关。当电源电压和频率不变时，T_h 为一常数。在磁滞转矩 T_h 的作用下，转子将起动起来并被牵入同步。

图 4-64 表示一个由磁滞材料做成的转子，置于角速度为 Ω_1 的旋转磁场时，转子内的磁场。图中 $\overline{BD}$ 为旋转磁场的轴线，$\overline{AC}$ 为转子磁场的轴线，Ω_2 为转子的角速度，$\overline{AC}$ 滞后于 $\overline{BD}$ 的角速度即为磁滞角 α_h。

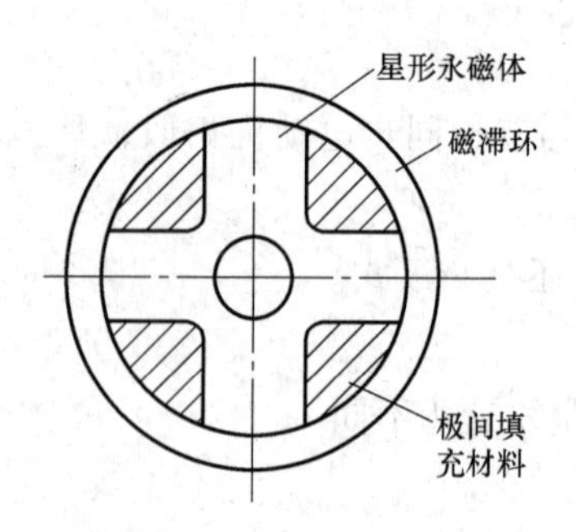

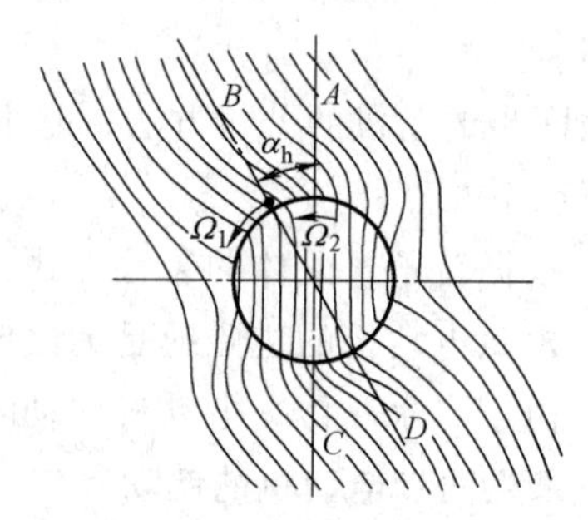

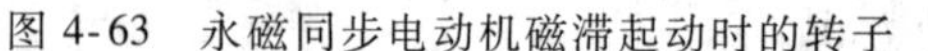

图 4-63　永磁同步电动机磁滞起动时的转子　　图 4-64　永磁同步电动机磁滞起动时的磁滞角

实训 4.1　三相同步发电机的参数测定

【任务引入】

掌握三相同步发电机参数的测定方法，并进行分析比较，可加深理论知识的理解，并为电路计算和特性分析打下基础。

【任务目标】

（1）掌握三相同步发电机对称运行特性的测量方法。

（2）学会三相同步发电机对称运行时稳态参数的测量。

【技能目标】

（1）能够绘制三相同步发电机的空载特性曲线。

（2）能够判定同步发电机定子旋转磁场和转子转向是否一致的方法。

（3）通过实训会计算三相同步发电机的同步电抗。

【知识储备】

一、三相同步发电机的空载实验

1. 空载实验原理

空载实验接线图如图 4-65 所示。并励直流电动机 ZD 作为同步发电机 TF 的原动机，同步发电机的定子三相绕组作星形联结并开路，直流电动机的电枢（励磁）电源、同步发电机的励磁电源均为直流 220V。当直流电动机拖动同步发电机以额定转速运行时，调节同步发电机励磁电流 I_f，测量其空载电枢电压 U_0，得到空载特性曲线 $U_0=f(I_f)$。

2. 实验步骤

（1）把发电机三相定子绕组开路，调节电动机磁场串联电阻 R_{f1} 在最小位置，调节电动机起动变阻器 R_1 及发电机磁场串联电阻 R_2 在最大位置。

（2）合上开关 S_2，起动原动机 ZD。起动后将 R_1 调至最小位置（$R_1=0$），同时调节 R_{f1}，把同步发电机转速调至额定转速 n_N，并保持不变。

（3）合上开关 S_1，给同步发电机送入励磁电流 I_f，调节 R_2 逐渐增加励磁电流，直至发电机的端电压 $U_0=1.25U_N$ 为止，读取此时三相电压 U_{AB}、U_{BC}、U_{CA}及励磁电流 I_f，得到曲线的第一点。

（4）调节 R_2 逐渐减小励磁电流，测取空载特性曲线的下降分支，共读取 8 组数据，实验数据见表 4-1。注意：在额定电压附近应多测几点，在 $I_f=0$ 时（断开励磁回路），记下剩

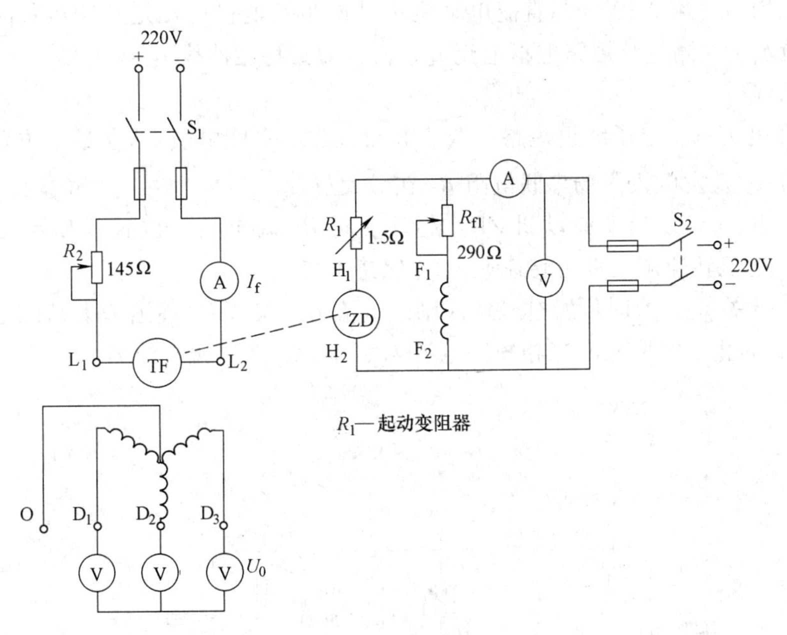

图 4-65　空载实验接线图

磁电压。在测取空载特性曲线时，为防止磁滞现象的影响，只能单方向调节励磁电流，不能中途来回调节。

表 4-1　空载实验数据（$I=0\text{A}$，$n=n_N=$________ r/min）

序号	空载电压/V					励磁电流/A	
	U_{AB}	U_{BC}	U_{CA}	U_0	U_0^*	I_f	I_f^*
1							
2							
3							
4							
5							
6							
7							
8							
9	剩磁电压（取 U_{AB}）					$I_f=0$	

注：$U_0=\dfrac{U_{AB}+U_{BC}+U_{CA}}{3}$；$U_0^*=\dfrac{U_0}{U_N}$，$U_N$ 为同步发电机的额定电压；$I_f^*=\dfrac{I_f}{I_{fN}}$，$I_{fN}$ 为空载额定电压时的励磁电流。

3. 数据处理

作出空载特性曲线 $U_0=f(I_f)$。

二、三相同步发电机的短路实验

1. 短路实验原理

短路实验接线图如图 4-66 所示。并励直流电动机 ZD 作为同步发电机 TF 的原动机，同步发电机的定子三相绕组作星形联结并短路，直流电动机的电枢（励磁）电源、同步发电机的励磁电源均为直流 220V。当直流电动机拖动同步发电机以额定转速运行时，调节同步发电机励磁电流 I_f，测量其短路电枢电流 I_k，得到短路特性曲线 $I_k=f(I_f)$。

2. 实验步骤

（1）把发电机三相定子绕组短路，调节电动机磁场串联电阻 R_{f1} 在最小位置，调节电动机起动变阻器 R_1 及发电机磁场串联电阻 R_2 在最大位置。

（2）合上开关 S_2，起动原动机 ZD。起动后将 R_1 调至最小位置（$R_1=0$），同时调节 R_{f1}，把同步发电机转速调至额定转速 n_N，并保持不变。

（3）合上开关 S_1，给同步发电机送入励磁电流 I_f，调节 R_2 逐渐增大励磁电流，使短路电流 $I_k=1.2I_N$ 为止，读取此时三相短路电流 I_A、I_B、I_C 及励磁电流 I_f。

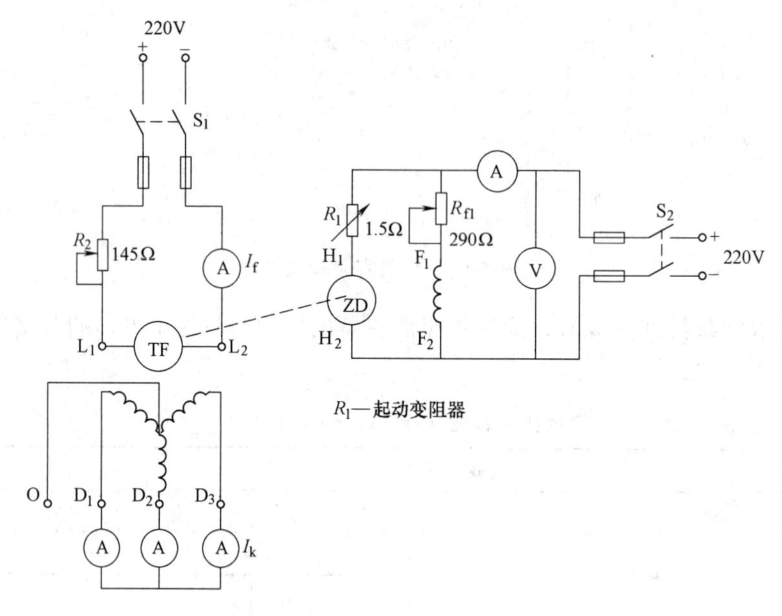

图 4-66　短路实验接线图

（4）调节 R_2 逐渐减小励磁电流，每次测取短路电流 I_k 及励磁电流 I_f，共读取 5 组数据。注意：短路实验动作要快，防止时间过长而使发电机定子绕组过热。读取励磁电流时，要同时读取三相短路电流。实验数据见表 4-2。

表 4-2　短路实验数据（$U=0$V，$n=n_N=$________ r/min）

序号	短路电流/A					励磁电流/A	
	I_A	I_B	I_C	I_k	I_k^*	I_f	I_f^*
1							
2							
3							
4							
5							

注：$I_k=\frac{I_A+I_B+I_C}{3}$；$I_k^*=\frac{I_k}{I_N}$，$I_N$ 为同步发电机的额定电流；$I_f^*=\frac{I_f}{I_{fN}}$，I_{fN} 为空载额定电压时的励磁电流。

3. 数据处理

作出短路特性曲线 $I_k = f(I_f)$。

三、用转差法测定同步发电机的同步电抗 X_d、X_q

1. 接线图

按图4-67所示接线。同步发电机TF的定子绕组采用Y接法；直流并励电动机ZD按他励式接线，用作TF的原动机；R_{f1}选用1800Ω的可调电阻；R_1选用180Ω的可调电阻；R_2选用90Ω的电阻。

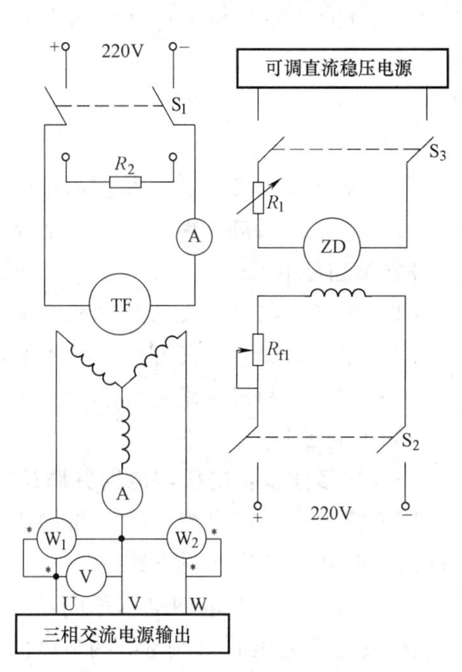

图4-67 同步电抗测量电路图

2. 实验步骤

（1）实验开始前，开关S_1、S_2和S_3均处在断开位置。首先将开关S_1合向R_2端。

（2）R_1调至最大，R_{f1}调至最小。先合上开关S_2，接通直流电动机励磁电源；再合上开关S_3，接通直流电动机电枢电源，起动直流电动机ZD，观察电动机转向。

（3）打开开关S_2和S_3，断开直流电动机电枢电源和励磁电源，使直流电动机停机。调节三相交流电源输出，给三相同步电机加一电压，使其作同步电动机起动，观察同步电机转向。

（4）若此时同步电机转向与直流电动机转向一致，则说明同步电机定子旋转磁场与转子转向一致；若不一致，将三相电源任意两相换接，使定子旋转磁场转向改变。

（5）调节三相交流电源电压，给同步发电机加5%~15%的额定电压（电压数值不宜过高，以免磁阻转矩将电机牵入同步，但也不能太低，以免剩磁引起较大误差）。

（6）调节直流电动机转速，使之升速到接近同步电机额定转速1500r/min，直至同步发电机定子电流表指针缓慢摆动，在同一瞬间读取电流周期性摆动的最小值与相应电压最大值，以及电流周期性摆动最大值和相应电压最小值。测量两组数据记录于表4-3中。

表4-3 同步电抗测量数据

序号	I_{max}/A	U_{min}/V	x_q/Ω	I_{min}/A	U_{max}/V	x_d/Ω
1						
2						

3. 参数计算

$$x_q = \frac{U_{min}}{\sqrt{3} I_{max}}$$

$$x_d = \frac{U_{max}}{\sqrt{3} I_{min}}$$

实训 4.2　三相同步发电机的并网运行

【任务引入】

三相同步发电机投入电网并联运行时，必须满足并联运行条件。否则，将在发电机和电网组成的回路中产生冲击电流及在发电机转轴上产生冲击转矩。三相同步发电机并联运行时，输出有功功率和无功功率可以任意调节，是三相同步发电机与三相异步电动机的最大区别之一。

【任务目标】

(1) 掌握三相同步发电机投入并网并联运行的条件与操作方法。

(2) 掌握三相同步发电机并联运行时有功功率与无功功率的调节。

【技能目标】

(1) 掌握三相同步发电机准整步法并网的步骤。

(2) 掌握三相同步发电机有功功率调节的方法。

(3) 掌握三相同步发电机无功功率调节的方法。

【知识储备】

一、三相同步发电机与电网并联运行实验

用准整步法（灯光熄灭法）将同步发电机投入电网并联运行。三相同步发电机与电网并联运行时必须满足下列条件：

① 发电机电压与电网电压相同。

② 发电机电压的频率与电网电压的频率相同。

③ 发电机的相序与电网相序相同。

1. 实验接线图

三相同步发电机并网实验接线图如图 4-68 所示。

2. 实验步骤

(1) 调节直流电动机磁场串联电阻 R_{f1} 在最小位置，调节直流电动机起动变阻器 R_1 在最大位置；同步发电机转子线圈串联电阻 R_2 及励磁机磁场串联电阻 R_L 在最大位置；把并网开关 S_2 断开。

(2) 合上开关 S_1 起动原动机，调节 R_{f1} 使同步发电机的转速接近额定值（即 $n=n_N$）。

(3) 合上电网电源开关 S（注意此时的开关 S_2 一定要断开），调节 R_L 改变同步发电机的励磁电流，使同步发电机的电压等于电网电压（$U_1=380V$）。用电压表测量开关 S_2 两端的电压，电压相等时应有：$U_{A1B1}=U_{A2B2}$、$U_{B1C1}=U_{B2C2}$、$U_{C1A1}=U_{C2A2}$。

(4) 观察三只指示灯，如果不是同时明亮和熄灭，则表示发电机与电网的相序不一致，必须把开关 S 断开并停机，调换发电机（或电网）的任意两相，然后再按上述步骤重新进行实验。

(5) 相序一致后，再调节 R_L，使同步发电机的电压等于电网电压。

(6) 调节 R_{f1}，进一步细调转速，使两者的频率非常接近，频率表指示在 50Hz 左右。观察三只指示灯应同时缓慢地熄灭并同时渐亮。

(7) 当三只指示灯同时熄灭，电压表指示为零的瞬间（即 $U_{A1A2}=0$），合上并网开关

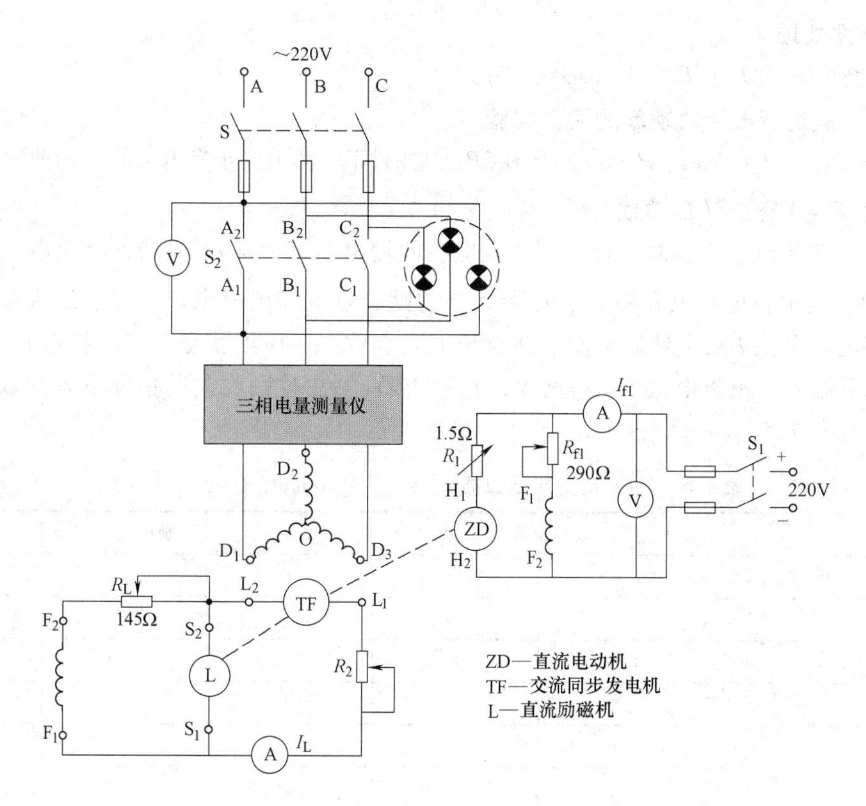

图 4-68　同步发电机并网实验接线图

S_2，完成发电机与电网的并列过程。（注意：为了准确选取这一瞬间，可观察灯光熄灭情况，放过几次合闸时机，以便确定合闸时机，及时合上开关 S_2，投入并联运行。）

二、并联运行时有功功率的调节实验

1. 实验步骤

在同步发电机并入电网后，调节发电机的励磁电流（改变 R_L 和 R_2）及原动机输出功率（改变 R_{f1}），使同步发电机输出电流 $I=0$，相应的励磁电流为 $I_L=I_{L0}$，保持 $I_L=I_{L0}$不变，逐次增加原动机输出功率（可减小 R_1 或增大 R_{f1}），使同步发电机输出功率 P 增大，在同步发电机输出电流 I 从零增到 I_N 的过程中，读取三相电流 I_A、I_B、I_C 及功率 P，共记录 6 组数据，见表 4-4。

表 4-4　实验数据（U=______V，$f=f_N$=______Hz，$I_L=I_{L0}$=______A）

序号	输出电流/A				输出功率/W	功率因数
	I_A	I_B	I_C	I	P	$\cos\varphi$
1						
2						
3						
4						
5						
6						

注：$I=\dfrac{I_A+I_B+I_C}{3}$，$\cos\varphi=\dfrac{P}{\sqrt{3}UI}$。

2. 数据处理

做出特性曲线 $I=f(P)$ 和 $\cos\varphi=f(P)$。

三、并联运行时无功功率的调节实验

在 $n=Const$、$U=Const$、$P\approx0$ 和 $P\approx0.5P_N$ 的条件下，测取同步发电机的V形曲线 $I=f(I_L)$。

1. 测 $P\approx0$ 时的V形曲线

（1）实验步骤：实验时，保持同步发电机的输出功率 $P\approx0$，先增加励磁电流 I_L（调节 R_L 和 R_2），使电枢电流上升到 I_N，记下此点的励磁电流和电枢电流。然后逐次减小励磁电流 I_L，使电枢电流 I 减小到最小值（注意记下此点数据，该点就是曲线的拐点），此后继续减小励磁电流 I_L，电枢电流 I 又将增大，直到 $I\approx I_N$。在过励与欠励情况下各读取和记录一组数据，见表4-5。

表4-5 $P\approx0$ 时的实验数据（n=______ r/min，U=______ V）

序号	输出电流/A				励磁电流/A	功率因数
	I_A	I_B	I_C	I	I_L	$\cos\varphi$
1						
2						
3						
4						
5						
6						
7						
8						
9						
10						
11						
12						

注：$I=\dfrac{I_A+I_B+I_C}{3}$，$\cos\varphi=\dfrac{P}{\sqrt{3}UI}$。

（2）数据处理：作出 $P\approx0$ 时的V形曲线。

2. 测 $P\approx0.5P_N$ 时的V形曲线

（1）实验步骤：调节原动机输入，增加发电机输出，直至发电机的输出功率 $P\approx0.5P_N$，实验方法同上。每次测取励磁电流 I_L、电枢电流 I 和功率因数 $\cos\varphi$，并记录数据于表4-6中。

表4-6 $P\approx0.5P_N$ 时的实验数据（n=______ r/min，U=______ V）

序号	输出电流/A				励磁电流/A	功率因数
	I_A	I_B	I_C	I	I_L	$\cos\varphi$
1						
2						

（续）

序号	输出电流/A				励磁电流/A	功率因数
	I_A	I_B	I_C	I	I_L	$\cos\varphi$
3						
4						
5						
6						
7						
8						
9						
10						
11						
12						

注：$I=\frac{I_A+I_B+I_C}{3}$，$\cos\varphi=\frac{P}{\sqrt{3}UI}$。

注意：在减小励磁时，不可欠励太多，以防电机失步。如将失步，应立即增加励磁电流 I_L，以便牵入同步。同时应注意电枢电流不要超过额定值。

（2）数据处理：作出 $P\approx0.5P_N$ 时的 V 形曲线。

思考题与习题 4

4-1　什么叫同步电机？其频率、极对数和同步转速之间有什么关系？一台 $f=50\text{Hz}$、$n=3000\text{r/min}$ 的汽轮发动机极数是多少？一台 $f=50\text{Hz}$、$2p=100$ 的水轮发动机转速是多少？

4-2　同步电机和异步电机在结构上有哪些异同之处？

4-3　什么叫电枢反应？电枢反应的性质是由什么决定的？

4-4　试述直轴和交轴同步电抗的物理意义。

4-5　试画出隐极同步发电机在电感性负载（$\cos\varphi=0.8$）下的电动势相量图，并分析其电枢反应的性质。

4-6　试比较 φ、Ψ、δ 这三个角的含义？

4-7　同步发电机与电网并联运行应满足哪些条件？哪个条件是必须满足的？

4-8　在直流电机中，$E>U$ 和 $E<U$ 是判断电机作为发电机运行还是电动机运行的根据之一，在同步电机中是否还能以此判断？决定同步电机运行于发电机还是电动机状态的主要根据是什么？

4-9　与电网并联运行的同步发电机，过励运行时发出什么性质的无功功率？欠励运行时发出什么性质的无功功率？

4-10　一台三相同步发电机额定容量 $S_N=20\text{kV}\cdot\text{A}$，额定功率因数 $\cos\varphi_N=0.8$（滞后），额定电压 $U_N=400\text{V}$。试求该发电机的额定电流 I_N、额定运行时发出的有功功率 P_N 和无功功率 Q_N。

4-11　一台三相汽轮发电机，电枢绕组为星形接法，额定功率 $P_N=25000\text{kW}$，额定电压 $U_N=10500\text{V}$，额定电流 $I_N=1720\text{A}$，同步电抗 $x_s=2.3\Omega$，忽略电枢电阻。试求：（1）同步电抗标幺值 x_s^*；（2）额定运行且 $\cos\varphi_N=0.8$（滞后）时的励磁电动势 E_0 以及功率角 δ。

4-12　一台汽轮三相同步发电机与无穷大电网并联运行，已知 $U_N=400\text{V}$，$x_s=1.2\Omega$，Y接法，不计电阻。当发电机输出功率为 80kW 时，$\cos\varphi=1$。若保持励磁电流不变，减少输出功率到 20kW 时，试求此时：（1）功率角 δ；（2）功率因数 $\cos\varphi$；（3）电枢电流 I；（4）发电机输出的有功功率、无功功率及其性质。

4-13 一台汽轮三相同步发电机，定子绕组为Y接法，$U_N=400V$，$I_N=37A$，$\cos\varphi_N=0.85$（滞后），$x_s=2.38\Omega$，不计电阻，当发电机运行在额定情况下时，求：（1）励磁电动势E_0；（2）功率角δ；（3）电磁功率P_{em}；（4）过载能力k_m。

4-14 一台水轮发电机，$P_N=72500kW$，$U_N=10500V$，星形接法，$\cos\varphi_N=0.8$（滞后），$x^*_d=1.0$，$x^*_q=0.55$，$r^*_a=0$。试求额定负载下发电机的励磁电动势E_0以及功率角δ。

4-15 三相汽轮发电机，$S_N=2500kV\cdot A$，$U_N=6.3kV$，星形接法，$x_d=10.4\Omega$，$r_a=0.071\Omega$，$\cos\varphi_N=0.8$（滞后），在额定负载下，试求：（1）励磁电动势E_0；（2）内功率因数角ψ；（3）功率角δ；（4）电压调整率$\Delta U\%$。

4-16 一台水轮发电机，$P_N=72500kW$，$U_N=10.5kV$，星形接法，$\cos\varphi_N=0.8$（滞后），$r^*_a=0$，$x^*_d=0.554$。试求额定负载下发电机的励磁电动势E_0以及功率角δ，并作出相量图。

4-17 一台凸极式三相同步发电机，定子绕组Y接法，额定相电压$U_N=230V$、额定相电流$I_N=9.06A$、$\cos\varphi_N=0.8$（滞后），如果电机在额定状态下运行，并已知励磁相电动势$E_0=410V$，$\Psi=60°$，如不计电阻压降，（1）试求：I_d、I_q、x_d、x_q；（2）定性画出相量图。

4-18 一台三相隐极同步发电机与380V电网并联运行，星形接法，忽略定子电阻，同步电抗$x_d=1.2\Omega$，定子电流$I=69.51A$，相电动势$E_0=278V$，$\cos\varphi=0.8$（滞后）。试求：（1）发电机输出的有功功率和无功功率；（2）功率角。

4-19 某工厂变电所变压器的容量为2000kV·A，该厂电力设备的平均负载为1200kW，$\cos\varphi=0.65$（滞后）；今欲新增一台500kW、$\cos\varphi=0.8$（超前）、$\eta=95\%$的同步电动机，问当电动机满载时全厂的功率因数是多少？变压器是否过载？

4-20 一台三相同步电动机，额定功率$P_N=2000kW$，$U_N=3kW$，星形接法，额定功率因数$\cos\varphi_N=0.85$（超前），额定效率$\eta_N=95\%$，极对数$p=3$，定子每相电阻$r_a=0.1\Omega$。求：额定运行时，定子输入的电功率P_1、额定电流I_N、额定电磁功率P_{eN}和额定电磁转矩T_{eN}。

4-21 某车间总功率为$P=200kW$，$\cos\varphi=0.7$（滞后）。其中有两台异步电动机，平均输入分别为：$P_A=40kW$，$\cos\varphi_A=0.625$（滞后）；$P_B=20kW$，$\cos\varphi_B=0.75$（滞后）。今欲以一台同步电动机代替此两台异步电动机，并把车间的功率因数提高到0.9，试求该同步电动机的容量。

项目5 控制电机

【学习目标】

（1） 了解控制电机的功能与分类。

（2） 熟悉控制电机的结构、工作原理。

（3） 熟悉控制电机的运行性能。

（4） 了解控制电机的应用。

【项目引入】

控制电机是指在自动控制、自动调节、随动系统、远距离测量及计算装置中作为执行元件、检测元件和解算元件的小型电机。它是构成开环控制、闭环控制、机电模拟解算装置等系统的基础元件。广泛应用于各个领域，如化工、炼油、钢铁、造船、原子能反应堆、数控机床、自动化仪表和仪器、电影、电视、电子计算机外设等民用设备，或雷达天线自动定位、飞机自动驾驶仪、导航仪、激光和红外线技术、导弹和火箭的制导、自动火炮射击控制、舰艇驾驶盘和方向盘的控制等军事设备。

本项目主要对伺服电动机、测速发电机、步进电动机、自整角机、旋转变压器等控制电机的工作原理、结构及运行特性进行介绍。

任务5.1 伺服电动机

【任务引入】

伺服电动机又称为执行电动机，其功能是把输入的电压信号变换成可控转轴的角位移或角速度输出。伺服电动机可使控制速度、位置精度非常准确，可以将电压信号转化为转矩和转速以驱动控制对象。伺服电动机转子转速受输入信号控制，并能快速反应，在自动控制系

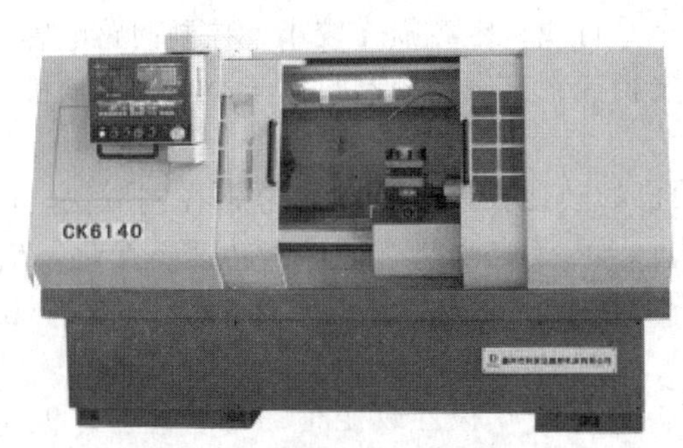

数控机床

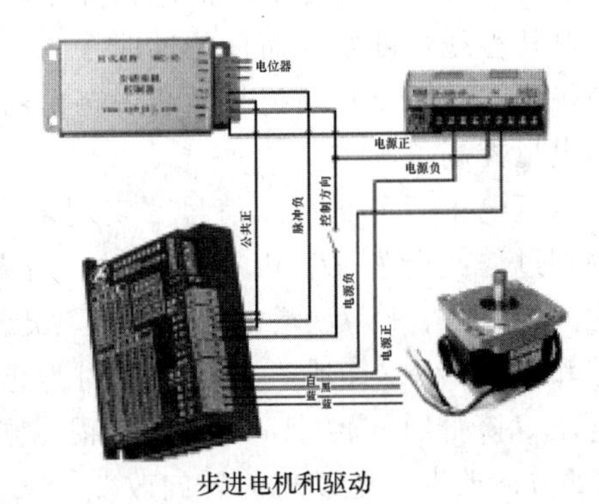

步进电机和驱动

统中，用作执行元件，且具有机电时间常数小、线性度高、始动电压低等特性，可把所收到的电信号转换成电动机轴上的角位移或角速度输出。伺服电动机分为直流和交流两大类，其主要特点是，当信号电压为零时无自转现象，转速随着转矩的增加而匀速下降。

【任务目标】

(1) 掌握伺服电动机的工作原理和运行性能。

(2) 了解伺服电动机的结构和分类。

(3) 了解伺服电动机的应用。

【技能目标】

(1) 能够进行伺服电动机的拆装、维修。

(2) 能够根据性能指标选择伺服电动机。

(3) 能够正确使用伺服电动机。

5.1.1 直流伺服电动机

一、直流伺服电动机的结构与分类

直流伺服电动机的结构与直流电机基本相同，主要由定子磁极、转子电枢和换向机构组成。其外观和内部结构如图 5-1 所示。定子磁极一般为瓦状永磁体，可为两极或多极结构；转子的结构有多种形式，最常见的是在有槽铁心内铺设绕组的结构。铁心由硅钢片叠压而成；换向机构由换向环和电刷构成。绕组导线连接到换向片上，电流通过电刷及换向片引入到绕组中。

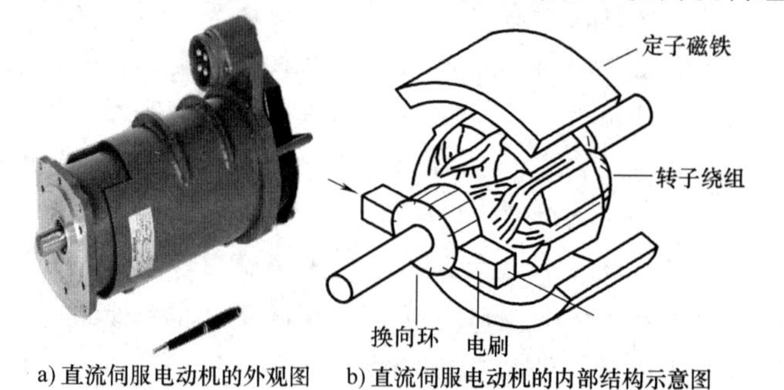

a) 直流伺服电动机的外观图　b) 直流伺服电动机的内部结构示意图

图 5-1　直流伺服电动机的外观及内部结构示意图

直流伺服电动机的控制电源为直流电压，分普通直流伺服电动机、盘形电枢直流伺服电动机、空心杯直流伺服电动机和无槽直流伺服电动机等。

普通直流伺服电动机有永磁式和电磁式两种基本结构类型。电磁式又分为他励、并励、串励和复励四种，永磁式可看作是他励式。

二、直流伺服电动机的工作原理

直流伺服电动机工作原理与一般的直流电动机相同。

控制方式有改变电枢电压的电枢控制和改变磁通的磁场控制两种。电枢控制具有机械特性和控制特性线性度好，而且特性曲线为一组平行线，空载损耗较小，控制回路电感小，响应迅速等优点，所以自动控制系统中多采用电枢控制。磁场控制只用于小功率电动机。下面只介绍电枢控制。

把电枢电压 U 作为控制信号，实现电动机的转速控制，这就是电枢控制方法。电枢控制的物理过程：当 T_2+T_0 和 Φ 不变时，增大 U，由于电动机有惯性，转速不变化，E_a 暂时不变化，I_a 增大，使 T_{em} 增加，由于阻转矩 T_2+T_0 不变，则 $T_{em}>T_2+T_0$，n 升高，E_a 随着增大，I_a 和 T_{em} 减小，直到 $T_{em}=T_2+T_0$ 时为止，此时电动机转速变为 n_2。

电压 U 降低时，转速 n 下降的过程相同。当电压 U 极性改变时，电枢电流 I_a 及电磁转矩 T_{em} 的方向改变，电动机的转向改变。

三、直流伺服电动机的运行特性

1. 机械特性

在电枢电压 U 不变的情况下，直流伺服电动机的转速随转矩的变化关系 $n=f(T_{em})$，称为电动机的机械特性，即

$$n=\frac{U}{C_e\Phi}-\frac{R_a}{C_eC_T\Phi^2}T_{em}=n_0-\beta T_{em} \tag{5-1}$$

$n=0$ 时电磁转矩 $T_{em}=T_d$ 称为堵转转矩，$T_d=\frac{U}{R_a}C_T\Phi$，n_0、T_d 大小与电源电压成正比。

机械特性的线性度越好，系统的动态误差就越小。硬特性转矩的变化对转速的影响比软特性好，易于控制，这正是自动控制所需要的。

在不同电压下，机械特性为一组平行线。n_0 和 T_d 都与 U 成正比，但特性曲线的斜率与 U 无关。

电枢回路电阻 R_a 越小，机械特性越硬；R_a 越大，机械特性越软。

2. 调节特性（控制特性）

电动机的转速与电枢电压的关系 $n=f(U)$ 称为电动机的调节特性或控制特性。

（1）负载为常数时的调节特性。在励磁不变、负载转矩恒定时，由机械特性表达式可知

$$n=\frac{U}{C_e\Phi}-\frac{R_a}{C_eC_T\Phi^2}T_{em} \tag{5-2}$$

$$T_{em}=T_2+T_0 \tag{5-3}$$

当负载转矩 T_2 一定（且认为 T_0 恒定）时，电动机的调节特性 $n=f(U)$ 的关系曲线是一直线，如图 5-3 所示，斜率为 $k=\frac{1}{C_e\Phi}$。

当 $U<U_0$ 时，$T_{em}<T_L$，$n=0$；当 $U=U_0=\frac{T_{em}R_a}{C_T\Phi}$时，$T_{em}=T_L$，电动机处于从静止到转动的临界状态；当 $U>U_0$ 时，$n>0$。电压 U_0 称为电动机的死区，或称为始动电压，$T_{em}=C_T\Phi\frac{U_0}{R_a}$，所以 $U_0=\frac{T_LR_a}{C_T\Phi}$。

始动电压与电动机的阻转矩、负载转矩有关。

始动电压不同，但调节特性的斜率不变，对应不同负载转矩，可得到一组相互平行的调节特性曲线，如图 5-4 所示。

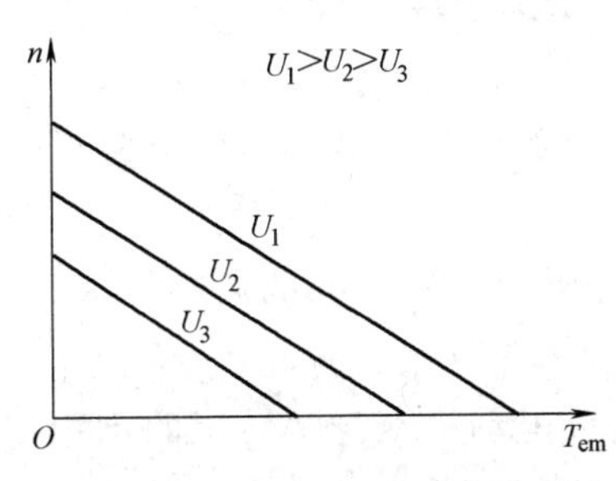

图 5-2 不同控制电压时直流伺服电动机的机械特性

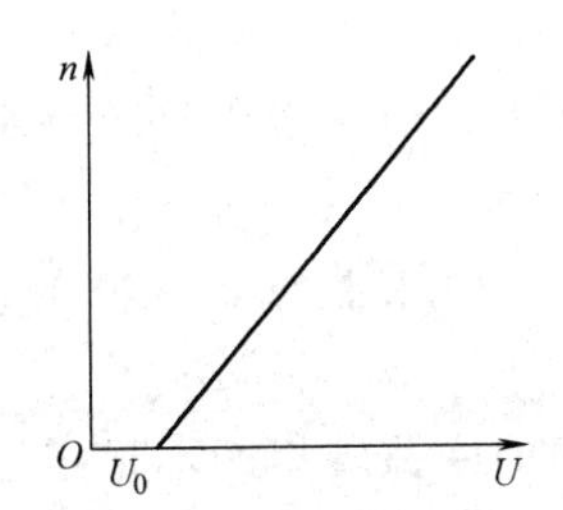

图 5-3 直流伺服电动机的调节特性

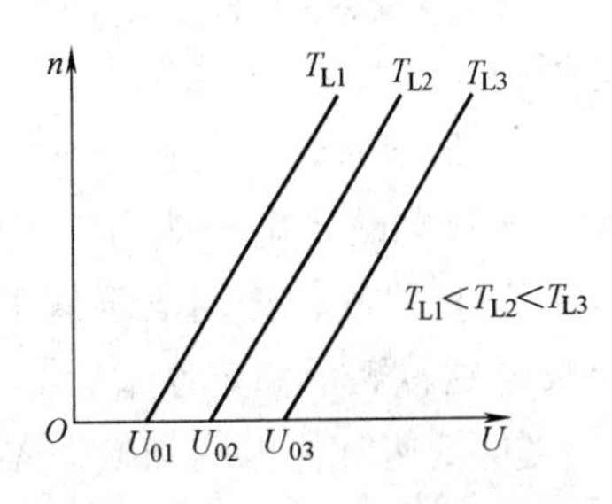

图 5-4 不同负载下的调节特性

与始动电压相对应的电枢电流 $I_{a0}=\dfrac{T_L}{C_T\Phi}$。

电枢电压小于始动电压时，电动机不能起动；当电源电压超过始动电压时，电动机开始旋转。当负载转矩为恒值时，无论电动机的转速有多大，I_{a0}总是不变，此时电动势方程为

$$U=E_a+I_{a0}R_a=E_a+U_0=C_e\Phi n+U_0 \tag{5-4}$$

当 $U>U_0$ 时，转速随电压线性变化。控制特性的线性度越好，系统的动态误差越小。

（2）可变负载时的调节特性。在自控系统中，电动机的负载多数情况下是不随转速改变的，但是也有可变负载。例如，当负载转矩是由空气摩擦造成的阻转矩时，则转矩随转速增加而增大，并且转速越高，转矩增加得越快，转矩随转速变化的大致情况如图 5-5 所示。

在可变负载的情况下，调节特性不再是一条直线。这是因为在不同转速时，由于阻转矩 T_L 不同，相应的 I_a 也不同。当 U 改变时，I_aR_a 不再保持为常数，因此 E_a 的变化不再与 U 的变化成正比。随着转速增加，负载转矩增量越来越大，I_aR_a 增量也越来越大，E_a 增量却越来越小，$E_a\propto n$，所以随着控制信号的增加，转速增量越来越小，这样 U 和 n 的关系如图 5-6 所示，不再是一条直线。当然曲线 $n=f(U)$ 的具体形状还与负载特性 $n=f(T_L)$ 的形状有关，但是总的趋势是一致的。

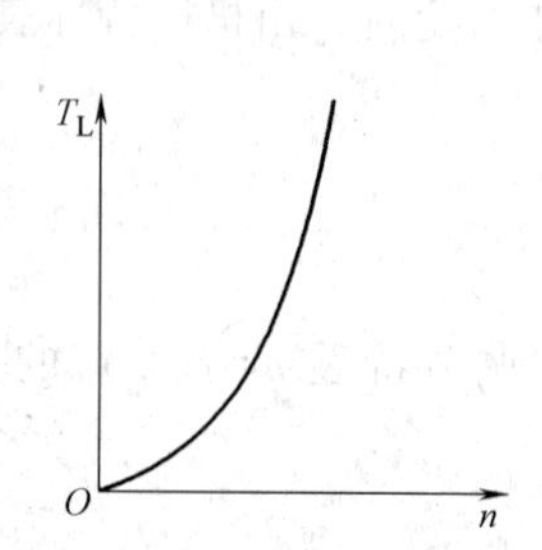

图 5-5　空气阻转矩与转速的关系

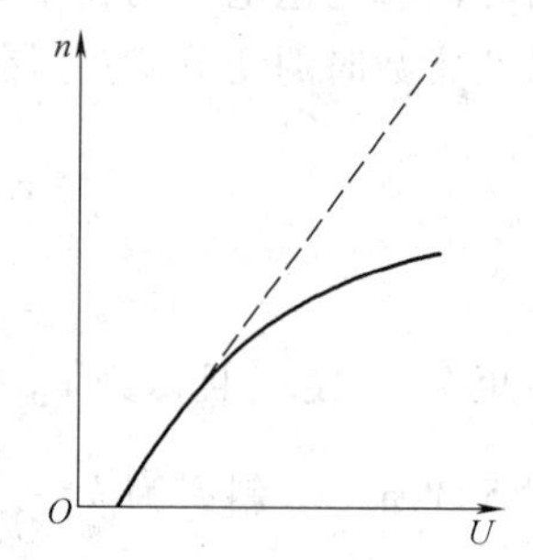

图 5-6　可变负载时的调节特性

实际工作中，常常用实验的方法直接测出电动机的调节特性，此时电动机与负载配合，并由放大器提供信号电压。在实验中测出电动机的转速 n 随放大器输入电压 U 变化的曲线，就是带有放大器的直流伺服电动机的调节特性曲线。

（3）直流伺服电动机低转速运转时的不稳定性。从直流伺服电动机的理想调节特性来看，只要控制电压足够大（大于始动电压）时，电动机就可以在很低的转速下运行，但实际上，当电动机工作在每分钟几转到每分钟几十转的范围内时，其转速就不均匀，出现时快、时慢，甚至暂停一下的现象，这种现象称为直流伺服电动机低速运转的不稳定性，产生的原因：

① 低速时，反电动势平均值不大，因而齿槽效应等原因造成的电动势脉动的影响将增大，导致电磁转矩波动比较明显。

② 低速时，控制电压值很小，电刷和换向器之间的接触电压的不稳定性的影响增大，导致电磁转矩不稳定性增大。

③ 低速时，电刷和换向器之间的摩擦转矩的不稳定性，造成电动机本身阻转矩的不稳定，导致输出转矩不稳定。

直流伺服电动机低速运转的不稳定性将在控制系统中造成误差，必须在控制电路中采取

措施使其转速均匀；或选用低速稳定性好的直流力矩电动机或低惯量直流电动机。

3. 直流伺服电动机在过渡过程中的工作状态

设一台电机以 n_1 旋转，U_1、E_{a1}、I_{a1} 及 n_1 的方向如图 5-7 所示，数值为正，反之为负。这时，$U_1=E_{a1}+I_{a1}R_a$，$U_1>E_{a1}$。

（1）发电机工作状态。如图 5-8 所示，如果要求电机的转速下降到 n_2，则控制系统加到电机的控制电压要立即下降到 U_2。由于电机本身和负载具有转动惯量，转速不能马上下降，反电动势仍为 E_{a1}，由于电压已发生变化，电枢电流也随之变化。如果忽略电枢绕组的电感，则电压方程为

$$U_2=E_{a1}+I_{a2}R_a$$

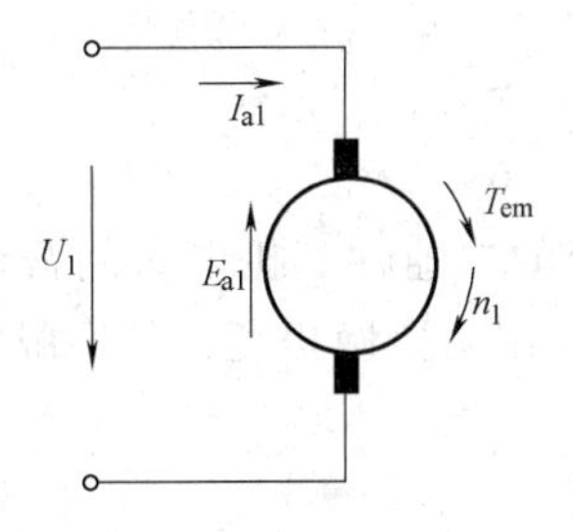

图 5-7　直流电机各物理量的正方向

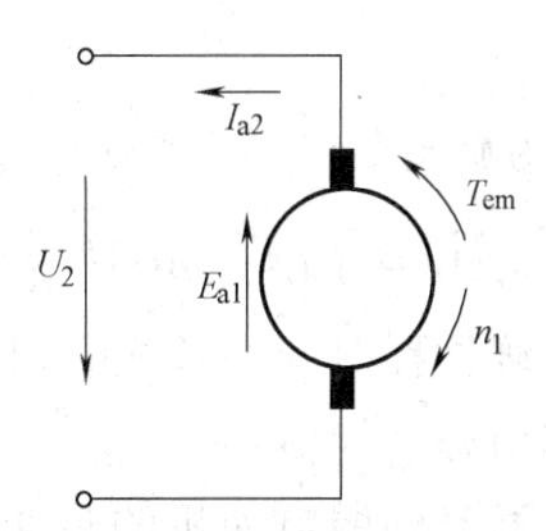

图 5-8　直流电机的发电机状态

如果此时 $U_2<E_{a1}$，则 I_{a2} 为负值，电磁转矩方向改变，与转速方向相反，为制动性质，电机处于发电机状态。

由于电磁转矩作用，电机转速迅速下降，电动势 E_{a1} 下降，当小于 U_2 时，电机又回到电动机状态，直到转速下降到 n_2 时，电机重新稳定。

（2）反接制动工作状态。如图 5-9 所示，如果需要电机反转，则控制系统给电机施加一个反向的信号电压 U_3。由于电机本身和负载具有转动惯量，转速不能马上反向，电动势仍为 E_{a1}，电压 U_3 与 E_{a1} 同方向，电枢电流 I_{a3} 和电磁转矩 T_{em} 也随着电压 U_3 反向，这时电动机进入电枢电压反接制动状态，特点是：①电枢电流大；②电磁转矩为制动性质，而且很大；③电机既吸收电能，又吸收机械能，并全部变成电机的损耗，其中主要是电枢铜损耗。

（3）能耗制动状态。如图 5-10 所示。如果需要电机停转，控制系统施给电机的信号电压就马上降为零，并将电枢两端短接，这时电机也是处于发电机状态，只是 $U=0$，电压方程为 $0=E_a+I_aR_a$，此时的电磁转矩为制动性质，电机转速逐渐下降，直到 $n=0$。

这种运行方式是利用电机原来积蓄的动能来发电，产生电磁转矩进行制动，所以称为能耗制动。

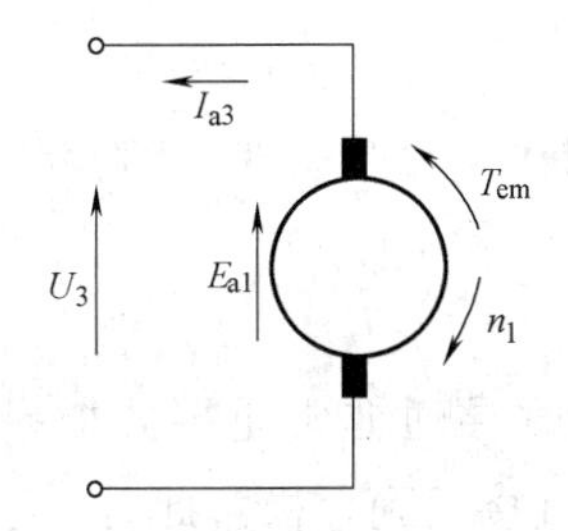

图 5-9　直流电机的反接制动状态

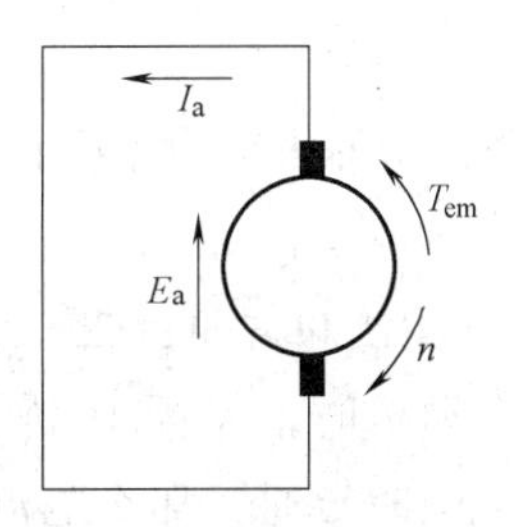

图 5-10　直流电机的能耗制动状态

四、直流伺服电动机的两个参数

1. 空载始动电压 U_0

在空载和励磁一定的情况下，使转子在任意位置开始连续转动所需的最小控制电压称为空载始动电压 U_0。空载始动电压 U_0 一般为额定电压的 2%～12%，小机座号、低电压的电机空载始动电压较大，空载始动电压 U_0 小的伺服电动机的灵敏度高。

2. 时间常数 τ_j

电动机在空载和额定的励磁电压下，加上阶跃的额定控制电压时，电动机转速从 0 开始到空载转速的 63.2%所需的时间：

$$\tau_j = \frac{J\Omega_0}{T_d} = \frac{2\pi J}{60}\frac{n_0}{T_d} \tag{5-5}$$

式中，J 为旋转部分转动惯量；Ω_0 为空载旋转角速度，$\Omega_0 = \frac{2\pi n_0}{60}$。

τ_j 一般小于 0.03s，电动机的时间常数小，可提高系统的快速性。机电时间常数表示了电动机过渡过程时间的长短，反映了电动机转速追随信号变化的快慢程度，是伺服电动机一项重要的动态性能指标。

五、直流伺服电动机的驱动

1. H 桥驱动电路

图 5-11 中所示为一个典型的直流电动机控制电路。电路得名于“H 桥驱动电路”是因为它的形状酷似字母 H。4 个晶体管组成 H 的 4 条垂直腿，而电动机就是 H 中的横杠。H 桥式电动机驱动电路包括 4 个晶体管和一台电动机。要使电动机运转，必须导通对角线上的一对晶体管。根据不同晶体管对的导通情况，电流可能会从左至右或从右至左流过电动机，从而控制电动机的转向。例如，如图 5-11 所示，当 VT_1 管和 VT_4 管导通时，电流就从电源正极经 VT_1 从左至右穿过电动机，然后再经 VT_4 回到电源负极。按图中电流箭头所示，该流向的电流将驱动电动机顺时针转动。图 5-12 所示为另一对晶体管 VT_2 和 VT_3 导通的情况，电流将从右至左流过电动机，从而驱动电机沿逆时针方向转动。

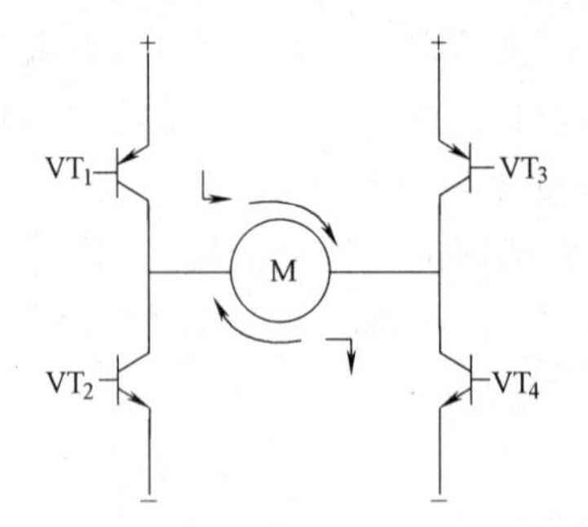

图 5-11　H 桥驱动电路（VT_1、VT_4 导通）

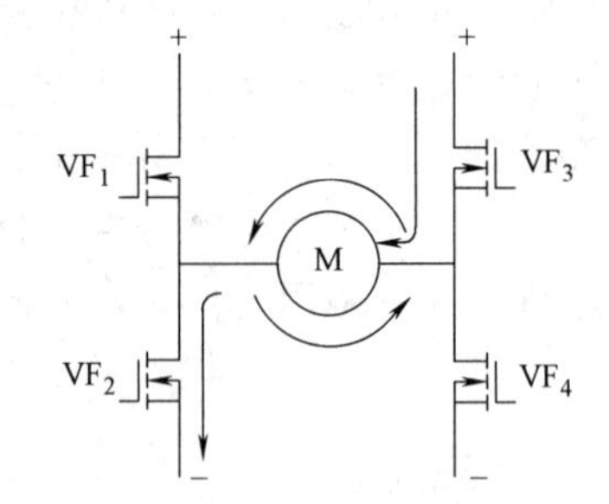

图 5-12　H 桥驱动电路（VT_2、VT_3 导通）

2. 使能控制和方向逻辑

驱动电动机时，保证 H 桥上两个同侧的晶体管不会同时导通非常重要。如果晶体管 VT_1 和 VT_2 同时导通，那么电流就会从正极穿过两个晶体管直接回到负极。此时，电路中除了晶体管外没有其他任何负载，因此电路上的电流就可能达到最大值（该电流仅受电源性能限制），甚至烧坏晶体管。基于上述原因，在实际驱动电路中通常要用硬件电路方便地控制晶体管的开关。

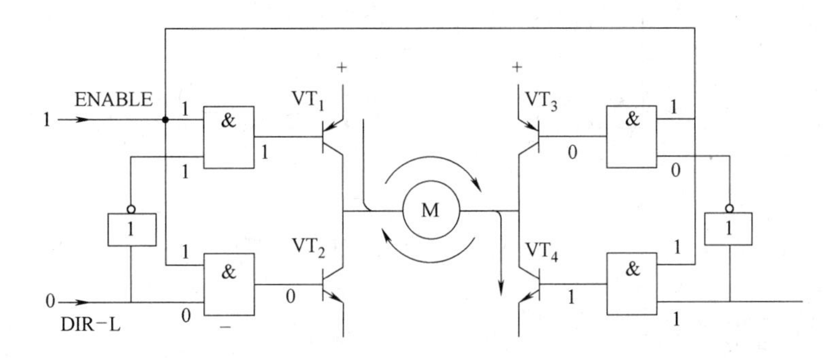

图 5-13　H 桥的逻辑控制

图 5-13 就是基于这种考虑的改进电路，它在基本 H 桥电路的基础上增加了 4 个与门和 2 个非门。4 个与门同一个“使能”导通信号相接，这样，用这一个信号就能控制整个电路的开关。而 2 个非门通过提供一种方向输入，可以保证任何时候在 H 桥的同侧都只有一个晶体管能导通。实际使用的时候，用分立元件制作 H 桥是很麻烦的，现在市面上有很多封装好的 H 桥集成电路，接上电源、电动机和控制信号就可以使用了，在额定的电压和电流内使用非常方便可靠。比如常用的 L293D、L298N、TA7257P、SN754410 等。

3. PWM 控制

脉冲宽度调制是指用改变电动机电枢电压接通与断开的时间的占空比来控制电动机转速的方法，称为脉冲宽度调制（PWM）。对于直流电动机调速系统，其方法是通过改变电动机电枢电压导通时间与通电时间的比值（即占空比）来控制电动机速度。PWM 调速原理如图 5-14 所示。

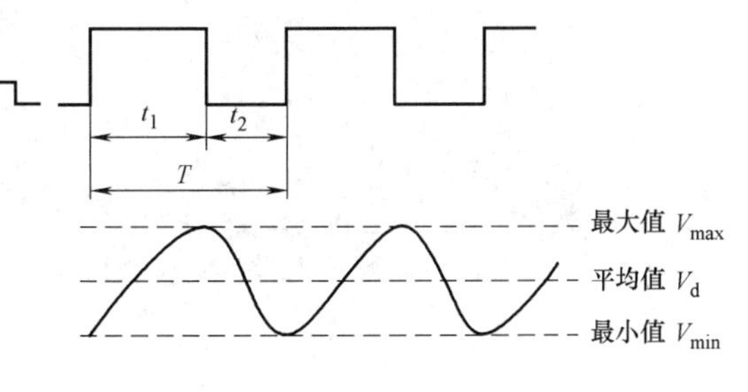

图 5-14　PWM 调速原理

在脉冲作用下，当电动机通电时，速度升高；当电动机断电时，速度逐渐降低。只要按一定规律，改变通、断电时间，即可让电动机转速得到控制。设电动机永远接通电源时，其转速最大为 v_{max}，设占空比为 $D=t_1/T$，则电动机的平均速度为

$$v_d = v_{max} \cdot D \tag{5-6}$$

式中，v_d 为电动机的平均速度；v_{max} 为电动机全通时的速度（最大）；D 为占空比。

平均速度 v_d 与占空比 D 的函数曲线如图 5-15 所示。

由图 5-15 所示可以看出，v_d 与占空比 D 并不是完全线性关系（图中实线），当系统允许时，可以将其近似地看成线性关系（图中虚线）。因此也就可以看成电动机电枢电压 U_a 与占空比 D 成正比，改变占空比的大小即可控制电动机的速度。

由以上叙述可知：电动机的转速与电动机电枢电压成比例，而电动机电枢电压与控制波形的占空比成正比，因此电动机的速度与占空比成比例，占空比越大，电动机转得越快，当占空比 $D=1$ 时，电动机转速最大。

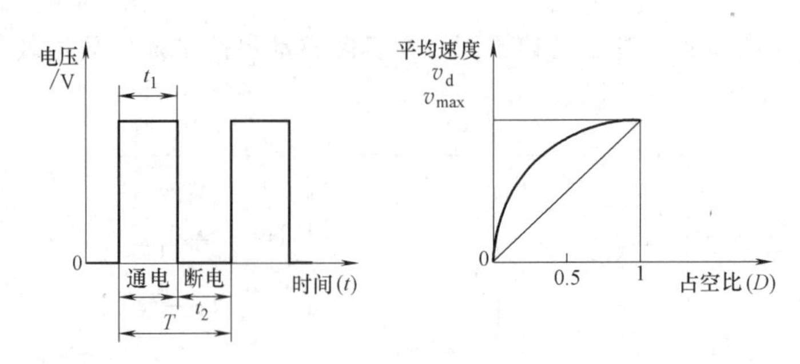

图 5-15　平均速度和占空比的关系

5.1.2　交流伺服电动机

长期以来，在要求调速性能较高的场合，一直占据主导地位的是应用直流电动机的调速系统。但直流电动机都存在一些固有的缺点，如电刷和换向器易磨损，需经常维护；换向器换向时会产生火花，使电动机的最高速度受到限制，也使应用环境受到限制；而且直流电动机结构复杂，制造困难，所用钢铁材料消耗大，制造成本高。而交流电动机，特别是笼型感应电动机没有上述缺点，且转子惯量较直流电动机小，使得动态响应更好。在同样体积下，交流电动机输出功率可比直流电动机提高 10%～70%，此外，交流电动机的容量可比直流电动机造得大，达到更高的电压和转速。现代数控机床都倾向采用交流伺服驱动，交流伺服驱动已有取代直流伺服驱动之势。交流伺服电动机及其驱动器外形如图 5-16 所示。

图 5-16　交流伺服电动机及其驱动器外形

一、交流伺服电动机的结构

交流伺服电动机的结构主要可分为两大部分，即定子部分和转子部分。在定子铁心中安放着空间互成 90°电角度的两相绕组，其中 L_1-L_2 为励磁绕组，K_1-K_2 为控制绕组，所以交流伺服电动机是两相交流电动机，示意图如图 5-17 所示。

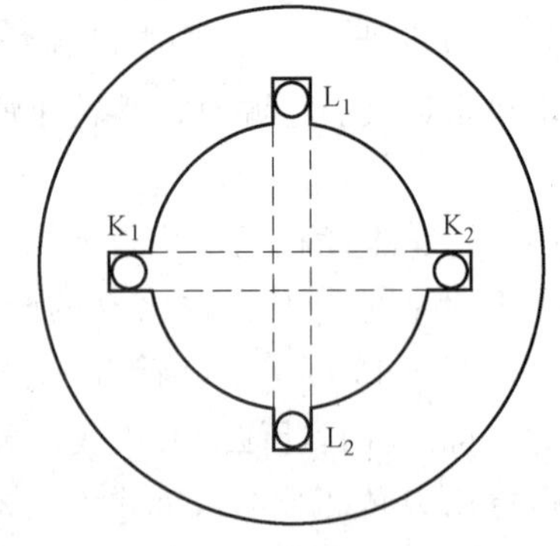

图 5-17　交流伺服电动机两相绕组分布图

转子结构常用的有笼型转子、非磁性杯形转子。笼型转子交流伺服电动机的结构如图 5-18 所示，它的转子由转轴、转子铁心、转子绕组等组成。

转子铁心由硅钢片叠成，每片冲成有齿有槽形状，如

图 5-19 所示，然后叠压起来将轴压入轴孔内。铁心的每一槽中放有一根导条，所有导条两端用短路环连接，这就构成转子绕组。

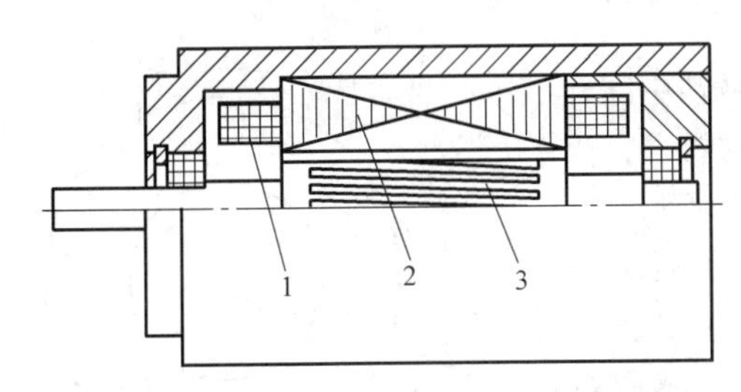

图 5-18　笼型转子交流伺服电动机转子结构

1—定子绕组　2—定子铁心　3—笼型转子

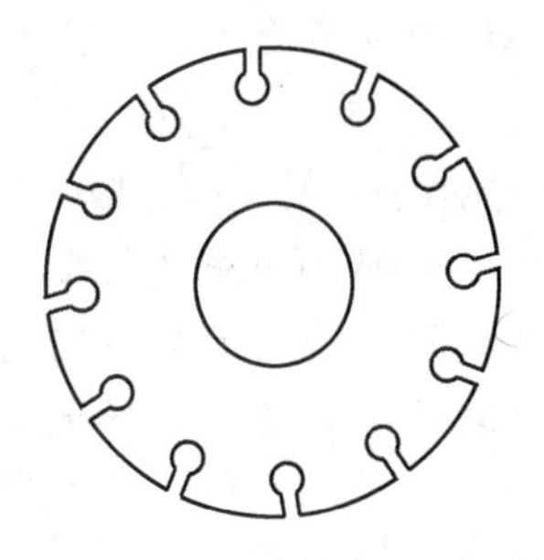

图 5-19　转子铁心硅钢片

非磁性杯形转子交流伺服电动机结构如图 5-20 所示。图中外定子与笼型转子伺服电动机的定子一样，内定子由环形钢片叠成，通常内定子不放绕组，只是代替笼型转子的铁心，作为电动机磁路的一部分。在内、外定子之间有细长的空心转子装在转轴上，空心转子做成杯子形状，所以称空心杯形转子。空心杯由非磁性材料铝、铜制成，它的杯壁极薄，一般在 0.3mm 左右。

杯形与笼型转子形状不一样。但杯形转子可看作是笼条数非常多的、条与条之间彼此紧靠在一起的笼型转子，杯形转子两端可看作由短路环相连接，如图 5-21 所示。这样，杯形、笼型转子实质上并没有差别，所起的作用也相同。

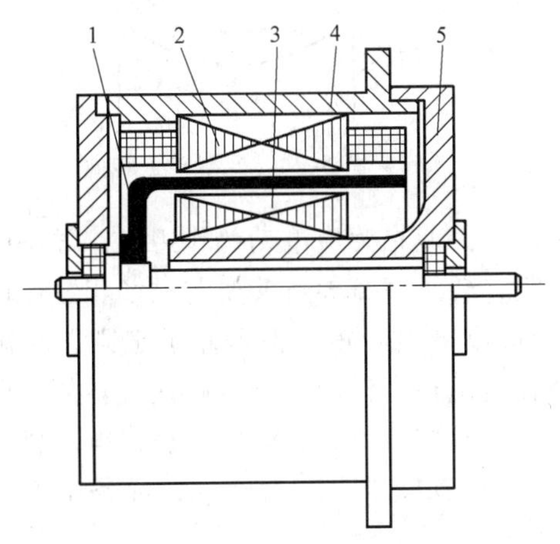

图 5-20　杯形转子伺服电动机结构

1—杯形转子　2—外定子　3—内定子　4—机壳　5—端盖

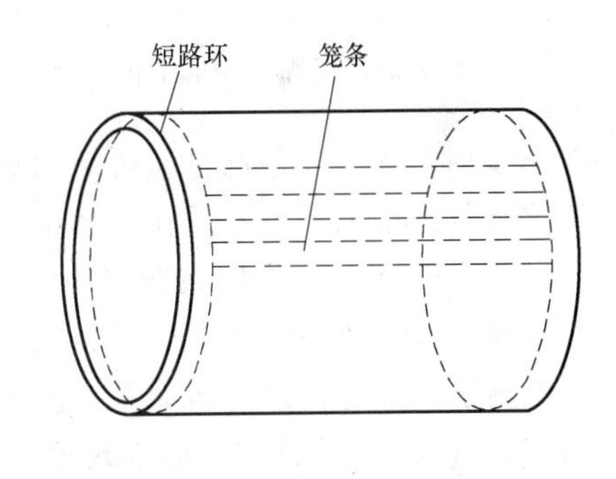

图 5-21　杯形转子与笼型转子相似

与笼型转子相比，杯形转子惯量小，轴承摩擦阻转矩小。由于转子没有齿和槽，所以合成 T_e 不会随转子位置发生变化，恒速旋转时，转子不会抖动，运转平稳。但它内、外定子间气隙较大（杯壁厚度加上杯壁两边的气隙），所以励磁电流就大，电动机利用率低，因而在相同体积和重量下，在一定功率范围内，杯形转子伺服电动机的起动转矩小、输出功率小。另外，杯形转子伺服电动机结构、制造工艺较复杂。目前广泛应用的是笼型转子伺服电动机，只有在要求运转非常平稳的某些特殊场合下（积分电路），才用非磁性杯形转子伺服电动机。

二、交流伺服电动机的工作原理

交流伺服电动机使用时，励磁绕组两端施加恒定的励磁电压 U_f，控制绕组两端施加控制电压 U_k，如图 5-22 所示。

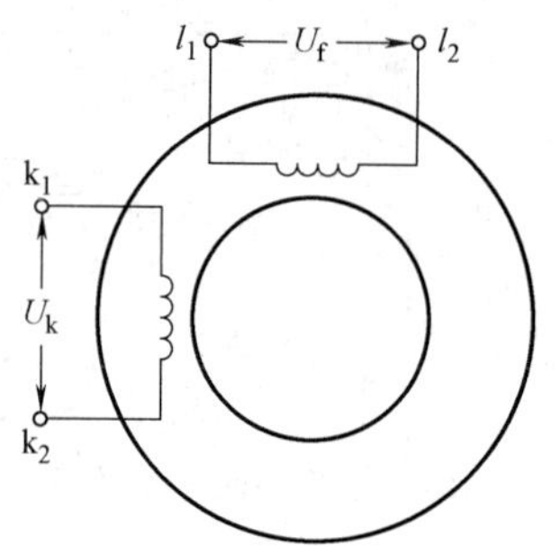

图 5-22　交流伺服电动机电气原理图

将一个能够自由转动的笼型转子放在两极永久磁铁中间，当磁铁旋转时，笼型转子也跟着转动。转子的转速比磁铁慢，当磁铁旋转方向改变时，转子旋转方向也改变，如图 5-23 所示。

当磁铁旋转时，在空间形成旋转磁场。设磁铁顺时针以 n_s 的转速旋转，那么它的磁力线就顺时针切割转子导条。转子导条以逆时针切割磁力线，在转子导条中就产生感应电动势。根据右手定则，N 极下导条的感应电动势方向都是垂直地从纸面出来，而 S 极下导条的感应电动势方向都是垂直地进入纸面，如图 5-24 所示。

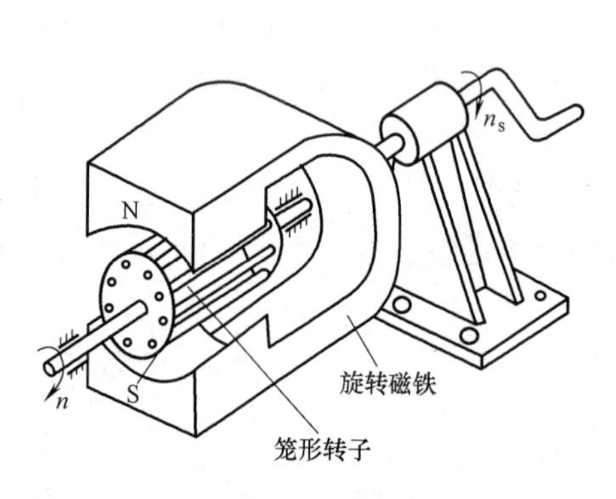

图 5-23　伺服电动机工作原理

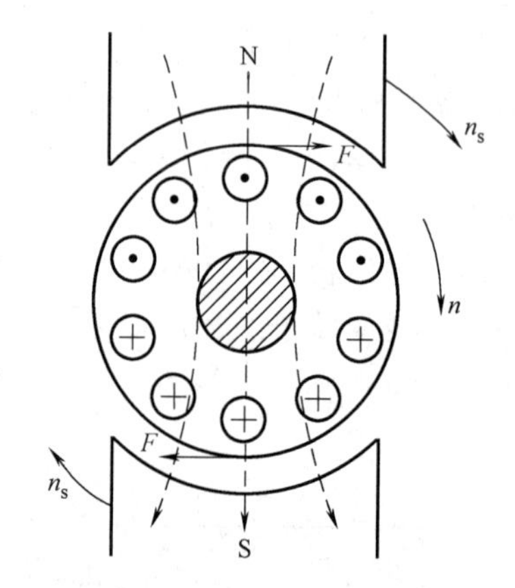

图 5-24　笼型转子转向

由于笼型转子的导条都是通过短路环连起来的，因此在感应电动势作用下，导条中就会有电流流过。再根据通电导体在磁场中的受力原理，转子载流导条又要与磁场相互作用产生电磁力，这个电磁力 F 作用在转子上，并对转轴形成电磁转矩。根据左手定则，转矩方向与磁铁转动的方向是一致的。因此，笼型转子便在电磁转矩作用下顺着磁铁旋转的方向转动起来。但转子转速总比磁铁转速低，因为电动机轴上有机械负载，即使空载，电动机本身也存在阻转矩（摩擦、风阻）。如果转速相等，转子与磁铁间没有相对运动，导条中不产生感应电动势、电流、电磁转矩。

综上，笼型转子之所以会转动起来是由于在空间中有一个旋转磁场。旋转磁场切割转子导条，在导条中产生感应电动势和电流，转子导条中的电流再与旋转磁场相互作用就产生力和转矩，转矩方向和旋转磁场的转向相同，于是转子就跟着旋转磁场沿同一方向转动。但实际的电动机没有像图 5-23 中那样的旋转磁铁，电动机的旋转磁场由定子两相绕组通入两相交流电流所产生。

三、交流伺服电动机的运行特性

1. 伺服电动机中的旋转磁场

伺服电动机的旋转磁场是由定子两相绕组通入两相交流电流所产生，通过输入存在相位差的两相电流即可在空间中形成旋转磁场，特殊的有圆形磁场，当两相绕组输入电流的幅值不相等时，则产生椭圆形磁场，用以改变电动机转速。

为分析方便，假定励磁绕组有效匝数 W_f 与控制绕组有效匝数 W_k 相等。这种在空间上互差 90°电角度，有效匝数又相等的两个绕组称为对称两相绕组。又假定通入励磁绕组的电流与通入控制绕组的电流相位上相差 90°，幅值相等，这样的两个电流称为两相对称电流。用数学式表示为

$$i_k = I_{km}\sin\omega t \tag{5-7}$$

$$i_f = I_{fm}\sin(\omega t - 90°) \tag{5-8}$$

$$I_{fm} = I_{km} = I_m \tag{5-9}$$

波形如图 5-26 所示。

图 5-26 表示不同瞬间电动机磁场分布情况。图 5-26a 对应 t_1 的瞬间。由图 5-26 可以看出，控制电流为正最大值，励磁电流为零。假定正值电流是从绕组始端流入，从末端流出，负时相反，此时控制电流是从控制始端 K_1 入，末端 K_2 出。

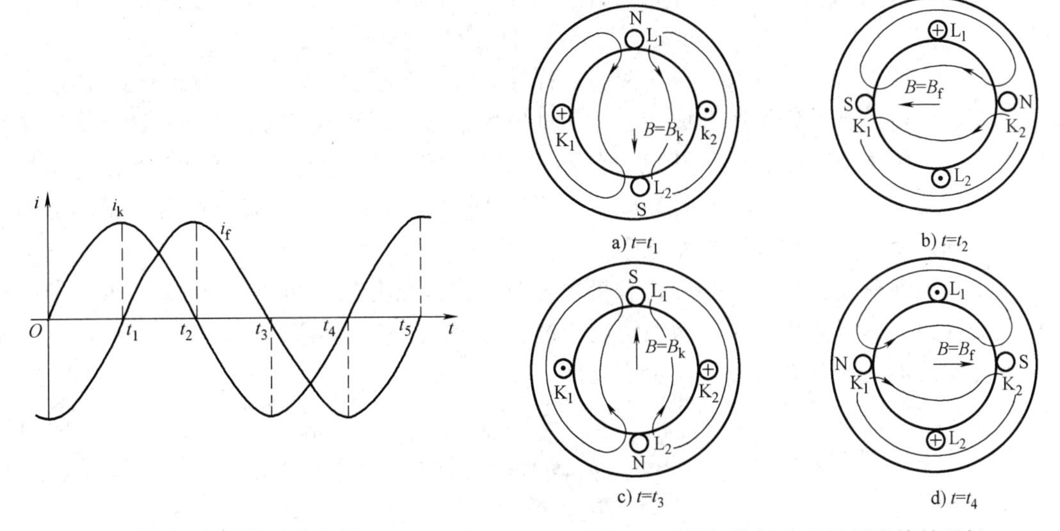

图 5-25　两相对称电流

图 5-26　两相绕组产生的圆形旋转磁场

控制绕组通电后产生磁场，可用磁通密度空间向量 $\boldsymbol{B}_k$ 表示，$\boldsymbol{B}_k$ 长度正比于控制电流值。此时控制电流为正最大值，$\boldsymbol{B}_k$ 长度最大，即 $\boldsymbol{B}_k=\boldsymbol{B}_m$，方向由右手螺旋定则确定。励磁电流为 0，不产生磁场，所以控制绕组产生的磁场就是电动机总磁场。若电动机总磁场用磁通密度向量 $\boldsymbol{B}$ 表示，则 $\boldsymbol{B}=\boldsymbol{B}_k$，其轴线与控制绕组轴线重合，幅值为

$$\boldsymbol{B}=\boldsymbol{B}_k=\boldsymbol{B}_m \tag{5-10}$$

式中，$\boldsymbol{B}_m$ 为一相磁通密度向量最大值。

在 t_2 瞬间。此时励磁电流为正最大值，控制电流为 0，即 $\boldsymbol{B}_k=0$，励磁绕组产生的磁场就是电动机总磁场。即 $\boldsymbol{B}=\boldsymbol{B}_f$，其轴线与励磁绕组轴线相重合，与上一瞬间相比，磁场方向顺时针转 90°，磁场幅值为 $\boldsymbol{B}=\boldsymbol{B}_f=\boldsymbol{B}_m$。

在 t_3 瞬间，这时控制电流为负最大值，励磁电流为 0。与 t_1 瞬间的差别仅是控制电流方向相反，两者所形成的电动机磁场的幅值和位置都相同，只是磁场方向改变，电动机磁场的

轴线比上一瞬间顺时针又转 90°，与控制绕组轴线重合，磁场的幅值仍为 $\boldsymbol{B}=\boldsymbol{B}_k=\boldsymbol{B}_m$。

在 t_4 瞬间，电动机磁场的轴线顺时针再转 90°，与励磁绕组轴线相重合，$\boldsymbol{B}=\boldsymbol{B}_f=\boldsymbol{B}_m$。

在 t_5 瞬间，控制电流又达到正最大值，励磁电流为 0，电动机的磁通密度向量 $\boldsymbol{B}$ 又转到 t_1 的位置。

综上，两相对称电流通入两相对称绕组时，在电动机内产生旋转磁场，其磁通密度 $\boldsymbol{B}_\delta$ 在空间按正弦规律分布，如图 5-27 所示，其幅值恒定不变（$\boldsymbol{B}_m$），并以转速 n_s 旋转。

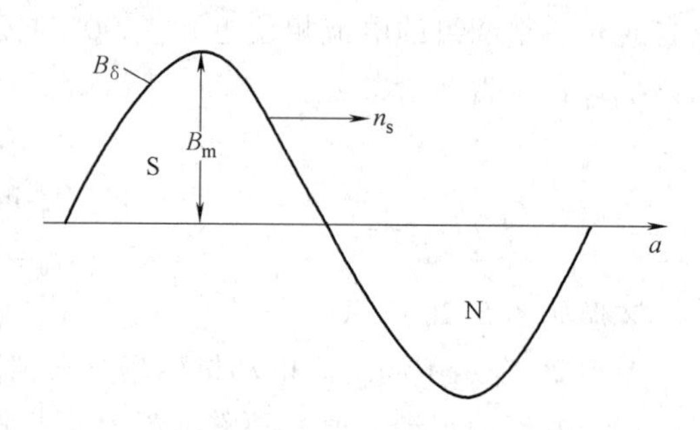

图 5-27　旋转磁场示意图

当控制电流变化一个周期时，旋转磁场在空间转了一圈。

由于电动机磁通密度幅值恒定不变，在磁场旋转过程中，磁通密度向量 $\boldsymbol{B}$ 的长度在任何瞬间都保持为恒值，等于一相磁通密度向量的最大值 $\boldsymbol{B}_m$，它的方位随时间的变化在空间进行旋转，磁通密度向量 $\boldsymbol{B}$ 的矢端在空间描出一个以 $\boldsymbol{B}_m$ 为半径的圆，这样的磁场称为圆形旋转磁场。

所以，当两相对称交流电流通入两相对称绕组时，在电动机内会产生圆形旋转磁场。电动机总磁场由两个脉振磁场所合成，当电动机磁场是圆形旋转磁场时，表征这两个脉振磁场的磁通密度向量 $\boldsymbol{B}_f$ 和 $\boldsymbol{B}_k$ 分别位于励磁绕组及控制绕组的轴线上。这两个绕组在空间相隔 90°电角度，因此 $\boldsymbol{B}_f$ 和 $\boldsymbol{B}_k$ 空间相隔 90°电角度。同时，由于励磁电流与控制电流都是随时间按正弦规律变化的，相位上相差 90°。

所以，磁通密度向量 $\boldsymbol{B}_f$ 和 $\boldsymbol{B}_k$ 的长度也随时间作正弦变化，相位相差 90°。再由于两相对称电流其幅值、匝数相等时，两相绕组所产生的 $\boldsymbol{B}_m$ 也相等。这样，两绕组磁通密度向量的长度随时间的变化关系可分别表示为

$$\boldsymbol{B}_k=\boldsymbol{B}_{km}\sin\omega t \tag{5-11}$$

$$\boldsymbol{B}_f=\boldsymbol{B}_{fm}\sin(\omega t-90°) \tag{5-12}$$

$$\boldsymbol{B}_{km}=\boldsymbol{B}_{fm}=\boldsymbol{B}_m \tag{5-13}$$

相应的变化图形如图 5-28 所示。

任何瞬间电机合成磁场的磁通密度向量的长度为

$$\boldsymbol{B}=\sqrt{\boldsymbol{B}_k^2+\boldsymbol{B}_f^2}=\sqrt{[\boldsymbol{B}_{km}\sin\omega t]^2+[\boldsymbol{B}_{fm}\sin(\omega t-90°)]^2}=\boldsymbol{B}_m \tag{5-14}$$

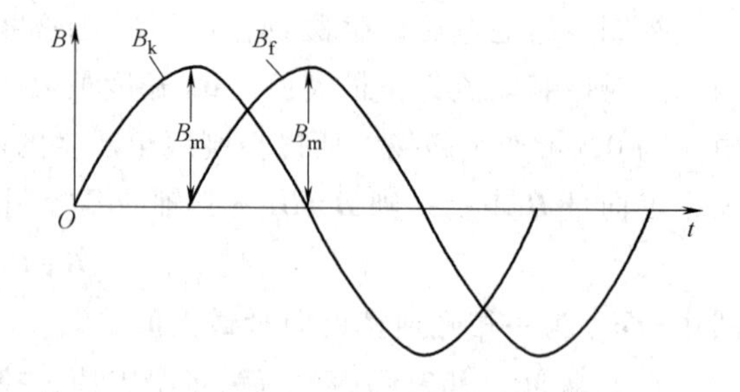

图 5-28　磁场变化图形

综上所述，可以这样认为：在两相系统里，如果有两个脉振磁通密度，它们的轴线在空间相差 90°电角度，脉振的时间相位差为 90°，其脉振的幅值又相等，那么这样两个脉振磁场的合成必然是一个圆形旋转磁场。该磁场具有以下特点。

（1）单相绕组通入单相交流电后，所产生的是一个脉振磁场。

(2) 圆形旋转磁场的特点是：它的磁通密度在空间按正弦规律分布，其幅值不变并以恒定的速度在空间旋转。

(3) 两相对称绕组通入两相对称电流就能产生圆形旋转磁场；或者说，空间上相夹 90°电角度、时间上彼此有 90°相位差、幅值又相等的两个脉振磁场必然形成圆形旋转磁场。

(4) 旋转磁场的转向是从超前相的绕组轴线（相位上超前）转到落后相的绕组轴线。把两相绕组中任意一相绕组上所加的电压反相，就可以改变旋转磁场的转向。

(5) 旋转磁场的转速称为同步速，只与电动机极数和电源频率有关，其关系为

$$n_s=\frac{f}{p}(\mathrm{r/s})=\frac{60f}{p}(\mathrm{r/min}) \tag{5-15}$$

2. 转速和转差率

前已指出，电动机跟着旋转磁场转动时的转速 n 总是低于旋转磁场的转速即同步速 n_s。转子转速与同步速之差，也就是转子导体切割磁场的相对速率为

$$\Delta n=n_s-n \tag{5-16}$$

Δn 也称转差，但实际中经常用的是转差率 s，就是转差与同步速的比值，即

$$s=\frac{\Delta n}{n_s}=\frac{n_s-n}{n_s} \tag{5-17}$$

转差率 s 越大，转子转速越低。因此，当负载转矩增大时，转子转速就下降，s 增大，使转子导体中的感应电动势及电流增加，以产生足够的电磁转矩来平衡负载转矩。伺服电动机转子电流 I_R、转速 n、s 随负载转矩 T_L 变化的情况可表示为

$$T_L\uparrow\rightarrow I_R\uparrow\rightarrow n\downarrow\rightarrow s\uparrow$$

$$T_L\downarrow\rightarrow I_R\downarrow\rightarrow n\uparrow\rightarrow s\downarrow$$

当 $s=0$ 时，$n=n_s$，此时转子转速与同步速相同，转子导体不感应电动势，也不产生转矩，这相当于转子轴上负载转矩等于 0 的理想空载情况。实际上即使外加负载转矩为 0，交流伺服电动机本身仍存在有阻转矩（摩擦转矩和附加转矩），它对小功率电动机影响较大。所以，在圆形旋转磁场作用下，交流伺服电动机的空载转速只有同步转速的 5/6 左右。

当 $s=1$ 时，$n=0$，此时转子不动（堵转），旋转磁场以同步速 n_s 切割转子，转子导体中的感应电动势和电流很大。这相当于电动机起动的瞬间，或者负载转矩将电动机轴卡住不动的情况。

由于交流伺服电动机转速总是低于旋转磁场的同步速，而且随着负载阻转矩值的变化而变化，因此交流伺服电动机又称为两相异步伺服电动机。所谓“异步”，就是指电动机转速与同步速有差异。

3. 伺服电动机的机械特性

交流伺服电动机的电磁转矩 T 与转差率 s（或转速 n）的关系曲线，即 $T=f(s)$ 曲线［或 $T=f(n)$ 曲线］称为机械特性。当电压一定时，可作出各种转子电阻 R_R 的机械特性，如图 5-29 所示。

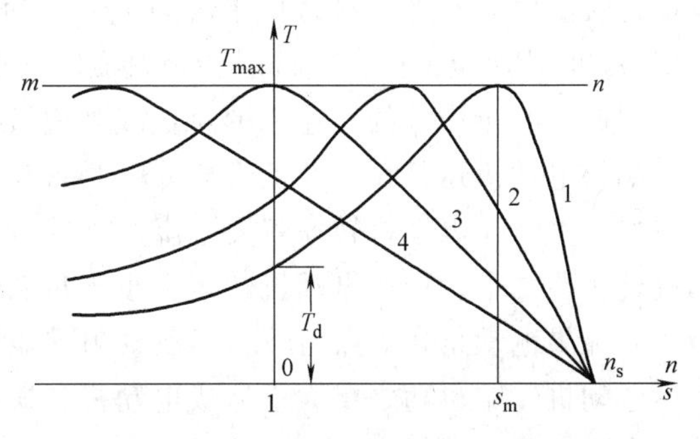

图 5-29 不同转子电阻的机械特性

($R_{R4}>R_{R3}>R_{R2}>R_{R1}$)

由图 5-29 可见（以曲线 1 为例），当理

想空载即 $n=n_s$、$s=0$ 时，电磁转矩 $T=0$，随着转差率增大（即转速降低），电磁转矩增大；当转差率 $s=s_m$ 时，转矩达到最大值 T_{max}，以后转矩逐渐减小；当转差率 $s=1$、$n=0$，即电动机不转时，转矩为 T_d，称为伺服电动机的堵转转矩。

堵转转矩与电压二次方成正比，堵转转矩大，电动机起动时带负载能力大，电动机加速也比较快。

临界转差率 s_m 与转子电阻 R_R 成正比，但最大转矩的值却与转子电阻无关。这样，当转子电阻增大时，最大转矩值保持不变，而临界转差率随着增大。图 5-29 表示转子电阻 4 种不同数值时的 4 条机械特性。由图可见，随着转子电阻增大，特性曲线的最大点沿着平行于横轴的直线 mn 向左移动，这样可保持最大转矩不变，而临界转差率成比例地增大。

比较图 5-29 中不同转子电阻时的各种机械特性，就可发现，在伺服电动机运行范围内（即 $0<s<1$），不同转子电阻的机械特性的形状有很大差异。当转子电阻较小时，机械特性呈现出凸形，电磁转矩有一峰值（即最大转矩），如曲线 1、2 所示。随着转子电阻的增大，当 $s_m \geqslant 1$ 时，电磁转矩的峰值已移到第二象限，因此在 $0<s<1$ 的范围中，呈现出下垂的机械特性，如曲线 3、4 所示。应该指出，对于伺服电动机来说，必须具有这种下垂的机械特性，这是因为自动控制系统对伺服电动机有一个重要要求，就是在整个运行范围内应保证其工作的稳定性，而这个要求只有下垂的机械特性才能达到。

现在来分析图 5-30 所示的凸形的机械特性。这种机械特性以峰值为界可分成两段，即上升段 ah 和下降段 hf。假定电动机带动一个恒定负载，负载的阻转矩为 T_L（包括电动机本身的阻转矩），这时电动机在下降段 g 点稳定运转。如果由于某种原因，负载的阻转矩由 T_L 突然增加到 T'_L，这样电动机的转矩小于负载阻转矩，电动机就要减速，转差率 s 就要增大，这时电动机的转矩也要随着增大，一直增大到等于 T'_L，与负载的阻转矩相平衡为止，这样电动机在 g' 点又稳定地运转。

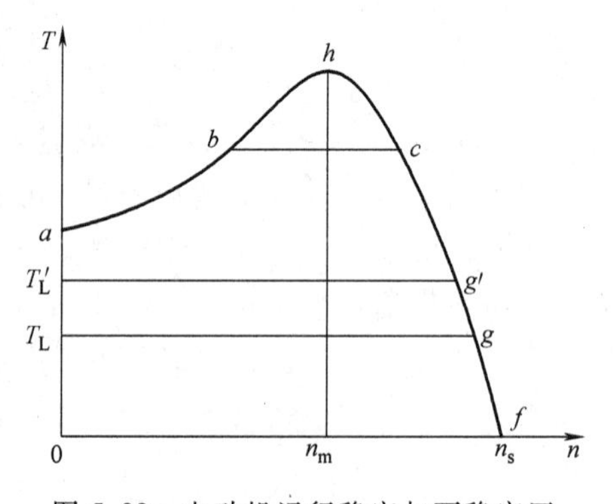

图 5-30　电动机运行稳定与不稳定区

从图 5-30 可以看出，这时转速 n 比原来降低了，但转矩却增大了。如果负载阻转矩又突然恢复到 T_L，这时电动机转矩大于负载转矩，电动机就要加速，转差率 s 就要减小，因而电动机的转矩也随着减小，一直减小到等于 T_L 为止，又恢复到 g 点稳定运转。由此看来，在特性下降段 hf，也就是从 n_s 到 n_m 的转速范围内，负载阻转矩改变时，电动机具有自动调节转速而达到稳定运转的性能，因此从 n_s 到 n_m 的转速范围对负载来说被称为稳定区。

如果电动机运行在特性上升段 ah，情况就不同了。假定电动机在 b 点运行，当负载阻转矩突然增大时，电动机转速就要下降。从图中可以看出，在 b 点运行时，如转速下降，则电动机转矩要减小，造成电动机转矩更小于负载阻转矩，结果电动机转速一直下降，直到停止为止。如果电动机在 b 点运转，而负载阻转矩突然下降，那么电动机转速就要增加，转速增加后电动机转矩也随之增大，造成电动机转矩更大于负载阻转矩，结果电动机的转速一直上升，直到在稳定区 hf 运转于 c 点为止。因此电动机在上升段 ah，即在从 n_m 到 0 的转速范围内运行时，对负载来说运转是不稳定的，叫作不稳定区。

所以，为了使伺服电动机在转速从 $0\sim n_s$ 的整个运行范围内都保证其工作稳定性，它的机械特性就必须在转速从 $0\sim n_s$ 的整个运行范围内都是下垂的，如图5-31所示。显然，要具有这样下垂的机械特性，交流伺服电动机就要有足够大的转子电阻，使临界转差率 $s_m>1$。

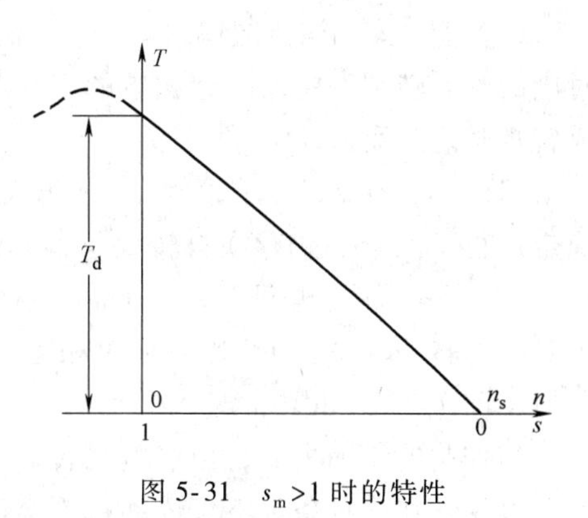

图5-31　$s_m>1$ 时的特性

另外，从图5-29中几条曲线形状的比较还可看出，转子电阻越大，机械特性越接近直线（如图中特性3比特性2、1更接近直线），使用中往往对伺服电动机的机械特性非线性度有一定限制，为了改善机械特性线性度，也必须提高转子电阻。所以，具有大的转子电阻和下垂的机械特性是交流伺服电动机的主要特点。

4. 自转现象与转子电阻的关系

（1）转子电阻较小时。单相运行的机械特性如图5-32a所示，在电机作为电动机运行的转差范围内（即 $0<s<1$ 时），$T_1>T_2$，合成转矩 $T_e=T_1-T_2>0$（转速接近同步转速 n_s 时除外）。

当突然切除控制电压，即令 $U_C=0$ 时，电动机不能停止转动，而是以转差率 s_1 稳定运行于 B 点。

可见，当转子电阻较小，无控制信号时，电动机也可能继续旋转，造成失控，这种现象就是所谓的“自转”现象。

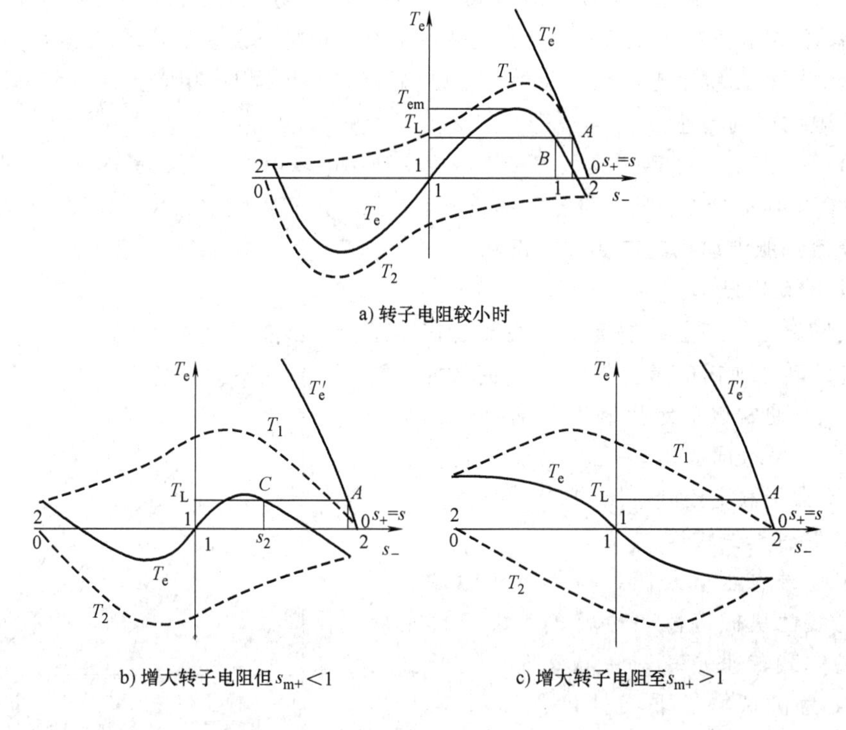

图5-32　自转现象与转子电阻的关系

(2) 增大转子电阻但 $s_{m+}<1$ 时。增大转子电阻，正、反向旋转磁场产生最大转矩，所对应的临界转差率将增大，相应的 T_1、T_2 及合成转矩 T_e 如图 5-32b 所示，可见电动机的合成转矩随之减小。

但由于在 $0<s<1$ 的范围内，T_e 仍大部分为正值，若最大转矩 T_{em} 仍大于 T_L，电动机将稳定运行于 C 点，仍存在自转现象，只是转速较低。

(3) 增大转子电阻至 $s_{m+}>1$ 时。如果转子电阻足够大，致使正向旋转磁场产生最大转矩对应的转差率 $s_{m+}>1$，则可使单相运行时电动机的合成电磁转矩在电动机运行范围内均为负值，即 $T_e<1$，如图 5-32c 所示。

当控制电压消失后，由于电磁转矩为制动性转矩，使电动机迅速停止旋转。

可见，在这种条件下，电动机不会产生自转现象。因此，增大转子电阻是克服两相感应伺服电动机“自转”现象的有效措施。

5. 交流伺服电动机的控制方式

两相感应伺服电动机运行时，其励磁绕组接到电压为 U_f 的交流电源上，通过改变控制绕组电压 U_c 的大小或相位控制伺服电动机的起、停及运行转速。因此两相感应伺服电动机的控制方式有幅值控制、相位控制、幅值-相位控制三种。

(1) 幅值控制。采用幅值控制时，励磁绕组电压始终为额定励磁电压 U_{fN}，通过调节控制绕组电压的大小来改变电动机的转速，而控制电压与励磁电压之间的相位角始终保持 90°电角度。当控制电压 $U_a=0$ 时，电动机停转。

(2) 相位控制。采用相位控制时，控制绕组和励磁绕组的电压大小均保持额定值不变，通过调节控制电压的相位，即改变控制电压与励磁电压之间的相位角 β，实现对电动机的控制。当 $\beta=0°$ 时，两相绕组产生的气隙合成磁场为脉振磁场，电动机停转。

(3) 幅值-相位控制（电容控制）。这种控制方式是将励磁绕组串联电容 C_a 以后，接到交流电源上，而控制绕组电压的相位始终与励磁绕组的电压相位相同，通过调节控制电压的幅值来改变电动机的转速。

幅值-相位控制方式不需要复杂的移相装置，利用串联电容就能在单相交流电源上获得控制电压和励磁电压的分相，所以设备简单、成本较低，是实际应用中最常见的一种控制方式。

四、交流伺服电动机的主要性能指标

1. 空载始动电压 U_{s0}

在额定励磁电压和空载情况下，使转子在任意位置开始连续转动所需的最小控制电压定义为空载始动电压 U_{s0}，通常以额定控制电压的百分比来表示。U_{s0} 越小，表示伺服电动机的灵敏度越高，一般要求 U_{s0} 不大于额定控制电压的 3%~4%。

2. 机械特性非线性度 k_m

在额定励磁电压下，任意控制电压时的实际机械特性与线性机械特性在转矩 $T_e=T_k/2$ 时的转速偏差 n 与空载转速 n_0（对称状态时）之比的百分数，定义为机械特性非线性度，如图 5-33 所示，即

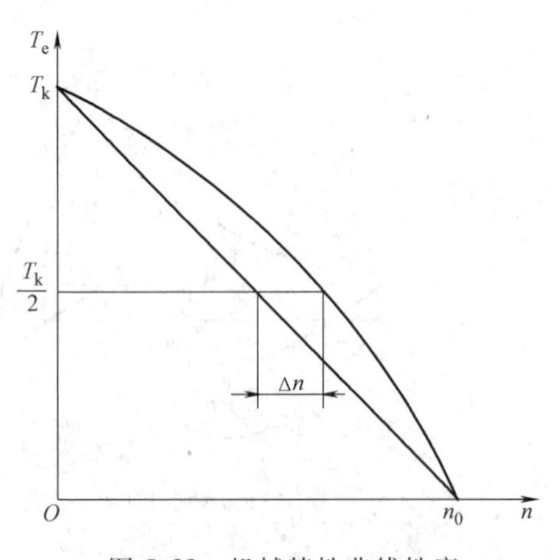

图 5-33　机械特性非线性度

$$k_{\mathrm{m}}=\frac{\Delta n}{n_0}\times 100\% \tag{5-18}$$

3. 调节特性非线性度 k

在额定励磁电压和空载情况下，当 $e=0.7$ 时，实际调节特性与线性调节特性的转速偏差 n 与 $e=1$ 时的空载转速 n_0 之比的百分数定义为调节特性非线性度，如图 5-34 所示，即

$$k_{\mathrm{v}}=\frac{\Delta n}{n_0}\times 100\% \tag{5-19}$$

以上特性的非线性度越小，特性曲线越接近直线，系统的动态误差就越小，工作就越准确，一般要求 $k_{\mathrm{m}}\leqslant 10\%\sim 20\%$，$k\leqslant 20\%\sim 25\%$。

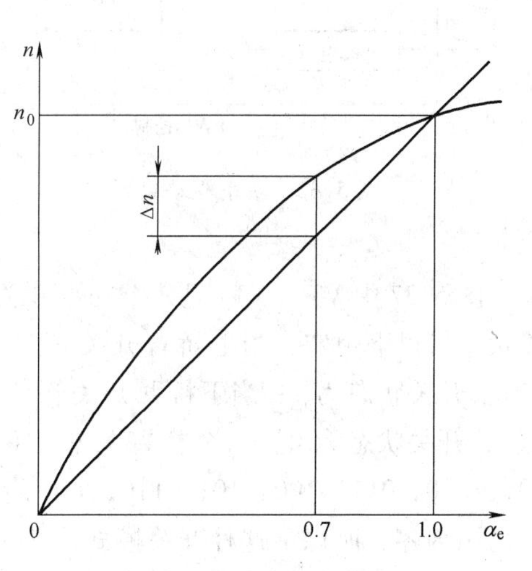

图 5-34 调节特性非线性度

4. 机电时间常数 τ_{m}

τ_{m} 是反映电机动态响应快速性的一项重要指标，τ_{m} 越小，则电动机响应越迅速。

五、交流伺服电动机驱动系统

交流永磁同步伺服驱动系统主要由伺服控制单元、功率驱动单元、通信接口单元、伺服电动机及相应的反馈检测器件组成，其结构组成如图 5-35 所示。其中功率单元是强电部分，包括两个单元：一是功率驱动单元 IPM，用于电动机的驱动；二是开关电源单元，为整个系统提供数字和模拟电源，如图 5-36 所示。

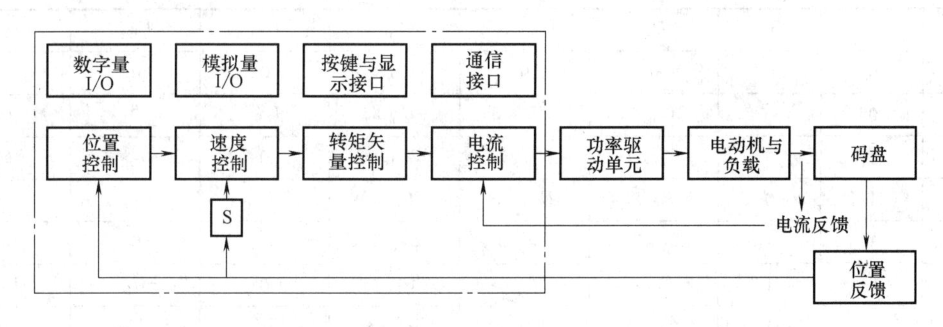

图 5-35 交流永磁同步伺服驱动系统的结构

功率驱动单元首先通过三相全桥整流电路对输入的三相电或者市电进行整流，得到相应的直流电。经过整流好的三相电或市电，再通过三相正弦 PWM 电压型逆变器变频来驱动三相永磁式同步交流伺服电动机。功率驱动单元的整个过程就是 AC-DC-AC 的过程。整流单元（AC-DC）主要的拓扑电路是三相全桥不可控整流电路。

逆变部分（DC-AC）采用的功率器件是集驱动电路、保护电路和功率开关于一体的智能功率模块（IPM），主要拓扑结构是采用了三相桥式电路，原理图如图 5-37 所示。它利用脉宽调制技术（Pulse Width Modulation，PWM），通过改变功率晶体管交替导通的时间来改变逆变器输出波形的频率，改变每半周期内晶体管的通断时间比，也就是说，通过改变脉冲宽度来改变逆变器输出电压幅值的大小，以达到调节功率的目的。

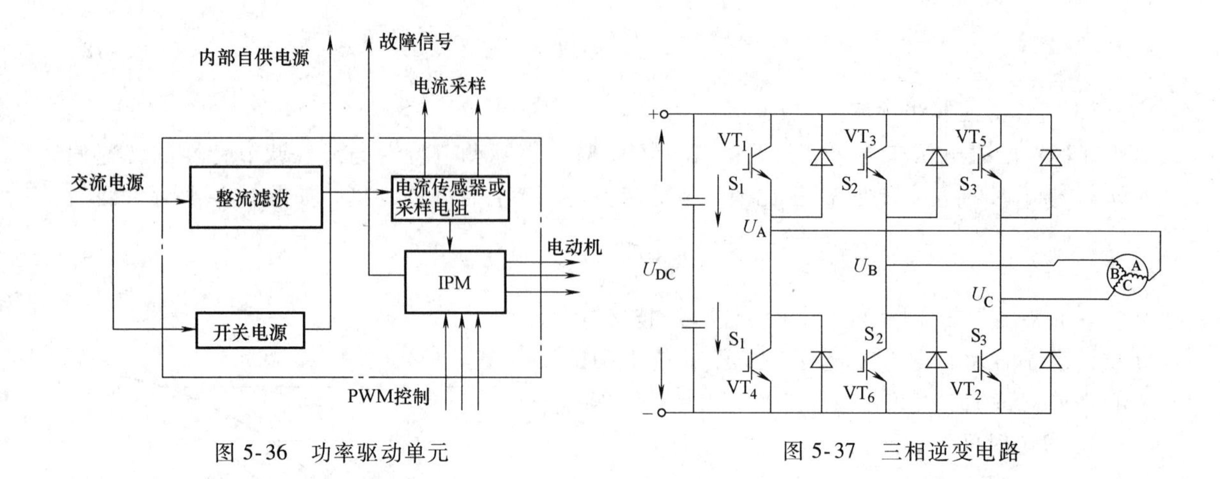

图 5-36　功率驱动单元

图 5-37　三相逆变电路

图 5-37 中 $VT_1 \sim VT_6$ 是六个功率开关管，S_1、S_2、S_3 分别代表 3 个桥臂。对各桥臂的开关状态做以下规定：当上桥臂开关管“开”状态时（此时下桥臂开关管必然是“关”状态），开关状态为 1；当下桥臂开关管“开”状态时（此时上桥臂开关管必然是“关”状态），开关状态为 0。三个桥臂只有“0”和“1”两种状态，因此 S_1、S_2、S_3 形成 000、001、010、011、100、101、110、111 共八种开关模式，其中 000 和 111 开关模式使逆变输出电压为零，所以称这种开关模式为零状态。输出的线电压为 U_{AB}、U_{BC}、U_{CA}，相电压为 U_A、U_B、U_C，其中 U_{DC}为直流电源电压（总线电压），根据以上分析可得到表 5-1 的总结。

表 5-1　三相逆变电路分析

S_1	S_2	S_3	U_A	U_B	U_C	U_{AB}	U_{BC}	U_{CA}
0	0	0	0	0	0	0	0	0
1	0	0	$2U_{DC}/3$	$-U_{DC}/3$	$-U_{DC}/3$	U_{DC}	0	$-U_{DC}$
1	1	0	$U_{DC}/3$	$U_{DC}/3$	$-2U_{DC}/3$	0	U_{DC}	$-U_{DC}$
0	1	0	$-U_{DC}/3$	$2U_{DC}/3$	$-U_{DC}/3$	$-U_{DC}$	U_{DC}	0
0	1	1	$-2U_{DC}/3$	$U_{DC}/3$	$U_{DC}/3$	$-U_{DC}$	0	U_{DC}
0	0	1	$-U_{DC}/3$	$-U_{DC}/3$	$2U_{DC}/3$	0	$-U_{DC}$	U_{DC}
1	0	1	$U_{DC}/3$	$-2U_{DC}/3$	$U_{DC}/3$	U_{DC}	$-U_{DC}$	0
1	1	1	0	0	0	0	0	0

任务 5.2　测速发电机

【任务引入】

测速发电机广泛用于各种速度或位置控制系统。在自动控制系统中作为检测速度的元件，以调节电动机转速或通过反馈来提高系统稳定性和精度；在解算装置中可作为微分、积分元件，也可作为加速或延迟信号用，或用来测量各种运动机械在摆动或转动以及直线运动时的速度。测速发电机分为直流和交流两种。

【任务目标】

（1）掌握测速发电机的工作原理和运行性能。

（2）了解测速发电机的结构和分类。

（3）了解测速发电机的应用。

【技能目标】

（1）能够进行测速发电机的拆装、维修。

（2）能够根据性能指标选择测速发电机。

（3）能够正确使用测速发电机。

【知识储备】

测速发电机是一种把输入的转速信号转换成输出的电压信号的机电式信号元件，它可以作为测速、校正和解算元件，广泛应用于各种自动控制系统之中。

自动控制系统对测速发电机的性能要求，主要是精度高、灵敏度高、可靠性好，包括以下五个方面：

（1）输出电压与转速之间有严格的正比关系。

（2）输出电压的脉动要尽可能小。

（3）温度变化对输出电压的影响要小。

（4）在一定转速时所产生的电动势及电压应尽可能大。

（5）正反转时输出电压应对称。

测速发电机主要可分为直流测速发电机和交流测速发电机。直流测速发电机具有输出电压斜率大、没有剩余电压及相位误差、温度补偿容易实现等优点；而交流测速发电机的主要优点是不需要电刷和换向器，不产生无线电干扰火花，结构简单，运行可靠，转动惯量小，摩擦阻力小，正、反转电压对称等。

5.2.1 直流测速发电机

一、直流测速发电机的分类

直流测速发电机实际上是一种微型直流发电机，按励磁方式可分为两种。

1. 电磁式

电磁式直流测速发电机表示符号如图 5-38a 所示。定子常为二极，励磁绕组由外部直流电源供电，通电时产生磁场。目前，我国生产的 CD 系列直流测速发电机为电磁式。

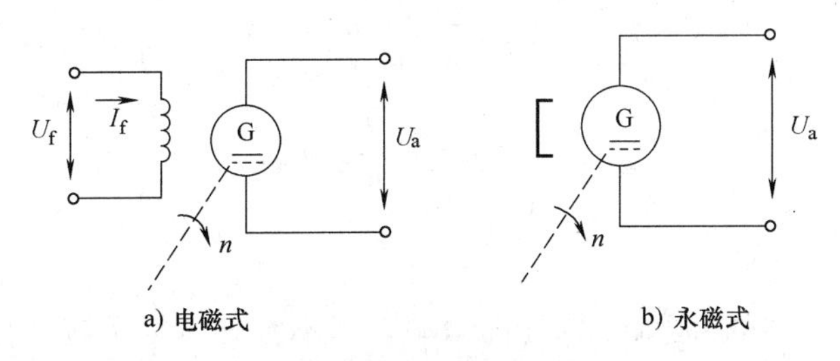

图 5-38 直流测速发电机

2. 永磁式

永磁式直流测速发电机表示符号如图 5-38b 所示。定子磁极是由永久磁钢做成，由于没有励磁绕组，所以可省去励磁电源。具有结构简单、使用方便等特点，近年来发展较快；其缺点是永磁材料的价格较贵，受机械振动易发生程度不同的退磁。为防止永磁式直流测速发电机的特性变坏，必须选用矫顽力较高的永磁材料。目前，我国生产的 CY 系列直流测速发电机为永磁式。

永磁式直流测速发电机按其应用场合不同，可分为普通速度型和低速型。前者的工作转速一般在每分钟几千转以上，最高可达每分钟一万转以上；而后者一般在每分钟几百转以下，最低可达每分钟一转以下。由于低速测速发电机能和低速力矩电动机直接耦合，省去了中间笨重的齿轮传动装置，消除了由于齿轮间隙带来的误差，提高了系统的精度和刚度，因而在国防、科研和工业生产等各种精密自动化技术中得到了广泛应用。

二、直流测速发电机的输出特性

测速发电机输出电压和转速的关系，即 $U=f(n)$ 称为输出特性。直流测速发电机的工作原理与一般直流发电机相同。根据直流电机理论，在磁极磁通量 Φ 为常数时，电枢感应电动势为

$$E_a=C_e\Phi n=K_e n \tag{5-20}$$

空载时，电枢电流 $I_a=0$，直流测速发电机的输出电压和电枢感应电动势相等，因而输出电压与转速成正比。

负载时，如图 5-39 所示。因为电枢电流 $I_a\neq 0$，直流测速发电机的输出电压

$$U_a=E_a-I_aR_a-\Delta U_b \tag{5-21}$$

式中，ΔU_b 为电刷接触压降；R_a 为电枢回路电阻。

在理想情况下，若不计电刷和换向器之间的接触电阻，即 $\Delta U_b=0$，则

$$U_a=E_a-I_aR_a \tag{5-22}$$

显然，带有负载后，由于电阻 R_a 上有电压降，测速发电机的输出电压比空载时小。负载时电枢电流为

$$I_a=\frac{U_a}{R_L} \tag{5-23}$$

式中，R_L 为测速发电机的负载电阻。

综上，可得

$$U_a=E_a-\frac{U_a}{R_L}R_a \tag{5-24}$$

$$U_a=\frac{E_a}{1+\frac{R_a}{R_L}}=\frac{C_e\Phi}{1+\frac{R_a}{R_L}}n=Cn \tag{5-25}$$

式中，$C=\frac{C_e\Phi}{1+\frac{R_a}{R_L}}$称为测速发电机输出特性的斜率。当不考虑电枢反应，且认为 Φ、R_a 和 R_L 都能保持为常数时，斜率 C 也是常数，输出特性便有线性关系。对于不同的负载电阻 R_L，测速发电机输出特性的斜率也不同，它将随负载电阻的增大而增大，如图 5-40 中实线所示。

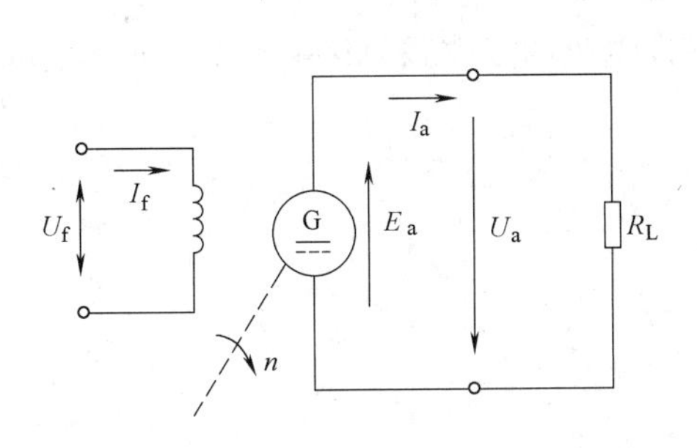

图 5-39 直流测速发电机带负载

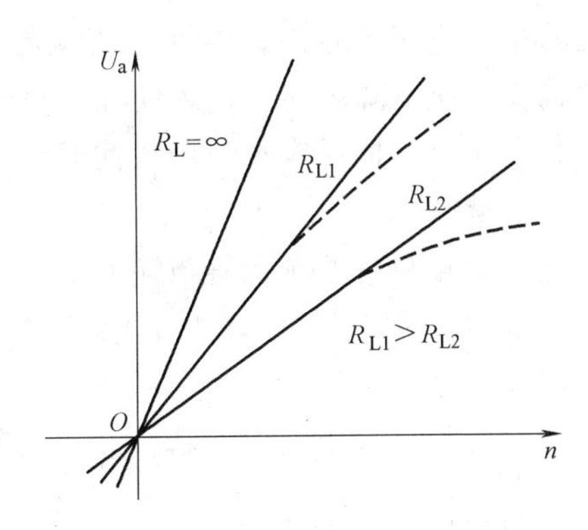

图 5-40 直流测速发电机的输出特性

三、直流测速发电机的误差及其减小方法

实际上直流测速发电机的输出特性 $U_a=f(n)$ 并不是严格的线性特性，而与线性特性之间存在有误差。下面讨论产生误差的原因及减小误差的方法。

1. 温度的影响

$U_a=f(n)$ 为线性关系的条件之一是励磁磁通 Φ 为常数。实际上，发电机周围环境温度的变化以及发电机本身发热（由发电机各种损耗引起）都会引起发电机绕组电阻的变化。当温度升高时，励磁绕组电阻增大，励磁电流减小，磁通也随之减小，输出电压就降低。反之，当温度下降时，输出电压便升高。

为了减小温度变化对输出特性的影响，通常可采取下列措施：

（1）设计发电机时，磁路比较饱和，使励磁电流的变化所引起磁通的变化较小。

（2）在励磁回路中串联一个阻值比励磁绕组电阻大几倍的附加电阻来稳流。附加电阻可用温度系数较低的合金材料制成，如锰镍铜合金或镍铜合金，它的阻值随温度变化较小。这样尽管温度变化引起励磁绕组电阻变化，但整个励磁回路总电阻的变化不大，磁通变化也不大。其缺点是励磁电源电压也需增高，励磁功率随之增大。

对测速精度要求比较高的场合，为了减小温度变化所引起的误差，可在励磁回路中串联具有负温度系数的热敏电阻并联网络，如图 5-41 所示。只要使负温度系数的并联网络所产生电阻的变化与正温度系数的励磁绕组电阻所产生的变化相同，励磁回路的总电阻就不会随温度而变化，因而励磁电流及励磁磁通也就不会随温度而变化。

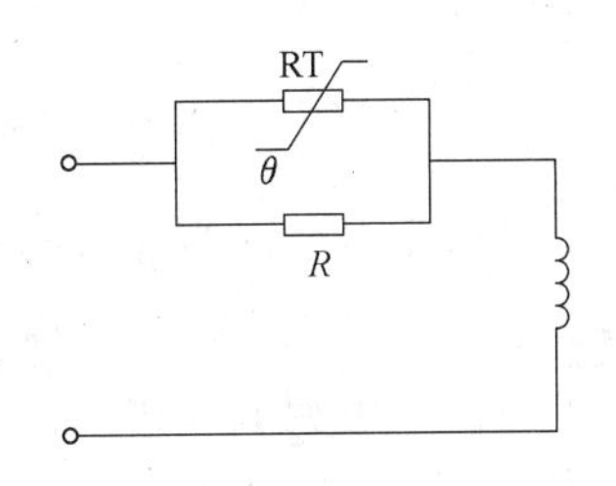

图 5-41 励磁回路中的热敏电阻并联网络

（3）励磁回路由恒流源供电，但相应的造价会提高。当然，温度的变化也要影响电枢绕组的电阻。但由于电枢电阻数值较小，所造成的影响也小，可不予考虑。

2. 电枢反应的影响

由于电枢磁场的存在，气隙中的磁场发生畸变，这种现象称为电枢反应。当直流测速发电机带负载时，负载电流流经电枢，产生电枢反应的去磁作用，使发电机气隙磁通减小。因此，在相同转速下，负载时电枢绕组的感应电动势比在空载时电枢绕组的感应电动势小。负载电阻越小或转速越高，电枢电流就越大，电枢反应的去磁作用越强，气隙磁通减小得越多，输出电压下降越显著，致使输出特性向下弯曲，如图 5-40 中虚线所示。

为了减小电枢反应对输出特性的影响，应尽量使发电机的气隙磁通保持不变。通常采取以下一些措施。

（1）对电磁式直流测速发电机，在定子磁极上安装补偿绕组。有时为了调节补偿的程度，还接有分流电阻，如图 5-42 所示。

（2）在设计发电机时，选择较小的线负荷 $\left(A=\dfrac{N_c i_c}{\pi D_a}\right)$ 和较大的空气隙。

（3）在使用时，转速不应超过最大线性工作转速，所接负载电阻不应小于最小负载电阻。

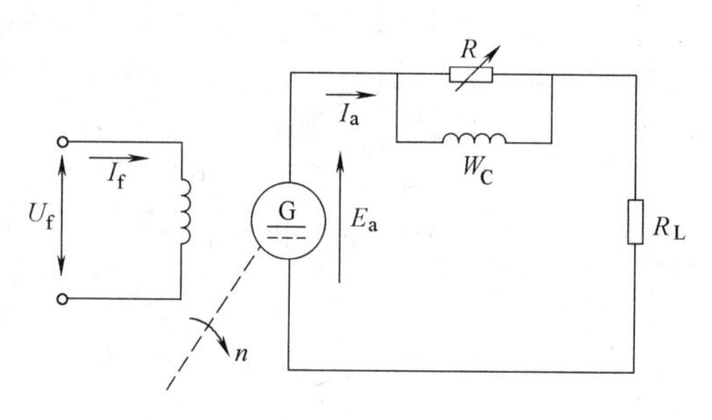

图 5-42　有补偿绕组时的接线图

3. 电刷位置的影响

当直流测速发电机带负载运行时，若电刷没有严格地位于几何中性线上，会造成测速发电机正反转时输出电压不对称，即在相同的转速下，测速发电机正反向旋转时，输出电压不完全相等。这是因为当电刷偏离几何中性线一个不大的角度时，电枢反应的直轴分量磁通若在一种转向下起着去磁作用，而在另一种转向下起着增磁作用。因此，在两种不同的转向下，尽管转速相同，电枢绕组的感应电动势不相等，其输出电压也不相等。

4. 电刷接触电阻的影响

测速发电机带负载时，由于电刷与换向器之间存在接触电阻，会产生电刷的接触压降 ΔU_b，使输出电压降低。即

$$U_a=E_a-I_aR_a-\Delta U_b=K_en-\frac{U_a}{R_L}R_a-\Delta U_b \tag{5-26}$$

$$U_a=\frac{K_e}{1+\dfrac{R_a}{R_L}}n-\frac{\Delta U_b}{R_L}R_a-\Delta U_b \tag{5-27}$$

电刷接触电阻是非线性的，它与流过的电流密度有关。当电枢电流较小时，接触电阻大，接触压降也大；当电枢电流较大时，接触电阻小。可见接触电阻与电流成反比。只有电枢电流较大，电流密度达到一定数值后，电刷接触压降才可近似认为是常数。考虑到电刷接触压降的影响，直流测速发电机的输出特性如图 5-43 所示。

由图 5-43 可见，在转速较低时，输出特性上有一段输出电压极低的区域，这一区域叫不灵敏区，以符号 Δn 表示。即在此区域内，测速发电机虽然有输入信号（转速），但输出电压很小，对转速的反应很不灵敏。接触电阻越大，不灵敏区也越大。

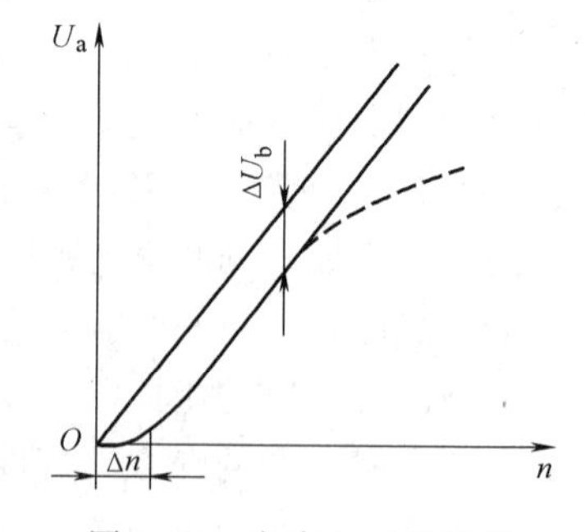

图 5-43　考虑电刷接触压降后的输出特性

为了减小电刷接触压降的影响，缩小不灵敏区，在直流测速发电机中，常常采用导电性能较好的黄铜—石墨电刷或含银金属电刷。铜制换向器的表面容易形成氧化层，也会增大接触电阻，在要求较高的场合，换向器也用含银合金或者在表面镀上银层，这样也可以减小电刷和换向器之间的磨损。

当同时考虑电枢反应和电刷接触压降的影响时，直流测速发电机的输出特性应如图 5-43中的虚线所示。在负载电阻很小或转速很高时，输出电压与转速之间出现明显非线性关系。因此，在实际使用时，宜选用较大的负载电阻和适当的转子转速。

5. 纹波的影响

实际上直流测速发电机，在 Φ 和 n 为定值时，其输出电压并不是稳定的直流电压，而总是带有微弱的脉动，通常把这种脉动称为纹波。

引起纹波的因素很多，主要是发电机本身的固有结构及加工误差所引起的。电枢绕组的电动势是每条支路中电枢元件电动势的叠加。由于发电机中每个电枢元件的感应电动势是变化的，所以电枢电动势也不是恒定的，即存在纹波。增加每条支路中串联的元件数，可以减小纹波。但由于工艺所限，发电机的槽数、元件数及换向片数不可能无限增加，所以输出电压不可避免要产生脉动。另外，由于电枢铁心有齿有槽，气隙不均匀，铁心材料的导磁性能各向相异等，也会使输出电压中纹波幅值上升。

电枢采用斜槽结构，可减小由于齿和槽所引起的输出电压中的高次谐波，从而减小纹波。

纹波电压的存在，对于测速发电机用于速度反馈或加速度反馈系统都很不利。特别在高精度的解算装置中更是不允许。因此，实用的测速发电机在结构和设计上都采取了一定的措施来减小纹波幅值，如无槽电枢电机输出电压纹波幅值只有槽电枢电机的1/5。

四、直流测速发电机的性能指标

1. 线性误差 $\Delta U\%$

在其工作的转速范围内，实际输出电压与理想输出电压的最大差值 ΔU_m 与最大理想输出电压 U_{am}之比称为线性误差，即

$$\Delta U\% = \frac{\Delta U_m}{U_{am}} \times 100\% \tag{5-28}$$

如图 5-44 所示。一般要求 $\Delta U\% = 1\% \sim 2\%$，要求较高的系统 $\Delta U\% = 0.1\% \sim 0.25\%$。$n_b$ 一般为 $5/6n_m$。

2. 最大线性工作转速 n_m

在允许的线性误差范围内的电枢最高转速称为最大线性工作转速，亦即测速发电机的额定转速。

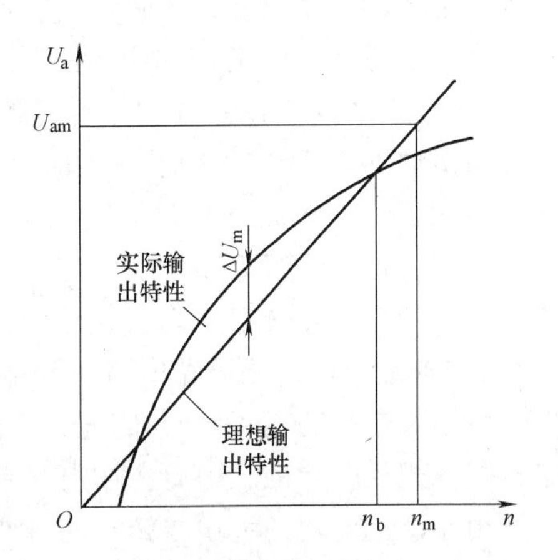

图 5-44　线性误差计算原理图

3. 输出斜率 K_g

在额定的励磁条件下，单位转速所产生的输出电压称为输出斜率。此值越大越好，增大负载电阻，可提高输出斜率。

4. 负载电阻 R_L

保证输出特性在允许误差范围内的最小负载电

阻值。在使用时，接到电枢两端的电阻应不小于此值。

5. 不灵敏区 Δn

由于换向器与电刷间的接触压降 ΔU_b，而导致测速发电机在低转速时，其输出电压很低，几乎为零，这个转速范围称为不灵敏区。

6. 输出电压的不对称度 K_{ub}

在相同转速下，测速发电机正反转时的输出电压绝对值之差 ΔU_{a2} 与两者平均值 U_{av} 之比称为输出电压的不对称度，即

$$K_{ub}=\frac{\Delta U_{a2}}{U_{av}}\times 100\% \tag{5-29}$$

一般不对称度为 0.35%~2%。

7. 纹波系数 K_u

在一定转速下，输出电压中交流分量的峰值与直流分量之比称为纹波系数。

5.2.2 交流测速发电机

一、交流测速发电机的基本结构与工作原理

交流测速发电机分为同步测速发电机和异步测速发电机。同步测速发电机输出电压的幅值和频率均随转速的变化而变化，因此一般只用作指示式转速计，很少用于自动控制系统的转速测量。异步测速发电机输出电压的频率和励磁电压的频率相同，而与转速无关，其输出电压与转速成正比，因而是交流测速发电机的首选。

根据转子的结构形式，异步测速发电机又可分为笼型转子异步测速发电机和杯形转子异步测速发电机，前者结构简单，输出特性斜率大，但特性差，误差大，转子惯量大，一般仅用于精度要求不高的系统中；后者转子采用非磁性空心杯，转子惯量小，精度高，是目前应用最广泛的一种交流测速发电机。

与交流伺服电动机相似，定子上也有两个空间上互差90°电角度的绕组，如图 5-45 所示。一个是励磁绕组，另一个是用来输出电压的输出绕组。转子有笼型和空心杯形两种，前者转动惯量大、性能差；后者用得最为广泛。

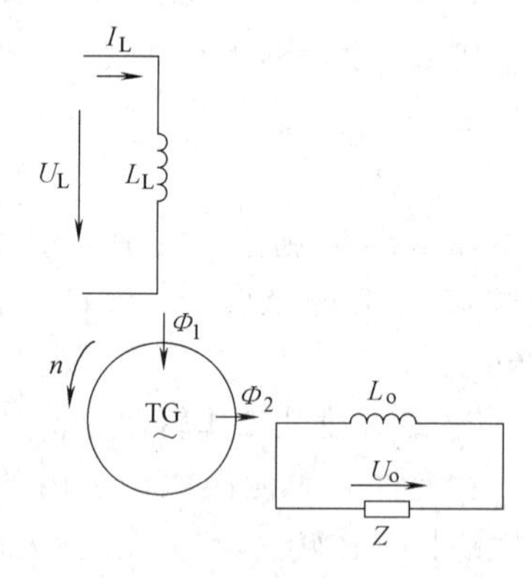

图 5-45 交流测速发电机原理图

定子励磁绕组 L_L 加大小不变的交流励磁电压后，励磁电流在励磁绕组的轴线方向上产生随时间按正弦规律变化的脉振磁通 Φ_1。当转子静止不动时，类似一台变压器，励磁绕组相当于一次绕组，转子导体相当于二次绕组。由于磁通方向与输出绕组 L_o 的轴线垂直，不会在输出绕组中产生感应电动势，当转子不动时，输出绕组的输出电压 $U_o=0$。当转子旋转时，转子导体因切割磁通而产生感应电流，转子电流又产生磁通 Φ_2，此磁通在空间上是固定的，与输出绕组轴线相重合。Φ_2 在时间上是按正弦规律变化的，因此在输出绕组中感应出频率相同的输出电压 U_o。

由于感应电流的大小与转子的转速成正比，故输出电压与转子的转速成正比。转子反转时，输出电压的相位也反相。只要用电压表就可以测出速度的大小和方向。

二、异步测速发电机的输出特性

在理想情况下，异步测速发电机的输出特性应是直线，但实际上异步测速发电机输出电压与转速之间并不是严格的线性关系，而是非线性的。应用双旋转磁场理论或交轴磁场理论，在励磁电压和频率不变的情况下，可得

$$U_2=\frac{An^*}{1+B(n^*)^2}U_f \tag{5-30}$$

$$n^*=\frac{n}{60f/p} \tag{5-31}$$

式中，n^* 为转速的标幺值；A 为电压系数，是与发电机及负载参数有关的复系数；B 为与发电机及负载参数有关的复系数。

由上述公式可以看出，由于分母中有 $B(n^*)^2$ 项，使输出特性不是直线而是一条曲线，如图 5-46 所示。造成输出电压与转速成非线性关系，是因为异步测速发电机本身的参数是随发电机的转速而变化的；其次输出电压与励磁电压之间的相位差也将随转速而变化。

此外，输出特性还与负载的大小、性质以及励磁电压的频率与温度变化等因素有关。

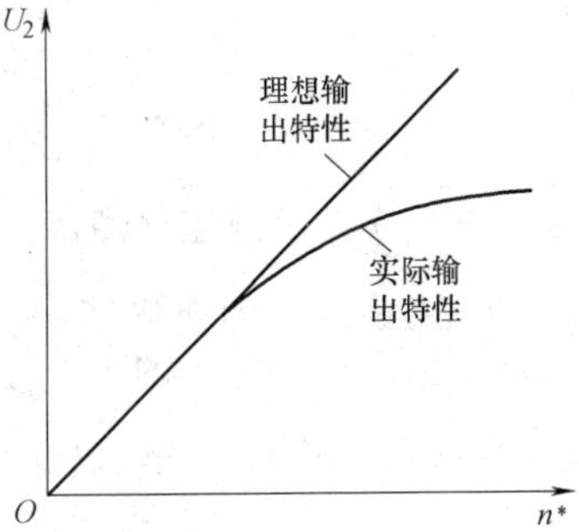

图 5-46　异步测速发电机的输出特性

三、异步测速发电机的输出特性

异步测速发电机在控制系统中工作时，一般情况下输出绕组所连接的负载阻抗是很大的，所以可以近似地用输出绕组开路的情况进行分析。但倘若负载阻抗不是足够大，负载阻抗对发电机的性能就会有影响。下面来讨论不同负载对输出电压的影响。

由于异步测速发电机输出电压与负载阻抗之间的函数关系是相当复杂的，所以为了分析方便，假设励磁电压 $\dot{U}_f$ 不变时，磁通 $\dot{\Phi}_2$ 为常数。这样，输出绕组的感应电动势 $\dot{E}_2$ 就仅与转速成正比，当转速不变时，电动势 $\dot{E}_2$ 也为常数，且设此时 $\dot{E}_2$ 滞后励磁电压 φ_0 相角。输出绕组的电压平衡方程式为

$$\dot{E}_2=\dot{U}_2+\dot{I}_2(R_2+jX_2)=\dot{I}_2Z_L+\dot{I}_2(R_2+jX_2) \tag{5-32}$$

式中，R_2 和 X_2 分别为输出绕组的电阻和漏抗。

通过向量图分析可得输出电压的大小和相位移与负载阻抗的关系，如图 5-47 所示。由此可得如下结论：

（1）当异步测速发电机的转速一定，且负载阻抗足够大时，无论什么性质的负载，即使负载阻抗有变化也不会引起输出电压有明显改变。

（2）当 $X_c>\frac{R_2^2+X_2^2}{X_2}$ 时，电容负载和电阻负载对输出电压值的影响是相反的。所以，若测速发电机输出绕组接有电阻—电容负载时，则负载阻抗的改变对输出电压值的影响可以互补，有可能使输出电压不受负载变化的影响，但却扩大了对相位移的影响。

（3）若输出绕组接有电阻—电感负载，则可获得相位移不受负载阻抗改变的影响，但

却扩大了对输出电压值的影响。

在实际中到底选用什么性质的负载，应由系统的要求来决定。一般希望输出电压值不受负载变化的影响，故常采用电阻—电容负载。

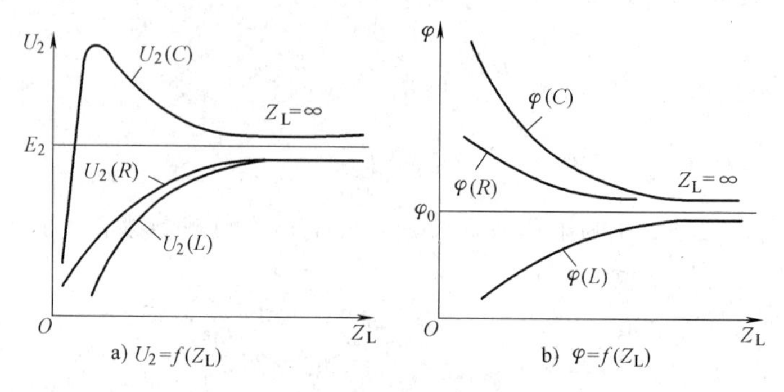

图 5-47　输出电压的大小和相位移与负载阻抗的关系

四、产生误差的原因及减小的措施

1. 气隙磁通 $\dot{\Phi}_d$ 的变化

根据异步测速发电机的工作原理，当略去励磁绕组和转子漏阻抗的影响时，气隙磁通 $\dot{\Phi}_d$ 能保持常数，输出电压与转速之间便有线性关系。事实上，漏阻抗总是存在的，当转子旋转切割磁通 $\dot{\Phi}_d$ 后，在转子杯导条中产生的电流 $\dot{I}_r$ 将在时间相位上滞后电动势 $\dot{E}_r$ 一个角度。在同一瞬时，转子杯中电流方向如图 5-48 中的内圈符号所示。由电流 $\dot{I}_2$ 所产生的磁通 $\dot{\Phi}_r$ 在空间上就不与 $\dot{\Phi}_d$ 相差 90°电角度。但可以把它分解为 $\dot{\Phi}_2$ 和 $\dot{\Phi}'_d$ 两个分量，其中 $\dot{\Phi}_d$ 的方向与磁通 $\dot{\Phi}'_d$ 正好相反，起去磁作用；另外，转子旋转还要切割磁通 $\dot{\Phi}_2$，又要在转子杯导条中产生切割电动势 $\dot{E}'_r$ 和电流 $\dot{I}'_r$，而且它们正比于转速 n 的二次方。根据磁通 $\dot{\Phi}_2$ 与转速 n 的方向，可确定出在此瞬间 $\dot{E}'_r$ 和 $\dot{I}'_r$ 的方向，如图 5-48 中的外圈符号所示（为了简化起见，这里仍不计 X_2 的影响）。当然 $\dot{I}'_2$也要产生磁通。由图可见，$\dot{I}'_r$ 所产生的磁通 $\dot{\Phi}''_d$ 的方向也与磁通 $\dot{\Phi}_d$ 正好相反，也起去磁作用。根据磁动势平衡原理，励磁绕组的电流 $\dot{I}_f$ 发生变化。即使外加励磁电压 $\dot{U}_f$ 不变，电流 $\dot{I}_f$ 的变化也将引起励磁绕组漏阻抗压降的变化，使磁通 $\dot{\Phi}_d$ 也随之发生变化，即随着转速的增大而减小。这样就破坏了输出电压 U_2 与转速 n 的线性关系，使输出特性在转速 n 较大时，特性变得向下弯曲。

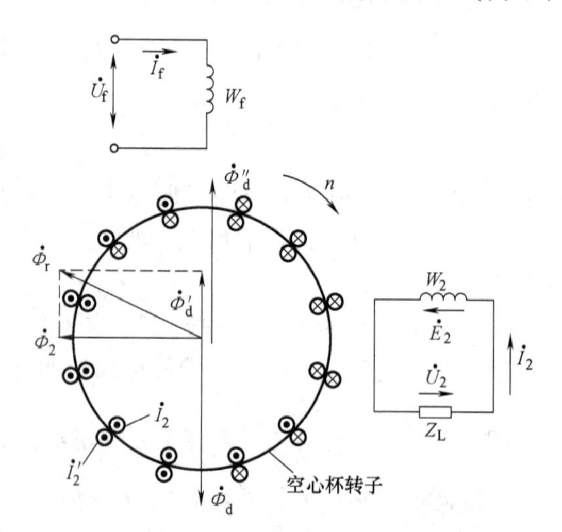

图 5-48　转子杯电流对定子的影响

显然，减小励磁绕组的漏阻抗或增大转子电阻，都可以减小气隙磁通 $\dot{\Phi}_d$ 的变化。

而减小励磁绕组的漏阻抗，会使发电机的体积增大。为此，常采用增大转子电阻的办法，来满足输出特性的线性要求。

此外，通过减小发电机的相对转速 n^* 也可以减小输出电压的误差。对于一定的转速，通常采用提高励磁电源的频率，从而增大异步测速发电机的同步转速来实现。因此，异步测速发电机大都采用 400Hz 的中频励磁电源。

2. 励磁电源的影响

异步测速发电机对励磁电源电压的幅值、频率和波形要求都比较高。电源电压幅值不稳定，会直接引起输出电压的波动。频率的变化对输出电压的大小和相位角也有明显的影响。随着频率的增加，在电感性负载时，输出电压稍有增长；而在电容性负载时，输出电压的增加比较明显；在电阻负载时，输出电压的变化是最小的。频率的变化对相位角的影响更为严重。因为频率的增加使得发电机中的漏阻抗增加，输出电压的相位更加滞后。但当转子电阻较大时，相位滞后得要小一些。此外，波形的失真会引起输出电压中含有高次谐波分量。

3. 温度的影响

发电机温度的变化，会使励磁绕组和空心杯转子的电阻以及磁性材料的磁性能发生变化，从而使输出特性发生改变。温度升高使输出电压降低，而相位角增大。为此，在设计空心杯时应选用电阻温度系数较小的材料。在实际使用时，可采用温度补偿措施。最简单的方法是在励磁回路、输出回路或同时在两个回路串联负温度系数的热敏电阻来补偿温度变化的影响。

五、异步测速发电机的主要技术指标

表征异步测速发电机性能的技术指标主要有线性误差、相位误差和剩余电压。

1. 线性误差

异步测速发电机的输出特性是非线性的，在工程上用线性误差来表示它的非线性度。工程上为了确定线性误差的大小，一般把实际输出特性上对应于 $n_c^* = \sqrt{3}n_m^*/2$ 的一点与坐标原点的连线作为理想输出特性，其中 n_m^* 为最大转速标幺值。将实际输出电压与理想输出电压的最大差值 ΔU_m 与最大理想输出电压 U_{2m} 之比定义为线性误差，如图 5-49 所示。即

$$\delta = \frac{\Delta U_m}{U_{2m}} \times 100\% \tag{5-33}$$

式中，U_{2m} 为规定的最大转速对应的线性输出电压。

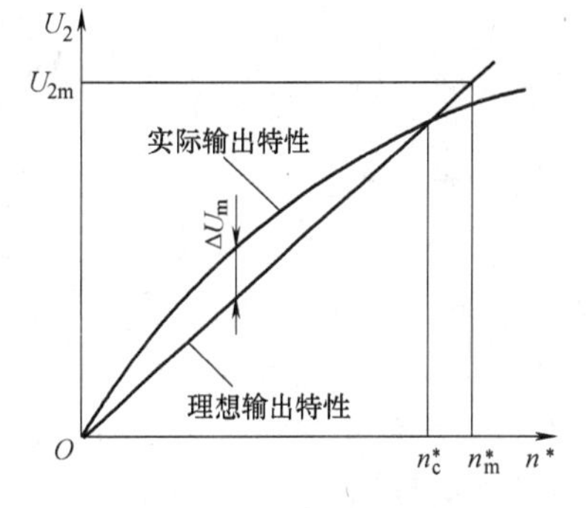

图 5-49　输出特性线性度

一般线性误差大于 2% 时，用于自动控制系统作校正元件；而作为解算元件时，线性误差必须很小，约为千分之几以上。目前，高精度异步测速发电机线性误差可达 0.05% 左右。

2. 相位误差

自动控制系统希望测速发电机的输出电压与励磁电压同相位。实际上测速发电机的输出电压与励磁电压之间总是存在相位移，且相位移的大小还随着转速的不同而变化。在规定的转速范围内，输出电压与励磁电压之间的相位移的变化量 $\Delta\varphi$ 称为相位误差，如图 5-50 所示。

异步测速发电机的相位误差一般不超过 1°～2°。由于相位误差与转速有关，所以很难进行补偿。为了满足控制系统的要求，目前应用较多的是在输出回路中进行移相，即输出绕组

通过 RC 移相网络后再输出电压，如图 5-51 所示。调节 R_1 和 C_1 的值可使输出电压 $\dot{U}_2$ 进行移相；电阻 R_2 和 R_3 组成分压器，改变 R_2 和 R_3 的阻值可调节输出电压 $\dot{U}_2$ 的大小。采用这种方法移相时，整个 RC 网络和后面的负载一起组成测速发电机的负载。

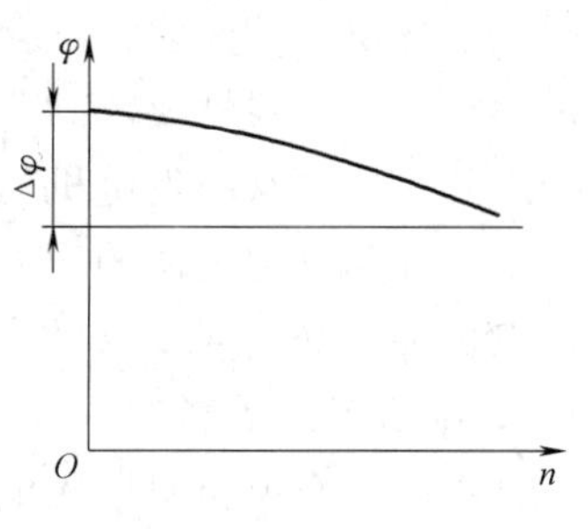

图 5-50　相位特性

3. 剩余电压

在理论上测速发电机的转速为零时，输出电压也为零。但实际上异步测速发电机转速为零时，输出电压并不为零，这就会使控制系统产生误差。这种测速发电机在规定的交流电源励磁下，发电机的转速为零时，输出绕组所产生的电压，称为剩余电压（或零速电压）。它的数值一般只有几十毫伏，但它的存在却使得输出特性曲线不再从坐标的原点开始，如图 5-52 所示。它是引起异步测速发电机误差的主要部分。

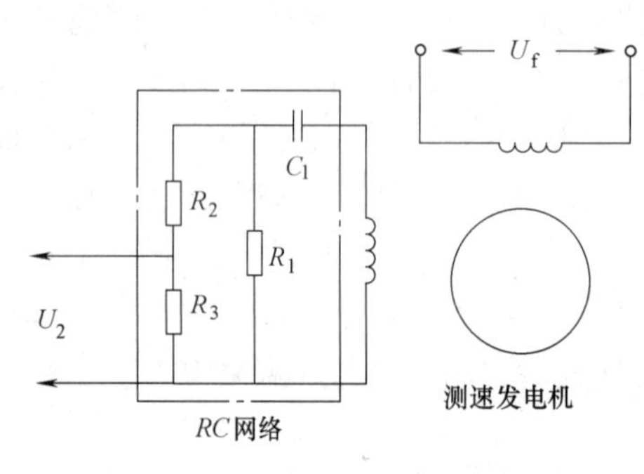

图 5-51　输出回路中的移相

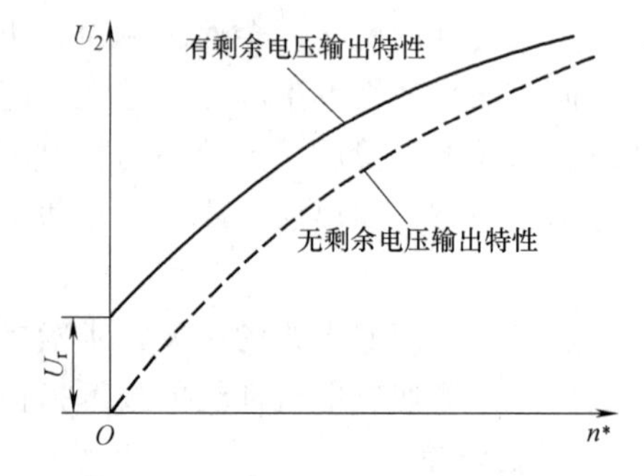

图 5-52　剩余电压对输出特性的影响

任务 5.3　步进电动机

【任务引入】

步进电动机无需反馈就可构成开环控制系统，使系统结构大大简化、使用维护更加方便、工作可靠，在一般使用场合具有足够高的精度等。步进电动机由于有上述特点和优点而广泛应用在机械、冶金、电力、纺织、电信、电子、仪表、化工、轻工、办公自动化设备、医疗、印刷以及航空航天、船舶、核工业、国防工业等领域。

【任务目标】

（1）掌握步进电动机的工作原理和运行性能。

（2）了解步进电动机的结构和分类。

【技能目标】

（1）能够根据性能指标选择步进电动机。

（2）能够正确使用步进电动机。

5.3.1　认识步进电动机

步进电动机伺服系统一般构成典型的开环伺服系统，其结构原理如图 5-53 所示。

在开环伺服系统中，执行元件是步进电动机，它能将CNC装置输出的进给脉冲转换成机械角位移运动，并通过齿轮、丝杠带动工作台直线移动。步进电动机伺服系统中无位置、速度检测环节，其精度主要取决于步进电动机的步距角以及与之相连的传动链的精度。

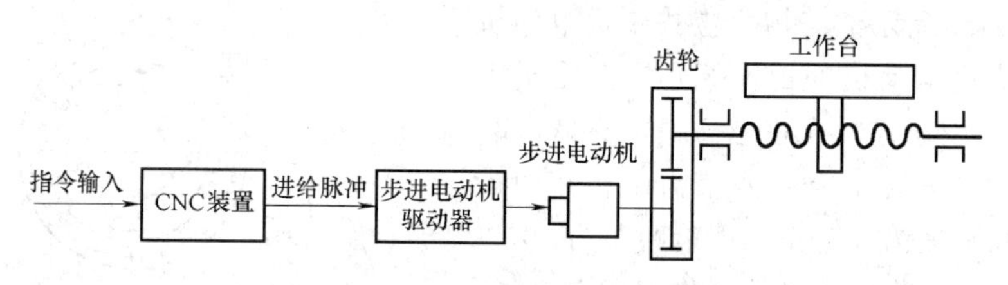

图5-53 步进电动机伺服系统

步进电动机的最高转速通常要比直流伺服电动机和交流伺服电动机低，且在低速时容易产生振动，影响加工精度。但步进电动机伺服系统的制造与控制比较容易，在速度和精度要求不太高的场合有一定的使用价值，特别适合于中、低精度的经济型数控机床和普通机床的数控化改造。

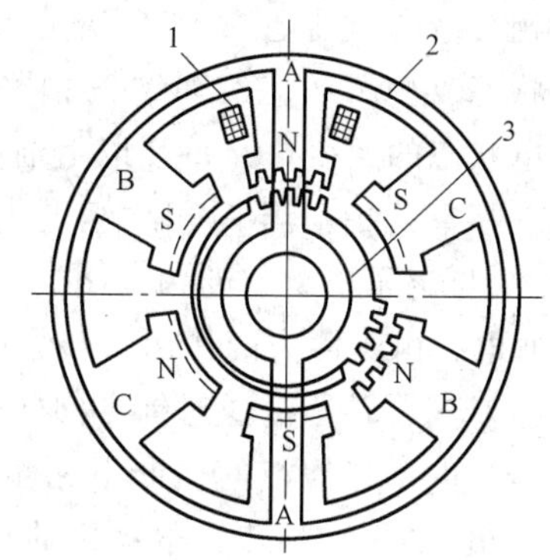

图5-54 步进电动机结构原理图

1—绕组 2—定子铁心 3—转子铁心

我国使用的反应式步进电动机较多，图5-54所示是一典型的单定子、径向分相、反应式步进电动机的结构原理图。它与普通电动机一样，也是由定子和转子构成，其中定子又分为定子铁心和定子绕组。定子铁心由硅钢片叠压而成，定子绕组是绕置在定子铁心六个均匀分布的齿上的线圈，在径向上相对的两个齿上的线圈串联在一起，构成一相控制绕组。

图5-54所示的步进电动机可构成A、B、C三相控制绕组，故称三相步进电动机。若任一相绕组通电，便形成一组定子磁极，其方向即图中所示的N、S极。在定子的每个磁极上，面向转子的部分，又均匀分布着5个小齿，这些小齿呈梳状排列，齿槽等宽，齿距角为9°。转子上没有绕组，只有均匀分布的40个齿，其大小和间距与定子上的完全相同。此外，三相定子磁极上的小齿在空间位置上依次错开1/3齿距，即3°，如图5-55所示。当A相磁极上的小齿与转子上的小齿对齐时，B相磁极上的齿刚好超前（或滞后）转子齿1/3齿距角，C相磁极齿超前（或滞后）转子齿2/3齿距角。步进电动机每走一步所转过的角度称为步距角，其大小等于错齿的角度。错齿角度的大小取决于转子上的齿数，磁极数越多，转子上的齿数越多，步距角越小，步进电动机的位置精度越高，其结构也越复杂。

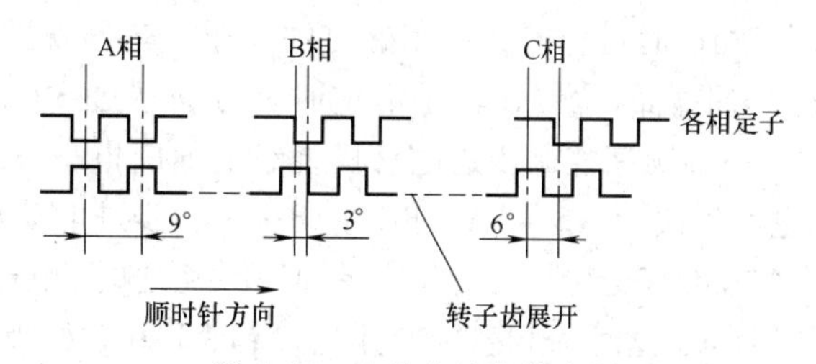

图5-55 步进电动机的齿距

除上面介绍的反应式步进电动机之外，常见的步进电动机还有永磁式步进电动机和永磁反应式步进电动机，它们的结构虽不相同，但工作原理相同。

5.3.2 反应式步进电动机的工作原理

步进电动机的工作原理是：当某相定子绕组通电励磁后，吸引转子转动，使转子的齿与该相定子磁极上的齿对齐，实际上就是电磁铁的作用原理。

现以图5-56所示的三相反应式步进电动机为例来说明步进电动机的工作原理。其定子上有A、B、C三对磁极，在相应磁极上有A、B、C三相绕组，假设转子上有四个齿，相邻两齿所对应的空间角度为齿距角，即齿距角为90°。

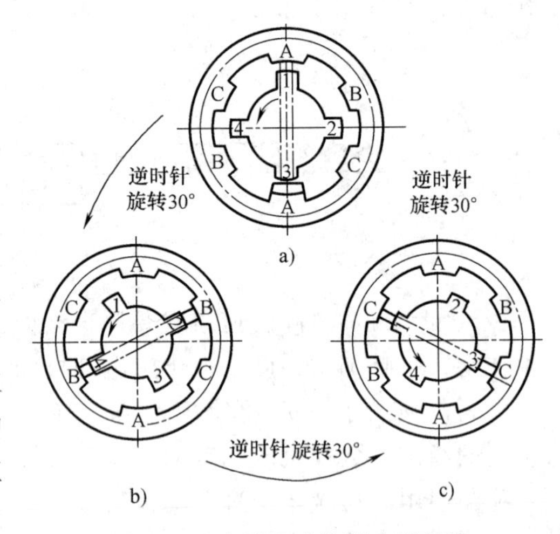

图5-56 步进电动机驱动原理图

三相反应式步进电动机的工作方式有三种：三相单三拍、三相双三拍、三相单双六拍。“三相”是指定子绕组数有A、B、C三相；“单”是指每次只有一相绕组通电（“双”是指每次有两相绕组同时通电）；“拍”是指定子绕组的通电状态改变一次，例如“三拍”是指经过三次通电状态的改变，又重复以上通电变化规律。

三相单三拍：当A相绕组通电时，转子的齿1、3与定子AA上的齿对齐，若A相断电，B相通电，由于磁力的作用，转子的齿与定子的齿就近转动对齐，转子的齿2、4与定子BB上的齿对齐，转子沿逆时针方向转过30°，如果控制电路不停地按A→B→C→A……的顺序控制步进电动机绕组的通断电，步进电动机的转子便不停地逆时针转动。若通电顺序改为A→C→B→A……，步进电动机的转子将顺时针转动。

在三相单三拍通电方式中，由于每次只有一相绕组通电，在相邻节拍转换瞬间失去自锁力矩，容易使转子在平衡位置附近产生振动，因此稳定性不好，实际中很少采用。同样的，步进电动机可以采用双节拍或单双节拍工作方式。

三相双三拍：当A、B相绕组同时通电时，转子的磁极将同时受到A相和B相磁极的吸引力，因此转子的磁极只好停在A、B相磁极吸引力作用平衡的位置。若改变成A相断电，B、C相同时通电时，由于磁力的作用，转子就近转动，转子的磁极停在B、C相磁极吸引力作用平衡的位置，转子沿逆时针方向转过30°，如果控制电路不停地按AB→BC→CA→AB……的顺序控制步进电动机绕组的通断电，步进电动机的转子便不停地逆时针转动。若通电顺序改为AB→CA→BC→AB……，步进电动机的转子将顺时针转动。

三相单双六拍：首节拍只有A相绕组通电，转子与定子AA对齐；下一拍变成A、B相绕组同时通电，这时A相磁极吸引1、3齿，B相磁极吸引2、4齿，转子逆时针转过15°，此时转子所受A、B相磁极吸引力正好平衡，以此类推，单相绕组通电和双相绕组同时通电依次交替改变，其逆时针转动通电顺序为A→AB→B→BC→C→CA→A……，顺时针转动通电顺序为A→AC→C→CB→B→BA→A……，相应地，定子绕组的通电状态每改变一次，转子转过15°。

5.3.3 步进电动机的运行特性

步进电动机是一种可将电脉冲信号转换为机械角位移的控制电动机，利用它可以组成一个简单实用的全数字化伺服系统，并且不需要反馈环节。概括起来主要有如下特点：

① 步进电动机定子绕组每接收一个脉冲信号，控制其通电状态改变一次，它的转子便转过一定角度，即步距角。

② 改变步进电动机定子绕组的通电顺序，转子的旋转方向随之改变。

③ 步进电动机定子绕组通电状态的变化频率越高，转子的转速越高，但脉冲频率变化过快，会引起失步或过冲（即步进电动机少走或多走）。

④ 定子绕组所加电源要求是脉冲电流形式，故也称之为脉冲电动机。

⑤ 有脉冲就走，无脉冲就停，角位移随脉冲数的增加而增加。

⑥ 输出转角精度较高，一般只有相邻误差，但无累积误差。

⑦ 步距角 θ_s 与定子绕组相数 m、转子齿数 z、通电方式 k 有关，可表示为

$$\theta_s = 360/(mzk)$$

式中，m 相 m 拍时，$k=1$；m 相 $2m$ 拍时，$k=2$；θ_s 的单位为（°）。

5.3.4 步进电动机的主要技术指标

1. 步距角 θ_s

每输入一个电脉冲信号转子转过的角度称为步距角。步距角的大小会直接影响步进电动机的起动和运行频率，步距角小的往往起动、运行频率较高。

2. 精度

最大步距误差：是指步进电动机旋转一转内相邻两步之间最大步距和理想步距角的差值，用理想步距的百分数表示。

最大步距累积误差：是指任意位置开始，经过任意步之后，角位移误差的最大值。

静态步距角误差：是指实际的步距角与理论的步距角之间的差值，通常用理论步距角的百分数或绝对值大小来衡量。静态步距角误差小，表示电动机精度高。

3. 转矩 T

保持转矩（定位转矩）：是指步进电动机绕组不通电时电磁转矩的最大值，或转角不超过一定值时的转矩值。

静转矩：是指步进电动机不改变控制绕组通电状态，即转子不转情况下的电磁转矩。

最大静转矩 T_{jmax}：是指步进电动机在规定的通电相数下矩角特性的转矩最大值。一般说来，最大静转矩较大的电动机可以带动较大的负载转矩。

负载转矩 T_L：负载转矩和最大静转矩的比值通常取为 0.3~0.5。

动转矩：是指步进电动机转子转动情况下的最大输出转矩值。它与运行频率有关。

4. 响应频率

响应频率：是指在某一频率范围，步进电动机可以任意运行而不丢失一步的最大频率。通常用起动频率来作为衡量指标。

5. 起动频率 f_q 和起动矩频特性

起动频率（突跳频率）：是指步进电动机能够不失步起动的最高脉冲频率。产品目录上一般都有空载起动频率的数据，但在实际使用时，步进电动机大都要在带负载的情况下起动，这时负载起动频率是一个重要指标。

起动矩频特性：步进电动机在一定的负载惯量下，起动频率随负载转矩变化的特性称为

起动矩频特性，通常以表格或曲线形式给出。

6. 运行频率 f_q 和运行矩频特性

运行频率：步进电动机起动后，当控制脉冲频率连续上升时能不失步的最高频率称为运行频率。通常给出的也是空载下的运行频率。

运行矩频特性：当电动机带着一定负载运行时，运行频率与负载转矩大小有关，两者的关系称为运行矩频特性。

必须注意：步进电动机的起动频率、运行频率及其矩频特性都与电源型式有密切关系，使用者必须了解技术数据给出的性能指标是在怎样型式的电源下测定的。一般来说，高低压切换型电源其性能指标较高，如使用时改为单一电压型电源，则性能指标要相应降低。

7. 额定电流

电动机不动时每一相绕组容许通过的电流定为额定电流。当电动机运转时，每相绕组通过的是脉冲电流，电流表指示的读数为脉冲电流平均值。绕组电流太大，电动机温升会超过容许值。

8. 额定电压

步进电动机额定电压指的是驱动电源应供给的电压，一般不等于加在绕组两端的电压。

5.3.5 步进电动机的驱动控制

步进电动机的运行性能不仅与步进电动机本身和负载有关，而且和与其配套的驱动控制装置有着十分密切的关系。步进电动机驱动控制装置主要由环形脉冲分配器和功率放大驱动电路两大部分组成，如图 5-57 所示。

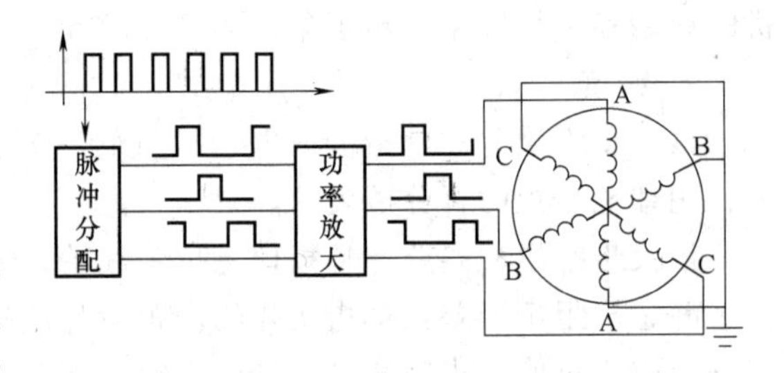

图 5-57 步进电动机的控制框图

1. 功率放大驱动电路

功率放大驱动电路完成由弱电到强电信号的转换和放大，也就是将逻辑电平信号变换成电动机绕组所需的具有一定功率的电流脉冲信号。

一般情况下，步进电动机对驱动电路的要求主要有：能提供足够幅值，前后沿较好的励磁电流；功耗小，变换效率高；能长时间稳定可靠运行；成本低且易于维护。

常见的步进电动机驱动电路有三种：

（1）单电源驱动电路。这种电路采用单一电源供电，结构简单，成本低，但电流波形差，效率低，输出力矩小，主要用于对速度要求不高的小型步进电动机的驱动，图 5-58 所示为步进电动机的一相绕组驱动电路（每相绕组的电路相同）。

当环形分配器的脉冲输入信号 U_u 为低电平（逻辑 0，约 1V）时，虽然 VT_1、VT_2 管都导通，但只要适当选择 R_1、R_3、R_5 的阻值，使 $U_{b3}<0$（约为-1V），那么 VT_3 管就处于截止状态，该相绕组断电。当输入信号 U_u 为高电平（逻辑 1，约 3.6V）时，$U_{b3}>0$（约为 0.7V），VT_3 管饱和导通，该相绕组通电。

（2）双电源驱动电路。又称高低压驱动电路，采用高压和低压两个电源供电。在步进电动机绕组刚接通时，通过高压电源供电，以加快电流上升速度，延迟一段时间后，切换到

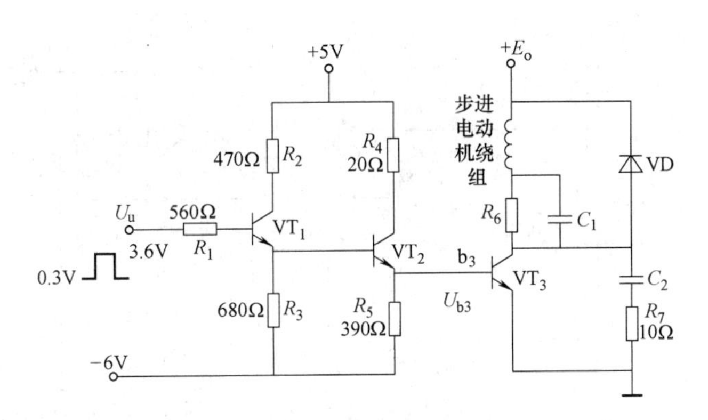

图 5-58　单电源驱动电路

低压电源供电。这种电路使电流波形、输出转矩及运行频率等都有较大改善，如图 5-59 所示。

当环形分配器的脉冲输入信号 U_u 为高电平时（要求该相绕组通电），晶体管 VT_g、VT_d 的基极都有信号电压输入，使 VT_g、VT_d 均导通。于是在高压电源作用下（这时二极管 VD_1 两端承受的是反向电压，处于截止状态，可使低压电源不作用于绕组）绕组电流迅速上升，电流前沿很陡。当电流达到或稍微超过额定稳态电流时，利用定时电路或电流检测器等措施切断 VT_g 基极上的信号电压，于是 VT_g 截止，但此时 VT_d 仍然是导通的，因此绕组电流即转而由低压电源经过二极管 VD_1 供给。当环形分配器输出端的电压 U_u 为低电平时（要求绕组断电），VT_d 基极上的信号电压消失，于是 VT_d 截止，绕组中的电流经二极管 VD_2 及电阻 R_{f2} 向高压电源放电，电流便迅速下降。采用这种高低压切换型电源，电动机绕组上不需要串联电阻或者只需要串联一个很小的电阻 R_{f1}（为平衡各相的电流），所以电源的功耗比较小。由于这种供电方式使电流波形得到很大改善，所以步进电动机的转矩—频率特性好，起动和运行频率得到很大的提高。

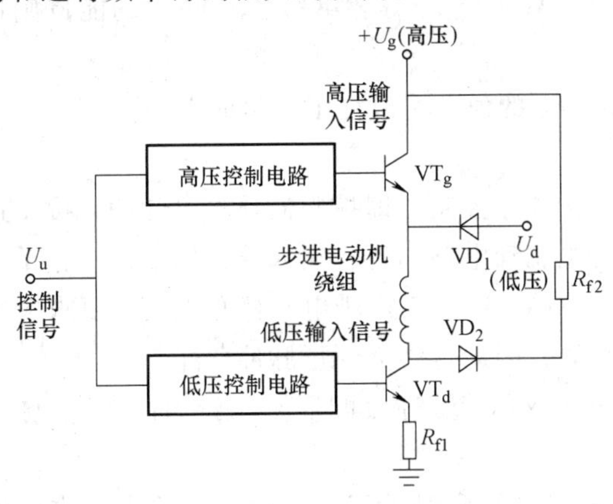

图 5-59　高、低压驱动电路

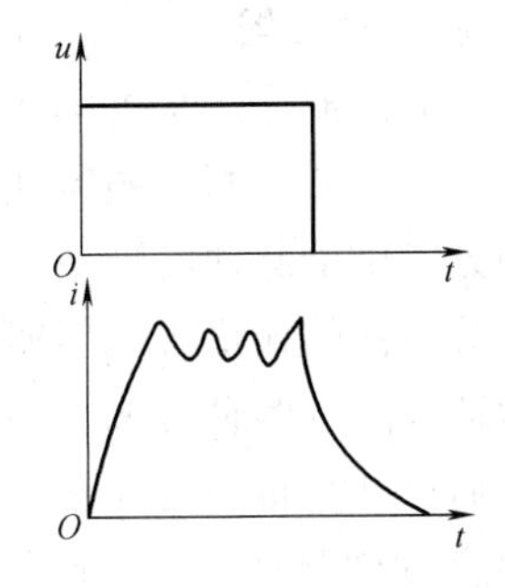

图 5-60　斩波限流驱动电路波形图

（3）斩波限流驱动电路。这种电路采用单一高压电源供电，以加快电流上升速度，并通过对绕组电流的检测，控制功放管的开和关，使电流在控制脉冲持续期间始终保持在规定值上下，其波形如图 5-60 所示。这种电路出力大，功耗小，效率高，目前应用最广。图 5-61所示为一种斩波限流驱动电路原理图，其工作原理如下：

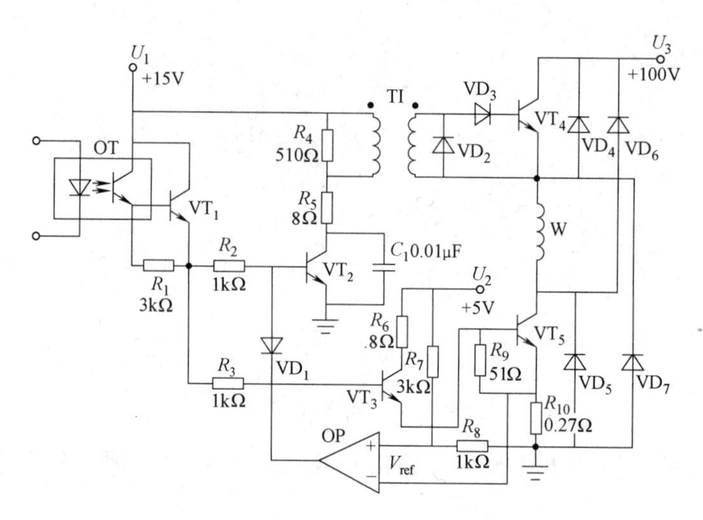

图 5-61 斩波限流驱动电路

当环形分配器的脉冲输入高电平（要求该相绕组通电）加载到光耦合器 OT 的输入端时，晶体管 VT_1 导通，并使 VT_2 和 VT_3 也导通。在 VT_2 导通瞬间，脉冲变压器 TI 在其二次线圈中感应出一个正脉冲，使大功率晶体管 VT_4 导通。同时由于 VT_3 的导通，大功率晶体管 VT_5 也导通。于是绕组 W 中有电流流过，步进电动机旋转。由于 W 是感性负载，其中电流在导通后逐渐增加，当其增加到一定值时，在检测电阻 R_{10}上产生的压降将超过由分压电阻 R_7 和电阻 R_8 所设定的电压值 V_{ref}，使比较器 OP 翻转，输出低电平使 VT_2 截止。在 VT_2 截止瞬时，又通过 TI 将一个负脉冲交链到二次线圈，使 VT_4 截止。于是电源通路被切断，W 中储存的能量通过 VT_5、R_{10}及二极管 VD_7 释放，电流逐渐减小。当电流减小到一定值后，在 R_{10}上的压降又低于 V_{ref}，使 OP 输出高电平，VT_2、VT_4 及 W 重新导通。在控制脉冲持续期间，上述过程不断重复。当输入低电平时，VT_1 ~ VT_5 等相继截止，W 中的能量则通过 VD_6、电源、地和 VD_7 释放。

该电路限流值可达 6A 左右，改变电阻 R_{10}或 R_8 的值，可改变限流值的大小。

2. 脉冲分配器

脉冲分配器完成步进电动机绕组中电流的通断顺序控制，即控制插补输出脉冲，按步进电动机所要求的通断电顺序规律分配给步进电动机驱动电路的各相输入端，例如，三相单三拍驱动方式供给脉冲的顺序为 A→B→C→A 或 A→C→B→A。由于电动机有正反转要求，所以脉冲分配器的输出既是周期性的，又是可逆性的，因此也称为环形脉冲分配。

脉冲分配有两种方式：一种是硬件脉冲分配（或称为脉冲分配器），另一种是软件脉冲分配，通过计算机编程控制。

（1）硬件脉冲分配。硬件脉冲分配器由逻辑门电路和触发器构成，提供符合步进电动机控制指令所需的顺序脉冲。目前已经有很多可靠性高、尺寸小、使用方便的集成电路脉冲分配器供选择，按其电路结构不同，可分为 TTL 集成电路和 CMOS 集成电路。

目前市场上提供的国产 TTL 脉冲分配器有三相、四相、五相和六相，均为 18 个引脚的直插式封装。CMOS 集成脉冲分配器也有不同型号，例如，CH250 型用来驱动三相步进电动机，封装形式为 16 脚直插式，它可工作于单三拍、双三拍、三相六拍等方式，如图 5-62

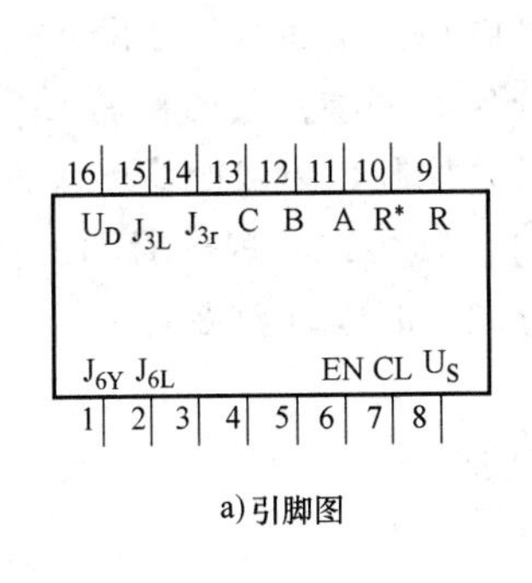

a)引脚图

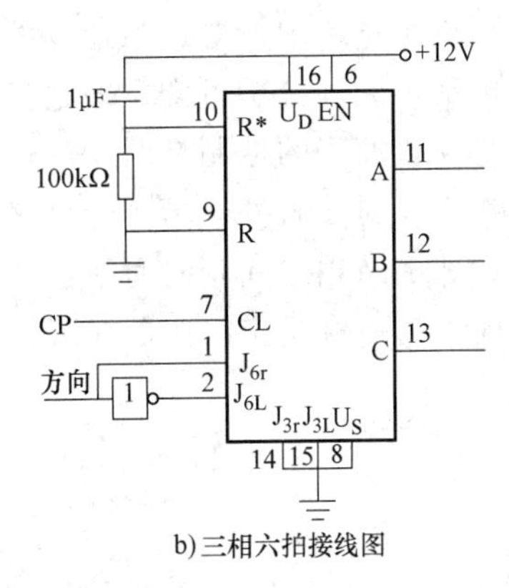

b)三相六拍接线图

图 5-62　CH250 环型分配器

所示。

硬件脉冲分配器的工作方法基本相同，当各个引脚连接好之后，主要通过一个脉冲输入端控制步进的速度；一个输入端控制电动机的转向；并有与步进电动机相数同数目的输出端分别控制电动机的各相。如图 5-62b 所示为三相六拍的接线图。当进给脉冲 CP 的上升沿有效，并且方向信号为“1”时则正转，为“0”时则反转。

（2）软件脉冲分配。在计算机控制的步进电动机驱动系统中，可以采用软件的方法实现环形脉冲分配。软件环形分配器的设计方法有很多，如查表法、比较法、移位法等，它们各有特点，其中常用的是查表法。

图 5-63 所示是一个 89C51 单片机与步进电动机驱动电路接口连接的框图。P1 口的三个 I/O 口经过光电隔离、功率放大之后，分别与电动机的 A、B、C 三相连接。当采用三相六拍方式时，电动机正转的通电顺序为 A→AB→B→BC→C→CA→A；电动机反转的顺序为 A→AC→C→CB→B→BA→A。它们的环形分配见表 5-2。把表中的数值按顺序存入内存的 EPROM 中，并分别设定表头的地址为 2000H，表尾的地址为 2005H。计算机的 P1 口按从表头开始逐次加 1 的地址依次取出存储内容进行输出，电动机则正向旋转。如果按从 2005H 逐次减 1 的地址依次取出存储内容进行输出，电动机则反转。

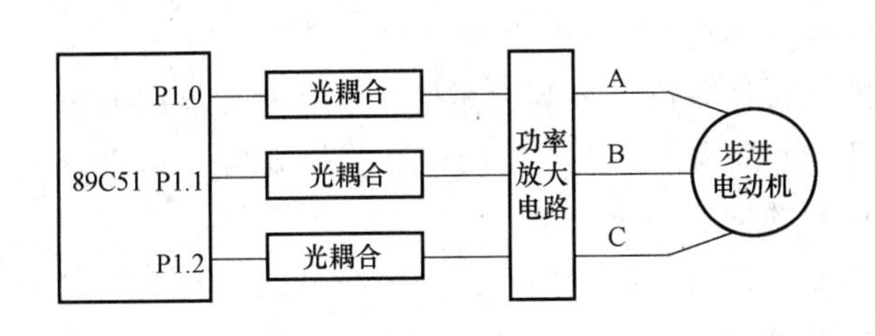

图 5-63　单片机控制步进电动机框图

表 5-2　单片机实现环形分配

P1.0/A	P1.1/B	P1.2/C	数值
1	0	0	0X04
1	1	0	0X06
0	1	0	0X02
0	1	1	0X03
0	0	1	0X01
1	0	1	0X81

采用软件进行脉冲分配虽然增加了软件编程的复杂程度，但它省去了硬件环形脉冲分配器，系统减少了器件，降低了成本，也提高了系统的可靠性。

3. 速度控制

对于任何一个驱动系统来讲，都要求能够对速度实行控制，特别在数控系统中，这种要求就更高。在开环进给系统中，对进给速度的控制就是对步进电动机速度的控制。

由前面步进电动机原理分析可知，通过控制步进电动机相邻两种励磁状态之间的时间间隔即可实现步进电动机速度的控制。对于硬件环形分配器来讲，只要控制 CP 的频率就可控制步进电动机的速度。对于软件环形分配器来讲，只要控制相邻两次输出状态之间的时间间隔，也就是控制相邻两节拍之间延时时间的长短即可。其中，实现延时的方法又分为两种：一种是纯软件延时，另一种是定时中断延时。从充分利用时间资源来看，后者更理想一些。

任务 5.4　自整角机

【任务引入】

自整角机是利用自整步特性将转角变为交流电压或由交流电压变为转角的感应式微型电机，在伺服系统中被用作测量角度的位移传感器。自整角机还可用以实现角度信号的远距离传输、变换、接收和指示。两台或多台电机通过电路的联系，使机械上互不相连的两根或多根转轴自动地保持相同的转角变化，或同步旋转，电机的这种性能称为自整步特性。在伺服系统中，产生信号一方所用的自整角机称为发送机，接收信号一方所用的自整角机称为接收机。自整角机广泛应用于冶金、航海等位置及方位同步指示系统和火炮、雷达等伺服系统中。

【任务目标】

(1) 掌握自整角机的工作原理和运行性能。

(2) 了解自整角机的结构和分类。

(3) 了解自整角机的应用。

【技能目标】

(1) 能够进行自整角机的拆装、维修。

(2) 能够根据性能指标选择自整角机。

(3) 能够正确使用自整角机。

5.4.1　认识自整角机

自整角机属于自动控制系统中的测位用微特电机，有力矩式和控制式两种，其用途不同。力矩式自整角机用作远距离转角指示，即将机械角度变换为力矩输出，但无力矩放大作用，接收误差稍大，负载能力较差，其静态误差范围为 0.5°~2°。因此，力矩式自整角机只适用于轻负载转矩及精度要求不太高的开环控制的伺服系统里。

控制式自整角机是作为角度和位置的检测元件，可以将转角转换成电信号或将角度的数字量转变为电压模拟量，而且精密程度较高，误差范围仅有 3′~14′。因此，控制式自整角机用于精密的闭环控制的伺服系统中是很适宜的。

(1) 控制式自整角机。控制式发送机：ZKF；控制式变压器：ZKB。

(2) 力矩式自整角机。力矩式发送机：ZLF；力矩式接收机：ZLJ。

自整角机的结构和一般旋转电机相似，主要由定子和转子两大部分组成。定子铁心的内圆和转子铁心的外圆之间存在有很小的气隙。定子和转子也分别有各自的电磁部分和机械部分。自整角机的结构简图如图 5-64 所示。定子铁心是由冲有若干槽数的薄硅钢片叠压而成，

图 5-65 表示定子铁心冲片。

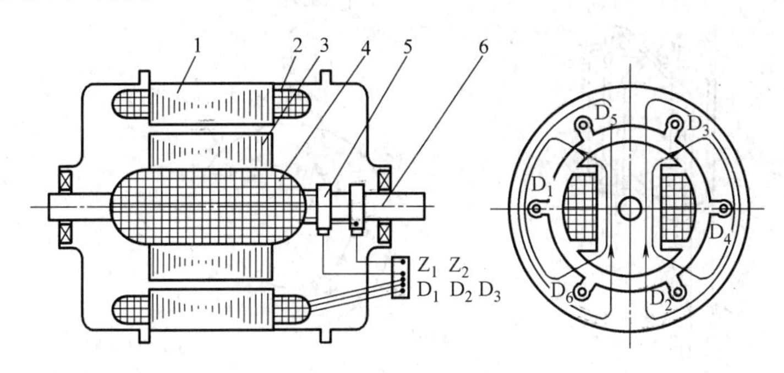

图 5-64　自整角机结构简图

1—定子铁心　2—三相绕组　3—转子铁心　4—转子绕组　5—集电环　6—轴

图 5-66 表示隐极式自整角机的定子和转子。其中沿定子内圆各槽内均匀分布有三个（也可称为三相）排列规律相同的绕组，每相绕组的匝数相等，线径和绕组形式均相同，三相空间位置依次落后 120°，这种绕组称为三相对称绕组。三相对称绕组可用图 5-67 的示意图来简单解释。设每相绕组集中成一个线圈，该线圈首、末端用 D_1—D_4 表示，另两个线圈的首末端也就分别用 D_2—D_5 和 D_3—D_6 表示。为构成星形联结，将 D_4、D_5、D_6 短接在一起，首端 D_1、D_2、D_3 则引出（到接线板），如图 5-67 中的定子上的三根悬空线。

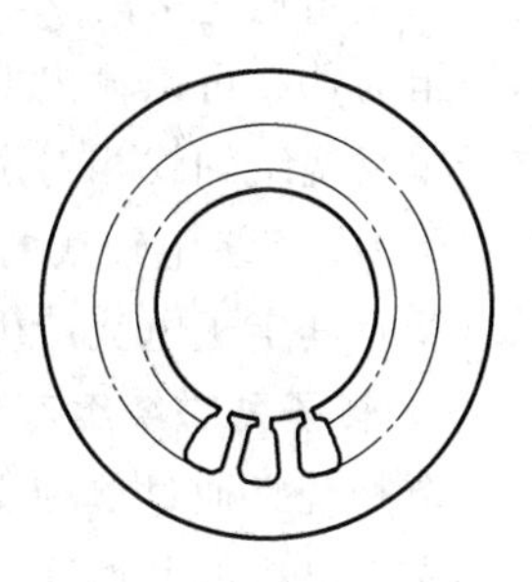

图 5-65　定子铁心冲片

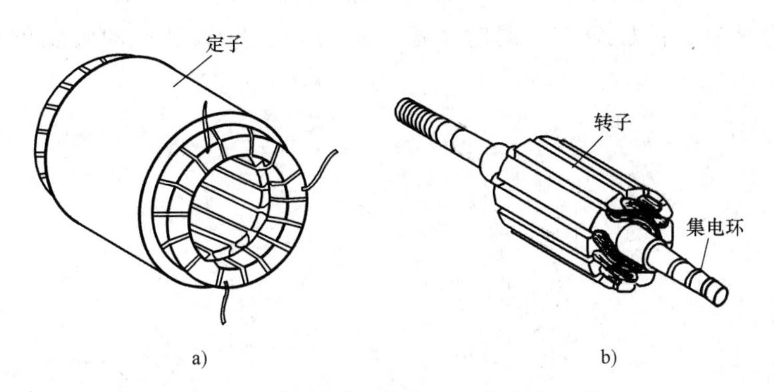

图 5-66　隐极式自整角机的定子和转子

5.4.2　控制式自整角机的工作原理

据前述，自动控制系统中的自整角机运行时必须是两个或两个以上组合使用。下面以控制式自整角机“ZKF”和“ZKB”成对运行为例来分析其工作原理。图 5-68 为它的工作原理电路图，图中左边为自整角机发送机（ZKF），右边为自整角机变压器（ZKB）。ZKF 和 ZKB 的定子绕组引线端 D_1、D_2、D_3 和 D'_1、D'_2、D'_3 对应连接，被称为同步绕组或整步绕组。

ZKF 的转子绕组 Z_1、Z_2 端接交流电压 U_j 产生励磁磁通密度，故称之为励磁绕组；ZKB

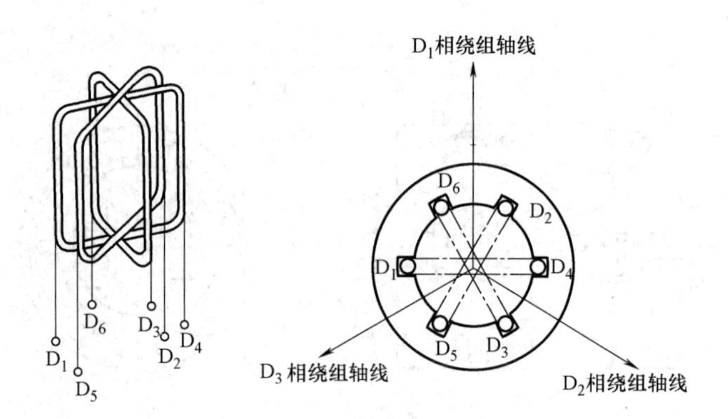

图 5-67 三相对称绕组示意图

的转子绕组通过 Z'_1、Z'_2 端输出感应电动势，故被称为输出绕组。图 5-68 的自整角机的输出绕组为什么可以输出电动势？在什么条件下可以输出电动势？为便于分析起见，将 ZKF 的转子单相绕组轴线相对定子 D_1 相绕组轴线的夹角用 θ_1 表示，ZKB 的输出绕组轴线相对 ZKB 的定子 D'_1 相绕组轴线的夹角用 θ_2 表示，而且设图中的 $\theta_2>\theta_1$。以下通过分析 ZKF 的转子励磁磁场及其定子电流产生的定子磁场就能逐步搞清楚控制式自整角机的工作原理。

1. 转子励磁绕组产生的脉振磁场

单相绕组通过单相交流电流，在电机内部就会产生一个脉振磁场，如图 5-69 所示，这是一般交流电机的共性问题。在这里结合自整角机的励磁磁场进行分析和讨论。ZKF 转子励磁绕组接通单相电压 $\dot{U}_1$ 后，励磁绕组将流过电流

$$i=I_m\sin\omega t \tag{5-34}$$

电流产生的磁通为两极分布：瞬时考虑电流方向，励磁磁场的轴线就是励磁绕组的轴线。

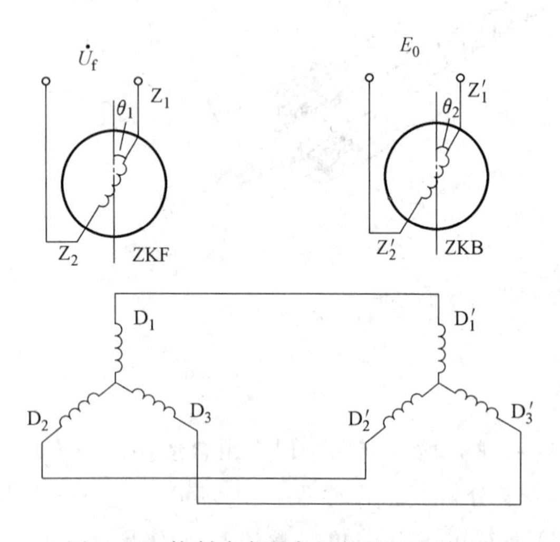

图 5-68 控制式自整角机的原理电路图

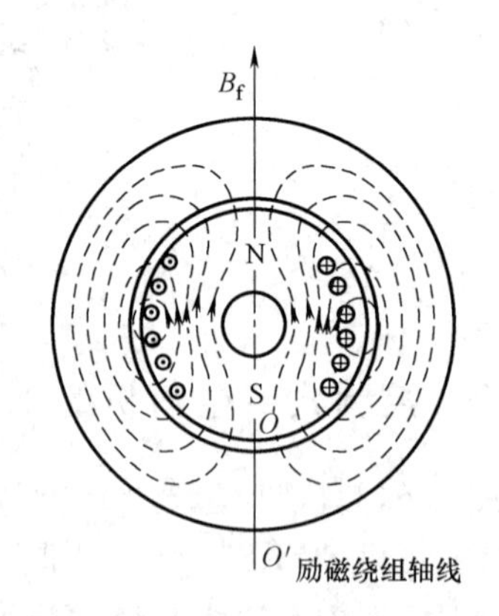

图 5-69 隐极转子励磁磁场分布

气隙均匀，δ 各处相等。铁心磁阻较空气隙的磁阻小得多，可忽略。根据磁路的欧姆定律和安培环路定理得到阶梯状的磁通密度分布曲线，如图 5-70 所示。傅里叶级数展开后，

基波占大部分能量，可忽略其他谐波分量，励磁电流和磁通密度分布曲线如图 5-71 所示。

单相基波脉振磁场（或磁通密度）的物理意义可归纳为如下两点：

（1）对某瞬时来说，磁场的大小沿定子内圆周长方向作余弦（或正弦）分布。

（2）对气隙中某一点而言，磁场的大小随时间作正弦（或余弦）变化（或脉动）。

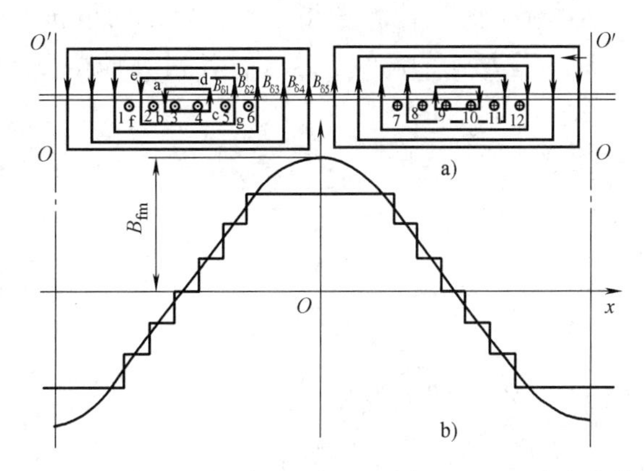

图 5-70 隐极转子励磁磁场展开图及 $B_f(X)$ 分布曲线

2. 定子绕组的感应电流

自整角机发送机转子上的励磁绕组通过电流 i_f 后，定子三相绕组的感应电动势在时间上的相位彼此相同，而感应电动势的大小则与转子绕组在空间的位置有关。为便于分析，将 ZKF 简化成图 5-72 所示的形式，用以求出 D_1 相绕组所匝链的磁通。而且仅用一匝线圈 Z_1-Z_2 表示在转子上的励磁绕组，用另一匝线圈 D_1-D_4 表示在定子上的 D_1 相绕组。设此瞬时脉振磁通达到最大值，现把磁通密度空间矢量 B_f 分解成相互垂直的两个分量：第一分量是在定子绕组 D_1-D_4 的轴线方向，其值用 $B_f\sin\theta_1$ 表示；第二分量是与 D_1-D_4 线圈的轴线方向垂直，其值用 $B_f\sin\theta_1$ 表示。设 B_f 向量的方向与定子绕组 D_1-D_4 的轴线重合时。定子绕组 D_1-D_4 匝链全部的磁通 Φ_m，即一个极的磁通量，但现在绕组 D_1-D_4 轴线方向的磁通密度为 $B_f\cos\theta_1$，故绕组 D_1-D_4 所匝链的磁通必定为 $\Phi_m\cos\theta_1$。B_f 的第二个分量所对应的磁通是不匝链绕组 D_1-D_4 的。

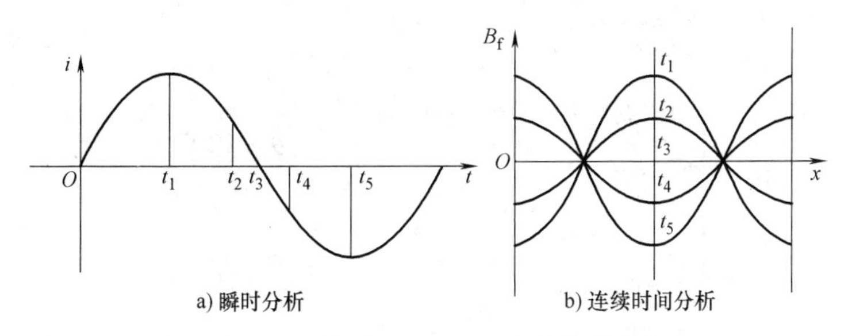

图 5-71 励磁电流和磁通密度分布曲线

$$\begin{cases}\Phi_1=\Phi_m\cos\theta_1\\ \Phi_2=\Phi_m\cos(\theta_1+120°)\\ \Phi_3=\Phi_m\cos(\theta_1+240°)\end{cases} \tag{5-35}$$

以上磁通必然在定子三相绕组中感应电动势，而且这种电动势也是由于线圈中磁通的交变所引起的，所以也称为变压器电动势，由变压器电动势公式得到定子三相绕组的感应电动势，即

$$\begin{cases}E_1=4.44fW_s\Phi_1=E\cos\theta_1\\ E_2=4.44fW_s\Phi_2=E\cos(\theta_1+120°)\\ E_3=4.44fW_s\Phi_3=E\cos(\theta_1+240°)\end{cases} \tag{5-36}$$

由于 ZKF 和 ZKB 的定子绕组对应联结，ZKF 的定子三相电动势必然在两定子形成的回路中产生电流。为了计算各相电流，暂设两电机定子绕组Y联结的中点 O、O′之间有连接线，如图 5-73 所示的虚线。这样，各相回路就显而易见了。

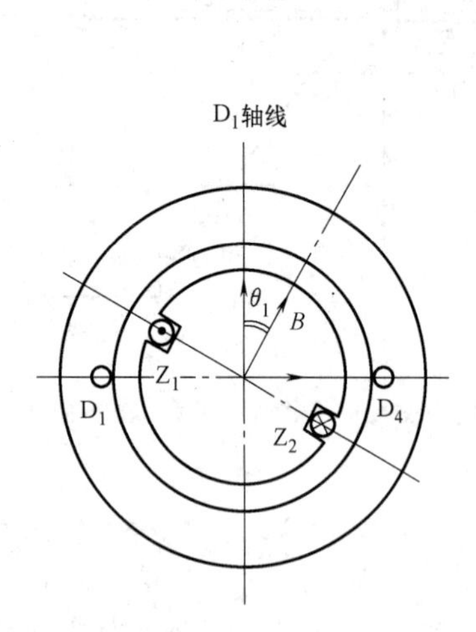

图 5-72　励磁磁通对定子绕组的匝链

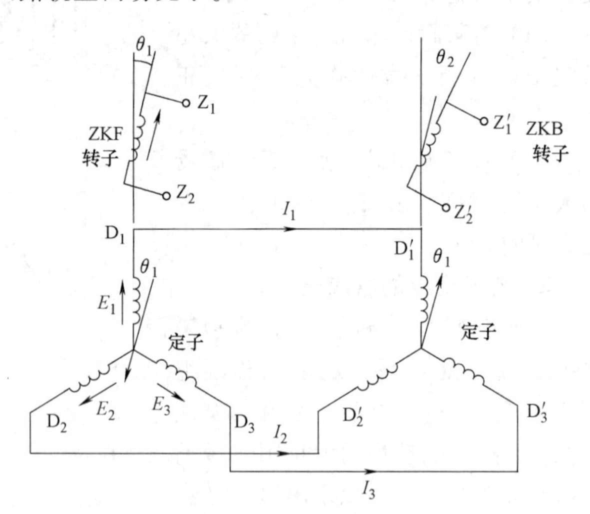

图 5-73　定子绕组中的电流

以 D$_1$ 相回路为例，设回路的总阻抗 Z_Z 为 ZKF 和 ZKB 的每相定子绕组阻抗 Z_F、Z_B 及各连接线阻抗 Z_i（由于实用中连接线较长）之和，即

$$Z_Z = Z_F + Z_B + Z_i \tag{5-37}$$

$$\begin{cases} I_1 = \dfrac{E_1}{Z_Z} = \dfrac{E\cos\theta_1}{Z_Z} = I\cos\theta_1 \\[2ex] I_2 = \dfrac{E_2}{Z_Z} = \dfrac{E\cos(\theta_1 + 120^\circ)}{Z_Z} = I\cos(\theta_1 + 120^\circ) \\[2ex] I_3 = \dfrac{E_3}{Z_Z} = \dfrac{E\cos(\theta_1 + 240^\circ)}{Z_Z} = I\cos(\theta_1 + 240^\circ) \end{cases} \tag{5-38}$$

$$I_{O'O} = I_1 + I_2 + I_3 = I\cos\theta_1 + I\cos(\theta_1 + 120^\circ) + I\cos(\theta_1 + 240^\circ) = 0 \tag{5-39}$$

3. 定子电流产生的磁场

据前述，定子绕组三相电流在时间上是同相位的，假设电流初相角为 0，各相电流有效值已经确定，则三相电流的瞬时值如下：

$$\begin{cases} i_1 = \sqrt{2} I\cos\theta_1 \sin\omega t \\ i_2 = \sqrt{2} I\cos(\theta_1 + 120^\circ) \sin\omega t \\ i_3 = \sqrt{2} I\cos(\theta_1 + 240^\circ) \sin\omega t \end{cases} \tag{5-40}$$

自整角机气隙各点磁通密度总是与产生它的电流大小成正比。电机内部磁通密度某瞬时分布曲线中各点大小也应与电流瞬时值大小成正比，亦即磁通密度空间矢量的长度（即模值）正比于电流的瞬时值大小。因此三相定子磁通密度空间矢量的长度应为

$$\begin{cases} \boldsymbol{B}_1 = Ki_1 = \boldsymbol{B}_m \cos\theta_1 \sin\omega t \\ \boldsymbol{B}_2 = Ki_2 = \boldsymbol{B}_m \cos(\theta_1 + 120°) \sin\omega t \\ \boldsymbol{B}_3 = Ki_3 = \boldsymbol{B}_m \cos(\theta_1 + 240°) \sin\omega t \end{cases} \tag{5-41}$$

综上所述，定子绕组各相电流均产生两极的脉振磁场，该磁场的幅值位置就在各相绕组的轴线上，脉振磁通的交变频率等于定子绕组电流的频率，并且各相脉振磁场在时间上是同相位的。但是各相脉振磁场的幅值确实与转子的转角 θ_1 有关。三相合成磁通密度的结论可以用空间矢量的分解、合成法来分析，如图 5-74 所示。

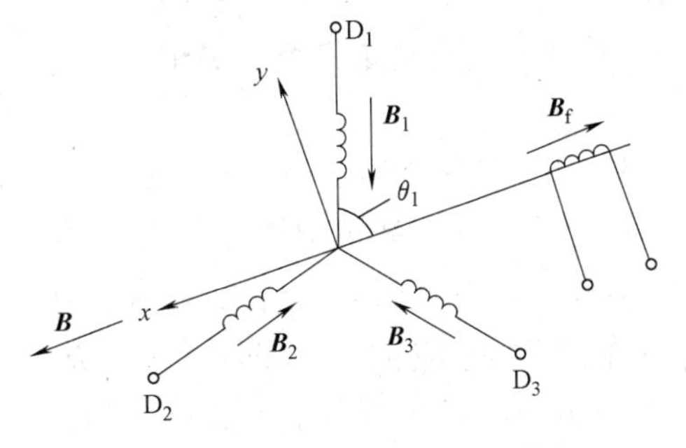

图 5-74 定子磁场的合成和分解

$$\begin{cases} \boldsymbol{B}_{1x} = \boldsymbol{B}_1 \cos\theta_1 \\ \boldsymbol{B}_{2x} = \boldsymbol{B}_2 \cos(\theta_1 + 120°) \\ \boldsymbol{B}_{3x} = \boldsymbol{B}_3 \cos(\theta_1 + 240°) \end{cases} \tag{5-42}$$

$$\begin{cases} \boldsymbol{B}_{1y} = -\boldsymbol{B}_1 \sin\theta_1 \\ \boldsymbol{B}_{2y} = -\boldsymbol{B}_2 \sin(\theta_1 + 120°) \\ \boldsymbol{B}_{3y} = -\boldsymbol{B}_3 \sin(\theta_1 + 240°) \end{cases} \tag{5-43}$$

$$\boldsymbol{B}_x = \boldsymbol{B}_{1x} + \boldsymbol{B}_{2x} + \boldsymbol{B}_{3x} = \boldsymbol{B}_1 \cos\theta_1 + \boldsymbol{B}_2 \cos(\theta_1 + 120°) + \boldsymbol{B}_3 \cos(\theta_1 + 240°) \tag{5-44}$$

$$\boldsymbol{B}_x = \boldsymbol{B}_m [\cos^2\theta_1 + \cos^2(\theta_1 + 120°) + \cos^2(\theta_1 + 240°)] \sin\omega t = \frac{3}{2} \boldsymbol{B}_m \sin\omega t \tag{5-45}$$

$$\begin{aligned} \boldsymbol{B}_y &= \boldsymbol{B}_{1y} + \boldsymbol{B}_{2y} + \boldsymbol{B}_{3y} = -\boldsymbol{B}_1 \sin\theta_1 - \boldsymbol{B}_2 \sin(\theta_1 + 120°) - \boldsymbol{B}_3 \sin(\theta_1 + 240°) \\ &= -\boldsymbol{B}_m [\sin\theta_1 \cos\theta_1 + \sin(\theta_1 + 120°) \cos(\theta_1 + 120°) + \sin(\theta_1 + 240°) \cos(\theta_1 + 240°)] \sin\omega t \\ &= 0 \end{aligned} \tag{5-46}$$

因此，定子三相合成磁场为

$$\boldsymbol{B} = \boldsymbol{B}_x + \boldsymbol{B}_y = \boldsymbol{B}_x = \frac{3}{2} \boldsymbol{B}_m \sin\omega t \tag{5-47}$$

综上，得出如下结论：

(1) 定子三相合成磁通密度矢量 $\boldsymbol{B}$ 在 x 轴方向，即和励磁绕组轴线重合，但和 $\boldsymbol{B}_f$ 反向。由于励磁绕组轴线和定子绕组 D_1 相轴线的夹角为 θ_1，因此定子合成磁场的轴线超前 D_1 相轴线（$180°-\theta_1$）。

(2) 由于合成磁通密度 $\boldsymbol{B}$ 在空间的幅值位置不变，且其长度（即模值）是时间的正弦（或余弦）函数，故定子合成磁场也是一个脉振磁场。

(3) 定子三相合成脉振磁场的幅值恒为一相磁通密度最大值的 3/2 倍，它的大小与转子相对定子的位置角 θ_1 无关。

现在再来分析图 5-75 所示的 ZKB 的磁场。当三相电流 I_1、I_2、I_3 流过自整角机变压器的定子绕组时，在该气隙中也同样产生一个合成的脉振磁场。因为 ZKB 和 ZKF 的三相整步绕组是对应连接的，所以各对应相的电流应该大小相等、方向相反，因此 ZKB 定子合成磁场轴线应与 D_1' 相夹 θ_1 角，其方向与 ZKF 定子合成磁场相反。表示自整角机变压器定子合成磁场的磁通密度矢量用 $\boldsymbol{B}'$ 表示，如图 5-75所示，图中已知 ZKB 输出绕组轴线对 D_1' 相绕组轴线的夹角为 θ_2，则 $\boldsymbol{B}'$ 与 ZKB 输出绕组轴线的夹角用 δ 角表示，δ 角直接影响到自整角机系统输出电动势的大小。

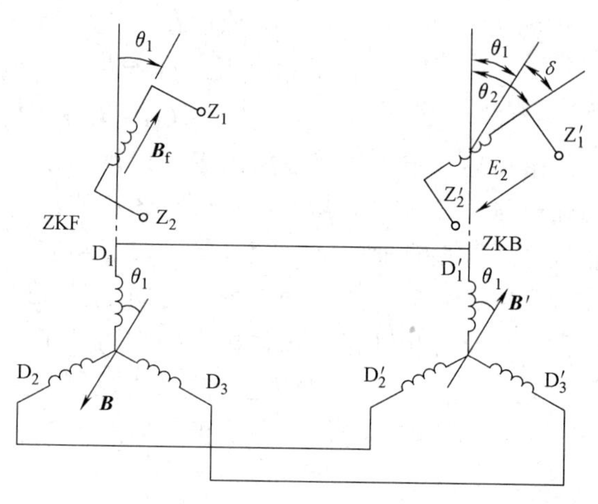

图 5-75　控制式自整角发送机、变压器的定子合成磁场

4. ZKB 转子输出绕组的电动势

若 ZKF 的转子绕组轴线与定子 D_1 相绕组轴线空间夹角为 θ_1 时，励磁磁通在 D_1 相绕组中感应的变压器电动势为：$E_1=E\cos\theta$。当 ZKB 的定子合成磁场的轴线与输出绕组轴线空间夹角为 $\delta=\theta_2-\theta_1$ 时，合成磁场在输出绕组中感应的变压器电动势有效值为

$$E_2=E_{2\max}\cos\delta \tag{5-48}$$

由式（5-48）可以看出，变压器输出绕组电动势的有效值与两转轴之间的差角 δ 的余弦成正比。当转角差 $\delta=0°$，$\cos\delta=1$ 时，ZKB 的转子输出电动势 E_2 达最大；而当 $\delta=90°$时，$\cos\delta=0$，则 $E_2=0$。随动系统常用到协调位置这一术语。规定输出电动势 E_2 为零时的转子绕组轴线为控制式自整角机的协调位置，即图 5-76 中落后于 ZKB 定子合成磁场 90°的位置为协调位置；并把转子偏离此位置的角度定义为失调角 γ（注：失调角也是随动系统中常用术语之一）。由图 5-76 明显可见 $\delta=90°-\gamma$，代入式 $E_2=E_{2\max}\cos\delta$ 得

$$E_2=E_{2\max}\cos\delta=E_{2\max}\cos(90°-\gamma)=E_{2\max}\sin\gamma \tag{5-49}$$

令　$\delta=90°-\gamma$，γ 角称为失调角。

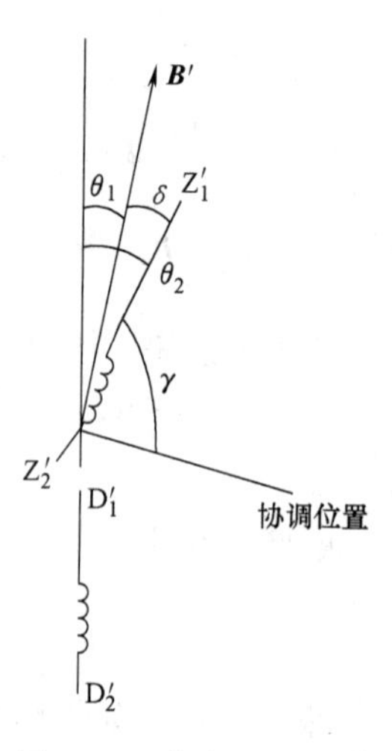

图 5-76　控制式自整角机的协调位置

式（5-49）说明自整角机变压器（ZKB）的输出电动势与失调角 γ 的正弦成正比，其相应曲线形状如图 5-77 所示。图上若在 $0°<\gamma<90°$ 的范围内，失调角 γ 增大，输出电动势 E_2 也增大；当 $90°<\gamma<180°$ 时，输出电动势 E_2 将随失调角 γ 增大而减小；当 $\gamma=180°$时，输出电动势 E_2 又变为零。但是，当失调角 γ 变负时，输出电动势 E_2 的相位将变反。

以上所分析的内容就是控制式自整角机的工作原理。简单归纳如下：

（1）ZKF 的转子绕组产生的励磁磁场是一个脉振磁场，它在发送机定子绕组中感应变压器电动势。定子各相电动势时间上同相位，其有效值与定、转子间的相对位置有关。

（2）ZKF 定子合成磁场的轴线与转子励磁磁场的轴线重合，但方向恰好相反。

（3）ZKF 和 ZKB 的定子三相绕组对应连接，两机定子绕组的相电流大小相等、方向相反，因而两机定子合成磁场相对自己定子绕组位置的方向也应相反。

5.4.3　力矩式自整角机的工作原理

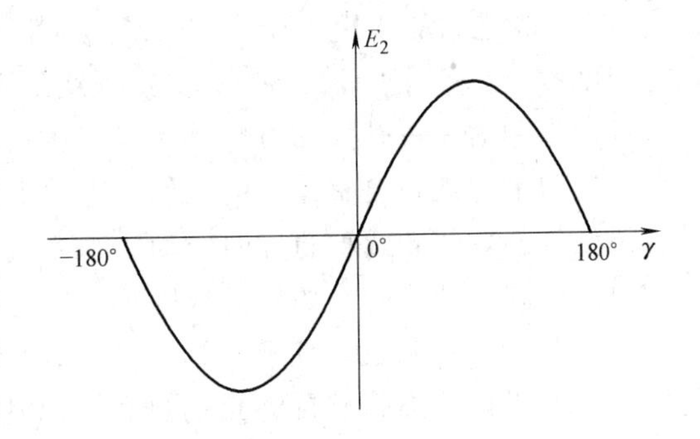

图 5-77　控制式自整角机的输出电动势

ZLF-ZLJ 的工作原理如图 5-78 所示。图中这一对力矩式自整角机的结构参数、尺寸等完全一样。

假定图 5-78 中 ZLF 的转子励磁绕组轴线位置，是当两机加励磁后，由原来与 ZLJ 转子轴线相同的位置人为地逆时针方向旋转 δ 角的位置，当忽略磁路饱和时，可分别讨论 ZLF 和 ZLJ 单独励磁的作用，然后进行叠加。

（1）只有 ZLF 励磁绕组接通电源 U_f，将接收机 ZLJ 励磁绕组开路。此时所发生的情况与控制式运行类似，即发送机转子励磁磁通在发送机定子绕组中感应电动势，因而在两机定子绕组回路中引起电流，三相电流在发送机的气隙中产生与发送机 $\boldsymbol{B}_f$ 方向相反的合成磁通密度 $\boldsymbol{B}$，而在接收机气隙中形成与发送机 $\boldsymbol{B}_f$ 的对应方向相反的合成磁通密度，这里仍用 $\boldsymbol{B}$ 来表示，如图 5-78 所示。

（2）只将 ZLJ 单独加励磁，发送机励磁绕组开路。同理，此时接收机中的情况与上述发送机中的情况一样，反之发送机中的情况又与上述接收机中的情况一样。亦即接收机定子三相电流产生的合成磁通密度 $\boldsymbol{B}'$与接收机的 $\boldsymbol{B}'_f$ 方向相反，而发送机定子合成磁通密度 $\boldsymbol{B}'$与接收机本身的合成磁通密度对应方向相反，如图 5-78 中的 ZLF 所示。

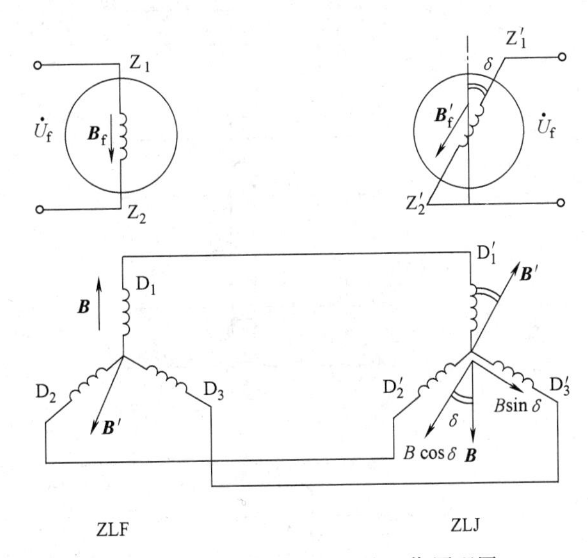

图 5-78　力矩式自整角机的工作原理图

（3）力矩式自整角机实际运行时，发送机和接收机应同时励磁，则发送机和接收机定子绕组同时产生磁通密度 $\boldsymbol{B}$、$\boldsymbol{B}'$，利用叠加原理可将它们合成。为了分析方便，把接收机中由 ZLF 励磁产生的磁通密度 $\boldsymbol{B}$ 沿 $\boldsymbol{B}'$方向分解成两个分量。

① 一个分量 $\boldsymbol{B}_d$ 和转子绕组轴线一致，其长度用 $\boldsymbol{B}\cos\delta$ 表示。这样在转子绕组轴线方向上，定子合成磁通密度矢量的长度为 $\boldsymbol{B}'_d=\boldsymbol{B}'-\boldsymbol{B}\cos\delta$。因为据前设定 $\boldsymbol{B}=\boldsymbol{B}'$，所以 $\boldsymbol{B}'_d=\boldsymbol{B}'-\boldsymbol{B}\cos\delta=\boldsymbol{B}\ (1-\cos\delta)$，$\boldsymbol{B}'_d$ 的实际方向与接收机励磁磁通密度 B'_f 相反，即起去磁作用。当然，它不会使 ZLJ 的转子旋转。

② 另一个分量 $\boldsymbol{B}_q$ 和转子绕组轴线垂直，其长度用 $\boldsymbol{B}\sin\delta$ 表示，即 $\boldsymbol{B}_q=\boldsymbol{B}\sin\delta$。然而，$\boldsymbol{B}'_f$ 和 $\boldsymbol{B}_q$ 之间作用要产生转矩。因为根据载流线圈在磁场中会受到电磁力的作用原理，受力情况如图 5-79 所示，所以两个磁场即 $\boldsymbol{B}'_f$ 和 $\boldsymbol{B}_q$ 之间的作用可以转化成载流的 ZLJ 励磁线圈和

磁通密度 $\boldsymbol{B}\sin\delta$ 之间的作用。在这里，ZLJ 励磁线圈相当于可转动的线圈，定子绕组所产生的磁通密度 $\boldsymbol{B}\sin\delta$ 相当于外磁场。ZLJ 励磁绕组通电后，它的两个线圈边就受到 $\boldsymbol{B}\sin\delta$ 所引起的磁场的作用力——转矩的方向是使载流线圈所产生的磁场方向和外磁场方向一致。

以上说明了力矩式自整角机的工作原理。也就是说，发送机转子一旦旋转一个 δ 角，接收机转子就会朝着使 δ 减小的方向转动。当 δ 减小到零时，转矩等于零，因而停止了转动，以达到协调或同步的目的。如果发送机转子是连续转动，则接收机转子便跟着转动，这就实现了“转角随动”的目的。实质上这个“转角随动”的过程，就是不断失调，而又不断协调的过程，也叫自动协调或自整角的过程，以达到力矩式自整角机具有自动跟随（注：是接收机转子自动跟随发送机转子转动）的功能。

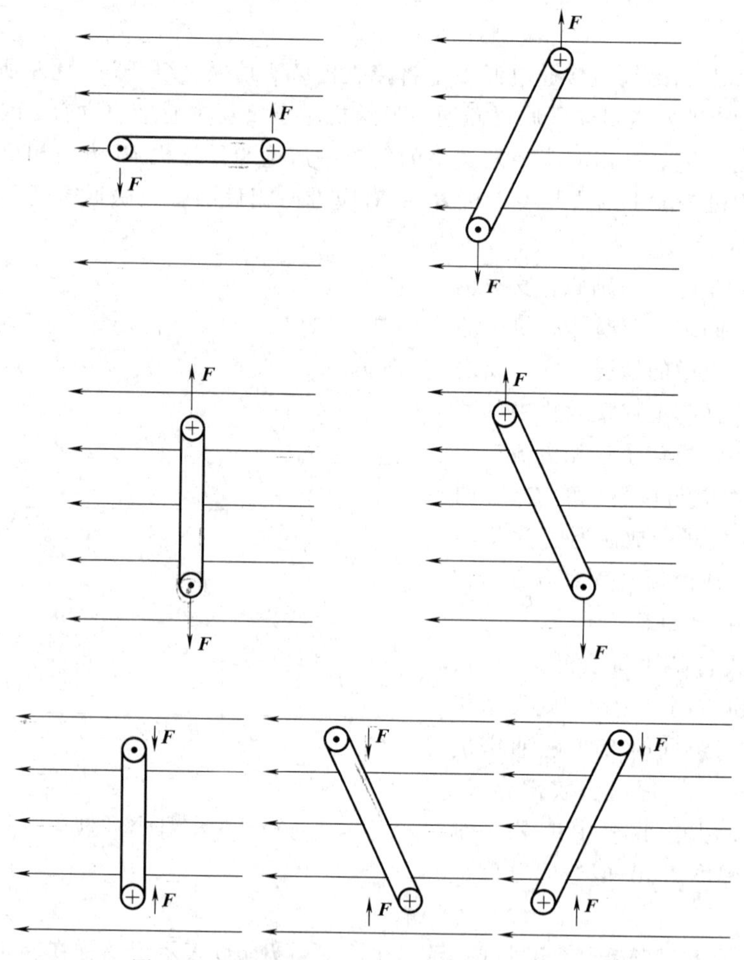

图 5-79　载流线圈在合成磁场中所受到的力矩

5.4.4　自整角机的主要技术指标

1. 控制式自整角机的比电压

输出电压和失调角的关系为 $U_2=U_{2\max}\sin\gamma$，在 γ 角很小时，$U_2=U_{2\max}\gamma$；即此时可以用正弦曲线在 $\gamma=0$ 处的切线近似地代替该曲线，如图 5-80 所示。这条切线的斜率称为比电压或电压陡度，其值等于在协调位置附近失调角变化1°时输出电压增量，单位为V/(°)。目前国产自整角变压器的比电压数值范围为0.3~1 V/(°)。由图5-80可见，比电压大，就是上述切线的斜率大，也就是失调同样的角度所获得的信号电压大，因此系统的灵敏度就高。

2. 力矩式自整角机的失调角和协调位置

力矩式自整角机的接收机ZLJ转子在失调时能产生转矩T来促使转子和发送机ZLF转子协调，这个转矩是由电磁作用产生的，称为整步转矩。该转矩的大小由$B_q = B\sin\delta$决定，与$\sin\delta$成正比，即

$$T = KB\sin\delta \tag{5-50}$$

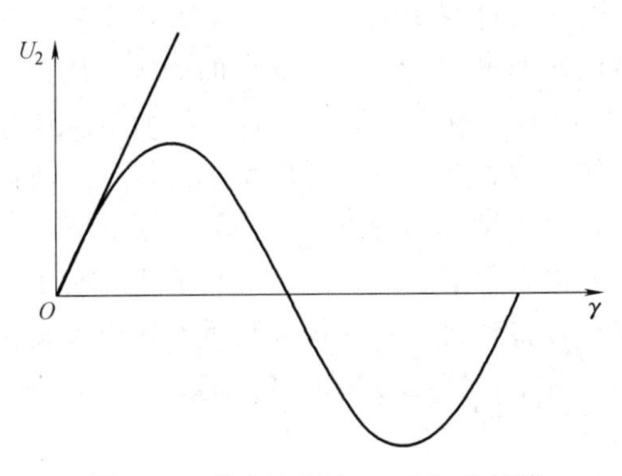

图5-80 输出电压在$\gamma=0$时的切线

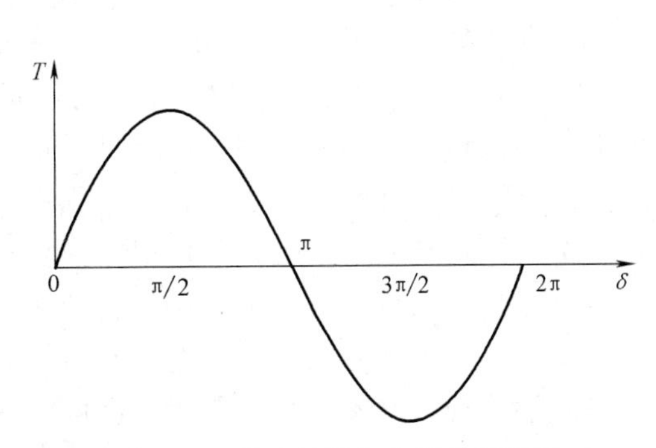

图5-81 整步转矩与失调角的关系

图5-81为整步转矩与失调角的关系图，失调角很小时，可以证明，转矩与产生它的磁场成正比，再考虑到数学上$\sin\delta \approx \delta$，则认为

$$T = KB\sin\delta = KB\delta \tag{5-51}$$

类似于控制式自整角机的比电压，当失调角为1°时，力矩式自整角机所具有的整步转矩称为比整步转矩，用T_θ表示，即

$$T_\theta = KB\sin1° = 0.017453KB \tag{5-52}$$

比整步转矩越大，整步能力也越强。

任务5.5 旋转变压器

【任务引入】

旋转变压器是一种输出电压随转子转角变化的信号元件。当励磁绕组以一定频率的交流电压励磁时，输出绕组的电压幅值与转子转角成正、余弦函数关系，或保持某一比例关系，或在一定转角范围内与转角成线性关系。它主要用于坐标变换、三角运算和角度数据传输，也可以作为两相移相器用在角度—数字转换装置中。

本任务主要包括正余弦旋转变压器的工作原理、线性旋转变压器、旋转变压器的误差及其改进方法的学习。

【任务目标】

(1) 掌握旋转变压器的工作原理和运行性能。

(2) 了解旋转变压器的误差及其改进方法。

【技能目标】

（1）能够根据性能指标选择旋转变压器。

（2）能够正确使用旋转变压器。

5.5.1 认识旋转变压器

1. 旋转变压器的发展

旋转变压器用于运动伺服控制系统中，作为角度位置的传感和测量用。早期的旋转变压器用于计算解答装置中，作为模拟计算机中的主要组成部分之一。其输出是随转子转角作某种函数变化的电气信号，通常是正弦、余弦、线性等，这些函数是最常见的，也是容易实现的。在对绕组做专门设计时，也可产生某些特殊函数的电气输出，但这样的函数只用于特殊的场合，不是通用的。20 世纪 60 年代起，旋转变压器逐渐用于伺服系统，作为角度信号的产生和检测元件。三线的三相自整角机，早于四线的两相旋转变压器应用于系统中，所以作为角度信号传输的旋转变压器，有时被称作四线自整角机，随着电子技术和数字计算技术的发展，数字式计算机早已代替了模拟式计算机，所以实际上，旋转变压器目前主要是用于角度位置伺服控制系统中。由于两相的旋转变压器比自整角机更容易提高精度，所以旋转变压器应用更广泛。特别是在高精度的双通道、双速系统中，广泛应用的多极电气元件原来是多极自整角机，现在基本上都是采用多极旋转变压器。

旋转变压器是目前国内的专业名称，简称“旋变”。俄文里称作“Вращающийся Трансформатор”，词义就是“旋转变压器”。英文名字叫“resolver”，根据词义，有人把它称为“解算器”或“分解器”。

作为角度位置传感元件，常用的有这样几种：光学编码器、磁性编码器和旋转变压器。由于制作和精度的缘故，磁性编码器没有其他两种普及。光学编码器的输出信号是脉冲，由于是天然的数字量，数据处理比较方便，因而得到了很好的应用。早期的旋转变压器，由于信号处理电路比较复杂，价格比较贵的原因，应用受到了限制。因为旋转变压器具有无可比拟的可靠性，以及具有足够高的精度，在许多场合有着不可替代的地位，特别是在军事以及航天、航空、航海等方面。

随着电子工业的发展和电子元器件集成化程度的提高，元器件的价格大大下降；另外，随着信号处理技术的进步，旋转变压器的信号处理电路变得简单、可靠，价格也大大下降。而且，又出现了软件解码的信号处理，使得信号处理问题变得更加灵活、方便。这样，旋转变压器的应用得到了更大的发展，其优点得到了更大的体现。和光学编码器相比，旋转变压器有这样几个明显的优点：①无可比拟的可靠性，非常好的抗恶劣环境条件的能力；②可以运行在更高的转速下（在输出 12 bit 的信号下，允许电动机的转速达 60000r/min，而光学编码器，由于光电器件的频响一般在 200kHz 以下，在 12bit 时，速度只能达到 3000r/min）；③方便的绝对值信号数据输出。

2. 旋转变压器的应用

旋转变压器的应用近期发展很快，除了传统的、要求可靠性高的军用、航空航天领域之外，它在工业、交通以及民用领域也得到了广泛的应用。特别应该提出的是，这些年来，随着工业自动化水平的提高，随着节能减排的要求越来越高，效率高、节能显著的永磁交流电动机的应用越来越广泛。而永磁交流电动机的位置传感器，原来是以光学编码器居多，但这些年来，却迅速地被旋转变压器代替。可以举几个明显的例子，在家电中，不论是冰箱、空调还是洗衣机，目前都是向变频变速发展，采用的是正弦波控制的永磁交流电动机。目前各国都非常重视电动汽车的发展，电动汽车中所用的位置、速度传感器都是旋转变压器。例如，驱动用电动机和发电机的位置传感、电动助力方向盘电机的位置速度传感、燃气阀角度测量、真空室传送器角度位置测量等，都是采用旋转变压器。在塑压、纺织及冶金系统等领域里，所应用的伺服系统中关键部件伺服电动机上，也是用旋转变压器作为位置速度传感器。

3. 旋转变压器的分类

旋转变压器有多种分类方法：按照是否接触分为接触式和无接触式（有限转角和无限转角）；按照电机的极对数可分为单极对和多极对；按照使用要求可分为用于解算装置和用于随动系统。其中，用于解算装置的有正余弦旋转变压器、线性旋转变压器、比例式旋转变压器、特殊函数旋转变压器；用于随动系统的有旋变发送机、旋变差动发送机和旋变变压器。

4. 旋转变压器的结构

根据转子电信号引进、引出的方式，分为有刷旋转变压器和无刷旋转变压器。在有刷旋转变压器中，定、转子上都有绕组。转子绕组的电信号，通过滑动接触，由转子上的集电环和定子上的电刷引进或引出。由于有刷结构的存在，使得旋转变压器的可靠性很难得到保证，因此目前这种结构形式的旋转变压器应用得很少，这里着重介绍无刷旋转变压器。

目前无刷旋转变压器有两种结构形式：一种称为环形变压器式无刷旋转变压器，另一种称为磁阻式旋转变压器。

（1）环形变压器式旋转变压器。图 5-82 是环形变压器式无刷旋转变压器的结构，这种结构很好地实现了无刷、无接触。图中右侧部分是典型的旋转变压器的定、转子，在结构上和有刷旋转变压器一样的定、转子绕组作信号变换；左侧是环形变压器。它的一个绕组在定子上，另一个在转子上，同心放置。转子上的环形变压器绕组和作信号变换的转子绕组相连，它的电信号的输入、输出由环形变压器完成。

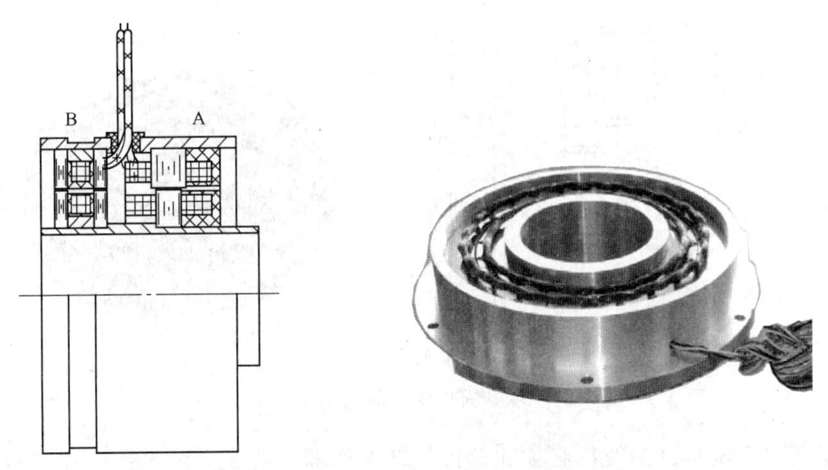

图 5-82 无刷式旋转变压器结构示意图

（2）磁阻式旋转变压器。图 5-83 是一个 10 对极的磁阻式旋转变压器的示意图。磁阻式旋转变压器的励磁绕组和输出绕组放在同一套定子槽内，固定不动。但励磁绕组和输出绕组的形式不一样。两相绕组的输出信号，仍然应该是随转角作正弦变化、彼此相差90°电角度的电信号。转子磁极形状作特殊设计，使得气隙磁场近似于正弦形。转子形状的设计也必须满足所要求的极数，可以看出，转子的形状决定了极对数和气隙磁场的形状。

磁阻式旋转变压器一般都做成分装式，不组合在一起，以分装形式提供给用户，由用户自己组装配合。

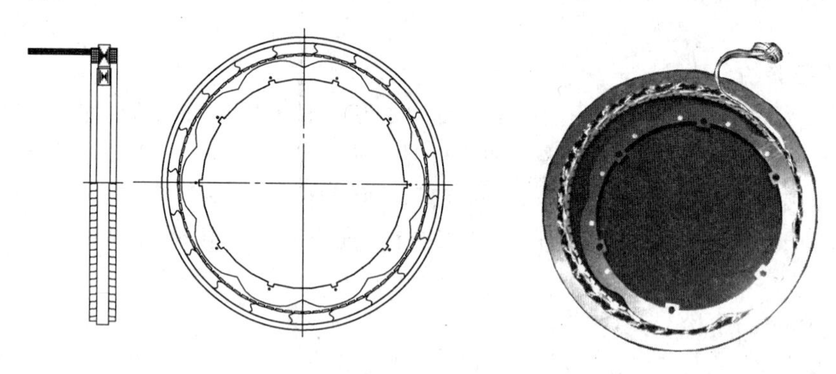

图5-83　磁阻式旋转变压器结构示意图

（3）多极旋转变压器。图5-84是多极旋转变压器的结构示意图。图5-84a、b是共磁路结构，粗、精机定、转子绕组共用一套铁心。所谓粗机，是指单对磁极的旋转变压器，它的精度低，所以称为粗机；精机是指多对极的旋转变压器，由于精度高，多对磁极的旋转变压器称为精机。其中图5-84a表示的是旋转变压器的定子和转子组装成一体，由机壳、端盖和轴承将它们连在一起。称为组装式；图5-84b的定、转子是分开的，称为分装式。图5-84c、d是分磁路结构，粗、精机定、转子绕组各有自己的铁心。图5-84c、d都是组装式，只是粗、精机位置安放的形式不一样，其中图5-84c的粗、精机平行放置，图5-84d粗、精机是垂直放置，粗机在内腔。另外，很多时候也有单独的多极旋转变压器。应用时，若仍需要单对极的旋转变压器，则另外配置。

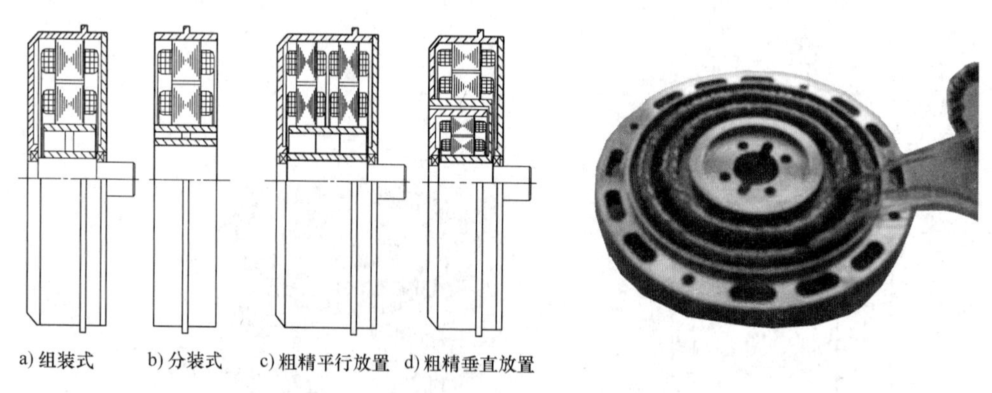

图5-84　多极旋转变压器结构示意图

对于多极旋转变压器，一般都必须和单极旋转变压器组成统一的系统。在旋转变压器的设计中，如果单极旋转变压器和多极旋转变压器设计在同一套定、转子铁心中，而分别有自己的单极绕组和多极绕组，这种结构的旋转变压器称为双通道旋转变压器。如果单极旋转变压器和多极旋转变压器都是单独设计，都有自己的定、转子铁心，这种结构的旋转变压器称为单通道旋转变压器。

5.5.2 正余弦旋转变压器的工作原理

1. 空载运行时的情况

如图 5-85 所示设该旋转变压器空载，即转子输出绕组和定子交轴绕组开路，仅将定子绕组 D_1-D_2 加交流励磁电压 $\dot{U}_{f1}$。那么气隙中将产生一个脉振磁通密度 $\boldsymbol{B}_D$，其轴线在定子励磁绕组的轴线上。据自整角机的电磁理论，磁通密度 $\boldsymbol{B}_D$ 将在二次侧即转子的两个输出绕组中感应出变压器电动势。

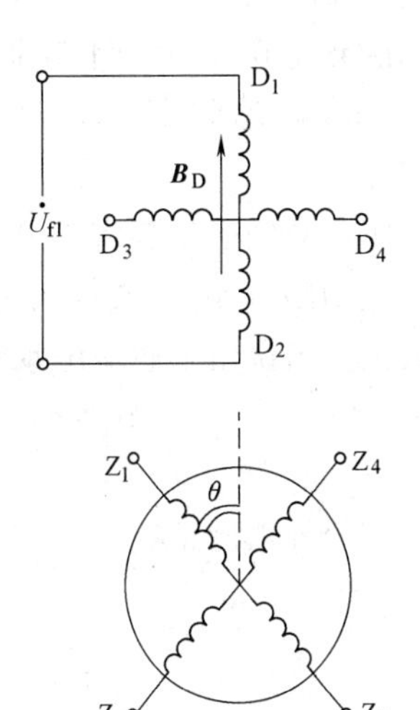

图 5-85 正余弦旋转变压器原理示意图

在余弦输出绕组 Z_1-Z_2 中感应的电动势为

$$E_{R1}=E_R\cos\theta \tag{5-53}$$

在正弦输出绕组 Z_3-Z_4 中感应的电动势为

$$E_{R2}=E_R\cos(\theta+90°)=-E_R\sin\theta \tag{5-54}$$

式中，E_R 为转子输出绕组轴线与定子励磁绕组轴线重合时，磁通 Φ_D 在输出绕组中感应的电动势。

若假设 Φ_D 在励磁绕组 D_1-D_2 中感应的电动势为 E_D，则旋转变压器的电压比为

$$k_u=\frac{E_R}{E_D}=\frac{W_R}{W_D} \tag{5-55}$$

式中，W_R 表示输出绕组的有效匝数；W_D 表示励磁绕组的有效匝数。

联立上述方程得

$$E_{R1}=k_uE_D\cos\theta \tag{5-56}$$

$$E_{R2}=-k_uE_D\sin\theta \tag{5-57}$$

与变压器类似，可忽略定子励磁绕组的电阻和漏电抗，则 $E_D=U_{f1}$，空载时转子输出绕组电动势等于电压，于是上面两式可写成

$$U_{R1}=k_uU_{f1}\cos\theta \tag{5-58}$$

$$U_{R2}=-k_uU_{f1}\sin\theta \tag{5-59}$$

2. 负载后输出特性的畸变

旋转变压器在运行时总要接上一定的负载，如图 5-86 中 Z_3、Z_4 输出绕组接入负载阻抗 Z_L。由实验得出，旋转变压器的输出电压随转角的变化已偏离正弦关系，空载和负载时输出特性曲线的对比如图 5-87 所示。如果负载电流越大，两曲线的差别也越大。这种输出特性偏离理论上的正余弦规律的现象被称为输出特性的畸变。但是，这种畸变必须加以消除，以减少系统误差和提高精确度。

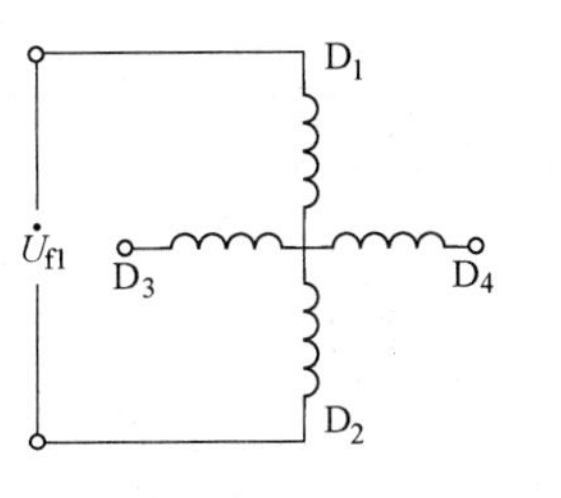

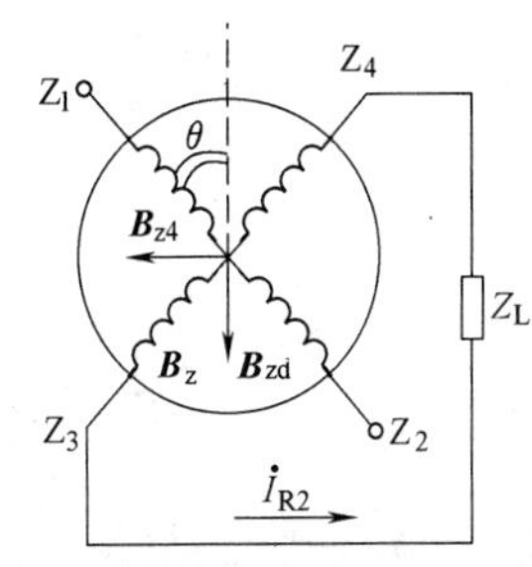

图 5-86 正弦输出绕组接负载 Z_L

3. 二次侧补偿的正余弦旋转变压器

正余弦旋转变压器进行二次侧补偿的基本原理是在正余弦旋转变压器的余弦输出绕组上接入合适的负载阻抗 Z_{l2}，这样在余弦输出绕组上流过负载电流，产生磁动势 $\boldsymbol{F}_{r2}$，由图 5-88 可以看到，选取合适的 Z_{l2}，可使磁动势 $\boldsymbol{F}_{r2}$ 的交轴分量 $\boldsymbol{F}_{r2q}$ 完全补偿磁动势 $\boldsymbol{F}_{r1q}$。

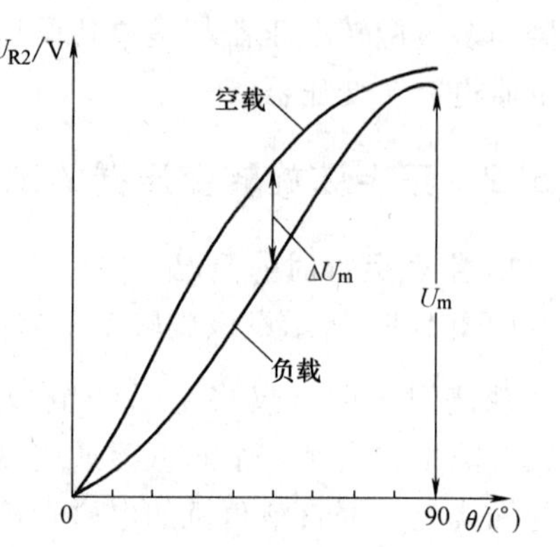

图 5-87　输出特性的畸变

假定交轴磁动势完全获得补偿，旋转变压器中就只有直轴磁通 $\boldsymbol{\Phi}_d$，与空载一样，直轴磁通 $\boldsymbol{\Phi}_d$ 在正弦和余弦输出绕组上感应电动势 E_{r1} 和 E_{r2}，即

$$E_{r1}=-K_u U_f \sin\alpha \tag{5-60}$$

$$E_{r2}=-K_u U_f \cos\alpha \tag{5-61}$$

完全补偿的情况下，转子绕组的输出电流分别为

$$I_{r1}=\frac{E_{r1}}{Z_{l1}+Z_{\sigma r}}=-\frac{K_u U_f \sin\alpha}{Z_{l1}+Z_{\sigma r}} \tag{5-62}$$

$$I_{r2}=\frac{E_{r2}}{Z_{l2}+Z_{\sigma r}}=-\frac{K_u U_f \cos\alpha}{Z_{l2}+Z_{\sigma r}} \tag{5-63}$$

I_{r1} 产生磁动势 $\boldsymbol{F}_{r1}$，其交轴分量为

$$\begin{aligned}\boldsymbol{F}_{r1q}&=\frac{4}{\pi}\sqrt{2}I_{r1}N_rK_{wr}\cos\alpha\\&=-\frac{4}{\pi}\sqrt{2}N_rK_{wr}\frac{KU\sin\alpha}{Z_{l1}+Z_{\sigma r}}\cos\alpha\end{aligned} \tag{5-64}$$

l_{r2} 产生磁动势 $\boldsymbol{F}_{r2}$，其交轴分量为

$$\begin{aligned}\boldsymbol{F}_{r2q}&=\frac{4}{\pi}\sqrt{2}I_{r2}N_rK_{wr}\sin\alpha\\&=-\frac{4}{\pi}\sqrt{2}N_rK_{wr}\frac{KU\sin\alpha}{Z_{l2}+Z_{\sigma r}}\sin\alpha\end{aligned} \tag{5-65}$$

完全补偿条件：$Z_{l1}=Z_{l2}$，也称二次侧对称补偿。

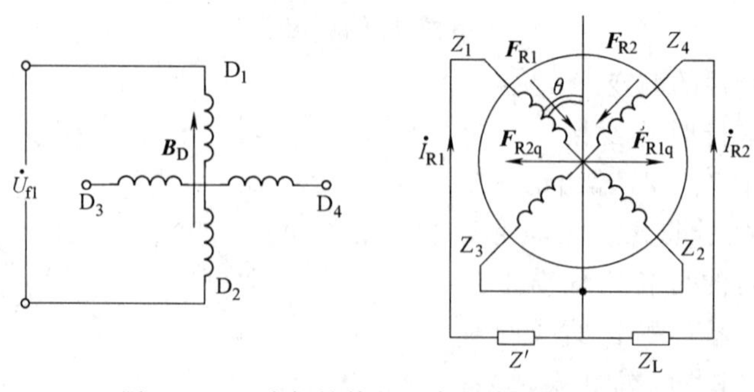

图 5-88　二次侧补偿的正余弦旋转变压器

缺点：要求 Z_{l2} 随 Z_{l1} 有相同的变化，对于变动的负载阻抗，实施比较困难。

优点：正余弦旋转变压器采取二次侧补偿后，输入电流 I_f 不随转子位置角的改变而变化，当励磁电压恒定时，输入功率和输入阻抗不随转角而改变。

4. 一次侧补偿的正余弦旋转变压器

交轴磁场的补偿也可通过在一次侧交轴绕组接入适合的负载来实现，该法称为一次侧补偿。接线图如图 5-89 所示。

如果励磁电源的容量很大，其内阻抗 Z_i 可近似认为是零。根据一次侧补偿的要求，应使 $Z_q=0$，即把交轴绕组直接短接。

一次侧补偿的优点是转子绕组的负载阻抗可以任意改变。实际应用中，为了达到完善补偿，通常采取一、二次侧同时补偿的方法，如图 5-90 所示。

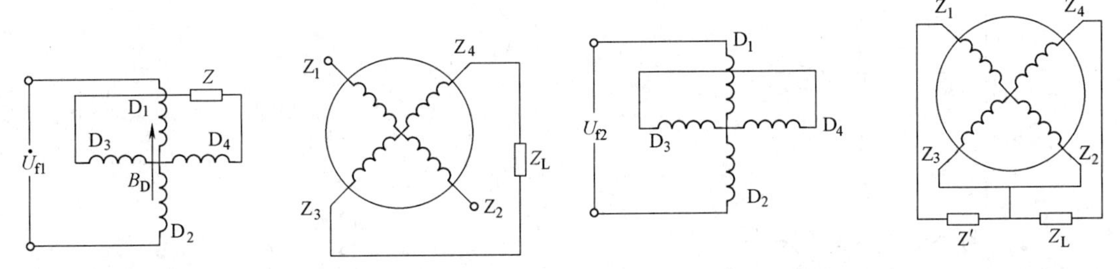

图 5-89 一次侧补偿的正余弦旋转变压器

图 5-90 一、二次侧补偿的正余弦旋转变压器

5.5.3 旋转变压器的主要技术指标

正余弦旋转变压器作解算元件时，其精度由正余弦函数误差和零位误差来决定。作四线自整角机使用时，其精度由电气误差来决定。

1. 正余弦函数误差 f_c

条件：励磁绕组外施额定单相交流电源励磁，交轴绕组短接补偿。

定义：在不同的转子转角时，转子上两个输出绕组的感应电动势与理论上的正弦函数值之差对最大理论输出电压之比。

$$\delta=\frac{\Delta U_{max}}{U_{max}}\times 100\% \tag{5-66}$$

2. 零位误差 $\Delta\theta_0$

条件同上，转动转子使两输出绕组任意一个为最小值的转子位置称为电气零位。零位误差是实际的电气零位与理论电气零位（转子转角为 0°、90°、180°、270°）之差，以角分来表示。

5.5.4 线性旋转变压器的工作原理

线性旋转变压器是由正余弦旋转变压器改变连接线而得到的。即将正余弦旋转变压器的定子 D_1-D_2 绕组和转子 Z_1-Z_2 绕组串联，并作为励磁的一次侧。如图 5-91 所示，定子交轴绕组 D_3-D_4 端短接作为一次侧补偿，转子输出绕组 Z_3-Z_4 端接负载阻抗 Z_L。一次侧施加交流电压 U_{f1}后，转子 Z_3-Z_4 绕组所感应的电压 U_{R2}与转子转角 θ 有什么关系呢？

$$U_{f1}=E_D+k_uE_D\cos\theta \tag{5-67}$$

$$E_{R2}=-k_uE_D\sin\theta \tag{5-68}$$

$$U_{R2} \approx E_{R2} = k_u E_D \sin\theta \tag{5-69}$$

$$\frac{U_{R2}}{U_{f1}} = \frac{k_u \sin\theta}{1 + k_u \cos\theta} \tag{5-70}$$

当电源电压 U_{f1} 一定时，旋转变压器的输出电压 U_{R2} 随转角 θ 的变化的曲线与图 5-92 所示的曲线一致。从数学推导可知，当转角 θ 在 $-60° \sim 60°$ 范围内，而且电压比 $k_u = 0.56$ 时，输出电压和转角 θ 之间的线性关系与理想直线相比较，误差远远小于 0.1%，完全可以满足系统要求。

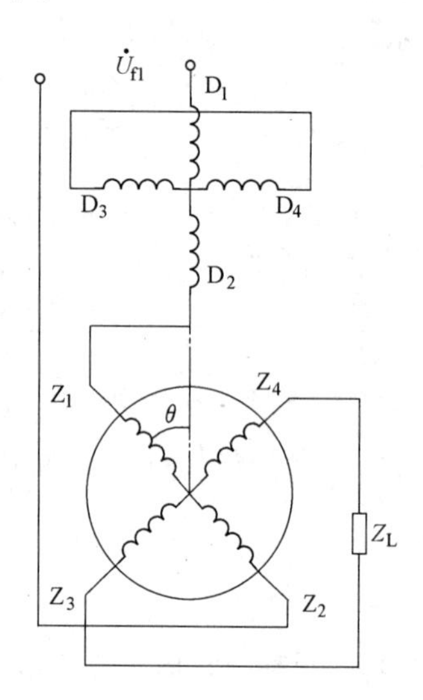

图 5-91　一次侧补偿的线性旋转变压器

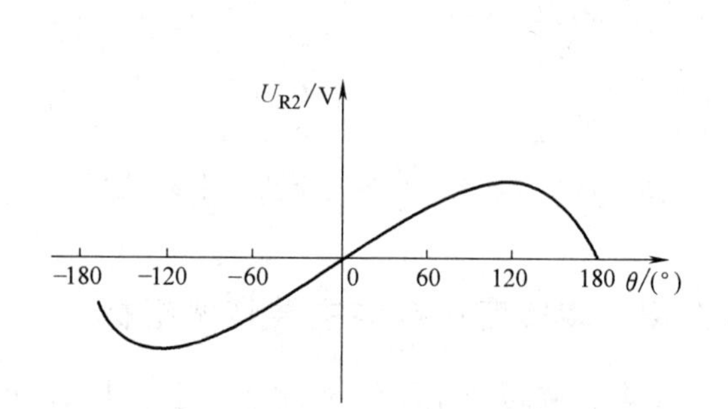

图 5-92　U_{R2} 随转角 θ 变化的曲线

任务 5.6　新型控制电机介绍

【任务引入】

随着电力电子技术、微电子技术和计算机技术、新材料以及控制理论和电机本体技术的不断发展进步，用户对电机控制的速度、精度和实时性提出了更高的要求，一些新型控制电机不断涌现，并得到广泛应用。

【任务目标】

(1) 了解新型控制电机的组成结构和工作原理。

(2) 了解新型控制电机的特点。

(3) 了解新型控制电机的应用场合。

【技能目标】

(1) 能够根据应用场合的要求正确选择控制电机。

(2) 能够正确分析控制电机应用系统。

5.6.1　超声波电机

1. 工作原理

超声波电机（USM）就是利用超声波频率范围内的机械振动来获得动力源的装置，借助摩擦传递弹性超声波振动以获得动力。超声波电机获得能量的超声波振动源又与压电陶瓷有着密切联系，当对压电陶瓷施加交变电压时，压电陶瓷本身或压电陶瓷和金属的混合体就会产生周期性地伸缩，即逆压电效应，通过这种伸缩，电机产生了动力。

人耳所能听到的声音频率约为20Hz~20kHz，而当频率超过20kHz时，人耳便无法辨识，称为超声波。对超声波电机的压电材料输入电压所产生的是晶体的形变，因此利用压电材料来带动转子，其前进的距离相当小，约是微米等级，因此若要此电机做长距离运动，就必须输入超声波的高频电压，使定子产生极高的振动频率才能得到合适的转速，这也正是超声波电机的由来。

2. 分类

(1) 环形行波超声波电机。在弹性体内产生单向的行波，利用行波表面质点的振动来传递能量，属连续驱动方式，其基础理论和应用技术均较成熟。

(2) 小型柱体摇摆型超声波电机。目前行波型超声波电机已有较成熟的设计方法，但该型电机在小直径（小于20mm）条件下，输出性能逐渐失去低速大扭矩的特点，而且由于其结构的限制，效率也很难提高。而柱体摇摆型超声波电机采用兰杰文振子结构，机械效率高。进一步设计可实现多个不同模态之间的耦合、叠加，从而形成三自由度椭圆运动，实现一个定子驱动多自由度的运动。摇摆型超声波电机是靠圆柱定子端部的摇头振动并通过摩擦来驱动转子，所以定子的直径越小，摇头振动的幅值越大，小型化（一般直径小于20mm）能更加显示出这种电机的优越性。由于该电机采用兰杰文结构，压电陶瓷不需粘接，其装配工艺容易实现自动化，所以这种电机特别适宜对电机的重量、体积、性能等方面有特殊要求的应用场合，如精密光学仪器、导弹导引头的跟随控制装置。摇摆型超声波电机的这些特点近年来在超声波电机领域备受关注，因此该型超声波电机的研究将改变超声波电机工作及运行机理，拓展开发新型超声波电机的思路。

(3) 步进超声波电机。随着超声波电机技术的日趋完善，其应用领域越来越多。但在超声波电机角位移控制系统中，必须引入传感器来进行反馈，形成闭环控制系统，这样使电机结构变得复杂。自校正超声波电机能在一定角度内，自行修正其角位移累积误差，从而省略了传感器以及与传感器相匹配的闭环时序电路，达到简化结构和保障精度的目的。因此，对步进超声波电机的研究具有重要的学术价值，在精密控制等领域具有广泛的应用前景。

(4) 三自由度球形超声波电机。目前，对于传统的驱动电机而言，要实现多自由度运动，一般是对每一个自由度都提供一个电机，通过对多个单自由度电机作复杂的机械连接来实现，而且提供电机数与所要求的自由度数必须相等。因此这个系统往往结构复杂、笨重，动静态刚度低、造价昂贵，齿轮变速机构中存在着间隙、摩擦、弹性变形，很难保证有高的运动精度和定位精度，往往不能满足机器人向高速、高精度、大承载和轻量化发展的要求。

多自由度球形压电超声波电机不仅具备了超声波电机一系列的优点，而且具有诱人的应用前景，它可用于机器人的关节部位，也可用于摄像的监视器，这样可以使摄像机像人类眼球那样把周围各个角度的画面尽收眼底。利用单个圆柱形结构做成压电超声波电机的定子，通过对定子的振型设计和压电陶瓷的极化与配置的设计，并通过驱动控制电路使定子表面质点产生三自由度椭圆运动，从而实现球形转子的三自由度旋转，可以从根本上缩小球形电机的体积，突显超声波电机结构紧凑、低速大扭矩、可直接驱动负载和定位精度高的优点。同时，由于定子表面质点产生三自由度椭圆运动，因而这种柱形振子也可直接改装成多自由度的直线超声波电机，并将开拓超声波电机研究新领域。

3. 特点

（1）超声波电机弹性振动体的振动速度和依靠摩擦传递能量的方式决定了它是一种低速电机，同时其能量密度是电磁电机的5~10倍，使得它不需要减速机构就能低速时获得大转矩，可直接带动执行机构。

（2）超声波电机的构成不需要线圈与磁铁，本身不产生电磁波，所以外部磁场对其影响较小。

（3）超声波电机断电时，定子与转子之间的静摩擦力使电机具有较大的静态保持力矩，从而实现自锁，省去了制动闸，简化了定位控制，其动态响应时间也较短。

（4）超声波电机依靠定子的超声振动来驱动转子运动，超声振动的振幅一般在微米数量级，在直接反馈系统中，位置分辨率高，容易实现较高的定位控制精度。

4. 应用

（1）光学机器。超声波电机在照相机、摄像机、显微镜等光学仪器的聚焦系统中作为驱动元件，能获得很满意的效果。接触式USM具有低速大转矩的特点，在许多应用场合中可免去减速装置直接驱动。最典型的应用于照相机的自动焦距镜头中，与采用传统电机镜头相比，具有安静、无电磁噪声，定位精度高，调焦时间短，无齿轮减速、机构简单等优点。

光学显微镜、自动焦距、显微定位、微纳米计算尺、LCD等显示平板的生产测试检查、晶片检查定位、消除振动系统、天文观测仪器、自适应光学系统、微型扫描仪、基因处理、微型手术、光学镜面调整等都应用了超声波电机。

（2）汽车。超声波电机用于汽车车窗的驱动装置中，可使它体积扁小、低速时具有大转矩的优点发挥得淋漓尽致。它还可用于磁悬浮列车上，为使列车悬浮于轨道上，使通过超导电流产生强磁场，需要大力矩和控制性能良好的驱动器，这对于USM来说是最适合的。

（3）航天中的运用。电机在低温和真空条件下的运行特性对航空航天的发展是极为重要的。超声波电机具有结构简单、重量轻、不受磁场干扰、真空下无需润滑油的优点，这是电磁电机在航空航天领域所不具有的。超声波电机以其高转矩重量比、快速响应、高精度和断电自锁等特点，将在航天航空等军工领域中受到越来越大的重视。

5.6.2 无刷直流电动机

1. 无刷直流电动机的组成

无刷直流电动机（BLCDM）一般由电子换相电路、转子位置检测电路和电动机本体三部分组成，电子换相电路一般由控制部分和驱动部分组成，而对转子位置的检测一般用位置传感器来完成。工作时，控制器根据位置传感器测得的电机转子位置有序地触发驱动电路中的各个功率管，进行有序换流，以驱动直流电动机。

（1）电动机本体。无刷直流电动机在电磁结构上和有刷直流电动机基本一样，但它的电枢绕组放在定子上，转子采用永磁材料，其电枢绕组是三相绕组，与普通的三相交流电机没有原则性的区别。其总体结构和三相永磁同步电动机一样，只是多了一套由霍尔元件组成的转子位置传感器。无刷电动机的发展与永磁材料的发展是分不开的，磁性材料的发展过程基本上经历了以下几个发展阶段：铝镍钴、铁氧体磁性材料、钕铁硼（NdFeB）。钕铁硼有高磁能积，它的出现引起了磁性材料的一场革命。第三代钕铁硼永磁材料的应用，进一步减少了电机的用铜量，促使无刷电动机向高效率、小型化、节能的方向发展。

目前，为提高电动机的功率密度，出现了横向磁场永磁电机，其定子齿槽与电枢线圈在空间位置上相互垂直，电机中的主磁通沿电机轴向流通，这种结构提高了气隙磁通密度，能够提供比传统电机大得多的输出转矩。目前该类型电机正处于研究开发阶段。

（2）电子换相电路。

控制电路：无刷直流电动机通过控制驱动电路中的功率开关器件，来控制电动机的转速、转向、转矩以及保护电动机，包括过电流、过电压、过热等保护。控制电路最初采用模拟电路，控制比较简单。如果将电路数字化，许多硬件工作可以直接由软件完成，可以减少硬件电路，提高其可靠性，同时可以提高控制电路抗干扰的能力，因而控制电路由模拟电路发展到数字电路。

驱动电路：驱动电路输出电功率，驱动电动机的电枢绕组，并受控于控制电路。驱动电路由大功率开关器件组成。正是由于晶闸管的出现，直流电动机才从有刷实现到无刷的飞跃。但由于晶闸管是只具备控制接通，而无自关断能力的半控性开关器件，其开关频率较低，不能满足无刷直流电动机性能的进一步提高。随着电力电子技术的飞速发展，出现了全控型的功率开关器件，其中有可关断晶体管（GTO）、电力场效应晶体管（MOSFET）、金属栅双极性晶体管 IGBT 模块、集成门极换流晶闸管（IGCT）及近年新开发的电子注入增强栅晶体管（IEGT）。随着这些功率器件性能的不断提高，相应的无刷电动机的驱动电路也获得了飞速发展。目前，全控型开关器件正在逐渐取代电路复杂、体积庞大、功能指标低的普通晶闸管，驱动电路已从线性放大状态转换为脉宽调制的开关状态，相应的电路组成也由功率管分立电路转成模块化集成电路，为驱动电路实现智能化、高频化、小型化创造了条件。

（3）转子位置检测电路。永磁无刷电动机是一个闭环的机电一体化系统，它是通过转子磁极位置信号作为电子开关电路的换相信号，因此，准确检测转子位置，并根据转子位置及时对功率器件进行切换，是无刷直流电动机正常运行的关键。用位置传感器来作为转子的位置检测装置是最直接有效的方法。一般将位置传感器安装于转子的轴上，实现转子位置的实时检测。最早的位置传感器是磁电式的，既笨重又复杂，已被淘汰；目前磁敏式的霍尔位置传感器广泛应用于无刷直流电动机中，另外还有光电式的位置传感器。

2. 工作原理

无刷直流电动机定子绕组分为 A、B、C 三相，每相相位相差 120°；采用星形联结，三相绕组分别与电子开关电路中相应的功率开关器件连接；转子由 N、S 两极组成，极对数为 1，如图 5-93 所示。

电子开关电路用来控制电动机定子上各相绕组通电的顺序和时间，主要由功率逻辑开关单元和霍尔位置传感器信号处理单元两部分组成。功率逻辑开关单元将电源功率以一定的逻辑分配关系分配给电机定子上的各相绕组，以便使电机产生持续不断的转矩。霍尔位置检测器的作用是检测转子磁极相对于定子绕组的位置信号，进而控制逻辑开关单元的各相绕组导通顺序和时间。

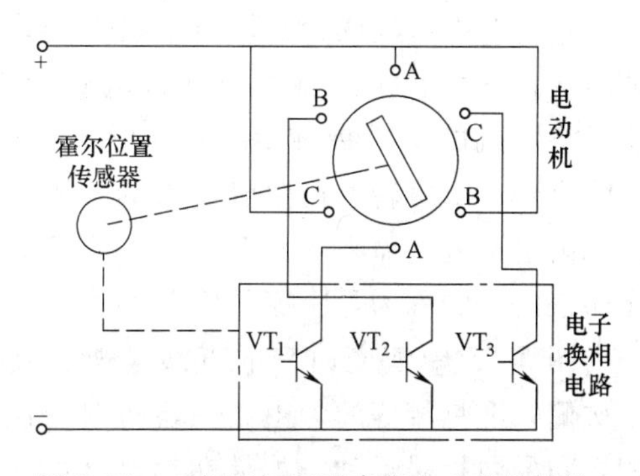

图 5-93　三相两极无刷直流电动机的结构

当定子绕组的某一相通电时，该电流与转子永久磁钢的磁极所产生的磁场相互作用而产生转矩，驱动转子旋转，再由霍尔位置传感器将转子磁钢位置变换成电信号，去控制电子开关电路，从而使定子各相绕组按一定次序导通，定子相电流随转子位置的变化而按一定的次序换相。由于电子开关电路的导通次序与转子转角同步，因而起到了机械换向器的换向作用。

3. 特点

（1）无刷电动机以电子换向取代机械换向，具有无机械摩擦，无磨损，无电火花，免维护且能做到更加密封等特点，所以技术上要优于有刷电动机。

（2）无刷直流电动机的永磁体，现在多采用高磁能积的稀土钕铁硼材料。因此，稀土永磁无刷电动机的体积比同容量三相异步电动机缩小了一个机座号。

（3）无刷直流电动机的效率高、高效区域大、功率和转矩密度高，功率因数（$\cos\varphi$）接近 1，系统效率>90%，永磁无刷直流电动机在任何情况下转子都是同步运行，交流变频电动机是变频调速，无刷直流电动机是调速变频，电动机在同步转速下运行，转子既无铜耗又无铁耗。

（4）无刷直流电动机具有低电压特性好、转矩过载特性强、起动转矩大（堵转特性）、起动电流小等优点。

4. 应用

（1）永磁无刷直流电动机广泛应用于计算机外围设备（如硬盘、软盘和光盘存储器）、家电产品、医疗器械和电动车上，目前无刷直流电动机的转子都普遍使用永磁材料组成的磁钢，并且在航空、航天、汽车、精密电子等行业也被广泛应用。

（2）汽车净化器多采用直流无刷电动机带动离心式风叶，以排出污浊空气。电动机本体是根据电动机电路方案来确定，常用两相桥式换相驱动电路。内定子绕组可以较方便地绕在铁心齿上，电动机做成外转子式结构，定子和定子绕组放在转子内部。换相驱动电路采用专用集成电路（ASIC），电路简单，并有控制保护功能。

（3）工业缝纫机用无刷直流电动机，其优点为可以实现正反转、能够快速起动与制动（100ms）、定位精度高、过载能力大、振动低，具有同时实现工业缝纫机的自动返缝、自动割线和自动挑线三个自动控制功能。

5.6.3 直线电机

1. 基本结构

图 5-94 所示的 a 和 b 分别表示了一台旋转电机和一台直线电机。

直线电机可以认为是旋转电机在结构方面的一种演变，它可看作是将一台旋转电机沿径向剖开，然后将电机的圆周展成直线，如图 5-95 所示。这样就得到了由旋转电机演变而来的最原始的直线电机。由定子演变而来的一侧称为一次侧，由转子演变而来的一侧称为二次侧。

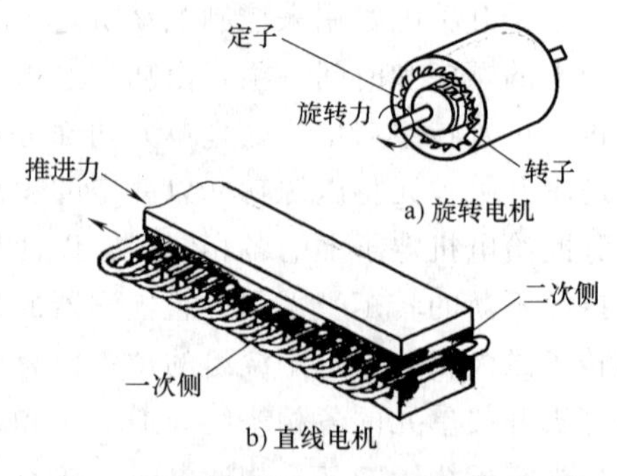

图 5-94　旋转电机和直线电机示意图

图 5-95 中演变而来的直线电机，其一次侧和二次侧长度是相等的，由于在运行时一次侧和二次侧之间要做相对运动，如果在运动开始时，一次侧与二次侧正巧对齐，那么在运动中，一次侧与二次

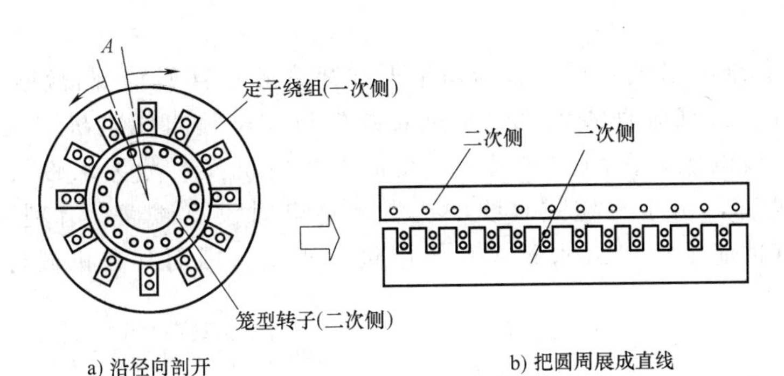

a) 沿径向剖开　　b) 把圆周展成直线

图 5-95　由旋转电机演变为直线电机的过程

侧之间互相耦合的部分会越来越少，而不能正常运动。为了保证在所需的行程范围内，一次侧和二次侧之间的耦合能保持不变，因此实际应用时，是将一次侧与二次侧制造成不同的长度。由于短一次侧在制造成本上，运行的费用均比短二次侧低得多，因此一般采用短一次侧长二次侧，如图 5-96 所示。

在图 5-96 中所示的直线电机中仅在一边安放一次侧绕组，对于这样的结构形式称为单边型直线电机。特点是在一次侧与二次侧之间存在着很大的法向吸力，一般这个法向吸力在二次侧时约为推力的 10 倍左右，大多数场合是不希望这种吸力存在的。

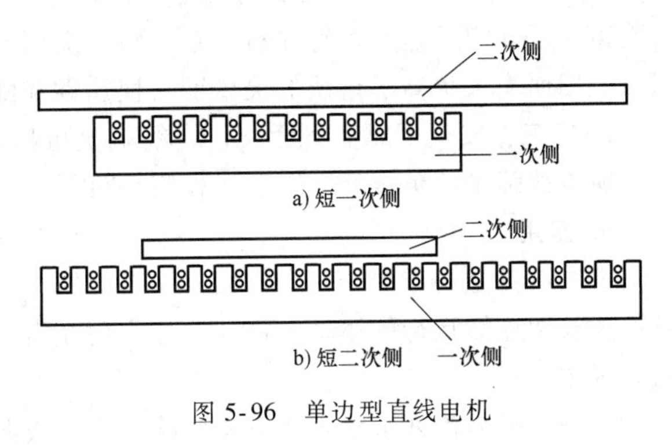

a) 短一次侧

b) 短二次侧

图 5-96　单边型直线电机

在图 5-97 中所示的直线电机在二次侧的两边都装上了一次绕组。这样这个法向吸力就可以相互抵消，这种结构形式称为双边型。

上述介绍的直线电机称为扁平型直线电机，是目前应用最为广泛的，除此之外，直线电机还可以做成圆筒形（也称管形）结构，这里不再详述。

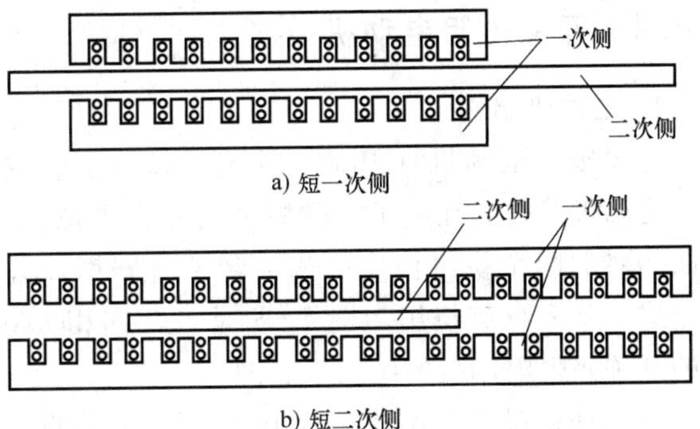

a) 短一次侧

b) 短二次侧

图 5-97　双边型直线电机

2. 工作原理

直线电机的工作原理与旋转电机相比，并没有本质的区别，可将其看作为将旋转电机沿圆周方向拉开展平的产物。对应于旋转电机的定子部分，称为直线电机的一次侧，而对应于旋转电机的转子部分，称为直线电机的二次侧。当多相交变电流通入多相对称绕组时，会在直线电机一次侧和二次侧之间的气隙中产生一个行波磁场，从而使一次侧和二次侧之间产生相对移动。当然，在一次侧和二次侧之间还存在垂直力，它可以是吸引力，也可以是排斥力。

3. 分类

直线电机按其结构形式主要可分为扁平形、圆筒形（管形）、圆盘形和圆弧形四种。按照工作原理可分为直流直线电机、步进直线电机和交流直线电机三大类，在机床上主要使用交流直线电机。在励磁方式上，交流直线电机又可分为永磁（同步）式和感应（异步）式两种。由于感应式直线电机在不通电时没有磁性，有利于机床的安装、使用和维护，其性能也已接近永磁式直线电机的水平，因而其在机械行业的应用受到欢迎。

4. 特点

（1）结构简单，由于直线电机不需要把旋转运动变成直线运动的附加装置，因而使得系统本身的结构大为简化，重量和体积大大下降。

（2）定位精度高，在需要直线运动的地方，直线电机可以实现直接传动，因而可以消除中间环节所带来的各种定位误差，故定位精度高，如果采用微机控制，则还可以大大提高整个系统的定位精度。

（3）反应速度快、灵敏度高，随动性好。直线电机容易做到其转子用磁悬浮支撑，因而使得转子和定子之间始终保持一定的空气隙而不接触，这就消除了定、转子间的接触摩擦阻力，因而大大提高了系统的灵敏度、快速性和随动性。

（4）工作安全可靠、寿命长。直线电机可以实现无接触传递力，机械摩擦损耗几乎为零，所以故障少，免维修，因而工作安全可靠、寿命长。

5. 应用

直线电机主要应用于三个方面：一是应用于自动控制系统，这类应用场合比较多；其次是作为长期连续运行的驱动电机；三是应用在需要短时间、短距离内提供巨大的直线运动能的装置中。

此外，磁悬浮列车是直线电机实际应用的最典型的例子，美、英、日、法、德、加拿大等国都在研制直线悬浮列车，其中日本进展最快。

5.6.4 开关磁阻电动机

1. 电动机结构

开关磁阻电动机（SRM）的定子和转子的磁极均为凸极结构，在定子的磁极上装有集中绕组，径向相对的两个绕组构成一相；转子由硅钢片叠制而成，其上没有绕组。图 5-98 是一台四相 8/6 极的开关磁阻电动机的结构示意图。

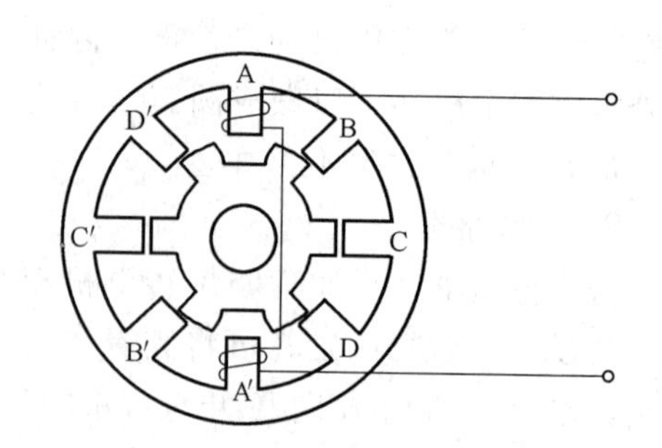

图 5-98　8/6 极的开关磁阻电动机的结构

由于具有双凸极结构，SRM 定子和转子的极数有许多种组合。通常采用的就是图 5-98 所示的四相 8/6 极方式，也有三相 6/4 极方式或者三相 12/8 极等结构方式，表 5-3 是常用的一些结构类型，最常见的是转子的极数比定子少 2 个。SRM 的相数记为 m，定子极数记为 N_s，转子极数记为 N_r，步进角计为 q_s，则有

$$m=\frac{N_s}{2} \tag{5-71}$$

$$q_s = \frac{360°}{mN_r} \tag{5-72}$$

表 5-3 常用的定转子极数搭配

m	N_s	N_r
2	4	2
	8	4
3	6	2
	6	4
	6	8
	12	8
4	8	6
5	10	4

少于三相的 SRM 没有自起动能力，因而对于要求自起动和四象限运行的驱动场合，应该选择不少于三相的开关磁阻电动机。相数的增加还可以减少转矩的脉动并降低电磁噪声，但是增加了功率器件的数量及成本，因而在要求低的场合单相和两相结构应用比较多，作为驱动的开关磁阻电动机多采用三相或者四相径向结构。

2. 运行的原理

开关磁阻电动机工作原理遵循“磁阻最小原理”，也就是磁通总要沿着磁阻最小的路径闭合，从而迫使磁路上的导磁体运动到使磁阻最小的位置为止。通电后，磁路有向磁阻最小路径变化的趋势。当转子凸极与定子凸极错位时，气隙大、磁阻大；一旦定子磁极绕组通电，就会形成对转子凸起的磁拉力，使气隙变小——磁路磁阻变小。与此同时用电子开关按一定逻辑关系切换定子磁极绕组的通电相序，即可形成连续旋转的力矩。

图 5-99 为四相 SRM 的轮流通电转动（顺时针转过一个极距角）。依据磁通总要沿着磁阻最小的路径闭合的原理，具有一定形状的铁心在移动到最小磁阻位置时，必使自己的主轴线与磁场的轴线重合。在图 5-99 中，当 A 相绕组单独通电时，通过导磁体的转子凸极在 A—A′轴线上建立磁路，并迫使转子凸极转到与 A—A′轴线重合的位置，如图 5-99a 所示。这时将 A 相断电，B 相通电，就会通过转子凸极在 B—B′轴线上建立磁路，因此转子并不处于磁阻最小的位置，磁阻转矩驱动转子继续转到图 5-99b 的位置。这时将 B 相断电，C 相通电，根据磁阻最小原则，转子转到图 5-99c 所示

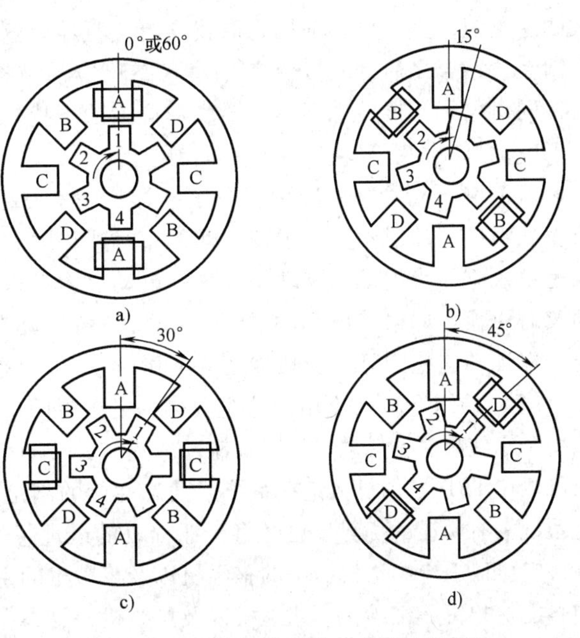

图 5-99 8/6 极开关磁阻电动机运行原理

位置。当C相断电，D相通电后，转子又转到图5-99d所示位置。这样，四相绕组按A-B-C-D顺序轮流通电，磁场旋转一周，转子顺时针转过一个极距角。不断按照这个顺序换相通电，电动机就会连续转动。

若改变换相通电顺序为D-C-B-A，则电动机就会反转，因此，改变电动机的转向与电流的方向无关，而只与通电顺序有关。

3. 特点

（1）开关磁阻电动机调速系统之所以能在现代调速系统中异军突起，主要是因为它卓越的系统性能，主要表现在：电动机结构简单、成本低、可用于高速运转。SRD的结构比笼型感应电动机还要简单，其突出的优点是转子上没有任何形式的绕组，因此不会有笼型感应电动机制造过程中铸造不良和使用过程中的断条等问题。

（2）电路可靠；功率电路简单可靠。因为电动机转矩方向与绕组电流方向无关，即只需单方向绕组电流，故功率电路可以做到每相一个功率开关。对比异步电动机绕组需流过双向电流，向其供电的PWM变频器功率电路每相需两个功率器件。因此，开关磁阻电动机调速系统较PWM变频器功率电路中所需的功率元件少，电路结构简单。

（3）系统可靠性高；从电动机的电磁结构上看，各相绕组和磁路相互独立，各自在一定轴角范围内产生电磁转矩。而不像在一般电动机中必须在各相绕组和磁路共同作用下产生一个旋转磁场，电动机才能正常运转。

4. 应用

（1）印染行业的应用。在印染行业中，筒纱染色的均匀性在工艺被决定了之后，主要就取决于筒子染色机输送染液的主泵对流量流速的控制与选择。由于纱线品种的多样性，不同纱支所需的流量流速存在着差异，即使是同一种纱线，若捻度不一样，也需要主泵对流量流速进行选择。早期的筒子染色机必须由工人凭借经验来操作，20世纪90年代有了交流变频器，就可以通过染缸内外差的检测与反馈信号调节主泵转速来解决，现在有了SRD电动机调速系统，完全可以利用它取代交流变频器。这是因为SRD电机调速系统在与PLC编程控制装置结合之后其染液流量流速状态更容易被控制，在任何情况下都能给出一个合理数值，同时电子元器件也不再受温度与湿度的干扰，这样也就确保了运行的稳定性，同时还解决了电动机在潮湿环境里运行的问题。

（2）化纤行业中的应用。在化纤行业，其关键工序之一是将熔融的化纤材料在恒压下，由微孔喷出冷却成丝。为了使出丝的直径严格一致，计量泵的转速必须高度稳定。一般纺丝泵是由永磁同步电动机驱动的。这种电动机内有永磁体，长期工作会逐渐退磁，电动机就必须及时更换。如果采用SRD调速电动机，由于其有位置检测器，完全可以构成速度闭环系统，保证转速稳定且不受负载变化的影响。

（3）纺织行业的应用。这主要因为开关磁阻电动机可以在四象限之中进行运行，即能按照指令实施顺时针转动、顺时针制动、逆时针转动、逆时针制动等四种状态的运行与转换。未来可以说SRD电动机无论在系统静动态性能的满足上、可靠性上、性能价格比上均比其他调速系统占有明显的优势，也必将是抓棉机的最理想的动力机械。同时，根据SRD电动机的特点，它可以适应织造机械中的整经机以及浆纱机的主传动恒功率的变速运行，也可以满足自调均整的梳棉机、细纱机、络筒机以及捻线机，最终实现纺织机械的全数字化的驱动。

（4）电动车上的应用。SRD电动机最初的应用领域就是电动车，这也是它最主要的应用领域。目前电动摩托车和电动自行车的驱动电机主要有永磁无刷及永磁有刷两种，然而SRD电动机驱动系统的电动机结构紧凑牢固，适合于高速运行，并且驱动电路简单、成本低、性能可靠，在宽广的转速范围内效率都比较高，而且可以方便地实现四象限控制，这些特点使SRD电机驱动系统很适合电动车辆的各种工况下运行。当高能量密度和系统效率为关键指标时，采用SRD电动机驱动成为首选对象。因此，SRD电动机相比目前主要使用的两种电动机，是电动车辆中极具有潜力的机种。

（5）焦炭工业的应用。相比于其他电动机，开关磁阻电动机起动力矩大、起动电流小，可以频繁重载起动，无需其他的电源变压器，节能，维护简单，特别适用于矿井输送机、电牵引采煤机及中小型绞车等。20世纪90年代英国已研制成功300kW的开关磁阻电动机，用于刮板输送机，效果很好。中国已研制成功110kW的开关磁阻电动机（用于矸石山绞车）、132kW的开关磁阻电动机（用于带式输送机拖动），良好的起动和调速性能受到工人们的欢迎。我国还将开关磁阻电动机用于电牵引采煤机牵引，运行试验表明，新型采煤机性能良好。此外还成功地将开关磁阻电动机用于电机车，提高了电机车运行的可靠性和效率。

（6）家电行业的应用。在家电方面，开关磁阻电动机由于低成本、高性能、智能化，已开始应用于洗衣机，相比其他电动机有着明显的优势，未来应用前景广阔。目前，世界上使用面广、为广大用户所接受的洗衣机主要有两大类：一类是波轮式全自动洗衣机；另一类是滚筒式全自动洗衣机。这两类洗衣机对电动机有着共同的性能要求：洗涤时要电动机低转速转动，且能频繁地正反转；脱水时要电动机能高速旋转。长期以来，这两类洗衣机基本上都采用了一种变极双速单相感应电动机而勉强达到使用要求，但缺点是很明显的：一是调速性能差，在洗涤时只有一种转速，难以适应各种织物对洗涤转速的要求，而所谓的“强洗”“弱洗”“轻柔洗”等洗涤程序的变化仅仅是靠改变正反转的持续时间而已，而且为了照顾洗涤时对转速的要求，往往使得脱水时的转速偏低，一般仅为400~600r/min；二是单相变极双速感应电动机的效率很低，一般均为30%以下。而其起动电流竟是额定电流的7~8倍以上，这会对电网造成冲击。而如果用开关磁阻调速电动机来取代单相变极双速感应电动机，则可以取得十分满意的效果。

任务5.7 控制电机的应用举例

【任务引入】

本任务主要学习几种控制电机的典型应用。

【任务目标】

（1）了解控制电机的应用场合。

（2）掌握典型控制电机的应用。

【技能目标】

（1）能够根据应用场合的要求正确选择控制电机。

（2）能够正确使用控制电机。

5.7.1 直流测速发电机的应用

直流测速发电机在自动控制系统和计算装置中作为检测元件、校正元件等。在恒速控制系统中，用于测量旋转装置的转速，向控制电路提供与转速成正比的信号电压作为反馈信号，以调节速度。原理图如图 5-100 所示。

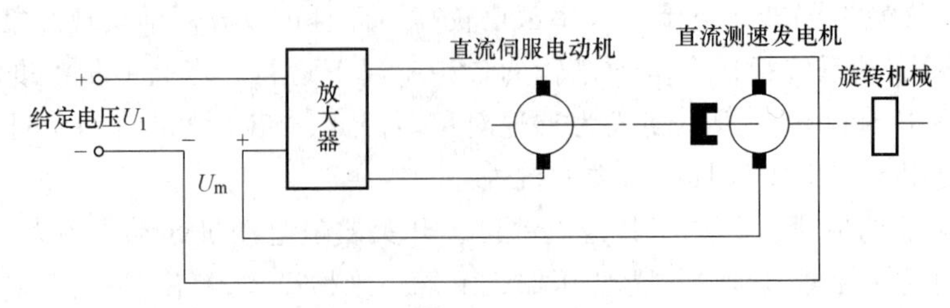

图 5-100　恒速控制系统原理图

5.7.2　伺服电动机在数控机床中的应用

如果说 CNC 装置是数控系统的“大脑”，是发布“命令”的“指挥所”，那么进给伺服系统则是数控系统的“四肢”，是一种“执行机构”。它忠实地执行由 CNC 装置发来的运动命令，精确控制执行部件的运动方向、进给速度与位移量。伺服系统接收来自数控装置的进给脉冲，经变换和放大，再驱动数控机床各加工坐标轴运动。这些轴有的带动工作台，有的直接带动刀架，通过几个坐标轴的综合联动，使刀具相对于工件产生各种复杂的机械运动，从而加工出所要求的零件形状。

数控机床伺服系统一般由位置检测装置、位置控制模块、伺服驱动装置、伺服电动机及机床进给传动链组成，如图 5-101 所示。

闭环伺服系统的一般结构通常由位置环和速度环组成。速度环速度控制单元是一个独立的单元部件，它由伺服电动机、伺服驱动装置、测速装置及速度反馈装置组成；位置环由数控系统中的位置控制模块、位置检测装置及位置反馈装置组成。

在伺服系统位置控制中，来自数控装置插补运算得到的位置指令，与位置检测装置反馈来的机床坐标轴的实际位置相比较，形成位置偏差，经变换为伺服装置提供控制电压，驱动工作台向误差减小的方向移动。在速度控制中，伺服驱动装置根据速度给定电压和速度检测装置反馈的实际转速对伺服电动机进行控制，以驱动机床进给传动部件。

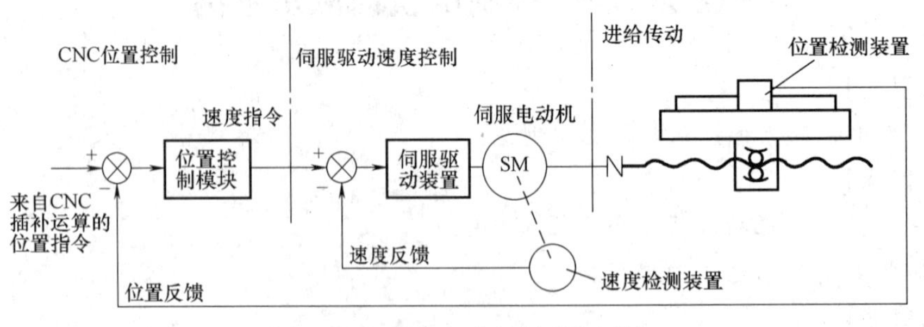

图 5-101　数控机床伺服系统框图

5.7.3　力矩式自整角机在位置测量中的应用

力矩式自整角机广泛用作测位器。下面以测水塔水位的力矩式自整角机为例说明其应用。液面高低的测位器示意图如图 5-102 所示。图中浮子随着水面升降而上下移动，并通过绳子、滑轮和平衡锤使自整角发送机 ZLF 转子旋转。

据力矩式自整角机的工作原理知，由于发送机和接收机的转子是同步旋转的，所以接收机转子上所固定的指针能准确地指向刻度盘所对应的角度——也就是发送机转子所旋转的角度。若将角位移换算成线位移，就可方便地测出水面的高度，实现远距离测量的目的。这种测位器不仅可以测量水面或液面的位置，也可以用来测量阀门的位置、电梯和矿井提升机的位置、变压器分接开关的位置等。

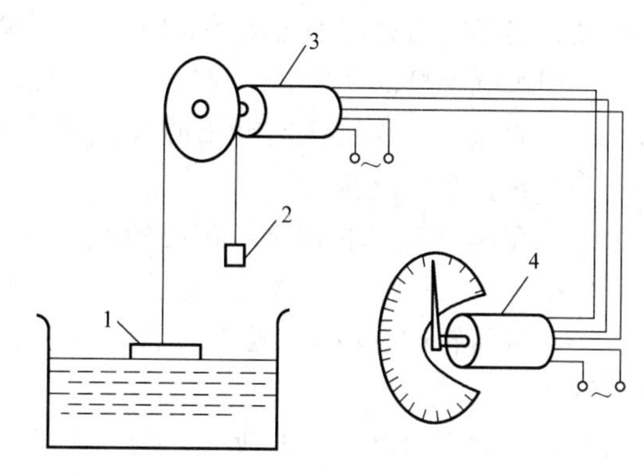

图 5-102 液面位置指示器

1—浮子 2—平衡锤 3—发送机 4—接收机

5.7.4 控制式自整角机在火炮发射角控制系统中的应用

火炮发射角的闭环控制系统结构框图如图 5-103 所示，主要由手轮、自整角机、电压放大器、直流伺服电动机、位置传感器等组成。火炮手摇动手轮，经过自整角机、电压放大器、直流伺服电动机之后，可以控制火炮炮筒角度，而炮筒角度经过位置传感器反馈给自整角机。采用自整角机控制系统可以使得火炮与火炮手之间有一个安全距离，便于对沉重火炮的操作控制，并且大大提高控制精度。

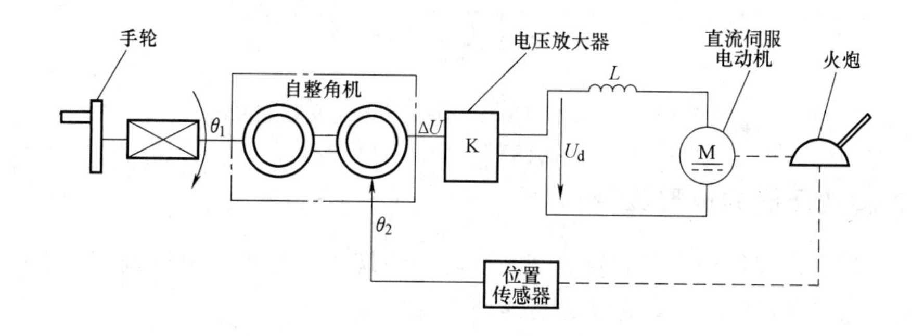

图 5-103 火炮发射角控制系统

转动手轮时，由于 θ_1 与 θ_2 相差角度不会太大，令 $\theta=\theta_1-\theta_2$，由自整角机的原理可知，其输出电压 $\Delta U=U_m\sin\theta$。由正弦函数的特性可知，在 $-\frac{\pi}{6}<\theta<\frac{\pi}{6}$ 的范围内，ΔU 与 θ 近似成比例线性关系，所以认为 $\Delta U=U_m\theta$，即将自整角机看成一个比例环节。

若炮筒角度与给定角度相同，即 $\theta_2=\theta_1$，则可知，直流电动机转速为零，θ_2 保持现状。

若火炮手摇动手轮，使得 $\theta_1>\theta_2$，则失调角 $\theta>0$，$\Delta U>0$，产生一个电枢电压加在直流伺服电动机两端，电动机工作，转动火炮炮筒，使得 θ_2 增大。直至 $\theta_2=\theta_1$ 时，炮筒才停止转动，从而控制了炮筒的角度。

同理，若 $\theta_1<\theta_2$ 时，经过系统调节，最终也使得 $\theta_2=\theta_1$，实现了火炮角度的控制。

但是，实际上当火炮手摇动手轮时，如果 $\theta_1>\theta_2$，系统调节使得第一次达到 $\theta_2=\theta_1$ 时，由于直流伺服电动机以及负载的惯性作用，此时转速并不为零，继续使得 θ_2 增大，导致 $\theta_2>\theta_1$，$\theta<0$，自整角接收机输出电压的极性变反，在此电压的作用下，会使得伺服电动机由正转变为反转，系统振荡。

另外，在 $\theta_1\neq\theta_2$ 的情况下，系统的调节使得伺服电动机有一个转速，但是其转速的大小受到电枢电压的控制，电枢电压的大小又受到 θ 的控制。当 θ_1 与 θ_2 接近时，会导致电枢电压较小，从而转速不够大。也就是说，该系统不能一直保持高调节速度进行调节，响应速度性能受到抑制。

由自动控制理论以及电力拖动控制系统的知识可知，要提高系统的响应速度，应该在系统中加入转速闭环，系统的结构框图如图 5-104 所示。直流测速发电机可动态测量直流伺服电动机的转速，输出一个与转速成比例的电压值，有效改善系统动态性能，抑制系统振荡。

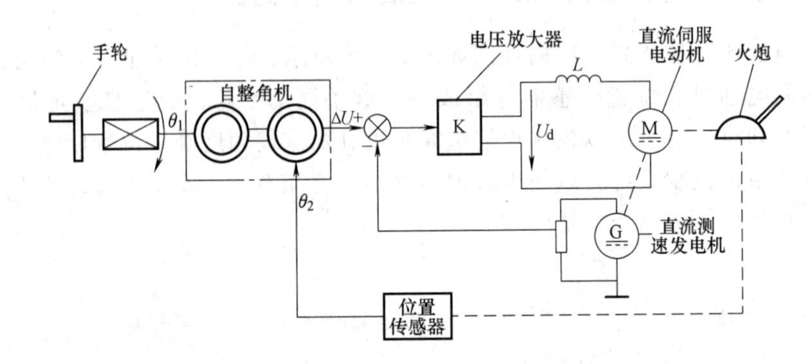

图 5-104　加入转速闭环后的火炮发射角控制系统

5.7.5　旋转变压器的典型应用

旋转变压器广泛应用于解算装置、高精度随动系统中，也用于电压调节和阻抗匹配等。在解算装置中主要用来求解矢量或进行坐标变换、求反三角函数、进行加减乘除及函数的运算等；在随动系统中进行角度数据的传输或测量已知输入角的角度和角度差；比例式旋转变压器用于匹配自控系统中的阻抗和调节电压。典型电路接线如图 5-105 所示。

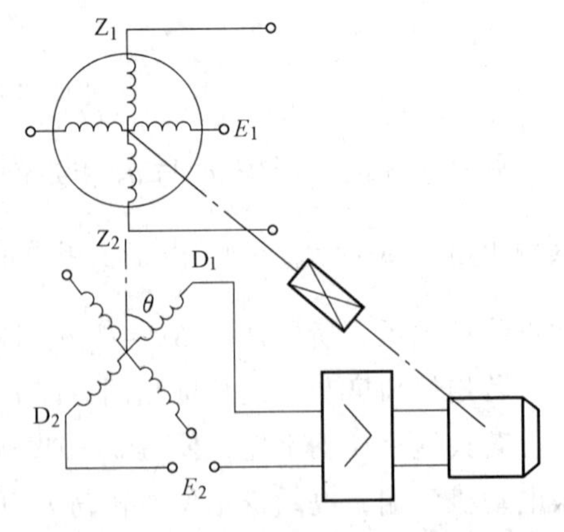

图 5-105　求 $\theta=\arccos(E_2/E_1)$ 的接线图

比例式旋转变压器的用途是用来匹配阻抗和调节电压的。若在旋转变压器的定子绕组 D_1-D_2 端施以励磁电压 $\dot{U}_{f1}$，则转子绕组 Z_1-Z_2 端的输出电压为

$$U_{R1}=k_uU_{f1}\cos\theta \tag{5-73}$$

$$\frac{U_{R1}}{U_{f1}}=k_u\cos\theta \tag{5-74}$$

上式中的转子转角 θ 在 $0°\sim360°$ 之间变化，也就是 $\cos\theta$ 在 $+1.0\sim-1.0$ 范围内变动。因电压比 k_u 为常数，故比值 U_{R1}/U_{f1} 将在 $\pm k_u$ 的范围内变化。如果调节转子转角 θ 到某定值，则可得到唯一的比值 U_{R1}/U_{f1}。

5.7.6 开关磁阻电动机在数控压力机上的应用

1. 开关磁阻数控螺旋压力机

开关磁阻数控螺旋压力机采用电动螺旋压力机结构，可替代现有摩擦压力机、离合器式螺旋压力机等机型，其整机结构由开关磁阻电动机、带传动（或齿轮传动）、飞轮（大传动轮）、螺杆、螺母、滑块、制动器和机身组成，如图 5-106 所示。因开关磁阻电动机能频繁起停及正反转、起停速度快，且起动转矩大、起动电流小，所以摩擦压力机可去掉双摩擦盘，离合器式螺旋压力机可去掉离合器及其提升机构。

2. 开关磁阻数控伺服压力机

开关磁阻数控伺服压力机与现有机械压力机相比，结构变化比较大，没有带传动和离合器，电机轴设置制动器。其整机结构为：开关磁阻电动机+一级或二级齿轮传动+执行机构，如图 5-107 所示。因开关磁阻电动机速降比现有电动机大很多，其转动惯量可减小，使起停时间缩短，这种压力机没有大带轮（飞轮）、离合器等，简化了其原有结构。

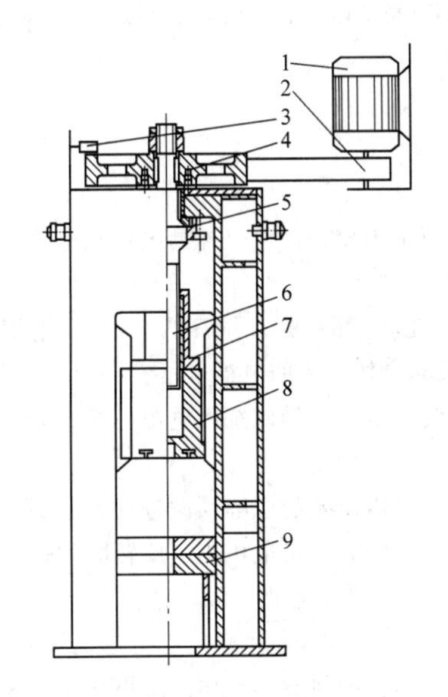

图 5-106 开关磁阻数控螺旋压力机

1—开关磁阻电动机 2—带传动 3—制动器 4—飞轮 5—止推轴承 6—螺杆 7—螺母 8—滑块 9—机身

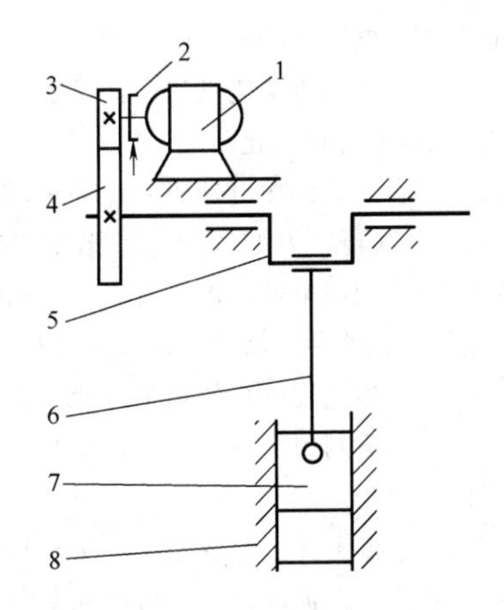

图 5-107 开关磁阻数控伺服压力机

1—开关磁阻电动机 2—制动器 3—小齿轮 4—大齿轮 5—曲轴 6—连杆 7—滑块 8—机身

3. 开关磁阻数控热模锻压力机

开关磁阻数控热模锻压力机是在现有热模锻压力机的基础上，更换动力系统后产生的。其整机结构由开关磁阻电动机、带传动、离合器制动器及曲柄连杆滑块执行机构组成，如图 5-108 所示。

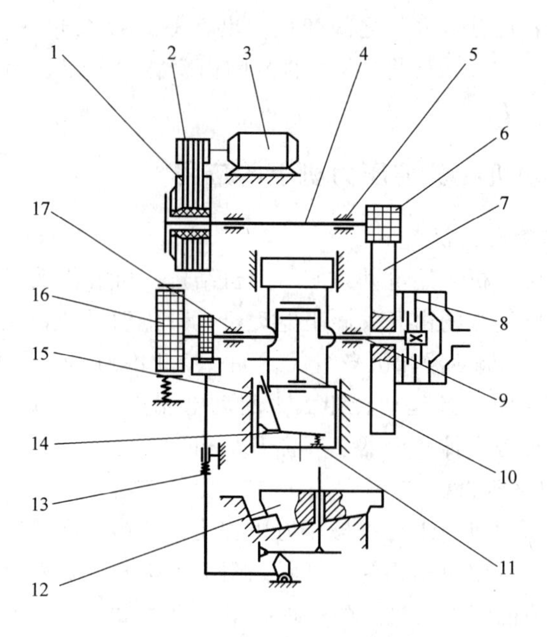

图 5-108　开关磁阻数控热模锻压力机

1—大带轮　2—小带轮　3—开关磁阻电动机　4—传动轴　5—轴承　6—小齿轮　7—大齿轮　8—离合器　9—偏心轴　10—连杆　11—滑块　12—楔形工作台　13—下顶件装置　14—上顶件装置　15—导轨　16—制动器　17—轴承

思考题与习题 5

5-1　直流电动机的电磁转矩和电枢电流由什么决定？

5-2　一台他励直流电动机，如果励磁电流和被拖动的负载转矩都不变，而仅仅提高电枢端电压，试问电枢电流及转速怎样变化？

5-3　一台直流伺服电动机带动一恒转矩负载（负载阻转矩不变），测得始动电压为 4V，当电枢电压 $U_a=50V$ 时，其转速为 1500r/min。若要求转速达到 3000r/min，试问要加多大的电枢电压？

5-4　交流伺服电动机停车时采用：同时切除励磁绕组和控制绕组电源；励磁绕组电源不变，只切除控制绕组电源。上两种方法停车效果是否相同？为什么？

5-5　直流测速发电机的输出特性，在什么条件下是线性特性？产生误差的原因和改进的方法是什么？

5-6　若直流测速发电机的电刷没有放在几何中性线的位置上，试问此时发电机正、反转时的输出特性是否一样？为什么？

5-7　与直流测速发电机相比，交流测速发电机有哪些优缺点？

5-8　什么是交流测速发电机的剩余电压？对系统性能有什么影响？如何减小？如何减小交流测速发电机的线性误差？

5-9　为什么步进电动机可用于开环系统中作执行元件，使控制系统大为简化？

5-10　一台三相反应式步进电动机，其转子齿数为 40。若该电动机按三相六拍运行，并输入 $f=1800Hz$ 的脉冲信号，则该步进电动机的转速为多少？

5-11　减小步距角的方法有哪些？步进电动机的步距角越小越好吗？

5-12　三相单三拍运行中的“三相”“单”“三拍”分别指什么？

5-13　试述控制式自整角机的性能特点和在自动控制系统中的主要用途。

5-14　试述力矩式自整角机的性能特点和在自动控制系统中的主要用途。

5-15　从磁动势的变化规律说明自整角机与交流伺服电动机的磁场的异同点。

5-16　试述旋转变压器的工作原理和在自动控制系统中的主要用途。

5-17　旋转变压器负载运行时，输出特性产生畸变的原因是什么？如何消除？

5-18　画出一次侧补偿的正余弦旋转变压器的接线图。

5-19　画出二次侧补偿的正余弦旋转变压器的接线图。

5-20　画出带一次侧补偿的线性旋转变压器的接线图。

5-21　画出由两极旋转变压器和多极旋转变压器组成的双通道同步随动控制系统的框图。

5-22　常用的位置检测元件有自整角机、旋转变压器、感应同步器、光电编码器等，任选一种解释其工作原理，并举一个应用实例。

5-23　无刷直流电动机与普通直流电动机有何区别？

5-24　为什么开关磁阻电动机的转矩方向与产生转矩的电流方向无关？如何获得反向转矩？

5-25　试分析开关磁阻电动机与步进电动机的区别。

参 考 文 献

[1] 龙飞文. 电机构造及维修 [M]. 北京：中国劳动社会保障出版社，2007.

[2] 刘小春. 电机与拖动 [M]. 北京：人民邮电出版社，2010.

[3] 梁红梅. 变压器结构与工艺 [M]. 天津：天津大学出版社，2012

[4] 贾淑兰. 变压器应用与维修——专业技能入门与精通 [M]. 北京：机械工业出版社，2010.

[5] 潘如政. 电机与变压器检修 [M]. 北京：化学工业出版社，2005

[6] 孙建忠，刘凤春. 电机与拖动 [M]. 北京：机械工业出版社，2009.

[7] 郭宝宁. 电机应用技术 [M]. 北京：北京大学出版社，2011.

[8] 何军. 电机维修与拆装技术 [M]. 北京：电子工业出版社，2013.

[9] 赵承荻，周玲. 电机与变压器 [M]. 北京：机械工业出版社，2013.

[10] 赵旭升，陶英杰. 电机与电气控制 [M]. 北京：化学工业出版社，2009.

[11] 姜晓东. 电动机修理入门 [M]. 北京：人民邮电出版社，2012.

[12] 赵莉华. 电机学 [M]. 北京：机械工业出版社，2009.

[13] 曾令全. 电机学 [M]. 北京：机械工业出版社，2010.

[14] 唐介. 电机与拖动 [M]. 2 版. 北京：高等教育出版社，2003.

[15] 许建国. 电机与拖动基础 [M]. 北京：高等教育出版社，2004.

[16] 邱阿瑞. 电机与电力拖动 [M]. 北京：电子工业出版社，2002.

[17] 杨文焕. 电机与拖动基础 [M]. 西安：西安电子科技大学出版社，2008.

[18] 李光友. 控制电机 [M]. 北京：机械工业出版社，2014.

[19] 谢卫. 控制电机 [M]. 北京：中国电力出版社，2008.

[20] 陈隆昌. 控制电机 [M]. 3 版. 西安：西安电子科技大学出版社，2007.

[21] 孙冠群，于少娟. 控制电机与特种电机及其控制系统 [M]. 北京：北京大学出版社，2008.

[22] 赵君有，张爱军. 控制电机 [M]. 北京：中国水利水电出版社，2006.